Wasserbau

Heinz Patt · Jürg Speerli · Peter Gonsowski

Wasserbau

Grundlagen, Gestaltung von wasserbaulichen Bauwerken und Anlagen

8., vollst. überarb. Aufl. 2021

Begründet von Daniel Vischer und Andreas Huber

Springer Vieweg

Heinz Patt
Bonn, Nordrhein-Westfalen
Deutschland

Jürg Speerli
Einsiedeln, Schwyz
Schweiz

Peter Gonsowski
Fischingen, Baden-Württemberg
Deutschland

ISBN 978-3-658-30550-5 ISBN 978-3-658-30551-2 (eBook)
https://doi.org/10.1007/978-3-658-30551-2

Die Deutsche Nationalbibliothek verzeichnet diese Publikation in der Deutschen Nationalbibliografie; detaillierte bibliografische Daten sind im Internet über http://dnb.d-nb.de abrufbar.

Lektorat: Dr. Daniel Fröhlich
Springer Vieweg ist ein Imprint der eingetragenen Gesellschaft Springer Fachmedien Wiesbaden GmbH und ist ein Teil von Springer Nature.
Die Anschrift der Gesellschaft ist: Abraham-Lincoln-Str. 46, 65189 Wiesbaden, Germany

Vorwort zur 8. Auflage

Die Erstausgabe dieses Lehrbuchs wurde im Jahre 1977 von Professor Dr.-Ing. Dr. h.c. Daniel Vischer und Dr. sc. techn. Andreas Huber veröffentlicht. Generationen von Studenten des Wasserbaus haben den „Vischer/Huber" als Lehr- und Nachschlagewerk genutzt und über die Jahre zu „dem" Standardwerk des konstruktiven Wasserbaus gemacht.

Als wir im Jahre 2009, also nach mehr als 30 Jahren und sechs Auflagen des Buchs, von den Altautoren gefragt wurden, ob wir die Autorenschaft für dieses erfolgreiche Buch übernehmen würden, waren wir schnell einverstanden. Professor Dr.-Ing. Peter Gonsowski ist als Autor ausgeschieden, steht uns aber immer noch mit Rat und Tat zur Seite. – Ab dieser 8. ten Auflage verstärkt Dr. Jürg Speerli das Autorenteam. – Herzlich willkommen!

In den traditionellen Disziplinen des Bauingenieurwesens, dazu zählt natürlich auch der Wasserbau, hat es in den letzten Jahrzehnten viele Veränderungen gegeben, die wir als Wasserbauer heute in jedem Planungsprozess berücksichtigen müssen. Die EG-Wasserrahmenrichtlinie hat sehr dazu beigetragen, dass u. a. der Flussbau und die Fließgewässer- und Auenentwicklung nicht nur ingenieurtechnische Maßnahmen beinhaltet, sondern auch ökologische Überlegungen angestellt werden müssen. Bei den Wasserkraftanlagen stehen nicht allein der Wirkungsgrad einer Anlage im Mittelpunkt, sondern auch die ökologischen Auswirkungen.

Die EU-Hochwasserrisikomanagement-Richtlinie berücksichtigt, neben technischen Hochwasserschutzmaßnahmen und Risikobetrachtungen, u. a. den Wasserrückhalt in den natürlichen Überschwemmungsgebieten, die Reduzierung der Abflussspitzen durch naturnahe Baumethoden sowie die Anpassung der Gewässerunterhaltung an die ökologischen Zielsetzungen der Wasserrahmenrichtlinie.

Ein Buch kann die Vielfalt der Aufgaben eines Wasserbauers nur eingeschränkt beschreiben. Viele Themen werden bestenfalls angesprochen und erfordern oft eine detaillierte Betrachtung unter Hinzuziehung entsprechender Spezialisten. Dieses Expertenwissen und die damit verbundenen praktischen Erfahrungen sind ein wesentliches Element für den erfolgreichen Abschluss eines Projekts. Die zukunftsorientierte Pflege und Weitergabe dieses Wissens ist ein Muss für die Lehrenden an einer Universität oder Hochschule. Dazu soll dieses Buch einen Beitrag leisten.

Für ihre Mitwirkung bei der Realisierung dieser 8. ten Auflage möchten wir insbesondere den beiden Mitautoren, Ltd. Baudirektor Dipl.-Ing. Ulrich Fitzthum vom Wasserwirtschaftsamt Nürnberg (Kap. 7 – Landwirtschaftlicher Wasserbau) und Herrn Universitätsprofessor Dr.-Ing. Jürgen Stamm von der Technischen Universität Dresden (Kap. 8 – Verkehrswasserbau, Schifffahrt) ganz herzlich danken. Frau Manuela Helmecke vom Umweltbundesamt (UBA) berichtet in Abschn. 7.3 über die aktuelle Entwicklung bei der Wiederverwendung (Reuse) von Wasser für die Bewässerung von landwirtschaftlichen Flächen. – Besten Dank!

Bonn und Einsiedeln
im April 2021

Heinz Patt
Jürg Speerli

Inhaltsverzeichnis

Symbolverzeichnis

Symbol	Einheit	Bedeutung
A	mm	Abfluss
A_o; A_u	mm	Abfluss oberirdisch; Abfluss unterirdisch
A	m^2	Fläche, Fließquerschnitt
A	m^2	Spiegelfläche in der Schleusenkammer
A	N	hydrostatischer Auftrieb
A_i	m^2	Teilquerschnitt
A_o; A_u	m^2	Flächen in Kontrollquerschnitten
A_{opt}	m^2	optimaler Kanalquerschnitt
A_P	m^2	angeströmte Fläche eines Pflanzenelements
A_Q	Nm	Schwereenergie
A_R	m^2	Querschnittsfläche Rohr
A_1; A_2	m^2	Querschnittsfläche Profile 1 und 2
a	m	Auftriebsdruckhöhe (Wassersäule)
a	m/s	Druckstoßgeschwindigkeit
a_x	m	Abstand der Pflanzenelemente – longitudinal
a_y	m	Abstand der Pflanzenelemente – horizontal
a_z	m	Abstand der Pflanzenelemente – vertikal
B	Volt · s/m^2	Magnetische Flussdichte [in Tesla]
B	–	Bewuchsparameter
B	m	Breite
b	m	Breite quer zur Fließrichtung (z. B. Sohlenbreite)
b_s	m	transportwirksame Breite des Fließquerschnitts
C	–	Formkonstante bei Messquerschnitten
C_{wr}	–	Widerstandszahl einer Pflanzengruppe
C_D	–	Widerstandszahl des Korns (Formbeiwert)
c	–	Bewuchsparameter
c_A	–	Beiwert für die Adhäsion (für natürliche Sande $c_A = 1$)

Symbol	Einheit	Bedeutung
D	m	Durchmesser
D_a	m	Außendurchmesser
D_{65}	m	Durchmesser von Steinen(65-Prozent-Siebdurchgang)
D*	–	sedimentologischer Durchmesser
D; d	m	Korndurchmesser
D	m^3	Wassermengendifferenz (Speicherplanung)
D_i	m	Innendurchmesser
d_B	m	Durchmesser des Bemessungskorns
d_{erf}	m	erforderliche Blockgröße
d_J	m^3	Änderung des Speichervolumens
d_P	m	Durchmesser eines Pflanzenelements
dt	s	Zeitänderung
d_{ch}	m	charakteristischer Korndurchmesser
d_{hy}	m	hydraulischer Durchmesser
d_m	m	mittlerer Korndurchmesser
dz	m	Höhenänderung
d_{50}, d_{90}, d_{95}	mm, m	Korndurchmesser bei 50-Prozent-Siebdurchgang bzw. 95-Gewichtsprozenten
E	m^2, ha, km^2	Größe des Einzugsgebiets
E	Wh	Energie
E	N/m^2	Erddruck
E	N/m^2	Elastizitätsmodul
E_a	N/m'	aktiver Erddruck
E_F	N/m^2	Elastizitätsmodul Fels
E_p	N/m^2	Widerstand der Talflanke; passiver Erddruck
E_P	Wh	erforderliche Pumpenenergie
E_R	N/m^2	Elastizitätsmodul des Rohrs
E_T	Wh	Energieproduktion der Turbine
E_W	N/m^2	Elastizitätsmodul des Wassers
F	m^2	Fließquerschnitt
F	mm^2	Auffangfläche im Pluviograf
F	m^2	Austrittsquerschnitt der Füllleitung
F	m^2	Querschnittsfläche
F	N/m^2	Bruchlast
F_K	m^2	benetzter Querschnitt des Fahrwassers
F_s	m^2	transportwirksamer Anteil des Fließquerschnitts
F_s	m^2	eingetauchter Schiffsquerschnitt
F_S	N/m	versuchsbedingte Bruchlast
Fr	–	Froude-Zahl
Fr*	–	Feststoff Froude-Zahl
f	–	Formbeiwert im Widerstandsgesetz
f	m	Freibordhöhe

Symbol	Einheit	Bedeutung
G*	–	Feststofftransportzahl
G	m^3; kg	Geschiebe
G	kg	Gewicht
G_e	N/m	Erdauflast
G_F	kg/s	gefasstes Geschiebe
G_v	N/m	Verkehrslasten
G_W	N/m	Wassergewicht
G_S	kg/s	Geschiebeführung; Abtrag
G_{SO}	kg/s	Geschiebeführung; Eintrag
G_S	t	Steingewicht
g	m/s^2	Erdbeschleunigung ($g = 9{,}81\ m/s^2$)
H	m	Spiegeldifferenz oder Fallhöhe
H	m	geodätische Förderhöhe
H_B	m	Überfallhöhe
H_{geo}	m	Geodätische Förderhöhe
H_N	m	Nutz- oder Nettofallhöhe
H_u	m	spezifische Energie im Unterwasser
H_P	m	Förderhöhe
H_{P0}	m	Nullförderhöhe
HHQ	m^3/s	höchster gemessener Hochwasserabfluss
HQ	m^3/s	Hochwasser
HQ_{Grenz}	m^3/s	Grenzhochwasser
HW	m	Hochwasser, Hochwasserstand
h_A	mm	Abflusshöhe
h_B	m	Bemessungstiefe
h	m	Wassertiefe
h_E	m	Energiehöhe
h_{gr}	m	Grenztiefe
h_k	m	Wasserstand über der Rampenkrone in Rampenachse
h_{kr}	m	kritische Wassertiefe
h_{max}	m	Wasserstand über dem Böschungsfuß
h_{max}	m	Wassersäule oder Innendruckhöhe
h_N	mm	Niederschlagshöhe
h_N	m	Normalabflusstiefe
h_o	m	Fließtiefe im Oberwasser (ohne Einstau)
h_R	mm	Rückhalt, Retention, Speicherung
h_u	m	Fließtiefe im Unterwasser (UW)
$h_ü$	m	Überfallhöhe
h_V	mm	Verdunstungshöhe
h_v	m	Verlusthöhe
h_{vB}	m	Gesamtverlusthöhe
h_{vD}	m	Verlusthöhe in der Druckleitung
h_{vP}	m	Druckverlusthöhe im Pumpbetrieb
h_{vR}	m	Reibungsverlusthöhe
h_{vS}	m	Verlusthöhe in der Saugleitung
h_{vT}	m	Druckverlusthöhe im Turbinenbetrieb
h_w	m	maximale Wellenhöhe oder Schwallhöhe

Symbol	Einheit	Bedeutung
i_N	mm/h	Niederschlagsintensität
i_s	1/s	Schalthäufigkeit (Schaltfrequenz)
J	–	Neigung, Gefälle
J	–	Reibungsgefälle
J	m^3	Speicherinhalt
J_{Gr}	–	Grenzgefälle
J_e, J_E	–	Energieliniengefälle
J_S	–	Sohlenneigung, Sohlengefälle
J_N	–	Grenzwert des Zwischengefälles
J_W	–	Wasserspiegelgefälle
K	kg	Masse eines Stoffs (z. B. Salz)
K	N	Kraft
K	Währung	Kosten
K_D	N	Druckkraft in Muffe
K_R	N	hydraulische Reibungskraft
K_ν	N	Längskraft
k	mg/l	Salzkonzentration
k	m	Rauheitsmasse
k_d	N/m	Anpresskraft pro Meter
k_r	$m^{1/3}/s$	Kornrauheit nach Meyer-Peter u. Müller
k_s	m	äquivalente Sandrauheit
k_T	m	äquivalente Sandrauheit der Trennfläche
k_{Str}; k	$m^{1/3}/s$	Manning-Strickler-Beiwert
L; l	m	Länge des Wasserkörpers oder Leitungslänge
L	m	Dränabstand
L_K	m	Keillänge (Druckstoß)
l	m	Schwalllänge
l_F	m	Flusslänge
l_M	m	Mäanderlänge
l_T	m	Tallänge
l_u	m	benetzter Umfang
$l_{u,F}$	m	benetzter Umfang – Flussbett; Hauptgerinne
$l_{u,V}$	m	benetzter Umfang – Vorland
$l_ü$	m	Länge Überfallkante (Streichwehr)
M	–	Böschungsneigung (1:m)
MQ	m^3/s	mittlerer Abfluss
m	–	Einbauziffer
1:m	–	Böschungsneigung

Symbol	Einheit	Bedeutung
m_F	kg/(s · m)	Feststofftrieb
	kg/s	Feststofftransport
m_G	kg/(s · m)	Geschiebetrieb
	kg/s	Geschiebetransport
m_{Gf}	t	Geschiebefracht
m_{sf}	t	Schwebstofffracht
N	N	Vertikal wirkende Normalkraft
N	m^3	Niederschlag
N	W	hydromechanische Leistung
N_B	W	verbrauchte hydromechanische Leistung
N_G	W	Generatorleistung
N_{KW}	W	Kraftwerksleistung
NNQ	m^3/s	niedrigster gemessener Abfluss
NQ	m^3/s	Niedrigwasserabfluss
N_Q	W	hydraulische Nutz- oder Förderleistung
N_M	W	Motoren- oder Antriebsleistung
N_P	W	Pumpenleistung (Leistungsaufnahme)
N_T	W	Turbinenleistung (Leistungsabgabe)
N_{Trafo}	W	Transformatorleistung
N_v	W	Verlustleistung
N_{v1}	W	Verlustleistung nicht gefasstem Wasserabfluss
N_{v2}	W	Verlustleistung in Triebwasserleitungen und –kanälen
n	1/s	Sicherheitsfaktor für kritischen Beuldruck
n_{syn}	1/s	Synchrondrehzahl
o		oben
p	–	empirische Überschreitungswahrscheinlichkeit
p	N/m^2; Pa	Druck
p′	N/m^2; Pa	Absolute Drücke
p'_A	N/m^2; Pa	Atmosphärendruck
p_a	N/m^2; Pa	Außen-Überdruck oder Außendruck
$p_{a,kr}$	N/m^2; Pa	Kritischer Beuldruck
p'_D	N/m^2; Pa	Dampfdruck
p_i	N/m^2; Pa	Innen-Überdruck oder Innendruck
p'_i	N/m^2; Pa	Absoluter Innendruck
p'_K	N/m^2; Pa	Absoluter Druck im kritischen Punkt zur Kavitation

Symbol	Einheit	Bedeutung
Q	m^3/s	Abfluss; Durchfluss
Q_A; Q_a	m^3/s	Abfluss
Q_B	m^3/s	Bemessungsdurchfluss
Q_F	m^3/s	fassbarer Abfluss bzw. gefasster Abfluss
Q_{Gr}	m^3/s	Grenzabfluss
Q_L	m^3/s	Förderstrom bei leerem Speicher
Q_N	m^3/s	genutzter bzw. nutzbarer Abfluss
Q_o	m^3/s	Abfluss Oberwasser
Q_s	m^3/s	Transportwirksamer Abflussanteil oder Spülwasser
Q_{Str}	m^3/s	Abfluss über die seitliche Überfallkante; Streichwehr
Q_P	m^3/s	Pumpendurchfluss; Förderstrom
Q_R	m^3/s	Restwassermenge
Q_T	m^3/s	Turbinendurchfluss
Q_u	m^3/s	Abfluss im Unterwasser
Q_V	m^3/s	Förderstrom bei vollem Speicher
Q_w	m^3/s	geschiebeführender Abfluss bzw. Wehrdurchfluss
Q_Z; Q_z	m^3/s	Zufluss
$Q_{z,eff}$	$m^3/(s \cdot m)$	effektiver (tatsächlicher) Zufluss
q	$m^3/(s \cdot km^2)$	spezifischer Abfluss im Einzugsgebiet
q	$m^3/(s \cdot m)$	spezifischer Abfluss pro 1 m Breite
q_{krit}	$m^3/(s \cdot m)$	kritischer spezifischer Abfluss
R	m^3	Rückhalt (Retention, Speicherung)
R	m	hydraulischer Radius
R_s	m	transportwirksamer Anteil am hydraulischen Radius
r	m	Radius
r_F	–	Formfaktor für hydraulisch günstige Kanalquerschnitte
r_{hy}	m	hydraulischer Radius ($r_{hy} = A/l_u$)
Re	–	Reynolds-Zahl
Re*	–	Feststoff-Reynolds-Zahl
Re_k	–	Reynolds-Zahl des Korns
S	N	Stützkraft
S_o	m	größte Wassertiefe im Kolk, Kolktiefe
s	m	Sicherheitszuschlag bei Wellenbildung
s	–	Sicherheitsquotient aus Bruchlast zu Last
s	m	Wandstärke bei Rohrleitungen
T; T_R	min, h, d	Dauer des Niederschlages
T; t	s, min	Zeit (u. a. Füllzeit)
$T_ö$	s	Öffnungszeit eines Schiebers
T_{SB}	s	Absinkzeit
T_s	s	Schließzeit eines Schiebers
t	m	Stärke eines Belags
t	m	Überlagerungshöhe, Gebirgsdruckhöhe
t_{Max}	s	Zeit bis zum größten positiven Maximum (Speicher)
t_p	s	Pumpzeit
t_s	s	Schaltfolge

Symbol	Einheit	Bedeutung
U	Volt	gemessene Spannung
U	m	benetzter Umfang
U	N	Umlenkkraft
u	m/s	tangentiale Geschwindigkeit des Turbinenlaufrads
V	m^3	Verdunstung
V	m^3	Wassermenge oder -volumen
V_a	m^3	Summe der Abflüsse
V_P	m^3	gepumpte Wassermenge
V_T	m^3	turbinierte Wassermenge
V_z	m^3	Summe der Zuflüsse
v	m/s	Fließgeschwindigkeit
v_A	m/s	Ausbaugeschwindigkeit beim Bemessungsdurchfluss
v_c	m/s	Fortpflanzungsgeschwindigkeit einer Oberflächenwelle
v_{cr}	m/s	kritische Fließgeschwindigkeit
v_E	m/s	Eintrittsgeschwindigkeit
V_F	N/m^2	Verformungsmodul für Fels
v_K	m/s	Strömungsgeschwindigkeit im kritischen Punkt
$v_{m,cr}$	m/s	kritische mittlere Fließgeschwindigkeit
v_{Gr}; v_{gr}	m/s	Grenzgeschwindigkeit
v_m	m/s	mittlere Fließgeschwindigkeit
v_o*	m/s	Schubspannungsgeschwindigkeit an der Sohle
v_o	m/s	Fließgeschwindigkeit im oberen Kontrollquerschnitt
v_R	m/s	örtliche Fließgeschwindigkeit beim Druckstoß
v_u	m/s	Fließgeschwindigkeit im unteren Kontrollquerschnitt
W	N	Strömungswiderstand oder Strömungskraft
W	N/m^2	Wasserdruck
W_o	N/m^2	Oberwasserdruck
W_u	N/m^2	Unterwasserdruck
w	m/s	Stauschwallgeschwindigkeit
w	mm/s	Feststoffsinkgeschwindigkeit (in fließendem Wasser)
w	m/s	absolute Schwallgeschwindigkeit
w	a	empirische Jährlichkeit
w_B	mm/s	mittlere Sinkgeschwindigkeit des Bemessungskorns
w_{0B}	mm/s	$d_B$wirksamen Rauem
w_0	mm/s	mittlere Sinkgeschwindigkeit des Bemessungskorns $d_B$im ruhenden Wasser
		Sinkgeschwindigkeit eines Korns in ruhendem Wasser
x	m	Koordinate in Fließrichtung (longitudinal)
y	m	Koordinate quer zur Fließrichtung (horizontal)
z	mm	Anstieg des Wasserspiegels im Pluviograf
z	m	Koordinate senkrecht zur Fließrichtung (vertikal)
z	m	Spiegelkote
$z_{o,}z_u$	m	geodätische Höhe in den Kontrollquerschnitten (u. a. Sohlenhöhe)
z_{zul}	m	zulässige Höhe über der relativen Drucklinie
Griechische Symbole:		

Symbol	Einheit	Bedeutung
α	–	Abflusskoeffizient
α	–	Abminderungsfaktor nach Mosonyi
α	°	Winkel in Grad
α_s	–	Scheitelabflusskoeffizient
β	°	Winkel in Grad
δ	°	Wandreibungswinkel in Funktion vom inneren Reibungswinkel φ' in Grad
η	–	Wirkungsgrad
η_G	–	Wirkungsgrad des Generators
η_{KW}	–	Kraftwerkswirkungsgrad
η_M	–	Wirkungsgrad des Motors
η_P	–	Wirkungsgrad der Pumpe
η_{PSW}	–	Anlagewirkungsgrad
η_T	–	Wirkungsgrad der Turbine
η_{Trafo}	–	Wirkungsgrad des Transformators
κ_β	–	Abminderungsfaktor
κ	–	Faktor zur Berücksichtigung des Anströmwinkels δ
κ_{90}	–	Abminderungsfaktor für senkrechte Grabenwände
λ	–	Konzentrationsfaktor im Grabenbau
λ	–	Faktor für Lastanteil im Stollenbau
λ	–	Widerstandsbeiwert im universellen Fließgesetz
λ_P	–	Widerstandsbeiwert des Pflanzenkollektivs
λ_T	–	Widerstandsbeiwert für die Trennflächen
μ	–	Überfallbeiwert (≈ 0.75)
μ	–	Kontraktionsbeiwert des Austrittsstrahls
ν	m^2/s	kinetische Zähigkeit bzw. Viskosität
ν	–	Querdehnungszahl
ν_F	–	Querdehnungszahl von Fels
ξ	–	Verlustbeiwert örtlicher Strömungsverluste
ξ_r	–	Verlustbeiwert Geschwemmselrechen
ξ	–	Beiwert der hydraulischen Verluste in der Füllleitung
ρ	kg/m^3	Dichte des Wassers
ρ_B	kg/m^3	Dichte des Belagmaterials
ρ_e	kg/m^3	Dichte des Füllmaterials bzw. Erdmaterials
ρ_F	kg/m^3	Felsdichte
ρ_s	kg/m^3	Korndichte bzw. Dichte des Feststoffs
σ_g	N/m^2	Vergleichsspannung für räumlichen Spannungszustand
σ_l	N/m^2	Längsspannung
σ_r	N/m^2	Radialspannung
σ_t	N/m^2	Tangentialspannung
τ_{Gr}	N/m^2	Grenzspannung, kritische Schubspannung
τ_R	N/m^2	Schubspannung, Schleppspannung
τ_s	N/m^2	Kohäsion Beton/Boden oder Boden/Boden
φ	–	Formbeiwert für Rechenstäbe nach Kirschmer; Ruhewinkel des Böschungsmaterials
ϕ'	–	Schaufelstellung einer Axialpumpe; innerer Reibungswinkel

Symbol	Einheit	Bedeutung
ω	1/s	Winkelgeschwindigkeit
Δ	m	Zeichen für Differenz
Δ_l	m	Längendifferenzen bzw. Rechenschritte
Δ_J	m^3	Speicherinhaltsdifferenz oder Massemengendifferenz
Δ_p	N/m^2	Druckdifferenz
Δ_Q	m^3/s	Abfluss- bzw. Durchflussdifferenz
Δr	m	Radialverschiebung
Δt	s	Zeitdifferenz
ΔV_R	m^3	Lichtraumerweiterung des Rohrs beim Druckstoß
ΔV_W	m^3	Kompression des Wassers beim Druckstoß
Δv	m/s	Geschwindigkeitsdrosselung oder -differenz
Δv_i	m/s	Geschwindigkeits-Teildrosselung
Δz	m	Wasserspiegeldifferenz auf der Fließlänge L
Δz_r	m	Wasserspiegeldifferenz durch Rechenverlust

Einleitung

1

Zusammenfassung

Wasserwirtschaft und Wasserbau sind eng miteinander verknüpft. Die Wasserwirtschaft liefert die Bemessungsgrößen, nach denen wasserbauliche Anlagen bzw. Gestaltungen geplant und ausgeführt werden. Der Wasserbau ist also die Umsetzung des wasserwirtschaftlich-hydrologischen Zahlenwerks in konkrete technische Maßnahmen vor Ort. Teilgebiete des Wasserbaus sind der konstruktive Wasserbau (u. a. Wasserkraftanlagen, Verkehrswasserbau, Hochwasserschutz und Küstenschutz, Anlagen der Wasserversorgung, der Bewässerung und der Abwasserentsorgung sowie der Flussbau). Mit dem naturnahen Wasserbau hat sich insbesondere im Flussbau sehr viel verändert. Neben den ingenieurtechnischen Aufgaben sind auch ökologische und naturschutzfachliche Anforderungen bei der Herstellung und dem Betrieb von wasserbaulichen Anlagen zu berücksichtigen. Der Klimawandel wird den Wasserbauer mit neuen Herausforderungen konfrontieren.

1.1 Zielsetzungen des Wasserbaus

Lange Zeit waren der Bau, die Gestaltung und die Unterhaltung von wasserbaulichen Anlagen überwiegend von Nutzungsansprüchen und Kostenüberlegungen geprägt. Ab den 1980er-Jahren führten jedoch zahlreiche, immer deutlicher erkennbare Umweltsünden und das zunehmende Umweltbewusstsein der Bevölkerung zu einer stetig voranschreitenden Ökologisierung der entsprechenden Fachgesetze (u. a. Wasserhaushaltsgesetz, Bundesnaturschutzgesetz). Mit jeder Novellierung der rechtlichen Grundlagen wurden die Gewässer intensiver als naturschutzfachlich wertvoller Lebensraum wahrgenommen und entsprechend geschützt.

H. Patt et al., *Wasserbau,* https://doi.org/10.1007/978-3-658-30551-2_1

Für den Wasserbau bzw. den Planer von wasserbaulichen Anlagen bedeuteten diese Neuerungen ein Umdenken. Die wasserbaulichen Anlagen mussten zwar weiterhin den sicherheitstechnischen und nutzungsbedingten Anforderungen genügen, gleichzeitig nun aber auch ökologischen Belangen Rechnung tragen, d. h. ökologisch verträglich sein.

Der moderne Wasserbau sieht Fließgewässer und Aue nicht mehr getrennt von den Nutzungen, sondern bewirtschaftet die Gewässer unter Berücksichtigung ökologischer und naturschutzfachlicher Ziele, und natürlich der Kosten. Gleichzeitig sollen Fehlentwicklungen korrigiert und die Gewässer in Richtung eines guten ökologischen Zustands entwickelt werden.

Arbeitsschwerpunkte im Bereich Wasserbau sind heute (neben denjenigen des klassischen Wasserbaus):

- die naturraumtypische Gestaltung der Fließgewässer (u. a. naturnaher Wasserbau, eigendynamische Entwicklung der Fließgewässer, Verbesserung der Gewässerstruktur)
- die Wiederherstellung der Durchgängigkeit der Fließgewässer
- der Arten- und Biotopschutz sowie die Biotopvernetzung
- die Ausweisung von Gewässerrandstreifen
- der nachhaltige Hochwasserschutz
- der ökologische Fließgewässerunterhalt (d. h. die an den jeweiligen Naturraum angepasste Pflege und Entwicklung der Fließgewässer)
- die umweltverträgliche Gestaltung der Nutzungen an den Fließgewässern und in den Auen (u. a. die Anpassung der Anlagen der Wasserkraftnutzung, des Verkehrswasserbaus und des technischen Hochwasserschutzes) sowie
- die naturraumangepassten Gestaltungen im Hinblick auf Naherholung, Landschaftsbild und Städtebau

Diese Aufzählung ließe sich mit Sicherheit noch erweitern und verfeinern. Eines ist jedoch sicher: Im Gegensatz zu früher können heute wasserbauliche Planungen nicht mehr ohne Weiteres realisiert werden, wenn ökologische bzw. naturschutzfachliche Belange den Planungen entgegenstehen. So sind u. a. interdisziplinäres Arbeiten und die Beteiligung der Bevölkerung wichtige Bestandteile eines Projekts.

Diese neue Entwicklung im Wasserbau sollte von den Betroffenen nicht als Behinderung angesehen werden, sondern als Herausforderung. Betrachtet man, lediglich als Beispiel, die negativen Auswirkungen auf den Hochwasserabfluss durch das unreflektierte Nutzen der natürlichen Rückhalteräume, war es schon lange höchste Zeit für ein Umdenken. Es ist vielfach gezeigt worden, dass es möglich ist, wasserbauliche Gestaltungen und ökologische Anforderungen gleichzeitig zu erfüllen.

Der Klimawandel wird Wasserbau und Wasserwirtschaft vor weitere Anforderungen stellen (s. u. a. IPCC 2007, 2019; DWA 2010).

1.2 Teilgebiete des Wasserbaus

Der Wasserbau ist ein Teilgebiet des Bauingenieurwesens und beschäftigt sich mit dem Bau von wasserbaulichen Anlagen sowie mit Ausbau- und Unterhaltsmaßnahmen an Gewässern. Das Spektrum der Gewässer reicht von den Binnengewässern bis zu den Küstengewässern, wobei sowohl stehende Gewässer als auch Fließgewässer einbezogen sind.

Es ist üblich, den Wasserbau nach der Funktion der Bauwerke (Anlagen) zu gliedern. Die Zusammenstellung in Tab. 1.1 ist mit Sicherheit nicht vollständig, zeigt aber die wesentlichen Inhalte der verschiedenen Arbeitsgebiete im Wasserbau.

Die Grenzen zwischen den einzelnen Teilgebieten des Wasserbaus sind oft fließend, wobei ein wasserbauliches Großprojekt durchaus auch mehrere Arbeitsgebiete umfassen kann (z. B. eine Stauanlage mit integrierter Schleuse für die Schifffahrt, die gleichzeitig der Überleitung von Wasser in ein anderes Einzugsgebiet und zudem der Speicherung von Wasser aus Hochwasserschutzgründen dient).

Neben den in Tab. 1.1 dargestellten Arbeitsgebieten liefern die Fachgebiete Technische Hydraulik bzw. Hydromechanik (Strömungslehre) sowie Hydrologie und Wasserwirtschaft die Eingangsgrößen für die Planung.

Ohne belastbare Bemessungsgrößen ist eine wasserbauliche Planung nicht möglich. Hierbei ist jedoch immer zu berücksichtigen, dass sowohl gerechnete als auch gemessene Größen Unsicherheiten (Risiken) beinhalten.

Gründe für diese Unsicherheiten sind nicht nur Messungenauigkeiten aufgrund von Besonderheiten im Gelände oder Mittelwertbildungen bei den diversen Auswertungen, sondern häufig allein die Tatsache, dass die Bemessungsgrößen Ergebnisse einer statistischen Auswertung sind; von den empirischen Eingangsgrößen ganz zu schweigen.

Seit Inkrafttreten der EU-Wasserrahmenrichtlinie haben sich die Ziele der Wasserbewirtschaftung verändert. Eine Planung an einem Gewässer ohne Einbeziehung ökologischer Planungsgrößen und entsprechender Fachleute (u. a. Ökologen, Biologen, Landschaftsplaner, Fischereifachleute) ist heute nicht mehr denkbar.

1.3 Inhalte des vorliegenden Buchs

Im Hinblick auf die in Tab. 1.1 dargestellten Teilgebiete des Wasserbaus werden im Buch überwiegend Bauwerke des klassischen Wasserbaus behandelt. In den Kapiteln werden folgende Themenbereiche behandelt:

- Hydrologische Grundlagen (Kap. 2: u. a. Wasserhaushaltsgleichung, Niederschlag, Verdunstung, Rückhalt, Abfluss, Hydrometrie)
- Feststofftransport (Kap. 3: u. a. Theorie der Feststoffbewegung, Transportformen, Dynamik der Gewässersohle)

Tab. 1.1 Teilgebiete des Wasserbaus

Teilgebiet	Kurzbezeichnung – Sammelbegriff	Auswahl typischer Bauwerke bzw. Gestaltungen
Wasserversorgung	Trink- und Brauchwasserversorgung	• Erschließung von Grundwasservorkommen • Wassergewinnungsanlagen (u. a. Brunnen, Wasserfassungen) • Wassertransport (u. a. Rohrnetze) und Speicherung • Aufbereitungsanlagen
Abwasserentsorgung	Siedlungswasserbau Stadtentwässerung	• Kanalisationen (inklusive Kanalbauwerke) • Speicherbauwerke im Kanalnetz (u. a. Rückhaltebecken, Kanalstauräume) • Abwasserreinigung (Kläranlagen) • Sicherstellung der Vorflut (u. a. Einleitungsbauwerke) **Sondergebiet** – Hydraulische Maschinen: Pumpen, Pumpwerke
Be- und Entwässerung	Landwirtschaftlicher Wasserbau	• Wassergewinnung (u. a. Brunnen) • Planung von Bewässerungs- und Entwässerungsanlagen (Drainagen)
Wasserkraftanlagen	Wasserkraftnutzung	• Wasserfassungen, Kanäle und Zuleitungen • Stauanlagen (Dämme, Mauern) • Druckleitungen (gegebenenfalls Wasserschloss) • Wasserspeicher **Sondergebiet** – Hydraulische Maschinen: Turbinen und Pumpen
Schifffahrt	Verkehrswasserbau	• Wasserstraßenbau (Kanäle und natürliche Wasserstraßen) und Hafenbau • Unterhalt der Wasserstraßen • Sonderbauwerke (u. a. Schleusen, Schiffshebewerke, Wehre- und Stauanlagen) • Freizeitschifffahrt (u. a. Marinabau)

(Fortsetzung)

Tab. 1.1 (Fortsetzung)

Teilgebiet	Kurzbezeichnung – Sammelbegriff	Auswahl typischer Bauwerke bzw. Gestaltungen
Küsteningenieurwesen	Küstenschutz	• Deich- und Dammanlagen im Küstenbereich, Küstenschutz • Seewasserstraßen • Schleusenanlagen • Unterhaltung der Bauwerke
Ausbau von Fließgewässern	Flussbau	• Gestaltung des Gewässerverlaufs durch bauliche Maßnahmen (u. a. Buhnen, Wehre und Stauanlagen, Rampen) • Fischwanderhilfen (Auf- und Abstiegsanlagen) **Sonderfall:** • Naturnaher Wasserbau – Ausbau und Unterhalt mit naturraumtypischen Pflanzen und Baustoffen (ingenieurbiologische Bauweisen)
	Hochwasserschutz	• Bau von Hochwasserschutzanlagen (u. a. Dämme, Deiche, Mauern) • Anlagen für den Wasserrückhalt in der Fläche (u. a. Deichrückverlegungen, Rückhaltebecken)
Unterhaltung von Fließgewässern	Gewässerunterhalt	• Pflege und Entwicklung von Fließgewässern

- Fließgewässertypologie, Bauweisen und Anlagen im Flussbau (Kap. 4: u. a. Grundlagen der Fließgewässertypologie, Ausbaumethoden, Wildbachverbauung, Wehre und Fischpässe)
- Technischer Hochwasserschutz (Kap. 5: u. a. LAWA-Leitlinien, Maßnahmenkatalog, Hochwasserrückhalt, Gerinneausbau, Gerinneentlastung)
- Wasserkraftnutzung (Kap. 6: u. a. Ausbauarten, Wasserfassungen, Kanäle, Speicher und Druckleitungen, Turbinen und Pumpen)
- Landwirtschaftlicher Wasserbau (Kap. 7: u. a. Be- und Entwässerung)
- Verkehrswasserbau, Schifffahrt (Kap. 8: u. a. Schiffe, Fahrdynamik, Wasserstraßen, Hafenanlagen, Schiffsschleusen, Kleinschifffahrt bzw. Sportschifffahrt)

Ergänzt werden die technischen Ausführungen durch umfangreiche Literaturverzeichnisse je Kapitel, ein Symbolverzeichnis und ein Sachwortverzeichnis.

Literatur

DWA (s. Deutsche Vereinigung für Wasserwirtschaft, Abwasser, Abfall e. V. [DWA], Hennef)

DWA – Deutsche Vereinigung für Wasserwirtschaft, Abwasser und Abfall e. V. (DWA) (Hrsg.) (2010) Klimawandel – Herausforderungen und Lösungsansätze für die deutsche Wasserwirtschaft, DWA-Themen

IPCC (s. Intergovernmental Panel on Climate Change – steht für den Weltklimarat der Vereinten Nationen)

IPCC (Hrsg.) (2007) Summary for Policymakers. In: Solomon, S., Qin, D., Manning, M., Chen, Z., Marquis, M., Averyt, K.B., Tignor, M., Miller, H.L. (Hrsg.) Climate Change (2007): The Physical Science Basis. Contribution of Working Group I to the Fourth Assessment Report of the Intergovernmental Panel on Climate Change. Cambridge University Press, Cambridge, UK and New York, NY, USA

IPPC (Hrsg.) (2019) IPCC-Sonderbericht über Klimawandel und Landsysteme (SRCCL), Hauptaussagen des IPCC-Sonderberichts über Klimawandel, Desertifikation, Landdegradierung, nachhaltiges Landmanagement, Ernährungssicherheit und Treibhausgasflüsse in terrestrischen Ökosystemen

Hydrologische Grundlagen

2

Zusammenfassung

Die hydrologischen Größen sind wichtige Eingangsgrößen bei wasserbaulichen Planungen. Je nach Aufgabenstellung und Detaillierung sind die benötigten Eingangswerte jedoch unterschiedlich. Die Wasserhaushaltsgleichung beschreibt mit den Hauptparametern Niederschlag, Verdunstung und Abfluss den Wasserkreislauf und gibt u. a. einen Überblick über die Wasserverfügbarkeit. Die einzelnen Parameter der Wasserhaushaltsgleichung, insbesondere die Niederschläge, sind bedeutsame Eingangsgrößen für die Bestimmung des Wasserabflusses in den Fließgewässern. Die Hydrometrie beschäftigt sich mit der Vermessung von Gewässern (Oberflächenwasser und unterirdisches Wasser).

2.1 Wasservorräte der Erde

Das Gesamtwasservolumen der Erde beträgt etwa 1,384 Mio. km^3 (100 %). Der Hauptanteil am Gesamtvolumen ist das Salzwasser in den Weltmeeren (etwa 96,5 %). Nach Abzug von salzigem Grund- und Oberflächenwasser verbleibt ein Anteil an Süß- oder Frischwasser von etwa 35,0 Mio. km^3 (etwa 3,5 % des Gesamtwasservolumens). Von diesem Süßwasser- oder Frischwasservolumen sind etwa 24,4 Mio. km^3 in Gletschern, Polareis und Meereis gebunden und etwa 10,6 Mio. km^3 als Süßwasser auf den Landflächen der Erde in Süßwasserseen, im Grundwasser, als Bodenfeuchte, in Flüssen, im Boden, in der Atmosphäre und in den Organismen enthalten. Die Verteilung zeigt Tab. 2.1.

H. Patt et al., *Wasserbau*, https://doi.org/10.1007/978-3-658-30551-2_2

Tab. 2.1 Süßwasservolumen der Erde (verändert nach Martin und Eiblmaier 2003)

	Wasservolumen [km^3]	Anteile [%]	
Gesamtwasservolumen	1.384.120.000	100,0	
Salzwasser (Meer)	1.335.675.000	96,5	
Süßwasser (gesamt)	35.029.210	3,5	100,0
Süßwasser Wasser in Gletschern, Polareis, Meereis	24.364.100		69,6
Grundwasser, Bodenfeuchte	10.546.500		30,1
Wasser in Flüssen und Seen, Moore, Sümpfe	104.590		0,3
Wasser in der Atmosphäre	12.900		0,04

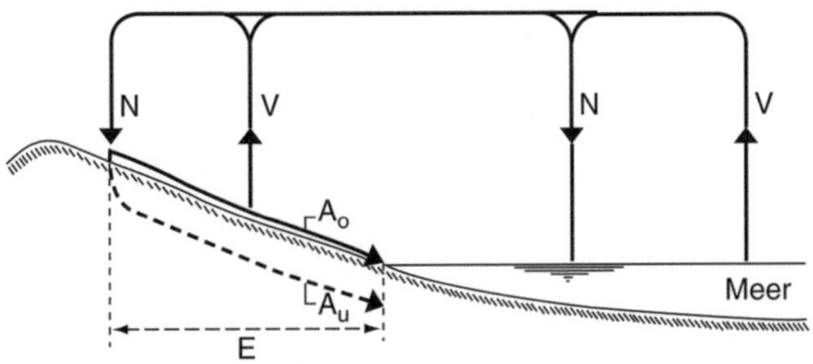

Abb. 2.1 Der Wasserkreislauf mit dem Niederschlag N und der Verdunstung V sowie dem ober- und unterirdischen Abfluss A_o und A_u auf der Landphase und Einzugsgebiet E

Der *Wasserkreislauf* lässt sich in eine Meer- und in eine Landphase aufteilen. In beiden Phasen verdunstet Wasser, wird als Wasserdampf von den Winden verfrachtet und erreicht als Regen oder Schnee wieder die Erdoberfläche (Abb. 2.1).

Für das Leben auf dem Land ist von Bedeutung, dass sich über dem Meer etwas weniger Wasser niederschlägt als dort verdunstet. Das mehr an Niederschlag schlägt sich über dem Land nieder und nährt dort die Schneefelder, Gletscher, Bäche, Flüsse, Seen und Grundwasservorkommen.

2.2 Wasserhaushaltsgleichung

Der *Wasserkreislauf* der Landphase lässt sich am einfachsten beschreiben, wenn für ein Gebiet E (mit bekannter Fläche) die Wasserbilanz über eine bestimmte Zeitdauer T aufgestellt wird (Abb. 2.1).

Die *Wasserbilanz* lässt sich dann in Form der *Wasserhaushaltsgleichung* beschreiben (siehe u. a. Dyck und Peschke 1995; Maniak 2001 und 2016; Lecher et al. 2015):

$$N = A + V \pm R\left[m^3\right]$$

mit

N Niederschlag in E während T [m^3]
A Abfluss aus E während T (oberirdisch A_o, unterirdisch A_u) [m^3]
V Verdunstung in E während T [m^3]
R Rückhalt (Retention) in E während T (oberirdisch als Schnee, Eis oder Wasser sowie unterirdisch im Grundwasserleiter) [m^3]

Es ist üblich, den Niederschlag als Quotienten pro Zeiteinheit T

$$N/E - \text{Volumen}\ [m^3] : \text{Fläche}\ [m^2] = \text{Höhe}\ [m]$$

mit

E Größe des Einzugsgebiets [ha; km^2] und
T Dauer des Niederschlags [min; h; d; a]

auszudrücken und dann auch die *Wasserhaushaltsgleichung* entsprechend zu formulieren. Mit

- $h_N = N/E$ Niederschlagshöhe in E während T [mm]
- $h_A = A/E$ Abflusshöhe in E während T [mm]
- $h_V = V/E$ Verdunstungshöhe in E während T [mm]
- $h_R = R/E$ Rückhalt in E während T [mm]

ergibt sich:

$$h_N = h_A + h_V \pm h_R\ [mm]$$

Wird die Niederschlagsdauer T lange genug gewählt, kann der Wasserrückhalt R vernachlässigt werden. In Abb. 2.2 ist als Beispiel die Wirkung eines im Winter sich bildenden und im Sommer abschmelzenden Schneerückhalts dargestellt.

In der Wasserhaushaltsgleichung erscheint der Rückhalt nur bei einer täglichen, wöchentlichen oder monatlichen Bilanzierung, nicht aber bei einer Jahresbilanz. Fasst man den Wasserhaushalt mehrerer Jahre zusammen, etwa indem man ein Durchschnittsjahr bildet, so hat der Schneerückhalt keine Auswirkungen auf die Bilanz. Gleiches gilt für andere, sich jährlich erneuernde Rückhalte. Daraus folgt für die Wasserhaushaltsgleichung:

$$N = A + V\ \left[m^3\right]$$

oder

$$h_N = h_A + h_V\ [mm]$$

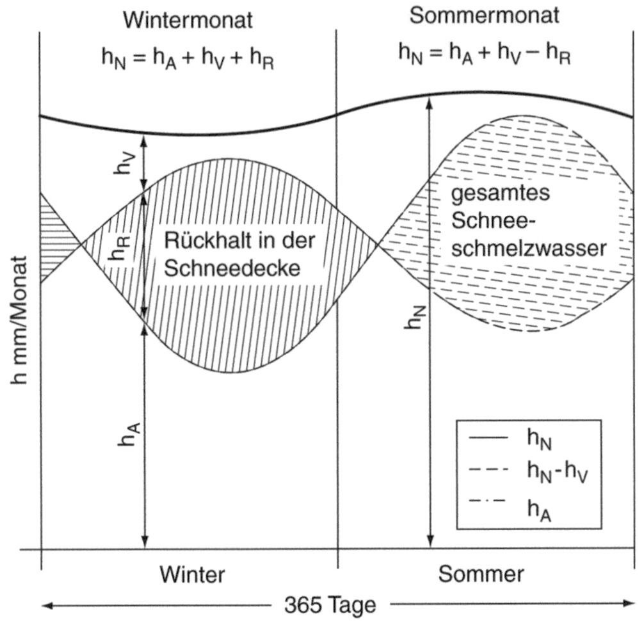

Abb. 2.2 Beispiel für die Auswirkung eines Wasserrückhalts in der temporären Schneedecke

Ein bekannter Versuch, die Wasserhaushaltsgleichung für Mitteleuropa zu quantifizieren, stammt von Keller (1969). Auf der Grundlage von durchschnittlichen Abflüssen und Gebietsniederschlägen verschiedener Einzugsgebiete führte er lineare Regressionsanalysen durch, die zu folgenden Ergebnissen führten:

• Alpengebiet und Mittelgebirge:	$h_{A1} = h_{N1}$	– 350 mm/Jahr
• Mittelgebirge:	$h_{A2} = 0{,}942 \times h_{N2}$	– 405 mm/Jahr
• Flachland:	$h_{A3} = 0{,}884 \times h_{N3}$	– 460 mm/Jahr

Diese empirischen Beziehungen geben die wirklichen Verhältnisse selbstverständlich nur grob wieder, verdeutlichen aber immerhin die Größenordnungen. Es ist davon auszugehen, dass die prognostizierten Klimaveränderungen diese Größen nachhaltig verändern werden (IPCC 2019). Inwieweit diese Veränderungen dann Einfluss auf die Bemessungsgrößen haben, wird sich zeigen. Die Wasserwirtschaft arbeitet diesbezüglich an praxistauglichen Lösungen (DWA 2010).

2.3 Abflusskoeffizient

Mit dem sog. *Abflusskoeffizienten* $\alpha = A/N = h_A/h_N$ wird erfasst, welcher Anteil der Niederschläge zum Abfluss gelangt.

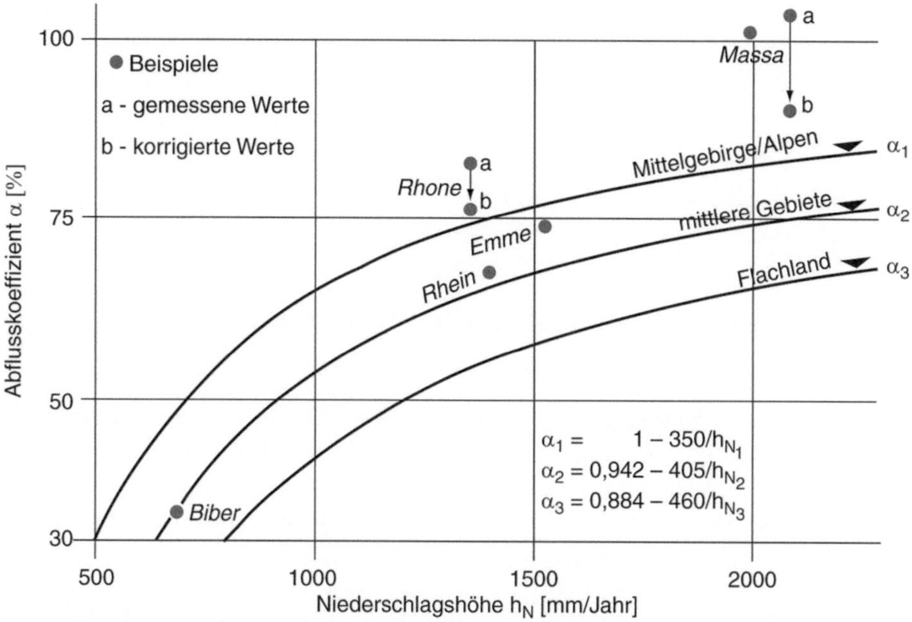

Abb. 2.3 Abhängigkeit des Abflusskoeffizienten von den Niederschlägen

Der Abflusskoeffizient hängt von verschiedenen Parametern ab, insbesondere von den Niederschlägen und der Beschaffenheit des Einzuggebiets (u. a. Vegetation, Durchlässigkeit, Topografie).

Je höher die Niederschläge sind, desto höher ist meist der Abflusskoeffizient. Die in Abb. 2.3 dargestellten Kurven entsprechen den Beziehungen von Keller (1969) für Mitteleuropa.

Beispiel

Mit den für die Schweiz erhobenen Werten $h_A = 970$ mm/Jahr und $h_N = 1.380$ mm/Jahr beträgt der mittlere Abflusskoeffizient $\alpha = 0{,}70$. In der Schweiz gelangen also im langjährigen Mittel 70 % der Niederschläge zum Abfluss.

2.4 Einzugsgebiet

Falls alle Abflüsse aus einem Gebiet einem bestimmten Ort zufließen, wird dieses Gebiet als Einzugsgebiet dieses Gewässers bezeichnet. Jeder Niederschlag, der auf das Einzugsgebiet fällt, dort weder verdunstet noch zurückgehalten wird oder unter der Abflussmessstelle A durchsickert, erhöht den Abfluss an der Messstelle (Abb. 2.4).

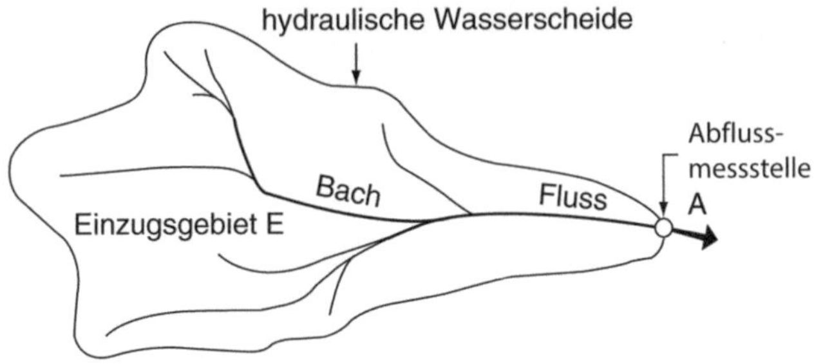

Abb. 2.4 Einzugsgebiet eines Gewässers mit einer Abflussmessstelle bei A

Die Begrenzung des Einzugsgebiets ist durch die hydrologische Wasserscheide gegeben. Diese stimmt nicht immer mit der Topografie überein. Große Unterschiede ergeben sich naturgemäß in Regionen mit unterirdischen Zu- und Abflüssen, beispielsweise in Karstgebieten. Bei der Definition eines Einzugsgebiets ist auch auf anthropogene Einflüsse in Form von Wasserüberleitungen zu achten (s. Abschn. 5.4).

2.5 Niederschlag

Die Luft besteht zum Teil aus unsichtbarem Wasserdampf. Dieser geht jedoch in sichtbare Formen (u. a. Wolken oder Nebel) über, wenn die Lufttemperatur unter den Taupunkt sinkt und sich an Kondensationskernen (d. h. an feinen, schwebenden Feststoffteilchen) kleine Wassertröpfchen bilden.

Zu Niederschlägen kommt es, wenn diese Wassertröpfchen sich zu größeren Gebilden vereinen (koagulieren) und dann nicht mehr von der Luftströmung getragen werden. Gewöhnliche Regentropfen weisen Durchmesser zwischen 0,5 und 5 mm auf und fallen mit Geschwindigkeiten zwischen 3 und 8 m/s.

In Höhen, in denen die Lufttemperatur unter dem Gefrierpunkt liegt, bestehen die Wolken aus kleinen Eiskristallen. Die entsprechenden Niederschläge fallen als *Schnee*, *Griesel* (Graupel) und *Hagel*.

Zum Niederschlag gehören auch *Tau* und *Reif*. Sie entstehen dort, wo sich der Wasserdampf auf der unter den Tau- oder Gefrierpunkt abgekühlten Erdoberfläche niederschlägt.

2.5.1 Niederschlagsmessung

Regenmesser dienen der Messung von gefallenen *Niederschlägen* an ausgewiesenen Stellen. Es handelt sich um Auffanggefäße, die als *Regenmesser* (Pluviometer) oder als Regenschreiber (Pluviografen) bezeichnet werden.

2.5.1.1 Arbeitsweise eines Regenmessers

Zu den charakteristischen Abmessungen derartiger Geräte gehören die Auffangfläche F und deren Abstand x über dem Gelände. Typische Werte in Europa sind F = 200 oder 500 cm^2 und x = 0 bis 6 m.

In der Standardausführung eines Regenmessers wird der aufgefangene Niederschlag als Rückhalt bestimmt. Dazu dient ein zylindrisches Messgefäß mit der Querschnittsfläche f [mm^2]. Einem Anstieg des Wasserspiegels im Messgefäß von z [mm], entspricht eine Niederschlagshöhe h_N von

$$h_N = z \cdot f/F \text{ [mm]}$$

Für F/f = 10 sind Niederschlagsmessungen im Zehntelmillimeterbereich möglich. Auf dieser volumetrischen Messung beruhen die sog. Tagessammler, wie etwa die verbreiteten Hellmann-Regenmesser, und die Monatssammler, die, wie es ihr Name andeutet, täglich oder monatlich abgelesen bzw. geleert werden (Abb. 2.5).

Die *Regenschreiber* (Pluviografen) sind zusätzlich mit einem Gerät ausgerüstet, das den Rückhalt laufend aufzeichnet. Dies geschieht beispielsweise durch einen Schwimmerpegel im Sammelgefäß oder durch eine kontinuierliche Wägung dieses Gefäßes.

Eine andere Methode besteht darin, den aufgefangenen Niederschlag nicht zurückzuhalten, sondern derart abzuleiten, dass er als Abfluss des Regenschreibers in Erscheinung tritt und laufend aufgezeichnet werden kann. Für die entsprechende Abflussmessung wird eine sog. Niederschlagswippe verwendet. Das ist ein kleines, sich selbst entleerendes Sammelgefäß, dessen Entleerungsfrequenz aufgezeichnet wird.

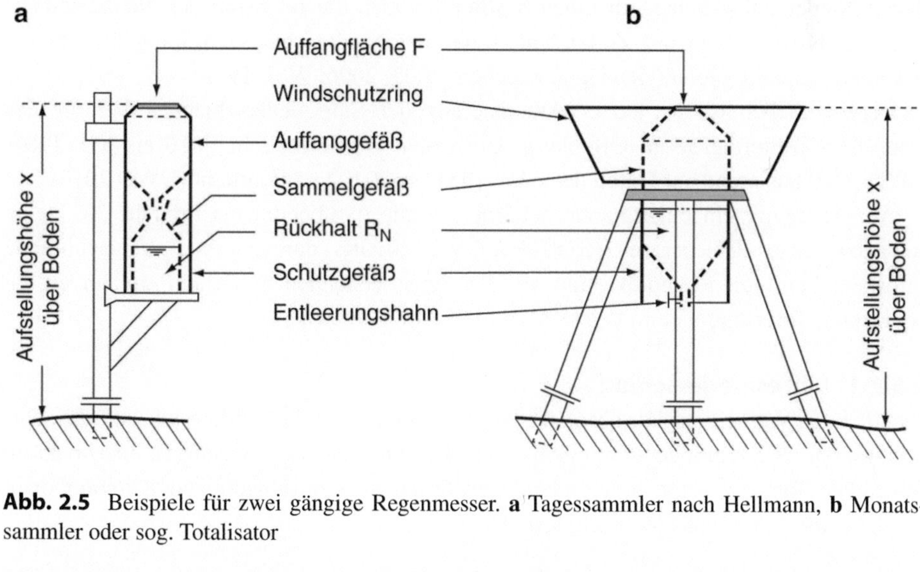

Abb. 2.5 Beispiele für zwei gängige Regenmesser. **a** Tagessammler nach Hellmann, **b** Monatssammler oder sog. Totalisator

2.5.1.2 Störeinflüsse bei Regenmessungen

Regenmesser, die gemäß Abb. 2.5 aufgestellt sind, zeigen bei Wind kleinere Niederschläge an als Regenmesser mit bodennahen Auffangflächen. Die Messdifferenz hängt vom Windprofil ab, dessen Form und Ausdehnung von der Windstärke und der Umgebung bestimmt wird. Für Regenmessungen während heftigem Wind können Korrekturzuschläge bis über 100 % notwendig werden, bei Schneefallmessungen sogar noch darüber hinaus (Eichproblem).

Als weitere Störgröße wirkt der Frost. Das Gefrieren des aufgefangenen Regens wird durch die Zugabe von Salz ins Messgefäß verhindert. Angesichts der dargestellten Einflussfaktoren wird verständlich, weshalb die Ergebnisse von Niederschlagsmessungen mit Unsicherheiten behaftet sind.

2.5.1.3 Wasserwert der Schneedecke

Zur Niederschlagsmessung gehört auch die Schneemessung durch Schneepegel, Schneestecher und Strahlensonden. In den gebräuchlichen Verfahren mit Schneepegel und Schneestecher wird der Wasserwert des Schnees durch Wiegen oder Schmelzen von Schneeproben bestimmt.

Das Verfahren mit Strahlensonden beruht auf der Absorption von Gammastrahlen in der Schneedecke und liefert deren Wasserwert. Überschläglich kann angenommen werden, dass 90 bis 130 mm Neuschnee etwa 10 mm Niederschlagshöhe ergeben.

2.5.2 Auswertung von Niederschlagsmessungen

Wichtige Größen bei der Auswertung von Niederschlagsmessungen sind u. a. die jährlichen Niederschlagshöhen für einen bestimmten Ort, die Intensität des Niederschlags, d. h. der Niederschlag pro Zeiteinheit, sowie die Niederschlagsverteilung über einem bekannten Einzugsgebiet (siehe u. a. Kleeberg 2003, 2006; WSL 1992).

Hervorzuheben ist die letzte Aktualisierung der Starkniederschlagsauswertung des Deutschen Wetterdiensts in Offenburg. Die Daten wurde im Jahr 2016 als KOSTRA-DWD-2010 basierend auf Daten der Jahre 1951 bis 2010 veröffentlicht (DWD 2016).

Auf Anregung einzelner Landesbehörden wurde darüber hinaus im Jahr 2017 eine Revision dieses Datensatzes (KOSTRA-DWD-2010R) durchgeführt. Weiterführende Informationen zur Methodik sind in den entsprechenden Berichten zu finden (s. ergänzende Informationen in DWD 2016).

2.5.2.1 Jahresniederschlag

Eine für den Wasserhaushalt besonders wichtige Größe ist die mittlere jährliche Niederschlagshöhe. Sie ergibt sich naturgemäß aus den Niederschlagsmessungen über mehrere Jahre. Die Tab. 2.2 zeigt an verschiedenen Orten in unterschiedlichen Klimaregionen erhobene mittlere Jahresniederschlagshöhen.

Tab. 2.2 Mittlere jährliche Niederschlagshöhen von ausgewählten Städten

Ort	Mittlere jährliche Niederschlagshöhen [mm]	Ort	Mittlere jährliche Niederschlagshöhen [mm]
Chicago	843	Paris	566
Los Angeles	315	Rom	749
New York	1.074	Stockholm	569
Mexico City	584	Wien	650
Lima	40	Zürich	1.039
Rio de Janeiro	1.082	Ankara	345
Kairo	28	Bangkok	1.468
Kapstadt	508	Hongkong	2.161
Freetown	3.495	Karachi	198
Marrakesch	503	Kuwait	129
Athen	401	New Delhi	640
Hamburg	734	Tokio	1.565
Moskau	630	Melbourne	653
München	866	Sydney	1.181

2.5.2.2 Niederschlagsintensität

Regenmesser liefern in der Regel eine Zeitreihe von Tagesniederschlägen. Ein weit besseres zeitliches Auflösungsvermögen besitzen *die Regenschreiber*, einige bis in den Minutenbereich.

Regenschreiber halten die Niederschlagsereignisse in Form von Summenkurven (Aufsummierung der Niederschlagshöhen über die Zeit) fest. Damit lassen sich für bestimmte Mess- oder Niederschlagsdauern t_R die Niederschlagsintensitäten i_N [u. a. in mm/h] bestimmen. Die *Niederschlagsintensitäten* i_N ergeben sich aus der Beziehung

$$i_N = h_N / T_R \text{ [mm/min] [mm/h] [mm/d]}$$

wobei h_N [mm] die während der Niederschlagsdauer T_R [min, h, d] registrierte Niederschlagshöhe ist.

Wird für eine einzelne, über einen längeren Zeitraum in Betrieb stehende Messstation, eine große Anzahl von Niederschlagsintensitäten ermittelt, so erhält man in einer Darstellung eine Punktewolke gemäß Abb. 2.6. Die Umhüllende dieser Punktewolke zeigt, dass die Niederschlagsintensität i_N mit der Niederschlagsdauer T_R abnimmt.

2.5.2.3 Gebietsniederschlag

Eine einzelne Messstation liefert eine örtliche Information, d. h. einen *Punktniederschlag*. Für Wasserhaushaltsfragen interessiert jedoch in der Regel der auf ein größeres Gebiet fallende Niederschlag, der sog. Gebietsniederschlag.

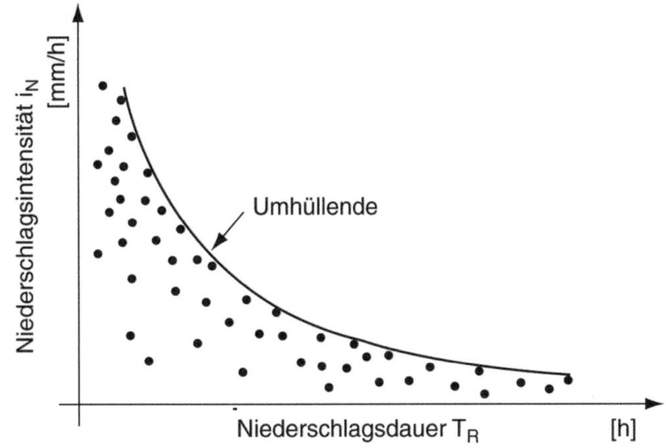

Abb. 2.6 Niederschlagsintensitäten i_N einer Messstation. Die Intensitäten nehmen mit der Niederschlagsdauer T_R ab

Der *Gebietsniederschlag* wird aus den Punktniederschlägen der im Messgebiet (z. B. Einzugsgebiet) befindlichen Messstationen als Mittelwert bestimmt. Dabei stellt sich die Frage nach der Gewichtung, die dem einzelnen Punktniederschlag zugeordnet werden soll.

Die Gewichtung einer einzelnen Messung wird in der Regel als Teilgebiet E_i ausgedrückt, für die die Punktmessung h_{Ni} innerhalb des Gesamtgebiets E als repräsentativ erachtet wird. Es gilt:

$$E = \sum_{i=1}^{n} E_i \, [m^2] \, [ha] \, [km^2]$$

$$N = \sum_{i=1}^{n} h_{N,i} \cdot E_i \, \left[m^3\right]$$

bzw.

$$h_N = \sum_{i=1}^{n} h_{N,i} \cdot \frac{E_i}{E} \, [m]$$

Bei nur wenigen Messstellen werden die Teilgebiete E_i mit den sog. *Thiessen-Polygonen* bestimmt. Auf einem Lageplan werden sämtliche Messstellen miteinander verbunden und durch die Mittelsenkrechten voneinander abgegrenzt (Abb. 2.7).

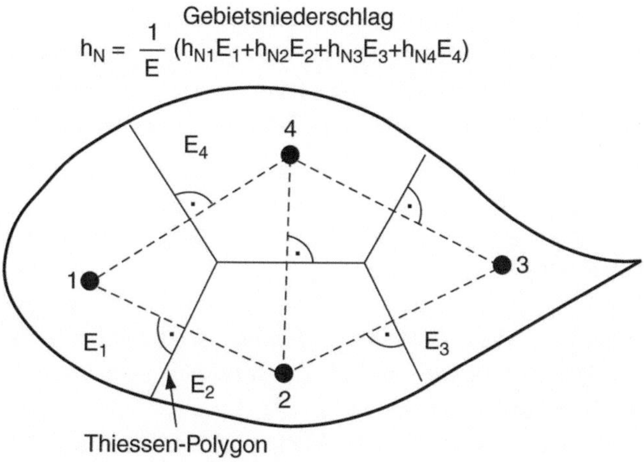

Abb. 2.7 Ausmittelung von Punktmessungen von Niederschlägen für ein Gebiet mithilfe des *Thiessen-Polygons.* Die Messung h_{N1} im Punkt 1 gilt für das Teilgebiet E_1, die Messung h_{N2} für Punkt 2 usw.

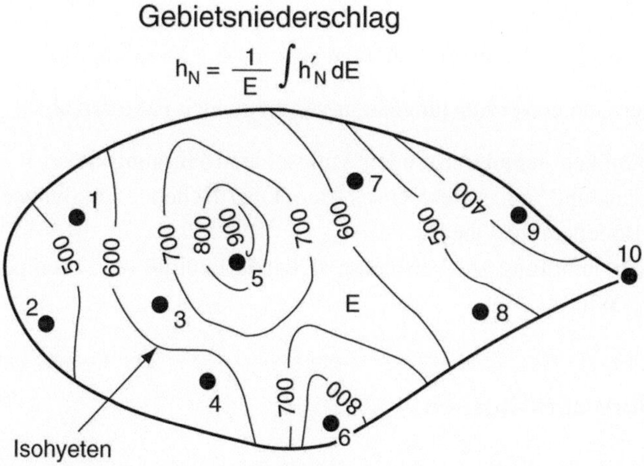

Abb. 2.8 Ausmittelung der Punktmessungen von Niederschlägen für ein Gebiet aufgrund der geschätzten Isohyeten (sog. Niederschlagsgleichen)

Sind ausreichend Messstellen vorhanden, ist es möglich, einen Übersichtsplan mit den Linien gleicher Niederschläge (sog. *Isohyeten-* oder *Niederschlagsgleichenplan*) anzufertigen (Abb. 2.8).

Umso mehr die benachbarten Punktmessungen von einander abweichen, desto schwieriger wird eine zuverlässige Ermittlung des Gebietsniederschlags. Dieser Fall tritt insbesondere bei Starkniederschlägen auf.

Heute wird die örtliche Niederschlagsverteilung innerhalb eines Gebiets auch mit Radargeräten erfasst. Das Radarecho ist aber nicht nur von der Niederschlagsintensität abhängig, sondern u. a. auch vom Tropfenspektrum, was die Interpretation der Messergebnisse erschwert. Schlüssige Aussagen sind zudem nur bei Regen möglich, nicht aber bei Schneefall.

2.6 Verdunstung

Die *Gebietsverdunstung* (sog. *Evapotranspiration*) setzt sich aus der *Pflanzenverdunstung,* der *Bodenverdunstung* und der *Verdunstung* von freien Wasserflächen zusammen (u. a. Miegel und Kleeberg 2007).

Bei der *Pflanzenverdunstung* wird zusätzlich noch zwischen der Wasserabgabe der Pflanzen und der Verdunstung von den regen- oder taunassen Pflanzen unterschieden. Es gilt:

Gebietsverdunstung = Wasserabgabe der Pflanzen + ...

... + Verdunstung an Pflanzen und freien Wasserflächen

bzw.

$$\text{Evapotranspiration} = \text{Transpiration} + \text{Evaporation}$$

Das Ausmaß der Gebietsverdunstung hängt von folgenden Faktoren ab:

- Aufnahmefähigkeit der angrenzenden Atmosphäre (Sättigungsdefizit)
- Art des Bodens und seines Bewuchses (u. a. Oberflächenbeschaffenheit, Wassernachschub vom Boden an die Oberfläche)
- die für die Verdampfung zur Verfügung stehende Energie (u. a. Temperatur, Sonneneinstrahlung, Wind)

2.6.1 Verdunstungsbecken

Anhaltspunkte über die Verdunstung lassen sich mit *Verdunstungsbecken* (sog. Evaporimetern) ermitteln. Meist handelt es sich dabei um einfache, wassergefüllte Becken (Abb. 2.9). Analog zu den Niederschlagsmessern wird für diese Becken in gewissen Zeitabständen (Tagen) eine Wasserbilanz gezogen. Daraus folgt:

$$V = N + R \text{ [mm]}$$

mit

V Verdunstung [mm]
N Niederschlag (mit einem benachbartem Regenmesser bestimmt) [mm]
R Abnahme des Rückhalts (mit Stechpegel oder Wägen gemessen) [mm]

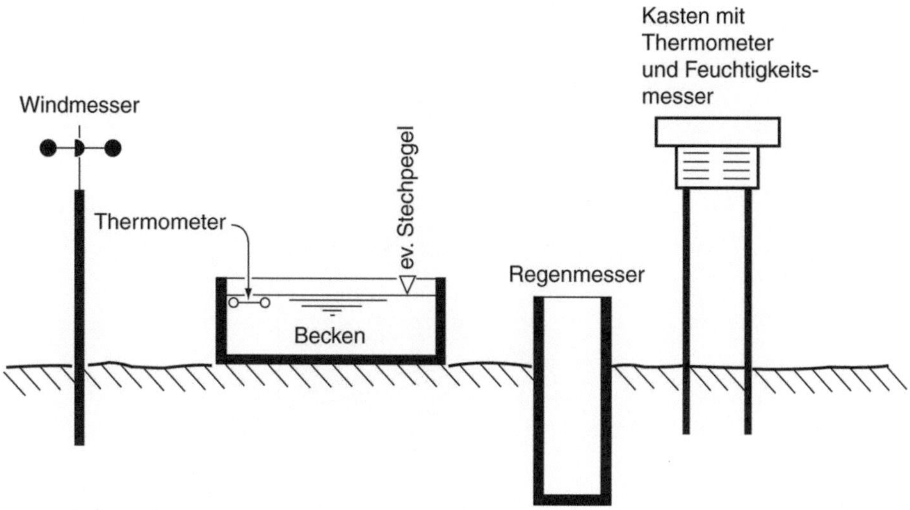

Abb. 2.9 Verdunstungsmesser (Evaporimeter) bzw. Verdunstungsbecken mit Regenmesser (Pluviometer) und weiteren Geräten (schematische Darstellung)

Meist werden die Verdunstungsbecken noch mit einem Windmesser *(Anemometer)* und einem schwimmenden Thermometer ausgerüstet. Die Becken können auf den Boden oder auf ein Floß gestellt werden; manchmal sind sie auch in den Boden eingelassen.

Die wesentlichen Parameter des Bodens und seines Bewuchses werden dabei jedoch nicht berücksichtigt. Die gemessene Verdunstung liegt daher meist erheblich über derjenigen ihrer Umgebung und liefert daher eher einen Hinweis auf die Aufnahmefähigkeit der angrenzenden Atmosphäre.

2.6.2 Versickerungsmesser – Lysimeter

Wirklichkeitsnähere Werte für einen Boden liefern *Versickerungsmesser* (sog. *Lysimeter*). Lysimeter bestehen im Wesentlichen aus einem Gefäß, das mit einem hinsichtlich Zusammensetzung, Lagerung und Bewuchs möglichst repräsentativen Bodenvolumen gefüllt ist (Abb. 2.10).

Die auf die Lysimeteroberfläche fallenden Niederschläge verdunsten, versickern oder fließen oberflächlich ab. Aus der Wasserbilanz ergibt sich die Verdunstung zu:

$$V = N - A_o - A_u \pm R \text{ [mm]}$$

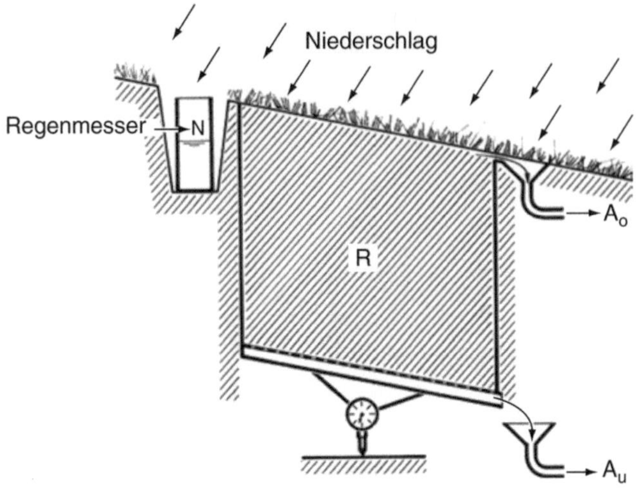

Abb. 2.10 Schematische Darstellung eines Versickerungsmessers (Lysimeter) bzw. Verdunstungsmessers mit Regenmesser

mit

V Verdunstung [mm]
N Niederschlag (mit benachbartem Regenmesser bestimmt) [mm]
A_o Oberflächenabfluss (aufgefangen und gemessen) [mm]
A_u Unterirdischer Abfluss (aufgefangen und gemessen) [mm]
R Abnahme des Rückhalts (durch Wägen des Gefäßes gemessen) [mm]

Wie bei den Niederschlagsmessungen mit Pluviometern, handelt es sich auch bei den mit *Evaporimeter* und *Lysimetern* gemessenen Werten ebenfalls um *Punktmessungen.* Zur Ermittlung von Gebietsverdunstungen werden die gleichen Methoden angewandt wie für die Bestimmung von Gebietsniederschlägen (s. Abschn. 2.5).

Beispiel
Mit Verdunstungsbecken von 122 cm Durchmesser und 20 cm Wassertiefe (U.S. Weather Bureau Type A) wurden auf Seen jährliche Verdunstungshöhen gemessen, die die tatsächlichen Werte um 40 % übertrafen. Der Grund war, dass die kleinen Becken für die Seen zu wenig repräsentativ waren. Die Wassertemperaturen waren höher als in den Seen, weil der Wärmeaustausch mit tieferen Schichten, wie sie Seen besitzen, nicht stattfinden konnte.

2.7 Rückhalt

Der Rückhalt des Wassers in der freien Landschaft findet in unterschiedlichen Speichern statt. Die wichtigsten Rückhalteareale sind:

- Rückhalt in der Schneedecke
- Rückhalt in Gletschern
- Rückhalt auf Böden und Pflanzen
- Rückhalt in Oberflächengewässern und
- Rückhalt im Grundwasserleiter

2.7.1 Rückhalt in der Schneedecke

Die winterlichen Schneedecken können einen bedeutenden Rückhalt darstellen. Das Rückhaltevolumen lässt sich ermitteln, wenn die Ausdehnung einer temporären Schneedecke bestimmt (großräumig z. B. mit Flug- oder Satellitenaufnahmen) und die Schneehöhe mit dem zugehörigen Wasserwert (s. Abschn. 2.5.1.3) gemessen wird.

Schätzwerte für die Schneedichte und damit für den Wasserwert liefert die Tab. 2.3. Im Laufe eines Winters verdichtet sich eine Neuschneedecke und kann vor der Schneeschmelze Dichten bis über 500 kg/m^3 erreichen.

2.7.2 Rückhalt in Gletschern

Bei Gletschern unterscheidet man ein *Nähr-* und ein *Zehrgebiet.* Im höher liegenden Nährgebiet wird das Gletschereis durch Schneefall angereichert, im tiefer liegenden Zehrgebiet wird es durch Schmelzprozesse verringert. Je nachdem, wie die Gesamtbilanz zwischen den Niederschlägen, der Verdunstung und den Gletscherabflüssen ausfällt, wachsen oder schwinden die Eismassen. Der Rückhalt kann durch periodische topografische Aufnahmen bestimmt werden, die eine Eismassenbilanzierung erlauben.

Tab. 2.3 Dichte von Schnee in kg/m^3 (entspricht dem Wasserwert einer ein Meter starken Schneedecke in mm)

Schneeart	Dichte [kg/m^3]
Lockerer Schnee	30–150
Pulverschnee	100–200
Körniger Schnee	150–450
Nassschnee	400–600
Lange gelagerter Schnee	500–800
Eis	920

2.7.3 Rückhalt auf Böden und Pflanzen

Bevor das Regen- oder Schneeschmelzwasser abfließt, versickert und verdunstet, benetzt es den Boden und die Pflanzen. Der auf diese Weise sich bildende Rückhalt ist entsprechend der großen Zahl von Böden- und Pflanzenarten sehr vielfältig und überdies schwierig zu messen.

2.7.4 Rückhalt in Oberflächengewässern

Die Abflusskurve zeigt den Zusammenhang zwischen Wassertiefe und Abfluss (Abb. 2.11). Bei zunehmendem Abfluss steigt der Wasserspiegel an, was bewirkt, dass ein Teil dieses Abflusses der Füllung des Gewässerbetts dient und auf diese Weise dort gespeichert wird, d. h. einen Rückhalt bildet. Die Größenordnung lässt sich durch Bett- und Wasserstandsaufnahmen bestimmen (s. Abschn. 2.10 und 2.11).

2.7.5 Rückhalt im Grundwasserleiter

Das in den Untergrund versickernde Wasser (Regen-, Schmelz-, Bach-, Fluss- und Seewasser) wird in der *ungesättigten* und in der *gesättigten* Zone gespeichert.

Die *gesättigte Zone* umfasst den Gesteinskörper, der zum Betrachtungszeitpunkt vollständig mit Wasser gefüllt ist. Dazu gehören der Grundwasserraum und der geschlossene Kapillarraum.

Der Rückhalt lässt sich bestimmen, wenn sowohl die Ausdehnung der Zonen als auch der Wassergehalt des Bodens bekannt ist. Veränderungen werden durch Messen des Grundwasserspiegels mit Standrohren erfasst (s. Abschn. 2.10). Der natürliche Rückhalt in ober- und unterirdischen Gewässern kann durch Bewirtschaftungsstrategien (u. a. Wasserspeicherung, Grundwasseraufhöhung) beeinflusst werden.

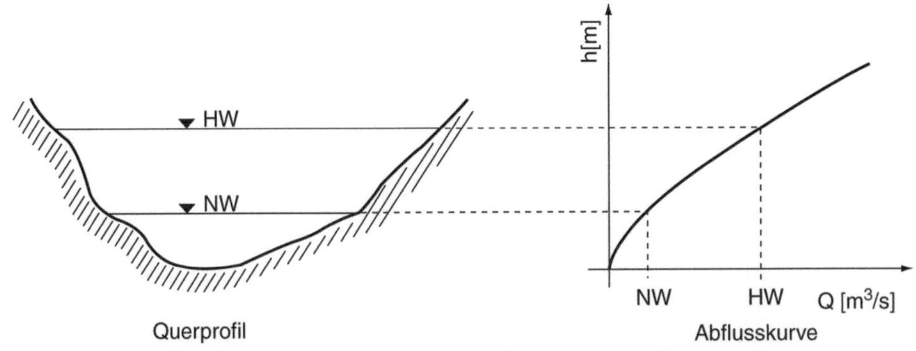

Abb. 2.11 Abflusskurve eines Oberflächengewässers. Die Wasserspiegeldifferenz zwischen Hochwasser(*HW*)- und Niedrigwasser(*NW*)-Ständen stellt ein Rückhaltevolumen dar

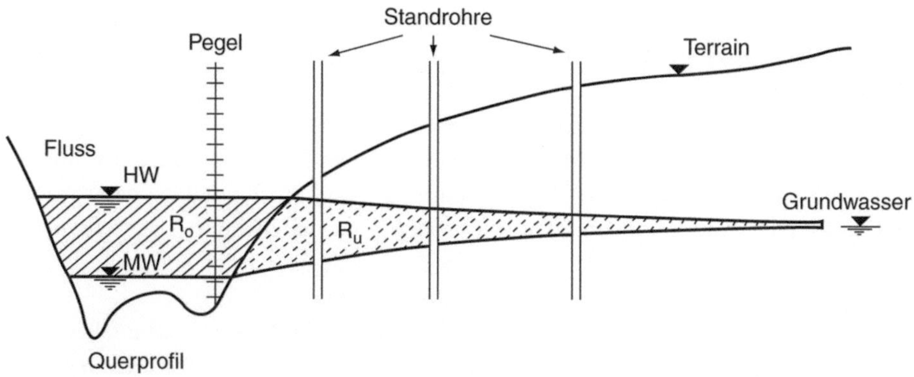

Abb. 2.12 Schwankungsbereich eines Wasserspiegels und eines angrenzenden Grundwasserkörpers. *HW* Hochwasser; *MW* Mittelwasser

Beispiel

Ein Fließgewässer steht mit einem angrenzenden Grundwasser in Verbindung. Bei Niedrig- und Mittelwasser strömt Grundwasser in den Fluss und nährt diesen. Umgekehrt versickert bei Hochwasser ein Teil des Oberflächenwassers in den Grundwasserkörper und reichert diesen an. Der entsprechende unterirdische Rückhalt kann mit Standrohren gemessen werden (Abb. 2.12). Feststoffablagerungen reduzieren den Hohlraumanteil sowie den Durchlässigkeitsbeiwert und können die Grundwasserströmung unterbinden (sog. Kolmation).

2.8 Abfluss

Die Kenntnis der Niederschläge N, der Verdunstung V und des Rückhalts R macht es möglich, das Abflussregime, d. h. die Folge und Größe der Abflüsse, zu erklären (u. a. Bronstert 2005). Es gilt grundsätzlich:

$$A = N - V \pm R$$

In quantitativer Hinsicht wird ein Hochwasserregime beispielsweise durch die extremen und mittleren Abflüsse gekennzeichnet, wobei folgende Bezeichnungen für den Abfluss üblich sind:

- HHQ Höchster gemessener Abfluss [m^3/s]
- HQ Hochwasserabfluss [m^3/s]
- MQ Mittlerer Abfluss [m^3/s]
- NQ Niedrigwasserabfluss [m^3/s]
- NNQ Niedrigster gemessener Abfluss [m^3/s]

Für die entsprechenden Wasserstände W gelten sinngemäß die Abkürzungen HHW, MW, NW und NNW. An Pegeln werden diese meist in Metern über dem Meeresspiegel (m ü. NN) angegeben.

Für Extremwerte ist das Datum des Auftretens oder die Jährlichkeit bzw. die Wiederkehrperiode anzugeben, bei den Mittelwerten die Zeitdauer, über die gemittelt wurde.

Als weiteres Merkmal für ein Abflussregime können Verhältniszahlen herangezogen werden. Charakteristisch für den Schwankungsbereich der Abflüsse ist z. B. der Quotient HHQ/MQ (Tab. 2.4). Für länger andauernde Betrachtungen ist der Vergleich der jährlichen *Wasserfrachten* (jährlichen Abflüsse) aufschlussreich (Tab. 2.5).

Die Niederschläge in den Alpen vor ihrer Mündung in die Alpenrandseen fallen reichlich und über das ganze Jahr verteilt. Die Verdunstung ist relativ bescheiden. Der Rückhalt in der Schneedecke und in den Gletschern wirkt sich dahingehend aus, dass die Winterabflüsse gering und die Sommerabflüsse groß sind.

Es ist ohne Weiteres möglich, dass in den sieben Wintermonaten, von Oktober bis April, nur 10 % der jährlichen Wasserfracht abfließen und in den fünf Sommermonaten, von Mai bis September, dann die restlichen 90 Prozent.

Tab. 2.4 Abflussregime einiger Flüsse der Schweiz

Ort	Gewässer	Einzugsgebietsgröße [km^2]	Messperiode	HHQ [m^3/s]	MQ [m^3/s]	HHQ/ MQ [−]
Ocourt	Doubs	1.230	1921–2008	440	33,2	13,3
Andelfingen	Thur	1.696	1904–2008	1.130	47,0	24,0
Bellinzona	Ticino	1.515	1921–2008	1.500	67,8	22,1
Brugg	Aare	11.726	1935–2008	1.387	316	4,4
Neuhausen	Rhein	11.887	1959–2008	1.180	367	3,2

Tab. 2.5 Langfristiges Abflussregime von Flüssen auf verschiedenen Kontinenten

Land	Fluss-Station	Einzugsgebietsgröße [km^2]	Messperiode	Jahreswasserfracht [$m^3 \cdot 10^6$]			
				Min.	Mittel	Max.	Max./ Min.
Schweiz/ BRD	Rhein Rheinfelden	34.526	1935–2008	19.994	32.734	43.646	2,18
Marokko	Oum er Rbia Imfout	30.550	1934–1968	1.470	4.181	8.731	5,94
Thailand	Mae Kok Chiang Rai	6.060	1956–1969	2.495	3.479	4.463	1,79

Beispiel

$HHQ_{11.07.2018}$	– höchster gemessener Hochwasserabfluss am 11.7.2018
HQ_{100}	– 100-jährlicher Hochwasserabfluss (dieser Wert wird statistisch gesehen einmal in 100 Jahren erreicht oder überschritten)
MQ_{2018}	– mittlerer Abfluss für das Jahr 2018 (eventuell auch unter Angabe einer Messperiode)
$MQ_{(1952–2018)}$	– mittlerer Abfluss in den Jahren 1952 bis 2018

2.9 Hydrometrie – Vermessung von Gewässern

Bei der Vermessung von Gewässern wird zwischen Fließgewässern, stehenden Gewässern (u. a. Seen) und Grundwasser unterschieden.

2.9.1 Fließgewässer

Flüsse und Bäche werden meist im Grundriss (Lageplan und andere topografische Karten), Längenprofil und in Querprofilen dargestellt. Da Fließgewässer ihre Lage durch Tiefen- und Seitenerosion sowie durch Auflandungen an der Sohle und an den Ufern ändern können, ist es oft notwendig, die Vermessungsarbeiten nach einer gewissen Zeit zu wiederholen und zu vergleichen. Dies gilt insbesondere nach extremen Hochwasserereignissen.

Der *Grundriss* eines Fließgewässers wird mit Land- oder Luftaufnahmen (heute auch mit Drohnen) ermittelt. Grundsätzlich wird dabei die Mittelwasserlinie berücksichtigt, je nach Bedarf aber auch eine Hochwasser- und Niedrigwasserlinie.

Die *Kilometrierung* eines Fließgewässers erfolgt längs der Gerinneachse. Als Ausgangspunkt der Kilometrierung dient entweder die Ausflussstelle aus einem See oder die Mündungsstelle, eventuell auch eine politische Grenze. Dementsprechend wird flussabwärts oder -aufwärts kilometriert. Im Zuge von Laufverkürzungen infolge von Ausbaumaßnahmen können sog. Fehlkilometer entstehen.

Querprofile (Abb. 2.13) werden in der Regel alle 100, 200 oder 500 m senkrecht zur Gewässerachse aufgenommen, in der Regel an den für die Kilometrierung markierten Stellen. Dazwischen werden nur besonders markante bzw. bedeutsame Profile, etwa bei Felsschwellen, Ausbuchtungen, Inseln, Einengungen, Schnellen, Kolken oder Brücken, Dükern und andern Einbauten, messtechnisch erfasst.

Für begehbare, d. h. seichte und nicht schnell fließende Flüsse und Bäche, ist die Profilaufnahme einfach, da das Gewässerbett betreten werden kann. Bei tieferen oder schnell fließenden Gewässern müssen von einer Brücke oder von einem Boot aus Peilungen vorgenommen werden. Dabei werden die Peilpunkte mittels Peilleinen oder

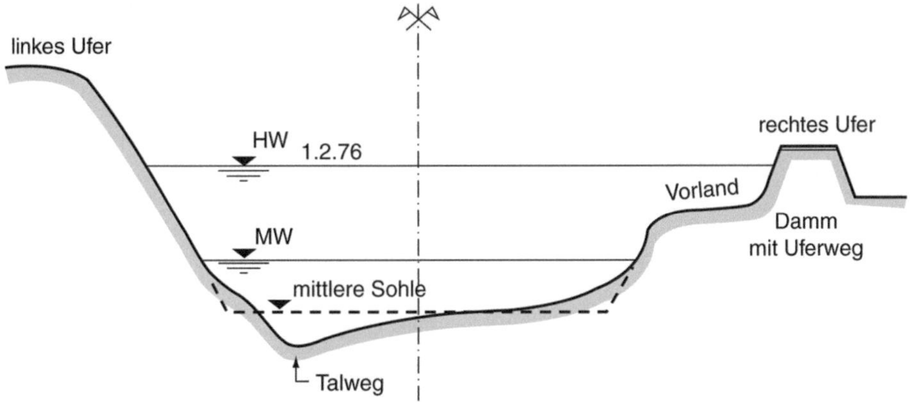

Abb. 2.13 Beispiel eines Flussquerprofils mit eingetragenem Hoch- und Mittelwasserspiegel sowie ausgemittelter Sohlenlage. *HW* Hochwasser; *MW* Mittelwasser

optisch in das Profil eingemessen. Ihr Abstand zum Ufer kann an den straff gespannten Peilleinen abgelesen bzw. tachymetrisch oder elektronisch bestimmt werden. Als Peilgeräte kommen Peilstangen, Peillote, Echolote und Drucksonden infrage.

Das *Längsprofil* wird anhand der Situation und der Querprofile aufgezeichnet. Außer den interessierenden Wasserspiegelhöhen (HHW, MW, NW) wird die Höhenlage der Ufer, der Sohle und des Talwegs ermittelt.

In der Vermessung von natürlichen Gewässern muss aufgrund der Gegebenheiten vor Ort mit Unsicherheiten bzw. Diskrepanzen gerechnet werden. Wichtig ist es daher, vor Ort zu klären, was wichtige Höhenpunkte sind bzw. wo gemittelt werden kann. Natürlich sind auch Anlagen am Gewässer, wie z. B. Brücken, Durchlässe, Düker, Einbauten, Versorgungsleitungen, zu berücksichtigen. Während Querprofile in der Regel unverzerrt gezeichnet werden, werden Längenprofile meist überhöht dargestellt.

2.9.2 Stehende Gewässer

Stehende Gewässer (u. a. Seen) werden mithilfe von topografischen Karten in ihren Abmessungen erfasst. Von besonderem Interesse sind Bereiche, die starken Veränderungen unterliegen, wie z. B. Deltas, Kiesabbaugebiete und Felssturzablagerungen.

Als *Uferlinie* wird grundsätzlich die Mittelwasserlinie (MW-Linie) angegeben. Der Seegrund wird durch Peilung mittels Echolot von Schiffen aus aufgenommen. Im Flachwasser sind auch Seegrundaufnahmen aus der Luft möglich. Als Bezugshorizont dient naturgemäß der Seespiegel.

2.9.3 Grundwasser

Grundwasservorkommen werden mit Grundwasserbohrungen – allenfalls ergänzt mit geoelektrischen Untersuchungen – ausgelotet und in Grundwasserkarten festgehalten. Meist werden die Untergrenze des Grundwasserleiters und der Grundwasserflurabstand mithilfe von *Höhenlinien* (sog. Isohypsen) dargestellt. Eventuell wird zusätzlich die *Transmissivität T* (Produkt der *Durchlässigkeit* k_f und die *Mächtigkeit der grundwasser führenden Schicht*) angegeben.

2.10 Wasserstandsmessungen (Pegelmessungen)

Bei den Wasserstandsmessungen ist zwischen *oberirdischem* (Oberflächenwasser) *und unterirdischem Wasser* (u. a. Grundwasser) zu unterscheiden.

2.10.1 Wasserstände in Oberflächengewässern

Für laufende Wasserstandsmessungen in oberirdischen Gewässern werden Pegelstationen eingerichtet, die mit Latten-, Schwimm-, Druckluft- und anderen Pegeln ausgerüstet sind. Je nachdem, ob diese Pegel eigenständig registrieren oder nicht, unterscheidet man *Limnigrafen* und *Limnimeter*. Die genaue Höhenlage der Pegel wird mittels Nivellement bestimmt.

Lattenpegel (Abb. 2.14) sind Messlatten, deren Nullpunkt bekannt ist (heute meist die Meereshöhe). Sie bestehen aus Metall und weisen eine Zentimeterteilung auf. Die Ablesung des Pegels erfolgt periodisch, beispielsweise täglich um 7.00 und 19.00 Uhr.

Schwimmerpegel (Abb. 2.15) messen den Wasserstand laufend, indem ein Schwimmer alle Veränderungen auf ein geeichtes Registriergerät überträgt. Das Registriergerät besteht entweder aus einer Schreibtrommel oder einem elektrischen Kontaktwerk zur Digitalisierung der Messwerte.

Druckluftpegel (pneumatische Geber; Abb. 2.16) bestehen im Prinzip aus einer Taucherglocke, in der der Luftdruck gemessen wird. Der Luftdruck im Tauchrohr entspricht dem Wasserdruck am Tauchrohrende und damit der dortigen Wassertiefe.

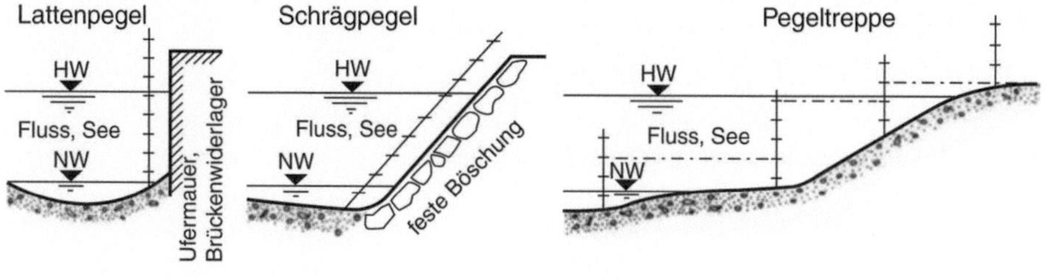

Abb. 2.14 Schematische Darstellung von Lattenpegeln in lotrechter und schräger Ausführung. HW Hochwasser; NW Niedrigwasser

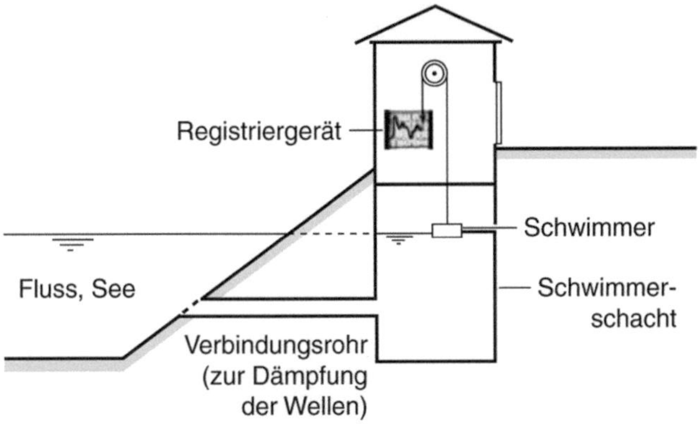

Abb. 2.15 Schematische Darstellung eines Schwimmerpegels mit Registriergerät. Das enge Verbindungsrohr zwischen See und Schwimmerschacht sorgt für die Dämpfung von Wellen

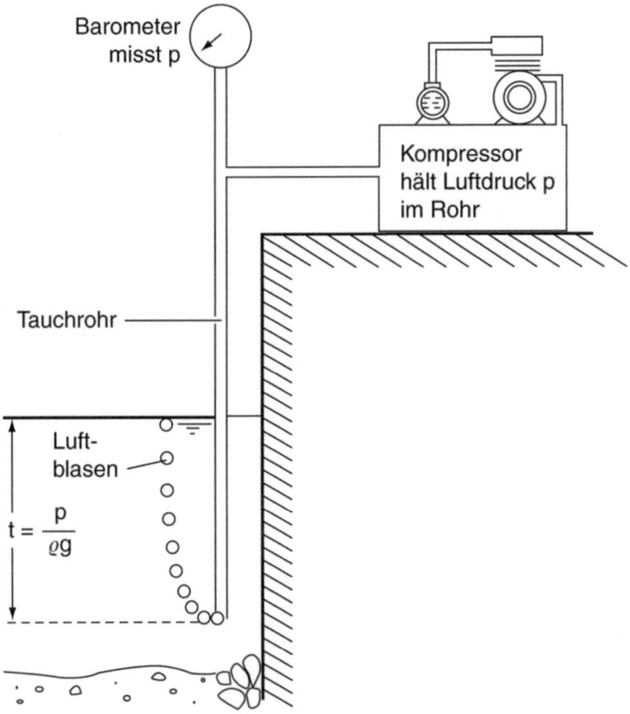

Abb. 2.16 Schematische Darstellung eines Druckluftpegels

Derartige Pegel können ebenso wie die Schwimmerpegel mit einem Registriergerät ausgerüstet sein. Sie eignen sich insbesondere bei Messungen bei großen Wasserstandsschwankungen (beispielsweise in Stauseen).

Echolote gestatten die berührungsfreie Wasserstandsmessung aus der Luft. Gemessen wird die Laufzeit eines Schallsignals von einem Schallsensor zum Wasserspiegel und zurück. Daraus lässt sich die Wasserspiegellage bestimmen, da die Schallgeschwindigkeit in der Luft bekannt ist. Solche Echolote sind vor allem in der Abwassertechnik verbreitet (Abb. 2.17).

2.10.2 Unterirdisches Wasser – Messung von Grundwasserständen und -spiegeln

Grundwasserstände bzw. *Grundwasserspiegel* werden in Standrohren, durch Brunnenpfeifen oder Kabellichtlote gemessen.

Brunnenpfeifen werden an einem Messband in das Standrohr eingeführt und abgelassen (Abb. 2.18). Sobald die Brunnenpfeife in das Grundwasser eintaucht, ertönt ein Pfeifsignal, weil beim Eintauchen das Wasser die Luft aus der Pfeife verdrängt. Auf diese Weise kann die Höhenlage des Grundwasserspiegels unter der Standrohroberkante gemessen werden.

Kabellichtlote bestehen aus einer Signallampe, einem Kabel und einer Tauchelektrode. Sobald die Tauchelektrode das Wasser im Standrohr berührt, leuchtet die Signallampe auf. Mit dem Kabel als Messband wird dann die Höhenlage des Grundwasserspiegels bestimmt.

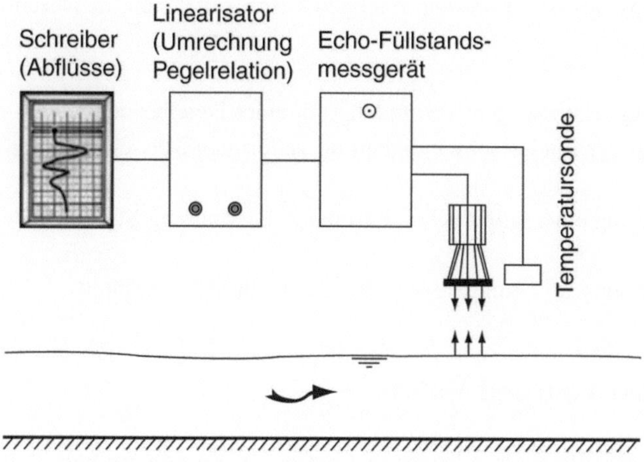

Abb. 2.17 Messanordnung eines Echolots für die Wasserstandsmessung

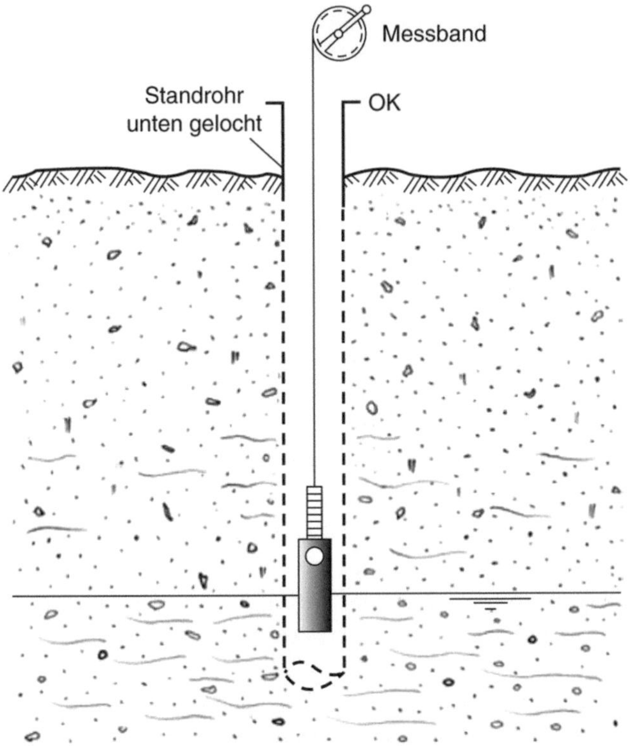

Abb. 2.18 Schematische Darstellung einer Grundwasserstandsmessung mit Brunnenpfeife

2.11 Abflussermittlung

Die Bestimmung des Abflusses von Fließgewässern stützt sich im Wesentlichen auf drei Methoden:

- die Wasserstandsmessung in Verbindung mit einer Pegelbezugskurve
- die Messung der Fließgeschwindigkeit an genormten Messeinrichtung (z. B. Venturi-Kanälen)
- die Verwendung einer empirischen Formel (z. B. Manning-Strickler-Gleichung)

Die Abflussmessung im Grundwasser wird hier nicht näher erläutert.

2.11.1 Wasserstand und Abfluss

Die Methoden der Wasserstandsmessung wurden bereits in Abschn. 2.10 beschrieben. Um aus einer Wasserstandsmessung einen Abfluss ableiten zu können, bedarf es einer sog. *Abflusskurve* bzw. *Pegelrelation.* Eine Abflusskurve ist eine Bezugskurve zwischen den Wasserständen und den zugehörigen Abflüssen bzw. Durchflüssen für einen bestimmten Gewässerquerschnitt. Es gilt:

$$Q = Q(h)\ \left[m^3/s\right]$$

mit

Q Abfluss [m^3/s]
h Wasserstand [m]

Die *Abflusskurve* kann aus hydraulischen Berechnungen, hydraulischen Modellversuchen sowie Eichmessungen vor Ort bestimmt werden.

2.11.1.1 Venturi-Kanäle

Die hydraulischen Berechnungen und Modellversuche liefern insbesondere bei *Messüberfällen* und *Venturi-Kanälen* zuverlässige Werte. Solche Einbauten lassen sich an natürlichen Gerinnen aber selten rechtfertigen.

Wenn sich an Einbauten gemäß Abb. 2.19 ein Fließwechsel von Strömen zu Schießen einstellt bzw. erzwungen wird, gilt grundsätzlich:

$$Q = C \cdot h^n \left[m^3/s\right]$$

mit

Q Abfluss [m^3/s]
C Formkonstante [-]
h Überfallhöhe [m]
n Exponent (typischerweise 3/2 bei Rechtecküberfällen und 5/2 bei Dreiecküberfällen)

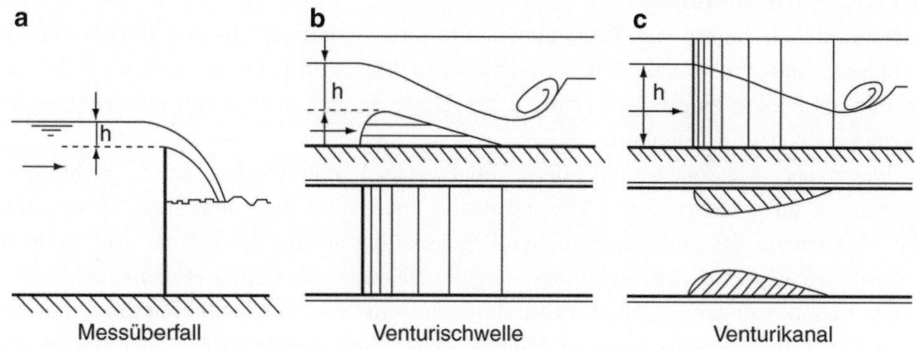

Abb. 2.19 Abflussmessung durch feste Einbauten. **a** Messwehr mit Zulaufkanal und Messüberfall, **b** Venturischwelle, **c** Venturikanal mit seitlicher Einschnürung

2.11.1.2 Formel von Manning-Strickler

Für Normalabfluss in Kanälen und kanalisierten Fließgewässern kann auch die empirische Formel von Manning-Strickler (oder ein anderer Reibungsansatz; s. Hager 1988) zur Ermittlung des Abflusses herangezogen werden. Für breite Rechteckgerinne gilt beispielsweise näherungsweise:

$$Q = b \cdot k_{Str} \cdot J^{1/2} \cdot h^{5/3} \left[m^3/s\right]$$

mit

- Q Abfluss [m^3/s]
- b Gerinnebreite [m]
- k_{Str} Rauheitsbeiwert nach Manning-Strickler [$m^{1/3}/s$]
- J Gefälle [-]
- h Wassertiefe [m]

In der *Manning-Strickler-Gleichung* lassen sich die bauseitigen Werte zu einer Konstante C zusammenfassen:

$$C = b \cdot k_{Str} \cdot J^{1/2} \quad [-]$$

Daraus folgt

$$Q = C \cdot h^{5/3} \quad \left[m^3/s\right]$$

Da es aber oft schwierig ist, den Rauheitsbeiwert k_{Str} zu schätzen, erhält man auch für den Abfluss Q lediglich einen unsicheren Wert.

Der Ansatz zeigt aber deutlich, dass die Pegelrelation in einem Kanal oder Fluss einer Parabel von der Art $Q \sim C \cdot h^2$ ähnlich ist und damit eine Form entsprechend Abb. 2.20 aufweist.

2.11.1.3 Eichmessungen

Eichmessungen liefern die Pegelrelation $Q = Q(h)$ empirisch. In der Praxis werden Abfluss Q und Wasserstand h bei verschiedenen Abflüssen gemessen und im h-Q-Diagramm als Punkte eingetragen (Abb. 2.20). Diese werden dann durch eine empirische Formel inter- bzw. extrapoliert.

Wenn der Messquerschnitt ohne Fließwechsel durchflossen wird, nicht eingestaut ist, unverändert bleibt, keiner Erosion oder Auflandung unterliegt, lassen sich die Messpunkte zu einer eindeutigen Pegelrelation aneinander reihen. Auf doppelt logarithmischem Papier erscheint diese in guter Näherung als Gerade (Potenzfunktion).

Da Eichmessungen bei Hochwasserabflüssen schwierig durchzuführen sind, müssen deren Werte auf der Basis kleinerer Abflüsse extrapoliert werden (Abb. 2.20). Die daraus gewonnenen Hochwasserabflüsse sind folglich sehr ungenau.

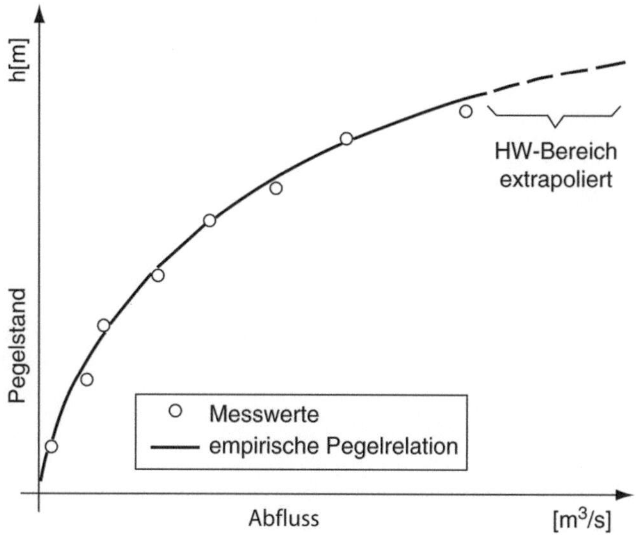

Abb. 2.20 Messwerte und zugehörige, empirisch bestimmte Abflusskurve. HW Hochwasser

2.11.2 Fließgeschwindigkeitsmessung und Abfluss

Diese Methode der Abflussmessung nutzt den Zusammenhang zwischen der Fließgeschwindigkeit v, dem Abflussquerschnitt F und dem Abfluss Q in Form der Kontinuitätsgleichung:

$$Q = \int_F v \, dF \left[m^3/s\right]$$

Um den Zusammenhang zwischen Strömungsgeschwindigkeiten (eigentlich sind es Geschwindigkeitsprofile) und Abflüssen zu bestimmen, wird die Fläche des Abflussquerschnitts F ermittelt und anschließend die Strömungsgeschwindigkeit v in diesem Querschnitt an mehreren Punkten gemessen. Durch die Vielzahl der Punktmessungen kann das Geschwindigkeitsprofil bzw. die Geschwindigkeitsverteilung im Messquerschnitt bestimmt werden.

Klassische Methoden der Geschwindigkeitsmessung sind die *Flügelmessung* und die *Ultraschallmessung.*

2.11.2.1 Geschwindigkeitsmessung mit Messflügeln

Ein derartiger Messflügel (z. B. Woltman-Flügel; siehe Abb. 2.21) ist ein Propeller, der senkrecht zum Messquerschnitt positioniert von der Wasserströmung angetrieben wird. Zwischen seiner Drehzahl n_i an einem Punkt i und der dortigen Fließgeschwindigkeit v_i besteht die Beziehung:

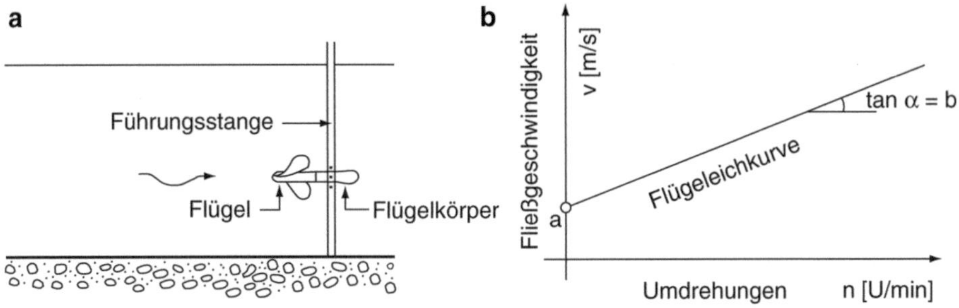

Abb. 2.21 Messflügel (hier: *Woltman-Flügel*). **a** bestehend aus einem Flügel (Propeller), einem Flügelkörper mit Kontaktmechanismus zur Übertragung der Drehzahl und einer Führungsstange, **b** Flügeleichkurve

$$v_i = a + b \cdot n_i \text{ [m/s]}$$

Die Größen a und b sind Gerätekonstanten und werden für jeden Flügel in einem besonderen Schleppkanal aus Eichmessungen ermittelt (Flügeleichkurve - siehe Abb. 2.21). Die Größe a kennzeichnet eine Ansprechschwelle, die bei wenigen Zentimetern pro Sekunde liegt. Kleinere Fließgeschwindigkeiten können dementsprechend nicht gemessen werden. Wichtig ist es auch, die Flügel von Zeit zu Zeit nachzueichen, da sich die Gerätekonstanten durch den Gebrauch verändern.

Um der ungleichmäßigen Geschwindigkeitsverteilung (Geschwindigkeitsprofil) Rechnung zu tragen, werden die Geschwindigkeiten an mehreren Punkten des Messquer-

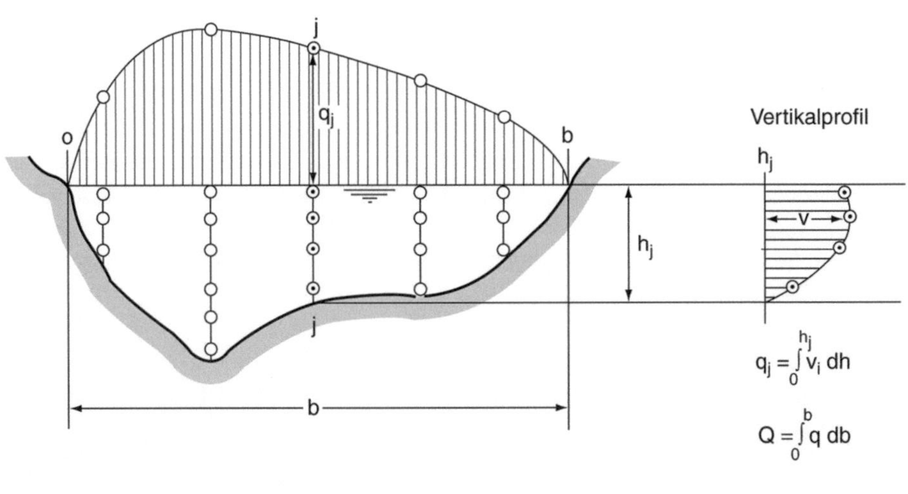

Abb. 2.22 Auswertung von Flügelmessungen

schnitts F gemessen und entsprechend der Kontinuitätsgleichung ausgewertet (Abb. 2.22 – siehe schraffierte Fläche oberhalb der Wasseroberfläche).
Das setzt natürlich voraus, dass der Abfluss Q während der gesamten Messkampagne konstant bleibt. Beim Durchgang einer Hochwasserwelle kann diese Vorbedingung fast nie eingehalten werden, sodass die entsprechenden Messungen mit Bedacht ausgewertet werden müssen; gegebenenfalls müssen sie sogar verworfen werden.

Die über einem Vertikalprofil gemessenen Geschwindigkeiten v_i (d. h. die Geschwindigkeitsprofile) werden integriert und über der Wassertiefe h_i in Form des spezifischen Abflusses q_i [m^2/s] dargestellt (siehe Abb. 2.22 – schraffierte Fläche oberhalb der Wasseroberfläche). Die spezifischen Abflüsse werden dann über die Breite b [m] des Fließquerschnitts zum Abfluss Q [m^3/s] aufaddiert.

Man könnte diese Vorgehensweise auch als Mittelungsprozess bezeichnen, bei dem aus einer Vielzahl von Punktmessungen v_i in Teilquerschnitten F_i eine mittlere Fließgeschwindigkeit v_m im Messquerschnitt bestimmt wird. Hierbei gilt:

$$v_m = \frac{\sum v_i \cdot F_i}{F} \text{ [m/s]} \quad \text{oder} \quad v_m = \frac{\int_F v \cdot dF}{F} \text{ [m/s]}$$

mit

v_m mittlere Geschwindigkeit [m/s]
F_i Fläche des zugeordneten Teilquerschnitts [m^2]
F ΣF_i = Summe der Teilflächen [m^2]

Es gilt dann:

$$Q = v_m \cdot F \left[m^3/s\right]$$

2.11.2.2 Ultraschallmessung

Unter stark instationären oder gar hin- und herpendelnden Abflüssen, wie sie zwischen kommunizierenden Seen oder im Tidebereich von mündenden Flüssen auftreten, kommt die Ultraschallmessung zum Einsatz. Dazu wird am Ufer eine Station 1 und am Gegenufer eine Station 2 eingerichtet (Abb. 2.23). Beide Stationen senden und empfangen.

Die Verbindungsstrecke L liegt um den Winkel α schräg zur Strömung. Für die mittlere Fließgeschwindigkeit v_m längs L gilt:

$$v_m = \frac{\int v \, dL}{L} \text{ [m/s]}$$

Sendet die Station 1 einen Ultraschallimpuls aus, so wird er in der Station 2 gemäß dem Dopplereffekt nach der Zeit

$$t_1 = \frac{L}{a + v_m \cdot \cos\alpha} \text{ [s]}$$

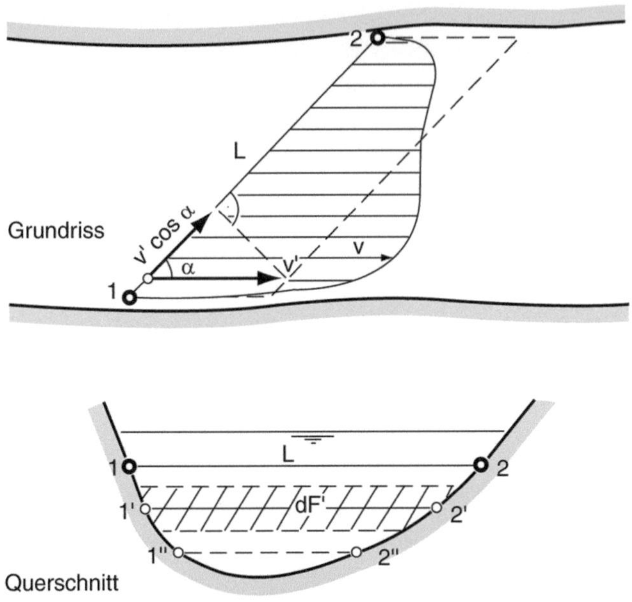

Abb. 2.23 Schematische Darstellung einer Ultraschallmessstation. Sende- und Empfängerstationen befinden sich an beiden Ufern (s. Punkte 1 und 2)

mit

a Schallgeschwindigkeit im Wasser [m/s]

empfangen. Daraus lässt sich v_m ermitteln:

$$v_m = \frac{L}{t_1 \cdot \cos\alpha} - \frac{a}{\cos\alpha} \ [m/s]$$

Die Schallgeschwindigkeit a liegt in der Größenordnung 1.400 m/s, während die mittlere Strömungsgeschwindigkeit v_m lediglich einige Meter pro Sekunde beträgt. Das Ergebnis wird also von der Schallgeschwindigkeit dominiert und ist damit von der Wasserdichte (Temperatur des Wassers) abhängig.

Deshalb wird gleichzeitig, aber auf einer anderen Frequenz, ein weiterer Ultraschallimpuls von Station 2 ausgesendet und in der Station 1 nach der Zeit

$$t_2 = \frac{L}{a - v' \cdot \cos\alpha} \ [s]$$

empfangen. Die Kombination beider Messungen erlaubt dann die Elimination von a und es wird:

$$v_m = \frac{L}{2 \cdot \cos\alpha} \cdot \left(\frac{1}{t_1} - \frac{1}{t_2}\right) [m/s]$$

Wenn im gleichen Messquerschnitt solche Messungen auf verschiedenen Höhen gemacht werden, lässt sich daraus die mittlere Fließgeschwindigkeit v_m bestimmen:

$$v_m = \sin\alpha \cdot \int_{F'} v' \cdot dF' \; [m/s]$$

Es ist dann:

$$Q = v_m \cdot F' \cdot \sin\alpha \; \left[m^3/s\right]$$

2.11.2.3 Schwimmermessung

Behelfsmäßig können auch Schwimmer für die Bestimmung der Fließgeschwindigkeiten eingesetzt werden (Abb. 2.24). Als solche kommen einfache Oberflächenschwimmer (kleine Floße) oder Doppelschwimmer in Betracht. Letztere sind kleine Schwimmkörper, die mit einem großen Schwebekörper in etwa drei Fünftel der Wassertiefe verbunden sind.

Die Translationsgeschwindigkeit $v_{o,i}$ eines Schwimmkörpers ergibt sich als Quotient aus der Messstrecke l_{12} und der Translationszeit $t_{12,i}$. Die mittlere Translationsgeschwindigkeit v_o' wird der mittleren Oberflächengeschwindigkeit v_o im Messquerschnitt A gleichgesetzt.

Um auf die mittlere Fließgeschwindigkeit v_m im Messquerschnitt und somit auf den Abfluss Q zu schließen, muss das Verhältnis zwischen v und der mittleren Oberflächengeschwindigkeit v_o bekannt sein. Erfahrungsgemäß gilt näherungsweise:

$$v_m = (0{,}8 \ldots 0{,}9) v_o \; [m/s]$$

bzw.

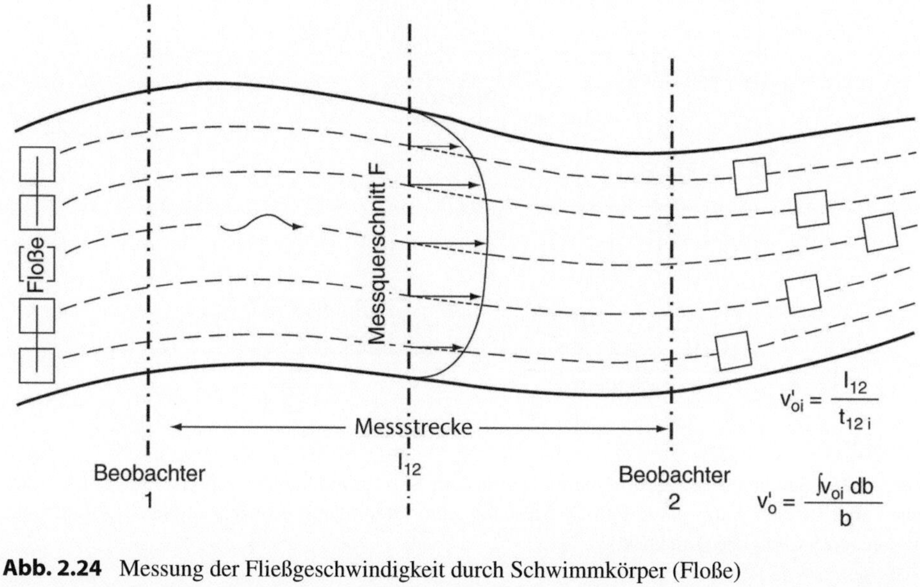

Abb. 2.24 Messung der Fließgeschwindigkeit durch Schwimmkörper (Floße)

$$Q = (0{,}8\ldots 0{,}9)v_m \cdot F\ \left[m^3/s\right]$$

Die mittlere Geschwindigkeit kann auch grob abgeschätzt werden:

$$v_m = \frac{2}{3} \cdot v_{o,max}\ [m/s]$$

2.11.2.4 Messung einer Tracerkonzentration

Diese Messmethode beruht darauf, dass der Strömung Salz oder Farbe beigegeben und die entsprechende Konzentration gemessen wird. Man spricht deshalb auch von *Salz-* oder *Farbverdünnungsverfahren.*

Eine Variante (Abb. 2.25 – Fall 1) besteht darin, innerhalb kurzer Zeit eine bekannte Salzmenge K in das Fließgewässer einzubringen, um dort eine Salzwolke zu erzeugen.

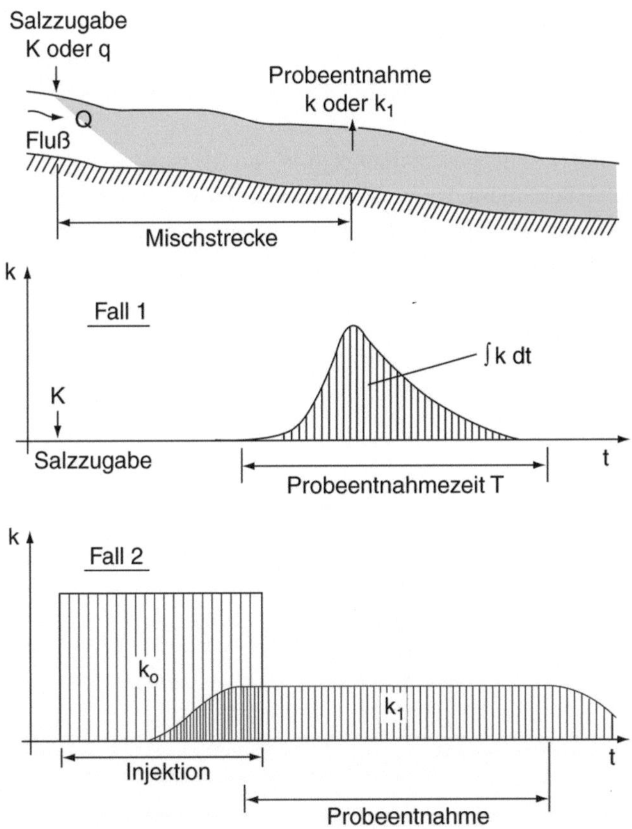

Abb. 2.25 Schema einer Abflussmessung mit dem Salzverdünnungsverfahren. Fall 1: Messung einer abdriftenden Salzwolke; Fall 2: Messung einer stationären Konzentration aufgrund einer stationären Salzzugabe (Injektion)

Anschließend entnimmt man stromabwärts Wasserproben, misst deren Salzkonzentration k und bestimmt auf diese Weise den zeitlichen Durchgang der Salzwolke. Die Salzkonzentration kann dabei beispielsweise elektrolytisch ermittelt werden.

Wenn der Abfluss Q während dieses Durchgangs stationär bleibt und man sicher ist, dass die Salzkonzentration k über den ganzen Messquerschnitt gleich ist, gilt die Salzbilanz:

$$K = \int_T Q \cdot k \, dt = Q \cdot \int_T k \, dt \; [kg]$$

oder

$$Q = \frac{K}{\int_T k \, dt} \left[m^3 / s \right]$$

Eine andere Variante dieses Messverfahrens basiert auf der Annahme, dass bei der Salzzugabe und Probeentnahme stationäre Verhältnisse geschaffen werden (Abb. 2.25 – Fall 2). Die Salzzugabe erfolgt deshalb über einen längeren Zeitraum und mit einer konstanten Injektion q der Konzentration k_0.

Dann stellt sich im Messquerschnitt ein Abfluss mit der konstanten Salzkonzentration k_1 ein und es gilt wiederum die Salzbilanz:

$$q \cdot k_0 = (Q + q) \cdot k_1$$

oder

$$Q = q \frac{(k_0 - k_1)}{k_1} \left[m^3 / s \right]$$

oder wegen $q << Q$

$$Q = q \cdot \frac{k_0}{k_1} \left[m^3 / s \right]$$

In dieser Variante wird anstelle von Salz meist Farbe verwendet und die Farbverdünnung k_0/k_1 mithilfe eines Kolorimeters bestimmt. Der Wert von q muss aufgrund einer Eichung des Injektionsgeräts genau bekannt sein. Injektions- und Probeentnahmezeit überlappen sich gewöhnlich.

2.11.3 Anwendungsbereiche

Die Wasserstandsmessung eignet sich für die laufende Abflussmessung. Allerdings muss eine Abflusskurve (Pegelrelation) vorhanden sein, die mithilfe einer anderen Messmethode von Zeit zu Zeit neu geeicht werden sollte.

In ruhig strömenden Flüssen und Bächen wird man diese Eichmessungen mit der Flügelmethode durchführen. Die Salz- oder Farbverdünnungsmethode kann dort versagen, wo die Vermischung nicht gewährleistet wird bzw. die Mischstrecke viel zu lang ausfällt.

In hochturbulenten Wildbächen mit schlecht definierten Querschnitten lässt sich hingegen die Flügelmethode nur schlecht anwenden. Dort führt die Salz- oder Farbverdünnungsmethode zum Ziel.

Abflüsse werden in günstigen Fällen auf einige Prozente genau gemessen. Die besten Werte ergeben sich in jenem Abflussbereich, der durch die Eichmessungen gut belegt ist, d. h. bei mittleren Abflüssen. Das hängt damit zusammen, dass Hochwasserabflüsse selten durch Messungen erfasst werden können. Deren Auftreten ist meist viel zu kurz, um während einer Messung konstant zu bleiben und damit die Voraussetzung des stationären Abflusses während der Messung zu erfüllen. Auch können die bei Hochwasser anfallenden Schwimmstoffe die Messflügel beschädigen. Durch starke Schwebstoffführung werden jedoch auch die Tracermethoden beeinträchtigt.

2.12 Durchflussmessung

Eine Durchflussmessung in Druckleitungen ist grundsätzlich einfacher durchzuführen als eine Abflussmessung in einem Fließgewässer. Zum einen ist der Durchflussquerschnitt eine feste Größe, zum anderen sind Druckleitungen künstliche Gebilde, in die sich leichter genormte Messgeräte einbauen lassen.

Für die Durchflussmessung gibt es deshalb eine Vielzahl von Messmethoden, von denen hier nur die wichtigsten Messprinzipien bzw. Messmethoden vorgestellt werden. Dazu gehören

- die Messung eines Druckunterschieds
- die Messung des Strömungswiderstands eines beweglichen Körpers
- die Messung der Fließgeschwindigkeit
- die magnetisch-induktive Durchflussmessung

2.12.1 Messung eines Druckunterschieds

Die Verzögerung oder Beschleunigung einer Rohrströmung verursacht immer einen Druckunterschied. Für die Anordnung gemäß Abb. 2.26a gilt vereinfacht nach der *Bernoulli-Gleichung*:

$$h_1 + \frac{v_1^2}{2g} = h_2 + \frac{v_2^2}{2g} \text{ [m]}$$

oder

$$\Delta h = \frac{v_2^2 - v_1^2}{2g} \text{ [m]}$$

und mithilfe der Kontinuitätsgleichung $Q = v \cdot F$ umgeformt:

$$v_2 = \sqrt{\frac{2g \cdot \Delta h}{1 - \left({}^{f_2}/_{f_1}\right)^2}}\ [\mathrm{m/s}]$$

oder

$$Q = f_2 \cdot \sqrt{\frac{2g \cdot \Delta h}{1 - \left({}^{f_2}/_{f_1}\right)^2}}\ \left[\mathrm{m^3/s}\right]$$

mit

Δh Druckhöhendifferenz [m]
f_1, f_2 Querschnittsfläche bei 1 bzw. 2 [m^2]

Letztlich lassen sich sowohl die Strömungsgeschwindigkeit v als auch der Durchfluss Q wie folgt ausdrücken:

$$v = C' \cdot \sqrt{2g \cdot dh}\ [\mathrm{m/s}]$$

bzw.

$$Q = C \cdot \sqrt{2g \cdot dh}\ \left[\mathrm{m^3/s}\right]$$

Diese Beziehungen gelten bei einer turbulenten Strömung auch dann, wenn Reibungs- und andere Energieverluste im Spiel sind, weil die zugehörigen Druckverluste mit dem Quadrat der Geschwindigkeit korrelieren. C′ und C sind also Werte, die die Geometrie der Anordnung einschließlich der Rauheit berücksichtigen. Folglich kann jede Verzögerung oder Beschleunigung einer Rohrströmung für eine Durchflussmessung verwendet werden. Gleiches gilt auch für die Querbeschleunigung, die in einem Krümmer auftritt (Abb. 2.26b).

Der C-Wert lässt sich durch Eichmessungen ermitteln. Damit solche Messungen aber nicht in jedem Einzelfall durchgeführt werden müssen, bedient sich die Praxis genormter

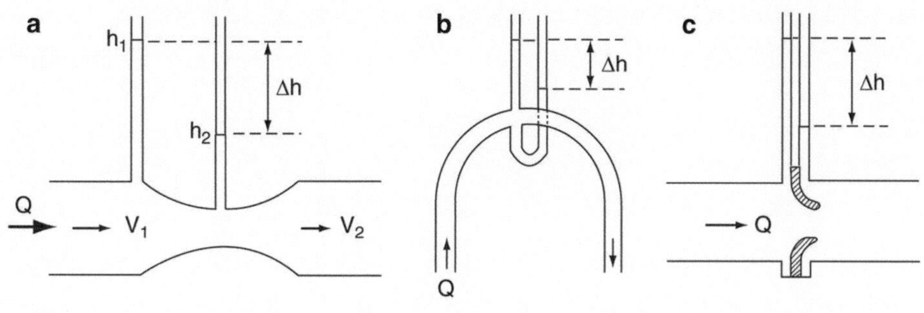

Abb. 2.26 Durchflussmessung an Stellen der Strömungsbeschleunigung oder Verzögerung, **a** an einer Verengung, **b** in einem Krümmer und **c** an einer Normdüse

Drosselgeräte, wie z. B. einer Messdüse (Abb. 2.26c). Der durch diese Düse erzeugte Druckabfall wird längs des ganzen Rohrumfangs gemessen und meist an Standrohren oder Manometern abgelesen.

2.12.2 Messung des Strömungswiderstands eines beweglichen Körpers

Die Sinkgeschwindigkeit w_0 eines nicht allzu kleinen Körpers in ruhendem Wasser beträgt:

$$w_0 = \left[(s - 1) \cdot \frac{4}{3} \cdot \frac{g \cdot d}{C} \right] [m/s]$$

mit

w_0 Sinkgeschwindigkeit [m/s]
s Dichtequotient $s = \frac{\rho_S - \rho}{\rho}$ [−]
d maßgeblicher Durchmesser des Körpers [m]
C Widerstandskoeffizient des Körpers [−]
g Erdbeschleunigung [m/s^2]

Falls das Wasser nicht ruht, sondern mit der Geschwindigkeit $v = w_0$ senkrecht nach oben strömt, bleibt der Körper in Schwebe. Dieses Gleichgewicht zwischen Gewicht einerseits und statischem plus dynamischen Auftrieb andererseits wird im sog. *Schwebekörpergerät* ausgenutzt (Abb. 2.27).

Das Gerät besteht aus einem vertikalen, sich ausweitendem Glasrohr, durch das die zu messende Strömung aufsteigt.

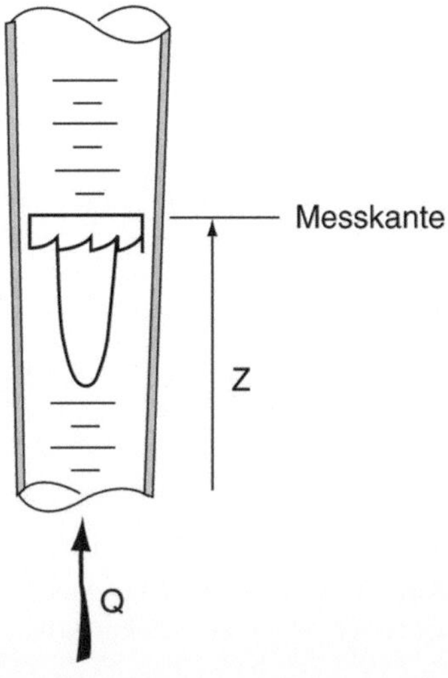

Abb. 2.27 Schwebekörpergerät zur Messung kleiner Durchflüsse

Je nach Durchfluss Q stellt sich also die Geschwindigkeit v in einem anderen Querschnitt des Glasrohrs ein. Der Durchfluss Q kann deshalb an der Gleichgewichtslage z des Schwebekörpers abgelesen werden. Der Zusammenhang Q = Q(z) wird mithilfe von Eichmessungen ermittelt.

Bei entsprechend großem Rohrdurchmesser kann die Fließgeschwindigkeit, ähnlich wie in Flüssen und Kanälen, mit einem oder mehreren *Woltman-Flügel*n gemessen werden (Abb. 2.28a).

In Druckleitungen mit geringem Durchmesser werden genormte Wasseruhren bzw. Wasserzähler eingebaut. Diese enthalten meist ein einzelnes Flügelrad, dessen Drehzahl zum Durchfluss Q proportional ist. Gemessen wird das Wasservolumen V während einer bestimmten Messdauer T:

$$V = \int_T Q \, dt \left[m^3\right]$$

Für laufende Durchflussmessungen eignet sich die bereits in Abschn. 2.11.2 beschriebene Ultraschallmethode. Die Anordnung der Sender und Empfänger kann analog zu Abb. 2.23 oder gemäß Abb. 2.28b gewählt werden.

Für die mittlere Fließgeschwindigkeit v_m längs des Laufwegs L der Ultraschallimpulse gilt wiederum:

$$v_m = \frac{L}{2 \cdot \cos \alpha} \cdot \left(\frac{1}{t_1} - \frac{1}{t_2}\right) [m/s]$$

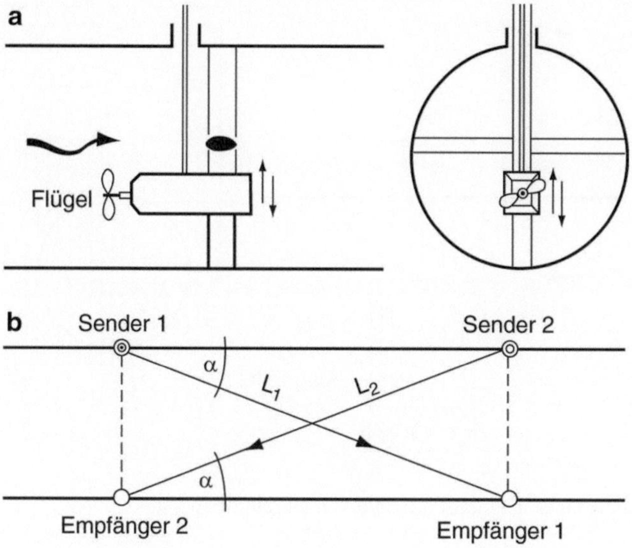

Abb. 2.28 Messung des Durchflusses mit **a** Messflügel (Woltman-Flügel) und **b** Ultraschall (Dopplereffekt)

und folglich

$$Q = C \cdot F \cdot v_m \left[m^3 / s\right]$$

mit

t_1, t_2 Laufzeiten längs $L_1 = L_2 = L$ [s]
α Winkel zwischen der Rohrachse bzw. der Hauptströmungsrichtung und den Laufwegen der Ultraschallstöße [°]
F Querschnittsfläche der Leitung [m^2]
C Faktor zur Berücksichtigung der Geschwindigkeitsverteilung [−]

2.12.3 Magnetisch-induktive Durchflussmessung

Eine Alternative zur laufenden Durchflussmessung aufgrund eines Druckunterschieds oder mittels Ultraschall ermöglicht das *Faradaysche Induktionsgesetz*. Bei der Bewegung eines elektrischen Leiters senkrecht zu den Kraftlinien eines Magnetfelds wird im Leiter eine Spannung induziert. Als Leiter dient in diesem Fall das Wasser und es gilt für ein Rohr (Abb. 2.29):

$$U = C' \cdot B \cdot v_m \cdot D \text{ [Volt]}$$

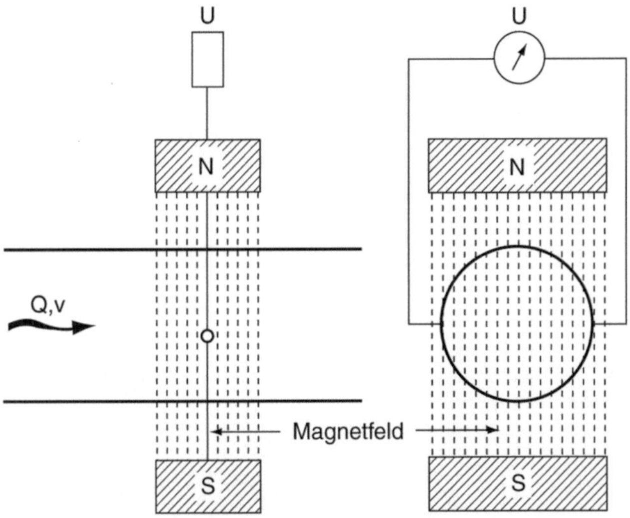

Abb. 2.29 Schema eines magnetisch-induktiven Durchflussmessers

mit

U	gemessene Spannung [Volt]
C	Gerätekonstante [−]
B	magnetische Flussdichte [Tesla; Volt · s/m^2]
v_m	mittlere Strömungsgeschwindigkeit [m/s]
D	Rohrdurchmesser [m]

Folglich ergibt sich der Durchfluss Q zu:

$$Q = \frac{U}{C' \cdot B \cdot D} \cdot \frac{D^2 \cdot \pi}{4} \left[m^3/s\right]$$

oder

$$Q = C \cdot U \left[m^3/s\right]$$

mit

C Eichwert [-].

2.13 Auswertung von Wasserstands- und Abflussmessungen

Über Messkampagnen erhält der Planer wesentliche Bemessungsparameter. Besonders aussagekräftig und Grundlage vieler Planungen sind die Ganglinie, die Dauerlinie und die Summenlinie. Eine Übersicht weiterer Kenngrößen enthält u. a. Maniak (2001, 2016).

2.13.1 Ganglinie

Das unmittelbare Ergebnis von laufenden Wasserstands- bzw. Pegelablesungen ist eine Zeitreihe des Pegelstands. Diese Reihe wird häufig grafisch als sog. Pegelganglinie dargestellt (Abb. 2.30a). Schreibpegel zeichnen diese Ganglinie unmittelbar auf. An wichtigen Pegeln werden die gemessenen Werte online übermittelt und zeitnah ausgewertet.

Wo es nur darum geht, den Verlauf der Pegelstände zu kennen, liefert die *Pegelganglinie* bereits die gewünschten Auskünfte. Wenn nach den Abflüssen gefragt wird, muss die *Ganglinie* (Abb. 2.30a) anhand der *Bezugskurve* (Pegelrelation) in eine *Abflussganglinie* umgewandelt werden (Abb. 2.30b).

Für die Beurteilung der Wasserspiegelschwankungen von ruhenden Gewässern wird nur die Pegelganglinie gebraucht. Dasselbe gilt u. a. auch für die Beurteilung von Fahrwassertiefen für die Schifffahrt.

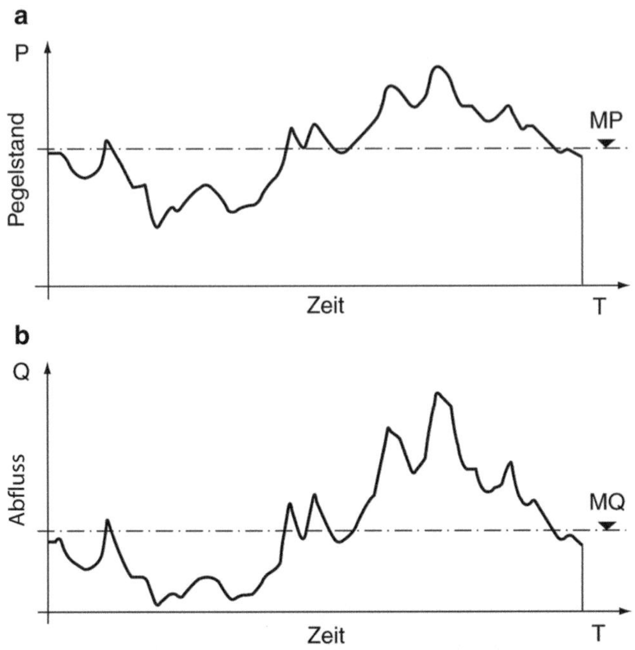

Abb. 2.30 Ganglinie **a** der Wasser- oder Pegelstände, **b** der Abflüsse

2.13.2 Dauerlinie

Dauerlinien zeigen, an wie vielen Tagen pro Monat oder pro Jahr ein bestimmter Pegelstand oder Abfluss erreicht oder überschritten wird. Die Dauerlinien sind also nichts anderes als Kurven, die die Überschreitungswahrscheinlichkeit eines Messwerts darstellen (Abb. 2.31).

Aus der Dauerlinie der Abflüsse lässt sich u. a. ableiten,

- an wie vielen Tagen im Jahr die Schifffahrt durchschnittlich wegen zu hohen oder zu tiefen Wasserständen eingestellt werden muss
- wie viel Wasser für ein Kraftwerk oder eine Bewässerungsanlage mit begrenztem Schluckvermögen entnommen werden (gefasst) kann
- an wie vielen Tagen im Jahr ein Fließgewässer trockenfällt bzw. eine Flutrinne Wasser führt oder
- an wie vielen Tagen pro Jahr der Abfluss nicht genügt, um eingeleitetes Abwasser auf den vorgeschriebenen Wert zu verdünnen

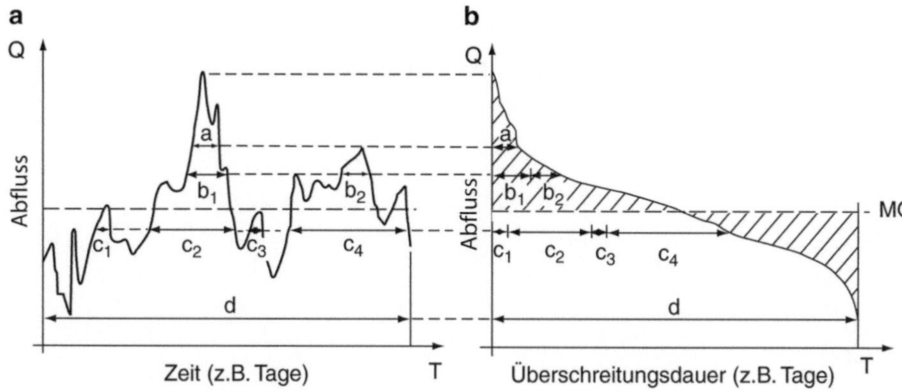

Abb. 2.31 Zusammenhang zwischen **a** einer Ganglinie der Abflüsse und **b** der zugehörigen Dauerkurve

2.13.3 Summenkurve der Zuflüsse

Die Summenkurve stellt die integrierte Ganglinie (Volumen) der Abflüsse dar. Gewöhnlich beginnt sie bei Null und endet bei einem Wert, der als Abfluss- oder Wasservolumen der betrachteten Periode Δt bezeichnet wird:

$$V_t = \int_0^t Q\,dt\,\left[m^3\right]$$

oder für $t = T$

$$V_T = \int_0^T Q\,dt\,\left[m^3\right]$$

mit

V_t Wasservolumen bis Zeitpunkt t [m^3]
V_T Wasservolumen in der Periode T [m^3]

Ihre Steigung ist mit dem Abfluss identisch (Abb. 2.32):

$$\frac{dV_t}{dt} = Q\,\left[m^3/s\right]$$

Die Summenkurve der Abflüsse ist eine wesentliche Planungsgröße bei der Speicherbewirtschaftung (s. Abschn. 6.5.1).

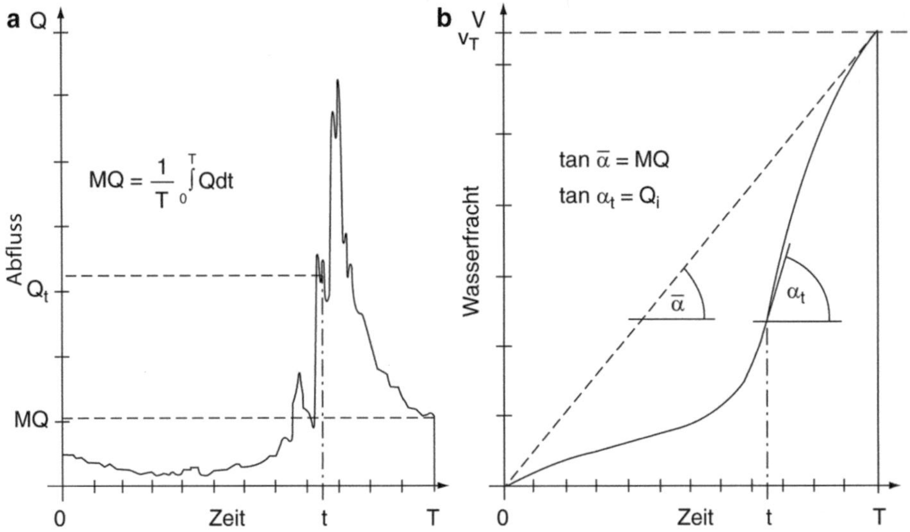

Abb. 2.32 Ganglinie der Abflüsse **a** und zugehörige Summenkurve **b** mit eingetragenem Mittelwert $MQ = \tan\overline{\alpha}$

2.14 Abflussmessnetz

Die Abflüsse können gemessen oder indirekt aus der Wasserbilanz ermittelt werden. Wenn sie mithilfe der Wasserhaushaltsgleichung

$$A = N - V \mp R \text{ [mm]}$$

mit

A Abflusshöhe [mm]
N Niederschlagshöhe [mm]
V Verdunstungshöhe [mm]
R Rückhalt [mm]

ermittelt werden sollen, müssen die anderen Komponenten des Wasserkreislaufs bekannt sein (s. Abschn. 2.2).

Diese Bilanzierung birgt jedoch viele Fehlerquellen, weil die Messung des Niederschlags N, der Verdunstung V und des Rückhalts R innerhalb eines Einzugsgebiets nur punktweise erfolgt und daher meist wesentlich ungenauer ist als die unmittelbare Messung des Abflusses (Abb. 2.33).

In einer Abflussmessung werden, sorgfältige Ausführung vorausgesetzt und abgesehen von Hochwasserereignissen, exakte Werte bis auf wenige Prozente erreicht.

Aus diesem Grund verfügen die meisten Länder über ein mehr oder weniger dichtes Netz permanenter Abflussmessstationen. Die dort ermittelten Abflüsse werden von Fach-

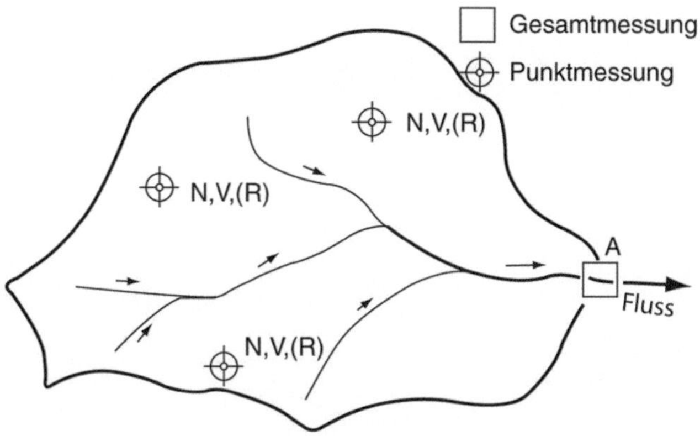

Abb. 2.33 Einzugsgebiet eines Oberflächengewässers. Die aus Punktmessungen des Niederschlags N, der Verdunstung V und des Rückhalts R abgeleitete Größe des Abflusses A ist wesentlich ungenauer als die unmittelbare Messung des Abflusses an Punkt (Pegel) A

leuten ausgewertet und in Form von Jahrbüchern (u. a. *Deutsches Gewässerkundliches Jahrbuch* – DGJ – Herausgeber: Bundesanstalt für Gewässerkunde, Koblenz, oder im *Hydrologischen Jahrbuch der Schweiz* – Herausgeber: Bundesamt für Umwelt - BAFU 2019) veröffentlicht.

2.15 Übertragung von Abflussmessungen auf andere Orte

Die langjährig betriebenen Abflussmessstationen liegen nur selten an jenen Stellen, die im Hinblick auf ein Wasserbauprojekt gerade interessieren. Damit ergibt sich das Problem der Schätzung oder, alternativ, Übertragung von Abflussdaten zwischen unterschiedlichen Orten.

Beispielsweise kann eine Situation gemäß Abb. 2.34 vorliegen. Die Abflüsse Q_x an der Stelle x sind unbekannt und sollen aus den Abflüssen der benachbarten Abflussmessstation 1 und gegebenenfalls 2 und 3 bestimmt werden. Hierzu werden Funktionen der Art:

$$Q_x = Q_x(Q_1)\ [m^3/s]$$
$$Q_x = Q_x(Q_1, Q_2)\ [m^3/s]$$
$$Q_x = Q_x(Q_1, Q_2, \ldots Q_n)\ [m^3/s]$$

verwendet.

In der Praxis treten gewöhnlich zwei Fälle auf. Entweder stehen an der Stelle x gar keine Abflussmessungen zur Verfügung oder wenn, dann nur wenige.

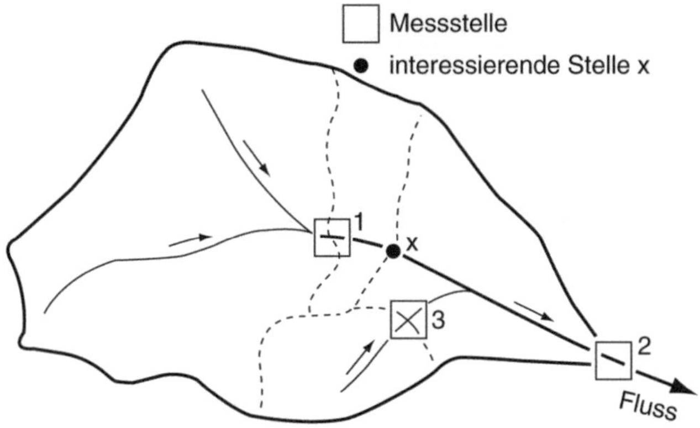

Abb. 2.34 Gesamtes Einzugsgebiet und Teileinzugsgebiete mit drei Messstellen und bekannten Abflüssen; Abflussquerschnitt x ohne Messstelle mit gesuchten Abflusswerten

Im ersten Fall stützt sich die Übertragung auf andere hydrologische Größen. Ein geeigneter Parameter ist dabei die Fläche des Einzugsgebiets. Im zweiten Fall erfolgt die Übertragung auf der Grundlage einer Korrelationsfunktion.

2.15.1 Übertragung der Messwerte in Funktion der Einzugsgebietsfläche

Das Einzugsgebiet stellt gleichsam das Auffangbecken für die Niederschläge dar, die den Abfluss verursachen. Es ist deshalb naheliegend, in der gesuchten Beziehung $Q_x = Q_x (Q_1, Q_2, \ldots, Q_n)$ die Fläche des Einzugsgebiets als Parameter einzuführen. Allerdings muss man berücksichtigen, dass ein Einzugsgebiet selten gleichmäßig beregnet wird und meist einen örtlich stark variierenden Rückhalt aufweist.

Für nicht allzu unterschiedliche und nicht zu verschieden große Einzugsgebiete kann zumindest Proportionalität vorausgesetzt werden. Die Werte einer Messstation können dann mithilfe der Relation

$$Q_x = Q_1 \frac{E_x}{E_1} \left[\mathrm{m^3/s}\right]$$

mit

Q_x Abfluss an der Stelle x
Q_1 Abfluss an der Stelle 1
E_x Einzugsgebietsgröße an Position x
E_1 Einzugsgebietsgröße an Position 1

übertragen werden (Abb. 2.35a).

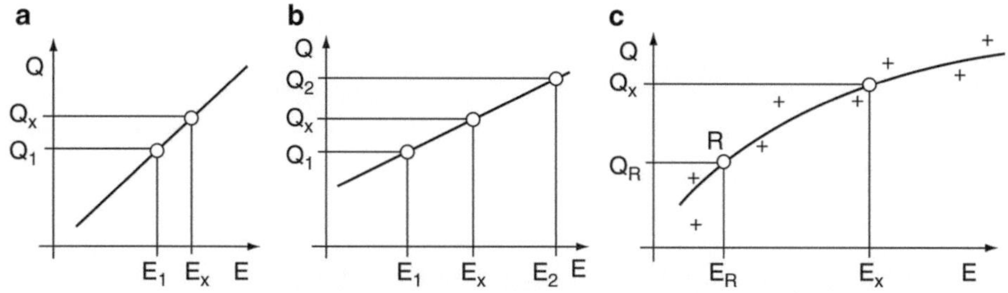

Abb. 2.35 Inter- oder Extrapolation der Abflüsse Q in Funktion des Einzugsgebiets **a** bei gleichem spezifischen Abflusses q = Q/E, **b** lineare Interpolation, **c** Ausgleichskurve (R ist ein willkürlich gewählter Referenzpunkt)

Im Hinblick auf die spezifischen Abflüsse q gilt:

$$q_x = q_1$$

d. h. die spezifischen Abflüsse sind gleich, weil q = Q/E. Die Tab. 2.6 zeigt den mittleren Abfluss des Rheins (MQ) zwischen Bodensee und Basel. Der spezifische Abfluss q ändert hier nur wenig.

Wenn die interessierende Stelle in der Nähe zweier Messstationen liegt, wird linear interpoliert oder extrapoliert (Abb. 2.35b). Dann gilt:

$$Q_x = Q_1 + (Q_2 - Q_1)\frac{E_x - E_1}{E_2 - E_1}\ [m^3/s]$$

Drei Messstationen können quadratisch interpoliert werden. Stehen mehr als drei Messstationen für eine Übertragung zur Verfügung, so wird durch Fehlerausgleich eine empirische Beziehung (Abb. 2.35c), beispielsweise in der Form

$$Q = Q_R\left(\frac{E}{E_R}\right)^n\ [m^3/s]$$

bzw.

$$q = q_R\left(\frac{E}{E_R}\right)^{n-1}\ [m^3/(s \cdot m^2)]$$

Tab. 2.6 Mittlerer Rheinabfluss zwischen Bodensee und Basel

Messperiode E_2	E [km²]	MQ Jahr [m³/ s]	q [1/(s·km²)]
1959–2008 Neuhausen	11.887	367	30,9
1904–2008 Rekingen	14.718	441	30,0
1935–2008 Rheinfelden	34.526	1.038	30,1
1808–2008 Basel	35.987	1.052	29,3

gesucht (meist mit $0{,}5<n<1$). Diese Potenzfunktionen erscheinen auf doppelt logarithmischem Papier als Gerade.

Es ist zu beachten, dass die Beziehungen zwischen den Abflüssen und dem Einzugsgebiet in der Regel für Niedrig- und Hochwasserabflüsse sowie für Winter- und Sommerabflüsse unterschiedlich sind.

2.15.2 Übertragung der Messwerte durch Korrelation

Verfügt man an der interessierenden Stelle lediglich über eine kurze Reihe von Abflussmessungen (z. B. weil man die Projektierungszeit für die Durchführung derartiger Messungen nutzt), so versucht man eine Korrelation zu den Abflussmessungen einer benachbarten Messstation nachzuweisen.

Aus praktischen Gründen wird dabei in erster Linie eine lineare Korrelation von gleichzeitig gemessenen Abflüssen angestrebt (Abb. 2.36). Üblich sind Korrelationen der Monats- oder Jahresmittel.

Doch sind weder Linearität noch Gleichzeitigkeit oder Nachbarschaft eine Vorbedingung. Maßgeblich ist letztlich nur die Güte der Korrelation. Der Ansatz für die Übertragungsformel lautet:

$$Q_x = k_0 + k_1 \cdot Q_1 \left[m^3/s\right]$$

oder

$$Q_x = k_0 + k_1 \cdot Q_1 + k_2 \cdot Q_2 \left[m^3/s\right]$$

oder

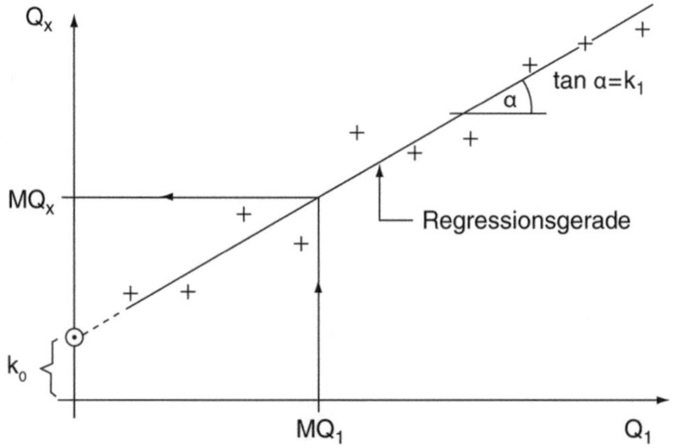

Abb. 2.36 Lineare Korrelation zwischen den Messwerten an der Stelle x und denjenigen an der Messstelle 1 (Lageplan - siehe Abb. 2.34)

$$Q_x = k_0 + k_1 \cdot Q_1 + \ldots\ldots k_n \cdot Q_n \left[m^3/s\right]$$

Wenn die Übertragungsformel gefunden ist, können die Messungen der Messstation – insbesondere die Monats- und Jahresmittel einer langen Messperiode – auf die interessierende Stelle übertragen werden. Dabei ist auch hier zu beachten, dass die Übertragungsformeln für Hoch- und Niedrigwasser sowie für Sommer- und Winterabflüsse im Allgemeinen unterschiedlich sind.

2.16 Abschätzung der Hochwasserspitzen

Hochwasser entstehen durch Starkniederschläge, oftmals verbunden mit Schneeschmelzen. Es handelt sich meist um stark instationäre Abflüsse.

Die zugehörige Ganglinie erscheint in der Darstellung wie eine Welle und wird deshalb häufig als *Hochwasserwelle* bezeichnet (Abb. 2.37). Einem kräftigen Anschwellen bis zur Spitze folgt ein sanfteres Abschwellen. Das durch die Ganglinie begrenzte Abflussvolumen ist das Wasservolumen der Hochwasserwelle (sog. *Hochwasserfracht*). Von diesem Volumen wird gewöhnlich der sog. *Basisabfluss* (entsprechend dem Abfluss ohne Hochwassersituation) abgetrennt (Abb. 2.37).

2.16.1 Abhängigkeit der Hochwasserspitze von der Einzugsgebietsfläche

Um Hochwasserspitzen, die an verschiedenen benachbarten Stationen beobachtet wurden, auf eine interessierende Stelle (entsprechend der Situation von Abb. 2.34) umzu-

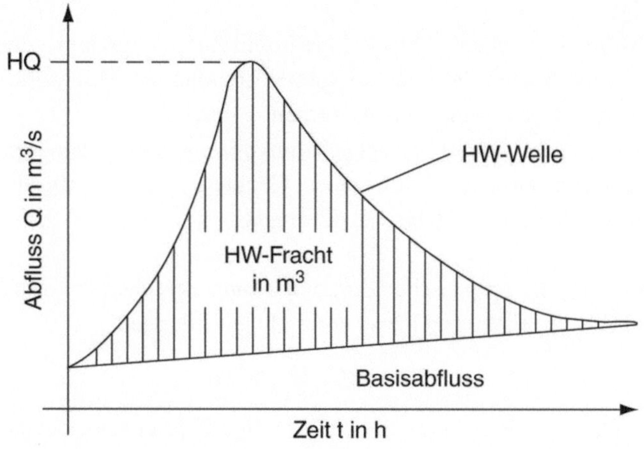

Abb. 2.37 Typische Hochwasserwelle, d. h. Ganglinie eines Hochwasserabflusses mit steilem steigendem und flacherem fallendem Ast

rechnen, kann man sich der in Abschn. 2.14 beschriebenen Übertragungsmethoden bedienen. Besonders bedeutsam ist der Zusammenhang:

$$HQ = HQ_R \left(\frac{E}{E_R}\right)^n \left[m^3/s\right]$$

mit

HQ_R Abfluss am Referenzpunkt R [m^3/s]
E Einzugsgebietsgröße [m^2]
E_R Einzugsgebietsgröße bezogen auf R [m^2]

bzw.

$$q_{max} = q_R \left(\frac{E}{E_R}\right)^{n-1} \left[m^3/(s \cdot m^2)\right]$$

Den Verlauf der entsprechenden Ausgleichskurve zeigt Abb. 2.35c. Der Zusammenhang lässt sich auch wie folgt anschreiben:

$$HQ = C \cdot E^n \left[m^3/s\right]$$

$$q_{max} = C \cdot E^{n-1} \left[m^3/(s \cdot m^2)\right]$$

mit
C Referenzwert $\frac{HQ_R}{E_R^n}$ [-]

Die Hochwasserproblematik verlangt eine etwas andere Betrachtungsweise.

- Nur jeweils die höchsten an einer Station beobachteten Abflussspitzen (HHQ) werden berücksichtigt
- Die Werte werden in einem doppelt logarithmischen Diagramm gemäß Abb. 2.38 dargestellt. Dadurch kann die mitunter starke Streuung der Messwerte aufgrund von Messfehlern optisch etwas unterdrückt werden
- Es wird nicht nach einer Ausgleichsfunktion gesucht, sondern nach einer Umhüllenden, und zwar in Form einer Geraden, die den Zusammenhang $\log HHQ = \log C + n \cdot \log E$ oder $HHQ = C \cdot E^n$ angibt.

Auf diese Weise wird ein empirischer Zusammenhang zwischen den Maximalabflüssen HHQ und der Größe des Einzugsgebiets hergestellt. Es gilt dann:

$$HHQ = C \cdot E^n \left[m^3/s\right]$$

Die Größen C und n sind Parameter, die die jeweilige Region kennzeichnen. Sie hängen von der Niederschlagsintensität sowie von der Form und Beschaffenheit des Einzugsgebiets ab. Von großer praktischer Bedeutung ist der Umstand, dass n kleiner als 1 ist und häufig in den Grenzen $1/2 < n < 2/3$ schwankt.

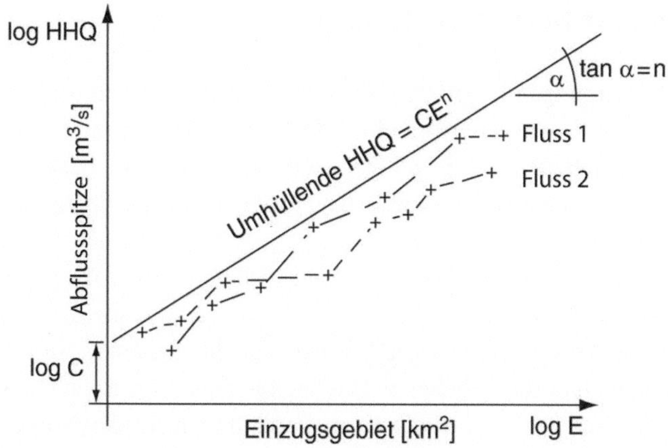

Abb. 2.38 Höchste gemessene Hochwasserabflüsse HHQ einer Region in Abhängigkeit des Einzugsgebiets E. Die Umhüllende hält die obere Grenze der beobachteten Werte fest

Die maximalen Hochwasserabflüsse wachsen demzufolge nicht proportional zum Einzugsgebiet, sondern unterproportional. Damit ist auch gesagt, dass der spezifische Hochwasserabfluss – z. B. in $m^3/(s \cdot km^2)$ ausgedrückt – in kleinen Einzugsgebieten höher ist als in großen Einzugsgebieten (Abb. 2.39).

In Anbetracht dieser Vorbemerkung haben Bäche also grundsätzlich höhere spezifische Hochwasserabflüsse q als Flüsse. Der Maximalwert q_{max} ergibt sich aus der Formel:

$$q_{max} = \frac{HHQ}{E} = C \cdot E^{n-1} \left[m^3/(s \cdot m^2)\right]$$

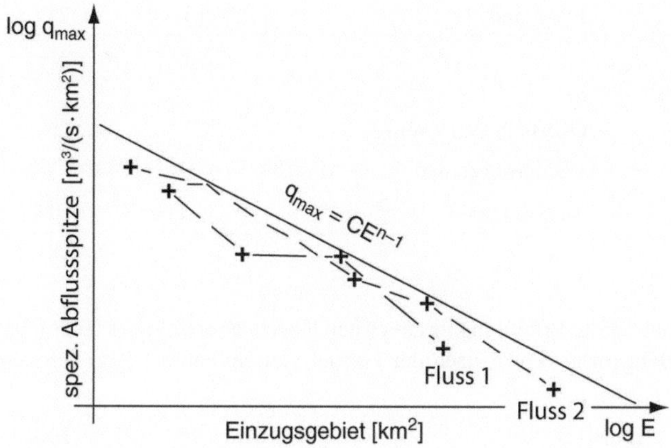

Abb. 2.39 Der spezifische Hochwasserabfluss q_{max} (d. h. der Hochwasserabfluss pro Flächeneinheit) nimmt mit wachsendem Einzugsgebiet ab

2.16.2 Empirische Hochwasserformeln

Ingenieure und Hydrologen haben den oben geschilderten Zusammenhang genutzt, um für ganze Regionen Hochwasserformeln aufzustellen (Hagen et al. 2007). Es wurde versucht, die Eigenschaften der jeweiligen Teilregion mit dem Faktor C zu erfassen, während sie den Exponenten n konstant ließen. Einige Beispiele für das Alpengebiet sind in Tab. 2.7 zusammengestellt.

Der Gebietsfaktor C ist folglich dimensionsbehaftet. Sein Wert stimmt mit dem höchsten gemessenen Abfluss (HHQ) und q_{max} für $E = 1\ km^2$ überein.

Der Faktor C gilt nur für diejenigen Gebiete, für die er gemäß Abb. 2.38 oder 2.39 bestimmt worden ist und für Gebiete, welche die gleichen Eigenschaften aufweisen. Die Tab. 2.8 zeigt ein Beispiel, das in etwa den Verhältnissen in der Nordostschweiz entspricht.

Im Prinzip ist auch der mittlere Abfluss MQ von der Größe und der Beschaffenheit des Einzugsgebiets abhängig. Es gilt vereinfacht:

$$HHQ = \text{Konstante} \cdot E^n \left[m^3/s\right]$$

und

$$MQ = \text{Konstante} \cdot E^m \left[m^3/s\right]$$

Tab. 2.7 Zusammenstellung empirischer Hochwasserformeln vom Typ $HHQ = C \cdot E^n$ (Einheiten: HHQ in m^3/s, E in km^2)

Formel	Art des Einzugsgebiets	Werte für C		
		Flach	Mittel	Steil
$HHQ = C \cdot E^{1/2}$ (nach Hofbauer)	Gebirgsland		30	42
	Hügelland, Mittelgebirge		21	30
	Flachland	15	21	
$HHQ = C \cdot E^{2/3}$ (nach Kürsteiner)		3–6	9	12
$HHQ = C \cdot E^{2/3}$ (nach Melli)	Oberhalb Waldgrenze	17	26	34
	Waldgrenzgebiet	9–13	17–22	26–30
	Tiefere Lagen	2–4	7–13	13–22

Tab. 2.8 Beispiel für die Ermittlung des höchsten Hochwasserabflusses (HHQ) bzw. der höchsten Abflussspende HHq $[m^3/(s \cdot km^2)]$ nach der Formel von Hofbauer (1916) für steiles Gebirgsland (C = 42)

E	$[km^2]$	1	10	100	1.000
HHQ	$[m^3/s]$	42	133	420	1.328
HHq	$[m^3/(s \cdot km^2)]$	42	13,3	4,2	1,3

und darum bei Elimination von E auch

$$HHQ = \text{Konstante} \cdot MQ^{n/m} \; [m^3/s]$$

Es gibt empirische Hochwasserformeln, die auf einem solchen Ansatz beruhen. Ihre Anwendung ist dort interessant, wo der mittlere Abfluss genügend genau bekannt ist.

Die Parameter n/m und C werden durch Korrelation der gemessenen MQ- und HHQ-Werte ermittelt. Ein Beispiel für eine derartige Hochwasserformel ist die Beziehung von Kreps (1951):

$$HHQ = 90 \cdot MQ^{2/3} \; [m^3/s]$$

2.16.3 Fließzeitformel

Stellt man sich vor, dass ein starker, anhaltender Regen der Intensität i_N auf ein Einzugsgebiet E fällt und dort ohne Verdunstungs-, Sicker- und Rückhalteverluste abfließt, so steigt der Abfluss nach einer gewissen *Anlaufzeit* um den Wert (Chow et al. 1988)

$$HQ = i_N \cdot E \; [m^3/s]$$

Die Abflusszunahme HQ pro Sekunde entspricht dann also gerade der pro Sekunde fallenden Niederschlagsmenge. Infolge der oben angeführten Verluste steigt der Abfluss in Wirklichkeit aber nur um den Wert:

$$HQ = \alpha_S \cdot i_N \cdot E \; [m^3/s]$$

wobei α_s den sog. *Scheitelabflusskoeffizienten* darstellt. Dieser unterscheidet sich vom *Abflusskoeffizienten* α, der das Verhältnis zwischen der Abfluss- und Niederschlagsmenge beschreibt.

Der Scheitelabflusskoeffizient ist ein Quotient zwischen einer Hochwasserspitze, d. h. einem momentanen Abfluss und einem über eine längere Zeit andauernden Regenereignis. Er ist folgendermaßen definiert:

$$\alpha_S = \frac{HQ}{i_N \cdot E} \; [-]$$

Wie lange ist die erwähnte Anlaufzeit, wenn vorausgesetzt wird, dass der Regen schlagartig einsetzt? – Die Antwort kann mithilfe von Abb. 2.40 ermittelt werden. Dort ist ein Einzugsgebiet mit *Isochronen* dargestellt, d. h. abfließende Regentropfen, die auf eine bestimmte Isochrone fallen, treffen alle gleichzeitig bei der Abflussmessstelle A ein.

Folglich wird der Abfluss dort zuerst durch die Tropfen der Isochrone 1 erhöht, dann später durch jene der Isochrone 2 usw. bis schließlich der hinterste Teil 7 des Einzugsgebiets abflusswirksam wird. Die zugehörige Zeit wird als *Konzentrationszeit* T_k bezeichnet (Abb. 2.40).

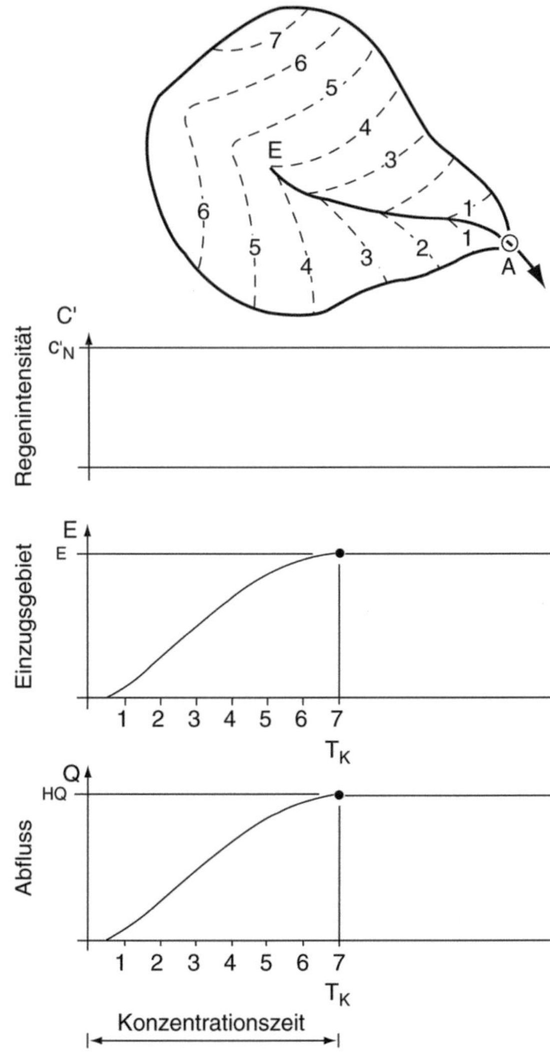

Abb. 2.40 Ein plötzlich einsetzender Regen führt dazu, dass das Einzugsgebiet gemäß seinen Isochronen am Abfluss am Punkt A partizipiert

Das am Abfluss partizipierende Einzugsgebiet $E_p = E(t)$ wächst bis, bei Erreichen der Konzentrationszeit T_k, das gesamte Einzugsgebiet E am Abfluss beteiligt ist. Die entsprechende Formel lautet:

$$E_P = \int_0^{T_k} E(t) \cdot dt \; [m^2]\,[ha]\,[km^2]$$

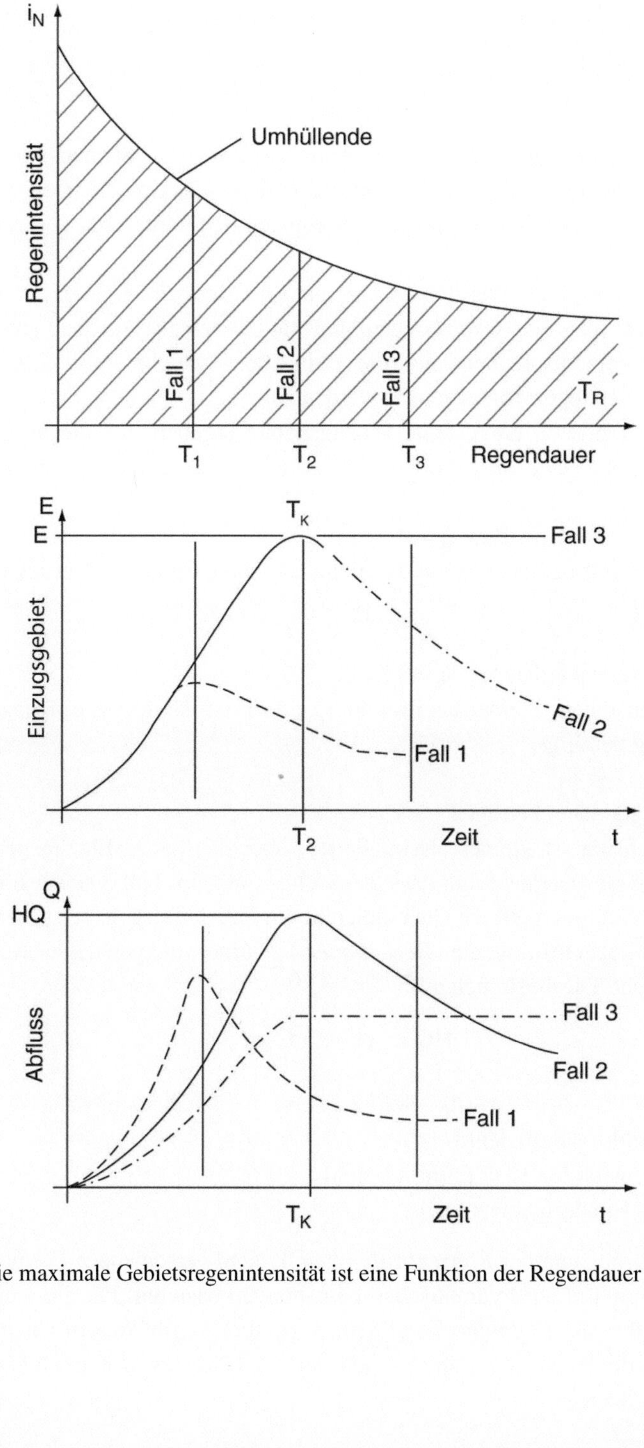

Abb. 2.41 Die maximale Gebietsregenintensität ist eine Funktion der Regendauer T_R

Ist das gesamte Einzugsgebiet E am Abfluss beteiligt ($T > T_k$), wird der Abfluss HQ (Abb. 2.40):

$$HQ = \alpha_S \cdot i_N \cdot E \left[m^3/s\right]$$

Mit welcher Regenintensität i_N *soll gerechnet werden?* – Geht man von der höchsten beobachteten Regenintensität aus, kann man sich der Umhüllenden von Abb. 2.6 bedienen. Sie zeigt die Abhängigkeit der maximalen Regenintensität von der Regendauer T_R.

Dabei darf man sich allerdings nicht auf die Messwerte einer einzelnen Station stützen, sondern muss eine Gebietsregenintensität betrachten. Die oben angeführte Frage reduziert sich dementsprechend auf die Detailfrage, welche *Regendauer* T_R für den maximalen Gebietsregen vorausgesetzt werden soll.

Für das in Abb. 2.40 dargestellte Einzugsgebiet ergeben sich die in Abb. 2.41 dargestellten Abflüsse. Dabei sind drei unterschiedliche Fälle zu berücksichtigen:

Fall 1: Die Regendauer beträgt $T_R = T_1 < T_k$
Die Regenintensität ist hoch, jedoch ist nicht das ganze Einzugsgebiet E an der Abflussbildung beteiligt.

Fall 2: Die Regendauer beträgt $T_R = T_2 = T_k$
Die Regenintensität ist kleiner als im Fall 1, jedoch ist das ganze Einzugsgebiet an der Abflussbildung beteiligt.

Fall 3: Die Regendauer beträgt $T_R = T_3 > T_k$
Die Regenintensität ist kleiner als im Fall 2, aber das ganze Einzugsgebiet trägt zur Abflussbildung bei. Daraus folgt, dass die Abflussspitze im Fall 2 sicher höher ist als im Fall 3; gewöhnlich übertrifft sie auch diejenige im Fall 1. Deshalb setzt man bei der Verwendung der Fließzeitformel eine *Regendauer* T_R voraus, die gerade der Konzentrationszeit T_k entspricht. Diesbezüglich gilt:

$$HQ = \alpha_S \cdot i_N \cdot E \left[m^3/s\right]$$

mit

α_S Scheitelabflusskoeffizient [–]
i_N Regenintensität für $T_R = T_k$ [$m^3/(s \cdot m^2)$]
E Größe des Einzugsgebiets [m^2]

Für die Abschätzung der *Konzentrationszeit* T_k sind verschiedene Formeln entwickelt worden, die zum Teil auf hydraulischen Gleichungen basieren. Für die recht schwierige Abschätzung des *Scheitelabflusskoeffizienten* α_s dienen im Wesentlichen Erfahrungswerte. Werden die Hochwasser durch einen starken Schmelzwasseranteil erzeugt, versagt die Methode jedoch.

2.16.4 Zusammenhang zwischen einer empirischen Hochwasserformel und der Fließzeitformel

Beiden Formeln ist gemeinsam, dass sie die Hochwasserspitze in Funktion des Einzugsgebiets liefern. Die *empirische Formel* stützt sich auf eine Umhüllende von Hochwasserspitzen, die an benachbarten Stationen beobachtet wurden. Sie basiert auf zwei empirisch bestimmten Gebietsparametern, namentlich n und C.

Hingegen stützt sich die *Fließzeitformel* auf eine Umhüllende von gemessenen Starkregenintensitäten und setzt eine Abschätzung der Konzentrationszeit T_k und des Scheitelabflusskoeffizienten α_s voraus. Diese Abschätzung basiert wiederum auf empirischen Werten, sodass T_k und α_s praktisch ebenfalls als empirische Gebietsparameter bezeichnet werden können.

Aus diesem Vergleich ergibt sich folglich, dass die Fließzeitformel nur dort vorzuziehen ist, wo die Umhüllende der Gebietsregenintensitäten besser belegt ist als die Umhüllende der Hochwasserspitzen und wo die Möglichkeit besteht, einen einigermaßen zutreffenden Scheitelabflusskoeffizienten zu schätzen.

Im Übrigen wird der Zusammenhang zwischen beiden Formeln klar, wenn man die Umhüllende der Intensitäten $i_N = i_N(T_R)$ gemäß Abb. 2.6 durch eine Hyperbel

$$i_N \cong \frac{\text{Konstante}}{T_R} \ [\text{mm/h}]$$

annähert und die Konzentrationszeit T_k, begründet durch die Flächengeometrie, einem Fließweg gleichsetzt, der mit der Quadratwurzel aus dem Einzugsgebiet korreliert:

$$T_k \cong \text{Konstante} \cdot E^{1/2} = T_R \ [\text{s}]$$

Beides in die Fließzeitformel eingesetzt führt zu dem Ausdruck:

$$HQ = \alpha_S \cdot \text{Konstante} \cdot E^{1/2} = T_R \left[\text{m}^3/\text{s}\right]$$

oder

$$HQ = C \cdot E^{1/2} \left[\text{m}^3/\text{s}\right]$$

Der Aufbau dieser Formel stimmt mit den bekannten empirischen Hochwasserformeln überein (s. Abschn. 2.16.2).

2.16.5 Hochwasserjährlichkeiten

Für die Praxis ist es wichtig festzustellen, ob das betrachtete Hochwasserereignis ein seltenes oder ein häufiges Ereignis darstellt, also alle hundert Jahre oder jedes Jahr eintritt (sog. *Hochwasserjährlichkeiten*).

Die *Hochwasserjährlichkeiten* werden durch die statistische Auswertung möglichst langer Messreihen ermittelt. Verwendet man eine Fließzeitformel, so muss sich die

Messreihe auf die Gebietsregenintensität beziehen. Lässt sich aus dieser beispielsweise die „einhundertjährliche“ Intensität i_{100} in Abhängigkeit der Regendauer bestimmen, so kann das „einhundertjährliche“ Hochwasser HQ_{100} mit

$$HQ_{100} = \alpha_S \cdot i_{100} \cdot E \left[m^3/s\right]$$

angegeben werden. Um zu genaueren Werten zu gelangen, müsste man eigentlich auch die zu einem „einhundertjährlichen“ Ereignis gehörende Konzentrationszeit T_k und den entsprechenden Scheitelabflusskoeffizienten kennen.

Verwendet man dagegen eine empirische Hochwasserformel, so müssen Messreihen von Abflüssen vorhanden sein, die den Bezug zur Jährlichkeit der Hochwasserspitzen schaffen.

Gelingt es beispielsweise, aus diesen Messreihen jeweils das einhundertjährliche Hochwasser HQ_{100} zu bestimmen, so kann dieses anstelle des größten beobachteten Wertes HHQ in das Diagramm von Abb. 2.38 eingetragen werden und als Basis für die Bestimmung der Parameter n und C dienen. Gewöhnlich spiegelt sich die Jährlichkeit nur im Parameter $C = C_{100}$ wider, sodass gilt:

$$HQ_{100} = C_{100} \cdot E^n \left[m^3/s\right]$$

oder

$$HQ_{100} = C_{100} \cdot MQ^n \left[m^3/s\right]$$

Wie bestimmt man nun aber die Jährlichkeit eines Hochwassers? Liegt eine ununterbrochene Messreihe von der Dauer von n Jahren vor, so werden aus dieser gewöhnlich die jährlich größten Spitzen (Jahresmaxima) – hier einfach mit Q_i bezeichnet – herausgegriffen und ihrer Größe nach geordnet.

In der Annahme, dass es sich bei diesen Abflussspitzen um stochastisch voneinander unabhängige Variablen handelt, kann deren empirische Überschreitungswahrscheinlichkeit oder Frequenz mit $p = i/n$ bestimmt werden. Demzufolge ergibt sich die Überschreitungswahrscheinlichkeit p der größten beobachteten jährlichen Hochwasserspitze mit 1/n und die Überschreitungswahrscheinlichkeit der kleinsten Spitze mit 1.

Nach einem Vorschlag von *Gumbel* wird als Schätzwert für die Überschreitungswahrscheinlichkeit auch der Ausdruck $p = i/(n+1)$ eingeführt (Tab. 2.9.) Damit wird der Tatsache Rechnung getragen, dass der kleinsten jährlichen Spitze innerhalb der begrenzten Beobachtungsperiode bezüglich eines größeren Zeitraums eine etwas kleinere Überschreitungswahrscheinlichkeit als 1 zukommen muss. Der reziproke Wert von p, also $w = 1/p$, stellt die *mittlere Wiederkehrperiode* oder die sog. *Jährlichkeit der Hochwasserspitzen* dar.

Interessiert man sich für größere Jährlichkeiten als $w = n$, so muss die Messreihe extrapoliert werden. Zu diesem Zweck wird sie möglichst gut durch eine Funktion approximiert. Dafür stehen verschiedene Formeln von Wahrscheinlichkeitsverteilungen zur Verfügung.

Tab. 2.9 Bestimmung der empirischen Überschreitungswahrscheinlichkeit und Jährlichkeit von Hochwasserspitzen

Rang (Ordnungszahl m)	Jährlich höchste HW-Spitze Q	Empirische Überschreitungswahrscheinlichkeit P	Empirische Jährlichkeit w = 1/p
1	Q_1	1/(n+1)	n+1
2	Q_2	2/(n+1)	(n+1)/2
3	Q_3	3/(n+1)	(n+1)/3
⋮	⋮	⋮	⋮
i	Q_i	i/(n+1)	(n+1)/i
⋮	⋮	⋮	⋮
n	Q_n	n/(n+1)	(n+1)/n

Als Beispiel sei hier die Wahrscheinlichkeitsverteilung von *Fechner* erläutert. Fechner stellte fest, dass bei vielen Naturerscheinungen nicht die Variablen selbst, sondern deren Logarithmen einer *Gauß-Verteilung* (Log-Normal-Verteilung) gehorchen. Dies gilt auch bei vielen Messreihen jährlicher Hochwasserspitzen. Das Vorgehen bei der Aufstellung der Wahrscheinlichkeitsverteilung wird mithilfe von Abb. 2.42 erläutert.

Beispiel

Am Hinterrhein wurden während einer 37-jährigen Messperiode 37 Jahresmaxima der Abflüsse beobachtet.

Bearbeitet man diese Werte nach Tab. 2.9, so ergibt sich für dieses Datenkollektiv die empirische Überschreitungswahrscheinlichkeit. Sie ist in Abb. 2.42a in einem Diagramm mit unverzerrten Achsen aufgetragen. Dabei wird ersichtlich, dass es schwierig ist, die Punkte mit einer Kurve zu verbinden, die eine Extrapolation in Richtung seltener Ereignisse erlaubt.

Deshalb wird das Diagramm zweimal transformiert. Zunächst wird die Abszisse logarithmisch verzerrt, d. h. man trägt dort gemäß Abb. 2.42b die Logarithmen der Abflüsse in Funktion ihrer Überschreitungswahrscheinlichkeit ein. Aber auch hier ist es schwierig, die Punkte mit einer Kurve zu verbinden, die sich gut extrapolieren lässt. Immerhin wird die Streuung stark unterdrückt. Außerdem ist erkennbar, dass die Ausgleichskurve am Punkt $p = 0,5$ annähernd eine Rotationssymmetrie aufweist.

Anschließend verzerrt man auch die Ordinate, sodass im neu gebildeten Feld ein Gaußsches Integral als Gerade erscheinen muss. Trägt man die Punkte nochmals ein, so bilden sie, wenn Fechners Voraussetzung stimmt, eine Gerade.

In diesem doppelt verzerrten Maßstab lassen sich die empirischen Werte gemäß Abb. 2.42c leicht durch eine Ausgleichsgerade verbinden und folglich auch leicht in Richtung seltener Ereignisse extrapolieren.

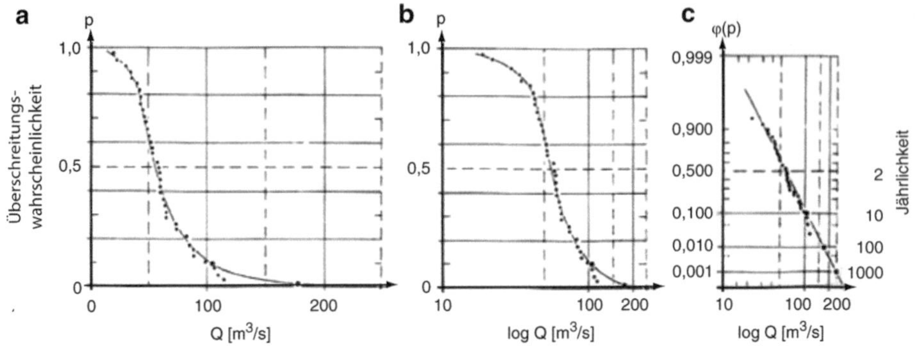

Abb. 2.42 Überschreitungswahrscheinlichkeit der jährlichen Hochwasserspitzen (Jahresmaxima) des Hinterrheins bei Hinterrhein. **a** im unverzerrten Maßstab, **b** bezüglich Abfluss im logarithmischen Maßstab, **c** bezüglich Wahrscheinlichkeit gemäß dem Gaußschen Integral im verzerrten Maßstab. Die Punkte entsprechen der empirischen Überschreitungswahrscheinlichkeit gemäß der Messperiode 1945 bis 1981. Die Ausgleichskurve wurde aufgrund von Bild **c** bestimmt und dann auf die Bilder **b** und **a** übertragen.

Es ist jedoch zu beachten, dass eine zuverlässige Extrapolation eigentlich nur bis etwa zu einer Jährlichkeit von $w = 2 \cdot n$ möglich ist. Wasserbauer extrapolieren aber oft sehr viel weiter, beispielsweise – und dann mehr im Sinn einer Konvention – bis zum eintausendjährlichen Hochwasser HQ_{1000}.
In der Praxis wird das Diagramm von Abb. 2.42c jeweils direkt gezeichnet oder als Funktion berechnet. Im ersten Fall verwendet man dazu handelsübliches Log-Normal-Papier. Die gewonnenen Aussagen darf man jedoch, weil sie meist auf unsicheren Daten beruhen, nicht überbewerten. Hochwasserabflüsse werden ja in der Praxis nie gemessen, sondern lediglich geschätzt.

Literatur

BAFU (s. Bundesamt für Umwelt, Bern)

Bronstert, A. (Hrsg.) (2005) Abflussbildung – Prozessbeschreibung und Fallbeispiele, Publikationen der Fachgruppe Hydrologische Wissenschaften, Forum für Hydrologie und Wasserbewirtschaftung Heft 13/2005

Bundesamt für Umwelt - BAFU (Hrsg.) (2019) Hydrologisches Jahrbuch der Schweiz 2018, Bundesamt für Umwelt, Bern

Chow, V.T., Maidment, D., Mays, L. (1988) Applied Hydrology, McGraw-Hill, New York, USA

DWA – Deutsche Vereinigung für Wasserwirtschaft, Abwasser und Abfall e. V. (DWA) (Hrsg.) (2010) Klimawandel – Herausforderungen und Lösungsansätze für die deutsche Wasserwirtschaft, DWA- Themen

DWD (s. Deutscher Wetterdienst, Offenbach)

Deutscher Wetterdienst - DWD (Hrsg.) (2016) KOSTRA-DWD-Atlas-2010, Starkniederschläge in Deutschland

Dyck, S., Peschke, G. (1995) Grundlagen der Hydrologie, 3. Aufl., Verlag für Bauwesen, Berlin

Eidgenössische Forschungsanstalt für Wald, Schnee und Landschaft – WSL (Hrsg.) (1992) Starkniederschläge im Schweizer Mitteland und Jura, Eidgenössische Forschungsanstalt für Wald, Schnee und Landschaft, Bd. 1–9, Birmensdorf

Hagen, K., Ganahl, E. Hübl, J. (2007) Analyse und Evaluierung von gebräuchlichen empirischen Ansätzen zur Hochwasserabschätzung in Wildbächen, In: Bundesforschungs- und Ausbildungszentrum für Wald, Naturgefahren und Landschaft (BFW) (Hrsg.) (2007), Institut für Alpine Naturgefahren, Universität für Bodenkultur, BFW-Berichte 137 (02.02.2007), Wien

Hager, W.H. (1988) Abflußformeln für turbulente Strömungen, Wasserwirtschaft, 78. Jahrg., Heft 2, S. 79–84

Hofbauer (1916) Eine neue Formel für die Ermittlung der grössten Hochwassermengen, Österr. Wochenschr. f. d. öffentl. Baudienst, Wien 1916, S. 38-40

Keller, G. (1969) Angewandte Hydrologie, Wasser- und Bodenverlag A. Lindow, Hamburg

IPPC (s. Intergovernmental Panel on Climate Change – deutsch: *Weltklimarat*)

IPPC (Hrsg.) (2019) IPCC-Sonderbericht über Klimawandel und Landsysteme (SRCCL), Hauptaussagen des IPCC-Sonderberichts über Klimawandel, Desertifikation, Landdegradierung, nachhaltiges Landmanagement, Ernährungssicherheit und Treibhausgasflüsse in terrestrischen Ökosystemen

Kleeberg, H.-B. (Hrsg) (2003) Klima – Wasser – Flussgebietsmanagement, Publikationen der Fachgruppe Hydrologische Wissenschaften, Forum für Hydrologie und Wasserbewirtschaftung Heft 4/2003, Beiträge zum Tag der Hydrologie am 20.–21. März 2003 in Freiburg i.Br., Bd. 1 und 2

Kleeberg, H.-B. (Hrsg.) (2006) Niederschlag – Input für hydrologische Berechnungen, Publikationen der Fachgruppe Hydrologische Wissenschaften, Forum für Hydrologie und Wasserbewirtschaftung Heft 14/2006, Beiträge zum Seminar am 26.–27. April 2006 in Magdeburg

Kreps, H. (1951) Eine neue Hochwasserformel für den Alpenraum, Wasser- und Energiewirtschaft, Heft 4, S. 55–57

Lecher, K., Lühr, H.-P., Zanke, U.C.E. (Hrsg.) (2015) Taschenbuch der Wasserwirtschaft, 9. Aufl., Springer Vieweg Fachmedien, Berlin

Maniak, U. (2001) Wasserwirtschaft – Einführung in die Bewertung wasserwirtschaftlicher Vorhaben, Springer, Berlin, Heidelberg, New York

Maniak, U. (2016) Hydrologie und Wasserwirtschaft – Eine Einführung für Ingenieure, 7. Aufl., Springer Vieweg, Berlin

Martin, C., Eiblmaier, M. (Hrsg.) (2003) Lexikon der Geowissenschaften (Buchausgabe), Gesamtausgabe in fünf Bänden + Registerband, Spektrum Akademischer Verlag (18. Juni 2003)

Miegel, K., Kleeberg, H.-B. (Hrsg.) (2007) Verdunstung, Publikationen der Fachgruppe Hydrologische Wissenschaften, Forum für Hydrologie und Wasserbewirtschaftung Heft 21/2007, Beiträge zum Seminar am 10.–11. Oktober 2007 in Potsdam

WSL (s. Eidgenössische Forschungsanstalt für Wald, Schnee und Landschaft, Birmensdorf)

Feststofftransport, Gewässerbettdynamik und Fließgewässertypologie

3

Zusammenfassung

Der Feststofftransport und die durch die Strömung initiierte Gewässerbettdynamik sind wesentlich für die naturnahe morphologische Ausgestaltung eines Fließgewässers. Die Fließgewässertypologie beschreibt die Fließgewässer in den unterschiedlichen Naturräumen und weist deren regionale Besonderheiten aus. Die Typologie gibt wertvolle Hinweise für Planung einer Fließgewässerrenaturierung. Feststofftransport, Gewässerbettdynamik und Fließgewässertypologie sind wiederum bedeutsame Grundlagen für die flussbaulichen Ausbaumethoden und die Planung von wasserbaulichen Anlagen.

3.1 Feststofftransport

Ein bedeutsamer Ausgangspunkt aller Überlegungen zur Umgestaltung eines Fließgewässers in Richtung auf mehr Naturnähe ist der Feststofftransport. Erosion, Transport bzw. Umlagerung und Sedimentation (Auflandung) beeinflussen die Laufentwicklung (Linienführung), die Querprofile, das Längsprofil und die Gewässerbettstruktur. Diese Mechanismen charakterisieren die morphologische Ausstattung einer Fließstrecke und sind daher ein wesentliches Merkmal der Beschreibung der verschiedenen Gewässertypen (Typisierung).

Die nun folgenden Ausführungen dienen lediglich der Einführung in den Feststofftransport. Die wissenschaftlichen Aufarbeitungen des äußerst komplexen Themengebiets finden sich bei den „Klassikern" des Feststofftransports, wie z. B. Hjulström (1935), Shields (1936), Yalin (1972 und 1992), Graf (1998) und Zanke (1982 und 2002), aber auch in der neueren Literatur, wie z. B. Gyr und Hoyer (2006) und ATV-DVWK (2003a).

H. Patt et al., *Wasserbau*, https://doi.org/10.1007/978-3-658-30551-2_3

Für die Interpretation der Ergebnisse einer Feststofftransportberechnung ist sehr viel Erfahrung notwendig. Oft sind Resultate lediglich eine Prognose, weil bereits die Eingangswerte mit Unsicherheiten behaftet sind (u. a. DWA 2012, 2015, 2018, Dittrich 2016).

3.1.1 Theorie der Feststoffbewegung

Außer Wasser werden noch andere, *gelöste* und *ungelöste, Stoffe* von den Fließgewässern transportiert. Zu den ungelösten Materialien gehören *Schwimmstoffe, Schwebstoffe, Geschiebe* und *Treibeis.* Die gelösten Inhaltsstoffe werden hier nicht behandelt.

Die an einen im Wasser befindlichen, einzelnen Festkörper angreifenden Kräfte sind in Abb. 3.1 dargestellt. Sieht man von Trägheitskräften ab, handelt es sich im Wesentlichen um das Gewicht G sowie den am Körper angreifenden Wasserdruck.

Der Wasserdruck wird gewöhnlich in einen *hydrostatischen Auftrieb* A und eine *hydrodynamische Kraft,* den sog. Strömungswiderstand W, aufgeteilt. In der Bestimmung des Auftriebs geht man davon aus, dass der Körper im Wasser schwebt und gegenüber der umgebenden Strömung keine Relativgeschwindigkeit (keinen *Schlupf*) aufweist. Unter der Voraussetzung, dass die Druckverteilung in der Strömung hydrostatisch ist, gilt:

$$A = \rho \cdot g \cdot V \cdot \cos \alpha \ [N]$$

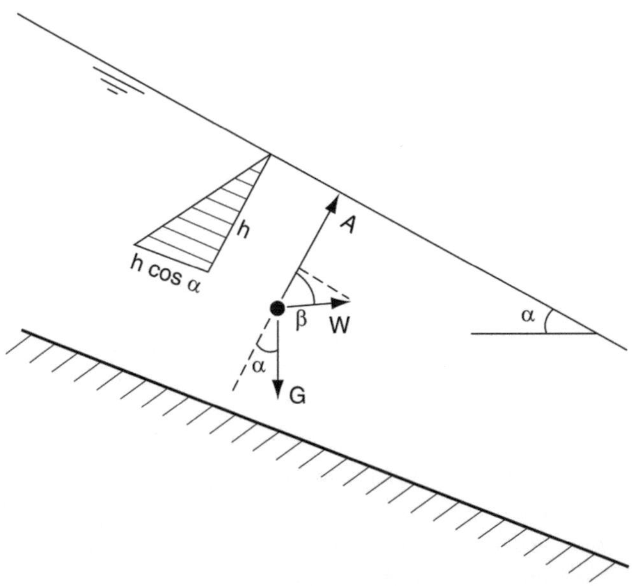

Abb. 3.1 Kräfte an einem eingetauchten Festkörper. *G* Gewicht, *A* hydrostatischer Auftrieb, *W* Strömungswiderstand

mit

A hydrostatischer Auftrieb [N]
ρ Dichte des Wassers [kg/m^3]
V Volumen des vollständig eingetauchten Körpers [m^3]
α Neigung des Wasserspiegels [-]

Der *Auftrieb* wirkt immer gegen den Druckgradienten und entspricht für $\alpha = 0$ dem archimedischen Auftrieb. Für größere Werte von α ist der Auftrieb jedoch kleiner und verschwindet bei $\alpha = \pi/2$, d. h. bei einer senkrecht verlaufenden Strömung.

Alle Druckkräfte, die sich aus der Umströmung des Körpers ergeben, werden durch den *Strömungswiderstand* W erfasst. Dafür wird in der Regel folgender Ansatz verwendet:

$$W = \rho \cdot C_W \cdot \frac{v_r^2}{2} \cdot F_W \text{ [N]}$$

mit

W Strömungswiderstand [N]
ρ Wasserdichte [kg/m^3]
C_W Widerstandsbeiwert des Körpers [-]
v_r Relativgeschwindigkeit der Strömung zum Körper [m/s]
F_W Angriffsfläche (projiziert auf eine Ebene senkrecht zu Strömung) [m^2]

Der Widerstandsbeiwert C_w ist von der Form des Körpers und gegebenenfalls noch von seiner *Reynolds-Zahl Re* abhängig.

3.1.2 Transportformen

Die Feststoffmaterialien stammen aus dem Einzugsgebiet des Fließgewässers, aus seitlichen Zuflüssen und aus dem Sohlen- und Ufersubstrat. Ausgehend vom jeweils aktiven *Feststoffherd* sorgen chemische Prozesse, Erosion und Schwerkraft für die Versorgung der Fließgewässer mit entsprechenden Materialien.

Unterschieden wird zwischen *eingetragenem Material* (sog. *Spülfracht*, „*wash load*") und *Bettmaterial* („*bed load*"). Die feinkörnige *Spülfracht* wird fast ausschließlich als *Schwebstoff* („*suspended load*") transportiert. Das *Bettmaterial* ist den Prozessen Erosion, Transport, Sedimentation und Resuspension ausgesetzt und entweder als *Geschiebe* oder als *Schwebstoff* (d. h. suspendiert) vertreten. *Geschiebe* und *Schwebstoffe* sind ungelöste Stoffe. Wesentliche *Einflussfaktoren* auf den Feststofftransport haben Abfluss, Wassertiefe, Fließgeschwindigkeit bzw. die Fließgeschwindigkeitsverteilung, Gefälle, Korngröße und Korngrößenverteilung. Die Übergänge und Grenzen zwischen den einzelnen *Transportformen* sind nicht immer eindeutig bestimmbar.

Anthropogene Beeinflussungen haben dazu geführt, dass die natürliche Versorgung der Fließgewässer mit Feststoffmaterialien und die Durchgängigkeit für Feststoffmaterialien in vielerlei Hinsicht gestört ist. Dies gilt insbesondere dann, wenn Laufkorrekturen durchgeführt wurden oder Querbauwerke (insbesondere Wehre) die Längsdurchgängigkeit unterbrechen.

3.1.2.1 Schwimmstoffe

Schwimmstoffe sind meist organischen Ursprungs und bewegen sich schwimmend auf der Wasseroberfläche oder oberflächennah mit der Strömung. Dazu gehören z. B. von der Strömung losgerissene Bäume und Sträucher, die noch biologisch aktiv sind (d. h. ausschlagfähig), aber auch nicht mehr ausschlagfähige Materialien, das sog. *Totholz.*

Im Oberlauf eines Gewässers sind die organischen Materialien eine bedeutende *Nährstoffquelle* und somit ein wichtiger Bestandteil der Nahrungskette (u. a. DVWK-GfG 2001; Gerhard und Reich 2001; Kail und Hering 2003; Patt 2016).

Der *Schwimmstoffanfall* in Fließgewässern tritt im Allgemeinen in Schüben auf, die jeweils mit einer raschen Abflusssteigerung (ansteigender Ast der Hochwasserwelle, s. Abschn. 2.15) zusammenfallen. Mit dem Ansteigen des Wasserspiegels werden auch an den Ufern befindliche Ablagerungen erfasst und durch die Strömung abtransportiert.

Für einen einzelnen Schwimmkörper gilt senkrecht zum Wasserspiegel (Abb. 3.1):

$$\mathrm{G} \cdot \cos\alpha = \mathrm{A} + \mathrm{W} \cdot \cos\beta \ [\mathrm{N}]$$

Für kleine Körper – also auch bei Feststoffkörnern – ist die Kraftkomponente $\mathrm{W} \cdot \cos\beta$ infolge der Turbulenz immer vorhanden und wirkt abwechselnd als dynamischer Auftrieb oder als Abtrieb. Bei großen Körpern kann $\mathrm{W} \cdot \cos\beta$ aber vernachlässigt werden. Folglich wird:

$$\mathrm{G} \cdot \cos\alpha < \mathrm{A} \ [\mathrm{N}]$$

oder

$$\mathrm{G} < \rho \cdot \mathrm{g} \cdot \mathrm{V} \ [\mathrm{N}]$$

oder

$$\rho_s < \rho \ \left[\mathrm{kg/m^3}\right]$$

mit

G Gewicht des Feststoffteilchens [N]
A Auftrieb [N]
ρ_S Dichte des Feststoffkörpers [kg/m^3]
ρ Dichte des Wassers [kg/m^3]
g Erdbeschleunigung [m/s^2]
V Volumen des Körpers [m^3]

Die Schwimmlage eines Feststoffteilchens ergibt sich aus der Formel:

$$G = \rho \cdot g \cdot V_D \text{ [N]}$$

wobei V_D das Verdrängungsvolumen des teilweise eingetauchten Körpers ist (V_D<V). Sind beide Kräfte gleich groß, schwebt der Körper.

Parallel zum Wasserspiegel wirkt kein statischer Auftrieb. Deshalb kann sich in dieser Richtung nur ein Gleichgewicht einstellen, wenn

$$G \cdot \sin\alpha = W \cdot \sin\beta \text{ [N]}$$

wird, d. h. wenn sich der Schwimmkörper um die Relativgeschwindigkeit v_r schneller bewegt als das Umgebungswasser. Da aber sin α im Allgemeinen sehr klein ist, wird dieser Effekt meist vernachlässigt und angenommen, dass der Schwimmkörper ohne Schlupf mit seinem Umgebungswasser verdriftet wird. Abweichungen ergeben sich naturgemäß, wenn der Schwimmkörper noch durch Wind- und Wellenkräfte beansprucht wird.

Im naturnahen Wasserbau werden Schwimmstoffe gezielt zur Erhöhung der Strukturvielfalt genutzt und absichtlich in Form von Totholz in ein Gewässer eingebracht (s. u. a. DVWK-GfG 2001; Patt 2016 und Patt et al. 2018).

Dabei ist zu beachten, dass Schwimmstoffe die Abflussleistung eines Gerinnes erheblich reduzieren können. Das gilt insbesondere dann, wenn sie in Form von Verklausungen den vorhandenen Fließquerschnitt einschränken oder vollständig blockieren.

Hinter derartigen Abflusshindernissen können sich tiefe Kolke ausbilden, die die Sohlenstrukturen lokal stark verändern. Die entstehenden Kolke können u. U. die Standsicherheit von wasserbaulichen Anlagen und ufernahen Bauten (u. a. Ufermauern, Deiche, Dämme) gefährden.

Ein hoher Schwimmstoffanteil wirkt sich auch negativ auf den Betrieb von Wasserkraftanlagen aus und führt in der Regel zu steigenden Unterhaltungskosten. Hier ist sorgfältig Pro und Kontra gegeneinander abzuwägen.

3.1.2.2 Schwebstoffe

Schwebstoffe bestehen zu einem Teil aus natürlichen Verwitterungsprodukten und zu einem anderen Teil aus Zivilisationsrückständen. Sie sind in einem Fließquerschnitt unregelmäßig über den ganzen Fließquerschnitt verteilt (Abb. 3.2). Unterschieden wird zwischen *anorganischen* (mineralischen) und *organischen Schwebstoffen*.

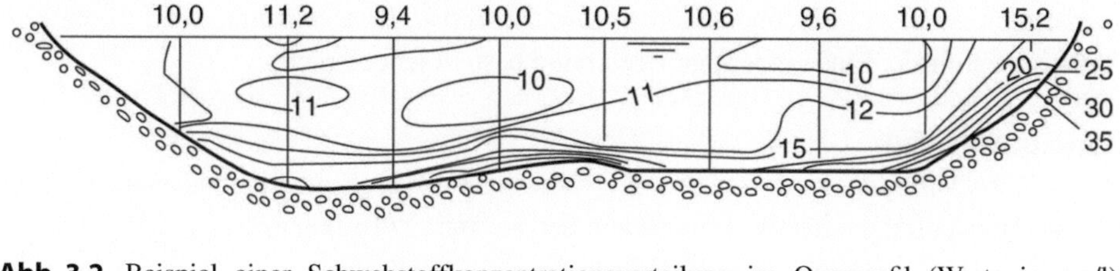

Abb. 3.2 Beispiel einer Schwebstoffkonzentrationsverteilung im Querprofil (Werte in mg/l). Typisch ist die Konzentrationszunahme mit der Wassertiefe

Schwebstofftransport

Beim *Schwebstofftransport* bewegen sich die Feststoffteilchen ohne Sohlenkontakt in der Strömung mit. Für diese Transportart sind die Sinkgeschwindigkeit der Feststoffe (d. h. Korndurchmesser, Korndichte, Kornform und Dichte des Wassers) und die Strömungsparameter (d. h. Geschwindigkeitsverteilung im Gerinne und Turbulenz) die maßgeblichen Einflussfaktoren.

Für ein einzelnes Schwebstoffkorn gilt senkrecht zum Wasserspiegel die folgende Gleichgewichtsbedingung:

$$\mathrm{G} \cdot \cos \alpha = \mathrm{A} + \mathrm{W} \cdot \cos \beta \quad [\mathrm{N}]$$

Wie schon beim Schwimmstoffkorn erwähnt, wirkt $\mathrm{W} \cdot \cos \beta$ infolge der Turbulenz bald stark, bald schwach, bald aufwärts, bald abwärts. Die oben aufgeführte Gleichgewichtsbedingung hat also lediglich im zeitlichen Mittel Gültigkeit. Gleiches gilt für das Gleichgewicht parallel zum Wasserspiegel, d. h.

$$\mathrm{G} \cdot \sin \alpha = \mathrm{W} \cdot \sin \beta \ [\mathrm{N}]$$

Für geringe Gefälle entspricht die mittlere Horizontalgeschwindigkeit der Körner ziemlich genau derjenigen der umgebenden Strömung. Da in der Regel in der wasserbaulichen Praxis für die Dichte der Schwebstoffkörner $\rho_S > \rho$ gilt, wird das Korn durch $\mathrm{W} \cdot \cos \beta$ und damit durch die Turbulenz in der Schwebe gehalten. Stark turbulente Strömungen können also größere Körner suspendieren.

Schwebstoffkonzentration

Zur Ermittlung der *Schwebstoffkonzentration* wird eine festgelegte Wassermenge in der gewünschten Tiefe mit einem Probengefäß entnommen. Dann wird nach ein bis zwei Tagen ruhiger Lagerung der Rückstand vom klaren Wasser durch Filtrieren getrennt, getrocknet und gewogen. Die Korngrößen werden mittels *Schlämmanalyse* bestimmt.

Für die kontinuierliche Messung der Schwebstoffkonzentration eignen sich Trübungsmessungen auf fotoelektrischem Weg. Vorab muss allerdings der Zusammenhang zwischen der Trübung und der Schwebstoffbelastung mithilfe von Eichmessungen bestimmt werden.

Wie allerdings die in Abb. 3.2 dargestellte Geschwindigkeitsverteilung zeigt, muss beachtet werden, dass Punktmessungen keine guten Rückschlüsse auf die Verteilung der Schwebstoffe im Fließquerschnitt erlauben.

In Alpenflüssen kann im Mittel mit Schwebstoffbelastungen bis zu etwa 1 g/l und kurzzeitig mit 30 g/l gerechnet werden. Die *Schwebstoffkonzentration* wird durch den Abfluss beeinflusst. Eine eindeutige Beziehung besteht jedoch nicht.

Schwebstoffanfall

Der *Schwebstoffanfall* wird von den Verwitterungsprozessen im Einzugsgebiet geprägt und die Transportkapazität des Flusses von der Strömung (Turbulenz).

Die Abb. 3.3 zeigt beispielhaft Schwebstoffmessungen im Rhein bei Koblenz. Will man derartige Punktewolken durch eine Funktion annähern, ist der folgende empirische Ansatz üblich:

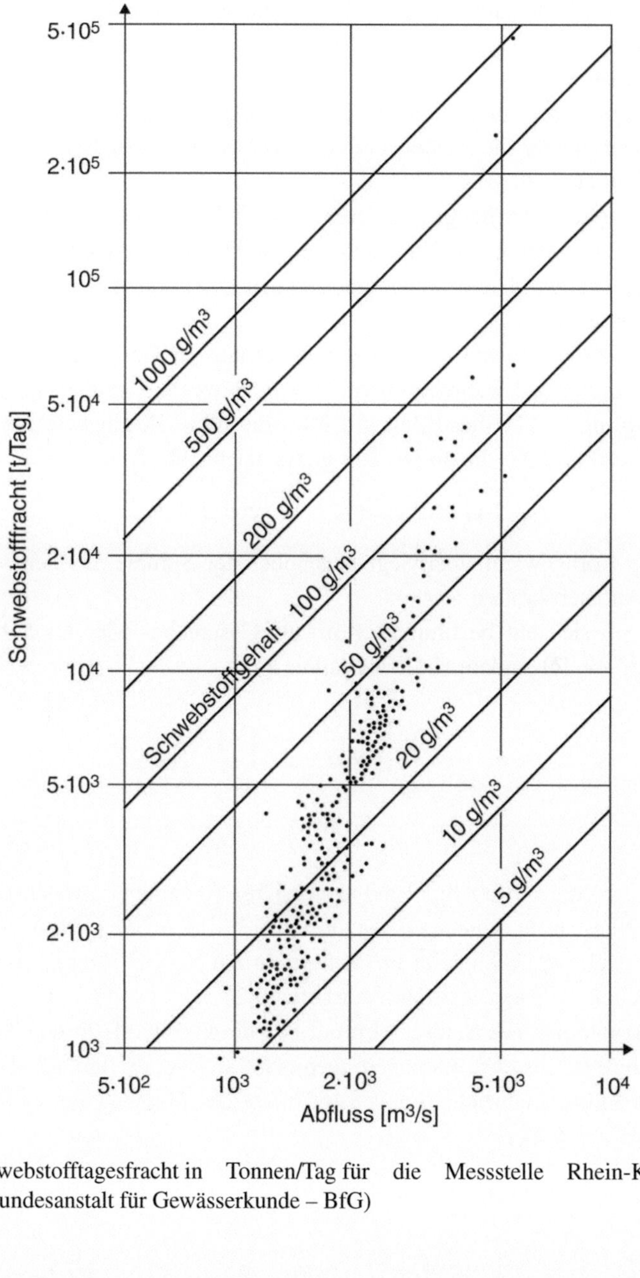

Abb. 3.3 Schwebstofftagesfracht in Tonnen/Tag für die Messstelle Rhein-Koblenz (nach Angaben der Bundesanstalt für Gewässerkunde – BfG)

$$m_{Sf} = a \cdot Q^b \text{ [t]}$$

mit

m_{Sf} Schwebstofffracht [t]
Q Abfluss [m^3/s]
a,b Regressionskoeffizienten im doppellogarithmischen Netz [-]

3.1.2.3 Geschiebe

Der *Geschiebetransport* spielt sich in den sohlennahen Bereichen ab und ist deshalb besonders bedeutsam für die Ausformung des Gewässerbetts (u. a. ATV-DVWK 2003a; Gebler 2005; Patt et al. 2018).

Der Geschiebetransport hängt im Wesentlichen vom Abfluss, Gefälle, Sohlenaufbau und vom Feststoffdargebot ab. Erosions- und Sedimentationsvorgänge wechseln sich ständig ab und charakterisieren über einen längeren Zeitraum den Geschiebehaushalt einer Gewässerstrecke.

Ein einzelnes Geschiebekorn ruht in der Regel auf der Gewässersohle und wird nur bei starker Strömung und während kurzer Zeit in Bewegung gesetzt. Es gerät dann ins Rollen oder Springen. Für diese Zeit gilt etwa dieselbe Gleichgewichtsbedingung wie beim Schwebstoffkorn. Für die übrige Zeit gilt (s. auch Abb. 3.1):

$$G \cdot \cos\alpha = A + W \cdot \cos\beta \text{ [N]}$$

Das heißt, das Korngewicht überwiegt gegenüber der Summe aus den statischen und dynamischen Auftriebskräften.

Die Frage, ob sich ein bestimmtes Korn als Geschiebe- oder als Schwebstoffkorn benimmt, hängt von folgendem Kräfteverhältnis ab:

$$\frac{W \cdot \cos\beta}{G \cdot \cos\alpha - A} \text{ [−]}$$

Beispiel:

Im Mittel der Jahre 1900 bis 1960 wurden im Rheindelta (Bodensee) jährlich 3,1 Mio. m^3 Feststoffe abgelagert, davon etwa 3 Mio. m^3 Schwebstoffe. Dadurch vergrößerte sich das Rheindelta im Mittel jährlich um 3,3 Hektar. Der Flusslauf verlängerte sich in diesem Zeitraum jährlich um 23 m.

Das Nutzvolumen des Stausees Imfout in Marokko wurde in den Jahren 1947 bis 1965 durch Schwebstoffablagerungen von 85 Mio. m^3 auf 27 Mio. m^3 verringert. Die mittlere jährliche Schwebstofffracht des Flusses Oum er Rbia betrug somit in etwa 3,1 Mio. m^3.

3.1.3 Schubspannungen

Die Strömung eines Oberflächengewässers wird durch die Reibung gebremst. Gemäß dem Prinzip Actio = Reactio wirkt die Wasserströmung auf die Berandungen des Gewässerbetts und setzt vom Wasser benetzte Bereiche einer Reibungskraft aus. Deren Wert pro Flächeneinheit wird als *Sohlenschubspannung* bzw. *Schubspannung* τ_R bezeichnet. Gebräuchlich ist auch die Bezeichnung *Schleppspannung*.

Die *Schubspannung* τ_R bewirkt den Feststofftransport und lässt sich für den Normalabfluss wie folgt quantifizieren (Abb. 3.4):

$$\tau_R \cdot U \cdot dl = \rho \cdot g \cdot F \cdot dl \cdot \sin\alpha \; [N]$$

mit

τ_R	aktuelle Schubspannung [N/m^2]
U	benetzter Umfang [m]
ρ	Dichte des Wassers [kg/m^3]
g	Erdbeschleunigung [m/s^2]
F	Fließquerschnitt [m^2]
$\sin\alpha$	Gefälle [-]

Umgeformt ergibt sich für die aktuelle Schubspannung τ_R:

$$\tau_R = \rho \cdot g \cdot r_{hy} \cdot J \quad \left[N/m^2\right]$$

mit

r_{hy}	hydraulischer Radius [m] = F/U (Abb. 3.4)
J	$\sin\alpha \sim \tan\alpha$ = Sohlengefälle [-]

Falls kein Normalabfluss herrscht, kann anstatt des Sohlengefälles J das Energieliniengefälle J_{EL} eingesetzt werden.

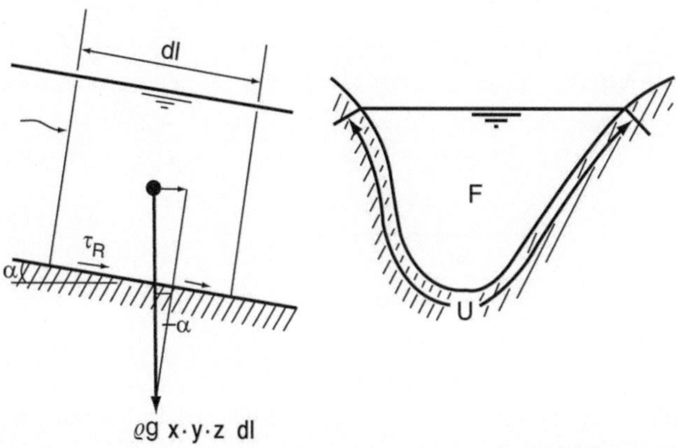

Abb. 3.4 An einem Strömungselement der Länge dl und der Querschnittsfläche A angreifende Kräfte bei Normalabfluss

Meyer-Peter und Müller (1949) präzisieren diese Formel noch, indem sie nur denjenigen Anteil der Schubspannung berücksichtigen, der auf die Geschiebekörner wirkt (sog. *transportwirksame Schubspannung*). Dann gilt die folgende Beziehung:

$$\tau_R = \rho \cdot g \cdot r_{hy,S} \cdot \left(\frac{k_{Str}}{k_r}\right)^{3/2} \cdot J \quad [N/m^2]$$

mit

τ_R	aktuelle Schubspannung [N/m²]
ρ	Dichte des Wassers [kg/m³]
g	Erdbeschleunigung [m/s²]
$r_{hy,S}$	hydraulischer Radius, $r_{hy,S} = F_S/b_S$, bezogen auf den Anteil der beweglichen Sohle (s. Abb. 3.5)
F_S	transportwirksamer Anteil des Fließquerschnitts [m²]
b_S	transportwirksame Breite des Fließquerschnitts bzw. Breite der beweglichen Sohle [m]
k_{Str}	Manning-Strickler-Rauheitsbeiwert [$m^{1/3}$/s]
k_r	Beiwert für die Kornrauheit [$m^{1/3}$/s]
k_{Str}/k_r	1,0 bei ebener Sohle und 0,5 bei hohen Sohlenwellen (z. B. Dünen) [-]
J	Gefälle [-]

Für die Bestimmung der Kornrauheit k_r kann folgende Beziehung verwendet werden (ATV-DVWK 2003a):

$$k_r = \frac{26}{d_m^{1/6}} \quad [m]$$

mit

d_m mittlerer Korndurchmesser der Sohle [m]

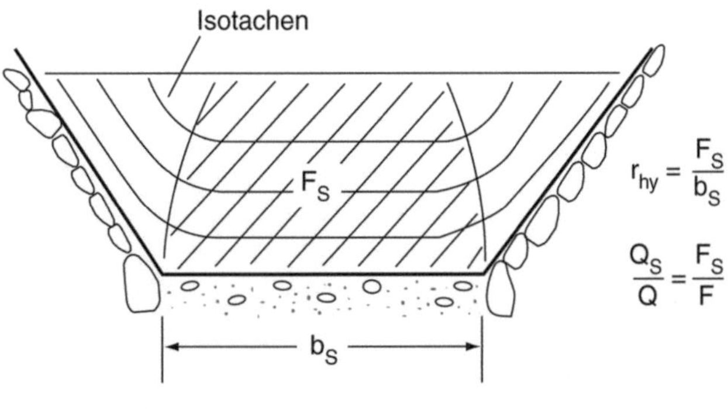

Abb. 3.5 Der transportwirksame Abflussquerschnitt F_s wird mithilfe der Isotachen bestimmt. Daraus lassen sich der zugehörige Abfluss über der Sohle Q_S und der hydraulische Radius $r_{hy,S}$ des Abflusses über der Sohle ermitteln

3.1.4 Begriffe zum Geschiebetransport

Die in Tab. 3.1 dargestellten Begrifflichkeiten werden bei der quantitativen Beschreibung des Feststofftransports F verwendet (s. auch DIN 4044).

Analog gelten für den Geschiebetransport die folgenden Bezeichnungen:

- Geschiebetransport $\dot{m}_G$
- Geschiebefracht m_{Gf}
- Geschiebetrieb m_G

3.1.5 Transportbeginn

Der *Aufbau der Gewässersohle* hat maßgeblichen Einfluss auf deren Stabilität. Deck- oder Abpflästerungsschichten verfestigen die Sohle durch ihr Korngerüst und führen zu einer wesentlichen Erhöhung der Sohlenstabilität. Es ist also ein wesentlicher Unterschied, ob ein lose liegendes Korn dem Strömungsangriff ausgesetzt ist oder ein Korn, das in eine *Deckschicht* eingebettet ist.

Tab. 3.1 Begrifflichkeiten bei der mengenmäßigen Beschreibung des Feststofftransports

Begriffe	Einheiten	Beschreibung	Weitere Bezeichnungen
Feststoffkonzentration („*sediment concentration*“)	[mg/l] [g/m^3]	Trockengewicht der Schwebstoffe pro Volumeneinheit des Wassers	Schwebstoffkonzentration
Feststofftransportrate („*sediment transport rate*“)	[kg/s]	Masse der Schwebstoffe, die in einer bestimmten Zeit durch den betrachteten Querschnitt transportiert wird	Geschiebetransportrate Schwebstofftransportrate
Feststofftrieb m_F („*total load*“)	[kg/(s · m)]	Die auf eine bestimmte Breite und eine bestimmte Zeit bezogene Masse der transportierten Schwebstoffe	Geschiebetrieb
Feststofffracht m_{Ff} („*sediment transport*“)	[t]	Summe der in einer bestimmten Zeit (z. B. in einem Jahr) durch einen Querschnitt transportierten Schwebstoffmassen	Geschiebefracht Schwebstofffracht

Anmerkung: Folgende Indices werden für die jeweiligen Feststofftransportformen verwendet: *F* Feststoff, *S* Schwebstoff, *f* Fracht

In den *Feststofftransportberechnungen* werden die unterschiedlichen Arten der Lagerung durch die Wahl eines entsprechenden *charakteristischen Korndurchmessers* (z. B. der mittlere Korndurchmesser d_m) berücksichtigt. Das ist natürlich eine grobe Vereinfachung der wirklichen Verhältnisse.

Bei der *Berechnung des Transportbeginns* ist bei intakter Deckschicht vom mittleren Korndurchmesser $d_{m,DS}$ der Deckschicht auszugehen. Dieser entspricht meist in etwa dem 90-Prozent-Siebdurchgang der Unterschicht (US) oder kurz $d_{90,US}$. Im Fall aufgerissener oder fehlender Deckschicht muss der mittlere Durchmesser der Unterschicht $d_{m,US}$ als Eingangsgröße verwendet werden.

Der *Geschiebetrieb* setzt ein (Transportbeginn), wenn die *aktuelle Schubspannung* eine kritische Größe, die sog. *Grenzschubspannung* τ_{Gr} (wird auch als *kritische Sohlenschubspannung* τ_{crit} bezeichnet), überschreitet.

Meyer-Peter und Müller (1949) bestimmten diesen Grenzwert anhand von Versuchen zu:

$$\tau_{Gr} = 0{,}047(\rho_S - \rho) \cdot g \cdot d_m \left[N/m^2\right]$$

mit

- τ_{Gr} kritische Schubspannung („*critical shear stress*") $[N/m^2]$
- ρ_S Dichte des Geschiebekorns (meist etwa 2.600–2.700 kg/m^3) $[kg/m^3]$
- ρ Dichte des Wassers $[kg/m^3]$
- g Erdbeschleunigung $[m/s^2]$
- d_m mittlerer Korndurchmesser [m] (variiert je nach Mischung etwa zwischen d_{50} und d_{75})

Hinsichtlich des Bewegungsbeginns sind folgende Bereiche dabei zu unterscheiden (Meyer-Peter und Müller 1949, Hager 2016; s. auch die Diagramme von Hjulström [1935] und Shields [1936]):

$\tau_{Gr}/(\rho_S - \rho) \cdot g \cdot d_m < 0{,}03$	Ruhe! - Kein Transport,
$\tau_{Gr}/(\rho_S - \rho) \cdot g \cdot d_m = 0{,}03$ bis $0{,}047$	Vereinzelte Bewegungen,
$\tau_{Gr}/(\rho_S - \rho) \cdot g \cdot d_m > 0{,}047$	Geschiebetransport.

Für den mittleren Korndurchmesser d_m ist nach den obigen Ausführungen entweder $d_{m,DS}$ oder $d_{m,US}$ einzusetzen.

Es ist erkennbar, dass der Geschiebetrieb m_G eine Funktion des Größenunterschieds von *aktueller (wirkender) Schubspannung* τ_R und *Grenzschubspannung* τ_{Gr} ist. Von besonderer Bedeutung ist die Differenz dieser beiden Schubspannungen, d. h. $\tau_R - \tau_{Gr}$. Ist der Wert von τ_R größer als derjenige von τ_{Gr}, setzt sich das Geschiebe in Bewegung (sog. *Transportbeginn*).

Tatsächlich gilt nach Meyer-Peter und Müller (1949) bei gleichförmigem Abfluss und bei kontinuierlichem Geschiebetrieb m_G (Zufuhr = Abfuhr):

$$m_G = \frac{8}{\rho^{1/2}(1 - \rho/\rho_s) \cdot g}(\tau_R - \tau_{Gr})^{3/2} \left[kg/(m \cdot s)\right]$$

oder

$$m_G = \frac{8}{\rho^{1/2}(\rho_s - \rho) \cdot g}(\tau_R - \tau_{Gr})^{3/2} \left[m^3/(m \cdot s)\right]$$

3.1.5.1 Grenzabfluss

Weil der Geschiebetrieb erst bei $\tau_R > \tau_{Gr}$ stattfindet, kennzeichnet die Gleichung $\tau_R = \tau_{Gr}$ interessante *Grenzzustände*. Bei gegebenem Gewässerbett und Geschiebematerialien ergibt sich daraus beispielsweise eine Beziehung zwischen dem Geschiebetransport und dem Wasserabfluss.

Liegt der Abfluss unter einem bestimmten Grenzwert, dem sog. *Grenzabfluss* Q_{Gr} bzw. *kritischem Abfluss* Q_{crit}, ist die Sohle in Ruhe. Ist der Abfluss größer, wird Geschiebe transportiert (Abb. 3.6a).

Muss bei ansteigendem Abfluss zuerst die Deckschicht erodiert werden, so ergibt sich entsprechend $d_{m,DS}$ der Grenzabfluss $Q_{Gr,DS}$. Fehlt die Deckschicht, so gilt entsprechend $d_{m,US}$ der Grenzabfluss $Q_{Gr,US}$ (Abb. 3.6a, b).

3.1.5.2 Grenzgefälle, Grenzkorndurchmesser

Ein anderer wichtiger Grenzwert ist das *Grenzgefälle* J_{Gr}. Man kann den Grenzabfluss Q_{Gr} als Funktion des Sohlengefälles J darstellen und alle übrigen Parameter konstant halten, d. h. $Q_{Gr} = Q(J)$.

Umgekehrt lässt sich das Gefälle J als Grenzgefälle J_{Gr} für einen bestimmten Abfluss anschreiben bzw. aus der Gleichung $\tau_R = \tau_{Gr}$ berechnen. Das Grenzgefälle J_{Gr} ist dann eine Funktion der Form $J_{Gr} = J(Q)$. Ein Gewässerbett mit diesem Grenzgefälle ist dadurch gekennzeichnet, dass der Abfluss Q gerade noch keinen Geschiebetrieb erzeugt, d. h. die Sohle in Ruhe ist.

Auf ähnliche Weise kann man ein Grenzkorn aus der Umkehrung der Beziehung $Q_{Gr} = Q(d_m)$ zu $d_{m,Gr} = d_m(Q)$ ermitteln bzw. aus der Gleichung $\tau_R = \tau_{Gr}$ berechnen. Dabei wählt man für τ_{Gr} den Beiwert 0,03 und gelangt dann zu der Aussage, dass eine Gewässersohle, die aus einer Mischung mit $d_{m,Gr}$ besteht, sich beim Abfluss Q_{Gr} gerade noch in Ruhe befindet.

3.1.5.3 Geschiebetransport, Geschiebefunktion

Der *Geschiebetransport* $\dot{m}_G$, d. h. der Geschiebedurchgang durch einen Querschnitt pro Sekunde, ergibt sich aus der Integration des Geschiebetriebs m_G über die Breite b_s der beweglichen Sohle. Es gilt:

$$\dot{m}_G = \int_0^{b_s} m_G \, db \; [kg/s]$$

Die Beziehung $\dot{m}_G = \dot{m}_G(Q)$ wird als *Geschiebefunktion* bezeichnet.

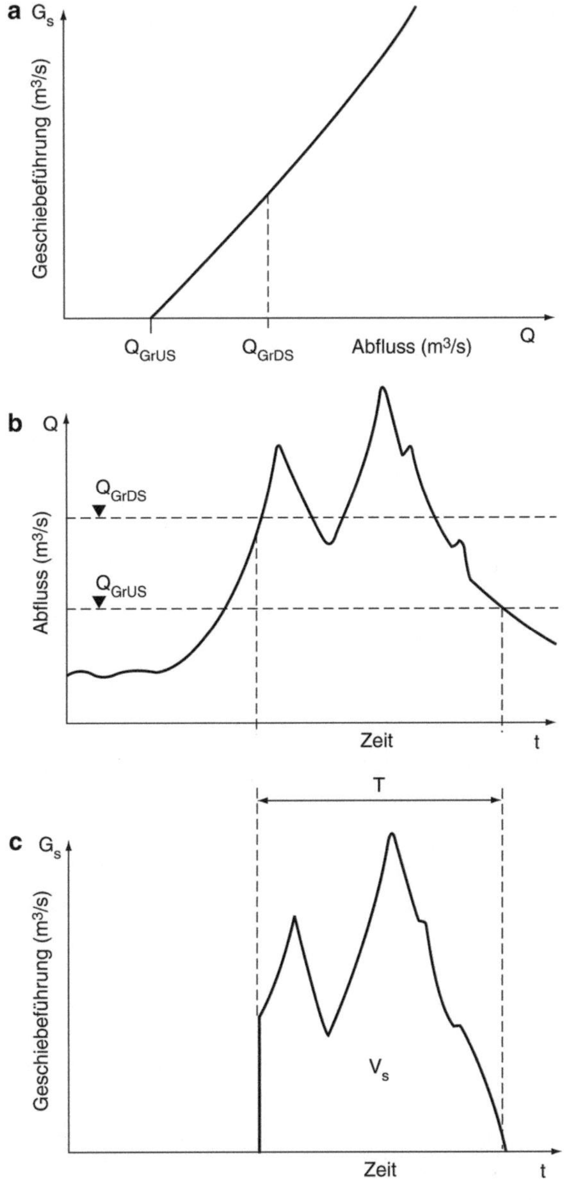

Abb. 3.6 Kurven zur Darstellung des Transportbeginns. **a** Geschiebetransportfunktion, **b** Zusammenhang zwischen Abfluss- und Geschiebetransport. Die Geschiebebewegung beginnt erst dann, wenn der Grenzabfluss Q_{Gr} der Deckschicht (DS) oder der Unterschicht (US) überschritten wird

3.1.5.4 Geschiebefracht, Geschiebebilanz

Aus der Geschiebefunktion lässt sich die Geschiebefracht m_{Gf} als Integral des *Geschiebetransports* $\dot{m}_G$ über einen vorbestimmten Zeitraum (z. B. ein Jahr) ermitteln:

$$m_{Gf} = \int_0^t \dot{m}_G \, dt \quad [t]$$

Die Geschiebefracht m_{Gf} zeigt die durch einen Fließquerschnitt transportierten Feststoffmassen und erlaubt auf diese Weise eine Bilanzierung der Geschiebefrachten über mehrere Jahre. Bei Kenntnis der Geschiebefracht können Auf- und Abtragsprozesse über einen längeren Zeitraum hinweg bilanziert werden (sog. *Geschiebebilanz*).

3.1.5.5 Geschiebetransportformel

Eine flussbauliche Maßnahme wird wesentlich durch das Abflussregime des Fließgewässers mitbestimmt. Das *Abflussregime* ist durch die Dauerkurve der Abflüsse (Abb. 3.7b – Wasserfracht) charakterisiert. Diese Dauerkurve lässt sich in ausgewählten Abflussprofilen über die Dauerkurve der Pegelstände und die Abflusskurve Q(h) ermitteln (Abb. 3.7a).

Besondere Bedeutung haben in diesem Zusammenhang der höchste gemessene Abfluss (HHQ), die Hoch-(HQ_x) und Niedrigwasserabflüsse (NQ_x) mit unterschiedlichen Jährlichkeiten x sowie der Mittelwasserabfluss (MQ). Die genannten Parameter werden unter Zuhilfenahme von hydrologischen Auswerteverfahren aus gemessenen Werten bestimmt (s. Abschn. 2.12). Dazu liefern oft Hochwasserspuren und -marken an Gebäuden sowie Chroniken und Erinnerungen von Anwohnern wertvolle Hinweise.

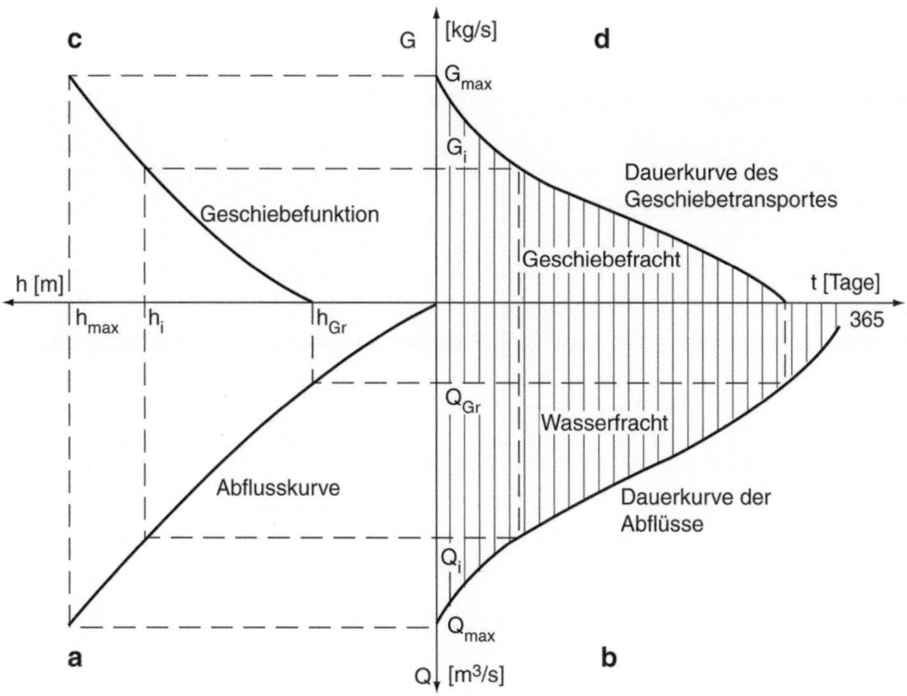

Abb. 3.7 Verknüpfung der hydrologischen mit den sedimentologischen Zusammenhängen. Ermittlung des Geschiebetransports und der Geschiebefracht. **a** Abflusskurve, **b** Dauerkurve der Abflüsse, **c** Geschiebe-(Transport-)Funktion, **d** Dauerkurve des Geschiebetransports

Die Ermittlung des *Geschiebetransports* erfolgt rechnerisch mithilfe einer *Geschiebetransportformel.* Eine Geschiebetransportformel beschreibt die Beziehung zwischen Geschiebetransport und Abflusstiefe.

Die *Geschiebefunktion G(h)* ist eine auf eine ausgesuchte Gleichgewichtsstrecke (sog. *Referenzstrecke*) angepasste Geschiebetransportformel (Abb. 3.7c). Aus der *Geschiebefunktion* und der *Dauerkurve der Abflüsse* lässt sich anschließend die *Dauerkurve des Geschiebetransports* (Abb. 3.7d) ermitteln. Deren Integration führt zur Geschiebefracht m_{Gf} in einem betrachteten Zeitraum (z. B. für ein Jahr oder mehrere Jahre).

3.1.5.6 Geschiebebilanz

Die Geschiebebilanz einer Gewässerstrecke lässt sich mit Zahlen über Kiesbaggerungen, Auffüllungen von Sand-(Geschiebe-)Fängen, vergleichende Querprofilaufnahmen oder durch die Volumenbestimmung großflächiger Ablagerungen (z. B. in Deltas) erstellen.

Eine Geschiebebilanz über einen längeren Zeitraum zeigt, ob rechnerisch Material in den bilanzierten Gewässerabschnitt hinein- oder daraus hinaustransportiert worden ist. Die Bilanz erlaubt u. a. Rückschlüsse, ob es in der Tendenz zu einer Eintiefung oder einer Anlandung in dem betrachteten Gewässerabschnitt kommen wird.

Da die Geschiebebilanz rechnerisch ermittelt wird, muss immer mit Unsicherheiten gerechnet werden. Durch den Vergleich der Rechenergebnisse mit Geschiebemessungen (s. Abschn. 3.1.6) können die Berechnungen bzw. Berechnungsmethoden überprüft und gegebenenfalls angepasst werden.

3.1.6 Geschiebemessung

Die Beschreibung des Geschiebes geschieht nach Lagerungsart, Gesteinsart, Kornverteilung und Kornform. Von Bedeutung ist insbesondere die Kornverteilung, die durch eine Siebanalyse, eventuell ergänzt durch eine *Schlämmanalyse,* bestimmt wird (Abb. 3.8).

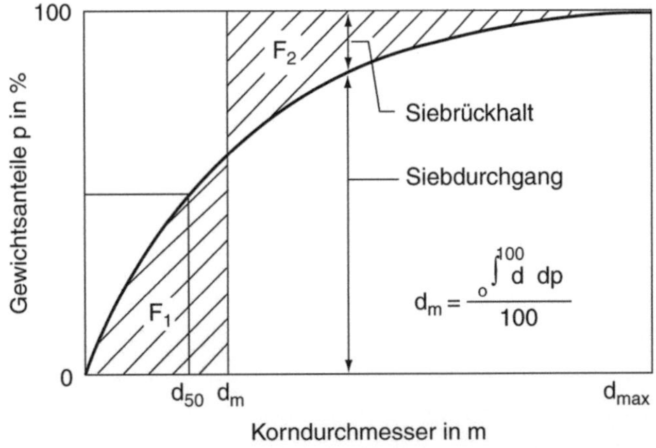

Abb. 3.8 Siebkurve einer Geschiebeprobe. Für den mittleren Korndurchmesser d_m gilt $F_1 = F_2$

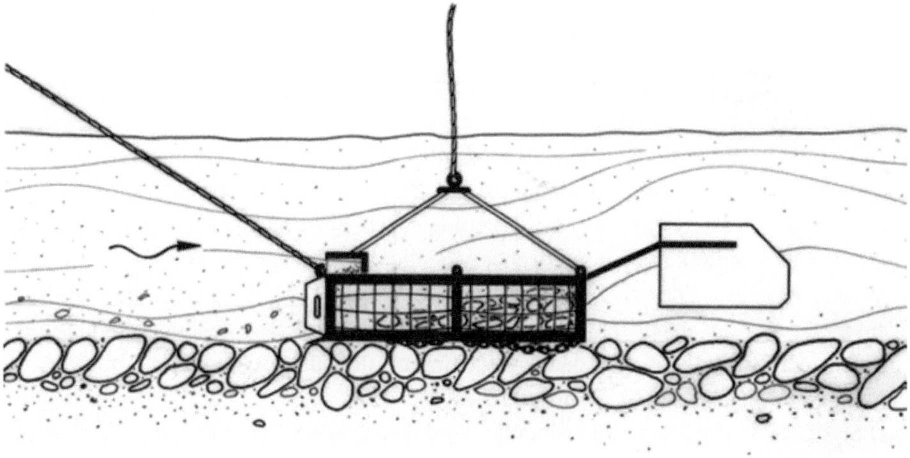

Abb. 3.9 Rechteckiger Gitterkasten als Geschiebefänger

Gemessen wird der Geschiebetrieb üblicherweise mit dem *Geschiebefänger*, der im Wesentlichen aus einem stromaufwärts offenen Kasten aus Drahtgeflecht besteht (Abb. 3.9). Der Korb wird von einer Brücke oder ähnlichem aus an einem Seilzug auf die Gerinnesohle abgelassen.

Wenn der Abfluss ansteigt, kann der Transportbeginn durch Abhören mittels eines auf der Gerinnesohle abgestellten Stahlrohres oder mit einem Unterwassermikrofon bestimmt werden. Sind Kiesbänke vorhanden, ist darauf zu achten, dass zuerst die Deckschicht entfernt wird (Abb. 3.10).

In Gerinnen mit grobem Geschiebe ist eine Aussiebung praktisch nicht möglich. In diesem Fall werden die Körner der Deckschicht mit Lehren ausgemessen und deren Kornverteilung auf jene der Unterschicht umgerechnet. Hierzu wird eine Probefläche der Deckschicht markiert; die bezeichneten Körner werden anschließend gewogen und in Fraktionen eingeteilt.

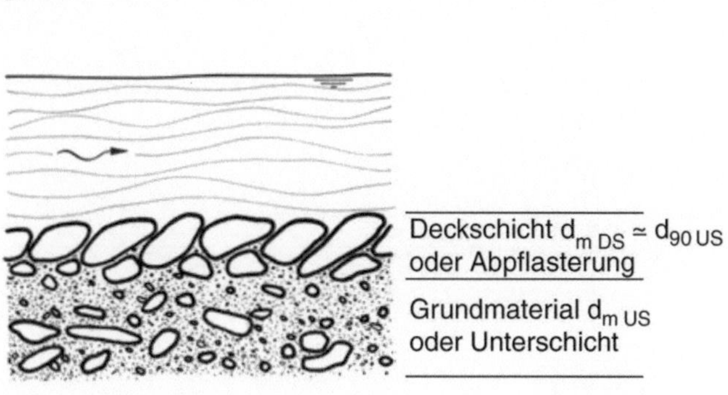

Abb. 3.10 Die Kornverteilung des Geschiebes entspricht in der Regel derjenigen der Unterschicht. Die Deckschicht ist gröber

3.1.7 Dynamik der Gewässersohle

Die Veränderung der Gewässersohle durch *Erosion, Transport* und *Sedimentation* ist wesentlich für die Strukturierung der Gewässersohle. Die Prognose der Veränderungen erlaubt Rückschlüsse auf die zukünftige Entwicklung einer Gewässerstrecke und gibt u. a. wichtige Hinweise für Ausbaumaßnahmen bzw. Fließgewässerrenaturierungen.

Die entsprechenden hydraulisch-morphologischen Berechnungen werden heute überwiegend unter Zuhilfenahme numerischer Modelle durchgeführt (u. a. BWK 1999, 2000; ATV-DVWK 2003a; Dittrich 2016; Jährling 2017; Korte et al. 2016). Die Feststofftransportmodelle werden dabei häufig mit hydraulischen Modellen gekoppelt, sodass eine Prognose der Sohlenlage über längere Zeiträume und unterschiedliche Abflussregime möglich ist (u. a. DWA 2020a, b; Mertens 2006).

Die Aussagegenauigkeit der Modelle wird beträchtlich erhöht, wenn die Rechenergebnisse durch Eichmessungen verifiziert werden bzw. Naturmessungen zur Kalibrierung des Rechenmodells zur Verfügung stehen.

3.1.7.1 Ist-Zustand – Ausgangsgrößen

Die Kenntnis des Ist-Zustands einer Gewässersohle ist ein wichtiger Ausgangspunkt für die Planung und Durchführung von flussbaulichen Maßnahmen (Habersack und Schneider 2000). Der Vergleich mit Profilaufnahmen aus früheren Jahren gibt Anhaltspunkte darüber, wo sich Erosions- und Ablagerungsstrecken befinden bzw. wo und ob das Gewässerbett stabil geblieben ist (u. a. siehe Abb. 3.11).

Im Rahmen der Messkampagnen sollten auch die *feststoffspezifischen Eigenschaften* des anstehenden Feststoffmaterials bestimmt werden. Dazu zählen u. a. die Feststoffdichte ρ_F und die Korngrößenverteilung (gegebenenfalls Festlegung eines charakteristischen Korndurchmessers d_{ch}). Die Dichte des Wassers kann in den meisten Fällen vereinfacht mit $\rho = 1.000\ \text{kg/m}^3$ angenommen werden.

Von der *Kornverteilung der Gewässersohle* hängen einerseits die hydraulische Rauheit des Gerinnes und andererseits die kritische Schubspannung τ_{Gr} für den Transportbeginn ab.

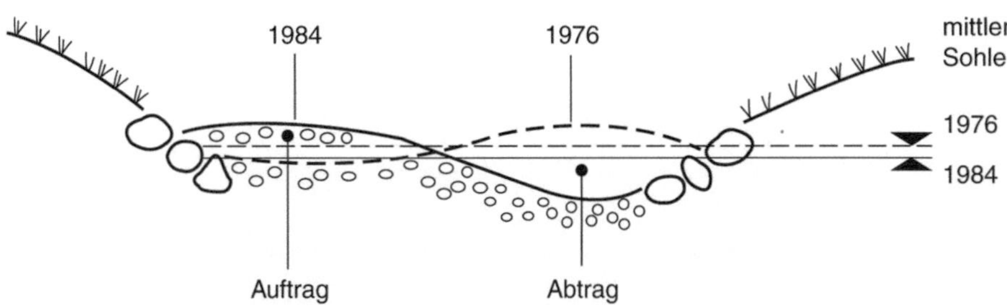

Abb. 3.11 Querprofilaufnahmen von verschiedenen zeitlichen Stadien des Abflussprofils

Siebanalysen von Feststoffproben der Deckschicht und des Grundmaterials mehrerer Entnahmestellen gehören zu den Projektierungsgrundlagen und sind Grundvoraussetzung für die Auswahl einer geeigneten *Geschiebetransportformel* (s. auch Abschn. 3.1.5).

3.1.7.2 Veränderungen der Gewässersohle

Die meisten natürlichen Fließgewässer verlaufen im Lockergestein, weshalb die Gewässersohle beweglich ist. Das Gewässerbett ist Veränderungen unterworfen, die vor allem während der Hochwasserereignisse auftreten. Grundsätzlich sind bei den beweglichen Gewässersohlen fünf Zustände zu unterscheiden (Abb. 3.12):

- *Ruhezustand – kein Feststofftransport*
  Wird die kritische Schubspannung τ_{Gr} (sog. Grenzschubspannung) niemals erreicht, so bleibt die Gewässersohle dauernd in Ruhe. In Fließgewässern mit Geschiebetransport tritt dieser Zustand bei niedrigen bis mittleren Abflüssen auf.
- *Gleichgewichtszustand* (Abb. 3.12a)
  Die Sohle bleibt über lange Zeit in unveränderter Höhenlage, weil das zugeführte Geschiebe unterhalb der betrachteten Strecke in gleichen Mengen abtransportiert wird. Gewässerstrecken in diesem Zustand werden Gleichgewichts- oder Beharrungsstrecken genannt.
- *Erosionszustand* (Abb. 3.12b)
  Die mittlere Sohlenlage sinkt mit der Zeit ab. Das Gewässer transportiert auf dieser Strecke mehr Geschiebe, als ihm von oberstrom zugeführt wird.

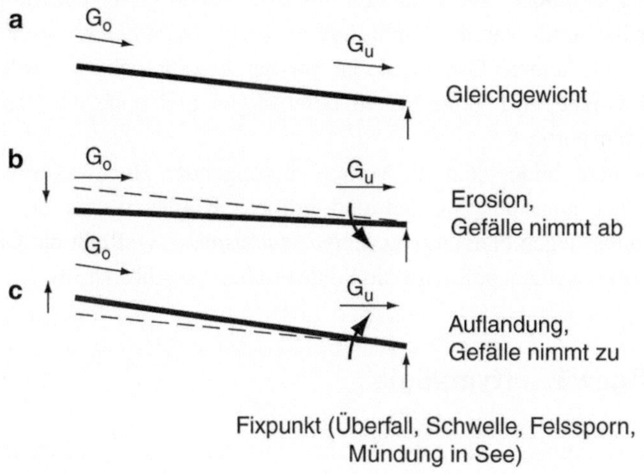

Abb. 3.12 Sohlenlagen beweglicher Gerinnesohlen oberhalb eines Fixpunkts. **a** Gleichgewichtslage, **b** Erosion, **c** Auflandung

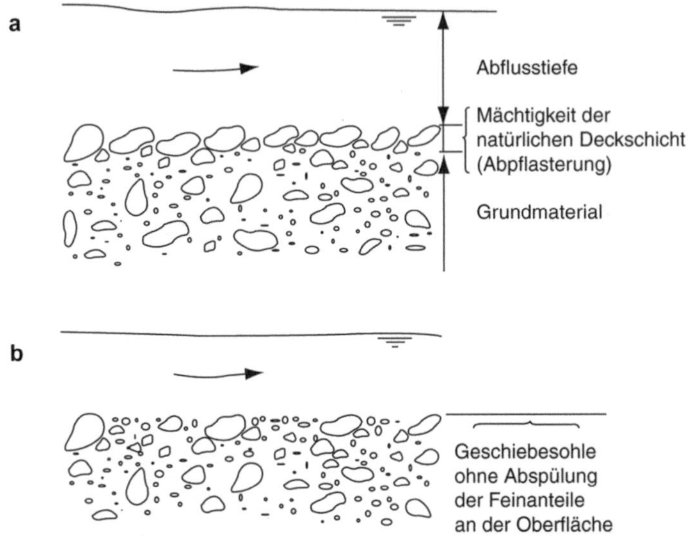

Abb. 3.13 Schnitt durch eine Gewässersohle. **a** *mit Abpflasterung:* die groben Komponenten der Deckschicht sind schuppenartig in Fließrichtung gelagert, **b** *ohne Abpflasterung:* auch die feinen Körner erscheinen an der Oberfläche

- *Auflandungszustand* (Abb. 3.12c)
  Die mittlere Sohlenlage erhöht sich nach und nach, weil das Geschiebetransportvermögen auf dieser Strecke zu gering ist.
- *Zustand der latenten Erosion*
  An der Oberfläche der Sohle hat sich aus den groben Geschiebekomponenten eine schuppenartige und stabile Abpflasterung (sog. *Deckschicht*) gebildet, die das darunterliegende feinere Grundmaterial vor der Erosion schützt (Abb. 3.13a). Über diese Deckschicht wird, ohne sie zu beschädigen und ohne aufzulanden, feineres Geschiebe transportiert.
  Die Deckschicht bildet sich im Verlauf abklingender Hochwasserwellen, in dem feinere Körner abgespült werden und gröbere Körner wegen der abnehmenden Schubspannung liegen bleiben (sog. *Entmischungsprozess*). Reißt die Deckschicht bei größeren Abflussspitzen auf, wird die Sohle erodiert (s. Abb. 3.13b).

3.2 Fließgewässertypologie

Die Fließgewässertypologie dient der Beschreibung der vielfältigen Erscheinungsformen und Gesetzmäßigkeiten, die die Entwicklungsprozesse in einem Fließgewässer kennzeichnen sowie deren Einordnung in Merkmalsgruppen (sog. *Fließgewässertypisierung*). Die *Fließgewässertypologie* liefert u. a. Hinweise zu folgenden charakteristischen Details bzw. Merkmalen (s. u. a. Patt 2016; Pottgieser und Sommerhäuser 2016; LAWA 2004b, c; LUA NRW 2001b, c, d):

- Bewertung des ökologischen Zustands
- Ausweisung von Referenzgewässern
- Ableitung von allgemein gültigen Mechanismen für die Entwicklung der Fließgewässer in den jeweiligen Klassen und Übertragung der Mechanismen auf Gewässer mit ähnlichem Erscheinungsbild
- Planungshilfe für die naturnahe Umgestaltung und den naturraumangepassten Unterhalt der Fließgewässer

3.2.1 Charakteristische Merkmale

Die klassische Fließgewässertypologie (s. u. a. Otto 1991; Rosgen 1994; Kern 1995) orientiert sich an morphologischen (abiotischen) Merkmalen (s. u. a. Mangelsdorf und Scheurmann 1980; Billi et al. 1992; Mangelsdorf et al. 1990), die häufig unter dem Begriff *Laufentwicklung* zusammengefasst werden (s. u. a. Patt 2016; Patt et al. 2018). Dazu gehören:

- Linienführung
- Längenprofil (Längsschnitt)
- Querprofile (Querschnitte)
- Sohlenstrukturen

Da die vorab benannten Merkmale für die morphologische Ausgestaltung einer Ausbau- oder Unterhaltungsmaßnahme von besonderer Bedeutung sind, werden diese hier detaillierter beschrieben.

Es sei jedoch darauf hingewiesen, dass im Rahmen einer gesamtheitlichen Fließgewässer- und Auenentwicklung im Hinblick auf die Ziele der EG-Wasserrahmenrichtlinie (EG-WRRL) biotische Kriterien ebenso zu berücksichtigen sind (s. Patt 2016). Dazu gehört u. a. die Beschreibung funktionaler Gruppen der Qualitätskomponenten Makrozoobenthos, Makrophyten und Phytobenthos sowie Fische. Dabei spielt auch das Totholz eine wichtige Rolle (s. u. a. DWA 2020c; Patt et al. 2018; DVWK-GfG 2001).

Das Verschlechterungsverbot (als Konsequenz aus der EG-WRRL) verpflichtet den Planer zu prüfen, ob nicht durch den Einsatz naturnaher Bauweisen, wie diese z. B. der naturnahe Wasserbau bereitstellt (s. u. a. Alan et al. 2007; Florineth 2004; Schiechtl und Stern 2002; Gebler 2005; Patt et al. 2018), ökologisch ausgewogenere (naturraumverträglichere) Gestaltungen vor Ort realisiert werden können. Diesen Varianten ist dann der Vorzug zu geben.

3.2.1.1 Linienführung

Natürliche Fließgewässer durchlaufen auf ihrem Weg von der Quelle zu Mündung unterschiedliche Teilstrecken.

Im *Oberlauf,* wo das Gewässer Wildbach- oder Gebirgsflusscharakter hat, sind eingetiefte Steilstrecken in oftmals engen Tälern anzutreffen. In den Steilstrecken folgt das Gewässer häufig der Falllinie des Tals, erodiert dort Feststoffmaterialien und transportiert diese mit der Strömung ab. In diesem Abschnitt sind oft auch Felsriegel zu finden, die das Fluss- oder Bachbett queren, einen Festpunkt im Längenprofil bilden und der Tiefenerosion längerfristig widerstehen. Dort entstehen dann häufig auch Wasserfälle.

Im *Mittellauf* wechseln Steil- und Flachstrecken ab. In Fließabschnitten mit geringem Gefälle verzweigt sich das Fließgewässer, mäandriert und lagert einen Teil der Feststofffracht ab (Abb. 3.14).

Der *Unterlauf* befindet sich vor dem Mündungsgebiet und liegt meistens in einer Schwemmebene mit geringem Gefälle. Unverbaute Flüsse auf ebenen Talböden weisen über längere Fließabschnitte keine gestreckte Linienführung auf.

Die Fließgewässer versuchen immer auszubrechen und einen gewundenen (überwiegend im Mittellauf) oder einen mäandrierenden Verlauf (überwiegend im Unterlauf) zu bilden. Das Mäandrieren des Gewässers führt zur Ausbildung von *Prall-* und *Gleitufern* (Abb. 3.15a). Dort entstehen dann auch die typischen Altgewässerstrukturen mit ihren langen Entwicklungszeiten (u. a. Seidel et al. 2017; DWA 2010; Patt und Städtler 2009; Patt et al. 2018).

Natürlich gekrümmte Gerinne sind im Bogenscheitel wesentlich breiter als in den anschließenden geraden Strecken. An der Außenseite des Gerinnes versucht die Strömung das Ufer abzutragen und die Kurven auszuweiten (Bildung von *Prallufern*), während sich an der Innenseite auf einer stationären Bank Geschiebe ablagert (sog. *Gleitufer*; s. u. a. Strobl und Zunic 2006; Patt et al. 2018).

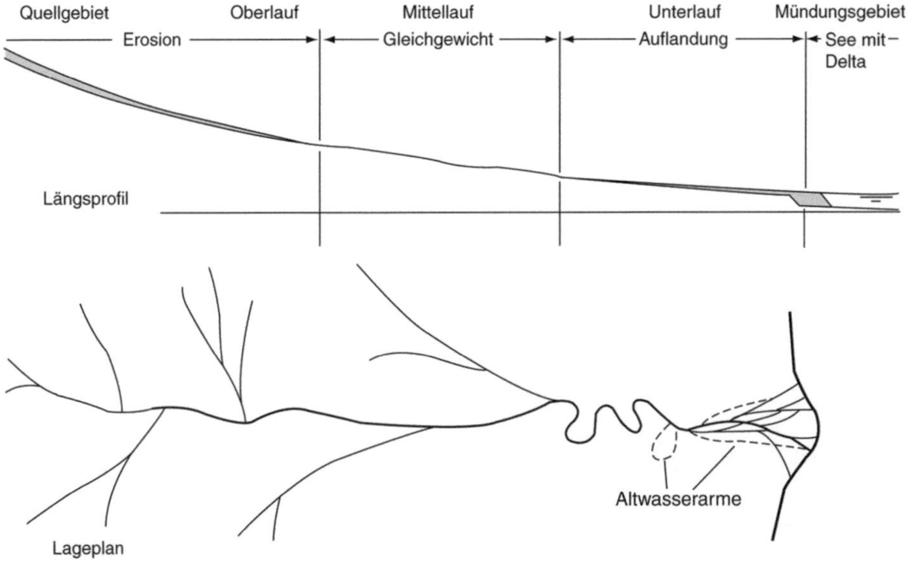

Abb. 3.14 Schematische Darstellung eines Flusslaufs vom Quellgebiet bis zur Mündung

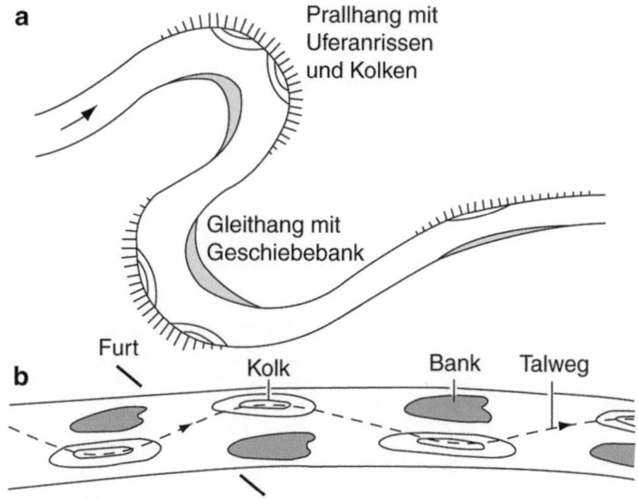

Abb. 3.15 Aufeinanderfolge von Kiesbänken und Kolken, **a** in einer mäandrierenden Gewässerstrecke, **b** in einer geraden Gewässerstrecke

In eingedämmten, geraden oder schwach gekrümmten Gerinnen entstehen unter bestimmten Abfluss- und Gefälleverhältnissen sowie Feststoffzusammensetzungen alternierende Kiesbänke, die talwärts wandern (Abb. 3.15b).

3.2.1.2 Längsprofil (Längsschnitt).

Auch das Längsprofil weist im Fließverlauf charakteristische Veränderungen auf (Abb. 3.16). Es ist in der Regel durch einen zunehmenden Abfluss gekennzeichnet, da

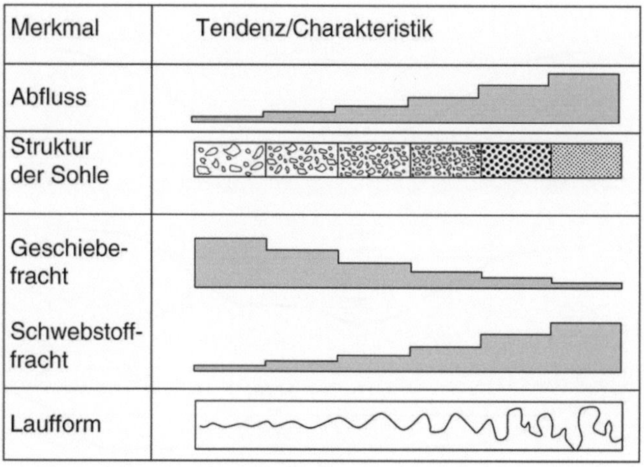

Abb. 3.16 Veränderung einiger charakteristischer abiotischer Merkmale im Fließverlauf (nach Otto 1991; aus Patt et al. 2018)

im Fließverlauf einmündende Nebengewässer den Gesamtabfluss erhöhen. Das Gefälle nimmt dagegen stetig ab (Abb. 3.16).

Der Durchmesser der Feststoffteilchen nimmt in Folge des Abriebs immer mehr ab. Die Struktur der Sohle verfeinert sich dadurch mehr und mehr. Während im Oberlauf die Feststoffe in der Hauptsache in Form von *Geschiebe* transportiert werden, ist im Unterlauf der *Schwebstofftransport* dominierend (Abb. 3.16).

Während im Oberlauf *Erosionvorgänge* vorherrschen, die natürlich auch der Feststoffversorgung der Gewässer dienen, sind im Unterlauf meist *Ablagerungen* von Sedimenten zu finden (sog. *Akkumulationen*).

Die zugrunde liegenden Transport- bzw. Absetzvorgänge sind u. a. abhängig von der Fließgeschwindigkeit, Korngröße, Kornverteilung, Gefälle, Abfluss, Feststofffracht, Gerinnequerschnitt und Turbulenz (s. Abschn. 3.1).

3.2.1.3 Querschnitte (Querprofile)

Die Querschnitte bzw. Querschnittsprofile eines Fließgewässers können in den meisten Fällen durch ein Trapezprofil angenähert werden (Abb. 3.17a, b). Oft sind Vorländer zu berücksichtigen, wobei aber auch diese für die Berechnungen durch einfachere Profilformen ersetzt werden können (Abb. 3.17c).

3.2.1.4 Sohlenstrukturen

Die Ausbildung der Sohlenstrukturen (Strukturierung der Gewässersohle) ist also einerseits vom Gefälle und andererseits vom Feststoffdargebot abhängig (s. auch Abschn. 3.1). Werden die möglichen Kombinationen systematisch zusammengestellt, ergeben sich die in Abb. 3.18 dargestellten Laufformen.

Das hohe Gefälle im *Oberlauf* führt zu gestreckten Laufformen, während die Bildung von *Mäandern* (Flussschlingen) ein Merkmal der Unterläufe (geringes Gefälle) ist.

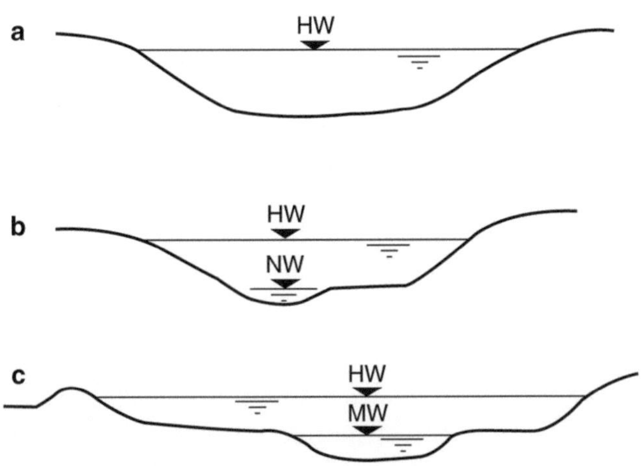

Abb. 3.17 Abflussprofile. **a** trapezähnliches Profil, **b** Profil mit Niederwasserrinne, **c** Doppelprofil mit linksufrigem Hochwasserdeich. *HW* Hochwasser; *MW* Mittelwasser; *NW* Niedrigwasser

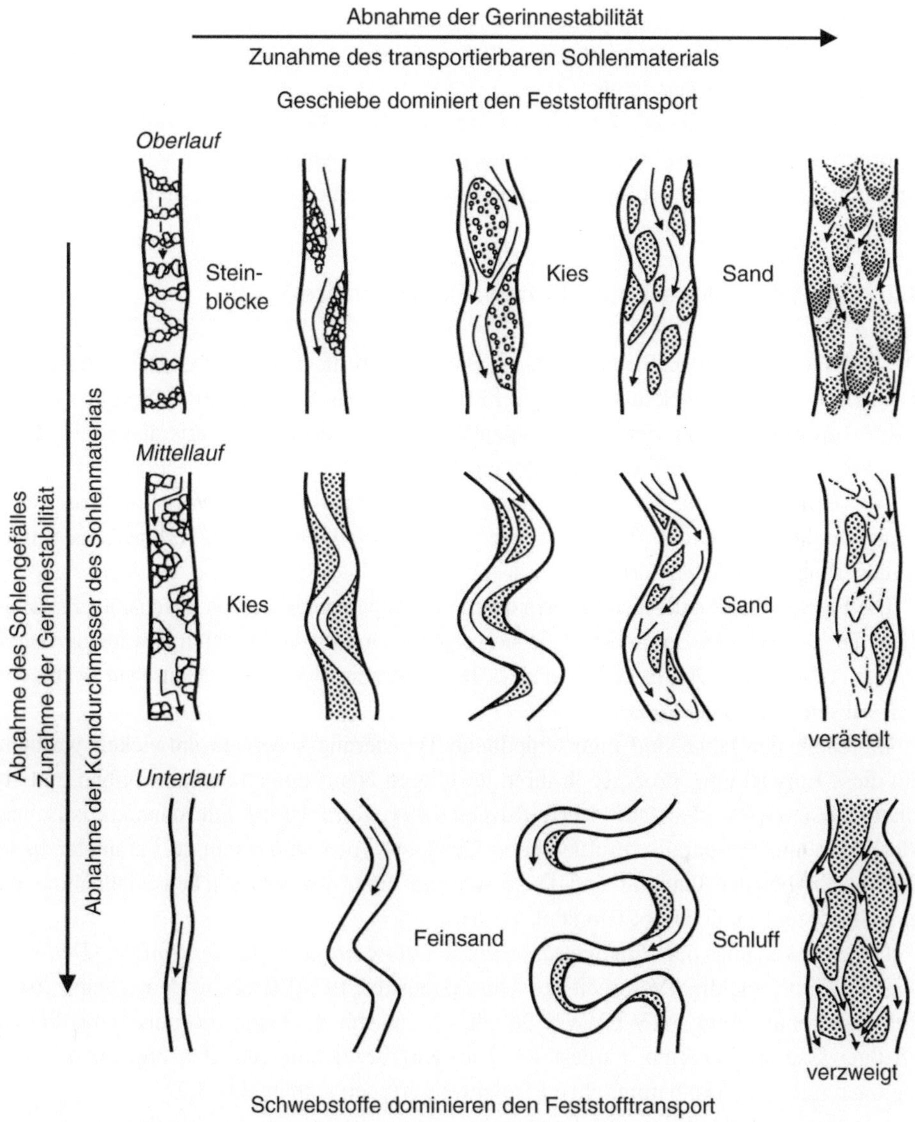

Abb. 3.18 Laufformen von Fließgewässern (nach Hütte et al. 2003; aus Patt et al. 2018)

Dort entstehen dann auch die typischen Altgewässerstrukturen, die insbesondere durch den Alterungsprozess, d. h. die Entwicklung vom Nebengewässer bis zum verlandeten Gewässer in der Aue, gekennzeichnet sind (s. u. a. GFG 1998; Kondolf und Piégay 2003; Patt und Städtler 2009; Patt et al. 2009; DWA 2010; BAFU 2017).

Werden dann noch zusätzlich die Verfügbarkeit von Feststoffen und die Feststofffracht berücksichtigt, dann ergeben sich weitere Unterscheidungsmerkmale.

In den Oberläufen führt grobes Sohlenmaterial (z. B. Steinblöcke) u. a. zur Ausbildung von Kaskaden, während feines Feststoffmaterial die Ausbildung von Gewässerbänken und Inseln fördert (Abb. 3.18).

Die Darstellung dieser Zusammenhänge (Abb. 3.18) kann die Sohlenstrukturen natürlich nur idealisiert wiedergeben, weil u. a. die Auswirkungen von Ufergehölz, Krümmungen und auch geologische Einflussfaktoren unberücksichtigt bleiben.

3.2.2 Fließgewässerlandschaften, Fließgewässertypen

Die Fließgewässer (u. a. Ströme, Flüsse, Bäche) sind die Lebensadern der Landschaft. Angetrieben durch die Schwerkraft (Gefälle) strömt das Wasser, Feststoffe und gelöste Stoffe mitführend, von der höher liegenden Quelle zur flussabwärts liegenden Einmündung in ein größeres Gewässer oder ein Meer.

Auf dem Weg von der Quelle bis zur Mündung formt der Wasserabfluss Geografie und Geologie der durchflossenen Landschaften durch Laufverlagerungen und Umlagerungen im Gewässerbett.

Die Fließgewässer und Auen nehmen durch ihre Anpassungsfähigkeit die charakteristische Züge der Landschaften an, in denen sie sich eigendynamisch strukturieren bzw. organisieren (s. u. a. ATV-DVWK 2003b, c; Patt et al. 2018). Ohne Einwirkung des Menschen ist das ein sich selbst regulierender Prozess.

Im Laufe der Jahre sind unterschiedliche Typisierungsschemata entwickelt worden, um diese Entwicklungsprozesse in ihren jeweiligen Naturräumen zu beschreiben und zu charakterisieren (s. u. a. Otto 1991; Rosgen 1994; Kern 1995). Die charakteristischen Merkmale und die daraus resultierenden Gewässertypen sind wichtige Parameter bzw. Referenzen bei der Planung und Durchführung einer wasserbaulichen Maßnahme (s. u. a. Strobl und Zunic 2006; Patt et al. 2018).

Die Ausweisung der *Fließgewässerlandschaften in der Bundesrepublik Deutschland* war eine wichtige Vorarbeit zur Umsetzung der EG-WRRL in Deutschland (u. a. Pottgieser et al. 2004; ATV-DVWK 2003b, c). In Abb. 3.19 sind die unterschiedlichen Fließgewässerlandschaften dargestellt. Die Kurzbezeichnungen der einzelnen Ökoregionen mit den darin befindlichen Fließgewässertypen enthält Tab. 3.2.

Die Bundesländer haben die Fließgewässerlandschaften und die Fließgewässertypen für ihren Zuständigkeitsbereich in einem größerem Maßstab dargestellt, um die regionaltypischen Eigenheiten erkennbar zu machen und diese in den Maßnahmenplanungen verwenden zu können (s. u. a. LUA NRW 1999, 2001b, c, d; BayLfW 2002). In Abb. 3.20 sind beispielhaft die Fließgewässerlandschaften für den Bearbeitungsbereich Niederrhein in der Flussgebietseinheit Rhein dargestellt, insoweit diese für die Umsetzung der EG-WRRL relevant sind.

Tab. 3.2 Liste der 25 Fließgewässertypen Deutschlands (Stand: April 2008); nähere Angaben finden sich in Pottgiesser und Sommerhäuser (2004, 2008), Pottgiesser et al. (2004)

Region	Typen
Typen der Alpen und des Alpenvorlandes	Typ 1 Fließgewässer der Alpen
	Typ 2 Fließgewässer des Alpenvorlandes
	Typ 3 Fließgewässer der Jungmoränen des Alpenvorlandes
	Typ 4 Große Flüsse des Alpenvorlandes
Typen des Mittelgebirges	Typ 5 Grobmaterialreiche, silikatische Mittelgebirgsbäche
	Typ 5.1 Feinmaterialreiche, silikatische Mittelgebirgsbäche
	Typ 6 Feinmaterialreiche, karbonatischeMittelgebirgsbäche
	Typ 7 Grobmaterialreiche, karbonatische Mittelgebirgsbäche
	Typ 9 Silikatische, fein- bis grobmaterialreiche Mittelgebirgsflüsse
	Typ 9.1 Karbonatische, fein- bis grobmaterialreiche Mittelgebirgsflüsse
	Typ 9.2 Große Flüsse des Mittelgebirges
	Typ 10 Kiesgeprägte Ströme
Typen des norddeutschen Tieflandes	Typ 14 Sandgeprägte Tieflandbäche
	Typ 15 Sand- und lehmgeprägte Tieflandflüsse
	Typ 15 g Große sand- und lehmgeprägte Tieflandflüsse
	Typ 16 Kiesgeprägte Tieflandbäche
	Typ 17 Kiesgeprägte Tieflandflüsse
	Typ 18 Löss-lehmgeprägte Tieflandbäche
	Typ 20 Sandgeprägte Ströme
	Typ 22 Marschengewässer
	Typ 23 Rückstau- bzw. brackwasserbeeinflusste Ostseezuflüsse
Ökoregion unabhängige Typen	Typ 11 Organisch geprägte Bäche
	Typ 12 Organisch geprägte Flüsse
	Typ 19 Kleine Niederungsfließgewässer in Fluss- und Stromtälern
	Typ 21 Seeausflussgeprägte

Diese Einschränkung schließt von vornherein diejenigen Oberflächengewässer aus, die aufgrund der Größe ihres Einzugsgebiets keine Auswirkungen auf die Umweltziele der EG-WRRL haben.

Die Abb. 3.21 zeigt die Legende zu Abb. 3.20. Die Legende enthält die Bezeichnungen der Fließgewässerlandschaften und Fließgewässertypen im Bearbeitungsgebiet Niederrhein im nordrhein-westfälischen Teil der Flussgebietseinheit Rhein.

Vergleichbare Darstellungen gibt es mittlerweile für jedes Bundesland. Das Internet bietet auch hier eine Vielfalt an aktuellen Informationen. Dort sind auch die farblichen Unterschiede der einzelnen Darstellungen zu erkennen.

Die Beschreibung der Fließgewässertypen in Form von Steckbriefen (Abb. 3.22) dient der Veranschaulichung der Fließgewässertypen und als allgemeine Verständigungsgrundlage (s. u. a. LUA NRW 1999; Pottgieser et al. 2004; Pottgieser und Sommerhäuser 2008).

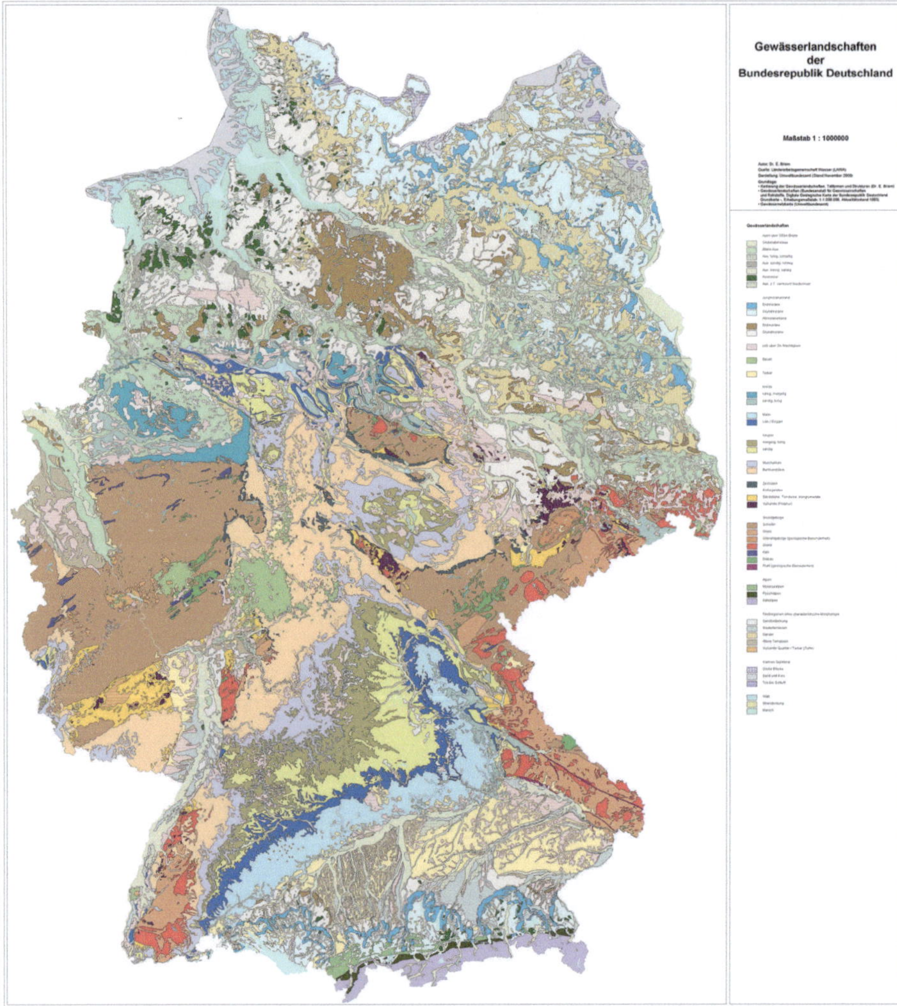

Abb. 3.19 Fließgewässerlandschaften in der Bundesrepublik Deutschland (Pottgieser et al. 2004)

Die Steckbriefe beschreiben idealtypische Ausstattungsmerkmale. Sie enthalten neben der morphologischen Beschreibung der Gewässertypen, wie z. B. Angaben zu Sohlensubstrat, Laufform und Windungsgrad, Talform und Gefälle, auch physikalisch-chemische Leitwerte sowie Kurzcharakteristika des Abflusses bzw. der Hydrologie.

Die *biozönotische Charakterisierung* enthält Aufzählungen gewässertypspezifischer Arten sowie die Beschreibung funktionaler Gruppen der Qualitätskomponenten Makrozoobenthos, Makrophyten und Phytobenthos sowie Fische.

Die Beschreibungen der einzelnen Fließgewässertypen dienen auch der Ausweisung von Referenzgewässern (s. u. a. LUA NRW 2001b, c, d; BayLfW 2002) und enthalten

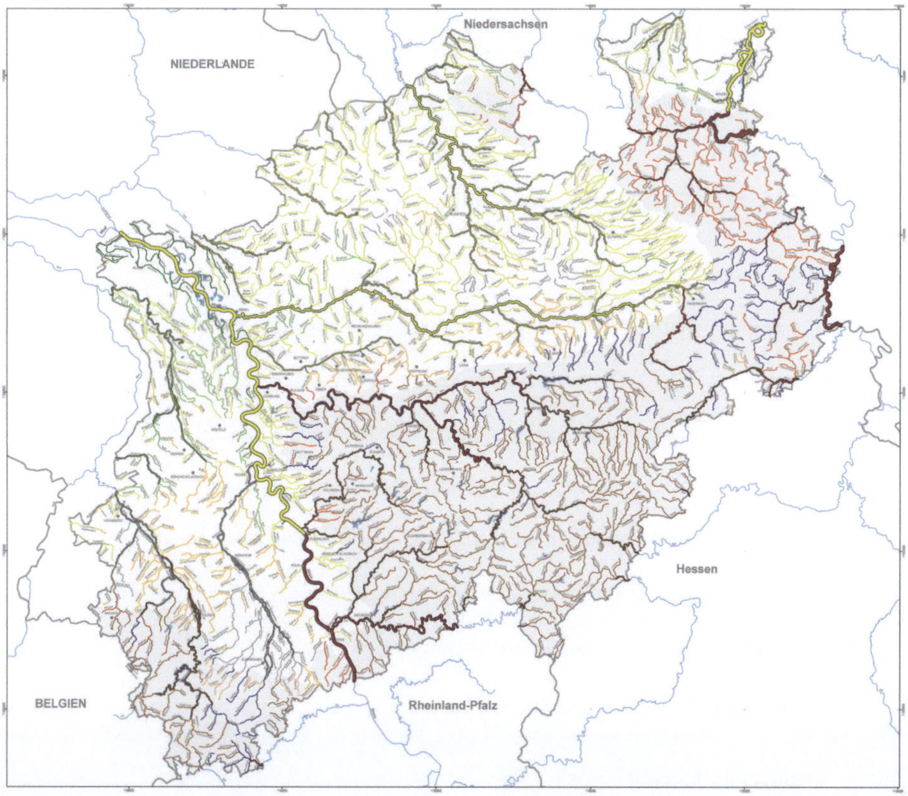

Abb. 3.20 Übersichtsplan der Fließgewässertypen im Bearbeitungsgebiet Niederrhein im nordrhein-westfälischen Teil der Flussgebietseinheit Rhein (Internetseite des Ministeriums für Umwelt und Naturschutz, Landwirtschaft und Verbraucherschutz des Landes Nordrhein-Westfalen – https://www.niederrhein.nrw.de/)

wertvolle Hinweise für die Maßnahmenplanungen gemäß den Vorgaben der EG-WRRL. Die Abb. 3.23 zeigt beispielhaft die Verbreitung der Fließgewässerlandschaft vom Typ Lößgebiet in Nordrhein-Westfalen.

3.2.3 Gewässerstrukturkartierung

Die *Gewässerstrukturkartierung* wurde in den Jahren vor der Einführung der EG-WRRL entwickelt (s. u. a. LAWA 2000; LUA NRW 1998, 2001a; BayLfW 2001) und als zweites Qualitätskriterium für die Gewässer (neben der Gewässergüte) festgelegt (u. a. LAWA 2002).

Referenz für die Ausweisung der Gewässerstruktur ist der natürliche Zustand des entsprechenden Fließgewässertyps. Dieser Idealzustand wird mit den vor Ort vorhandenen

Abb. 3.21 Legende Fließgewässertypen im Bearbeitungsgebiet Niederrhein in der Flussgebietseinheit Rhein (Internetseite des Ministeriums für Umwelt und Naturschutz, Landwirtschaft und Verbraucherschutz des Landes Nordrhein-Westfalen – https://www.niederrhein.nrw.de/)

Typ 14: Sandgeprägte Tieflandbäche

Verbreitung in Gewässerlandschaften und Regionen nach BRIEM (2003): Sander, Sandbedeckung, Grundmoräne; auch in sandigen Bereichen von Flussterrassen, Ältere Terrassen

Übersichtsfotos:

Rotbach (NW). Foto: Andreas Müller, ube

Morphologische Kurzbeschreibung:

Stark mäandrierende Einbettgerinne in einem flachen Mulden- oder breiten Sohlental.
Neben der stets dominierenden Sandfraktion stellen Kiese kleinräumig nennenswerte und gut sichtbare Anteile (Ausbildung von Kiesbänken), lokal finden sich auch Tone und Mergel. Wichtige sekundäre Habitatstrukturen stellen Totholz, Erlenwurzeln, Wasserpflanzen und Falllaub dar. Diese organischen Substrate stellen jedoch keine dominierenden Anteile.
Das Profil ist flach, jedoch können Tiefenrinnen und hinter Totholzbarrieren auch Kolke vorkommen. Prall- und Gleithänge sind deutlich ausgebildet, Uferabbrüche kommen vor, Uferunterspülungen sind wenig ausgeprägt. Niedermoorbildungen können im Gewässerumfeld vorhanden sein.
Die Gewässer dieses Typs können aufgrund von Niedermoorbildungen im Gewässerumfeld dystrophes, huminstoffreiches Wasser aufweisen.

Abiotischer Steckbrief:

Längszonale Einordnung

10 - 100 km² EZG

Talbodengefälle

2 - 7 ‰, teilweise ≤ 0,5 ‰

Strömung

Wechsel ausgedehnter ruhig fließender mit kurzen turbulenten Abschnitten an Totholz- und Wurzelbarrieren, Kehrstrom an Kolken

Sohlsubstrate

dominierend Sande verschiedener Korngrößen, zusätzlich meist Kies (Fein- und Grobkies), teils Tone und Mergel; im Jungglazial häufig ausgewaschene Findlinge; organische Substrate (Totholz, Makrophyten, Falllaub); bei Niedermoorbildung im Umfeld auch Torfbänke u. ä. im Sohl- und Uferbereich

POTTGIESSER, T (2018): Zweite Überarbeitung der Steckbriefe der deutschen Fließgewässertypen

Abb. 3.22 Steckbriefe der Fließgewässertypen im Bearbeitungsgebiet Niederrhein in der Flussgebietseinheit Rhein (Internetseite des Ministeriums für Umwelt und Naturschutz, Landwirtschaft und Verbraucherschutz des Landes Nordrhein-Westfalen – https://www.niederrhein.nrw.de/)

Abb. 3.23 Verbreitung der Fließgewässerlandschaft vom Typ Lößgebiet in Nordrhein-Westfalen (Internet-Präsentation „Fließgewässertypenatlas Nordrhein-Westfalens" des LANUV-NRW)

Verhältnissen verglichen. Auftretende Abweichungen vom Referenzzustand werden mithilfe eines Bewertungssystems zahlenmäßig erfasst (Förster et al. 2017).

Die *Gewässerstrukturkartierung* enthält überwiegend morphologisch-strukturelle Daten. Zusätzlich werden noch die Umgebungsbedingungen (z. B. Nutzungen der Ufer- und Auenbereiche) und anthropogene Veränderungen am Gewässer (z. B. Wehre) berücksichtigt.

Zur Bestimmung der *Gewässerstruktur* werden von der Länderarbeitsgemeinschaft Wasser (LAWA) zwei Verfahren favorisiert:

- Übersichtsverfahren (LAWA 2004a) sowie das
- Verfahren für kleine und mittelgroße Fließgewässer (LAWA 2000).

Beide Verfahren unterscheiden sich im Wesentlichen im Hinblick auf die Erhebung der Eingangsdaten. Beim *LAWA-Übersichtsverfahren* werden die Bewertungsparameter auf der Basis von Luftbildern bzw. vorhandenem Karten- und Datenmaterial ermittelt, während beim *Verfahren für kleine und mittelgroße Fließgewässer* (sog. *Vor-Ort-Verfahren*) Datenerhebungen vor Ort erforderlich sind.

Literatur

Alan, J.D., Castillo M.M. (2007) Stream Ecology – Structure and Function of Running Waters, Chapmann & Hall, London

ATV-DVWK (s. Abwassertechnische Vereinigung e. V., Hennef – Anmerkung: Die Abwassertechnische Vereinigung e. V. (ATV) und der Deutsche Verband für Wasserwirtschaft und Kulturbau e. V. (DVWK) waren seit dem 1. Januar 2000 fusioniert. Der neue Verband führte bis zum 31. Dezember 2005 den Namen: ATV-DVWK Deutsche Vereinigung für Wasserwirtschaft, Abwasser, Abfall e. V.

ATV-DVWK – Deutsche Vereinigung für Wasserwirtschaft, Abwasser und Abfall (Hrsg.) (2003a) Feststofftransportmodelle für Fließgewässer, ATV-DVWK Arbeitsbericht, März 2003, Hennef

ATV-DVWK – Deutsche Vereinigung für Wasserwirtschaft, Abwasser und Abfall (Hrsg.) (2003b) Gewässerlandschaften in der Bundesrepublik Deutschland, „Steckbriefe", Autor: Elmar Briem, ATV-DVWK Arbeitsbericht, Februar 2003, Hennef

ATV-DVWK – Deutsche Vereinigung für Wasserwirtschaft, Abwasser und Abfall (Hrsg.) (2003c) Gewässerlandschaften in der Bundesrepublik Deutschland, Autor: Elmar Briem, ATV-DVWK Arbeitsbericht, Februar 2003, Hennef

BAFU (s. Bundesamt für Umwelt – BAFU, Bern, Schweiz)

Bayerisches Landesamt für Wasserwirtschaft – BayLfW (Hrsg.) (2001) Gewässerstruktur – Karten zur Wasserwirtschaft, In: Flüsse und Seen in Bayern, Bayerisches Landesamt für Wasserwirtschaft (2002)

Bayerisches Landesamt für Wasserwirtschaft – BayLfW (Hrsg.) (2002) Fließgewässerlandschaften in Bayern, München

BayLfW (s. Bayerisches Landesamt für Wasserwirtschaft, München. Das Bayerische Landesamt für Wasserwirtschaft ist am 1. August 2005 in das Bayerische Landesamt für Umwelt, mit Sitz in Augsburg, aufgegangen.)

BfG (s. Bundesanstalt für Gewässerkunde, Koblenz)

Billi, P., Hey, R.D., Thorne, C.R., Tacconi, P. (Hrsg.) (1992) Dynamics of Gravel-bed Rivers, John Wiley, Chichester

Bund der Ingenieure für Wasserwirtschaft, Abfallwirtschaft und Kulturbau e. V. – BWK (Hrsg.) (1999) Hydraulische Berechnung von naturnahen Fließgewässern, Teil 1: Stationäre Berechnung der Wasserspiegellage unter besonderer Berücksichtigung von Bewuchs- und Bauwerkseinflüssen, Merkblatt 1/BWK

Bund der Ingenieure für Wasserwirtschaft, Abfallwirtschaft und Kulturbau e. V. – BWK (Hrsg.) (2000) Hydraulische Berechnung von naturnahen Fließgewässern – Teil 2: Grundlagen für stationäre, eindimensionale Wasserspiegellagenberechnungen, Berichte 1/2000

Bundesamt für Umwelt – BAFU (Hrsg.) (2017) Geschiebe und Habitatsdynamik, Merkblattsammlung Wasserbau und Ökologie, BAFU 2017, Berne

BWK (s. Bund der Ingenieure für Wasserwirtschaft, Abfallwirtschaft und Kulturbau e. V.)

Dittrich, A. (2016) Hydromorphologie versus Morphodynamik, KW Korrespondenz Wasserwirtschaft, 9. Jahrg., Heft 9, S. 510 ff.

DVWK – Gemeinnützige Fortbildungsgesellschaft für Wasserwirtschaft und Landschaftsentwicklung mbH – GfG (Hrsg.) (2001) Totholz in Fließgewässern – Empfehlungen zur Gewässerentwicklung, Autoren: Marc Gerhard, Michael Reich, Mainz

DVWK – GfG (s. DVWK – Gemeinnützige Fortbildungsgesellschaft für Wasserwirtschaft und Landschaftsentwicklung mbH, Mainz)

DVWK-GfG (s. Gemeinnützige Fortbildungsgesellschaft für Wasserwirtschaft und Landschaftsentwicklung mbH – GfG, Mainz)

DWA (s. Deutsche Vereinigung für Wasserwirtschaft, Abwasser, Abfall e. V. (DWA), Hennef)

DWA – Deutsche Vereinigung für Wasserwirtschaft, Abwasser und Abfall e. V. (DWA) (Hrsg.) (2010) Altgewässer – Ökologie, Sanierung und Neuanlage, Merkblatt DWA-M 607, Juni 2010

DWA-Deutsche Vereinigung für Wasserwirtschaft, Abwasser und Abfall eV – DWA (Hrsg.) (2012) Sedimentmanagement in Fließgewässern – Grundlagen, Methoden, Fallbeispiele, Merkblatt DWA- M 525, November 2012.

DWA-Deutsche Vereinigung für Wasserwirtschaft, Abwasser und Abfall eV – DWA (Hrsg.) (2015) Grundlagen morphodynamischer Phänomene in Fließgewässern, Merkblatt DWA-M 526, August 2015.

DWA-Deutsche Vereinigung für Wasserwirtschaft, Abwasser und Abfall eV – DWA (Hrsg.) (2018) Begriffe in der Gewässermorphologie und im Flussbau, DWA- M 570, August 2018.

DWA-Deutsche Vereinigung für Wasserwirtschaft, Abwasser und Abfall eV – DWA (Hrsg.) (2020a) Mehrdimensionale morphodynamisch-numerische Modelle für Fließgewässer, Merkblatt DWA-M 540 (Entwurf – Februar 2020)

DWA-Deutsche Vereinigung für Wasserwirtschaft, Abwasser und Abfall eV – DWA (Hrsg.) (2020b) Bodenerosion durch Wasser – Kartieranleitung zur Erfassung aktueller Erosionsformen, DWA-Merkblatt 921 (Entwurf – Februar 2020)

DWA-Deutsche Vereinigung für Wasserwirtschaft, Abwasser und Abfall eV – DWA (Hrsg.) (2020c) Hydraulische Berechnung von Fließgewässern mit Vegetation, Merkblatt DWA-M 524, September 2020

Florineth, F. (2004) Pflanzen statt Beton – Handbuch zur Ingenieurbiologie und Vegetationstechnik, Patzner-Verlag, Berlin, Hannover

Förster, J., Halle, M., Müller, A. (2017) Entwicklung eines Habitatindex zur Beurteilung biozönotisch relevanter Gewässerstrukturen, KW Korrespondenz Wasserwirtschaft, 10. Jahrg., Heft 8, S. 597ff.

Gebler, R.-J. (2005) Entwicklung naturnaher Bäche und Flüsse – Maßnahmen zur Strukturverbesserung, Verlag Wasser und Umwelt, Walzbachtal

Gemeinnützige Fortbildungsgesellschaft für Wasserwirtschaft und Landschaftsentwicklung – GFG – mbH (Hrsg.) (1998) Sohlenerosion und Auenauflandung – Empfehlungen für die Gewässerunterhaltung, Dez. 1998, Mainz

Gerhard, M., Reich, M. (2001) Totholz in Fließgewässern, DVWK-Gemeinnützige Fortbildungsgesellschaft für Wasserwirtschaft und Landschaftsentwicklung mbH – GfG und WBV-Fortbildungsgesellschaft für Gewässerentwicklung (Hrsg.), Mainz

GfG (s. Gemeinnützige Fortbildungsgesellschaft für Wasserwirtschaft und Landschaftsentwicklung (GfG) mbh, Mainz)

Graf, W.H. (1998) Fluvial Hydraulics, Flow and Transport Processes in Channels of Simple Geometry, in collaboration with M.S. Altinakar, John Willey, Chichester, New York

Gyr, A., Hoyer, K. (2006) Sediment Transport – A Geophysical Phenomenon, Springer, Berlin

Habersack, H., Schneider, J. (2000) Ableitung und Analyse flussmorphologisch relevanter Parameter von historischen Karten, Wasser & Boden, 51. Jahrg., Heft 6/2000

Hager, W.H. (2016) Eugen Meyer-Peter und die MPM-Sedimenttransportformel, Wasser Energie Luft, 108. Jahrg., 2016, Heft 2, S. 127–137

Hjulström, F. (1935) Studies of the morphological activity of rivers as illustrated by the River Fyris, Bulletin of the Geological Institution of the University of Upsala

Hütte, M. (2003) Ökologie und Wasserbau – Ökologische Grundlagen von Gewässerverbauung und Wasserkraftnutzung, Parey Buchverlag, Berlin

Jährling, K.H. (2017) Die Rolle von Eigendynamik und Feststoffhaushalt für die Umsetzung der EG-WRRL, Fachliche Grundlagen, Beispiele und inhaltliche Defizite, KW Korrespondenz Wasserwirtschaft, 10. Jahrg., Heft 2, S. 100ff.

Kail, J., Hering, D. (2003) Renaturierung von Fließgewässern mit Totholz, Wasser, Energie, Luft, 95. Jahrg., Heft 11/12

Kern, K. (1995) Grundlagen naturnaher Gewässergestaltung – Geomorphologische Entwicklung von Fließgewässern, Springer, Berlin

Kondolf, G.M., Piégay, H. (Hrsg.) (2003) Tools in Fluvial Geomorphology, John Wiley, Chicester

Korte, Th., Pottgiesser, T., Hering, D. (2016) Den Erfolg hydromorphologischer Maßnahmen ganzheitlich und differenziert bestimmen, KW Korrespondenz Wasserwirtschaft, 9. Jahrg., Heft 9, S. 556ff

Länderarbeitsgemeinschaft Wasser – LAWA (Hrsg.) (2000) Empfehlungen – Oberirdische Gewässer: Gewässerstrukturgütekartierung in der Bundesrepublik Deutschland – Verfahren für kleine und mittelgroße Fließgewässer, 1. Aufl., Schwerin

Länderarbeitsgemeinschaft Wasser – LAWA (Hrsg.) (2002) Gewässergüteatlas Bundesrepublik Deutschland – Biologische Gewässergütekarte der Bundesrepublik Deutschland 2000, Kulturverlag, Berlin

Länderarbeitsgemeinschaft Wasser – LAWA (Hrsg.) (2004a) Gewässerstrukturkartierung in der Bundesrepublik Deutschland – Übersichtsverfahren, Empfehlungen für Oberirdische Gewässer, 1. Aufl., Oktober 2004, Kulturbuchverlag, Berlin

Länderarbeitsgemeinschaft Wasser – LAWA (Hrsg.) (2004b) Gewässerstrukturkartierung in der Bundesrepublik Deutschland – Übersichtsverfahren, Empfehlungen für Oberirdische Gewässer, 1. Aufl., Oktober 2004, Kulturbuchverlag, Berlin

Länderarbeitsgemeinschaft Wasser – LAWA (Hrsg.) (2004c) Abschließende Arbeiten zur Fließgewässertypisierung entsprechend den Anforderungen der EG-WRRL- Teil II, Endbericht, Biozönotische Fließgewässer Typenkarte BRD, Bearbeitung Umweltbüro Essen, Bearbeiter: Tanja Pottgiesser, Jochem Kail, Susanne Seuter, Martin Halle, Essen, 30. Januar 2004

Landesumweltamt Nordrhein-Westfalen – LUA NRW (Hrsg.) (1998) Gewässerstrukturgüte in Nordrhein-Westfalen – Kartieranleitung, Merkblätter Nr. 14, Essen

Landesumweltamt Nordrhein-Westfalen – LUA NRW (Hrsg.) (1999) Leitbilder für kleine bis mittelgroße Fließgewässer in Nordrhein-Westfalen – Gewässerlandschaften und Fließgewässertypen, Merkblätter Nr. 17, Essen

Landesumweltamt Nordrhein-Westfalen – LUA NRW (Hrsg.) (2001a) Gewässerstrukturgüte in Nordrhein-Westfalen, Anleitung für die Kartierung mittelgroßer bis großer Fließgewässer, Merkblätter Nr. 26, Essen

Landesumweltamt Nordrhein-Westfalen – LUA NRW (Hrsg.) (2001b) Referenzgewässer der Fließgewässertypen Nordrhein-Westfalens, Teil 2: Mittelgroße bis große Fließgewässer – Gewässerabschnitte und Referenzstrukturen, Merkblätter Nr. 29, Essen

Landesumweltamt Nordrhein-Westfalen – LUA NRW (Hrsg.) (2001c) Vegetationskundliche Leitbilder und Referenzgewässer für die Ufer- und Auenvegetation der Fließgewässer in Nordrhein-Westfalen, Merkblätter Nr. 32, Essen

Landesumweltamt Nordrhein-Westfalen – LUA NRW (Hrsg.) (2001d) Leitbilder für die mittelgroßen bis großen Fließgewässer, Merkblätter Nr. 34, Essen

Landesumweltamt Nordrhein-Westfalen – LUA NRW (Hrsg.) (2003) Fließgewässertypenatlas NRW's, Merkblätter Nr. 36, Essen
LAWA (s. Länderarbeitsgemeinschaft Wasser)
Mangelsdorf, J., Scheurmann, K. (1980) Flußmorphologie – Ein Leitfaden für Naturwissenschaftler und Ingenieure, R. Oldenburg Verlag, München
Mangelsdorf, J., Scheurmann, K., Weiß, F.-H. (1990) River Morphology – A Guide for Geosycientists and Engineers, Springer, Berlin, Heidelberg
Mertens, W. (2006) Hydraulisch-sedimentologische Berechnungen naturnah gestalteter Fließgewässer – Berechnungsverfahren für die Ingenieurpraxis, Fachpublikation aus dem Programm der DWA
Meyer-Peter, E., Müller, R. (1949) Eine Formel zur Berechnung des Geschiebetriebs, Schweizer Bauzeitung, 67. Jahrg., Nr. 3, Bern
Otto, A. (1991) Grundlagen einer morphologischen Typologie der Bäche, In: Larsen, P. (Hrsg.) (1991)
Patt, H., Groß, J., Städtler, E., Weih, A. (2009) Altgewässer – Ökologie, Sanierung und Neuanlage, Teil 1: Grundlagen, KW Korrespondenz Wasserwirtschaft, 2. Jahrg., Heft 2/2009
Patt, H., Jürging, P., Kraus, W. (2018) Naturnaher Wasserbau – Entwicklung und Gestaltung von Fließgewässern, 5. Aufl., Springer, Berlin, Heidelberg, New York
Patt, H. (Hrsg.) (2016) Fließgewässer und Auenentwicklung – Grundlagen und Erfahrungen, 2. Aufl., Springer Vieweg, Wiesbaden
Patt, H., Städtler, E. (2009) Altgewässer – Ökologie, Sanierung und Neuanlage, Teil 2: Beispiele für Schutz, Neuanlage und Sanierung, KW Korrespondenz Wasserwirtschaft, 2. Jahrg., Heft 3/2009
Pottgiesser, T., Kail, J., Seuter, S., Halle, M. (2004) Abschließende Arbeiten zur Typisierung entsprechend den Anforderungen der EG-WRRL-Teil II, Endbericht, Forschungsprojekt im Auftrag der LAWA: 1–16 + „Karte der biozönotisch bedeutsamen Fließgewässertypen Deutschlands" [Stand Dezember 2003], Internet: www.wasserblick.net. TS.12Pottgiesser, T., Sommerhäuser, M. (2004) Fließgewässertypologie Deutschlands: Die Gewässertypen und ihre Steckbriefe als Beitrag zur Umsetzung der EG-Wasserrahmenrichtlinie. In:Steinberg, C., W. Calmano, R.-D. Wilken & H. Klapper (Hrsg.) Handbuch der Limnologie,19. Erg. Lfg. 7/04. VIII-2.1, S. 1–16 + Anhang
Pottgiesser, T., Sommerhäuser, M. (2008) Begleittext zur Aktualisierung der Steckbriefe der bundesdeutschen Fließgewässertypen (Teil A) und Ergänzung der Steckbriefe der deutschen Fließgewässertypen um typspezifische Referenzbedingungen und Bewertungsverfahren aller Qualitätselemente (Teil B), UBA-Projekt (Förderkennzeichen 36015007) und LAWA-ProjektO 8.06, Internet: www.wasserblick.net. TS.12
Pottgieser, T., Sommerhäuser, M. (2016) Fließgewässertypologie, In: Patt, H. (Hrsg.) (2016) Fließgewässer- und Auenentwicklung – Grundlagen und Erfahrungen, 2. Aufl., Springer-Verlag, Berlin, Heidelberg, New York
Pottgieser, T., Kail, J., Seuter, S., Halle, M. (2004) Abschließende Arbeiten zur Typisierung entsprechend den Anforderungen der EG-WRRL – Teil II, Endbericht. Forschungsprojekt im Auftrag der LAWA, S. 1–16 + Anhang (unveröffentl.)
Pottgieser, T., Sommerhäuser, M. (2008) Aktualisierung der Steckbriefe der bundesdeutschen Fließgewässertypen und Ergänzung der Steckbriefe der deutschen Fließgewässertypen um typspezifische Referenzbedingungen und Bewertungsverfahren aller Qualitätselemente
Rosgen, D.L. (1994) A Classification of Natural Rivers, Catena, Elsiever Pub., B.V. Amsterdam
Schiechtl, H.M., Stern, R. (2002) Naturnaher Wasserbau – Anleitung für ingenieurbiologische Bauweisen, Ernst & Sohn Verlag, Berlin

Seidel, M., Langheinrich, U., Lüderitz, V. (2017) Gewässermorphologische Integrität von Flüssen, Wiederanschluss von Altgewässern zur Verbesserung der Lebensbedingungen flusstypischer Arten, KW Korrespondenz Wasserwirtschaft, 10. Jahrg., Heft 2, S. 107ff

Shields, A. (1936) Anwendungen der Ähnlichkeitsmechanik und der Turbulenzforschung auf die Geschiebebewegung, Mitteilungen Heft 26, Preuss. Versuchsanstalt für Wasser- und Schiffbau, Berlin

Strobl, T., Zunic, F (2006) Wasserbau, Aktuelle Grundlagen – Neue Entwicklungen, Springer, Berlin, Heidelberg, New York

Yalin, S. (1972) Mechanics of Sediment Transport, Pergamon Press, Oxford

Yalin, S. (1992) River Mechanics, Pergamon Press, Oxford

Zanke, U.C.E. (1982) Grundlagen der Sedimentbewegung, Springer, Berlin, Heidelberg, New York

Zanke, U.C.E. (2002) Hydromechanik der Gerinne und Küstengewässer, Parey Buchverlag, Berlin

4 Ausbaumethoden und Anlagen im Flussbau

Zusammenfassung

In Kap. 4 werden flussbauliche Ausbaumethoden sowie Wehranlagen beschrieben. Bei den Ausbaumethoden werden sowohl Querbauwerke als auch Längsbauweisen und deren Einflüsse auf die Strömung und die Ufer erläutert. Ein besonderer Abschnitt beschäftigt sich mit dem Wildbachverbau. Im Abschnitt Wehre wird zwischen festen, beweglichen Wehren unterschieden und die verschiedenen Wehrtypen werden anhand ihrer Funktionsweise beschrieben. Der Abschnitt über Fischwanderhilfen gibt einen Überblick, wie die Durchgängigkeit der Fließgewässer für Fische wiederhergestellt bzw. verbessert werden kann. Hierbei werden sowohl die Funktions- und Konstruktionsweisen von technischen Bauwerken als auch von naturnah gestalteten Umleitungsgerinnen erläutert.

Die Umweltziele der Europäischen Wasserrahmenrichtlinie (EG-WRRL) und die entsprechenden Umsetzungsstrategien haben den klassischen, konstruktiven Wasserbau stark verändert. Standen früher überwiegend die technischen Kriterien eines Wasserbauvorhabens im Vordergrund, sind heute oft ökologische Zielsetzungen bestimmend (BMU 2004; BMU und UBA 2016).

Es war ein langer Weg von den ersten ökologisch orientierten Fließgewässerentwicklungen bis zu einer ganzheitlichen und nachhaltigen Betrachtung von Fließgewässer und Aue bei wasserbaulichen Projekten (u. a. BfN 1998, 2001, 2005; Binder und Gröbmaier 2007).

Die Fließgewässer und die gewässernahen Bereiche werden heute nicht mehr als Verfügungsmasse für Nutzungen angesehen, sondern als schützenswerter, zu entwickelnder Naturraum (u. a. Karl 1994; Kern 1994; Schiechtl und Stern 1994, 2002; Patt 2016; Konold 2007; Baudirektion Kanton Zürich 2005; Mewes und Klauer 2009; DWA 2010b;

H. Patt et al., *Wasserbau*, https://doi.org/10.1007/978-3-658-30551-2_4

Werk 2015; Patt et al. 2018), der u. a. als Freizeit- und Erholungsraum dient (u. a. Patt und Schrenk 2004; DWA 2007; Arzet und Joven 2008), aber auch andere Nutzungen vorsieht (u. a. DWA 2018, 2021).

Die wasserbaulichen Gestaltungen werden dadurch komplexer, interdisziplinärer und oft auch schwieriger und teurer in der Umsetzung. Die gleichzeitige Einhaltung der ökologischen bzw. naturschutzfachlichen Randbedingungen, der Wirtschaftlichkeit und der ingenieur- und sicherheitstechnischen Anforderungen an die Anlagen und Bauwerke erscheint oft als eine Quadratur des Kreises, wobei unsere natürlichen Gewässerlandschaften, auch heute noch, viel zu oft den Kürzeren ziehen (u. a. Verein zum Schutz der Bergwelt 2005).

4.1 Ausbaumethoden

Die natürliche Entwicklung der Fließgewässer und die Ausbildung naturraumtypischer Strukturen werden häufig nutzungsbedingt sehr stark eingeschränkt. Es gibt daher heute in unserer Landschaft nur noch wenige Gewässer, die als naturbelassen angesehen werden können.

Die meisten Gewässer werden mehr oder weniger intensiv bewirtschaftet, d. h. deren Entwicklung folgt nicht den natürlichen Gegebenheiten (sog. natürliche Fließgewässerentwicklung), sondern ist in weiten Bereichen nutzungsorientierten Belangen untergeordnet.

Mit dem Inkrafttreten der EG-Wasserrahmenrichtlinie (EG-WRRL) am 22. Dezember 2000 und weiterer europäischer Umweltrichtlinien (u. a. Flora-Fauna-Habitat Richtlinie – sog. FFH-Richtlinie, EG-Hochwasserschutzrichtlinie, EG-Vogelschutzrichtlinie) und deren Umsetzung in nationales Recht (u. a. Schendel 2010) wurden eine *flussgebietsorientierte Bewirtschaftung* eingeführt und neue, nunmehr an ökologischen Kriterien ausgerichtete *Umweltziele* definiert. Stichworte sind diesbezüglich: *guter Zustand* bzw. *gutes ökologisches Potenzial.* Der Wasserbau muss sich mit diesen neuen Vorgaben auseinandersetzen.

Die im Zuge der Umsetzung der EG-WRRL für jede Flussgebietseinheit neu aufzustellenden bzw. fortzuschreibenden Bewirtschaftungspläne haben Rahmencharakter. Die im Umsetzungsprozess der EG-WRRL zeitlich auf den Bewirtschaftungsplan folgenden Maßnahmenprogramme bzw. Maßnahmenplanungen vor Ort müssen sich an diesen Vorgaben orientieren. Für weitere Details wird hier auf die entsprechende Fachliteratur verwiesen (u. a. BMU 2004; Rumm et al. 2006).

In diesem Buch liegt der Fokus auf den technischen Gestaltungsmöglichkeiten des Wasserbaus. Diese sind zwar nicht allein maßgebend für die planerische Gestaltung einer Ausbaumaßnahme, jedoch eine wesentliche Voraussetzung zur Erfüllung der geltenden sicherheitstechnischen und ingenieurtechnischen Standards.

4.1.1 Bauweisen

Für die Wahl der Verbauungsmaterialien sind die örtlichen Vorkommen sowie wirtschaftliche und ökologische Kriterien bestimmend. Es wird zwischen lebenden und toten Baumaterialien unterschieden.

Zu den *lebenden Baumaterialien* gehören ausschlagfähige Hölzer (u. a. Weidenstecklinge, Lebendholz, d. h. Faschinen und Spreitlagen, Jungpflanzen, Rasenansaat, Schilf- und Röhrichtstöcke).

Das *tote Material* umfasst Natursteine, Totholz, Beton (u. a. Ortsbeton, Fertigelemente), Stahl (Spundwände, Eisenbahnschienen, Drahtgitter und Kabel), Geotextilien (Gewebematten, Vliese). Holz ist nur bei ständiger Benetzung ein dauerhafter Baustoff.

Lebenden Materialien ist dort der Vorzug zu geben, wo sie den auftretenden Belastungen des Abflusses noch standhalten (u. a. Hjulström 1935; Seifert 1965; Schiechtl und Stern 1992, 1994, 2002; Dittrich 1995, 1999; Richwien 1999; Schleiss 2000; Schiechtl und Stern 2002; ATV-DVWK 2000, 2002; Freistaat Sachsen 2005; Gebler 2005; Patt et al. 2018, BAFU 2017; DWA 2019b, 2020d, 2020e). Um Misserfolge und Verfälschungen des Artenspektrums zu vermeiden, müssen die Pflanzen standortgerecht ausgewählt werden (DWA 2020c). Zu beachten sind insbesondere die Lichtverhältnisse, die Häufigkeit und Dauer der Überflutungen und die von den Strömungen herrührenden Schubspannungen (siehe auch Abschn. 3.1).

Mit lebenden Materialien verbaute Gerinne erfüllen die Kriterien einer naturnahen Bauweise, fügen sich besser in die Landschaft ein und bieten Tieren und Pflanzen einen Lebens- und Entwicklungsraum.

4.1.2 Schutz der Gewässersohle

Soll ein Gewässerabschnitt ohne Erstellung von Bauwerken gegen Tiefenerosion geschützt werden, so kann diese mit einer künstlichen Abpflasterung aus größeren Steinen oder durch Belegung mit einzelnen Blöcken gesichert werden. Der Sohlenschutz kann mit der Formel von Meyer-Peter und Müller (1949) bemessen werden:

$$d_{50} = \frac{\rho \cdot (k/k_{Str})^{3/2} \cdot J \cdot r_{hy}}{0{,}04 \cdot (\rho_S - \rho)} \; [m]$$

mit

d_{50} Korndurchmesser bei 50-Prozent-Siebdurchgang $[m \cdot 10^{-3} = mm]$

Die Kornverteilung lässt sich gemäß Abb. 4.1 abschätzen, worin für das Maximalkorn $d_{max} = 1{,}6 \cdot d_{50}$ und das Minimalkorn $d_{min} = 0{,}6 \cdot d_{50}$ gilt. Die Mächtigkeit der Pflästerung wird mindestens dem Maximalkorn gleichgesetzt.

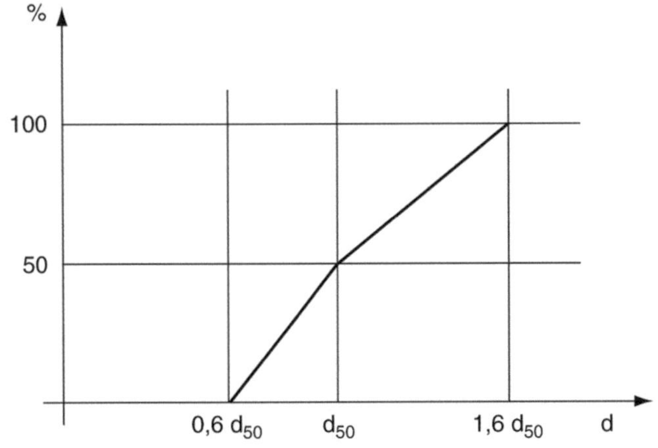

Abb. 4.1 Sohlenschutz. Kornverteilung für Abpflästerung in Relation zum erforderlichen d_{50}

4.1.3 Sohlenbauwerke

Aus hydraulischer Sicht lassen sich *Sohlenbauwerke* in *Sohlenstufen* und in *Sohlenschwellen* (Schwellen) einteilen (Abb. 4.2).

Mit steigendem Wasserspiegel im Unterwasser (UW), wird dessen Einfluss auf den Oberwasserspiegel mehr und mehr spürbar. Gründe für einen Einstau können ein

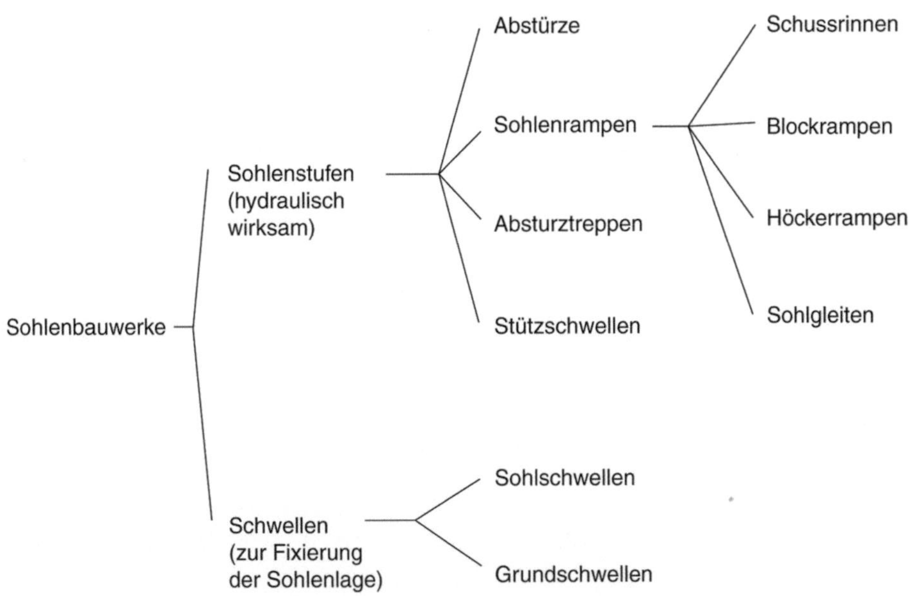

Abb. 4.2 Einteilung der Sohlenbauwerke (s. auch DIN 4047 Teil 5)

zunehmender Abfluss (u. a. Hochwasser), Gerinnegeometrie, Gefälle, Rauheit oder ein stromabwärts befindliches Hindernis sein (ATV-DVWK 2003).

In Abb. 4.3 ist dieser Zusammenhang für den Rechteckquerschnitt der Breite b durch die Beziehung H_e/h_k, (h_u/h_k) als Kurve dargestellt. Der *vollkommene* Überfall geht mit ansteigender Kurve, etwa bei $h_u/h_k = 0{,}5$, in den *unvollkommenen Überfall* über.

Soll das Sohlenbauwerk hydraulisch wirksam sein, so ist folgende praktische Regel zu beachten:

$$h_u/h_k \leq 1{,}0$$

Stellt sich über dem Sohlenbauwerk ein *Fließwechsel* zum schießenden Abfluss ein, so spricht man von einer *Sohlenstufe.* Herrscht hingegen ein unvollkommener Überfall ohne Fließwechsel, weil das Oberwasser durch das Unterwasser eingestaut wird, so bezeichnet man das Sohlenbauwerk aufgrund seines hydraulischen Verhaltens als *Schwelle* (ATV-DVWK 2003).

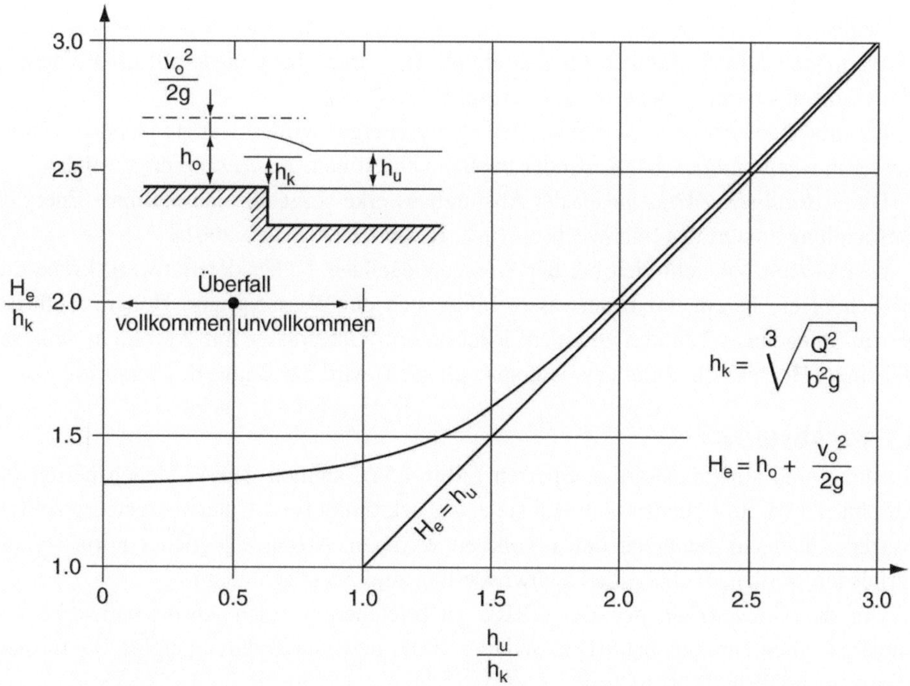

Abb. 4.3 Einfluss des Unterwassers (Index u) auf die Spiegellage im Oberwasser (Index o) bei einem unvollkommenen Überfall beim Rechteckquerschnitt. Der Index k kennzeichnet die Grenzwerte, die sog. kritischen Werte. Liegt die relative Unterwassertiefe h_u/h_k oberhalb des Grenzwerts, so wird das Oberwasser durch Anhebung der relativen Energiehöhe H_e/h_k und damit des Wasserspiegels beeinflusst

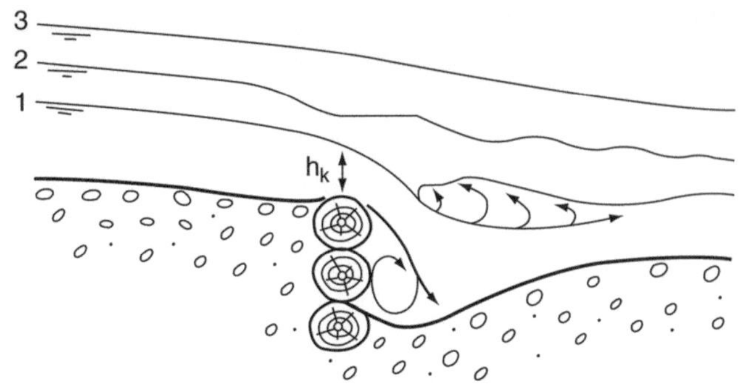

Abb. 4.4 Sohlenbauwerk mit drei Abflusszuständen und strömendem Zufluss

Niedrige Sohlenbauwerke können sich bei geringen Abflüssen als Sohlenstufen und bei größerer Wasserführung als Schwelle verhalten (Abb. 4.4).

4.1.3.1 Wirkungsweise

Sohlenbauwerke reduzieren das Sohlengefälle und somit auch das Geschiebetransportvermögen im betreffenden Fließabschnitt. Sie wirken im Längsprofil als Fixpunkte und schützen vor der Tiefenerosion (s. Abschn. 3.1.7).

Die am Bauwerk frei werdende Bewegungsenergie wird im angrenzenden Unterwasser in einem *natürlichen Kolk* oder in einem befestigten *Tosbecken* umgewandelt.

Die *hydraulische Wirksamkeit* der Absturzbauwerke sorgt für eine optimale Energieumwandlung am Ort des Fließwechsels (u. a. Rössert 1999; Muth 2001).

Gemäß Abb. 4.4 stellt sich bei der Wasserspiegellage 1 über der Bauwerkskrone die kritische Tiefe h_k ein, im Unterwasser bildet sich ein Wassersprung. Höhere Abflüsse gemäß Spiegellage 2 führen zu einem Rückstau im Oberwasser mit gewelltem Abfluss. Bei einem Hochwasserabfluss (Wasserspiegellage 3) wird das Bauwerk überströmt.

4.1.3.2 Abstürze

Abstürze sind stützmauerartige Sperren (Abb. 4.5a), ähnlich den Wildbachsperren (s. Abschn. 4.1.6). Im Grundriss können sie etwas gekrümmt sein. Unterwasserseitig sollten Abstürze über ein genügend tiefes Kolkbett verfügen. Abstürze jeglicher Form sollten vermieden werden, da diese die Fischwanderung zumindest behindern.

Um die Umweltziele der EG-WRRL zu erreichen, werden Absturzbauwerke wo immer möglich zurückgebaut (u. a. Winkler 2009) bzw. durch durchgängige Bauformen ersetzt (u. a. DWA 2005, 2006b).

4.1.3.3 Sohlenrampen

Sohlenrampen (Abb. 4.5b, c) bestehen entweder aus gepflasterten oder betonierten Gerinnen. In dieser Form werden sie als *Schussrinnen* bezeichnet.

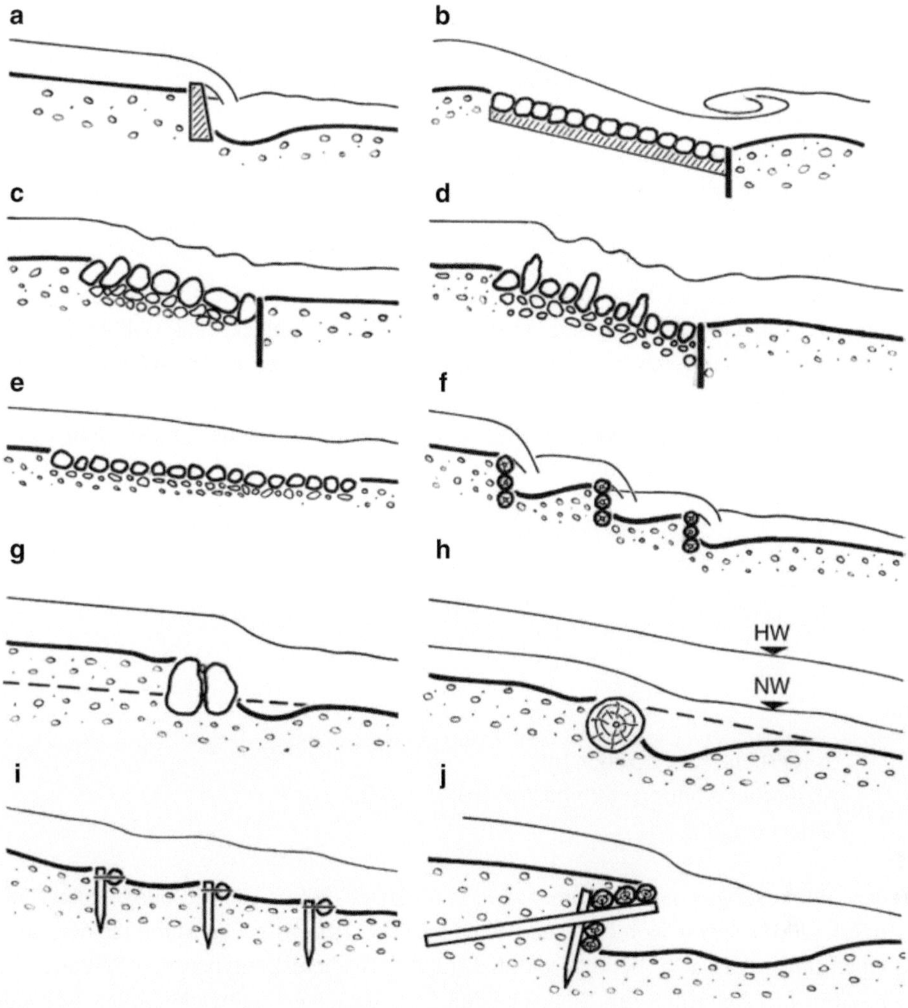

Abb. 4.5 Sohlenstufentypen. **a** Absturz, **b** Schussrinne, **c** Blockrampe, **d** Höckerrampe, **e** Sohlengleite, **f** Absturztreppe, Kaskade, **g** Stützschwelle, **h** Sohlenschwelle, **i** Traversensystem aus Pfahlreihen, **j** Rundholzschwelle mit Fischrefugium

Die Neigung von Sohlenrampen liegt im Bereich 1:4 bis 1:8. Da Schussrinnen nur wenig hydraulische Energie umwandeln, benötigen sie in der Regel ein Tosbecken (Abb. 4.5b). Nachteilig ist die harte Bauweise und die Behinderung des Fischaufstiegs in der schießenden Strömung.

Dagegen verhalten sich Rampen aus gesetzten Blöcken (sog. *Blockrampen*) bezüglich der Energieumwandlung tauglicher (Abb. 4.5c).

Diese als Rauhgerinne gebauten Rampen haben Neigungen von 1:8 bis 1:15. Das Kronenprofil ist muldenförmig und der Grundriss kann auch bogenförmig ausgeführt werden, um die erodierende Strömung auf die Gerinnemitte des Unterwassers zu konzentrieren.

Eingerammte Schienen oder ausreichend tief eingebundene Blöcke am Rampenfuss sichern das Bauwerk vor der Zerstörung durch rückschreitende Erosion. Gegen die Ausspülung des feinkörnigen Untergrunds ist zwischen diesem und dem Blockteppich eine Filterschicht einzubauen.

Eine Sonderform der Blockrampen sind die *Höckerrampen.* Sie zeichnen sich durch einige aus dem Gewässerbett herausragende größere Steinblöcke aus (Abb. 4.5d). Sie fördern den Sauerstoffeintrag ins Wasser und erleichtern bei größeren Höhendifferenzen den Fischaufstieg.

Die *erforderlichen Blockgrößen* sind von der Rampenneigung J_R und dem spezifischen Abfluss q_{max} abhängig und lassen sich nach der Formel von Knauss (1979) berechnen:

$$d_{erf} = \left[\frac{q_{zul}}{\left(1{,}2 + \frac{0{,}064}{J_R}\right) \cdot \sqrt{g}} \right]^{\frac{2}{3}} \text{[m]}$$

mit

d_{erf} erforderliche Blockgrößen [m]
q_{zul} spezifischer Abfluss = Q/b [$m^3/(s \cdot m)$]
J_R Rampenneigung [-]

Neuere Bemessungsansätze stammen u. a. von Platzer (2000), Jäggi (2004), Krüger und Heimerl (2007) sowie Korecky und Hengl (2008). Hinweise zur Stabilität derartiger Rampen finden sich u. a. bei Janisch et al. (2007). Weitere Bautypen von Sohlenstufen zeigt Abb. 4.5. Als Hilfe zur Unterscheidung der einzelnen Bauwerke sollen folgende Bemerkungen dienen:

- *Sohlengleiten* unterscheiden sich von den Blockrampen durch das geringere Gefälle von 1:10 bis 1:30 und benötigen kleinere Blöcke (Abb. 4.5e)
- *Absturztreppen* oder *Kaskaden* (Abb. 4.5f) sind Folgen einzelner Sohlenstufen mit kürzeren Zwischenfeldern, meist von Abstürzen. Die Energiedissipation ist gegeben, wenn sich in jedem Zwischenfeld ein Wechselsprung ausbilden kann
- *Stützschwellen* (Abb. 4.5g) überragen die bewegliche Sohle sowohl ober- wie auch unterwasserseitig und wirken hydraulisch wie ein breitkroniges, den Zufluss aufstauendes Wehr. Bis zur Auffüllung des Stauraums wird der Geschiebetrieb unterbunden. Im Unterwasser können somit Sohleneintiefungen entstehen

- *Sohlenschwellen* (Abb. 4.5h) fixieren lediglich die Sohle und beeinflussen den Wasserspiegel kaum. Meistens werden hierfür querliegende, in die beiden Böschungen eingebundene Rundhölzer oder Blockreihen verwendet
- *Grundschwellen* (Abb. 4.5i) ragen über die ursprüngliche Sohle hinaus und dienen dazu, das Gefälle und somit den Geschiebetrieb zu vermindern. Am Schwellenfuss entsteht ein Kolk. Schwellen eignen sich vorzüglich zur Schaffung von Fischrefugien. Bei einer Folge von Schwellen spricht man von einem *Traversensystem*
- Eine Möglichkeit, den Fischen auch bei Niederwasser günstige Lebensbedingungen zu schaffen, besteht in der Anordnung von *Rundholzschwellen* mit darunter liegenden Rückzugsräumen (Abb. 4.5j). Im Kolk ist eine ausreichende Wassertiefe vorhanden und der überdeckte Raum bietet den Fischen Schutz vor Raubvögeln und starker Sonneneinstrahlung

Zu den *Sohlenbauwerken* ist zu ergänzen, dass auch deren Uferbereiche eines Schutzes bedürfen, da wegen des örtlich starken Gefälles starke Turbulenzen sowie im Unterwasser Kolke entstehen. Entsprechende Ufersicherungen sind daher vorzusehen.

Um die am Bauwerk entstehenden starken Strömungen vom Ufer fernzuhalten, haben sich *Bogenrampen* bzw. *Bogenschwellen* bewährt, deren Bogen im Grundriss nach dem Oberwasser ausgerichtet ist. Ein wannenförmiges Querprofil sorgt dafür, dass die Wassertiefe in Gewässermitte am größten ist.

Um zu verhindern, dass der feine Untergrund zwischen den gesetzten Blöcken herausgespült wird, ist zwischen diesem und den Blöcken eine Filterschicht aus abgestuftem Material, allenfalls ergänzt durch Geotextilien, einzubringen.

4.1.4 Buhnen, Leitwerke

In der Geschichte des Flussbaus gehören die Buhnen zu den ältesten Bauwerken. Diese dammartigen Querbauwerke werden vom Ufer her in den Fluss gebaut und engen das Gerinne ein. Vom Hochwasser werden die Buhnen überströmt.

Um den erodierenden Überfallstrahl vom Ufer fernzuhalten, ist die Buhne oft unter einem Winkel von 70 bis 80 Grad zur Flussachse stromaufwärts zu richten (Abb. 4.6). Die Ufer können auch vor Strömungsangriff geschützt werden, indem die Buhnenrücken zur Gewässermitte geneigt sind. Die Hochwasser überströmen dann nur den tiefer liegenden Teil beim Buhnenkopf. Die in das Ufer eingebundene Buhnenwurzel ragt hingegen aus dem Wasser.

Im naturnahen Wasserbau werden Buhnen aber auch genutzt, um eine eigendynamische Entwicklung zu initiieren (u. a. Patt und Städtler 2000; Peter 2009). Dazu werden einzelne Buhnen stromabwärts geneigt, wodurch die Strömung gezielt auf die Ufer gelenkt wird (Patt et al. 2018).

Die Einengung des Querprofils führt zur Anhebung des Wasserspiegels und zur Erhöhung des Geschiebetransportvermögens (Spannring und Seus 2000). Auflandende

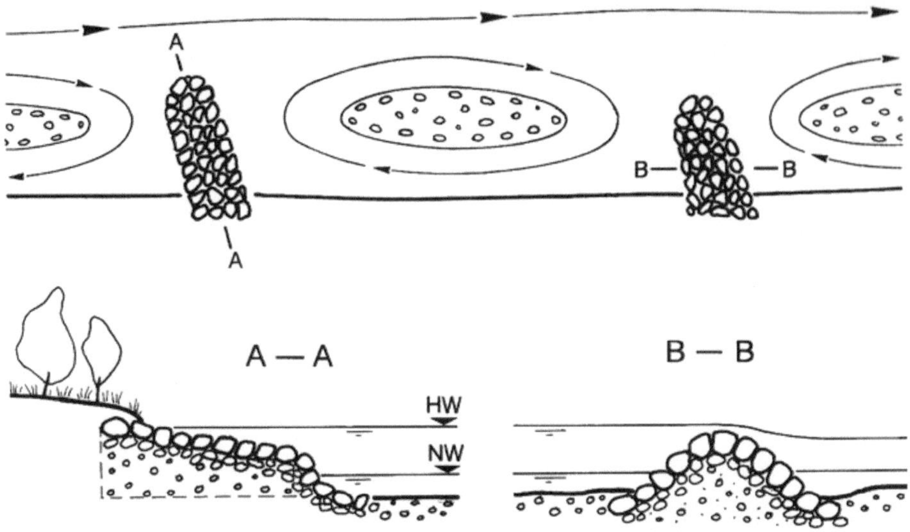

Abb. 4.6 Inklinante Buhnen im Längs- und Querschnitt

Flüsse können auf diese Art in den Beharrungszustand überführt werden. In den Feldern zwischen den einzelnen Buhnen entstehen Rückströmungen und Geschiebebänke, die zum Abbau der Strömungsenergie beitragen. Der Abstand der Buhnen sollte die Hälfte bis drei Viertel der wirksamen Gerinnebreite nicht überschreiten.

Buhnen weisen gegenüber Längsbauwerken den Vorteil auf, dass diese nachträglich mit nur geringem baulichen Aufwand verändert werden können. Die Streichlinie zwischen der Strömung im Fließgewässer und den Buhnenfeldern kann durch Verlängern oder Kürzen des Buhnenkopfs verschoben werden. Ausbesserungen von Schäden an Buhnen sind in der Regel ohne großen Aufwand möglich.

In Flachlandflüssen ist die Herstellung der Buhnen entweder aus Senkfaschinen oder aus Bruchstein- oder Kiesschüttungen üblich. Für die steileren Gebirgsflüsse haben sich oft Buhnen aus Steinsätzen in Drahtkörben oder starre Buhnen aus Beton mit Steinverkleidung bewährt. Eine lockere Bauart bietet den Fischen Unterschlupfmöglichkeiten.

In starken Krümmungen haben sich zum Schutz der Ufer Hakenbuhnen und durchgehende Leitwerke bewährt (Abb. 4.7). Letztere sind dammartige, parallel zum Fluss verlaufende und gegen das Ufer hin durch Buhnen abgestützte Bauwerke. Bei Hochwasser werden diese überströmt.

Um bei geringen Abflüssen den Wasseraustausch zwischen dem Fluss und den abgetrennten Feldern zu gewährleisten, werden Durchlässe im Leitwerk und in den zugehörigen Stützbuhnen angeordnet.

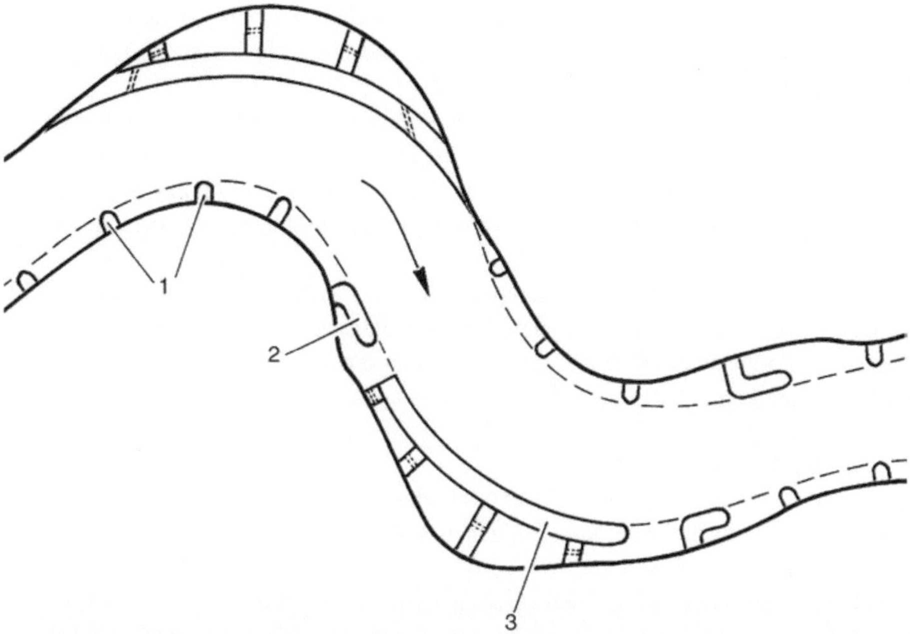

Abb. 4.7 Buhnen (*1*) und Hakenbuhnen (*2*) bestimmen die Streichlinie. Leitwerke (*3*) schützen in engen Kurven den Prallhang vor Erosion

4.1.5 Uferböschungen

Uferböschungen sind ein möglicher seitlicher Abschluss des Gewässerbetts. Die Gestaltung der Uferböschungen kann entscheidend für den Schutz der angrenzenden Bereiche vor Überflutungen, Erosionen und Auflandungen sein.

Die Stabilität der Uferbereiche wird im Wesentlichen von den Bauweisen, von den Böschungsmaterialien, der Ufervegetation und den Unterhaltsmaßnahmen beeinflusst. Die Entwicklung und Pflege naturraumtypischer Bewuchsstrukturen im Rahmen der Gewässerunterhaltung können die Stabilität der Uferböschungen stark verbessern (DVWK-GfG 1999).

Hinweise zur Entwicklung der Ufer und der angrenzenden Auenflächen finden sich u. a. bei DVWK-GfG (1998, 1999), Paulus (1999), Patt (2016) sowie Patt et al. (2018).

Bei allen planerischen Überlegungen spielt die Flächenverfügbarkeit, d. h. das Vorhandensein von ausreichendem Platz für Gewässerrandstreifen bzw. Entwicklungskorridore an den Ufern, eine große Rolle (u. a. DWA 2020a; DVWK-GfG 2006).

4.1.5.1 Deckwerke, Dämme und Deiche

Unter den Längsverbauungen ist zwischen Deckwerken und Dämmen bzw. Deichen zu unterscheiden (DWA 2011).

Als *Dämme* werden Bauwerke bezeichnet, die dauerhaft dem Wasserangriff ausgesetzt sind, während *Deiche* nur zeitweise (z. B. während eines Hochwassers) vom Wasserdruck beansprucht werden.

Dämme bestehen aus einem größeren Materialauftrag und werden notwendig, wenn die Hochwasserpegel über dem Talboden liegen. Da *Deiche* nicht für den Dauerstau konzipiert sind, weichen sie bei einem längeren Einstau auf und verlieren dabei oft ihre Stabilität.

Deckwerke schützen natürliche und künstliche Uferböschungen vor dem Angriff des Wassers.

Die Gestaltung der Ufersicherungen richtet sich nach der hydraulischen Beanspruchung, dem Baugrund, den Platzverhältnissen, der Verfügbarkeit und den Kosten der Baumaterialien, den Anforderungen an den Uferunterhalt und den Kriterien des Natur- und Landschaftschutzes.

4.1.5.2 Gestaltung der Ufer

Naturnahe Ufer zeichnen sich durch abwechselnde Strukturen, naturraumtypische Baumaterialien, eher flache, nicht konstant geneigte Böschungen und eine gewässertypische Linienführung aus (Abb. 4.8).

Starre Konstruktionen aus Beton passen sich den morphologischen Veränderungen des Flusses nur schlecht an. Außerdem erfordern sie oft aufwendige bauliche Anlagen. In der Landschaft stechen diese im Allgemeinen als Fremdkörper ins Auge. In dicht besiedelten städtischen Gebieten (urbanen Bereichen) kann jedoch kaum auf massive Uferverbauungen verzichtet werden (u. a. DWA 2018, 2021).

Ausgebaute, gleichmäßige Profile tragen nicht dazu bei, die Umweltziele der Europäischen Wasserrahmenrichtlinie (EG-WRRL), d. h. einen guten ökologischen

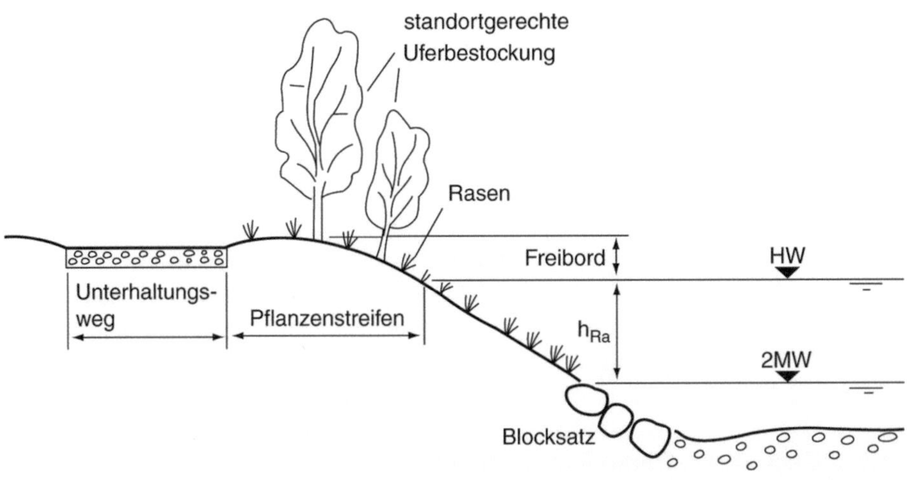

Abb. 4.8 Gewässernahe Bereiche. Planungsgrößen zur Gestaltung der Uferbereiche (u. a. Böschungsfuß, Ufersicherung, Freibord, Gewässerrandstreifen, Pflanzstreifen und Unterhaltsweg)

Zustand bzw. ein gutes ökologisches Potenzial zu erreichen. Harte Verbauungen aus toten Materialien sollten daher nur dort Verwendung finden, wo ingenieurbiologische Bauweisen wegen der auftretenden Beanspruchungen nicht infrage kommen.

Zu einem natürlichen Fließgewässer gehören auch die Ufer und die daran angrenzenden Flächen in der Gewässeraue. Diese Bereiche bieten zahlreichen Pflanzen, Kleinsäugern und Vögeln u. a. Lebensraum in unterschiedlichen Entwicklungsstadien und fungieren auch als Rückzugsräume bei schädlichen Einwirkungen von außen (z. B. bei Gewässerverunreinigungen).

Unter beengten Platzverhältnissen oder wenn bestehende Nutzungen großzügige Lösungen verhindern, können Gewässerrandstreifen bzw. Entwicklungskorridore einige Teilfunktionen der Aue ersatzweise übernehmen. Damit kann häufig ein Minimum an Freiraum für die Entwicklung der Fließgewässer bereitgestellt werden (u. a. Kraus 1994; Patt 1996, 1997; DVWK-GfG 2006; DWA 2019b, 2020a, b).

Befahrbare Unterhaltungswege, die auch als Wanderwege benutzt werden können, erleichtern nicht nur die Unterhaltungsarbeiten, sondern dienen auch der Förderung von Freizeit und Erholung an Fließgewässern (DWA 2007). Für den Unterhalt der Bäche genügt ein einziger Weg, bei größeren Flüssen sind beidseitig Wege anzulegen. Die Abb. 4.9 zeigt eine Auswahl von Ufersicherungen.

4.1.5.3 Stabilität der Uferböschungen

Hinsichtlich der Bemessung der Uferböschungen sind die Bereiche Böschungsfuß, Böschungsschutz und Freibord von Bedeutung (s. auch Abb. 4.8). Überlegungen zur Stabilität der Uferböschungen ohne Berücksichtigung weiterer Sicherungsmaßnahmen, d. h. der Rohböden, stammen von Richwien (1999).

Aufgabe des Böschungsfußes ist die Sicherung der Böschung gegen Erosion und Abrutschen. Der häufig bis dauernd überflutete Böschungsfuß wird daher oft mit einem Blocksatz befestigt, der bis unter die Gewässersohle hinabreicht. Seltener wird Pfahlholz als Baustoff verwendet. In kleineren Naturbächen können auch die Wurzeln der Uferbestockungen die Sicherung der Böschung übernehmen. Die Hohlräume dienen den Fischen als Refugien.

Bei der Verwendung lebender Baumaterialien für den Uferschutz sind einerseits die größten zu erwartenden Schubspannungen und andererseits die Dauer der Überflutungen zu berücksichtigen. Die zulässigen, durch Erfahrung gewonnenen Grenzwerte der Schubspannung τ_{Gr}

$$\tau_{Gr} = \rho \cdot g \cdot h \cdot J_E \ \left[N/m^2\right]$$

mit

τ_{Gr} Grenzschubspannung bzw. kritische Schubspannung [N/m^2]
ρ Dichte des Wassers [kg/m^3]
h Wassertiefe [m] und
J_E Energieliniengefälle [-]

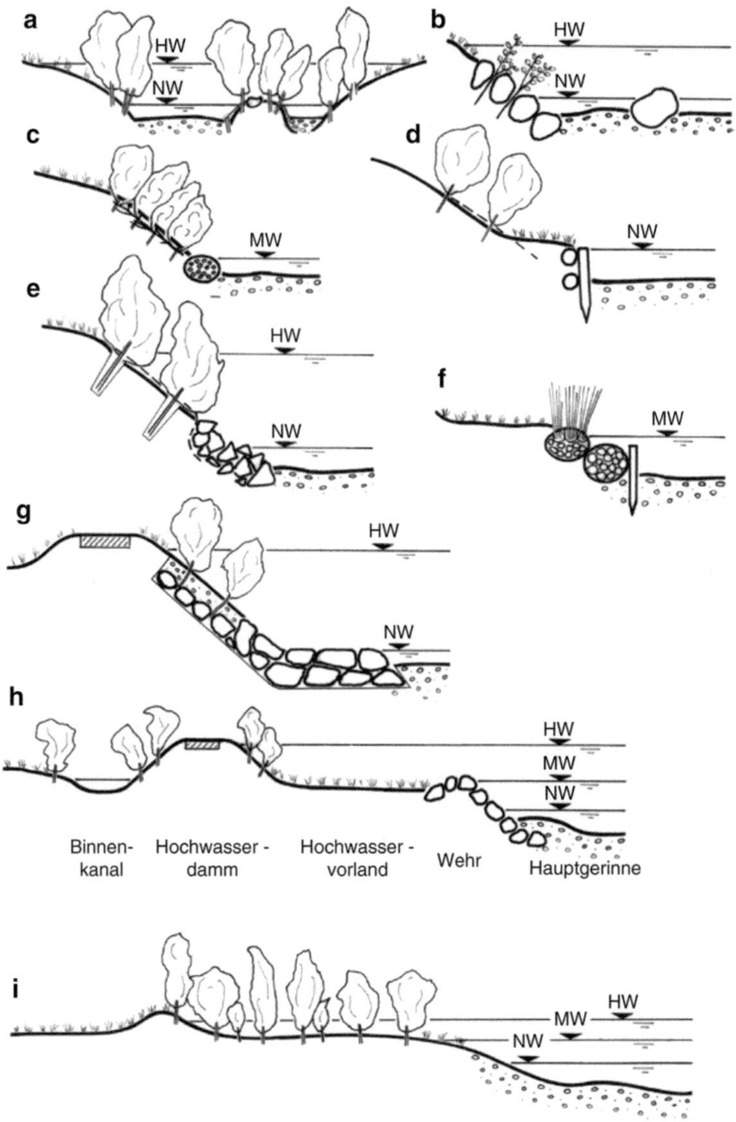

Abb. 4.9 Auswahl von Ufersicherungen. **a** Naturbach mit Ufergehölz; **b** Blocksatz mit Weidenstecklingen als Fugenbepflanzung; **c** Uferfaschine am Böschungsfuß, darüber Spreitlage mit Pfählen fixiert und mit Erde überdeckt; **d** Holzuferschutz (Stangenleitwerk) als Fischrefugien an der Niederwasserrinne. In der Böschung sind ausschlagfähige Steckhölzer versetzt worden. Bis zur Verwurzelung übernimmt ein Jutegewebe (verrottbar) den Erosionsschutz; **e** Böschungsfuß aus Blockwurf, darüber Hecken-Buschlagen; **f** Drahtschotterwalze (Gabbion) mit Pfahlsicherung, dahinter Röhrichtwalze für ruhige nährstoffreiche Gewässer und sonnige Standorte; **g** Blocksatz mit aufgesetztem Vorgrund, Wehrbefestigung eines Gebirgsflusses; **h** gegliedertes Abflussprofil eines größeren Flusses; **i** Fluss mit angrenzendem Auwald und Hochwasserschutzdeich

sind für einen jungen bis gut verwachsenen Rasen

$$\tau_{Gr,zul} = 50 \text{ bis } 80 \text{ N/m}^2$$

und für Weiden, Erlen

$$\tau_{Gr,zul} = 140 \text{ N/m}^2$$

Da lebende Materialien bei lang andauernder Überflutung instabil werden können, ist es ratsam die untere Grenze der Ansaat oder Bepflanzung etwa auf der Höhe des doppelten Mittelwasserabflusses ($2 \cdot MQ$) festzulegen.

Beispielsweise wäre in einem Fluss bei 0,4 % Gefälle die zulässige Überflutungshöhe h_{Gr} für verwachsenen Rasen:

$$h_{Gr,zul} = \frac{\tau_{Gr,zul}}{\rho \cdot g \cdot J_E} = \frac{80}{1.000 \cdot 9,81 \cdot 0,004} = 2,0 \text{ m}$$

Ist jedoch die Wassertiefe beim doppelten Mittelwasserabfluss ($2 \cdot MQ$) kleiner als der oben ermittelte Wert für $h_{Gr,zul}$, so ist die Wassertiefe bei $2 \cdot MQ$ zu verwenden. Es muss also im Einzelfall nachgewiesen werden, ob die Schubspannung $\tau_{Gr,zul}$ oder die Wassertiefe $h_{Gr,zul}$ als Grenzwert maßgebend ist.

Wird auf das Einbringen einer Humuslage verzichtet, wird die Ansiedlung von Pionierpflanzen mit Sukzession und einer sich selbst entwickelnden natürlichen Magerwiese auf den Uferböschungen gefördert. Gleiches wird natürlich auch durch geeignetes Saatgut erreicht (DWA 2019b, 2020b; Patt et al. 2018; Freistaat Sachsen 2005).

Ufergehölze erhöhen die Stabilität, beeinflussen jedoch auch die Abflussleistung. Auf Dämmen und Deichen ist zudem Vorsicht bei der Anpflanzung von Bäumen und Sträuchern geboten, da Wurzelwerk gegebenenfalls den Sickerwasserdurchfluss erhöht, was unter Umständen zu Stabilitätsproblemen führen kann. Auf dem Kernquerschnitt eines Damms bzw. Deichs ist daher eine Bepflanzung zu vermeiden. Hinweise zu diesem Thema finden sich u. a. in der DIN 19712 und bei Haselsteiner (2008).

Lebend verbaute Böschungen sind gewöhnlich 1:3 bis 2:3 geneigt. Mit zunehmender Steilheit nimmt die Gleitsicherheit ab und die Unterhaltungsarbeiten werden mühsamer.

Mähmaschinen lassen sich nur bis Neigungen von 2:5 einsetzen. Bei steilen, 1:1 geneigten Böschungen, wie sie aus Platzgründen notwendig werden können, kommt ein Blocksatz in Frage. Sind die Platzverhältnisse noch knapper, so verbleibt als Lösung nur eine Ufermauer, die meistens 5:1 geneigt, seltener senkrecht gebaut wird.

In den Kurven sind die Böschungen der Außenseite dem Angriff der Strömung stärker ausgesetzt, sodass es ratsam sein kann, diese bis zum Wasserstand des fünfjährlichen Hochwassers (HQ_5) stabil zu befestigen. Auf der Kurveninnenseite, wo sich bevorzugt Feststoffe ablagern, ist eine flexiblere Ufergestaltung möglich.

In engen Kurven wird das Gerinne nach dem Vorbild natürlicher Flussmäander um bis zu 30 % verbreitert. Damit werden den erhöhten hydraulischen Verlusten Rechnung getragen und das Abflussvermögen verbessert.

4.1.5.4 Freibord

Der Freibord stellt eine erhöhte Sicherheit dar und richtet sich nach Erfahrungswerten und der Art des Fließgewässers. Als Richtlinien können die Zahlen in Tab. 4.1 dienen.

Der Freibord bietet Sicherheit gegen ausufernde Wellen, Wellenschlag, Eisgang und Geschwemmsel sowie gegen den Wasserspiegelanstieg infolge Geschiebeablagerungen auf der Sohle oder Verkrautung. Es berücksichtigt aber auch den Umstand, dass Wasserspiegellagenberechnungen in Naturgerinnen aufgrund unsicherer Annahmen, schwer erfassbarer Geometrie und ungleichförmiger Abflüsse nur mit beschränkter Genauigkeit durchzuführen sind.

In Fließgewässern, die einem Abwasserableitungssystem zuzurechnen sind, werden bei derartigen Berechnungen die Schadenspotenziale einbezogen, indem die Dichte der Bebauung bzw. die möglichen Schäden berücksichtigt werden.

In der Schweiz hat sich die Empfehlung der KOHS (Kommission Hochwasserschutz im Schweiz. Wirtschaftverband) zum Freibord etabliert (KOHS 2013).

Tab. 4.1 Freibordhöhe in Meter

Gewässertyp	Am Ufer	Unter Brücken
Kleinere Gewässer	0,5...0,8	0,7...1,0
Flüsse	0,8...1,3	1,0...1,5
Wildbäche	2,5	

4.1.6 Ufermauern und alternative platzsparende Lösungen

Sind Siedlungen und Verkehrswege vorhanden, bleibt für die Ausbildung von Uferböschungen, wie sie im vorangehenden Abschnitt beschrieben wurden, oft kein Platz. Deshalb müssen dort Ufermauern erstellt werden. Sie bestehen aus Ortsbeton, der mit Natursteinen verkleidet sein kann, aus Trockenmauerwerk, Betonelementen, Pfahlreihen, Spundwänden oder aufgeschichteten Drahtschotterkörben (Abb. 4.10).

4.1.7 Wildbachverbauung

Wildbäche sind steile, *geschiebeführende Bäche,* die in einem *gebirgigen Einzugsgebiet* entspringen. Das Abflussregime zeichnet sich durch geringe Niedrigwasserführungen (NQ) und durch sehr schnell ansteigende, im Vergleich zum Mittelwasser extreme Hochwasserspitzen aus.

Im *Oberlauf* des Wildbachs gibt es eine starke Erosionstätigkeit. Durch die große Strömungskraft kleiner, aber steiler Seitenbäche und -rinnen, aber auch durch Murgänge und Hangrutsche, entstehen Erosionstrichter (Abb. 4.11), die sich ständig ausweiten und eintiefen.

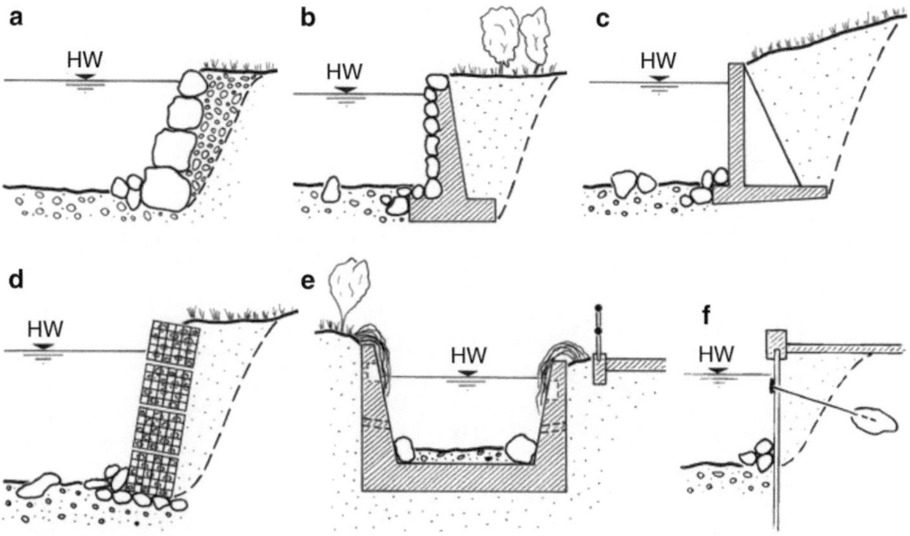

Abb. 4.10 Ausführungsformen platzsparender Uferverbauungen. **a** Trockenmauer aus großen Blöcken mit hinterfülltem Filter, **b** Stützmauer mit Natursteinverkleidung, **c** Winkelstützmauer, **d** aufgetürmte Drahtschotterkörbe im Längsverband, **e** Betonkanal mit Kiessohle, Hängepflanzen und Aussparungen für Wildreben und Wasseramseln, **f** verankerte Spundwand

Im *Mittellauf* entspricht das von oben zugeführte Geschiebe etwa dem Transportvermögen, sodass sich das Bachbett in der Gleichgewichtslage befindet. Gewöhnlich fließen Wildbäche dort in einem V-förmigen Einschnitt oder, wo der Fels ansteht, in einem U-förmigen Engtal (Klamm).

Im *Unterlauf* hingegen lagert der Wildbach seine Geschiebefracht wegen des abklingenden Gefälles auf einem Schwemmkegel ab. Das Gerinne unterliegt dort einem Auflandungsprozess, weshalb der Bach anlässlich der Hochwasserereignisse ab und zu ausbricht und ein neues Bett sucht.

Das *Ziel der Wildbachverbauung* ist es, im Oberlauf die Erosion zu verhindern sowie im Unterlauf das Geschiebetransportvermögen zu erhöhen, damit dort Ablagerungen und in der Folge Überschwemmungen ausbleiben (u. a. Barnikel 2009; Bergmeister et al. 2009).

Die unterschiedlichen Situationen in den Einzugsgebieten bedingen einflussgebietsbezogene Untersuchungen des Feststofftransports (u. a. Neigung des Wasserlaufs, Geologie und Größe des Einzugsgebiets, um die Schutzmaßnahmen optimal an die Gegebenheiten anpassen zu können (Grasso et al. 2010). Aufgrund der wirkenden Kräfte kommen beim Ausbau und bei der Sicherung von Wildbächen besonders robuste und an den Naturraum angepasste Bauformen zum Einsatz (u. a. BayLfW 1996; Bezzola 2005; Weichert et al. 2006, 2007; Bergmeister et al. 2009).

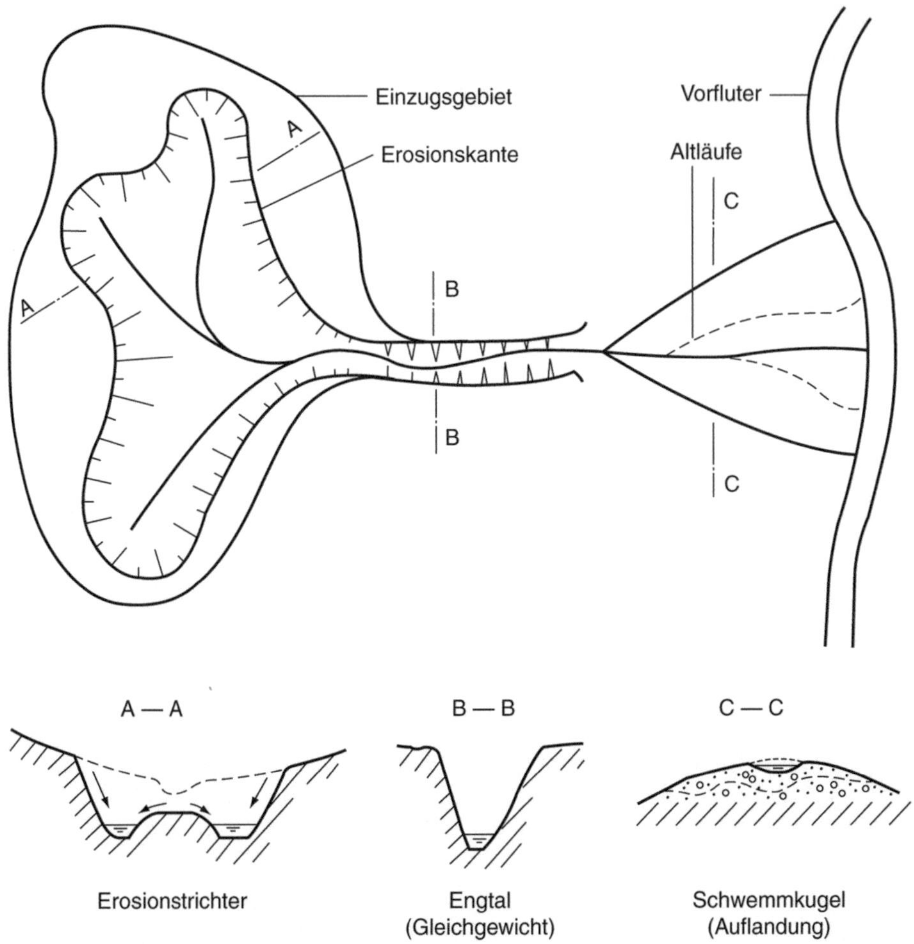

Abb. 4.11 Wildbach mit Erosionstrichter im Oberlauf, Engtal im Mittellauf und Schwemmkegel im Unterlauf

4.1.7.1 Maßnahmen im Erosionsgebiet

Die Verminderung des Materialabtrags im Erosionstrichter erfordert als erste Maßnahme eine Fixierung des Wildbachbetts. Anschließend kann eine Stabilisierung der Hänge durch Entwässerungen, Bepflanzungen und bauliche Sicherungen vorgenommen werden.

Sicherung des Bachbetts

Es gilt vor allem, die *Tiefen-* und die *Seitenerosion* des Bachbetts aufzuhalten, damit die rutschgefährdeten Hänge einen stabilen Böschungsfuss erhalten (u. a. Schleiss 2000; Weichert et al. 2006, 2007; Bergmeister et al. 2009). Diesem Zweck dienen die Wildbachsperren sowie andere Einbauten in das Gerinne.

In Anbetracht der Gefällsverhältnisse, der resultierenden Schleppkräfte und der Erddruck- und Murgangkräfte kann in der Wildbachverbauung, im Gegensatz zum Flussbau, nicht auf harte Verbauungen verzichtet werden.

Eine Sperre wirkt im Längenprofil des Gerinnes als Fixpunkt. Sie verhindert die Tiefenerosion über die angrenzende Strecke bachaufwärts. Vor der Sperrenstelle füllt sich der Stauraum während der Hochwasser mit Geschiebe (Abb. 4.12). Diese Hinterfüllung stützt einerseits die beiden Hangfüsse und sorgt dafür, dass die Hangneigung nicht zu groß werden kann und keine Rutschungen zu befürchten sind. Andererseits erhält der Wildbach oberhalb der Sperre ein breiteres Bett und verliert wegen der geringeren Abflusstiefe an Transportvermögen.

Anordnung der Sperren

Da eine Sperre nur einen begrenzten Gerinneabschnitt zu sichern vermag, wird an längeren Bachstrecken oft eine Reihe von Sperren errichtet (sog. *Sperrentreppe*).

Im Vergleich zu einem unverbauten Wildbach stellt sich zwischen den neu gebauten Sperren ein geringeres Gefälle ein, das mit der Geschiebeführung variiert und auch von der Grobheit des Geschiebematerials abhängt.

Ist das Geschiebedargebot groß, so ist für den Weitertransport ein größeres Gefälle als bei geringerer Geschiebezufuhr erforderlich (Abb. 4.12). Am kleinsten ist das Gefälle im Anschluss an eine lange Zeit ohne Geschiebenachschub.

Das Grenzgefälle J_N ist für die Bemessung der Sperrentreppe im Längsschnitt maßgebend, denn es bestimmt die tiefste Lage der Sohle nach dem Sperrenbau. Auf diese Lage und auf den örtlichen Kolk muss die Fundierung jeder Sperre ausgerichtet sein.

Der untere Grenzwert J_N des Zwischengefälles lässt sich nach einer einfachen Näherungsformel berechnen.

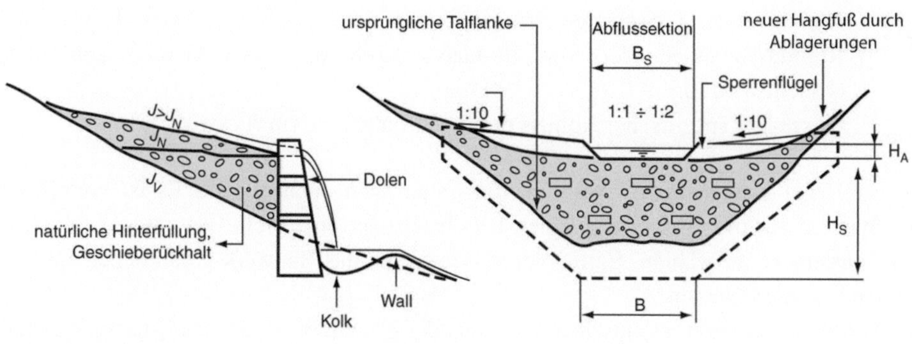

Abb. 4.12 Wildbachsperre im Längs- und Querschnitt mit konstruktiven Einzelheiten. J_V Gefälle vor dem Bau der Sperre; J_N Gefälle nach dem Bau

Diese beruht auf der Geschiebetheorie von Meyer-Peter und Müller, setzt Normalabfluss in einem breiten Gerinne, eine ebene Sohle und annähernd eine Fuller-Verteilung des Geschiebematerials voraus. Wird die Schubspannung τ_a

$$\tau_a = \rho \cdot g \cdot h \cdot J_N \left[N/m^2\right]$$

mit

τ_a aktuelle Schubspannung [N/m²]
ρ Dichte des Wassers [kg/m³]
g Erdbeschleunigung [m/s²]
h Wassertiefe [m]
J_N Grenzwert des Zwischengefälles [-]

und die Grenzschubspannung τ_{Gr}

$$\tau_{Gr} = 0{,}047 \cdot (\rho_S - \rho) \cdot g \cdot d_m \left[N/m^2\right]$$

mit

τ_{Gr} Grenzschubspannung bzw. kritische Schubspannung [N/m²]
ρ_S Dichte des Feststoffs [kg/m³]
ρ Dichte des Wassers [kg/m³]
g Erdbeschleunigung [m/s²]
d_m mittlerer Korndurchmesser [m]

gleichgesetzt, so erhält man:

$$J_N = \frac{0{,}4 \cdot d_{90}^{9/7}}{q_{max}^{6/7}} \; [-]$$

mit

J_N Grenzwert des Zwischengefälles [-]
d_{90} Korndurchmesser, der von 90-Gewichtsprozenten der Geschiebemischung erreicht wird [m]
q_{max} maximaler spezifischer Abfluss pro m Gerinnebreite [m³/(s · m)]

In der Regel werden *Sperrentreppen* von unten nach oben erstellt. Es ist vorteilhaft, als Standort für die erste Sperre einen Felsriegel oder eine Stelle am unteren Ende der Erosionsstrecke zu wählen. Eine unterwasserseitige, das Bauwerk gefährdende Erosion ist damit ausgeschlossen.

Werden alle Sperren unmittelbar nacheinander gebaut, so wird jedes Querwerk gemäß Abb. 4.13a kolksicher in den gewachsenen Boden und in die Talflanken eingebunden. Dieses Vorgehen ist in Anbetracht der einmaligen Baustelleninstallation meistens am wirtschaftlichsten.

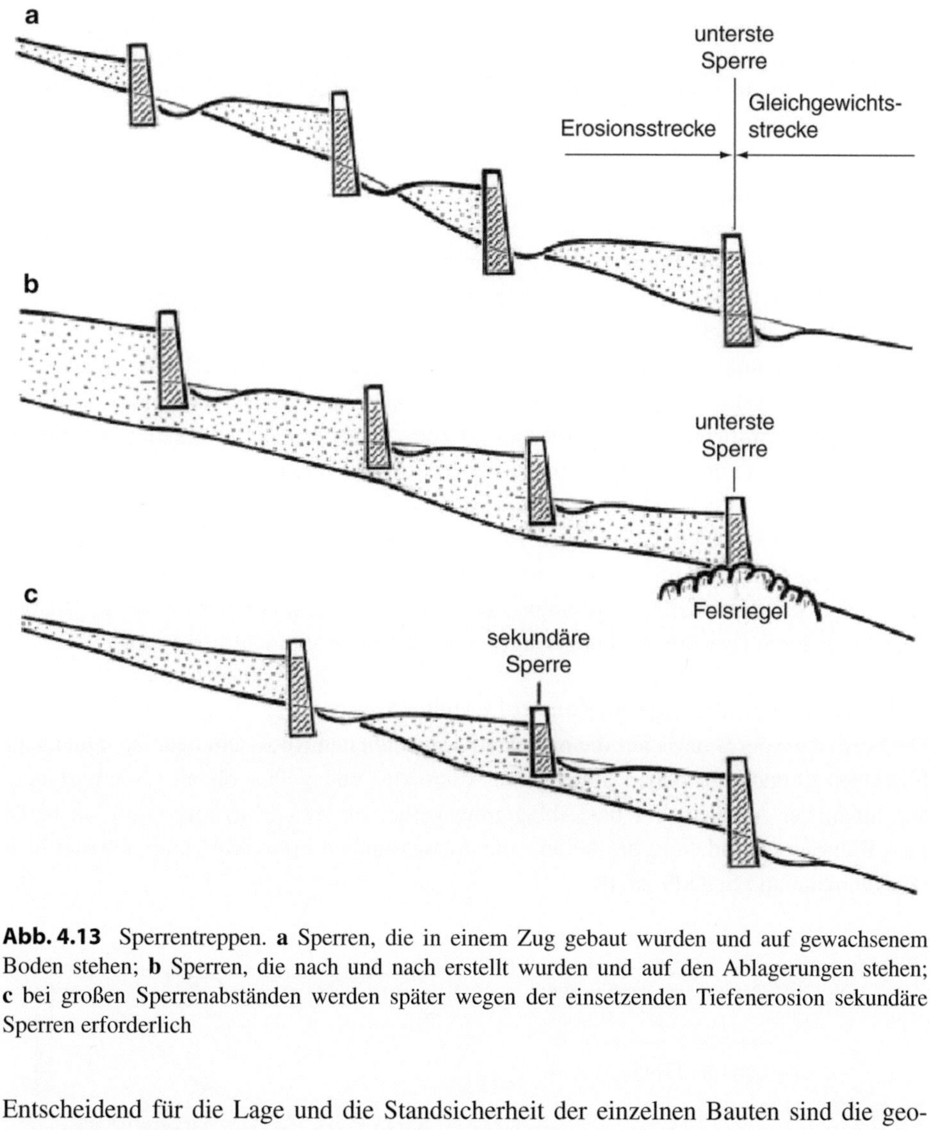

Abb. 4.13 Sperrentreppen. **a** Sperren, die in einem Zug gebaut wurden und auf gewachsenem Boden stehen; **b** Sperren, die nach und nach erstellt wurden und auf den Ablagerungen stehen; **c** bei großen Sperrenabständen werden später wegen der einsetzenden Tiefenerosion sekundäre Sperren erforderlich

Entscheidend für die Lage und die Standsicherheit der einzelnen Bauten sind die geologischen Verhältnisse. Jede Sperre ist eine Maßarbeit, die nicht in allen Einzelheiten im Voraus projektiert werden kann. Vielfach lassen sich Standort und die endgültigen Abmessungen erst auf der Baustelle festlegen. Zwischendistanzen und Sperrenhöhen ergeben sich aus den Sperrenpositionen und dem Grenzgefälle J_N. Das Fundament der oberen Sperre liegt etwa ein Meter tiefer als die Überfallkrone der unteren.

Falls aber Sperre um Sperre in größeren Zeitabständen gebaut werden, wird die unterste Sperre errichtet und abgewartet, bis diese mit Geschiebe hinterfüllt ist. Anschließend wird die zweitunterste Sperre unter Berücksichtigung des Grenzgefälles J_N und der zu erwartenden Kolktiefe auf diese Ablagerung gestellt und anschließend wieder gewartet. Auf diese Weise entsteht gemäß Abb. 4.13b sukzessive eine Sperrentreppe, bei der das Wildbachbett zunehmend angehoben wird.

Liegen die einzelnen Sperren zu weit auseinander und zeigt sich später eine unzulässige Eintiefung der Sohle im Zwischenfeld, so ist die obere Sperre gefährdet. Mit nachträglich erstellten sekundären Querwerken kann dieser Gefahr begegnet werden (Abb. 4.13c).

Wahl des Sperrentyps

Wildbachsperren lassen sich in vier Typen einteilen (Abb. 4.14), wovon jeder für eine bestimmte Talform und Bauwerkshöhe am wirtschaftlichsten ist.

In der Praxis hat sich eine Einteilung in die verschiedenen Anwendungsbereiche nach Abb. 4.15 eingebürgert.

Die gerade, unarmierte Sperre eignet sich als Querwerk in engen Bachbetten bei kleiner Bauwerkshöhe. Bei mittleren Sperrenhöhen und Basisbreiten ist wegen der größeren Beanspruchung eine Armierung zur Aufnahme der Biegezugspannungen erforderlich. Diese beiden Sperrentypen können sowohl senkrecht als auch leicht schief mit einem Anzug von 1:10 bis 1:5 erstellt werden.

In breiten Tälern ist bei geringer Höhe, oder wenn die Widerlager in den Flanken ungünstig sind, die Stützmauer am wirtschaftlichsten. Ist ein hohes Bauwerk erforderlich und sind an der Sperrstelle die geologischen Voraussetzungen gegeben, so ist die Bogensperre mit einem verhältnismäßig geringen Materialbedarf die richtige Lösung.

Hydraulische Bemessung und Konstruktion der Sperren

Die Form der Sperre muss auf die örtlichen Gegebenheiten Rücksicht nehmen. Die nachfolgenden Grundsätze haben allgemeinen Charakter und gelten für alle Sperrentypen. Bezüglich der Abschätzung des Ablagerungsverhaltens von Murgängen gibt es heute eine Reihe von Modellen, die helfen, die Auswirkungen eines Murgangs einzuordnen (Rickenmann und Scheidl 2010).

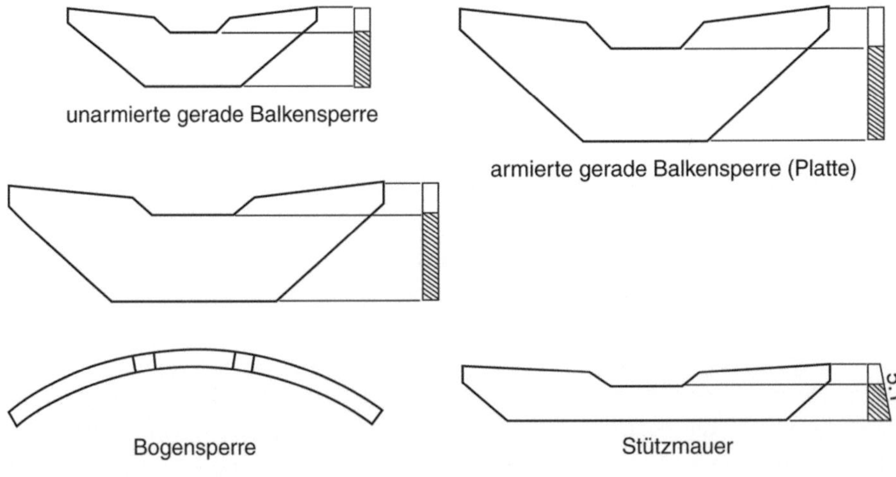

Abb. 4.14 Typen von Wildbachsperren

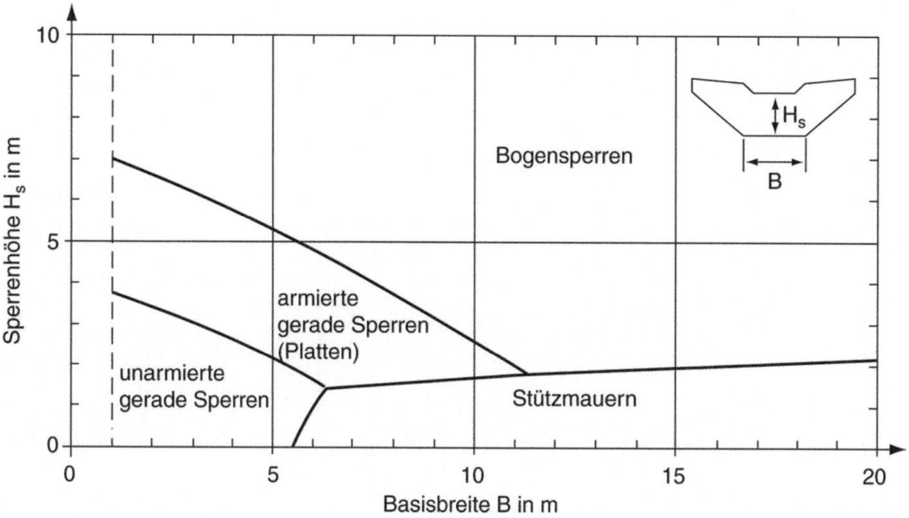

Abb. 4.15 Einteilung der vier Grundtypen von Wildbachsperren in Wirtschaftlichkeitsbereiche; abhängig von der Sperrenhöhe und der Basisbreite. Die Übergänge zwischen den einzelnen Typen sind fließend

Die mittlere Breite des Abflussquerschnitts B_s sollte nicht mehr als die Hälfte der Breite B des Unterwassergerinnes betragen, sonst müssen die Talflanken durch besondere Maßnahmen (u. a. große Blöcke, Leitmauern) gegen den Angriff des Überfallstrahls gesichert werden.

Das Abflussprofil ist auf das Bemessungshochwasser Q_{max} unter Berücksichtigung des Geschiebegehalts zu dimensionieren. Der Abfluss unterschreitet kurz vor dem Absturz die kritische Tiefe h_{kr} und soll dort etwa zwei Drittel der Höhe H_A der Abflusssektion einnehmen (Abb. 4.17). Es gilt in guter Näherung:

$$\frac{2}{3} \cdot H_A = h_{kr} = \sqrt[3]{\frac{q_{max}^2}{g}} \ [m]$$

mit

$$q_{max} = Q_{max}/B_S \ \left[m^3/(m \cdot s)\right]$$

Auf keinen Fall darf der Sperrenflügel überströmt oder gar auf der Hangseite umflossen werden. Der Überfallstrahl sollte bei Hochwasser frei und von unten her gut belüftet sein, weshalb oft eine auskragende Abflusssektion gewählt wird (Abb. 4.16).

Am Fuß der Sperre bildet sich ein Kolk, der seine größte Tiefe meistens während der Hochwasserspitzen erreicht und nachher wieder teilweise aufgefüllt wird. Das herausgespülte Material lagert sich unterhalb auf einem Wall ab und wird mit der Zeit wieder abgetragen und weitertransportiert.

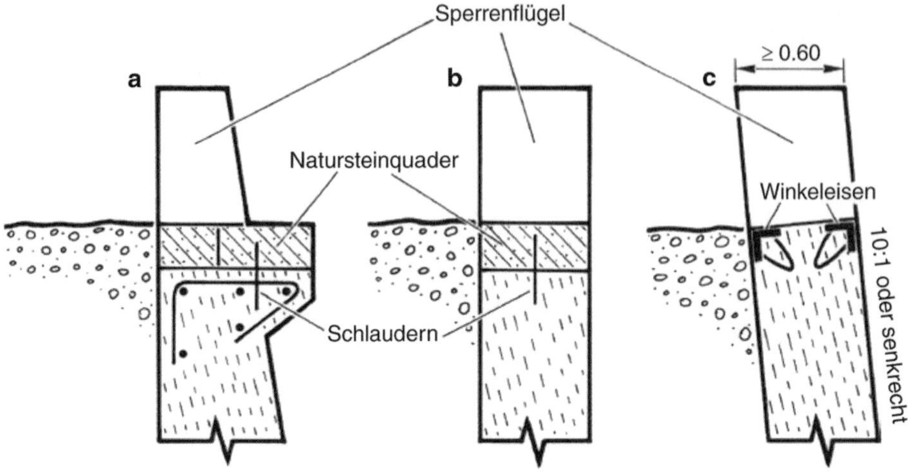

Abb. 4.16 Konstruktive Ausbildung der Abflusssektion von Betonsperren im Querschnitt. **a** Auskragende Überfallkrone mit Steinverkleidung, **b** gerade Balkensperre mit Steinverkleidung, **c** Kantenschutz aus Winkeleisen einer schiefen Balkensperre

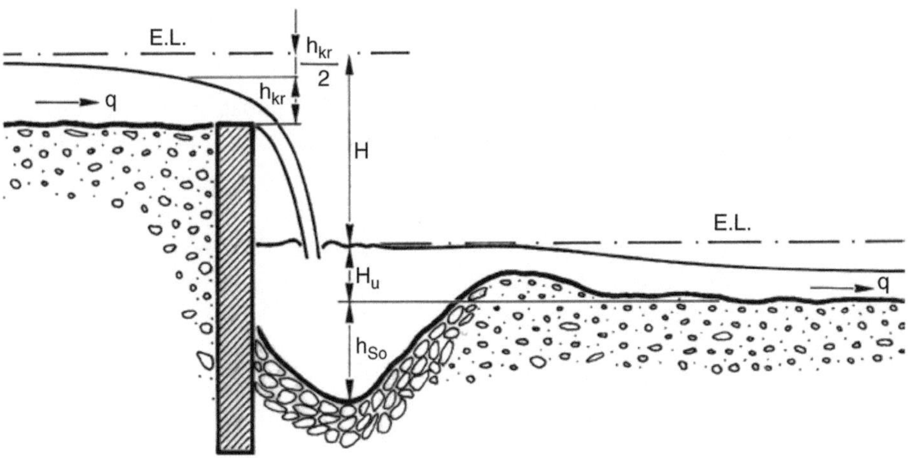

Abb. 4.17 Kolk am Fuß einer Wildbachsperre

Im Kolk unterhalb des Absturzes wird diejenige Energie des Wassers schadlos umgewandelt, die im unverbauten steilen Bachbett die Erosion bewirkte. Die Kenntnis der Kolktiefe ist zur Bestimmung der Gründungstiefe der Sperre wesentlich. Aufgrund von Modellversuchen ist u. a. die folgende Formel entwickelt worden (Abb. 4.17; s. auch Hoffmans und Verheij 1997):

$$S_o = 0{,}88 \cdot \frac{H^{0{,}343} \cdot q_{max}^{0{,}686}}{d_{95}^{0{,}372}} \; [m]$$

mit

$S_o = H_u + h_{So}$	größte Wassertiefe im Kolk [m]
$H_u = h_u + h_{Su}$	spezifische Energie im Unterwasser [m]
S_o	Kolktiefe [m]
q_{max}	maximaler spezifischer Abfluss pro Meter Gerinnebreite [m³/(s · m)]
d_{95}	Korngröße, die von 95 Gewichtsprozenten der Geschiebemischung erreicht wird [m]
H	Höhendifferenz der Energielinien zwischen der Energielinie im Oberwasser $E.L._{oben}$ und Energielinie im Unterwasser $E.L._{unten}$ [m]

Die berechneten Kolktiefen sind allerdings zu groß, denn sie entsprechen dem Endzustand nach langer Einwirkungszeit des Überfallstrahls ohne Geschiebezufuhr (Bergmeister et al. 2009).

Die wirklichen Kolktiefen fallen je nach Menge des zugeführten Geschiebes um 15 bis 50 % geringer aus. Sind infolge feinen Geschiebes tiefe Kolke zu erwarten, kann das durch Auffüllen mit großen Blöcken oder mit einer groben Sohlenpflasterung verhindert werden.

Wildbachsperren werden mit Öffnungen (sog. *Dolen*) versehen (Abb. 4.12). Diese runden oder rechteckigen Öffnungen dienen in der Bauzeit der Wasserhaltung und -ableitung. Später, wenn die Sperre hinterfüllt und das Bachbett kolmatiert ist, entwässern die Dolen den Verlandungskörper und die angrenzenden Seitenhänge. Der hydrostatische Druck auf die Sperre wird hierdurch abgemindert.

Es gibt Sperren aus Rundholz, Mauerwerk, Beton und Metallprofilen. Holzsperren werden oft als Steinkästen ausgeführt, d. h. nach dem Bau mit Blöcken und Geröll gefüllt.

In der Mehrzahl werden die Wildbachsperren heute aus Gründen der Wirtschaftlichkeit und der Statik in unverkleidetem Beton hergestellt. Bei harten Feststoffmaterialien erhält der Abflussquerschnitt eine Natursteinverkleidung und die Betonkanten werden mit Stahlprofilen geschützt (Abb. 4.16).

In einzelnen Fällen werden auch Sperren aus vorfabrizierten Betonelementen gebaut. An schwer zugänglichen Orten in bewaldeten Gebieten drängt sich Holz als Baustoff auf. Eine andere Möglichkeit, ohne großen Aufwand kleinere Sperren zu bauen, besteht im Auffüllen von Drahtschotterkörben mit Geröll.

Statik der Wildbachsperren

Für die statische Berechnung der Wildbachsperren werden gewöhnlich drei Lastfälle betrachtet (Abb. 4.18):

- vor der Hinterfüllung mit Gesteinsmaterial, also unmittelbar nach der Fertigstellung (Abb. 4.18a)
- nach der kolmatierten Hinterfüllung (Kolmatierung: natürliche Abdichtung der Bachsohle) und bei einem Murgangstoß auf die Sperrenflügel (Abb. 4.18b)

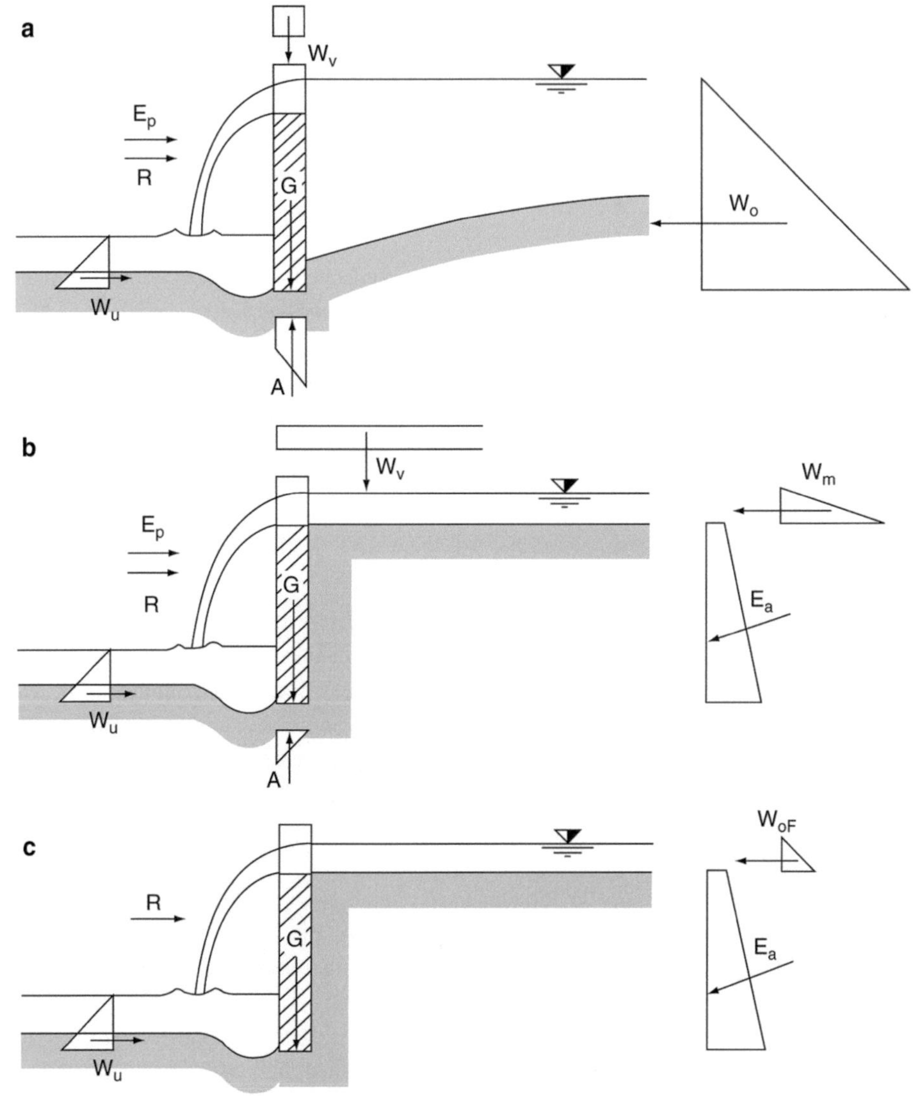

Legende:

W_o	voller oberwasserseitiger Wasserdruck
W_u	unterwasserseitiger Wasserdruck (wird meistens vernachlässigt)
W_v	Wasserauflast auf die Sperre (wird meistens vernachlässigt)
W_m	Murgangdruck auf die Sperre (Annahme: dreifacher Wasserdruck)
W_{oF}	oberwasserseitiger Wasserdruck auf die Sperrenflügel
A	Auftrieb (bei schmalen Sperren vernachlässigt)
E_p	Widerstand der Talflanken passiver Erddruck
E_a	aktiver Erddruck
R	Reibung an den Talflanken
G	Gewicht der Sperre

Abb. 4.18 Die drei maßgeblichen Lastfälle für die statische Berechnung der Wildbachsperren

- nach der kolmatierten Hinterfüllung und bei unterwasserseitig abgerutschten oder erodierten Talflanken (Katastrophenfall; Abb. 4.18c)

Die statische Berechnung umfasst in erster Linie den Nachweis der Stabilität der Sperre als Ganzes. Sperren aus unbewehrtem oder bewehrtem Beton wirken, wenn sie nicht zu lang sind, statisch wie waagrechte Balken oder Bögen bzw. wie Platten oder Schalen, die sich auf die Talflanken abstützen.

Lange gerade Sperren wirken als Stützmauern und weisen dementsprechend beträchtliche Querschnittsabmessungen auf. Untersucht werden die Kipp- und Gleitsicherheit sowie die Sicherheit gegen hydraulischen Grundbruch. Die Ansätze ähneln denjenigen für *Stauwehre* (s. Abschn. 4.2.1).

Der Nachweis der Bruchsicherheit der Sperren erfolgt nach den üblichen Regeln der Baustatik. Sowohl die geraden als auch die gebogenen Sperren werden gewöhnlich entsprechend Abb. 4.19 in horizontale Elemente aufgeteilt, die nach der Stabwerkstatik berechnet werden. Dadurch werden jedoch die Sperrenflügel nicht erfasst; diese werden deshalb als senkrechte Kragarme des darunter liegenden Sperrenkörpers betrachtet. Die Berechnung nach der Platten- und Schalenstatik ist aufwendiger, aber genauer. Sie gestattet bei Betonsperren im Allgemeinen erhebliche Einsparungen an Bewehrungsstahl.

Ergibt der Nachweis eine ungenügende Sicherheit gegen Kippen oder Gleiten, so besteht die Möglichkeit, die Sperre auf der Talseite ähnlich einer Pfeilerkopf-Staumauer mittels zweier Pfeiler abzustützen (Abb. 4.20). Eventuell kann die Konstruktion unterwasserseitig durch einen Querriegel, der als Gegensperre wirkt und den Abschluss eines Tosbeckens bildet, verstärkt werden.

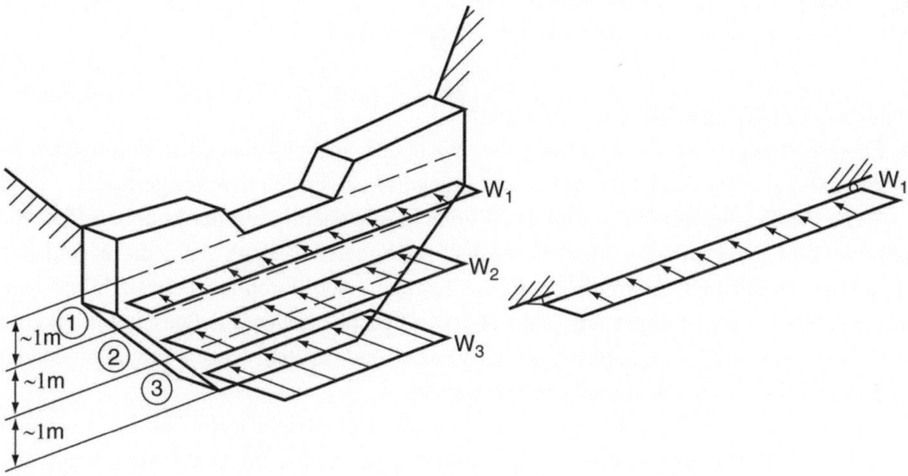

Abb. 4.19 Nachweis der Bruchsicherheit der Sperre. Aufteilung einer geraden Sperre in horizontale Streifen, die als einfache Balken berechnet werden

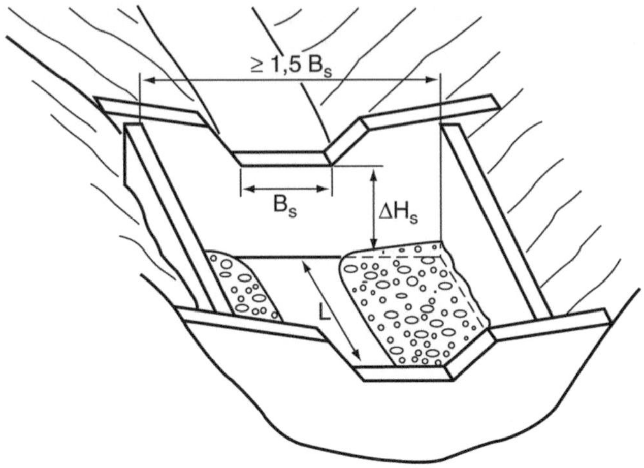

Abb. 4.20 Wildbachsperre mit scheibenartigen Stützpfeilern, Gegensperre und dazwischenliegendem Tosbecken

Der minimale Abstand zwischen Hauptsperre und Gegensperre, die Tosbeckenlänge L, lässt sich nach der folgenden Formel bemessen:

$$L = \frac{4}{3} \cdot q_{max} \cdot \Delta H_S^{0,5} \text{ [m]}$$

mit

L	Tosbeckenlänge [m]
q_{max}	maximaler spezifischer Abfluss $[m^3/(s \cdot m)]$
ΔH_s	Höhendifferenz zwischen den beiden Sperrenkronen [m]

Fixierung des Wildbachbetts mit Schalen

In Erosionsstrecken ist die Fixierung des Bachbetts auch mittels einer durchgehenden Schale möglich. Der Flächenbedarf dieser Bauweise ist vergleichsweise gering.

Steile Wildbäche werden in Ortslagen unter Berücksichtigung der knappen Platzverhältnisse und der kostbaren Flächen vielfach in Schalen verlegt, denn diese sind dort oft wirtschaftlicher als Sperrentreppen. Sie zeichnen sich durch ein hohes Abfluss- und Geschiebetransportvermögen aus, sind aber infolge der hohen Fließgeschwindigkeiten stark dem Abschliff (sog. *Abrasion*) ausgesetzt und sollten wegen des schießenden Abflusses keine starken Krümmungen aufweisen.

Das Abflussprofil ist rechteckig, trapezförmig oder gleicht einer halbkreisförmigen Wanne (Abb. 4.21). Das vorab erstellte Betongerinne wird im Querverband mit ausgesuchten Natursteinquadern belegt.

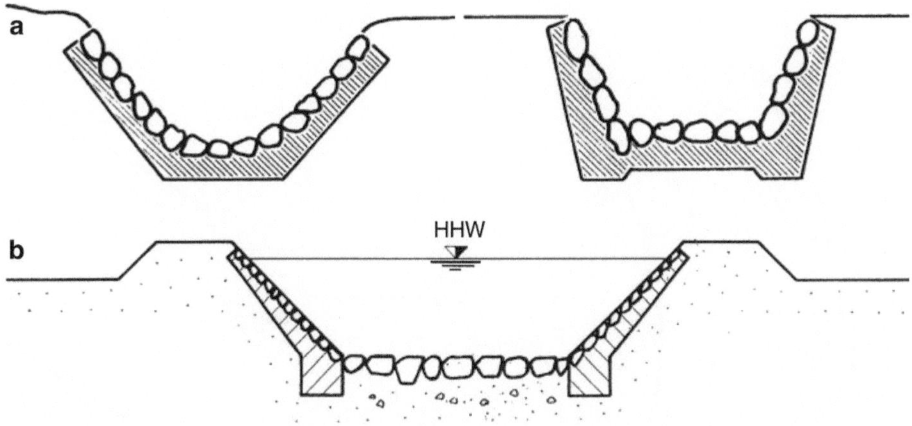

Abb. 4.21 Querschnitte von Wildbachschalen aus Steinsätzen in Beton verlegt. **a** Halbrundschale eines kleineren Baches; **b** trapezförmige Schale eines großen, hoch liegenden Bachs mit Ufersicherungen

Die Fugen in der Falllinienrichtung sind somit kurz und weniger anfällig gegen Abrasion. Sie sollen eng sein und werden mit Hartmörtel ausgefüllt. Querliegende Stützgurte und Abschlussbauwerke sichern die Schale vor dem Abgleiten.

Schutz der Ufer durch Leitwerke und Buhnen

Auf grobblockiger Sohle neigt der Wildbach, insbesondere an der Kurvenaußenseite, zur Seitenerosion. Gefährdete Stellen können mit *Leitwerken* (u. a. Ufermauern, Drahtschotterkörben- oder Walzen; Abb. 4.22) oder mit *Buhnen* (u. a. Sporen, Schildkröten, Elefantenrücken) gegen Uferabbrüche geschützt werden (Abb. 4.23). Je nach Einbau kann mit derartigen Bauwerken die Hauptströmung auf die Gerinnemitte konzentriert werden, sodass die Gewässerberandungen nicht einem kontinuierlichen Strömungsangriff ausgesetzt sind.

Sicherung der Sohlenlage durch Grundschwellen

Sind keine hohen Sperren zur Sicherung der Sohlenlage erforderlich, ist aber die Sohle dennoch erosionsgefährdet, so kann ihr mittels Grundschwellen (niedrige Sperren) Halt gegeben werden (Abb. 4.24). Die Flügel dieser Querwerke verhindern die Seitenerosion.

Stabilisierung der Hänge

Pflanzen erfüllen eine mehrfache Schutzwirkung. Sie vermindern und verzögern den Abfluss durch Rückhalt und Verdunstung der Niederschläge, bewehren den Boden mit ihren Wurzeln und wirken, indem sie dem Boden Wasser entziehen, gegen dessen Vernässung. Im Gegensatz zu beschädigten Verbauungen aus totem Materialien, können sich Pflanzen zudem selbst regenerieren.

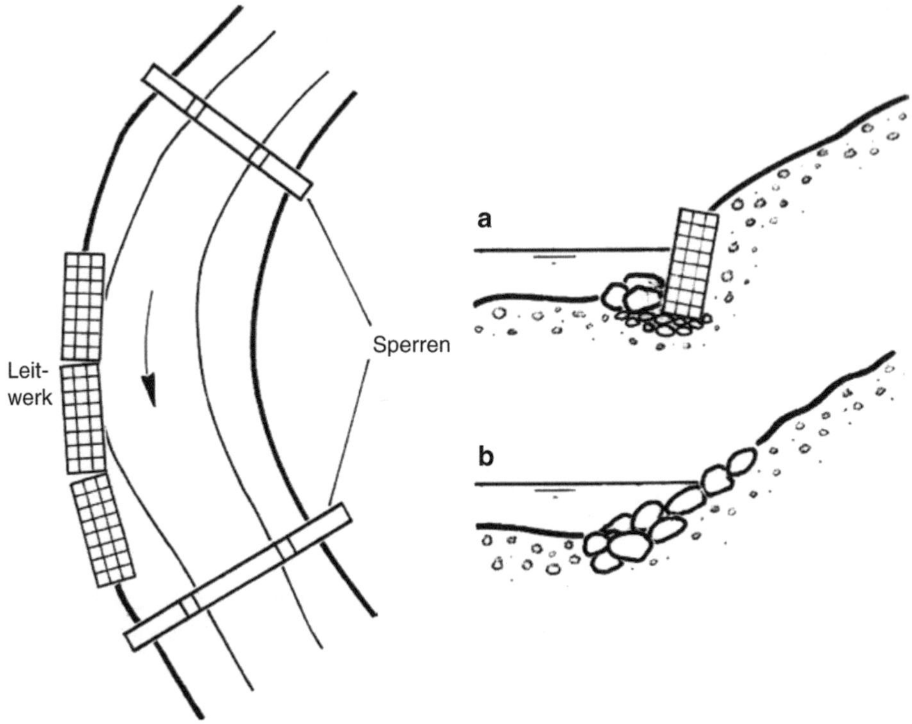

Abb. 4.22 Befestigung des Prallhangs mittels Leitwerken. **a** Drahtschotterkörbe, **b** Blockschüttung

Hänge mit Neigungen bis zu einem natürlichen Böschungswinkel von etwa 28 bis 35° werden mit Weidenstecklingen und Erlen bestockt. Weidensträucher durchwurzeln bei ausreichend Feuchtigkeit den Boden rasch und halten ihn zusammen. Für den Erhalt der Bepflanzung sind jedoch genügend Sonnenlicht und Wärme wesentlich.

Schattenwurf durch angrenzenden Hochwald wirkt sich auf die Entwicklung ungünstig aus. Erwünscht ist, dass die anfängliche Monokultur durch eine reichhaltige Pflanzenvielfalt ergänzt und abgelöst wird.

Mit zusätzlichen Bepflanzungen mit standortgerechten Straucharten kann dieser Prozess unterstützt werden. Die Pflanzenwahl und der Einbau der Pflanzen sollte, um einen Erfolg sicher zu stellen, von einem diesbezüglich erfahrenen Bauleiter betreut bzw. überwacht werden.

Übersteile Böschungen lassen sich allein mit Bepflanzungen kaum stabilisieren. Entweder ist eine Abflachung bis auf den natürlichen Böschungswinkel erforderlich oder, wo dies nicht möglich ist, der Einsatz besonderer baulicher Mittel. Dazu zählen u. a. Flechtwerke, Faschinenbauten, Verpfählungen, Verlegung von Drahtgeflechten, Drahtschotterkörbe, kleine Stützmauern; Abb. 4.25).

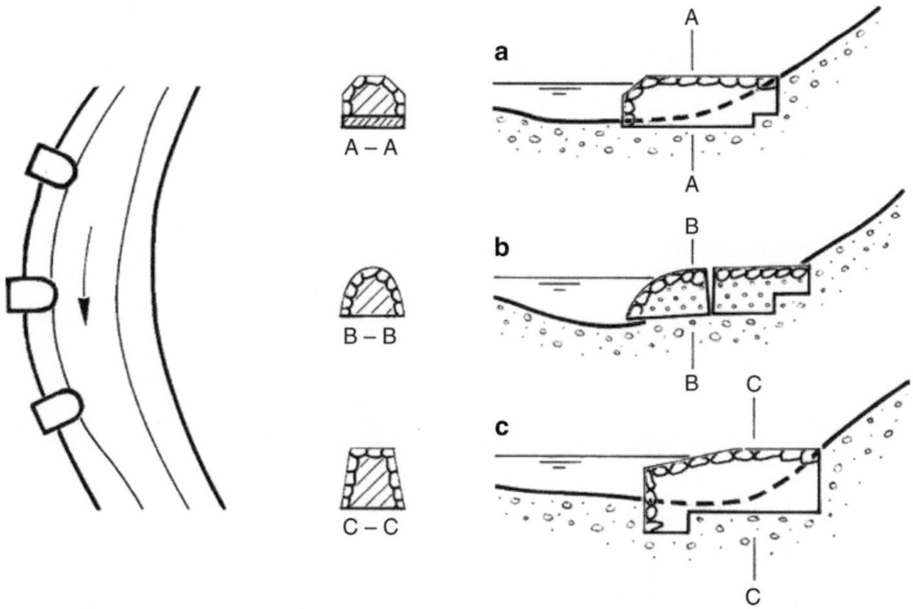

Abb. 4.23 Schutz der Kurvenaußenseite vor der Seitenerosion durch **a** Elefantenrücken, **b** Steinbuhnen, **c** Sporen

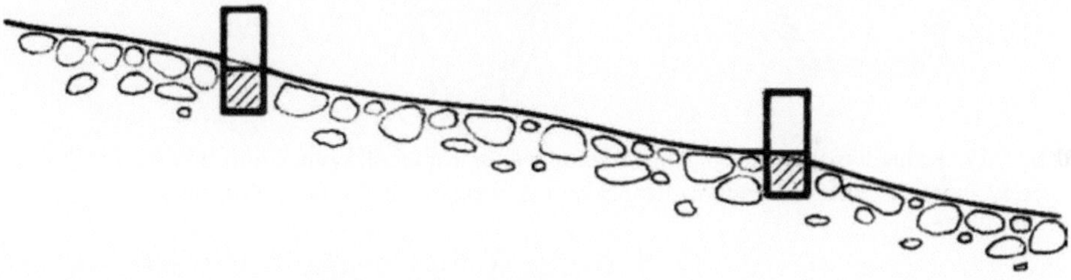

Abb. 4.24 Fixierung der Sohlenlage durch Grundschwellen

Stabilisierung durch Hangentwässerung

Durch Wasserentzug wird das Gewicht des Hangmaterials vermindert, die Kohäsion des Rutschmaterials vergrößert, die Schmierung von Gleitflächen erschwert. Der stabilisierte Hang führt dem Gewässer folglich weniger Geschiebe zu. Das entsprechende Entwässerungssystem muss sich sowohl nach den vorhandenen natürlichen Rinnsalen und Quellen als auch nach künstlichen Gerinnen (u. a. Abwassereinleitungen, Brunnen, Ausmündungen von Drains) richten. Die Wasserableitung soll möglichst ohne jede Durchnässung des Bodens erfolgen.

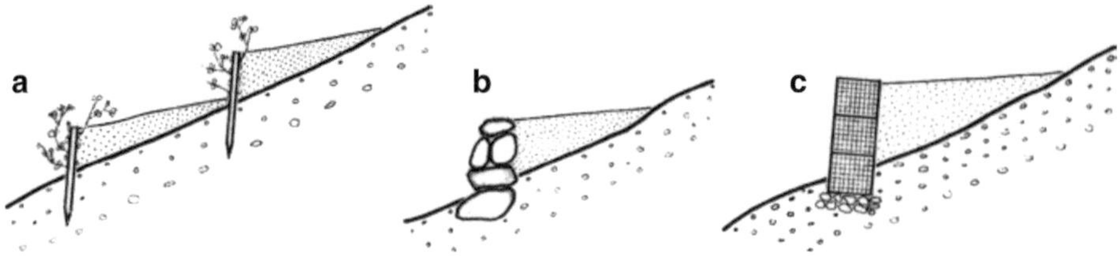

Abb. 4.25 Hangsicherung. **a** Flechtzäune mit ausschlagenden Weidenpfählen, **b** Trockenmauer aus Natursteinen, **c** Drahtschotterkörbe

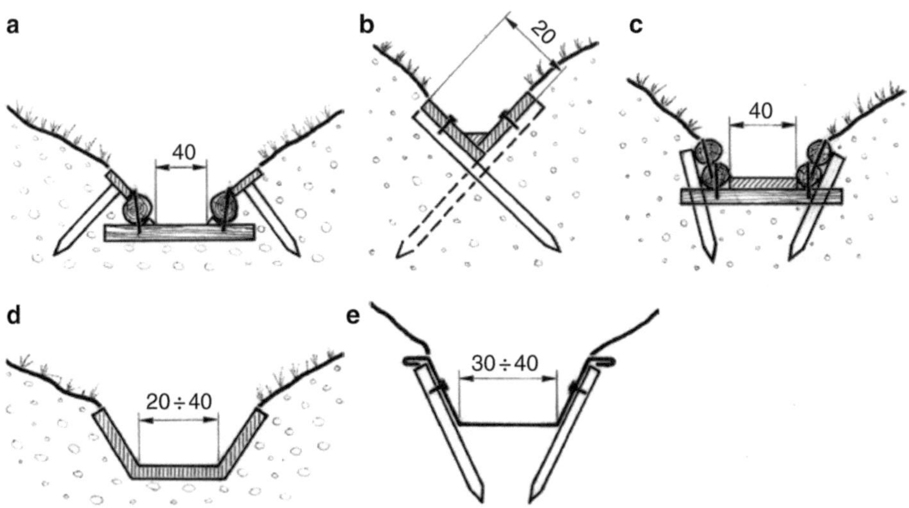

Abb. 4.26 Känneltypen für Hangentwässerungen. **a** Rundholzkännel mit Böschungsschutz, **b** Dreieckkännel aus Holz, **c** Rundholz-Trapezkännel, **d** Beton-Bachschale, **e** Blechkännel

Als Entwässerungsleitungen kommen offene Gräben mit und ohne Sohlensicherung in Form von *Kännelн* (kleine, vorgefertigte Kanäle; Abb. 4.26), Sickerschlitzen und -rohren (Abb. 4.27) sowie Drainungen (s. Abschn. 7.2) mit Zement-, Ton-, Faserzement-, Metall- oder Kunststoffrohren in Betracht. Kriechbewegungen des Hangs gefährden die Funktionsfähigkeit der Entwässerungsleitungen.

4.1.7.2 Maßnahmen auf dem Schwemmkegel

Schwemmkegel und ebene Talböden sind der Überflutungsgefahr durch Wildbäche besonders ausgesetzt. Der Hauptgrund liegt darin, dass dort die Schleppkraft der Wildbäche mit dem abnehmenden Gefälle nachlässt und die Gerinne verlanden, sodass extreme Abflüsse schließlich über die Ufer treten. Um dieser Gefahr zu begegnen, bieten sich unterschiedliche Lösungen an.

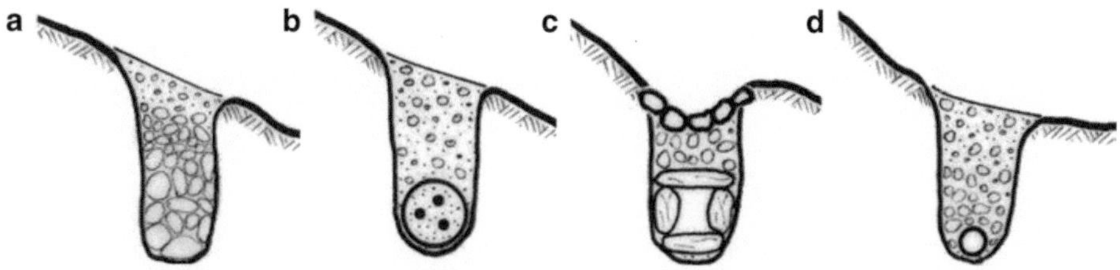

Abb. 4.27 Sickergräben. **a** Sickerschlitz mit Steinfüllung, **b** mit Faschinen, **c** Steindrain mit überlagerter Fangmulde, **d** Rohrdrain mit Kiesfilter und gelochtem Kunststoffrohr

Verbesserung der Ablaufrinne

Auf dem Schwemmkegel muss das Geschiebetransportvermögen durch die Konzentration des Abflusses auf ein schmales Gerinne erhöht werden. Meistens wird eine gestreckte oder leicht geschweifte Linienführung des Gerinnes gewählt. Die hohen Fließgeschwindigkeiten und der Abrieb durch das Geschiebe bedingen ein natursteinverkleidetes Schalenprofil. Die hochliegende Wildbachsohle auf dem Schwemmkegel erfordert oft auf beiden Seiten des Gerinnes Hochwasserdeiche.

Errichtung eines Geschiebeablagerungsplatzes

Auf ebenen Talböden ist der Weitertransport des Geschiebes nicht mehr gewährleistet. Am Fuß der Talflanke, beim Gefälleknick zwischen der eigentlichen Wildbachstrecke und der Flachstrecke, muss deshalb ein Geschiebeablagerungsplatz (u. a. Geschiebefang, Geschieberückhaltebecken, Kiesfang) angeordnet werden.

In der Talebene besteht ein Geschiebeablagerungsplatz aus einem eingedämmten Becken mit einer besonderen Sperre als Abschlussbauwerk. Die Form hängt von den örtlichen Verhältnissen ab. Gewöhnlich entspricht sie einer Birne, die vom Stiel oder von der Breitseite her beschickt wird (Abb. 4.28). Der Auslauf, und manchmal auch der Zulaufquerschnitt, sind durch die Sperrenstelle festgelegt. Liegt der Standort des Ablagerungsplatzes noch im Tal des Wildbachs, lässt sich der Ablagerungsplatz durch den Sperrentyp gestalten (s. Abb. 4.29).

Die Bemessung des Beckeninhalts richtet sich nach dem Geschiebeanfall. Zu unterscheiden ist zwischen dem Geschieberegime murgangfähiger Wildbäche, die das Geschiebe in extremen Schüben transportieren, und Wildbächen mit eher kontinuierlicher Geschiebeführung.

Der Geschiebeanfall kann über den Gebirgsabtrag im Einzugsgebiet ermittelt werden. Auf der Grundlage von Deltavermessungen, vergleichenden topografischen Aufnahmen an Schuttkegeln oder Baggerungen aus Geschiebeablagerungsplätzen stehen Erfahrungswerte zur Verfügung, die allerdings in weiten Grenzen variieren.

Die Geschiebefrachten außergewöhnlicher Murgangsereignisse erreichen Werte bis über 20.000 m^3/km^2 oder mehr als 20 mm Gebirgsabtrag.

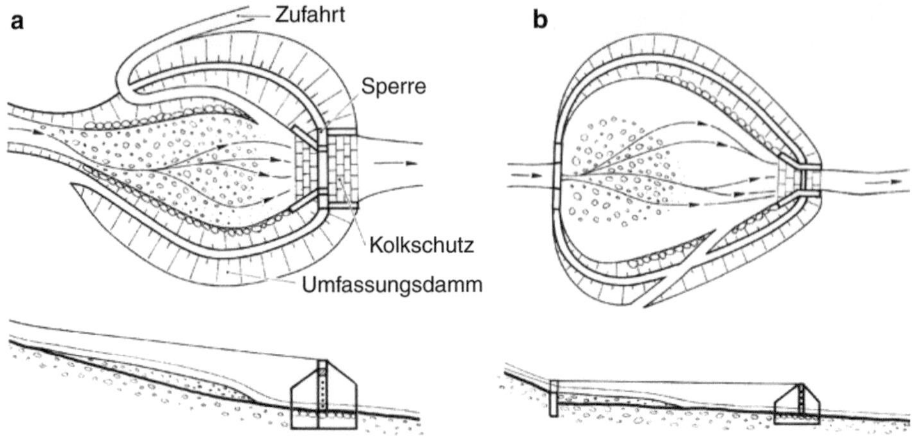

Abb. 4.28 Geschiebeablagerungsplätze mit Umfassungsdamm. **a** Bei steilem Zulaufgerinne kann auf einen Absturz verzichtet werden; **b** ist das Zulaufgerinne weniger steil, so sorgt der Absturz dafür, dass der Rückstau und damit die Ablagerungen nicht bis ins Gerinne hinein reichen

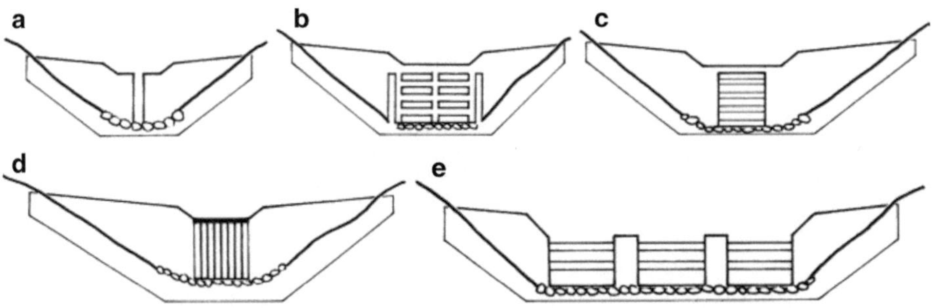

Abb. 4.29 Offene Sperren als Abschlussbauwerke von Geschiebeablagerungsplätzen. **a** Schlitzsperre, **b** großdolige Sperre, **c** Balkensperre, **d** Rechensperre, **e** Pfeilerbalkensperre

Im Alpenraum beträgt der Gebirgsabtrag je nach Einzugsgebiet durchschnittlich 0,1 bis 0,6 mm/Jahr; außerhalb liegt er noch in der Größenordnung von 0,01 mm/Jahr.

Soll der Geschiebeablagerungsplatz seinen Zweck auch bei Extremereignissen erfüllen, so ist sein Rückhaltevolumen auf ein Vielfaches der mittleren jährlichen Geschiebefracht zu bemessen. Ebenso wesentlich für die Funktionstüchtigkeit ist eine periodische und rechtzeitige Räumung, wozu eine Zufahrt erforderlich ist (Abb. 4.28).

Die Betriebsweise der Geschiebeablagerungsplätze ist unterschiedlich, je nachdem, welcher Anteil der Geschiebefracht für wie lange zurückgehalten werden soll.

Es gibt zwei Typen von Abschlussbauwerken (Abb. 4.29):

- Rückhaltesperren und
- Dosiersperren

Rückhaltesperren werden an Wildbächen erstellt, deren Unterlauf nur noch ein sehr geringes Geschiebetransportvermögen aufweist. Sie halten alle Ablagerungen bis zu deren Räumung zurück. *Dosiersperren* eignen sich für den vorübergehenden Rückhalt von verhältnismäßig feinem Geschiebe an Bächen mit einem beschränkten Transportvermögen. Nach dem Eintreffen eines Murgangs oder eines normalen Hochwassers mit Geschiebetransport werden die Ablagerungen durch den abklingenden Abfluss langsam wieder abgetragen und durch die Öffnungen der Sperre (u. a. Schlitze, große Dolen, Pfeileröffnungen, grobe Rechen) in dosierten Mengen an den Unterlauf des Wildbachs weitergegeben.

Gestaltung der Einmündung in den Vorfluter

Die *Einmündung des Wildbachs* in den Vorfluter sollte unter einem spitzen Winkel in Fließrichtung erfolgen (Abb. 4.30). Unter Ausnutzung des Strömungsimpulses ist so der Weitertransport des Geschiebes am besten gewährleistet.

Im Fall senkrechter Einmündung besteht die Gefahr starker Geschiebeablagerungen und rückgestautem Vorfluter. In der Folge kann der abgedrängte Fluss das Gegenufer angreifen. Oft wird die Mündung dann durch eine Schwelle oder eine kleine Sperre fixiert.

Greift der Wildbach die Ufer des Vorfluters an, so muss die Wildbachströmung durch ein eigentliches Absturzbauwerk oder eine Trompetenmündung gebremst werden. Notfalls sind die Ufer des Vorfluters durch grobe Blöcke zusätzlich zu schützen.

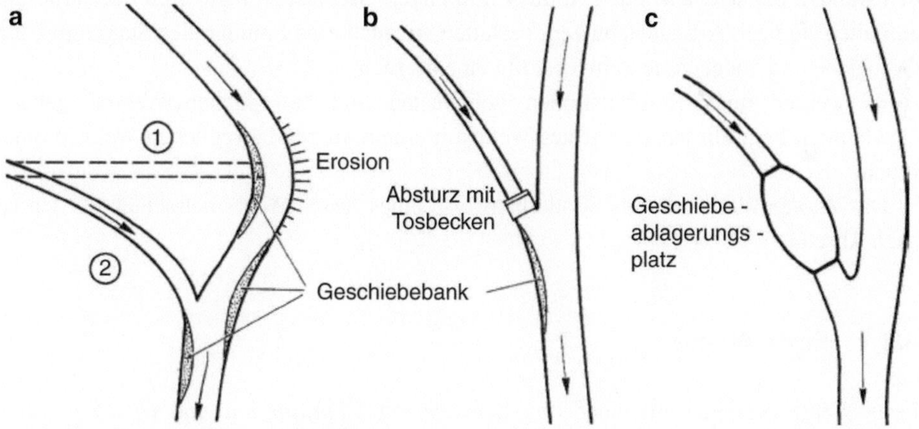

Abb. 4.30 Einleitung eines Wildbachs in einen Talfluss (Vorfluter). **a** Die Mündung gemäß Variante 2 gewährleistet den Weitertransport des Geschiebes besser als Variante 1, **b** der Absturz mit Tosbecken vermindert die Erosionsgefahr im Vorfluter, **c** der Geschiebeablagerungsplatz (Flusssandfang, Geschiebedepot) verhindert Ablagerungen auf der Flusssohle

4.2 Wehre

Wehre gehören zu den Querbauwerken und dienen der Regulierung bzw. Kontrolle des Wasserabflusses (Strobl und Zunic 2006; Bauhaus-Universität Weimar 2007). Sie sind reine Nutzbauten, die für die vorgesehenen Nutzungen die erforderlichen Bedingungen sicherstellen.

Meist wird Wasser aufgestaut (sog. *Stauanlagen*), um z. B. eine genügende Fahrwassertiefe für die Schifffahrt zu gewährleisten, ausreichende Fallhöhen für die Wasserkraftnutzung zu gewinnen oder Wasser einer Wasserentnahme (sog. *Wasserfassung*) zuzuführen, die wiederum eine Wasserkraftanlage oder andere Wasserabnehmer (u. a. Wasserversorgung, Schifffahrtskanäle) mit Wasser versorgt.

Das *Stauwehr* – kurz als *Wehr* bezeichnet – staut den Wasserspiegel bis flussaufwärts zur Stauwurzel an und schafft Bedingungen, unter denen die fassbaren Zuflüsse erhöht werden.

Infolge des Aufstaus wird die Zuströmgeschwindigkeit reduziert, wodurch längs der Staustrecke weniger Reibungsverluste entstehen. Diese Einsparung an Energie wird in den Wasserkraftwerken zur Stromproduktion genutzt (s. Kap. 6).

Unterschieden wird zwischen festen und beweglichen Wehren (Abb. 4.31).

Feste Wehre weisen keine mechanischen Einrichtungen auf. Sie sind deshalb betriebssicher und kostengünstiger. Ihr Nachteil besteht darin, dass sie einen Stau erzeugen, der entsprechend dem Abfluss schwankt.

Bewegliche Wehre sind mit Regulierorganen (sog. *Schützen*) versehen, die es erlauben, den Aufstau bei schwankenden Abflüssen in engen Grenzen zu regulieren oder konstant zu halten. Je nach Art der Schützen, gestatten sie auch eine Spülung des Stauraums, um Geschiebe und abgelagerte Schwebstoffe zu entfernen.

Es werden auch Kombinationen von festen und beweglichen Wehren gebaut. Gewöhnlich liegt ein längeres festes Wehr mit einem kurzen beweglichen Wehr in einer Flucht.

Das *Tiroler-Wehr* kann als Sonderbauweise eines festen Wehrs betrachtet werden (s. auch Abschn. 6.3.2).

4.2.1 Feste Wehre

Feste Wehre bestehen aus einer *Wehrschwelle* mit *Überfallkrone* und *Überfallrücken,* einem *Tosbecken* mit Gegenschwelle und allenfalls mit Zahnschwellen sowie einem anschließenden *Kolkschutz* (Abb. 4.31a). Die *Schwelle* wird in der Regel rechtwinklig zum Fließverlauf des Gewässers angeordnet (Abb. 4.32a).

Als Alternative wurden auch schon *schiefe Wehre* gebaut (Abb. 4.32b). Diese weisen den Vorteil einer längeren Überfallkrone auf. Jedoch ist ihre Abflussleistung wegen des geringeren Überfallbeiwerts nicht entsprechend größer. Zudem erzeugt die Umlenkung

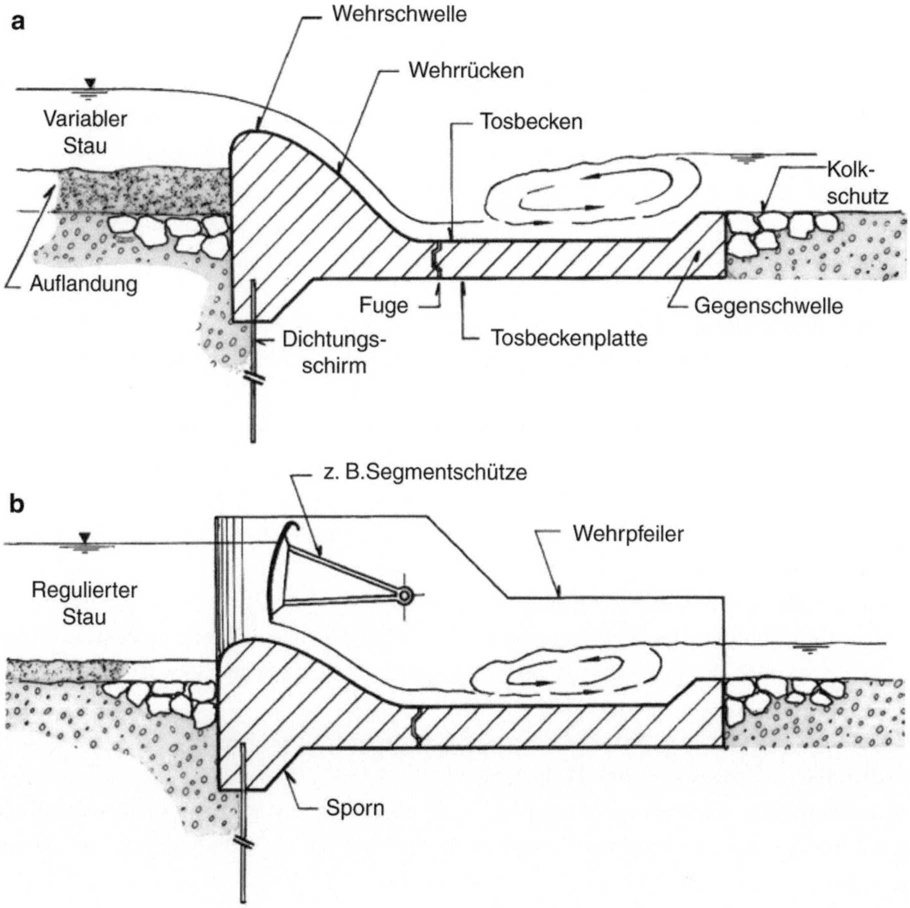

Abb. 4.31 Querschnitt durch **a** ein festes Wehr und **b** ein bewegliches Wehr

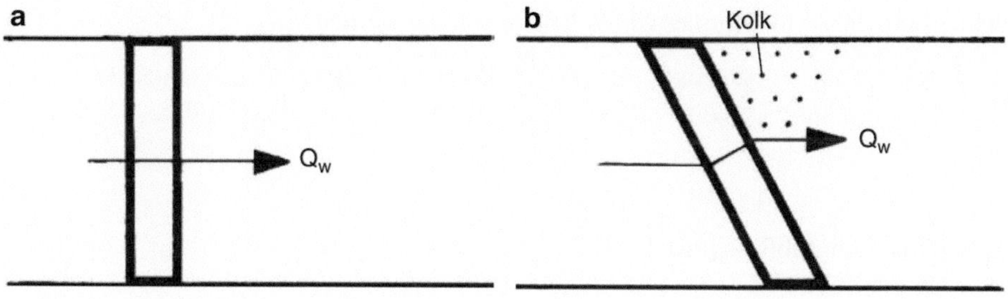

Abb. 4.32 Lageplan eines festen Wehrs. **a** Normales Wehr, **b** schiefes Wehr

der Strömung zusätzliche Erosionsprobleme an den Gewässerberandungen (u. a. *Uferkolk* s. Abb. 4.32b).

Feste Wehre werden meist aus Beton, seltener aus Mauerwerk erstellt. Um die dem Abschliff ausgesetzten Partien zu schützen, wird eventuell ein besonderer Abrasionsschutz aufgebracht. Infrage kommen entweder ein qualitativ hochwertiger Beton mit höherem Zementgehalt, Hartzuschlagsstoffen und oberflächlicher Netzarmierung oder eine Verkleidung aus Steinquadern (Granit, eventuell Basalt), Keramikplatten, Stahlbleche und (bei kleineren Anlagen) aus Holzklötzen und Brettern.

4.2.1.1 Normales Wehr

Das feste Wehr muss derart konstruiert werden, dass es drei Bedingungen erfüllt:

- Die Bemessungsabflüsse sollen problemlos abgeführt werden. Hierbei ist eine zweistufige Bemessung notwendig. Einerseits sollen die nutzungsbedingten Abflüsse realisiert und abgeführt werden können (sog. *Nutzungsaspekt*). Andererseits muss das Wehr auch den Anforderungen in punkto Bemessungshochwasser (sog. *Sicherheitsaspekt*) gewachsen sein
- Die Schwelle soll keinem Sog ausgesetzt werden
- Die Umwandlung der Strömungsenergie im Tosbecken soll derart geschehen, dass weder das Wehr, noch das Tosbecken und das anschließende Gewässerbett durch Erosion gefährdet werden

Hydraulische Bemessung der Wehrschwelle

Ausgehend vom Bemessungsabfluss Q_B wird in einem ersten Bemessungsschritt die Höhenlage der Schwelle ermittelt und in einem zweiten Schritt die Form des Wehrrückens.

Schritt 1:

Mithilfe einer Überfallformel wird die Größe H_B berechnet (s. u. a. Wendehorst 2015; Schneider 2016). Für den *vollkommenen Überfall* mit hydrodynamisch geformtem Wehrrücken kann die Abflussformel von Poleni verwendet werden:

$$Q_B = \frac{2}{3} \cdot \mu \cdot b \cdot \sqrt{2g} \cdot H_B^{3/2} \; [m^3/s] \qquad \frac{v_o^2}{2g} \cong 0 \qquad [m]$$

mit

Q_B Bemessungsabfluss [m^3/s]
μ Überfallbeiwert (~0,75) [-]
b Wehrbreite [m]
H_B Überfallhöhe [m]
v_o mittlere Zuflussgeschwindigkeit [m/s]

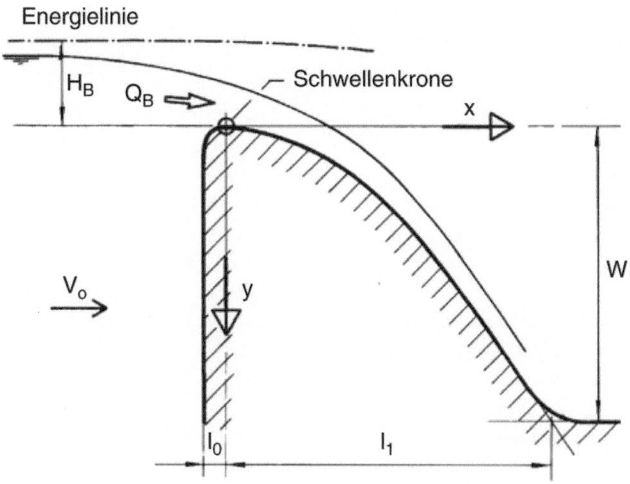

Abb. 4.33 Schwellenform. Bezeichnungen für die Wehrkonturen (Schwellenform) nach der USACE-Formel

Schritt 2:
Von der Schwellenkrone ausgehend kann die Form des Wehrrückens beispielsweise nach der Formel des *United States Army Corps of Engineers* (USACE) errechnet werden. Mit den Bezeichnungen von Abb. 4.33 gilt dann:

$$x^{1,85} = 2 \cdot H_B^{0,85} \cdot y \text{ [m]}$$

$$l_1^{1,85} = 2 \cdot H_B^{0,85} \cdot w \text{ [m]}$$

Für l_0 kann der Wert $0{,}27 \cdot H_B$ gewählt und die zugehörige Rundung geschätzt werden. Für die in Abb. 4.33 dargestellte Form des Wehrrückens tritt beim Bemessungsabfluss Q_B auf der Wehrschwelle weder ein Sog noch ein Druck auf. Für geringere Abflüsse als dem Bemessungsabfluss entsteht ein Druck, d. h. es macht sich eine Auflast bemerkbar. Umgekehrt würde sich bei höheren Abflüssen ein Sog ausbilden. Optimale Strömungsverhältnisse stellen sich also nur für den Bemessungsabfluss ein.

Hydraulische Bemessung des Tosbeckens
Es wird wiederum der Bemessungsabfluss Q_B zugrunde gelegt. Zudem wird vorausgesetzt, dass der Abfluss im unverbauten Fluss und damit auch im Unterwasser des Wehrs strömend erfolgt (wie es in der Praxis meist der Fall ist). Das bedeutet, dass der über dem Wehrrücken naturgemäß schießende Abfluss im Bereich des Tosbeckens in einen strömenden Abfluss übergeht, sodass sich dort ein *Wechselsprung* ausbildet (Abb. 4.34).

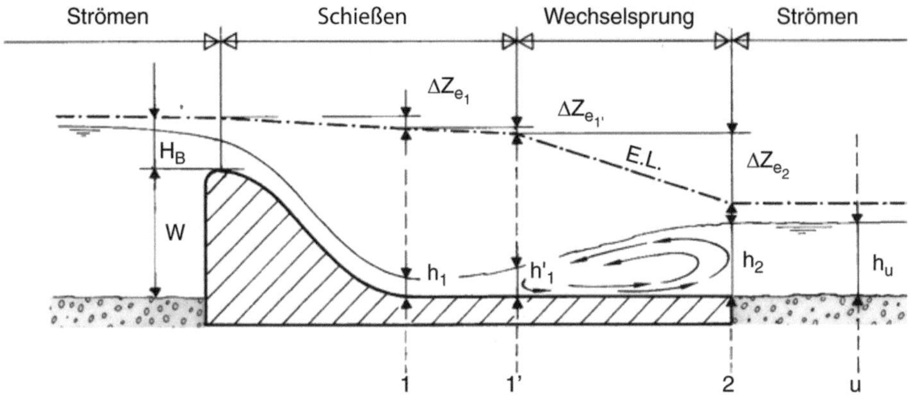

Abb. 4.34 Festes Wehr. Lage des Wasserspiegels und der Energielinie (EL)

Die hydraulische Berechnung erfordert drei Schritte:

Schritt 1:
Ausgehend von der bekannten Energiehöhe über der Schwellenkrone wird, weil *Schießen* herrscht, flussabwärts die Wassertiefe h_1 nach *Bernoulli* berechnet. Es gilt (s. Abb. 4.34):

$$H_B + w = h_1 + \frac{v_1^2}{2g} + \Delta z_{e1} \text{ [m]}$$

mit

H_B Überfallhöhe [m]
w Wehrhöhe [m]
h_1 Wassertiefe beim Fließquerschnitt 1 [m]
v_1 Geschwindigkeit beim Fließquerschnitt 1 [m/s]
Δz_{e1} Verlusthöhe (etwa 0 bis $0{,}1 \cdot v_1^2/2g$) [m]

Im Anschluss wird die zugehörige Stützkraft S_1 bestimmt. Im Rechteckquerschnitt gilt dafür folgende Formulierung:

$$S_1 = \rho \cdot g \frac{b \cdot h_1^2}{2} + \rho \cdot Q \cdot v_1 \text{ [N]}$$

mit

S_1 Stützkraft [N]
ρ Dichte des Wassers [kg/m^3]
g Erdbeschleunigung [m/s^2]
b Wehrbreite [m]
h_1 Wassertiefe beim Fließquerschnitt 1; hier im Tosbecken [m]
Q Abfluss [m^3/s]
v_1 Geschwindigkeit beim Fließquerschnitt 1; hier im Tosbecken [m/s]

Schritt 2:
Ausgehend von einem bekannten Wasserstand h_u im Unterwasser (UW), wird flussaufwärts (weil Strömen herrscht) die Wassertiefe h_2 am Tosbeckenende mithilfe der *Bernoulli-Gleichung* berechnet. Wenn erforderlich, erfolgt diese Berechnung auch abschnittsweise (z. B. bei einer Veränderung der Gerinnegeometrie). In gleicher Weise wird die Stützkraft S_2 bestimmt:

$$S_2 = \rho \cdot g \frac{b \cdot h_2^2}{2} + \rho \cdot Q \cdot v_2 \text{ [N]}$$

Schritt 3:
Der Vergleich von S_1 und S_2 führt zu drei Fällen (Abb. 4.35).

Fall a: ($S_1 = S_2$).
Die Größe h_1 stellt die zu h_2 konjugierte Wassertiefe dar (h_1, h_2 – Wassertiefen an den Querschnitten 1, 2). Die Querschnitte 1′ und 1 fallen also zusammen. Der Wassersprung beginnt gerade am Fuß des Wehrrückens (Abb. 4.35a), was günstig ist. Die Wassersprunglänge l_2 kann anhand von Abb. 4.36 aus der *Froude-Zahl* Fr

$$Fr_1 = \frac{v_1}{\sqrt{g \cdot h_1}} \text{ [–]}$$

ermittelt werden. Gewöhnlich wird die *Tosbeckenlänge* gleich l_2 gewählt.

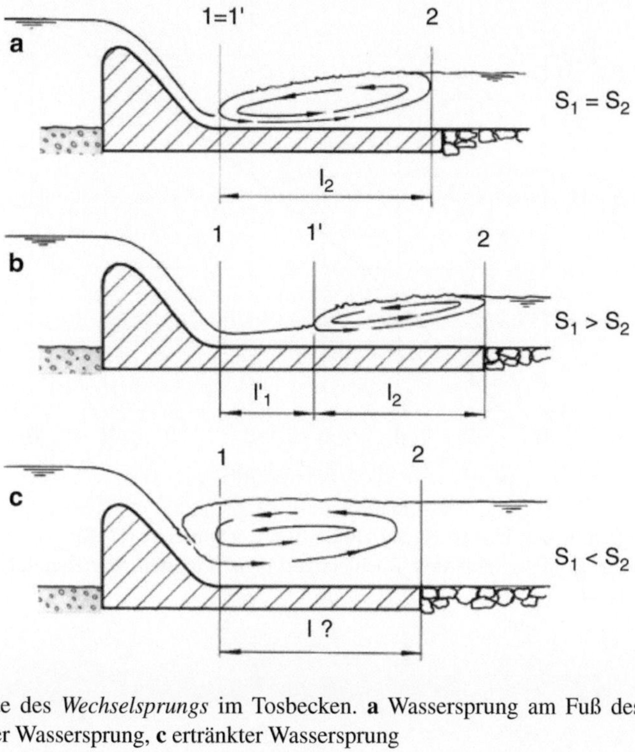

Abb. 4.35 Orte des *Wechselsprungs* im Tosbecken. **a** Wassersprung am Fuß des Wehrrückens, **b** weggedrückter Wassersprung, **c** ertränkter Wassersprung

Fall b: $(S_1 > S_2)$
Der Wassersprung beginnt nicht am Fuß des Wehrrückens, sondern weiter flussabwärts. Die Strömung wird vom Querschnitt 1 bis zum Querschnitt 1′ verzögert (Abb. 4.35b). Der Querschnitt 1′ liegt dort, wo $S_1' = S_2$ wird, bzw. es gilt:

$$h_1' = -\frac{h_2}{2} + \sqrt{\frac{h_2^2}{4} + \frac{2 \cdot Q_B^2}{g \cdot b^2 \cdot h_2}} \ [m]$$

Die Strecke l_1' ergibt sich aus einer Wasserspiegelberechnung von h_1 ausgehend flussabwärts (weil Schießen herrscht), nach der *Bernoulli-Gleichung*, bis h_1' erreicht ist. Die Wassersprunglänge l_2 ergibt sich mit Fr_1' aus Abb. 4.36 analog zu Fall a. Die *Tosbeckenlänge* muss folglich $l_1' + l_2$ betragen.

Fall c: $(S_1 < S_2)$
Der Wassersprung wird von unterstrom eingestaut (Abb. 4.35c). Die Energieumwandlung ist in diesem Fall schlecht und es gibt keine Formeln, die die erforderliche Tosbeckenlänge angeben.

Es ist naheliegend, dass der Fall a eher selten ist. Weitaus häufiger ist der Fall b. Es lohnt sich deshalb zur entsprechenden Lösung mit langem Tosbecken eine Alternative

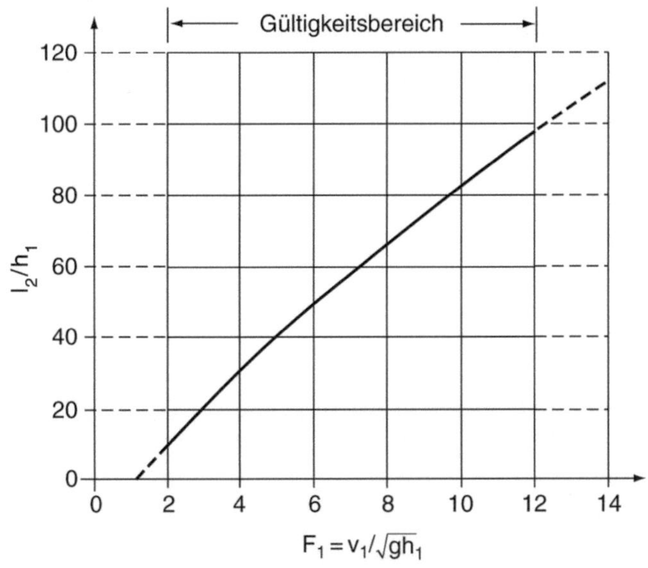

Abb. 4.36 Diagramm des United States Bureau of Reclamation (USBR) zur Bestimmung der Wassersprunglänge l_2 in horizontalen Rechteckgerinnen. Für den Wertebereich $4 < Fr_1 < 12$ gilt näherungsweise $l_2 = 6 \cdot h_2$

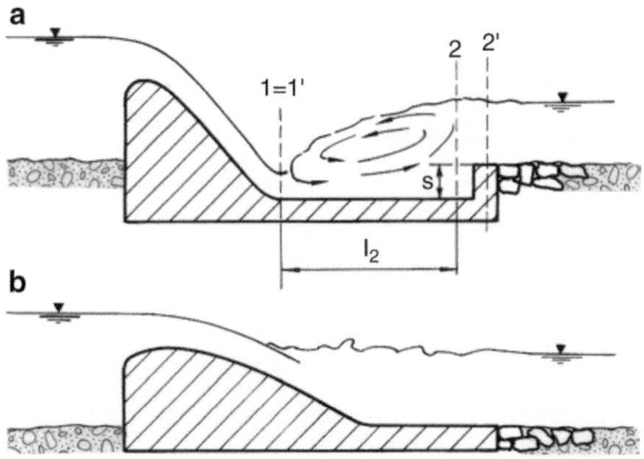

Abb. 4.37 Tosbecken mit **a** Gegenschwelle als Alternative zu Fall b in Abb. 4.35 und mit **b** flachem Wehrrücken als Alternative zu Fall c in Abb. 4.35

zu entwickeln. Diese besteht aus der Anordnung einer Gegenschwelle, deren Höhe s wie folgt berechnet werden kann (Abb. 4.37a): Analog zu Schritt 2 wird die Wassertiefe h_2' am Tosbeckenende bestimmt. Dann wird s geschätzt und h_2 aus $S_2 = S_2'$ ermittelt. Für S_2' wird eingesetzt:

$$S_2' = \rho \cdot g \frac{b\left(h_2' + s\right)^2}{2} + \rho \cdot Q \cdot v_2' \text{ [N]}$$

Nun wird mit Schritt 1 der Wert S_1 neu bestimmt und kontrolliert, ob $S_1 = S_2$ ist. Wenn nicht, wird die Schätzung von s verbessert (iteratives Vorgehen). Das *Tosbecken* kann noch weiter verkürzt werden, wenn die Gegenschwelle als Gegenstromschwelle ausgebildet wird und/oder Zahnreihen angebracht werden (Abb. 4.38).

Leider gibt es zu Fall c keine gute Ausführungsalternative. Am ehesten kommt noch die Anordnung eines sehr flachen Wehrrückens infrage (Abb. 4.37b). Es ist jedoch

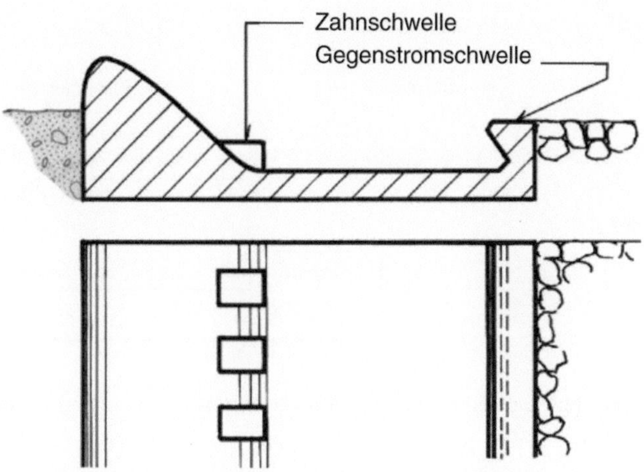

Abb. 4.38 Tosbecken mit Gegenstromschwelle und Zahnschwellen

festzuhalten, dass Fall c nur bei kleinen Absturzhöhen auftritt und somit nur wenig Strömungsenergie umzuwandeln ist.

4.2.1.2 Streichwehr

Ein Streichwehr ist ein parallel oder schräg zur Fließrichtung angeordnetes Wehr (s. DIN 4048 Teil 1). Die Abmessungen des Streichwehrs werden so gewählt, dass sich eine gute Trennung der Abflüsse einstellt (Abb. 4.39):

- Bei $Q_F^* = Q_B$ soll das Streichwehr nicht beaufschlagt werden, sodass $Q_F = Q_B$ wird
- Ist mehr Wasser als vorgesehen gefasst worden, d. h. $Q_F^* > Q_B$, soll die Differenz $Q_{sw} = Q_B - Q_F^*$, möglichst vollständig wieder dem Gewässer zugeführt werden, sodass $Q_F » Q_B$ wird.

Der über das Streichwehr strömende Abfluss Q_{sw} kann für *Strömen* (und dieser Zustand wird angestrebt) mithilfe der folgenden Überfallformel berechnet werden (s. u. a. Wendehorst 2015; Schneider 2016):

$$Q_B = \frac{2}{3} \cdot \mu \cdot \kappa \cdot L \cdot \sqrt{2g} \cdot h_m^{\frac{3}{2}} \quad [m^3/s]$$

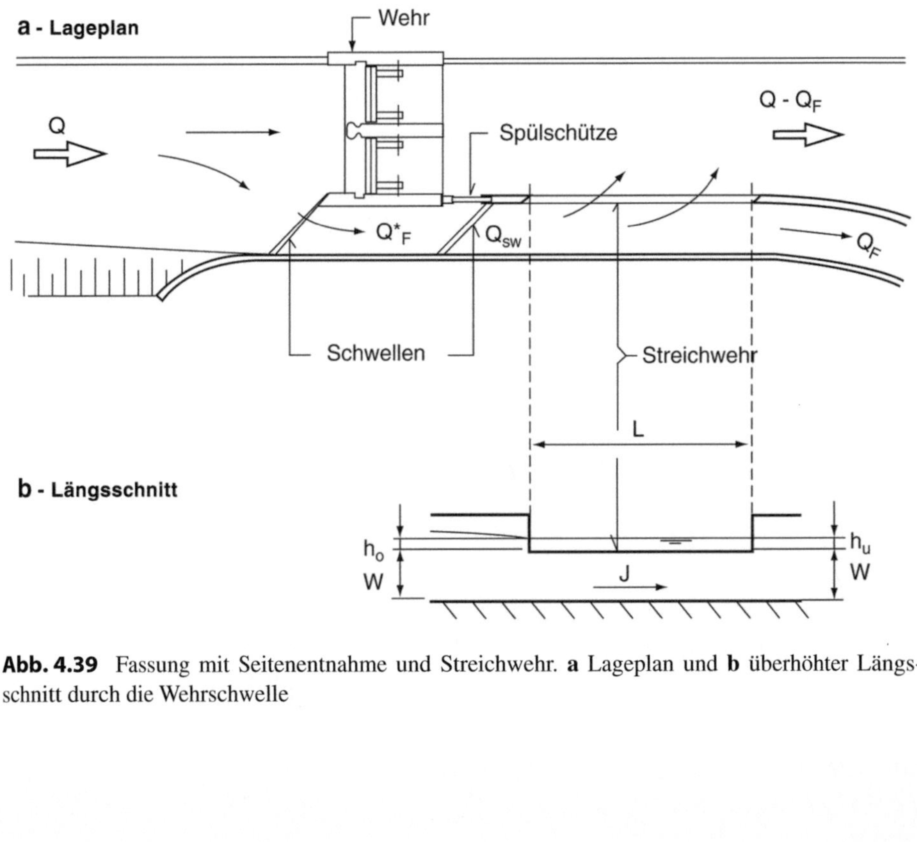

Abb. 4.39 Fassung mit Seitenentnahme und Streichwehr. **a** Lageplan und **b** überhöhter Längsschnitt durch die Wehrschwelle

mit

Q_B Abfluss [m^3/s]
μ Überfallbeiwert [-]
k Abminderungsfaktor ($\kappa = 0{,}95$ für einen prismatischen Kanal) [-]
L Streichwehrlänge [m]
h_m mittlere Überfallhöhe $h_m = (h_o + h_u)/2$ [m]

Nach Schmidt (1957) gilt für den Fall, dass die Reibungsverlusthöhe auf der Strecke L im Kanal gerade durch das Sohlengefälle I · L kompensiert wird:

$$h_o = h_u - \xi \cdot \frac{1{,}1}{2g}\left(v_o^2 - v_u^2\right) \quad [m]$$

mit
ξ Korrekturbeiwert nach Tab. 4.2.

4.2.1.3 Tiroler-Wehr

Das *Tiroler-Wehr* kann als eine Sonderbauweise des festen Wehrs betrachtet werden (Abb. 4.40). Hinsichtlich der Bemessung auf den Hochwasserabfluss wird es ähnlich berechnet. Der Grundrechen für die Wasserfassung befindet sich im Wehrrücken.

Tiroler-Wehre sind meist in Wildbächen mit schießenden Abflussverhältnissen zu finden. Folglich wird es nur ausnahmsweise mit einem Tosbecken kombiniert. Hingegen sollte der Zufluss vor dem Wehr strömend sein und erst am oberen Rechenrand die kritische Tiefe erreichen. Um das zu gewährleisten, wird oberhalb der Fassung oft ein Beruhigungsbecken angeordnet.

Liegt das Tiroler-Wehr an einem Fischgewässer, so ist darauf zu achten, dass sich unterhalb des Wehrs ein Wasserbecken befindet, in dem abgetriebene Fische schadlos aufgefangen werden können. Fische, die durch den Grundrechen in die Fassung fallen, sollten die Möglichkeit haben, vom Absetzbecken ins Unterwasser zu gelangen.

Die hydraulische Berechnung des gefassten Abflusses erfolgt beispielsweise nach der *Formel von Frank*. Falls der Abfluss vollständig durch den Rechen fällt ($Q = Q_F$) gilt für die Anordnung von Abb. 4.40 (s. u. a. Wendehorst 2015; Schneider 2016):

$$Q_F = \frac{2}{3} \cdot c \cdot \mu \cdot b \cdot L \cdot \sqrt{2g \cdot h} \quad [m^3/s]$$

Tab. 4.2 Korrekturbeiwert ξ zur Anpassung der Bernoulli-Gleichung an die Streichwehrströmung (nach Schmidt 1957)

$h_m/(h_m + w)$	0	0,025	0,05	0,075	0,10	0,125	0,15	0,175	0,20	0,225	0,25	0,275	0,30
für $Q_u > 0$	1,0	1,02	1,06	1,11	1,20	1,20	1,10	1,00	0,94	0,91	0,89	0,88	0,87
für $Q_u = 0$	1,0	0,99	0,98	0,96	0,93	0,87	0,81	0,74	0,70	0,67	0,66	0,64	0,63

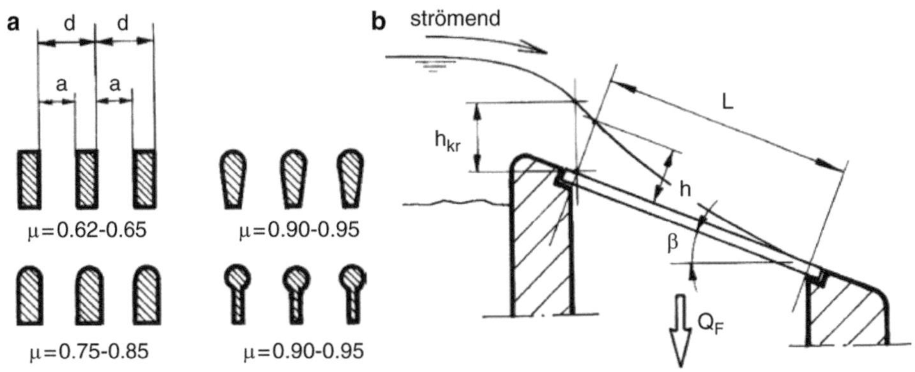

Abb. 4.40 Bemessung eines Tiroler-Wehrs. **a** Durchflussbeiwert für Grundrechen bei verschiedenen Rechenstabformen, **b** Definitionsskizze zur Berechnungsformel

mit

h Anfangswassertiefe $= k \cdot h_k$ (Abb. 4.40b) [m]
h_k kritische Tiefe [m]
c $0{,}6 \cdot (a/d) \cdot \cos\,\beta)^{3/2}$ (praktisch liegt der Verbauungsgrad a/d zwischen 1:2 und 1:3) [-]
a lichtes Maß zwischen den Stäben (20 bis 40 mm) [m]
d Stababstand (60 bis 100 mm) [m]
μ Durchflussbeiwert für Rechen (nach Abb. 4.40a) [-]
b Rechenbreite [m]
L Rechenlänge [m]
β Rechenneigung (bei Geschiebeführung mindestens 20°) [-]
κ Beiwert gemäß Tab. 4.3 [-]

Für die Bemessung der Rechenfläche spielt die Restwasserfrage eine bedeutende Rolle.

Entweder wird das Restwasser Q_R durch eine neben dem Tiroler-Wehr angeordnete Bypass-Öffnung direkt ins Unterwasser weitergeleitet oder es wird gefasst und nachher durch einen Dosierschieber ins UW abgegeben. Im ersten Fall ist $Q_F = Q_B$ einzusetzen, wobei Q_B den Bemessungsdurchfluss der Rechenfläche darstellt; im zweiten Fall ist $Q_F = Q_B + Q_R$.

Meist ist die Wehrbreite b durch die Anordnung des Tiroler-Wehrs gegeben, während die Rechenlänge L gesucht wird (Abb. 4.40b). Bei der Festlegung der Rechenlänge L muss im Hinblick auf die mögliche Verlegung des Rechens ein Zuschlag von mindestens 20 % berücksichtigt werden.

An steinschlag- und felssturzgefährdeten Standorten im Gebirge wird dem feinen Grundrechen ein Grobrechen aus massiven Stahlprofilen überlagert.

Tab. 4.3 Zur Abschätzung von κ in Funktion von β

β [°]	0	4	8	12	16	20	24	28
tan β	0	0,070	0,141	0,213	0,287	0,367	0,445	0,532
κ	1,0	0,961	0,927	0,894	0,865	0,837	0,812	0,788

Fällt mehr Wasser durch den Rechen als erwünscht ist, so muss das gefasste Wasser – wie bei der Normalausführung – mittels eines Regulierorgans auf die Ausbaugröße gedrosselt werden.

Beispiel Streichwehr (aus Bollrich 2007)

Der von der Fassung zum Entsander führende Kanal ist 10 m breit und soll nicht mehr als $Q_B = 12{,}5\ m^3/s$ bei einer Wassertiefe von $w + h_u = 2{,}0\ m$ abführen. Bei Hochwasserabflüssen können aber bis zu 20 m^3/s in die Fassung eindringen. – Wie lang muss das Streichwehr bei gut ausgebildeter und auf $w = 1{,}7\ m$ Höhe liegender Krone sein?

Lösung:

Der Sollwert von Q_{sw} ist offensichtlich $20{,}0 - 12{,}5 = 7{,}5\ m^3/s$ und die Überfallhöhe:

$$h_u = 2{,}0 - 1{,}7 = 0{,}3\ m$$

Nun wird h_o auf 0,2 m geschätzt, sodass

$$h_m = (0{,}3 + 0{,}2)/2 = 0{,}25\ m$$

Entsprechend wird der Eingangsparameter für Tab. 4.2:

$$h_m/(h_m + w) = 0{,}25/(0{,}25 + 1{,}70) = 0{,}128$$

Damit kann für $Q_u > 0$ der Korrekturwert $\xi = 1{,}19$ abgelesen werden. Mit

$$v_o = \frac{20{,}0}{10{,}0 \cdot (1{,}7 + 0{,}2)} = 1{,}053\ m/s$$

und

$$v_u = \frac{12{,}5}{10{,}0 \cdot 2{,}0} = 0{,}625\ m/s$$

wird

$$h_o = 0{,}30 - 1{,}19 \cdot \frac{1{,}1}{19{,}62} \cdot \left(1{,}053^2 - 0{,}635^2\right) = 0{,}252\ m$$

Dies stimmt nicht mit dem geschätzten Wert von 0,20 m überein, weshalb die Berechnung mit $h_o = 0{,}252$ wiederholt wird. Man erhält $\xi = 1{,}16$ und $h_o = 0{,}257$ » 0,26 m. Folglich wird $h_m = (0{,}3 + 0{,}26)/2 = 0{,}28\ m$. Mit $\mu = 0{,}75$ erhält man durch Auflösung der Überfallformel nach L:

$$L = \frac{Q_{SW}}{\frac{2}{3} \cdot \mu \cdot \kappa \cdot \sqrt{2g} \cdot h_m^{\frac{3}{2}}}$$

$$L = \frac{7{,}5}{\frac{2}{3} \cdot 0{,}75 \cdot 0{,}95 \cdot \sqrt{2g} \cdot 0{,}228^{\frac{3}{2}}} = 24\ m$$

4.2.2 Bewegliche Wehre

Betrachtet man die Konturen der Wehrkörper, gleichen die beweglichen Wehre sehr den festen Wehren. Wie in Abb. 4.37 dargestellt, ist der *Wehrkörper* (Wehrschwelle und Tosbecken) bei beiden Bauformen praktisch gleich. Das ist darauf zurückzuführen, dass die Wehrkörper der beweglichen Wehre u. a. auch für den Fall bemessen werden müssen, dass die Schützen vollständig offen sind. In diesem Fall sind die beweglichen Wehre quasi feste Wehranlagen.

Es gibt jedoch einen wichtigen Unterschied: Es wäre fahrlässig, das ganze Wehr mit nur einer einzigen Schütze auszurüsten, die eines Tages versagen könnte. Das Sicherheitsbedürfnis gebietet den parallelen Einsatz mehrerer Schützen, die jeweils durch Wehrpfeiler abgetrennt sind.

Dementsprechend bestehen die beweglichen Wehre aus einer Sequenz von Öffnungen mit *Schützen* (sog. *Wehrfelder*) und *Wehrpfeilern* (Abb. 4.41).

Das bewegliche Wehr wird im Prinzip ähnlich bemessen, wie das feste Wehr. Die Sicherstellung der Funktionsfähigkeit bei Hochwasser erfordert jedoch zusätzliche Sicherheiten:

- Das Bemessungshochwasser muss ohne unzulässigen Aufstau abfließen können, selbst wenn die leistungsfähigste Öffnung infolge Störfall oder Revision blockiert ist (Abb. 4.41)
- Die Revision einer Öffnung bzw. einer Schütze soll mittels Notverschlüssen, Hilfskranen usw. zügig und schnell erfolgen können

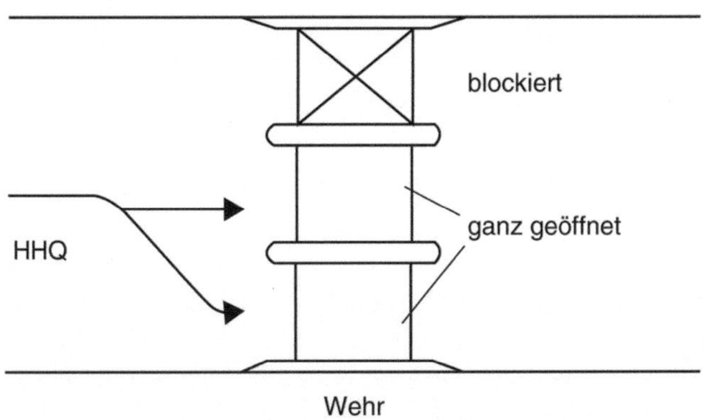

Abb. 4.41 Stauwehr mit drei Öffnungen (Felder). Das Bemessungshochwasser soll durch zwei Öffnungen ohne Überstau abgeführt werden können

Dazu kommt noch die Anforderung an die Regulierfähigkeit als dritte Bedingung:

- Die Schützen sollen den Durchfluss derart regulieren, dass bei Niedrig(NQ)-, Mittelwasser(MQ)- und Hochwasserabfluss (HQ) das Stauziel eingehalten werden kann. Die Toleranzgrenzen betragen gewöhnlich nur wenige Zentimeter

Die Jährlichkeiten der Abflüsse HQ_i sind das Ergebnis einer hydrologischen Auswertung der gemessenen Abflüsse (s. Abschn. 2.16.5). Die Festlegung auf einen Bemessungsabfluss, für den die Wehranlage dann ausgelegt wird, geschieht in der Regel nach einer Risikobetrachtung bzw. nach allgemeinen Vorschriften.

4.2.3 Schützentypen

Die verwendeten Schützen (Abb. 4.42) unterscheiden sich u. a. hinsichtlich ihrer Mechanik beim Öffnen und Schließen. Es gibt Bautypen, die mittels einer *Hubbewegung* geöffnet und geschlossen werden, bei anderen Typen geschieht dies durch eine *Drehbewegung.*

Ein weiterer Unterschied besteht darin, dass einzelne Wehrtypen nur *unterströmt,* andere Typen dagegen nur *überströmt* werden können.

Je nach Ausführung der Anlage ergeben sich eventuell Probleme für den Durchgang von Geschwemmsel, Eis oder Geschiebe. Deshalb werden einige Schützentypen auch kombiniert verwendet, etwa *Hub-* und *Hakenschützen* als *Hubhakenschützen* oder *Segment-* und *Klappenschützen* als *Segmentklappenschützen.* Durch derartige Wehrkonstruktionen können bei großen Stauhöhen die Antriebskräfte deutlich vermindert werden. Die Geschwindigkeiten von Schützenbewegungen liegen normalerweise in der Größenordnung von Dezimetern pro Minute. Von den in Abb. 4.42 dargestellten Typen von beweglichen Wehren werden nachstehend nur drei näher beschrieben:

- Hubschützenwehr
- Segmentschützenwehr
- Klappenschützenwehr

Abschließend folgt ein kurzer Hinweis auf das *Schlauchwehr* als Alternative zum *Klappenschützenwehr.*

4.2.3.1 Hubschützenwehr

In Bächen wird oft eine einfache Wehrkonstruktion mit einer *Gleitschütze* zur Regulierung des Wasserstands verwendet (Abb. 4.43).

Bei *geschlossener Schütze* wirken die horizontale statische Wasserdrücke W_o und W_u, der Auftrieb A, das Schützengewicht G sowie die Auflagerreaktionen B und C auf die Konstruktion (Abb. 4.44a).

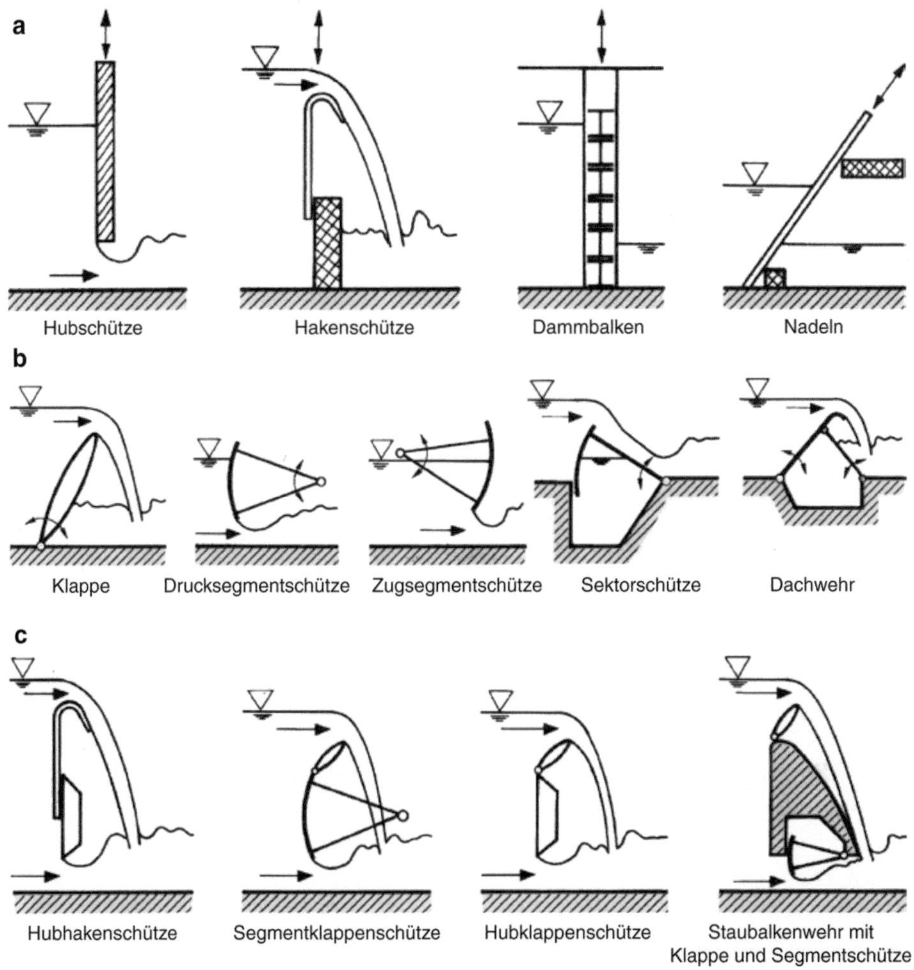

Abb. 4.42 Verschiedene Typen beweglicher Wehre. **a** Hubschützen, **b** Drehschützen, **c** kombinierte Schützen

Bei *offener Schütze* greifen der horizontale dynamische Wasserdruck W, der Auftrieb oder Sog A, die Zugkraft Z, das Schützengewicht G und die Auflagerreaktion B auf die Wehrkonstruktion (Abb. 4.44b).

Abschätzung des dynamischen Wasserdrucks

Der dynamische Wasserdruck p kann in einfacheren Fällen aufgrund einer Näherungsberechnung ermittelt werden.

Wenn davon ausgegangen werden darf, dass im Bereich der Hubschütze eine Potenzialströmung herrscht (d. h. Vernachlässigung der Verluste in der sich

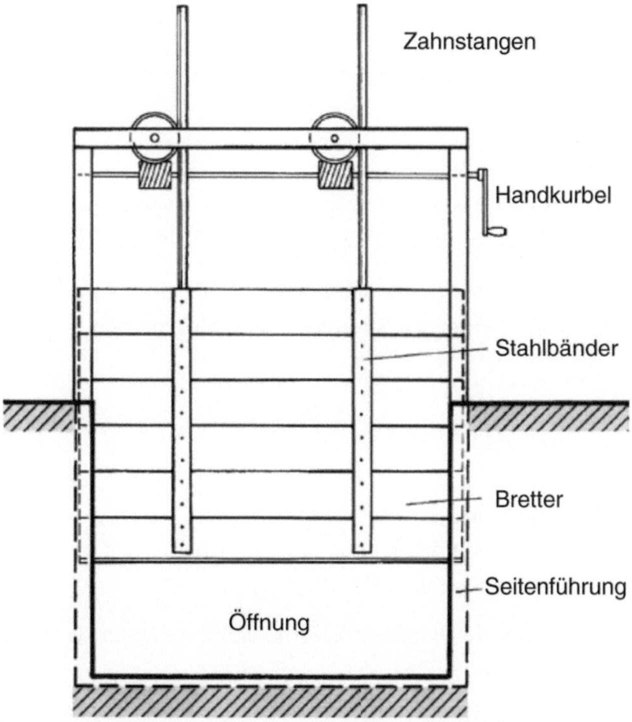

Abb. 4.43 Beispiel einer einfachen Gleitschütze aus Holz und Stahl

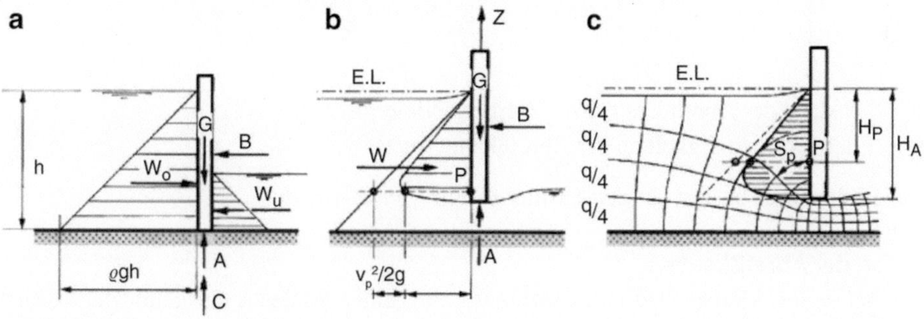

Abb. 4.44 Kräfte auf ein Hubschützen-Wehr. Beanspruchung **a** einer geschlossenen Hubschütze; **b** einer offenen, ruhenden Hubschütze; **c** Abschätzung der dynamischen Wasserdrücke auf eine Hubschütze anhand des Strömungsnetzes

beschleunigenden und darum im Wesentlichen ablösungsfreien Strömung) kann für einen beliebigen Punkt P an der Stauwand auf der Grundlage der Bernoulli-Gleichung geschrieben werden (Abb. 4.44c):

$$\frac{W_P}{\rho \cdot g} = H_P - \frac{v_P^2}{2g} \text{ [m]}$$

mit

W_P Wasserdruck am Punkt P [N/m²]
H_P Abstand des Punktes P von der Energielinie [m]
v_P Fließgeschwindigkeit im Punkt P [m/s]

Die Fließgeschwindigkeit v lässt sich aus dem Strömungsnetz als mittlere Geschwindigkeit der am Punkt P vorbeiführenden Stromröhre abschätzen (Abb. 4.44c):

$$v = \frac{q}{4 \cdot S_P} \text{ [m/s]}$$

mit

v Fließgeschwindigkeit [m/s]
q Zufluss pro Breiteneinheit der Schütze [m³/(s · m)]
S_P Stärke der Stromröhre am Punkt P [m]

An der Abreißkante A ist die dynamische Druckhöhe naturgemäß null (freier Wasserspiegel). Es gilt somit:

$$\frac{p_A}{\rho \cdot g} = 0 \text{ [m]}$$

und

$$v_A = \sqrt{2g \cdot H_A} \text{ [m/s]}$$

mit

H_A Abstand der Abreißkante von der Energielinie [m]
v_A Fließgeschwindigkeit an der Abreißkante [m/s]

Diese Erkenntnis basiert auf der Ausflussformel von *Torricelli.*

Sog an der Abreißkante

Im Fall einer kleinen Durchflussöffnung und einer schlecht ausgebildeten Kante, kann anstelle eines Auftriebs auch ein Sog S entstehen. Für die Verhältnisse gemäß Abb. 4.45 gilt im Punkt P:

$$\frac{v^2}{2g} + \frac{p}{\rho \cdot g} = \frac{v_A^2}{2g} = H_A \text{ [m]}$$

bzw.

$$\frac{p}{\rho \cdot g} = \frac{v_A^2 - v^2}{2g} < 0 \text{ [m]} \quad \text{wegen } v_A < v$$

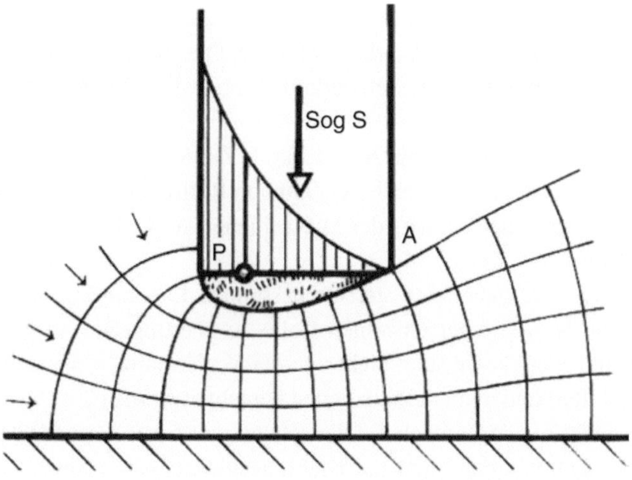

Abb. 4.45 Entstehung eines Sogs an einer schlecht ausgebildeten Schützenunterkante

Der wirkende Sog hat die Tendenz, die Schütze zu schließen. Bei wechselndem Abreißpunkt wirkt der Sog pulsierend und führt zu unerwünschten Schützenschwingungen. Deshalb werden die Kanten so ausgebildet, dass sie einen eindeutigen Abreißpunkt gewährleisten.

Antriebskraft

Bewegt sich die Gleitschütze, greift außer den bereits erwähnten Kräften noch eine der Bewegung entgegen gerichtete Reibungskraft $\mu \cdot W$ an. Bei beschleunigter oder verzögerter Bewegung wirkt überdies noch eine Trägheitskraft. Die Größe W ist der resultierende Wasserdruck und μ ein Gleitreibungsbeiwert, der (unter Berücksichtigung von Verschmutzungen) etwa wie folgt angenommen wird:

- Holz/Stahl $\mu = 0{,}45$ bis 0,55
- Bronze/Stahl (ungeschmiert) $\mu = 0{,}20$
- Stahl/Stahl (ungeschmiert) $\mu = 0{,}30$
- Gummi/Stahl $\mu = 0{,}70$ bis 0,90

Die Gleichgewichtsbedingung in vertikaler Richtung lautet bei gleichförmiger Bewegung (+ für Heben, – für Senken):

$$Z = \pm\mu \cdot W + G - A \text{ [N]}$$

mit

Z	Antriebskraft [N]
$\mu \cdot W$	Reibungskraft [N]
G	Gewicht der Gleitschütze [N]
A	Auftriebskraft [N]

Aus dieser Berechnung kann sich durchaus ergeben, dass beim Senken unter Umständen $\mu \cdot W+A>G$ und damit die Antriebskraft $Z<0$ wird. Dies bedeutet, dass sich die Schütze nicht allein durch die Wirkung der Schwerkraft schließst, sondern nach unten gedrückt werden muss.

Bei großen Gleitschützen wird die Antriebskraft Z infolge der Gleitreibung sehr groß. Ab einer bestimmten Größe ist deshalb der Bau von Rollschützen wirtschaftlicher. Diese werden wie ein Wagen ausgebildet, der auf Schienen rollt, die in der Schützennische angebracht werden.

Im Allgemeinen wird dabei eine statisch bestimmte Lagerung gewählt (Abb. 4.46b). In diesem Fall ist die von einer einzelnen Rolle zu übertragende Auflagekraft nur von der Lage der Schütze abhängig (und nicht von der Verformung, s. statisch unbestimmtes System in Abb. 4.46a) und kann deshalb genau berechnet werden.

Die *Gleitreibung* Z_{R1} der einfachen Gleitschütze wird damit grundsätzlich durch die Rollreibung, die Zapfenreibung und die Dichtungsgleitreibung ersetzt. Die *Rollreibung* Z_{R2} ergibt sich für eine durch die Auflagerkraft B belastete Rolle vom Radius *r* gemäß Abb. 4.47 zu:

$$Z_{R1} = B \cdot \frac{f}{r} \text{ [N]}$$

wobei f die Reibungslänge für Stahl auf Stahl (f = 0,5 bis 1 mm) ist. Die Zapfenreibung Z_{R2} errechnet sich zu:

$$Z_{R2} = B \cdot \mu_z \cdot \frac{r_z}{r} \text{ [N]}$$

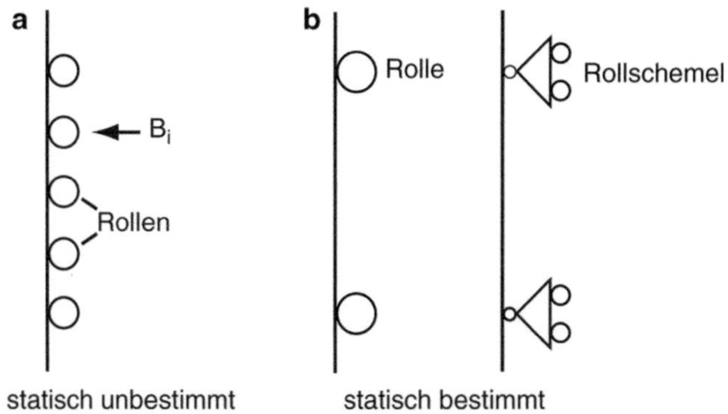

Abb. 4.46 Seitliche Lagerung der Rollschützen auf Rollen oder Rollschemeln. **a** Statisch unbestimmte Lagerung, **b** statisch bestimmte Lagerung

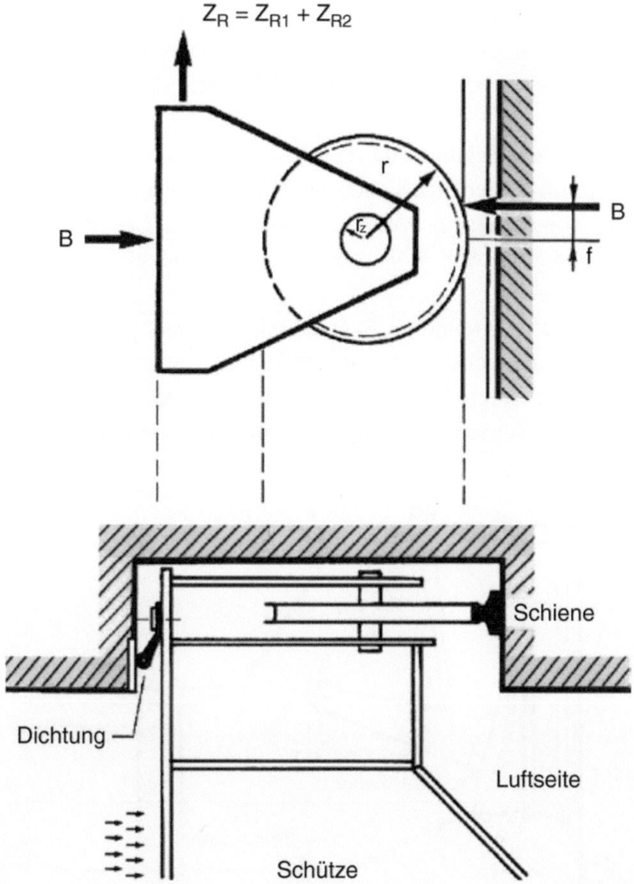

Abb. 4.47 Beispiel eines Rollenlagers in der seitlichen Führungsnische einer Rollschütze

mit $\mu_Z = 0{,}10$ (durch Wälzlager kann m_Z noch reduziert werden). Der Parameter r_Z kennzeichnet den Radius des Zapfens. Die *Dichtungsgleitreibung* R_D wird errechnet zu:

$$R_D = \mu_D \cdot \int_l k_D \cdot dl \text{ [N]}$$

mit

R_D Dichtungsgleitreibung [N]
k_D Anpresskraft pro m [N/m]
l Dichtungslänge [m]
μ_D Gleitreibungskoeffizient für Stahl und Gummi ($\mu_D = 0{,}3$ bis 0,4) [-]

4.2.3.2 Segmentschützenwehr

Eine mögliche Konstruktionsvariante der *Drucksegmentschütze* zeigt Abb. 4.48. Der Antrieb erfolgt beispielsweise mit hydraulischen Pressen, die an den beiden Dreharmen angreifen.

Für die Revisionen der Schütze oder des Tosbeckens kann die Wehröffnung trockengelegt werden. Die hierfür erforderlichen Dammbalken werden dazu in die ober- und unterwasserseitig vorgesehenen Nuten eingelassen. Die an einer Segmentschütze angreifenden Kräfte sind in Abb. 4.49 skizziert. Die Kräfte sind grundsätzlich dieselben wie bei der Hubschütze.

Falls wie üblich die Stauwand der Segmentschütze kreiszylindrisch mit Zentrum im Drehlager ausgebildet ist, geht der resultierende Oberwasserdruck W durch das Drehlager, dementsprechend trägt W nicht direkt zu einer Erhöhung der Antriebskraft Z bei. Bei geschlossener Schütze wirken der statische Wasserdruck W, der Auftrieb A,

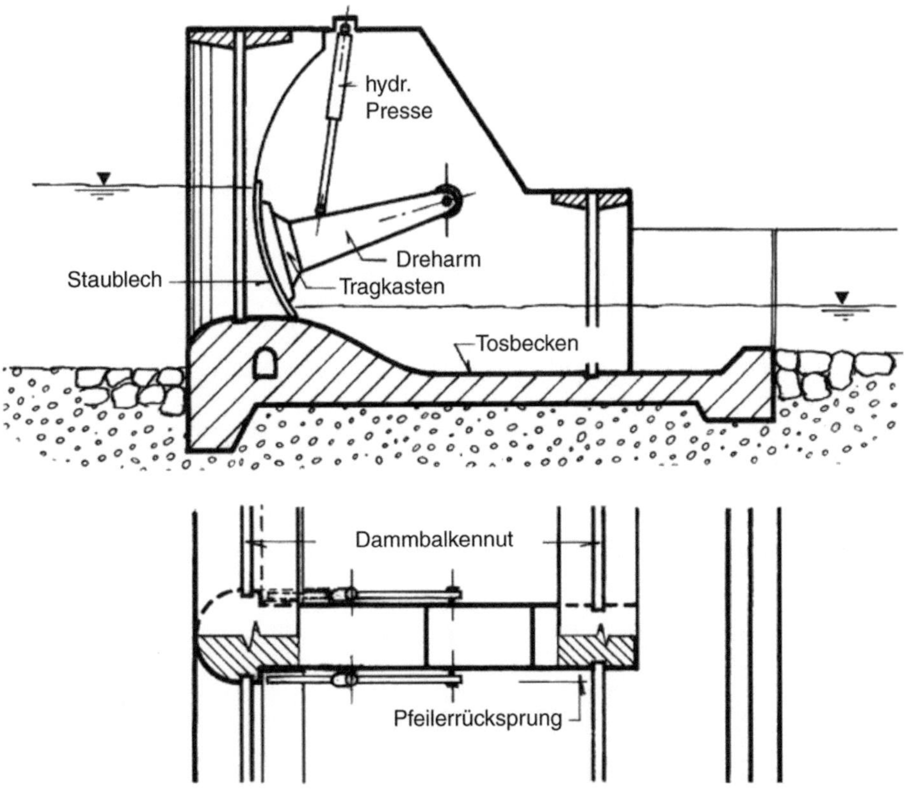

Abb. 4.48 Beispiel eines Wehrs mit einer ölhydraulisch angetriebenen Drucksegmentschütze. Als Notverschlüsse dienen ober- und unterwasserseitig Dammbalken; gezeigt werden nur die entsprechenden Nuten

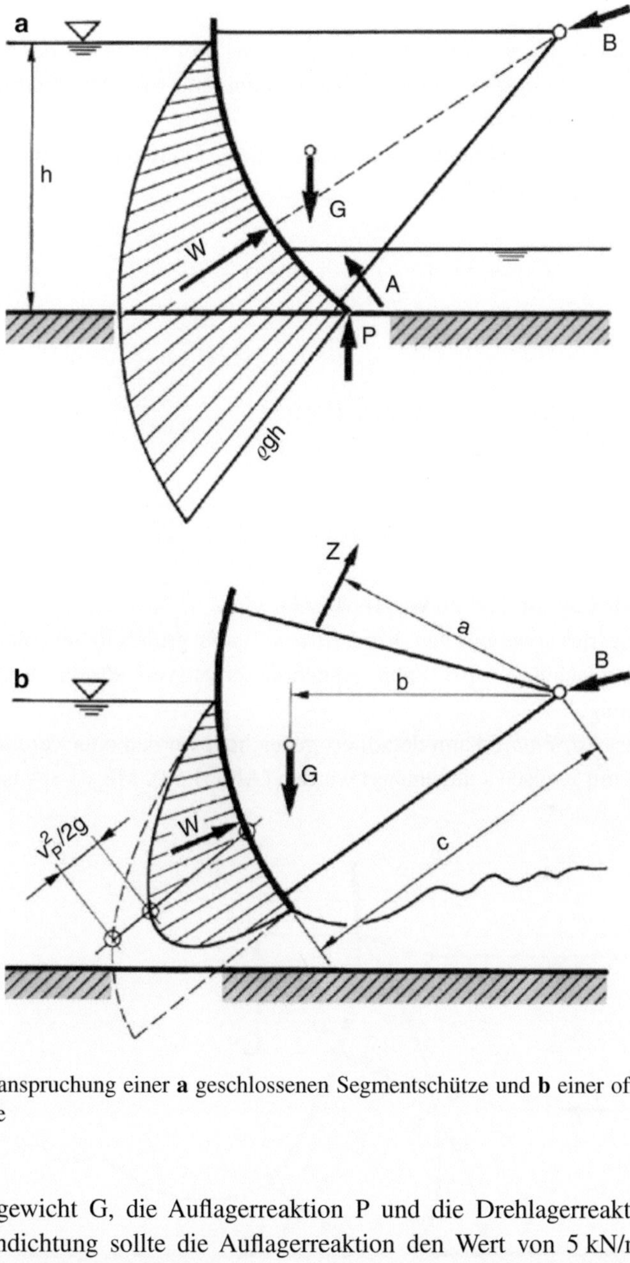

Abb. 4.49 Beanspruchung einer **a** geschlossenen Segmentschütze und **b** einer offenen, ruhenden Segmentschütze

das Schützengewicht G, die Auflagerreaktion P und die Drehlagerreaktion B. Wegen der Schwellendichtung sollte die Auflagerreaktion den Wert von 5 kN/m nicht unterschreiten. Bei geöffneter Schütze wirken der dynamische Wasserdruck W, das Schützengewicht G, die Zugkraft $Z = (G \cdot b)/a$ und die Drehlagerreaktion B.

Antriebskraft

Bei bewegter Schütze sind, außer den genannten Kräften, noch die der Bewegung entgegenwirkenden Reibungskräfte und bei Beschleunigung oder Verzögerung auch Trägheitskräfte zu berücksichtigen.

Die Gleichgewichtsbedingung bezüglich des Drehlagers bei gleichförmiger Bewegung lautet dann (Abb. 4.49):

$$Z \cdot a = G \cdot b \cdot \mu_z \cdot r_z + c \cdot \mu_D \int_l k_D \cdot dl \ [Nm]$$

mit

$B \cdot \mu_Z \cdot r_Z$	Zapfenreibungsmoment [Nm]
r_Z	Zapfenradius [m]
$c \cdot \mu_D \int_l k_D \cdot dl$	Dichtungsreibungsmoment [Nm]

Daraus lässt sich die resultierende Antriebskraft Z bestimmen.

Abschätzung des dynamischen Wasserdrucks

Die Berechnung des *dynamischen Wasserdrucks* kann grundsätzlich gleich geschehen wie bei der Hubschütze, also unter Annahme einer verlustlosen und damit einer Potenzialströmung.

Diese *Potenzialströmung* kann detailliert gezeichnet werden oder vereinfacht über die *Potenziallinien* mit Kreisen s angenähert werden (Abb. 4.50). Mit v » q/s ist es möglich,

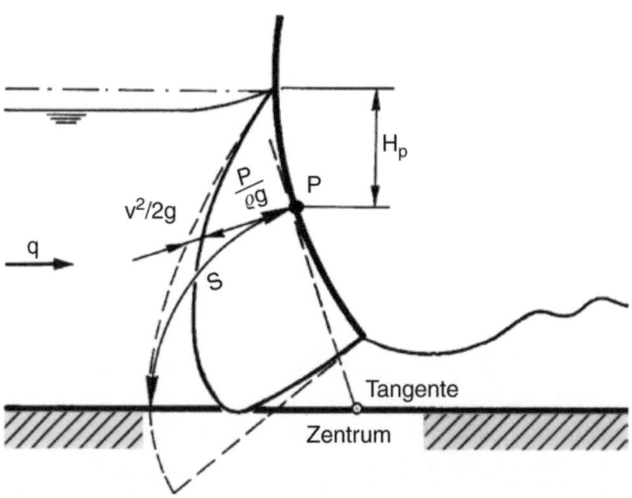

Abb. 4.50 Segmentschütze. Annäherung einer Potenziallinie des Strömungsnetzes durch ein Kreisbogenstück

$$\frac{p}{\rho \cdot g} = H_P - \frac{v^2}{2g} \text{ [m]}$$

abzuschätzen.

4.2.3.3 Klappenschützenwehr

Eine mögliche Anordnung eines *Klappenschützenwehrs* zeigt Abb. 4.51. Die Klappe ist auf der Wehrschwelle drehbar gelagert und wird durch ein Windwerk oder eine hydraulische Presse bewegt.

Auf eine geschlossene Schütze, die nicht vom Unterwasser (UW) her eingestaut wird, wirken die folgenden Kräfte:

- der hydrostatische Wasserdruck W
- das Schützengewicht G
- die Auflagerreaktion B
- Antriebskraft Z (Abb. 4.52)

$$Z = \frac{1}{r} \cdot \left(G \cdot a + W \cdot \frac{h}{3 \cdot \sin \alpha} \right) \text{ [N]}$$

mit

W =r · g · (h/2) · b · l (bei ebener Stauwand) [N]
b Breite der Wehröffnung [m]
h Oberwassertiefe [m]
l $l = h/\sin \alpha$ – Länge der Stauwand [m]

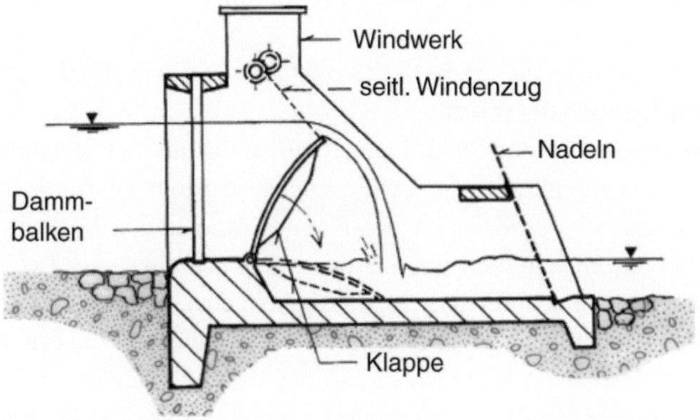

Abb. 4.51 Beispiel einer Klappenschütze mit Windwerk. Als Notverschlüsse können oberwasserseitig Dammbalken und unterwasserseitig Nadeln eingesetzt werden

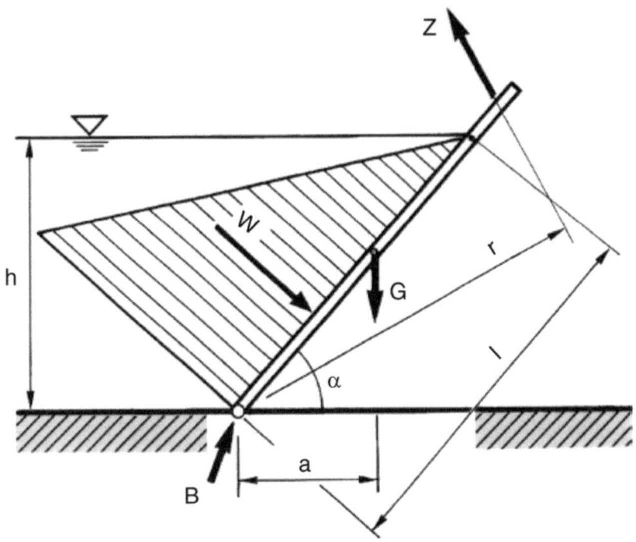

Abb. 4.52 Beanspruchung einer geschlossenen Klappenschütze (schematisch)

Die Antriebskraft Z beträgt also:

$$Z = \frac{1}{r}\left(G \cdot a + \frac{\rho \cdot g \cdot h^3 \cdot b}{6 \cdot \sin^2 \alpha}\right) \text{ [N]}$$

Die Antribskraft Z nimmt also mit der dritten Potenz der Oberwassertiefe zu, weshalb die Klappe nur für kleine Oberwassertiefen wirtschaftlich ist. Bei geöffneter und bei bewegter Schütze werden die Kräfte ähnlich bestimmt wie bei den Hub- und Segmentschützen.

4.2.3.4 Dichtungen, Frostschutz

Größere Schützen bestehen aus Stahl, kleinere allenfalls aus Leichtmetall und teilweise auch aus Holz. An Stahlschützen ist ein wirksamer Korrosionsschutz anzubringen.

In Bezug auf die Wasserbilanz an der Fassung sind kleine Leckverluste durchaus tolerierbar, sie ergänzen lediglich das Restwasser. Doch führt das Leckwasser oft zu einer unangenehmen Verschmutzung (u. a. Algenwuchs) und eventuell zu einer Vereisung der Schützen. Deshalb sollten Wasserverluste durch Leckagen möglichst vermieden werden.

Um die Schützen vor Vereisung zu schützen, werden oft zwei Maßnahmen ergriffen:

- Anordnung einer Luftschleieranlage vor der Stauwand
- Beheizung anfälliger Teile wie Dichtungsbahnen usw.

Die *Luftschleieranlage* besteht aus einem in der Wehrschwelle versetzten, gelochten Rohr, durch das im Bedarfsfall Pressluft ins Wasser gegeben werden kann. Die aufsteigenden Blasen führen zu einer Wasserbewegung, die das Anfrieren der oberflächlichen Eisdecke an die geschlossene Schütze verhindert oder zumindest verzögert. Bei offener Schütze ist diese Maßnahme natürlich nicht wirksam und meist auch nicht nötig.

Die Dichtungen bestehen im Wesentlichen aus Gummiprofilen, die die Fugen zwischen den beweglichen und festen Teilen ausfüllen (Abb. 4.53a, b). Der Anpressdruck wird durch das Schützengewicht, den Wasserdruck oder ein Federblech gewährleistet. In konstruktiver Hinsicht ist auf eine gute Nachstell- und Ersatzmöglichkeit zu achten.

4.2.3.5 Schlauchwehr

Eine Alternative zu den konventionellen Ausführungen, insbesondere zu Klappenwehren, bieten Schlauchwehre aus Gummimatten, die mit Textilgeweben verstärkt sind. Sie haben sich auch bei Geschiebeführung und Geschwemmselanfall dank ihrer Elastizität bewährt und fügen sich in der Regel gut in die Landschaft ein.

Die Abb. 4.54 zeigt das Prinzip eines Schlauchwehrs. Die Aufwölbung der Gummimatten wird durch eine Wasserfüllung gewährleistet, deren Druck höher ist als der vom Oberwasser her angreifende Wasserdruck.

4.2.3.6 Notverschlüsse

Als *Notverschlüsse* für die Wehröffnungen im Hinblick auf Schützen-, Schwellen- und Tosbeckenrevisionen eignen sich Dammbalken oder Nadeln. Sie werden meist mittels Hilfskranen eingesetzt. Im Allgemeinen steht für ein Wehr nur ein einziger Satz von ober- und unterwasserseitigen Notverschlüssen zur Verfügung, sodass jeweils nur eine einzige Wehröffnung stillgelegt werden kann.

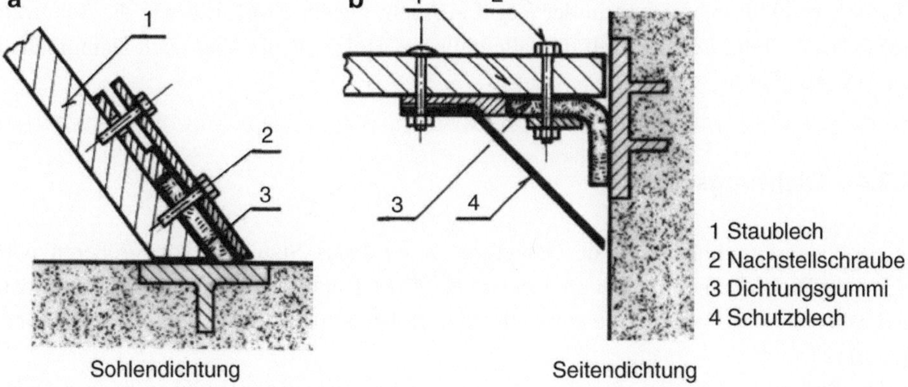

Abb. 4.53 Schematische Darstellung von Segmentschützendichtungen **a** für die Sohlendichtung, **b** für die Seitendichtung

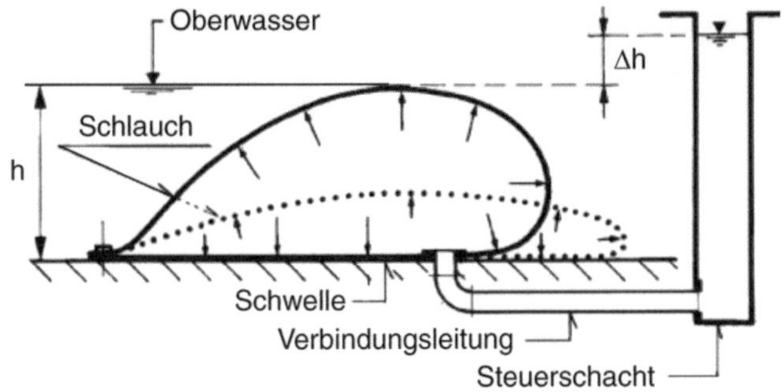

Abb. 4.54 Schema eines Schlauchwehrs in geschlossenem Zustand (mit einem [seitlich angeordneten] Steuerschacht wird dafür gesorgt, dass der Wasserdruck im Schlauchinnern beispielsweise um etwa 20 bis 30 % höher ist als der Oberwasserdruck)

Dammbalken

Die *Dammbalkenverschlüsse* bestehen aus einzelnen balkenartigen Elementen, die horizontal in die hierfür vorgesehenen Nuten eingesetzt werden (Abb. 4.55a). Die Lagerung in diesen Nuten ist gleitend oder rollend (Abb. 4.55b). Gewöhnlich können die Dammbalken nur bei ruhendem Wasser, also bei geschlossener Schütze, ein- oder ausgefahren werden.

Anstelle von Dammbalken werden manchmal ganze Tafeln eingesetzt. Je technisch ausgefeilter solche Elemente konstruiert sind, umso mehr ähneln sie den Hubschützen.

Nadeln

Nadeln sind vertikale Elemente, die oben an einer Brücke und unten an einem Schloss aufgelagert werden (Abb. 4.56). Als Nadeln werden entweder starke Bretter aneinandergelegt oder Metallelemente eingefädelt, d. h. ähnlich wie Spundwände zusammengefügt.

Konstruktionsmaterialien für Notverschlüsse

Die Notverschlüsse bestehen in der Regel aus dem gleichen Material wie die Schützen, nämlich aus Stahl, Leichtmetall und allenfalls aus Holz. Es gibt aber auch Dammbalken aus Vorspannbeton.

4.2.4 Dichtungsschirme

Je nach der Durchlässigkeit des Untergrunds wird das Stauwehr von größeren oder kleineren Sickerwassermengen um- und unterströmt. Daraus ergeben sich Wasserverluste und gegebenenfalls gefährliche Ausspülungen im Untergrund (u. a. hydraulischer Grundbruch).

Die Strömungsverhältnisse können bei bekanntem Durchlässigkeitswert k_f nach *Darcy* abgeschätzt werden, indem das Sickernetz gezeichnet oder berechnet wird.

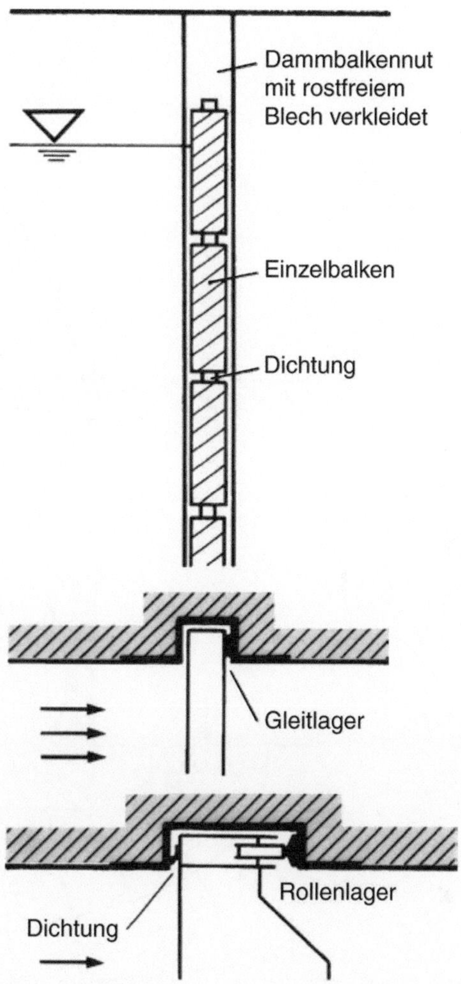

Abb. 4.55 Grundsätzliche Anordnung von Dammbalken mit Gleit- oder Rollenlagern. **a** Schnitt, **b** Grundriss

Mit den in Abb. 4.57 skizzierten m Stromröhren und n Potenzialstufen erreicht die Sickerwasserdurchfluss *q* bei quadratischen Netzfeldern und für die Wehrlänge 1 den Wert

$$q = \frac{m}{n} \cdot k_f \cdot H \ [m^3/(s \cdot m)]$$

mit

q Sickerwasserdurchfluss [$m^3/(s \cdot m)$]
m Anzahl der Stromröhren [-]
n Anzahl der Potenzialstufen [-]
H Potenzial bzw. Fallhöhe [m]
k_f Durchlässigkeitsbeiwert nach *Darcy* [m/s]

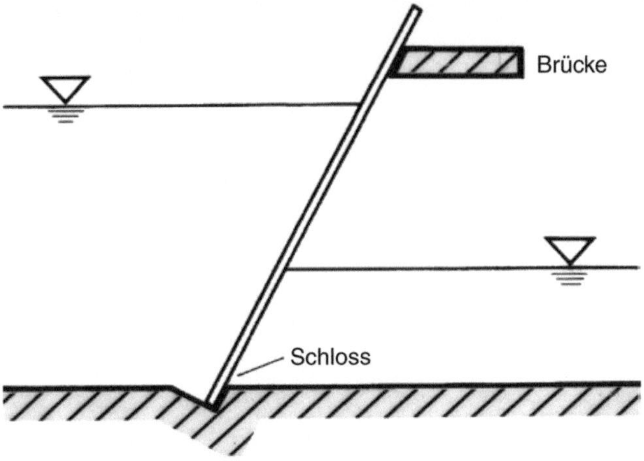

Abb. 4.56 Grundsätzliche Anordnung von Nadeln

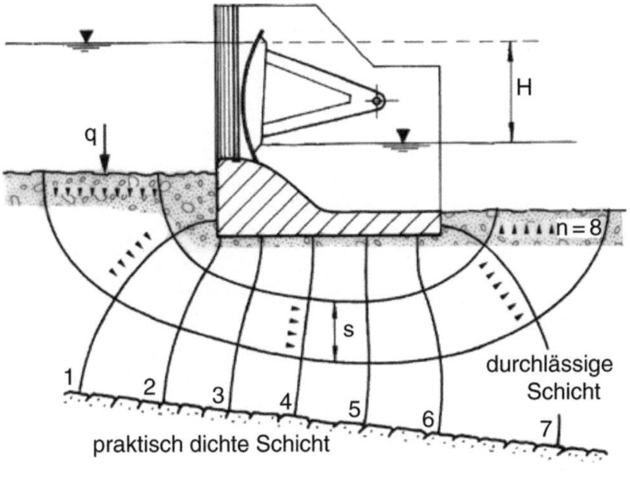

Abb. 4.57 Sickerwasserströmung unter einem geschlossenen Wehr. Strömungsnetz für eine homogene durchlässige Schicht mit m = 3 Stromröhren und n = 8 Potenzialstufen

Das Gefälle J im Sickerraum ist dort am größten, wo das Netz am engsten ist. Wenn die betrachtete Stromröhre die Stärke s aufweist gilt:

$$J = \frac{q}{m \cdot s \cdot k_f} = \frac{H}{n \cdot s}\ [-]$$

mit

J Sickergefälle [-]
q Sickerwasserabfluss [$m^3/(s \cdot m)$]
m Anzahl der Stromröhren [-]
n Anzahl der Potenzialstufen [-]
s Stärke der betrachteten Stromröhre [m]
H Potenzial bzw. Fallhöhe [m]
k_f Durchlässigkeitsbeiwert nach Darcy [m/s]

Wenn also eine Ausspülung des Untergrunds vermieden werden soll, muss das Gefälle im Sickerraum kleiner sein als ein durch die Bodenart bestimmter *kritischer* Wert.

Als Dichtung eignen sich alle Maßnahmen, die den Sickerweg verlängern und/oder die Durchlässigkeit verringern. Infrage kommen insbesondere Dichtungsschirme wie z. B. Injektionsschirme, Schlitzwände, Spundwände, die die Stauwirkung des Wehrs nach der Seite und in die Tiefe verlängern. Eventuell können auch Ufermauern in die Dichtungsmaßnahmen einbezogen werden (Abb. 4.58).

4.2.5 Stabilität des Wehrkörpers

Die statische Berechnung der Schützen wird hier nicht behandelt. Hingegen wird kurz auf die statische Berechnung der Wehrpfeiler und -schwellen eingegangen, dies u. a. deshalb, weil sie einen Einblick in die spezifisch wasserbaulichen Gründungsprobleme vermittelt.

4.2.5.1 Statisches System

Für ein Wehr, das in einem Fluss etappenweise erstellt wird, werden Pfeiler und Schwellen meist getrennt gegründet (Einzelfundamente gemäß Abb. 4.59a) und darum auch einzeln bemessen. Kann das Wehr hingegen neben dem Fluss in einer einzigen Baugrube errichtet werden, so wird zwischen Pfeilern und Schwellen ein sinnvoller Verbund angestrebt (Abb. 4.59b).

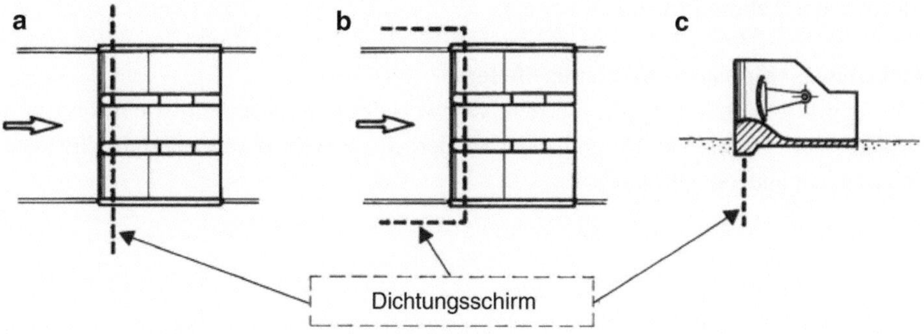

Abb. 4.58 Dichtungsschirme zur Verlängerung der Sickerwege seitlich und unterhalb des Wehrs. **a, b** Varianten für die Trassierung im Grundriss, **c** im Querschnitt

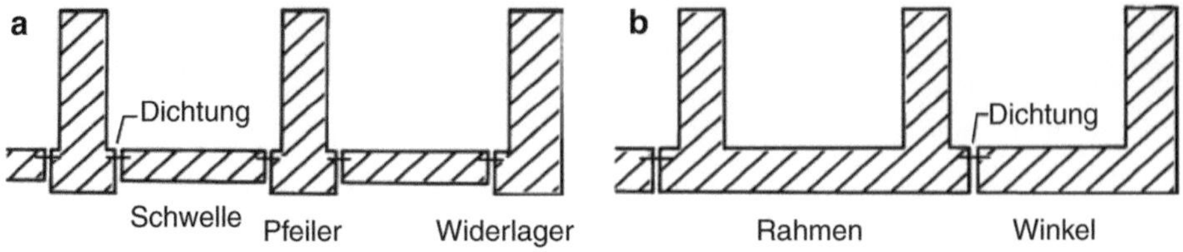

Abb. 4.59 Fundamente. **a** Einzelfundierung von Pfeilern und Schwellen, **b** Aufgliederung des Wehrs in Rahmen und Winkel

4.2.5.2 Belastungsfälle

Die maßgebenden *Belastungsfälle* ergeben sich aus den verschiedenen Bau-, Betriebs- und Revisionszuständen, etwa bei Hochwasser (HW), Mittelwasser (MW) oder Niedrigwasser (NW), mit offenen und geschlossenen Schützen, bei symmetrischem und asymmetrischem Wehrdurchfluss. Für diese Belastungsfälle sind *Bruch-, Kipp-, Auftriebs-* und *Gleitsicherheit* nachzuweisen.

Der *Nachweis der Bruchsicherheit* geschieht anhand einer Berechnung aufgrund der Stabwerkstatik oder der Scheibentheorie (Pfeiler) und Plattentheorie (Schwellen).

Für den *Nachweis der Kippsicherheit* wird bei Einzelfundamenten versucht, die Resultierende wegen der Bodenpressungen im Kern der Standfläche zu halten. Auf diese Weise wird die Kippsicherheit genügend gewährleistet.

Der Nachweis der Auftriebssicherheit umfasst eine Berechnung der Sicherheit gegen Aufschwimmen.

Im Allgemeinen bietet der *Nachweis* der *Gleitsicherheit* die größten Schwierigkeiten. Meist wird die Gleitmöglichkeit in der Fundamentfläche untersucht, doch müssen auch andere Formen des Versagens durch Gleiten betrachtet werden.

Außer diesen Sicherheiten interessieren noch die *Bauwerkssetzungen* und zwar im Besonderen die relativen Verschiebungen der Schützenauflager.

4.2.5.3 Wichtige Stabilitätsnachweise

Für den Nachweis der verschiedenen Sicherheiten folgen hier drei grundsätzliche Beispiele für ein Wehr mit Einzelfundierung:

Nachweis der Kippsicherheit eines Pfeilers

Der maßgebliche Belastungsfall für den Nachweis der Kippsicherheit ist ein Revisionszustand, d. h. eingesetzte Dammbalken in der einen Wehröffnung und Hochwasserabfluss in der anderen Öffnung.

Als Kräfte wirken der Wasserdruck, der Auftrieb, das Pfeilergewicht und das Schützengewicht an der Wehrkonstruktion (Abb. 4.60).

Mit Rücksicht auf die Bodenpressungen soll die Resultierende durch den Kern der Standfläche gehen. Bezogen auf den Fußpunkt F ergibt sich die *Kippsicherheit* n_k zu:

$$n_k = \frac{\text{rückhaltende Momente}}{\text{kippende Momente}} \; [-]$$

Nachweis der Auftriebssicherheit einer Schwelle

Beim gleichen Belastungsfall bestehen die vertikalen Kräfte auf eine Schwelle aus dem Gewicht der Dammbalken, dem Gewicht der Schwelle, den Wasserauflasten und dem Auftrieb (Abb. 4.61). Für die *Auftriebssicherheit* n_A gilt:

$$n_A = \frac{\text{Wasserauflasten} + \text{Gewicht}}{\text{Auftrieb}} \geq 1{,}2 \; [-]$$

Nachweis der Gleitsicherheit eines Pfeilers

Als maßgebender Belastungsfall wird ein Betriebszustand bei Niedrigwasserständen (NW) sowie bei zwei benachbarten geschlossenen Schützen betrachtet (Abb. 4.62).

Die am Pfeiler angreifenden *horizontalen Kräfte* sind die Wasserdrücke auf den Pfeiler und auf die halben Schützen (links und rechts) und gegebenenfalls Erddrücke (meist vernachlässigt).

Die entsprechenden *vertikalen Kräfte* bestehen aus dem Gewicht des Pfeilers G sowie der halben Hakenschützen (links und rechts) G_S, den Wasserauflasten W_A auf den Pfeilersockel und dem Auftrieb A.

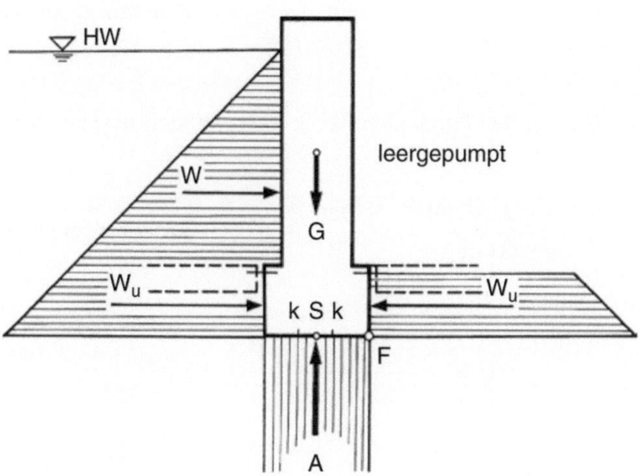

Abb. 4.60 Querschnitt durch einen Pfeiler im Revisionszustand bei Hochwasser

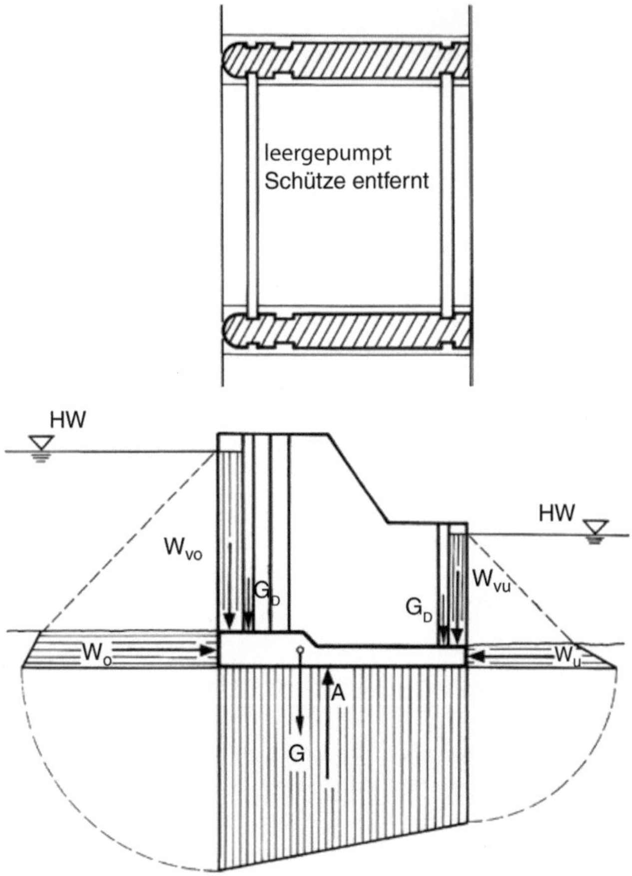

Abb. 4.61 Horizontalschnitt und Längsschnitt durch eine Wehröffnung im Revisionszustand. Wirkende Kräfte beim Belastungsfall Hochwasser (HW)

Die *Gleitsicherheit* n_g in der Fundamentfläche F ergibt sich deshalb für nichtkohäsives Material zu

$$n_g = \frac{\text{Scherwiderstand}}{\text{Scherkraft}} = \frac{N \cdot \tan\,\phi}{H} \geq 2 \cdots 3 \text{ (oder weniger) } [-]$$

bzw. für kohäsives Material zu

$$n_g = \frac{N \cdot \tan\,\phi + \tau_S \cdot F}{H} \geq 3{,}5\ [-]$$

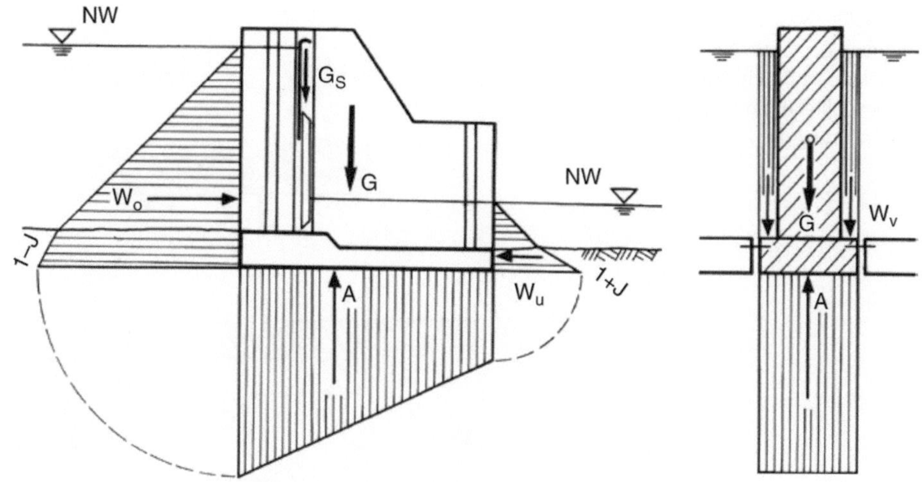

Abb. 4.62 Ansicht und Querschnitt eines Pfeilers im Betriebszustand bei geschlossenen Schützen und Niedrigwasserständen (NW)

mit

S	vertikal wirkende Normalkraft (entspricht bei horizontaler Gleitfläche dem Gewicht G plus GS minus dem Auftrieb A) [N]
$\tan \phi$	Reibungszahl Beton/Boden oder Boden/Boden [-]
τ_S	Kohäsion Beton/Boden oder Boden/Boden [N/m^2]
F	Aufstandsfläche bzw. Fundamentfläche [m^2]

Die *Scherkraft* entspricht der Summe der Horizontalkräfte H und der *Scherwiderstand* der Reibung plus Kohäsion, d. h. also dem Term (Abb. 4.62):

$$(G + G_S + W_V - A) \tan \phi + \tau_S \cdot F \text{ [N]}$$

Selbstverständlich muss man die Gleitsicherheit auch in anderen potenziellen Gleitflächen, u. a. tiefer liegenden, nachweisen.

Maßnahmen zur Erhöhung der Gleitsicherheit

Die Möglichkeit zur Verbesserung der *Gleitsicherheit* n_G ergibt sich aus der Beziehung:

$$n_g = \frac{N \cdot \tan \phi}{H} \text{ [–]}$$

Infrage kommt eine Erhöhung der vertikal wirkenden Normalkraft N durch die Verstärkung der Pfeiler und der Schwelle sowie eine Tieferlegung der Fundamente und damit der möglichen Gleitfläche oder eine Erhöhung von N durch Sporne mit dem gleichen Effekt (Abb. 4.63a).

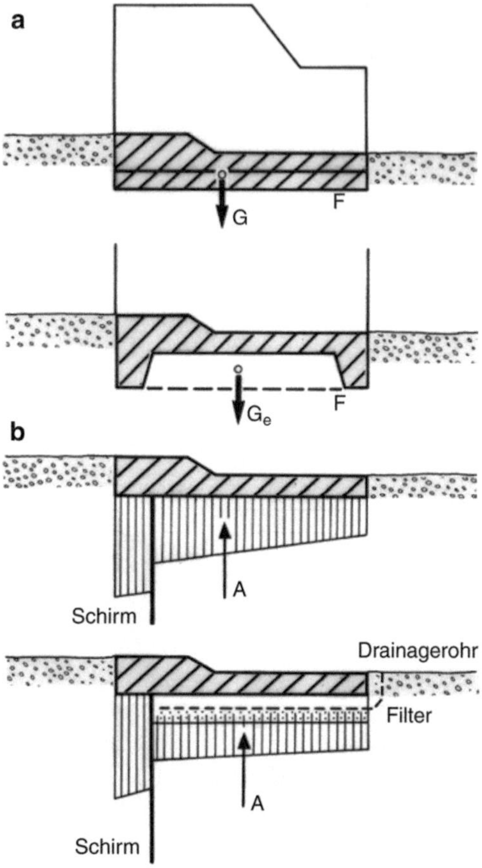

Abb. 4.63 Möglichkeiten zur Erhöhung der Gleitsicherheit eines Wehrs **a** durch Erhöhung des Gewichts, **b** durch Verminderung des Auftriebs

Als Alternative bietet sich die Erhöhung von N durch Verminderung des Auftriebs mit einem Dichtungsschirm und allenfalls einer zusätzlichen Drainage unter der Fundamentfläche an (Abb. 4.63b). Bei der Drainage ist aber auf die Grundbruchgefahr zu achten.

4.3 Fischwanderhilfen – Fischpässe

Wehranlagen beeinflussen das Ökosystem eines Fließgewässers u. a. auch in Bezug auf die Durchgängigkeit für Wanderfische. Für Wanderfische stellen Querbauwerke (u. a. Wehranlagen) ein meist nicht zu überwindendes Hindernis dar.

Die Bereitstellung von funktionstüchtigen *Fischwanderhilfen* für den *Auf- und Abstieg von Fischen* ist daher ein wichtiges Teilziel bei der Verbesserung der ökologischen Verhältnisse an unseren Fließgewässern (u. a. DWA 2006b, 2010a; Schneider und Korte 2005) und dient auf diese Weise auch der Erfüllung der Umweltziele der EG-Wasserrahmenrichtlinie (EG-WRRL). Im Vorfeld einer Maßnahme ist daher auch zu prüfen, ob nicht auch ein vollständiger Rückbau einer Wehranlage infrage kommt (Winkler 2009).

Die *abwärts* wandernden Fische *(Fischabstieg)* können derartige Hindernisse oft durchschwimmen, wenn genügend Rest- oder Überschusswasser vorhanden ist. Allerdings ist nicht auszuschließen, dass sie sich bei einem Sturz in ein Tosbecken oder beim Durchgang durch eine Turbine verletzen.

Ein Hindernis besonderer Art bilden die *Tiroler*-Wehre (s. Abschn. 4.2.1). Sie kommen deshalb für Fischgewässer nicht in Betracht.

Die *aufwärts* und *abwärts* wandernden Fische *(Fischaufstieg)* können ein Stauwehr im Allgemeinen nicht überwinden. Daher werden Wehre oft mit Fischwanderhilfen versehen. Zu diesen zählen u. a. Fischpässe, Fischschleusen und Fischaufzüge (DWA 2005, 2006b, 2010a; Land Salzburg 2002; Patt et al. 2018).

Bisher wurden in Europa vor allem *Fischpässe* gebaut. Weit verbreitet sind Beckenpässe, Rampen, Gleiten und Umleitungsgerinne (u. a. Städtler und Patt 2003; DWA 2010a). Eine Spezialform sind die *Aal-Leitern.*

Fischwanderhilfen müssen derart bemessen werden, dass sie von Fischen durch eigene Kraft überwunden werden können. Da die entsprechenden Voraussetzungen von vielen Faktoren abhängen, ist es besonders wichtig, die Funktionstüchtigkeit einer Anlage anschließend zu überprüfen (u. a. Schwevers und Adam 2020; DWA 2010a; BWK 2006; DWA 2006b; Heimerl et al. 2005; Heimerl und Ittel 2002; Heimerl 2017). Es hat sich gezeigt, dass viele der älteren Anlagen von den Fischen nicht angenommen worden sind.

4.3.1 Beckenpässe

Bei den *Beckenpässen* wird ein vom Unter- zum Oberwasser führender Kanal durch Zwischenwände in eine Abfolge von kleinen Becken aufgeteilt. Der Zufluss vom Oberwasser wird über oder durch die Zwischenwände geleitet.

Die *Strömungsgeschwindigkeiten* in den Beckenpässen dürfen einen Grenzwert von etwa 1,8 m/s nicht überschreiten. Weiterhin soll die Strömung in den Becken soweit beruhigt werden, dass der Fisch sich dort aufhalten kann, um Kräfte zu sammeln.

Die Beckenpässe stellen gleichsam eine Abstraktion der in Wildbächen oft zu beobachtenden Abfolge von natürlichen Becken und Stufen dar (sog. *„step-pool systems"* oder *Kaskaden;* Weichert et al. 2007).

Die *Trassierung eines Beckenpasses* im Grundriss kann beliebig gewählt werden. Im Längenprofil wird man meist ein gleichförmiges Gefälle von 5 bis 15 % einhalten. Damit das Bauwerk nicht zu lang wird, ist man bestrebt, den Pass möglichst steil zu bauen. Die erwähnten beiden Strömungsbedingungen führen aber zu einer Begrenzung.

Für die *Zwischenwände* im Beckenpass gibt es unterschiedliche Gestaltungsmöglichkeiten. Die einfachste Lösung besteht darin, Platten zu verwenden, die überströmt werden. Die zugehörigen Becken können aber mit der Zeit durch Feststoffe verfüllt werden. Deshalb werden die Zwischenwände oft mit einer Art Spülloch versehen, das die kleineren Feststoffe weiterleitet. Diese Öffnungen dienen den Fischen auch als

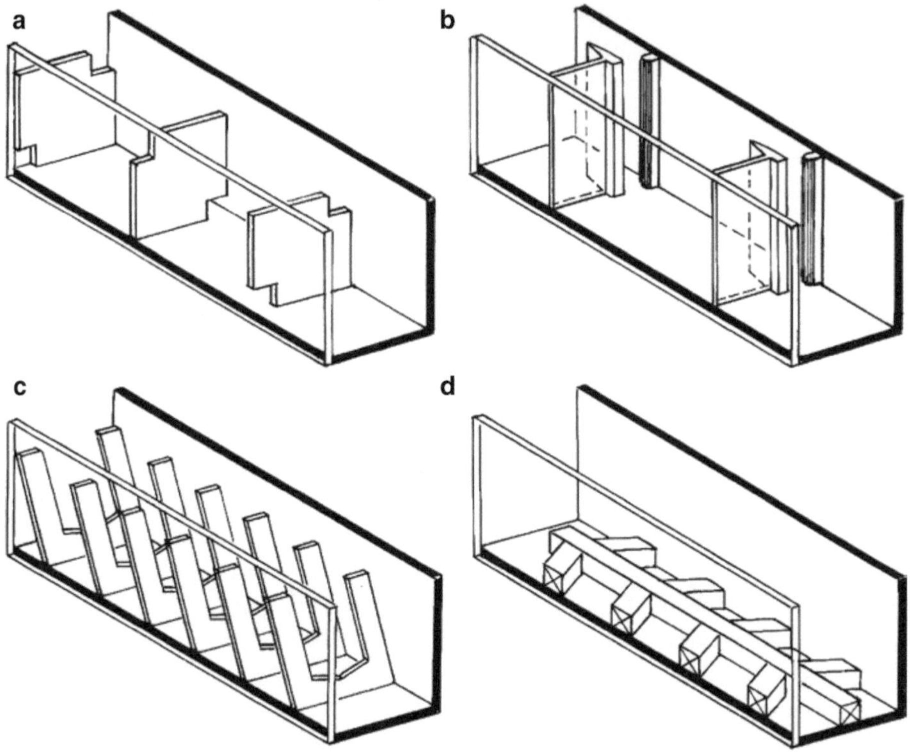

Abb. 4.64 Fischpässe. **a** Beckenpass mit Kronenöffnungen und Schlupflöchern in den Zwischenwänden, **b** Alternative mit seitlichen Schlitzen, **c** Rampe nach *Denil* (s. auch Abb. 4.65b), **d** alternatives Raugerinne

Schlupfloch. Eine etwas aufwendigere Lösung sieht Zwischenwände vor, die sowohl eine Kronenöffnung als auch ein Schlupfloch aufweisen (Abb. 4.64a).

Eine andere Konstruktionsform, die sog. *Schlitzpässe,* bewirkt, dass die Zwischenwände weder unter- noch überströmt werden, sondern seitlich durch einen Schlitz umströmt werden (Heimerl und Ittel 2002; Abb. 4.64b). Manche Konstruktionen sind derart komplex gestaltet, dass sich der Fisch vielerlei unterschiedlichen Strömungen ausgesetzt sieht (Hintermann 2000).

4.3.2 Rampen, Gleiten

Bei Rampen wird der vom Unter- zum Oberwasser führende Kanal an der Sohle und/ oder an den Seitenwänden derart mit Störkörpern bestückt, dass er eine hochturbulente, zum Teil auch rückläufige Strömung erhält (Abb. 4.65a–c). Es handelt sich gleichsam um die Abstraktion einer Stromschnelle in einem natürlichen Fließgewässer.

Eine weit verbreitete Bauart ist der sog. Denil-Fischpass (Städtler und Patt 2003; Abb. 4.65a). Seine Trasse ist meist gerade, sein Längsgefälle liegt zwischen 5 und 35 %, vorzugsweise aber zwischen 15 und 20 %. Die Abb. 4.64b zeigt die ursprüngliche, aufwendige Konstruktionsweise sowie eine vereinfachte Bauform dieser Anlage (Abb. 4.64d).

Während ein Beckenpass ohne Weiteres ein paar hundert Meter lang sein kann, wird der Denil-Fischpass wesentlich kürzer gebaut, damit der Fisch die Anlage in einem Zug durchschwimmen kann. Für die Überwindung von Stauhöhen >2 m müssen auf jeden Fall Zwischenbecken mit beruhigter Strömung zwischengeschaltet werden.

Anstelle von *Denil-Rampen* oder Alternativen mit waschbrettartigen Sohlenstrukturen, werden vermehrt auch *Block-* bzw. *Kaskadenrampen* gebaut (DWA 2010a; Whittaker und Jäggi 1986). Es gibt Lösungen, bei denen die Blöcke in einer Betonunterschicht eingebunden sind, und solche, bei denen lediglich ein Blockwurf eingebracht wird, beispielsweise mit einer Neigung von 10 %. Auch hier gilt, dass die naturnahe Ausführung länger wird und mehr Wasser benötigt. Eine derartige Bauform lässt sich aber wesentlich leichter in die Umgebung einfügen.

Sonderformen sehen vor, dass diese auch von Freizeitsportlern (z. B. Kanuten) passiert werden können (u. a. Hassinger 2002; Siering 2004; Maier und Lehmann 2006; Hiekel und Hassinger 2008).

4.3.3 Aal-Leitern

Für Aale werden besondere Fischpässe, sog. *Aal-Leitern,* gebaut. Diese werden als Rohre ausgebildet, die mit Reisig gefüllt und stark geneigt vom Unter- zum Oberwasser geführt werden. Sie genügen für den Aufstieg der Glasaale (junge Aale).

4.3.4 Umleitungsbäche

Wie bereits angedeutet, handelt es sich bei vielen Fischwanderhilfen (Fischauf- und -abstiegsanlagen) um Nachbildungen von natürlichen Gerinnen. Dementsprechend eignen sich naturnah gestaltete Gerinnestrecken meist auch als Fischwanderwege. So werden z. B. Beckenpässe mit natürlicher Sohle gebaut, damit auch den leistungsschwachen Fischen und den Wirbellosen eine Aufstiegsmöglichkeit geboten wird. Zudem werden manchmal die Zwischenwände statt aus Betonplatten aus einer Reihe von groben Steinen hergestellt, was variablere Strömungsverhältnisse schafft.

Eine weitere Variante ist der künstliche *Umleitungsbach* (Abb. 4.65c). Er gleicht einem abgetreppten oder gar natürlichen Wildbach, der um das Wehr herumfließt. Wichtig ist, dass er die schon erwähnte Abfolge von natürlichen Becken und Stufen tatsächlicher Wildwasser aufweist und vom aufsteigenden Fisch bewältigt werden kann. Da sein Gefälle meist erheblich kleiner gewählt wird als beim Beckenpass, ist er um ein

Abb. 4.65 Bauweisen von Fischpässe. **a** Denil-Fischpass (Foto: E. Städtler), **b** Rampe mit gesetzten Steinreihen (ältere Bauweise) im Mittelgebirge (Foto: H. Patt), **c** Umleitungsgerinne mit einzelnen Becken im Voralpenland (Foto: H. Patt)

Mehrfaches länger als dieser. Er benötigt zudem mehr Wasser, weil er unregelmäßiger gestaltet ist.

4.3.5 Der Einstieg zum Fischpass

Der *flussaufwärts* wandernde Fisch orientiert sich in erster Linie an der Strömung. Es muss deshalb sichergestellt werden, dass er die aus Fischpässen austretende Strömung wahrnimmt. Die Lage des Einstiegs ist daher entscheidend für die Funktionstüchtigkeit eines Fischpasses.

Hat der Fisch den Einstieg in die Anlage gefunden, ist die Wahrscheinlichkeit groß, dass er den Fischpass nutzt und auch durchschwimmen kann. Wie schon erwähnt, dürfen die maximalen Strömungsgeschwindigkeiten dort allerdings gewisse Grenzen nicht überschreiten (u. a. DWA 2010a; Böttcher et al. 2015).

4.3.6 Funktionsprüfung

Die Wirksamkeit der Fischpässe wird geprüft, indem Fischzählungen durchgeführt werden (u. a. Böttcher et al. 2015; DWA 2006b, 2010a, 2014; BWK 2006). Für Beckenpässe und Umleitungsbäche besteht beispielsweise die Möglichkeit, am oberen Ende zeitweise eine Reuse einzusetzen, mit der alle aufsteigenden Fische gefangen und gezählt werden.

Diese Zählung kann aber auf einer gut ausgeleuchteten Strecke auch visuell – oder dann aufwendiger – an eigens hierfür erstellten Messstellen mit Lichtschranken und Fotozellen oder mit Ultraschallsendern (Sonarstrahlen) erfolgen. Besonders verlässliche Zählergebnisse werden mit Kontrollbefischungen oder Fischkontrollstationen, wie z. B. an der Sieg, erreicht (Abb. 4.66a,b – Wehr mit Fischkontrollstation). Abb. 4.67 zeigt die Reuse eines Beckenpasses.

Abb. 4.66 Wehranlage mit Fischkontrollstation an der Sieg. **a** Gesamtübersicht der Wehranlage. Absturzwehr, Sohlenrampe und Fischkontrollstation (am linken Bildrand) – Blick gegen die Strömungsrichtung (Foto: E. Städtler); **b** Öffnung zur Fangeinrichtung, der Fisch schwimmt gegen die Strömung an (Fischaufstieg) und wird durch die Lockströmung in die Fangkammer geleitet – Blick gegen die Strömungsrichtung (Foto: H. Patt)

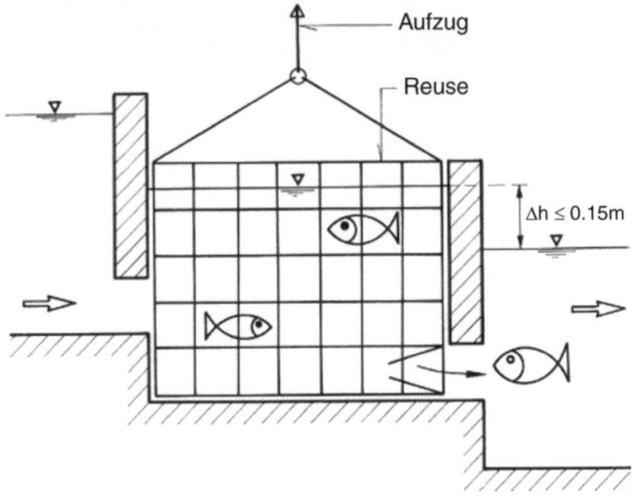

Abb. 4.67 Fischzählung mittels Reuse in einem Beckenpass. Im Zählbecken werden die Kronenöffnungen weggelassen. Die Reusenöffnung ist auf das untere Schlupfloch ausgerichtet

Literatur

Albert, A. (Hrsg.) (2016) Schneider – Bautabellen für Ingenieure: mit Berechnungshinweisen und Beispielen, 22. Aufl. (24. März 2016), Bundesanzeiger Verlag

Arzet, K., Joven, S. (2008) Erlebnis Isar – Fließgewässerentwicklung im städtischen Raum von München, KW-Korrespondenz Wasserwirtschaft, 1. Jahrg., Nr. 1, Januar 2008, S. 17–22

ATV-DVWK – (siehe Deutsche Vereinigung für Wasserwirtschaft, Abwasser, Abfall e. V., Hennef)

ATV-DVWK – Deutsche Vereinigung für Wasserwirtschaft, Abwasser und Abfall (Hrsg.) (2000) Morphodynamische Prozesse in Fließgewässern, ATV-DVWK Arbeitsbericht GB 2.5, Hennef

ATV-DVWK – Deutsche Vereinigung für Wasserwirtschaft, Abwasser und Abfall (Hrsg.) (2002) Formen und Strukturen der Fließgewässer, Autor: Elmar Briem, ATV-DVWK Arbeitsbericht-GB-1, Hennef

ATV-DVWK – Deutsche Vereinigung für Wasserwirtschaft, Abwasser und Abfall (Hrsg.) (2003) Wehre und Staue an kleinen Fließgewässern – Grundlagen zu Strömung, Sedimenttransport und ökologische Funktionen, ATV-DVWK Arbeitsbericht WW-1.5, Januar 2003, Hennef

BAFU (s. Bundesamt für Umwelt, Bern, Schweiz)

Barnikel, H. (2009) Erfahrungen mit Bau- und Unterhalt naturnaher Sohl- und Böschungssicherungen in der Wildbachverbauung, KW Korrespondenz Wasserwirtschaft, 2. Jahrg., Heft 10/2009

Baudirektion Kanton Zürich (Hrsg.) (2005) Wasserbau und Gewässerschutz im Kanton Zürich, Baudirektion Zürich, Amt für Abfall, Wasser, Energie und Luft, Zürich

Bauhaus-Universität Weimar (Hrsg.) (2007) Flussbau, Weiterbildendes Studium „Wasser und Umwelt“, Universitätsverlag Weimar, Weimar

Bayerisches Landesamt für Wasserwirtschaft – BayLfW (Hrsg.) (1996) Abfluß- und Abtragsprozesse in Wildbacheinzugsgebieten – Grundlagen für den integralen Wildbachschutz, Schriftenreihe des Bayerischen Landesamtes für Wasserwirtschaft, Heft 27, München

Bergmeister, K., Suda, J., Hübl, J., Rudolf-Miklau, F. (2009) Schutzbauwerke gegen Wildbachgefahren, Verlag Ernst & Sohn, Berlin

Bezzola, G.R. (2005) Von der Küste in den Wildbach – Erosionsschutz mit Betonelementen, Wasser, Energie, Luft, 97. Jahrg., Heft 9–10/2005

BfN (s. Bundesamt für Naturschutz, Bonn)

Binder, W., Gröbmaier, W. (2007) Von der Statik zur Dynamik, 30 Jahre Wasserbau und Gewässerentwicklung in Bayern, In: DWA-Landesverband Bayern (Hrsg.) (2007) DWA-Mitglieder Rundbrief 2/2007, S. 7–13

BMU (s. Bundesministerium für Umwelt, Naturschutz und Reaktorsicherheit, Bonn/Berlin)

BMU und UBA (s. Bundesministerium für Umwelt, Bau, Naturschutz und Reaktorsicherheit – BMUB, Bonn, Berlin und Umweltbundesamt – UBA, Dessau)

Böttcher, H., Unfer, G., Zeiringer, B., Schmitz, S., Aufleger, M. T. (2015) Fischschutz und Fischabstieg – Kenntnisstand und aktuelle Forschungsprojekte in Österreich, In: Bundesministerium für Land- und Forstwirtschaft, Umwelt und Wasserwirtschaft (Hrsg) (2015) Österreichische Wasser- und Abfallwirtschaft, Heft 7–8/2015, S. 299–306.

Bollrich, G. (2007) Technische Hydraulik 1, Grundlagen, 6. Aufl., Huss-Medien GmbH, Berlin

Bund der Ingenieure für Wasserwirtschaft, Abfallwirtschaft und Kulturbau e. V. – BWK (Hrsg.) (2006) Methodenstandard für die Funktionskontrolle von Fischaufstiegsanlagen, BWK-Fachinformation 1/2006

Bundesamt für Naturschutz – BfN (Hrsg.) (1998) Fortschritte für Naturschutz und Landschaftspflege an Wasserläufen, Schriftreihe für Landschaftsökologie, Heft 23

Bundesamt für Naturschutz – BfN (Hrsg.) (2001) Renaturierung von Bächen, Flüssen und Strömen, Schriftreihe für Landschaftsökologie, Heft 37

Bundesamt für Naturschutz – BfN (Hrsg.) (2005) Fluss- und Stromauen in Deutschland – Typologie und Leitbilder, Bearbeiter: Uwe Koenzen, Angewandte Landschaftsökologie, Heft 65, Bonn-Bad Godesberg

Bundesamt für Umwelt – BAFU (Hrsg.) (2017) Geschiebe und Habitatsdynamik, Merkblattsammlung Wasserbau und Ökologie, BAFU 2017, Berne

Bundesministerium für Umwelt, Naturschutz und Reaktorsicherheit – BMU (Hrsg.) (2004) Die Wasserrahmenrichtlinie – Neues Fundament für den Gewässerschutz in Europa, November 2004

Bundesministerium für Umwelt, Bau, Naturschutz und Reaktorsicherheit – BMUB & Umweltbundesamt – UBA (Hrsg.) (2016) Die Wasserrahmenrichtlinie – Deutschlands Gewässer 2015. Bonn, Dessau.

BWK (s. Bund der Ingenieure für Wasserwirtschaft, Abfallwirtschaft und Kulturbau e. V.)

Dittrich, A. (1995) Hydraulische Belastbarkeit ingenieurbiologischer Bauweisen, In: WBW-Gemeinnützige Fortbildungsgesellschaft für die Gewässerpflege mbH (Hrsg.) (1996)

Dittrich, A. (1999) Sohlenstabilität naturnaher Fließgewässer, In: WBW-Gemeinnützige Fortbildungsgesellschaft für die Gewässerentwicklung mbH (Hrsg.) (1999)

DVWK – GfG (s. Gemeinnützige Fortbildungsgesellschaft für Wasserwirtschaft und Landschaftsentwicklung mbH, Mainz)

DVWK – Gemeinnützige Fortbildungsgesellschaft für Wasserwirtschaft und Landschaftsentwicklung mbH – GfG (Hrsg.) (2006) Randstreifen an Gewässern, Empfehlungen zur Umsetzung und Unterhaltung, Autor: Karl Kaltenbrunner, Mainz

DVWK – Gemeinnützige Fortbildungsgesellschaft für Wasserwirtschaft und Landschaftsentwicklung mbH – GfG (Hrsg.) (1998) Sohlenerosion und Auenauflandung – Empfehlungen für die Gewässerunterhaltung, Autor: Klaus Kern, Dezember 1998, Mainz

DVWK – Gemeinnützige Fortbildungsgesellschaft für Wasserwirtschaft und Landschaftsentwicklung mbH – GfG (Hrsg.) (1999) Ufergehölze und Gehölzpflege – Empfehlungen für den Gewässerunterhaltungspflichtigen, Autor: Thomas Paulus, September 1999, Mainz

DWA (s. Deutsche Vereinigung für Wasserwirtschaft, Abwasser, Abfall e. V., Hennef – die DWA ist am 27. Oktober 2004 durch Namensänderung aus ATV-DVWK entstanden)

DWA – Deutsche Vereinigung für Wasserwirtschaft, Abwasser und Abfall e. V. (DWA) (Hrsg.) (2005) Fischschutz- und Fischabstiegsanlagen – Bemessung, Gestaltung, Funktionskontrolle, DWA-Themen, 2. korrigierte Aufl., Juli 2005

DWA – Deutsche Vereinigung für Wasserwirtschaft, Abwasser und Abfall e. V. (DWA) (Hrsg.) (2006a) Hydraulisch-sedimentologische Berechnungen naturnah gestalteter Fließgewässer – Berechnungsverfahren für die Ingenieurpraxis, Bearbeiter: Wolfgang Mertens, Mai 2006

DWA – Deutsche Vereinigung für Wasserwirtschaft, Abwasser und Abfall e. V. (DWA) (Hrsg.) (2006b) Funktionskontrolle von Fischaufstiegsanlagen – Auswertung durchgeführter Untersuchungen und Diskussionsbeiträge für Durchführung und Bewertung, April 2006, S. 123 S

DWA – Deutsche Vereinigung für Wasserwirtschaft, Abwasser und Abfall e. V. (DWA) (Hrsg.) (2007) Freizeit und Erholung an Fließgewässern, Merkblatt DWA-M 603, Oktober 2007

DWA – Deutsche Vereinigung für Wasserwirtschaft, Abwasser und Abfall e. V. (DWA) (Hrsg.) (2010a) Fischaufstiegsanlagen und fischpassierbare Bauwerke, Gestaltung, Bemessung, Qualitätssicherung, Merkblatt DWA-M 509, Gelbdruck, Februar 2010

DWA – Deutsche Vereinigung für Wasserwirtschaft, Abwasser und Abfall e. V. (DWA) (Hrsg.) (2010b) Neue Wege der Gewässerunterhaltung – Pflege und Entwicklung kleiner Fließgewässer, DWA-Regelwerk, Merkblatt DWA-M 610, Juni 2010

DWA-Deutsche Vereinigung für Wasserwirtschaft, Abwasser und Abfall e. V. – DWA (Hrsg.) (2011) Deiche an Fließgewässern – Teil 1: Planung, Bau und Betrieb, Merkblatt DWA-M 507-1, Dezember 2011.

DWA-Deutsche Vereinigung für Wasserwirtschaft, Abwasser und Abfall e. V. – DWA (Hrsg.) (2014) Fischaufstiegsanlagen und fischpassierbare Bauwerke – Gestaltung, Bemessung, Qualitätssicherung, Merkblatt DWA- M 509, Mai 2014.

DWA-Deutsche Vereinigung für Wasserwirtschaft, Abwasser und Abfall e. V. – DWA (Hrsg.) (2018) Entwicklung urbaner Gewässer – Teil 2: Maßnahmen und Beispiele DWA-M 609-2, September 2018.

DWA-Deutsche Vereinigung für Wasserwirtschaft, Abwasser und Abfall e. V. – DWA (Hrsg.) (2019a) Bach- und Flussauen, DWA-Themen T2/2019, Mai 2019.

DWA-Deutsche Vereinigung für Wasserwirtschaft, Abwasser und Abfall e. V. – DWA (Hrsg.) (2019b) Ingenieurbiologische Bauweisen an Fließgewässern, Teil 1: Grundlagen und Bauweisenauswahl, DWA-Merkblatt 620-1 (Entwurf)

DWA-Deutsche Vereinigung für Wasserwirtschaft, Abwasser und Abfall e. V. – DWA (Hrsg.) (2020a) Gewässerrandstreifen – Uferstreifen – Entwicklungskorridore: Grundlagen und Funktionen, Hinweise zur Gestaltung, Beispiele, Merkblatt DWA- M 612, Mai 2020.

DWA-Deutsche Vereinigung für Wasserwirtschaft, Abwasser und Abfall e. V. – DWA (Hrsg.) (2020b) Ingenieurbiologische Bauweisen an Fließgewässern, Teil 2: Planung, Umsetzung und Erfolgskontrolle, DWA-Merkblatt 620-2 (Entwurf – Februar 2020)

DWA-Deutsche Vereinigung für Wasserwirtschaft, Abwasser und Abfall e. V. – DWA (Hrsg.) (2020c) Ingenieurbiologische Bauweisen an Fließgewässern, Teil 1: Grundlagen und Bauweisenauswahl, DWA-Merkblatt 620-1, Juni 2020

DWA-Deutsche Vereinigung für Wasserwirtschaft, Abwasser und Abfall e. V. – DWA (Hrsg.) (2020d) Naturschutz bei Planung und Genehmigung von Fließgewässerrenaturierungen, Merkblatt DWA-M 617, August 2020.

DWA-Deutsche Vereinigung für Wasserwirtschaft, Abwasser und Abfall e. V. – DWA (Hrsg.) (2020e) Hydraulische Berechnung von Fließgewässern mit Vegetation, Merkblatt DWA-M 524, September 2020)

DWA-Deutsche Vereinigung für Wasserwirtschaft, Abwasser und Abfall e. V. – DWA (Hrsg.) (2021) Entwicklung urbaner Gewässer – Teil 1: Grundlagen, Planung und Umsetzung DWA-M 609-1, April 2021.

Freistaat Sachsen – Sächsisches Staatsministerium für Umwelt und Landwirtschaft (Hrsg.) (2005) Ufersicherung – Strukturverbesserung, Anwendung ingenieurbiologischer Bauweisen im Wasserbau, Handbuch, Dresden

Gebler, R.-J. (2005) Entwicklung naturnaher Bäche und Flüsse – Maßnahmen zur Strukturverbesserung, Verlag Wasser und Umwelt, Walzbachtal

GFG (s. Gemeinnützige Fortbildungsgesellschaft für Wasserwirtschaft und Landschaftsentwicklung (GFG) mbH, Mainz)

GFG-Gemeinnützige Fortbildungsgesellschaft für Wasserwirtschaft und Landschaftsentwicklung (GFG) mbH (Hrsg.) (2010) Empfehlungen für die Wiederherstellung der linearen Durchgängigkeit bei Fließgewässern im Rahmen der Gewässerunterhaltung, Autor: Werner Gleim, Mainz

GFG-Gemeinnützige Fortbildungsgesellschaft für Wasserwirtschaft und Landschaftsentwicklung (GFG) mbH (Hrsg.) (2013) Kreuzungsbauwerke an kleinen Fließgewässern – Furten, Stege,

Durchlässe und Brücken, Autoren: Klaus Träbing, Reinhold Stahlmann, Rolf Johannsen, Mainz.

Grasso, A., Jakob, A., Spreafico, M., Bérod, D. (2010) Monitoring von Feststofffrachten in schweizerischen Wildbächen, Wasser, Energie, Luft, 102. Jahrg., Heft 1/2010

Haselsteiner, R. (2008) Maßnahmen zur Ertüchtigung von Deichen, KW-Korrespondenz Wasserwirtschaft, 1. Jahrg., Nr. 3, März 2008

Hassinger, R. (2002) Der Borstenfischpass – Fischaufstieg und Bootsabfahrt in einer Rinne, Wasserwirtschaft, 92. Jahrg., Heft 4–5/2002

Hatzfeld, F., Scheibel, M., Sobolewski, D. (2014) KNEFF++ – Konzept zur naturnahen Entwicklung von Fließgewässern im Einklang mit Maßnahmen für den Hochwasserschutz, KW Korrespondenz Wasserwirtschaft, 7. Jahrg., Heft 4, S. 218 ff.

Heimerl, S. (Hrsg.) (2017) Biologische Durchgängigkeit von Fließgewässern, Ausgewählte Beiträge aus der Fachzeitschrift WasserWirtschaft, Springer Vieweg, Wiesbaden.

Heimerl, S., Homilius, S., Standfuß, M., Wurster, H. (2005) Auslegung von Fischaufstiegsanlagen in Störsteinbauweise, Wasserwirtschaft, 95. Jahrg., Heft 6/2005

Heimerl, S., Ittel, G. (2002) Becken-Schlitz-Pässe als zukunftsträchtige Bauweise für technische Verbindungsgewässer, Wasserwirtschaft, 92. Jahrg., Heft 4–5/2002

Hiekel, I., Hassinger, R. (2008) Einsatz von Borsten als Rauheitselemente und Erprobung eines Fisch-Kanu-Passes im Spreewald, KW-Korrespondenz Wasserwirtschaft, 1. Jahrg., Nr. 2, Februar 2008

Hintermann, M. (2000) Canyoning für Fische, Wasser, Energie, Luft, 92. Jahrg., Heft 11/12

Hjulström, F. (1935) Studies of the morphological activity of rivers as illustrated by the River Fyris, Bulletin of the Geological Institution of the University of Upsala

Hoffmans, G.J.C.M., Verheij, H.J. (1997) Scour Manual, A.A. Balkema, Rotterdam, Brookfield

Jäggi, M. (2004) Grundsätze zum Bau von Blockrampen, Wasser, Energie, Luft, 96. Jahrg., Heft 5–6/2004

Janisch, T., Weichert, J., Bezolla, G.R. (2007) Verhalten aufgelöster unstrukturierter Blockrampen, Wasser, Energie, Luft, 99. Jahrg., Heft 2/2007

Karl, J. (1994) Renaturierung und Revitalisierung alpiner Fließgewässer, In: Verein zum Schutz der Bergwelt e. V. (Hrsg.) (1994) Jahrbuch des Vereins zum Schutz der Bergwelt, 59. Jahrg.

Kern, K. (1994) Grundlagen naturnaher Gewässergestaltung – Geomorphologische Entwicklung von Fließgewässern, Springer Verlag, Berlin.

Knauss, J. (1979) Flach geneigte Abstürze, glatte und rauhe Sohlenrampen, Versuchsanstalt für Wasserbau, Technische Universität München, Bericht Nr. 41

KOHS (s. Kommission für Hochwasserschutz des Schweizer Wasserwirtschaftsverbandes im Schweizer Wasserwirtschaftsverband, Baden)

Kommission für Hochwasserschutz (2013) Freibord bei Hochwasserschutzprojekten und Gefahrenbeurteilung, Kommission für Hochwasserschutz, Wasserbau und Gewässerpfleger (KOHS) im Schweizer Wasserwirtschaftverbandes, Wasser Energie Luft, 105. Jahrgang, Heft 1.

Konold, W. (2007) Die wasserabhängigen Landökosysteme. Gibt es gemeinsame Strategien von Wasserwirtschaft und Naturschutz zu deren Schutz und Erhalt?, Hydrologie und Wasserbewirtschaftung, 51. Jahrg., Heft 6, Dezember 2007, S. 257–266

Korecky, N., Hengl, M. (2008) Stabilität und Bemessung von flach geneigten, aufgelösten Riegelrampen, Wasserwirtschaft, 98. Jahrg., Heft 1–2, S. 32–36

Korte, Th., Pottgiesser, T., Hering, D. (2016) Den Erfolg hydromorphologischer Maßnahmen ganzheitlich und differenziert bestimmen, KW Korrespondenz Wasserwirtschaft, 9. Jahrg., Heft 9, S. 556 ff.

Kraus, W. (1994) Uferstreifen – unverzichtbare Bestandteile von Tallandschaften, Zeitschrift für Kulturtechnik und Landentwicklung, Heft 35/1994

Krüger, F., Heimerl, S. (2007) Zur hydraulischen Berechnung von rauen Rampen in Störsteinbauweise, Wasserwirtschaft, 97. Jahrg., Heft 7–8/2007

Land Salzburg (Hrsg.) (2002) Salzburger Fischpass-Fibel – Erfahrungen zu Bau und Betrieb von Fischaufstiegshilfen, Land Salzburg, Reihe Gewässerschutz, Bd. 1, 2. Aufl.

Maier, D., Lehmann, B. (2006) Borstenfischpass – Entwicklung eines Bemessungskonzeptes, Wasserwirtschaft, 96. Jahrg., Heft 10/2006

Mewes, M., Klauer, B. (2009) Wasserrahmenrichtlinie und Naturschutz. Kontrahenten oder Partner – Die Berücksichtigung Belange des Naturschutzes bei der Maßnahmenplanung nach der Europäischen Wasserrahmenrichtlinie am Beispiel des Bundeslandes Hessen, KW Korrespondenz Wasserwirtschaft, 2. Jahrg., Heft 9/2009

Meyer-Peter, E., Müller, R. (1949) Eine Formel zur Berechnung des Geschiebetriebs, Schweizer Bauzeitung, 67. Jahrg., Nr. 3, Bern

Muth, W. (2001) Hydraulisch wirksame Absturzbauwerke – Berechnung nach DIN 19 661 – 2, Wasserwirtschaft, 91. Jahrg., Heft 6/2001

Patt, H. (1996) Bank Strips for Our Rivers – First or Last Step in a Reconstruction Process, International Workshop Environment and Interaction, Porto, Portugal, 18.–19. November 1996

Patt, H. (1997) Water Protection through Bank Strips, XXVII. IAHR Congress „Water for a Changing Global Community“, San Francisco, 10–15 August 1997

Patt, H. (Hrsg.) (2016) Fließgewässer- und Auenentwicklung – Grundlagen und Erfahrungen, 2. Aufl., Springer Vieweg, Wiesbaden.

Patt, H., Schrenk, G. (2004) Freizeit- und Erholungsnutzungen bei der Fließgewässerentwicklung – Aspekte in Verbindung mit der EG-Wasserrahmenrichtlinie, KA-Abwasser, Abfall, 51. Jahrg., Nr. 6, Juni 2004, S. 599–602

Patt, H., Städtler, E. (2000) Eigendynamische Entwicklung einer Gewässerstrecke, Wasser & Boden, 51. Jahrg., Heft 1 + 2/2000

Patt, H., Jürging, P., Kraus, W. (2018) Naturnaher Wasserbau – Entwicklung und Gestaltung von Fließgewässern, 5. Aufl., Springer Vieweg, Wiesbaden.

Paulus, T. (1999) Ufergehölze und Gehölzpflege, Gemeinnützige Fortbildungsgesellschaft für Wasserwirtschaft und Landschaftsentwicklung mbH – GfG, Mainz

Peter, A. (2009) Flussrevitalisierungen – Lernbeispiele für Wissenschaft und Praxis, Wasser, Energie, Luft, 101. Jahrg., Heft 3/2009

Platzer, G. (2000) Dimensionierung muldenförmiger Blocksteinrampen, In: Bundesamt für Wasserwirtschaft (Hrsg.) (2000) Schriftenreihe des Bundesamtes für Wasserwirtschaft, Bd. 9, S. 104

Rehklau, W., Kraier, W., Hendreschke, M. (2017) Gewässer- und Auenentwicklung in Bayern: Synergien von Natura 2000 und Wasserrahmenrichtlinie. In: Anliegen Natur, Zeitschrift für Naturschutz und angewandte Landschaftsökologie, Heft 39(2), Laufen a.d. Salzach

Richwien, W. (1999) Nachweis der Standsicherheit von Böschungen naturnah gestalteter Fließgewässer, Wasser & Boden, 51. Jahrg., Heft 1 + 2/1999

Rickenmann, D., Scheidl, C. (2010) Modelle zur Abschätzung des Ablagerungsverhaltens von Wildbächen, Wasser, Energie, Luft, 102. Jahrg., Heft 1/2010

Rössert, R. (1999) Hydraulik im Wasserbau, 10. Aufl., R. Oldenbourg Verlag, München, Wien

Rumm, P., Keitz, von, S., Schmalholz, M. (Hrsg.) (2006) Handbuch der EU-Wasserrahmenrichtlinie – Inhalte, Neuerungen und Anregungen für die nationale Umsetzung, 2. Aufl., Erich Schmidt Verlag, Berlin

Schendel, F.A. (2010) Das neue Wasserhaushaltsgesetz – ein Überblick, KW Korrespondenz Wasserwirtschaft, 3. Jahrg., Heft 3/2010
Schiechtl, H.M., Stern, R. (1992) Handbuch für naturnahen Erdbau; eine Anleitung für ingenieurbiologische Bauweisen, Österreichischer Agrarverlag, Wien
Schiechtl, H.M., Stern, R. (1994) Handbuch für naturnahen Wasserbau; eine Anleitung für ingenieurbiologische Bauweisen, Österreichischer Agrarverlag, Wien
Schiechtl, H.M., Stern, R. (2002) Naturnaher Wasserbau – Anleitung für ingenieurbiologische Bauweisen, Ernst & Sohn Verlag, Berlin
Schleiss, A. (2000) Uferschutz an Gebirgsflüssen, Wasser, Energie, Luft, 92. Jahrg., Heft 9/10
Schmidt, M. (1957) Gerinnehydraulik, Bauverlag, Wiesbaden
Schneider, J., Korte, E. (2005) Strukturelle Verbesserungen von Fließgewässern für Fische, Gemeinnützige Fortbildungsgesellschaft für Wasserwirtschaft und Landschaftsentwicklung mbH – GfG (Hrsg.), Mainz
Schneider-Bautabellen (s. Albert 2016)
Schwevers, U., Adam, B. (2018) Fish Protection Technologies and Fish Ways for Downstream Migration, Springer, Cham
Schwevers, U., Adam, B. (2020) Fischaufstiegsanlagen Funktionssicherung, Gestaltung, Auslegungskriterien, Springer Verlag.
Seifert, A. (1965) Naturferner und naturnaher Wasserbau, Montana Verlag, Zürich
Siering, P. (2004) Der Fisch-Kanu Pass – Eine Kombination von Ökologie und Kanusport, Wasser und Abfall, Heft 7–8/2004
Scapozza, C. (2017) Aufgelöste unstrukturierte Blockrampen, Wasser Energie Luft, 109. Jahrg., 2017, Heft 1, S. 33-40.
Spannring, M., Seus, G. J. (2000) Die Wirkung von Buhnen auf Strömung und Sohle eines Fließgewässers, Wasserwirtschaft, 90. Jahrg., Heft 2/2000
Städtler, E., Patt, H. (2003) Entwicklung und Bau von Fischaufstiegsanlagen an der Sieg – 10 Jahre Pilotprojekte an Sieg und Agger, Wasser & Boden, 55. Jahrg., Heft 7–8/2003
Strobl, T., Zunic, F (2006) Wasserbau, Aktuelle Grunlagen – Neue Entwicklungen, Springer, Berlin, Heidelberg, New York
UBA (s. Umweltbundesamt, Dessau)
Umweltbundesamt (UBA) (Hrsg) (2014) Hydromorphologische Steckbriefe der deutschen Fließgewässertypen, UBA Texte 43/2014, Anhang 1: Von Strategien zur Optimierung von Fleißgewässer-Renaturierungsmaßnahmen und ihrer Erfolgskontrolle, Berlin.
Verein zum Schutz der Bergwelt e. V. (Hrsg.) (2005) Rettet den Tagliamento – Friaul/Italien – König der Alpenflüsse, Sonderdruck aus dem Jahrbuch 2005/70. Jahrg., München
Weichert, R., Bezolla, G.R., Minor, H.E. (2006) Beurteilung der Sohlenstabilität von Gebirgsbächen, Wasser, Energie, Luft, 98. Jahrg., Heft 3/2006
Weichert, R., Bezolla, G.R., Minor, H.E. (2007) Stufen-Becken-Abfolge als sohlstabilisierende Maßnahme, Wasser, Energie, Luft, 99. Jahrg., Heft 2/2007
Wendehorst (2015) (Anmerkung: der „Wendehorst" ist ein eingeführtes Tabellenbuch und Nachschlagewerk im Bauingenieurwesen, das aktuell in der 35. Auflage (1. Juni 2015) vom Springer Vieweg Verlag herausgegeben wird.)
Weyand, M. (2015) Viertes DWA-Wasserrahmenrichtlinienforum zum Zusammenspiel von Wasserrahmenrichtlinie und Hochwasserrisikiomanagementrichtlinie, KW Korrespondenz Wasserwirtschaft, 8. Jahrg., Heft 1, S. 14 ff.

Werk, K. (2015) Chancen und Anforderungen für ein gemeinsames Vorgehen von Wasserwirtschaft und Naturschutz bei der Gewässerrenaturierung, KW Korrespondenz Wasserwirtschaft, 8. Jahrg., Heft 3, S. 172 ff.

Whittaker, J., Jäggi, M. (1986) Blockschwellen, Versuchsanstalt für Wasserbau, Hydrologie und Glaziologie der ETH Zürich, Mitteilung Nr. 91, Zürich

Winkler, H. (2009) Rückbau von Sohlenbauwerken, KW Korrespondenz Wasserwirtschaft, 2. Jahrg., Heft 6/2009

Technischer Hochwasserschutz 5

Zusammenfassung

Hochwasser (und auch Niedrigwasser) sind Naturereignisse und ein wichtiger Bestandteil des natürlichen Wasserkreislaufs. Dass weltweit Tausende von Menschen durch Hochwasser bedroht werden und Sachschäden in Milliardenhöhe entstehen, ist in vielen Fällen darauf zurückzuführen, dass Menschen in den gewässernahen Bereichen siedeln, dort wirtschaften und große Sachwerte dorthin verbracht wurden. Aufbauend auf einer Risikoanalyse unter Berücksichtigung der Hochwasserschadenspotenziale werden Strategien und Maßnahmen entwickelt, um die Schäden zu reduzieren. Hierbei umfasst der technische Hochwasserschutz alle Maßnahmen, um hochwassergefährdete Bereiche vor Überschwemmungen zu schützen. Dazu zählt die Reduzierung der Abwasserspitzen, Wasserrückhalt in den natürlichen Überschwemmungsgebieten und in Rückhaltebecken, die baulichen Schutzmaßnahmen, wie Deiche, Dämme und Mauern, sowie die Arbeiten vor, während und nach einem Hochwasserereignis. Die sich vielerorts einstellenden Klimaveränderungen werden Anpassungen erforderlich machen (Grünewald 2008, Hurk et al. 2015, Halbig 2016).

5.1 Leben mit hohen Abflüssen – Hochwasser

Bis in die 1970er-Jahre des vorigen Jahrhunderts hinein war es eine unausgesprochene, planerische Vorgabe des Wasserbaus, mit einem möglichst geringen Flächenbedarf die Voraussetzungen für Ansiedlungen und Infrastrukturanlagen in Gewässernähe zu schaffen und zu sichern. Gebaut wurden dazu in der Mehrzahl Hochwasserschutzdeiche und -mauern.

H. Patt et al., *Wasserbau,* https://doi.org/10.1007/978-3-658-30551-2_5

Zu Beginn der 1980er-Jahre wurden die negativen Auswirkungen dieser einseitigen Verfahrensweise immer deutlicher. Das Versagen der Schutzeinrichtungen häufte sich, da mittlerweile ein Großteil der natürlichen Überschwemmungsflächen von den Fließgewässern abgeschnitten waren und diese Flächen dadurch für den Wasserrückhalt nicht mehr zur Verfügung standen. Hinzu kommt noch die Beschleunigung der Hochwasserwellen durch die fortschreitende Versiegelung der Landschaft. Trotz hoher Ausgaben für den Hochwasserschutz entstanden insbesondere in den 1990er-Jahren weiterhin hohe Schäden – eine bittere Erkenntnis, die ein Umdenken zwingend erforderlich machte (u. a. Patt und Jüpner 2020).

Die großen Hochwasser in den 1990er-Jahren führten zur Verabschiedung von bundeseinheitlichen Leitlinien für einen „Zukunftsweisenden Hochwasserschutz" durch die Länderarbeitsgemeinschaft Wasser – LAWA (LAWA 1995), die in den folgenden Jahren fortgeschrieben (LAWA 2000) und zusätzlich durch Hochwasserschutzkonzepte der Bundesländer an die regionalen Besonderheiten angepasst wurden.

Die Europäische Hochwasserrichtlinie (u. a. Patt et al. 2018; Elgeti und Schmalz 2008) und das darauf aufbauende Gesetz zur Verbesserung des vorbeugenden Hochwasserschutzes (Munk 2005a,b) sowie die Einführung von Hochwassergefahren- und Risikokarten (u. a. LAWA 2007; Spanknebel 2009) werden mit Sicherheit neue Schwerpunkte setzen und damit die Herangehensweisen beeinflussen (u. a. Becker et al. 2018; Weyand 2015; Grett 2011; Müller 2011). Neben naturschutzfachlichen Belangen (Werk 2015) werden auch die Einflüsse von Klimaveränderungen zukünftig bei den Planungen zunehmend zu berücksichtigen sein (s. Grünewald 2008; Hurk et al. 2015; Halbig 2016).

In den folgenden Abschnitten werden in der Hauptsache Aspekte des technischen Hochwasserschutzes (sog. Bauvorsorge) behandelt.

5.2 LAWA-Leitlinien Hochwasserschutz

Die ersten Schritte zu einer länderübergreifenden Verbesserung des Hochwasserschutzes wurden von der Länderarbeitsgemeinschaft Wasser (LAWA) durch die Veröffentlichung der *„Leitlinien für einen zukunftsweisenden Hochwasserschutz"* bewirkt (LAWA 1995, 2000 sowie BWG 2001). Bestätigt und bestärkt wurden diese Leitlinien durch die in Abb. 5.1 dargestellten Leitsätze für eine ökologisch ausgerichtete Hochwasservorsorge durch das Bundeskabinett aus dem Jahr 2002.

Zur Minimierung von Hochwasserschäden sollen drei Teilstrategien beitragen (Abb. 5.2):

- natürlicher Wasserrückhalt
- technischer Hochwasserschutz
- weitergehende Hochwasservorsorge

Diese Teilstrategien sollen sich, den jeweiligen Gegebenheiten bestmöglich angepasst, zu einem Gesamtschutzkonzept zusammenfügen.

1. Hochwasserereignisse müssen wieder als Naturereignis begriffen werden, denen der Mensch immer ausgesetzt sein wird.

2. Menschliche Eingriffe in den Naturhaushalt haben zu einer Verschärfung der Hochwassergefahr geführt. Diese Eingriffe sollen so weit wie möglich rückgängig gemacht, ausgeglichen und künftig vermieden werden.

3. Langfristige Hochwasservorsorge muss sich auf die gesamte Fläche von Flusseinzugsgebieten, auch grenzüberschreitend, erstrecken. Das Vorsorgeprinzip muss auch für Hochwasserprävention gelten.

4. Technischer Hochwasserschutz wird auch in Zukunft notwendig sein. Er soll sich allerdings vorrangig auf den Schutz von Menschenleben und hochwertiger Sachgüter beschränken. Belange von Naturschutz und Landschaftspflege sind zu beachten.

5. Jeder, der vom Hochwasser betroffen werden kann, muss auch eigene Vorsorge treffen. Hierzu muss ein entsprechendes Informations- und Vorhersagesystem eingerichtet werden.

6. Die menschlichen Nutzungen in Überschwemmungsgebieten sind den Gefährdungen anzupassen. Entsprechende Instrumente zur Verminderung des Gefährdungspotenziales sind zu entwickeln.

7. In überschwemmungsgefährdeten Gebieten ist Vorsorge gegen mögliche ökologisch negative Folgewirkungen, wie Gewässer- und Bodenverunreinigung zu treffen.

Abb. 5.1 Leitsätze für eine ökologisch ausgerichtete Hochwasservorsorge (Perspektiven für eine ökologisch ausgerichtete Hochwasservorsorge; vom Bundeskabinett beschlossen am 17.04.2002)

5.3 Risikoanalyse, Hochwasserschadenspotenziale

Die Erarbeitung einer *Risikoanalyse* ist eine Grundvoraussetzung für eine wirtschaftlich ausgewogene Hochwasserschutzplanung. Bedeutsam für die Risikoanalyse sind die bestehende Gefährdung und die Empfindlichkeit (sog. *Vulnerabilität*) der gefährdeten Nutzungen.

Hochwasserschadenspotenziale ergeben sich aus der Hochwassergefahr und den durch diese Ereignisse gefährdeten materiellen und immateriellen Güter. Das bedeutet, dass zwei verschiedene Gewässerabschnitte zwar das gleiche Hochwasserrisiko, aber unterschiedliche Schadenspotenziale haben können. Dies hängt mit der unterschiedlichen Nutzung der betroffenen Flächen zusammen (Abb. 5.3 – urbaner Bereich und 5.4 Gewässeraue). Insbesondere in urbanen Bereichen ist das Risiko hoher Schäden sehr groß (u. a. Patt und Jüpner 2020; Patt 2007).

5.4 Strategien und Maßnahmen

Der Hochwasserschutz hat sich in den letzten Jahren erheblich verbessert. Dazu beigetragen haben insbesondere die gestiegene Sensibilität der Bevölkerung und das Wissen, dass eine Reduzierung der Nutzungen in den gewässernahen Bereichen dringend erforderlich ist.

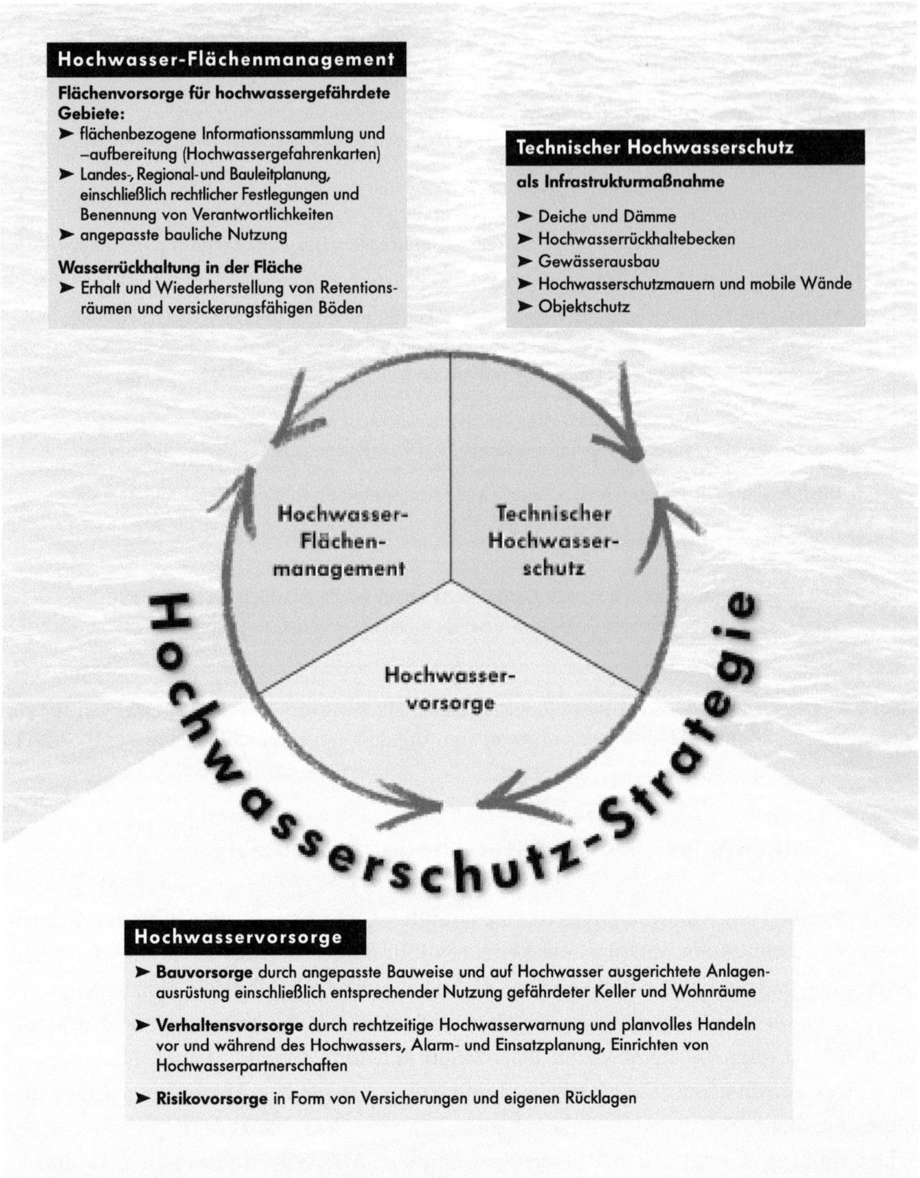

Abb. 5.2 Hochwasserschutzstrategien – Teilstrategien zur Zielerreichung (Faltblatt „Hochwasservorsorge – Alle sind gefordert" des Ministeriums für Umwelt und Verkehr des Landes Baden-Württemberg aus dem Jahr 2003)

Abb. 5.3 Die Hochwasserschadenspotenziale in urbanen Bereichen hängen von der Nutzung der gefährdeten Bereiche ab (Foto: E. Städtler)

Wesentlich für die Durchführung von Hochwasserschutzmaßnahmen sind die rechtlichen Vorgaben. Das Wasserhaushaltsgesetz (WHG) und das Hochwasserschutzgesetz, zahlreiche Verordnungen, Erlasse und Gemeindesatzungen sowie zahlreiche Konzepte zur Rückgewinnung bzw. Wiederanbindung von Überschwemmungsgebieten der Bundesländer lassen den Willen erkennen, diesbezüglich neue Wege zu gehen. Diese Willensbildung und die Erkenntnis, dass lange Jahre eine falsche Strategie verfolgt worden ist, sind wesentlich für die Durchsetzung der erforderlichen Maßnahmen.

5.4.1 Übersicht

Der Schutz der natürlichen Überschwemmungsgebiete und die Bereitstellung von Flächen für den Wasserrückhalt sind heute die wesentlichen Bestandteile einer Schutzstrategie (u. a. Patt und Jüpner 2020).

In Abb. 5.5 (Zeile 2: Rückhaltung; natürliche Retention und künstliche Retention) sind diese Maßnahmen durch die Reduzierung der Wasserstände bzw. Abflüsse gekennzeichnet (s. Wasserspiegelverlauf im Längsschnitt). An der Form der Hochwasserwelle (Spalte 4 in Abb. 5.5) ist zu erkennen, wie die Spitzenabflüsse reduziert werden. Dort

Abb. 5.4 Obwohl die Überschwemmungen flächendeckend sind, treten keine Schäden auf (Foto: H. Patt)

wo diese Maßnahmen nicht ausreichen bzw. vor Ort nicht realisierbar bzw. durchsetzbar sind, greifen die Maßnahmen des technischen Hochwasserschutzes.

In Abb. 5.5 sind daher auch technische Hochwasserschutzmaßnahmen und deren Auswirkungen auf eine gedachte Schutzstrecke (zwischen A und E) sowie auf die ober- und unterhalb liegenden Gewässerabschnitte aufgeführt. Manche der Maßnahmen sollte man ausschließen (z. B. die Glättung des Gerinnes), andere haben sich wiederum als zielführend erwiesen (z. B. die Gerinneaufweitung).

Gezeigt werden jeweils die Wasserspiegelverläufe *vor* (— durchgezogene Linie) und *nach* (---- gestrichelte Linie) Realisierung einer Maßnahme. Zusätzlich sind die Auswirkungen der jeweiligen Maßnahme auf die Hochwasserwelle für den Punkt A, d. h. am Beginn der Schutzstrecke, dargestellt.

Es ist erkennbar, dass alle *oberhalb der Ausbaustrecke* durchgeführten Maßnahmen (d. h. Rückhaltung, Entlastung) zu einer Reduzierung der Wasserstände in der Schutzstrecke führen. Entlastungsmaßnahmen (d. h. Ableitung und Umleitung) bewirken in den entlasteten Gerinnestrecken eine Senkung der Wasserstände, mindern das Risiko für eine Überschwemmung und schaffen dadurch Spielraum für die Gestaltung der zu schützenden Gewässerstrecke (Abb. 5.5).

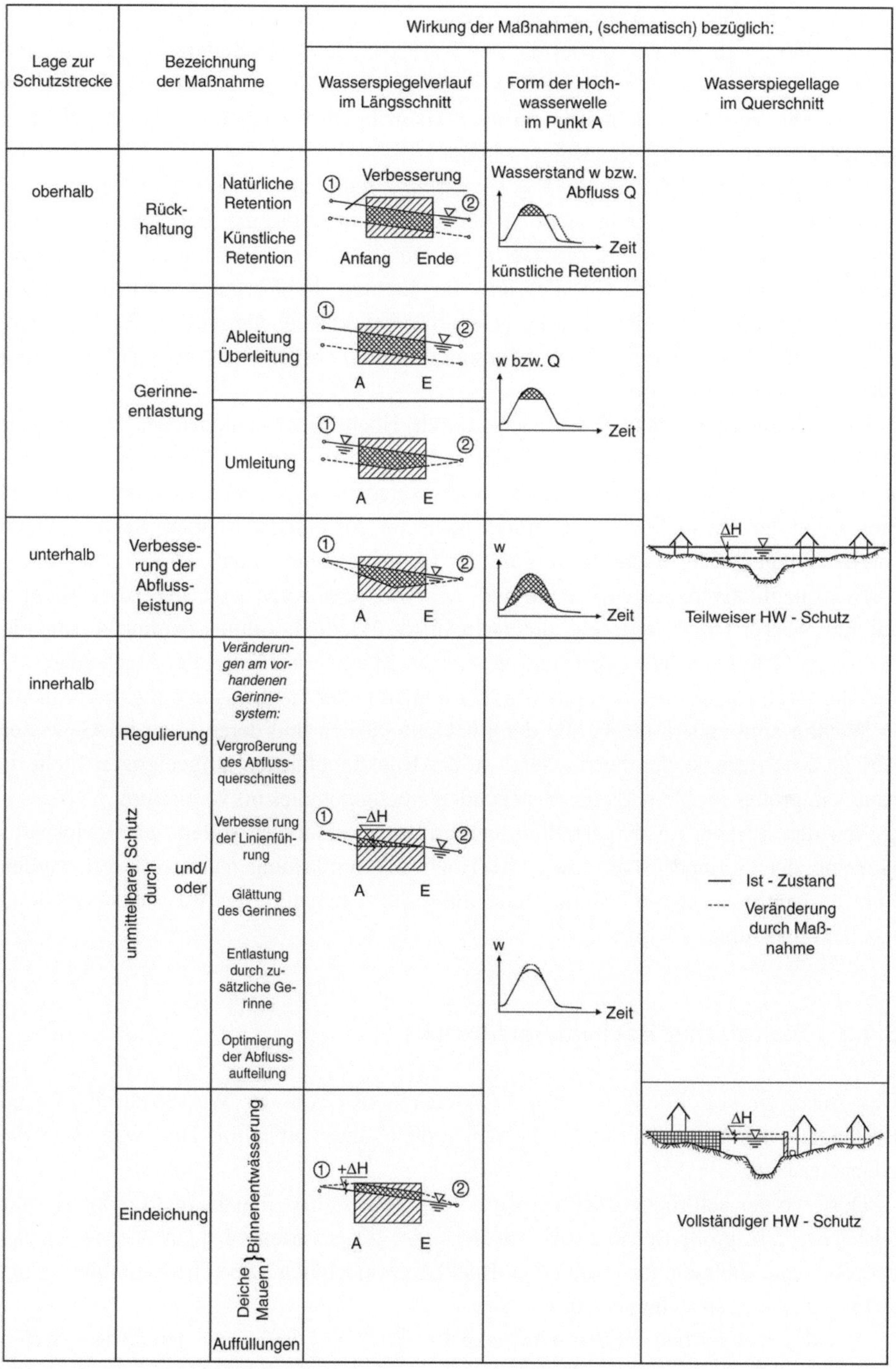

Abb. 5.5 Auswirkungen von baulichen Maßnahmen im Hochwasserschutz (aus Patt und Jüpner 2020)

Alle abflussfördernden Maßnahmen, die *unterhalb der Schutzstrecke* durchgeführt werden, führen zu einer Reduzierung der Wasserstände in der Schutzstrecke, sind aber gleichzeitig mit steigenden Wasserständen für die darauf folgenden Fließabschnitte verbunden. Die Vor- und Nachteile derartiger Maßnahmen müssen daher bei der Planung sorgfältig gegeneinander abgewogen werden.

Die in Abb. 5.5 aufgezeigten Maßnahmen *innerhalb einer Schutzstrecke* sind typisch für den Hochwasserschutz in urbanen Bereichen. Die Entlastung der Schutzstrecke ist eine Alternative zum Ausbau des Gerinnes. Durch die Vergrößerung des Abflussquerschnitts, die Erhöhung des Gefälles und die Glättung des Gerinnes wird die Abflussleistung gesteigert. Vorteilhaft für die unterstrom befindlichen Gerinnestrecken ist jedoch lediglich die Vergrößerung des Abflussquerschnitts, da dadurch der Wasserrückhalt tendenziell verbessert wird.

Der Schutz der genutzten Bereiche durch Hochwasserschutzdeiche, Hochwasserschutzmauern o. ä. führt zu einem Wasserspiegelanstieg in der Schutzstrecke selbst, aber auch ober- und unterhalb. Dieser Wasserspiegelanstieg und die damit verbundene Steigerung der Abflussleistung erfordern nicht nur entsprechend höhere Schutzanlagen, sondern können auch zu einer Eintiefung der Gewässersohle führen.

Die quantitativen Auswirkungen auf den Wasserrückhalt und die Auswirkungen auf die Wasserstände sind sehr unterschiedlich. Wichtige Einflussparameter sind der maximale Abfluss (Scheitelwert) und Verlauf der Hochwasserganglinie. Aus beiden lässt sich die Hochwasserfülle, d. h. das Wasservolumen in der Hochwasserwelle, berechnen.

Wichtig sind zudem die Größe der Rückhalteflächen und deren Lage im Gewässerverlauf. Das Bereitstellen ausreichend großer Rückhalteflächen an geeigneter Stelle ist heute ein großes Problem, da die bestehenden Nutzungen dies oft verhindern.

Von den in Abb. 5.5 dargestellten technischen Maßnahmen sollen der Hochwasserrückhalt, der Gerinneausbau sowie die Hochwasserentlastung näher erläutert werden. Eine umfangreiche, geschlossene Darstellung der Thematik Hochwasserschutz enthält u. a. Patt und Jüpner (2020).

5.4.2 Technischer Hochwasserrückhalt

Das Ausufern von Fließgewässern in Abhängigkeit von der Wasserführung ist ein Bestandteil des Wasserhaushalts und daher nicht unmittelbar mit Hochwasserschäden gleichzusetzen.

Dort, wo der natürliche Rückhalt im Einzugsgebiet eines Flusses nicht mehr gewährleistet ist, d. h. große Schäden bei Ausuferungen zu erwarten oder gar Menschenleben bedroht sind, müssen die fehlenden Rückhaltekapazitäten (Speichervolumina) durch technische Anlagen sichergestellt werden.

Ziel des technischen Hochwasserrückhalts (Abb. 5.6) ist es, die Hochwasserwellen (d. h. die Abflüsse) derart zu dämpfen, dass es in den genutzten Gewässerabschnitten nicht mehr zu Schäden kommt (u. a. Patt und Jüpner 2020).

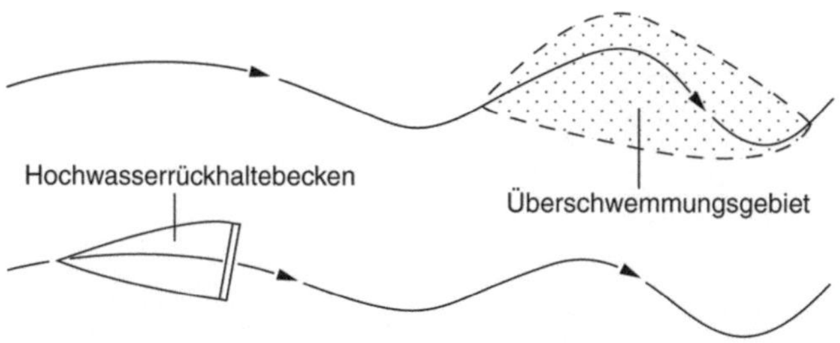

Abb. 5.6 Hochwasserschutz durch Hochwasserrückhalt. Anstelle des Überschwemmungsgebiets übernimmt ein künstliches Becken den Hochwasserrückhalt

Wird gemäß Abb. 5.7 der das Gerinne auffüllende Abfluss als bordvolles Hochwasser oder Grenzhochwasser HQ_{Grenz} bezeichnet, so müssen die Spitzen HQ_g der gedämpften Hochwasserwellen offensichtlich der Bedingung $HQ_g < HQ_{Grenz}$ genügen.

Das erforderliche Rückhaltevolumen V ergibt sich aus der Differenzfläche zwischen der Zuflussganglinie Q_Z und der Ausflussganglinie Q_A (Abb. 5.8). Das Verhältnis HQ_g/HQ entspricht dem Dämpfungsfaktor.

Der erforderliche Rückhalteraum lässt sich durch die Regulierung natürlicher Seen, die Erschließung von Überflutungsflächen und durch den Bau von Hochwasserrückhaltebecken realisieren. Bevor diese Möglichkeiten näher beschrieben werden, sei der Rückhaltevorgang hier kurz erläutert.

5.4.2.1 Rückhaltevorgang

Der Rückhaltevorgang oder Retentionsvorgang lässt sich durch die Ganglinien veranschaulichen (Abb. 5.9). Diese zeigen, wie ein rasch an- und abschwellender Hochwasserzufluss Q_Z durch einen Rückhalt in einen stark gedämpften und zeitlich verzögerten Abfluss Q_A verwandelt wird. Die Differenz

$$Q_R = Q_Z - Q_A \ [m^3/s]$$

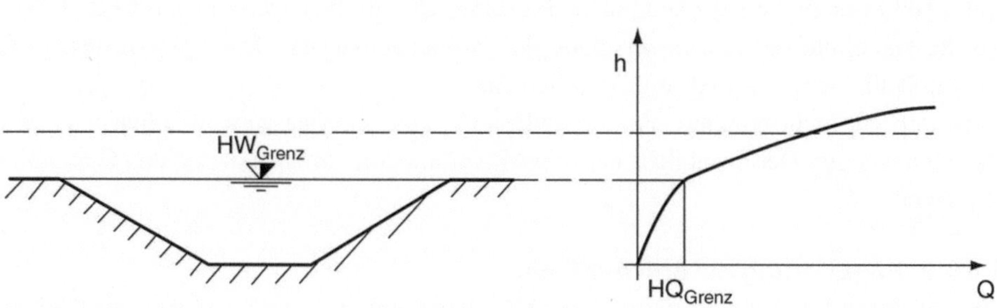

Abb. 5.7 Abflusskurve eines Fließgewässers. Steigt der Abfluss über das Grenzabfluss HQ_{Grenz}, führen die Ausuferungen (Überschwemmungen) zu Schäden

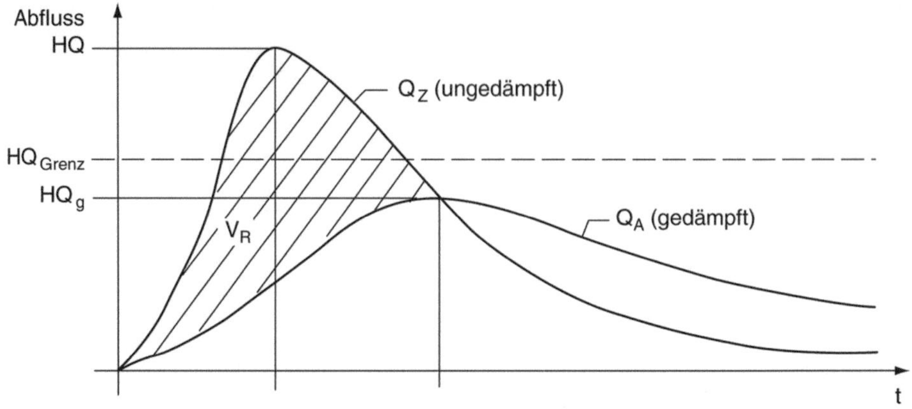

Abb. 5.8 Hochwasserganglinien. Das Rückhaltevolumen V_R bewirkt eine Dämpfung der Hochwasserwelle von HQ auf $HQ_g < HQ_{Grenz}$

wird als Speichergröße Q_R bezeichnet, die den Rückhaltespeicher zuerst auffüllt und ihn anschließend wieder entleert. Grundlage der Retentionsberechnung eines Sees ist die Kontinuitätsgleichung:

$$Q_R = Q_Z - Q_A = A \cdot \frac{dh}{dt} \ [m^3/s]$$

mit

Q_R zurückgehaltener Abfluss [m^3/s]
Q_Z Zufluss zum Becken [m^3/s]
Q_A Abfluss vom Becken [m^3/s]
A Oberfläche des Rückhaltebeckens [m^2]
h Wasserstand [m]

Die Speichergröße Q_R ist eng mit dem Wasserstand im Rückhaltebecken verknüpft. Ihren Nullpunkt erreicht sie bei maximalem Seestand. Die größten Werte liegen zeitlich dort, wo die Ganglinie des Seewasserstands ihre Wendepunkte hat. Die Speicherungsgröße wird zu Null, wenn Zu- und Abfluss gleich sind.

Ist der See nicht reguliert, ist der Abfluss Q_A aus dem See ausschließlich vom Seestand h abhängig. Der Seeabfluss hat sein Maximum dort, wo sich die beiden Ganglinien schneiden.

5.4.2.2 Regulierung natürlicher Seen

Ein natürlicher See kann als zusätzlicher Rückhalteraum wirken, wenn er in das Abflussregime des betrachteten Fließgewässers einbezogen werden kann. Dies gilt insbesondere dann, wenn sich das Gewässer in diesen See umleiten lässt.

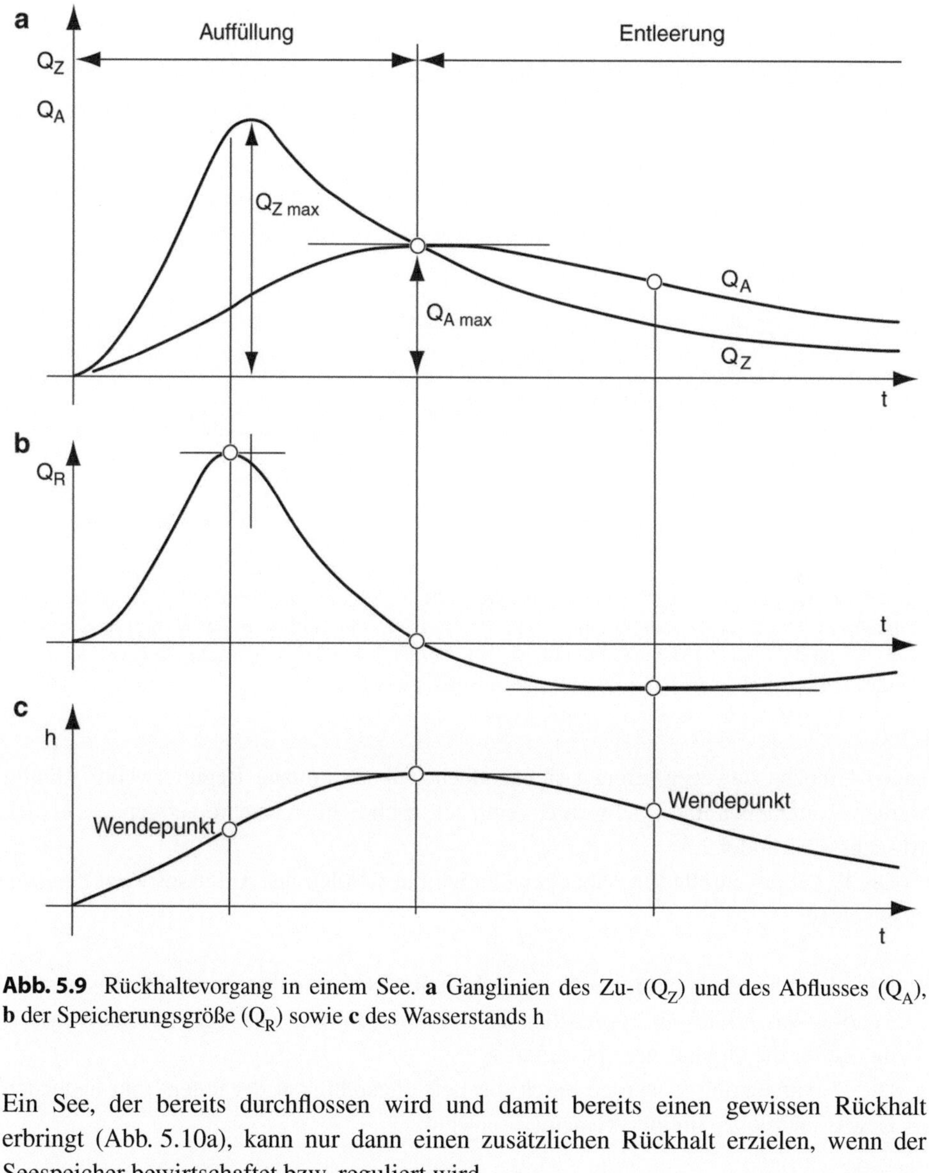

Abb. 5.9 Rückhaltevorgang in einem See. **a** Ganglinien des Zu- (Q_Z) und des Abflusses (Q_A), **b** der Speicherungsgröße (Q_R) sowie **c** des Wasserstands h

Ein See, der bereits durchflossen wird und damit bereits einen gewissen Rückhalt erbringt (Abb. 5.10a), kann nur dann einen zusätzlichen Rückhalt erzielen, wenn der Seespeicher bewirtschaftet bzw. reguliert wird.

Wird der Rückhaltevorgang gesteuert (Abb. 5.10b), wird das vorhandene Rückhaltevolumen bestmöglich ausgenutzt, die Hochwasserwelle also am stärksten gedämpft. Allerdings setzt diese Art der Regulierung die Kenntnis der zufließenden Hochwasserwelle voraus.

Moderne Regulierwehre sind mit mehreren leicht verstellbaren Schützen ausgerüstet. Da beim Seeausfluss kein Geschiebe anfällt und sich die Seespiegelschwankungen in

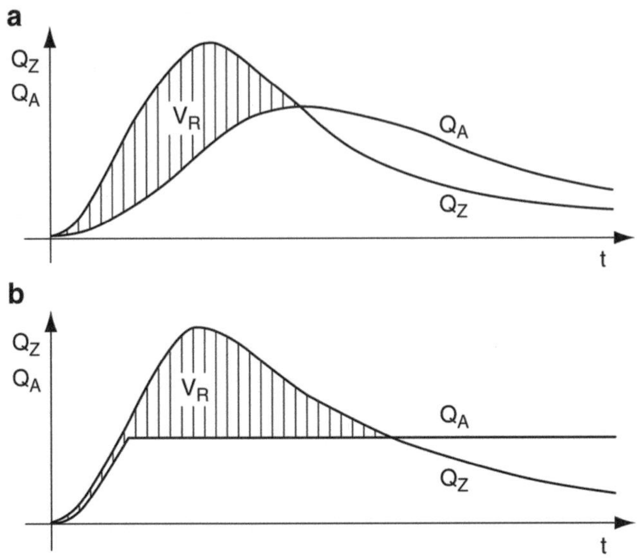

Abb. 5.10 Einfluss eines gegebenen Rückhaltevolumens V_R auf die Dämpfung der aus einem See abfließenden Hochwasserwelle. **a** Ohne Regulierung hängt der Abfluss in der Hauptsache von der Form der einfließenden Hochwasserwelle ab, **b** bei einer Steuerung des Rückhalteraums kann der Seerückhalt optimal an die Zu- und Abflüsse angepasst werden

engen Grenzen bewegen, eignen sich einfache, überströmbare Regulierwehre. Häufig werden Stauklappen und Dachwehre, vereinzelt auch Schlauchwehre verwendet (s. auch Abschn. 4.2.2 und 4.2.3).

Die Regulierwehre haben dabei gewöhnlich hinsichtlich des Abflusses zwei Grenzen zu beachten:

- Der Minimalabfluss wird u. a. durch Schifffahrt (Sicherstellung eines Mindestwasserstands), Wasserkraft (Wirtschaftlichkeit der Anlagen) und Ökologie (Mindestwassermenge für die Organismen) bestimmt
- Die Maximalabflüsse werden durch die Leistungsfähigkeit der unterstrom liegenden Gewässerstrecken limitiert (Hochwasserschutz)

Die Herstellung des guten ökologischen Zustands erfordert zudem noch eine Anpassung der Abflüsse an das natürliche Abflussregime. Dazu müssen die natürlichen Abflussschwankungen durch entsprechende Steuerschritte nachgestellt werden. Die Abflussregulierung durch Wehre ist dabei immer ein Kompromiss zwischen Nutzungen und ökologischen Anforderungen.

5.4.2.3 Bereitstellung von Überschwemmungsflächen

Die Bereitstellung von ausreichend großen Überschwemmungsflächen ist eine Grundvoraussetzung für den Wasserrückhalt. Ein wichtiges Kriterium bei der Auswahl geeigneter Flächen ist das Hochwasserschadenspotenzial.

So entstehen beispielsweise bei der Überschwemmung ungenutzter Flächen keine Schäden und bei der Überflutung landwirtschaftlicher Flächen wesentlich geringere Schäden als bei der Überschwemmung von innerstädtischen Bereichen. Dieses scheinbar so simple Auswahlkriterium ist oft mit erheblichen Umsetzungsproblemen verbunden. Gleiches gilt auch, wenn Schutzmaßnahmen reduziert werden, um „höherwertige" Nutzungen vor Überschwemmungen zu schützen. Dazu zählen insbesondere Maßnahmen, die bewirken, dass ausgewählte Flächen bei Hochwasser im Rahmen eines Hochwasserschutzkonzepts geflutet werden, um schadensintensive Bereiche vor eben diesen Überschwemmungen zu schützen.

Ein Beispiel dafür ist das Ableiten von Hochwasserspitzen auf landwirtschaftlich genutzte Flächen, um diese als Rückhalteräume zu nutzen (Abb. 5.11). Es ist leicht nachzuvollziehen, dass derartige Maßnahmen nicht immer auf die ungeteilte Zustimmung der betroffenen Grundstückseigentümer treffen.

Auf derart beaufschlagten Überschwemmungsflächen wird ein Teil des Hochwasserabflusses zurückgehalten, wodurch die Abflussspitzen reduziert werden. Nach Durchlauf

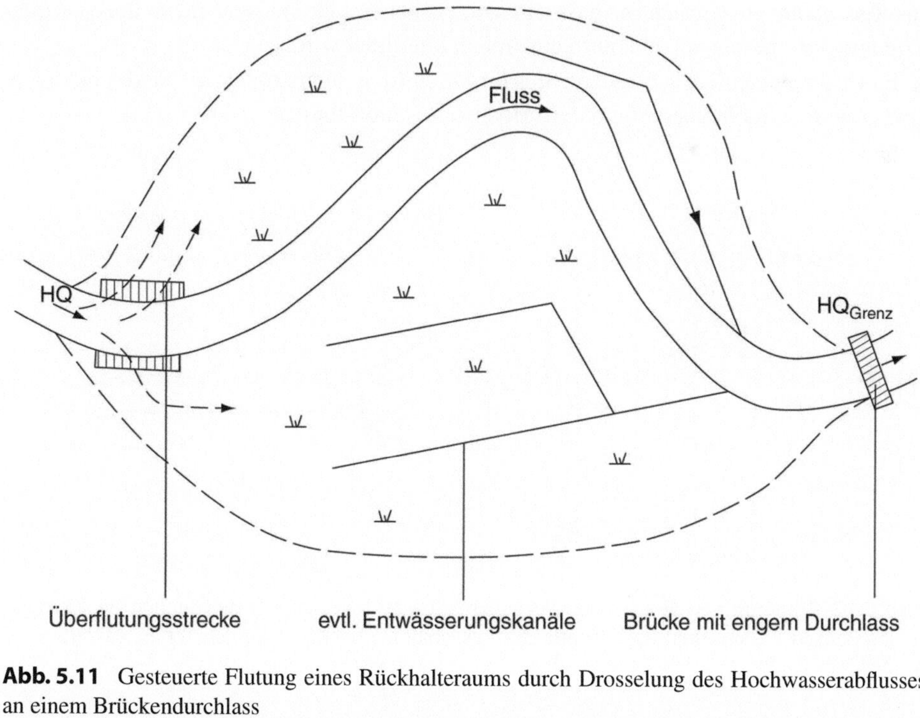

Abb. 5.11 Gesteuerte Flutung eines Rückhalteraums durch Drosselung des Hochwasserabflusses an einem Brückendurchlass

der Hochwasserwelle strömt der zurückgehaltene Abfluss verzögert in das Gewässer zurück, andere Teile versickern oder verdunsten.

5.4.2.4 Hochwasserrückhaltebecken

Der Wasserrückhalt kann durch den Bau von Hochwasserrückhaltebecken an geeigneten Stellen künstlich geschaffen werden. Derartige Anlagen bestehen in der Regel aus einem Absperrbauwerk (z. B. Erd- oder Steinschüttdamm, Staumauer) und den Betriebseinrichtungen, bestehend aus Betriebsauslass und Hochwasserentlastung.

Hochwasserrückhaltebecken sind umso wirksamer, je größer diese sind und je näher diese beim zu schützenden Überschwemmungsgebiet liegen. Ein Becken mit dem Standort unmittelbar oberhalb des zu schützenden Bereichs hat als Zufluss den Abfluss des gesamten Einzugsgebiets E_1, ein weiter flussaufwärts befindliches kontrolliert hingegen nur ein Teileinzugsgebiet E_2 (Abb. 5.12).

5.4.2.5 Ungesteuerte Becken

In ungesteuerten Becken hängt der Abfluss lediglich vom Beckenwasserstand ab. Die Betriebseinrichtungen sind unbeweglich, damit wartungsfreundlich und sicher. Sie bestehen aus einem Betriebsauslass oder Grundablass mit festem Durchflussquerschnitt und einer Hochwasserentlastung mit der Überfallkote entsprechend dem maximalen Stauziel.

Ziel der Hochwasserentlastung ist es, über das Stauziel hinausgehende Wasserspiegelanstiege derart zu verringern, dass ein vorgegebener Maximalstau nicht überschritten wird und das Sperrenbauwerk auf keinem Fall überflutet wird.

Es wird unterschieden zwischen *überlastbaren* (d. h. überströmbaren) und *nicht überlastbaren* (d. h. nicht überströmbaren) Hochwasserentlastungen.

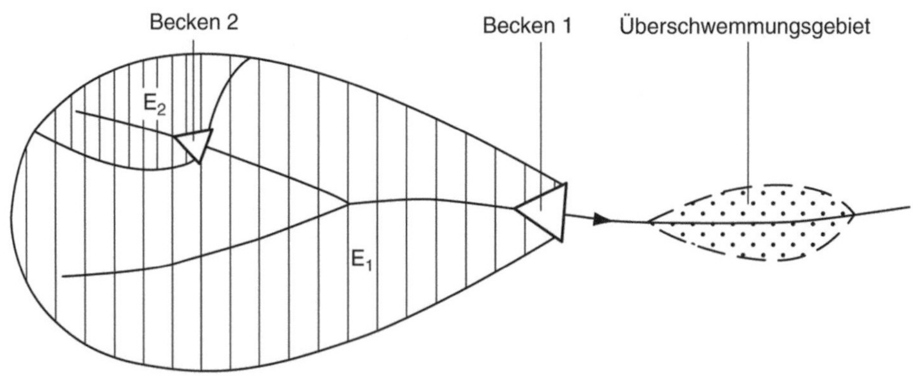

Abb. 5.12 Wirkung von Hochwasserrückhaltebecken an unterschiedlichen Stellen im Einzugsgebiet. Becken 1 kontrolliert das gesamte Einzugsgebiet E_1, Becken 2 nur den Teil E_2 davon

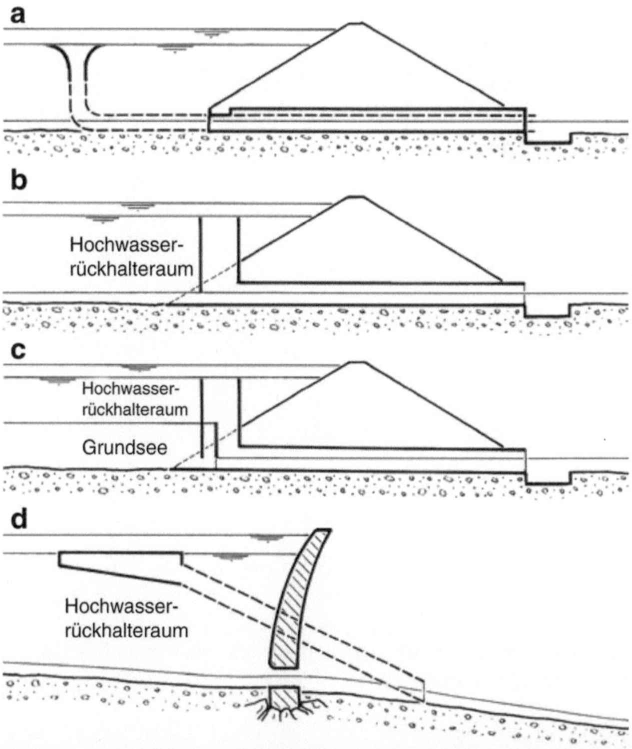

Abb. 5.13 Ungesteuerte Hochwasserrückhaltebecken. **a** Grünes Becken mit Absperrdamm, Betriebsauslass mit Drosselquerschnitt und Tosbecken, Schachtüberfall als Hochwasserentlastung; **b** Betriebsauslass und Hochwasserentlastung in einem mönchartigen Bauwerk in der wasserseitigen Dammböschung vereinigt; **c** Becken mit Dauerstau, erzeugt durch die Stauwand im mönchartigen Bauwerk; **d** Becken mit Bogenmauer und Betriebsauslass, Hochwasserentlastung mit Trogüberfall, anschließender Sammelrinne und Entlastungsstollen

Zu den *überlastbaren* Anlagen gehören Überfallbauwerke mit anschließendem Freispiegelgerinne (u. a. Trogüberfall im Talhang, festes Wehr im Damm, Stirnüberfall über der Mauer).

Zu den *nicht überlastbaren* Entlastungsanlagen zählen insbesondere Überfälle, die in ein geschlossenes Leitungssystem übergehen (u. a. Schachtüberfall, gedeckte oder unterirdische Schussrinnen; Abb. 5.13a–d).

Hinsichtlich der Abflusscharakteristik können drei Bereiche unterschieden werden (Abb. 5.14):

- Kleinere Zuflüsse werden unmittelbar durch den Beckenausfluss abgeführt. Der Beckenzufluss Q_Z entspricht dem Abfluss Q_A aus dem Rückhaltebecken. Im Abflussbauwerk (Durchlass) herrscht Freispiegelabfluss

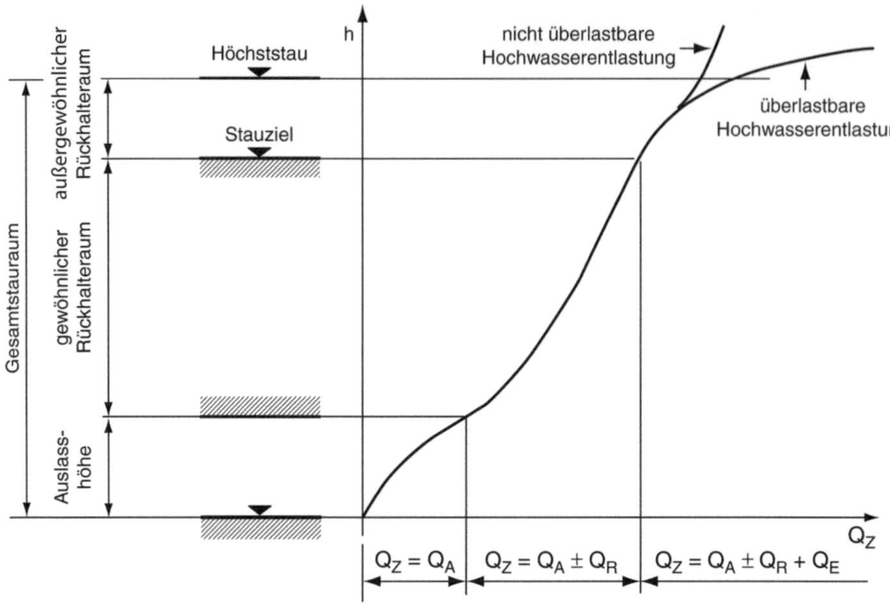

Abb. 5.14 Hydraulische Charakteristik der Betriebseinrichtungen eines Hochwasserrückhaltebeckens mit ungesteuertem Betriebsauslass

- Bei größeren Zuflüssen läuft der Durchlass voll und der Beckenwasserspiegel wird aufgestaut, d. h. Wasservolumen gespeichert ($Q_Z = Q_A + Q_R$)
- Treten sehr große Zuflüsse auf, so wird der Rückhalteraum voll beansprucht und die Hochwasserentlastung tritt in Funktion ($Q_Z = Q_A + Q_R + Q_E$)

5.4.2.6 Gesteuerte Becken

Gesteuerte Hochwasserrückhaltebecken benötigen bei gleicher Reduzierung der Hochwasserwelle ein kleineres Rückhaltevolumen als ungesteuerte Becken. Diesem Vorteil steht aber der Nachteil gegenüber, dass die Steuerung und die beweglichen Regulierorgane die Anlage verteuern und diese auch im Hochwasserfall versagen können.

Der Beckenausfluss wird am Betriebsauslass von einem Kontrollbauwerk reguliert (z. B. einem Schütz oder einem Schieber; Abb. 5.15). Die Hochwasserentlastung einer derartigen Anlage sollte aus Sicherheitsgründen aus einem festen Überfall bestehen, um ein Versagen der Anlage auszuschließen.

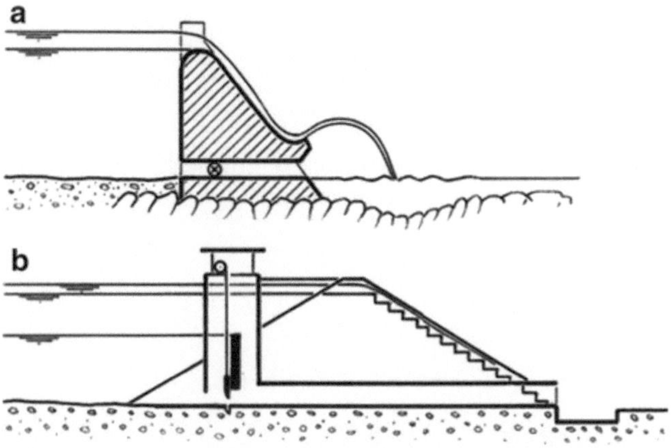

Abb. 5.15 Gesteuerte Hochwasserrückhaltebecken. **a** Klassische Talsperrenvariante mit Betriebsauslass (Grundablass) und Mauerüberfall als Hochwasserentlastung; **b** Becken mit Dauerstau, Steuerung des Rückhalts mit Hubschütze im mönchartigen Auslassbauwerk, Hochwasserentlastung als eingetieftes Raugerinne auf der Luftseite des Dammes

5.4.3 Gerinneausbau

Unter einem Gerinneausbau werden wasserbauliche Maßnahmen verstanden, die die Abflussleistung des bestehenden Gerinnes erhöhen und auf diese Weise eine schadlose Ableitung der Hochwasserwellen durch das Überschwemmungsgebiet ermöglichen sollen (s. auch Abb. 5.1; Patt und Jüpner 2020). Dazu gehören:

- Vergrößerung des Abflussprofils durch die Errichtung von Schutzdämmen, Gerinneverbreiterungen und -vertiefungen (Abb. 5.16)
- Entfernung abflusshemmender Hindernisse wie Einbauten, Ufergehölze, tiefliegende Brücken und zu enge Durchlässe
- Steigerung des Abflussvermögens durch Laufverkürzungen bei gleichzeitiger Gefälleerhöhung (u. a. Begradigungen, Mäanderdurchstiche; Abb. 5.17)
- Verringerung der Gerinnerauheit
- Sicherung von Sohle und Böschungsfuß gegen Erosion (u. a. durch Abpflasterung)

5.4.3.1 Gerinneaufweitungen

Die einfachste und beste Möglichkeit, die Abflussleistung eines Gewässerabschnitts zu steigern, sind entsprechende *Gerinneaufweitungen.*

In innerstädtischen Bereichen sind Aufweitungen wegen der begrenzten Flächenverfügbarkeit jedoch oft nur im eingeschränkten Maß realisierbar. Mitunter können aber durch eine Verkleinerung von genutzten Bereichen (z. B. Rückbau oder Verkleinerung von Verkehrsflächen, Einbeziehung von städtischen Grünflächen) zusätzliche Flächen für eine Ausbaumaßnahme gewonnen werden.

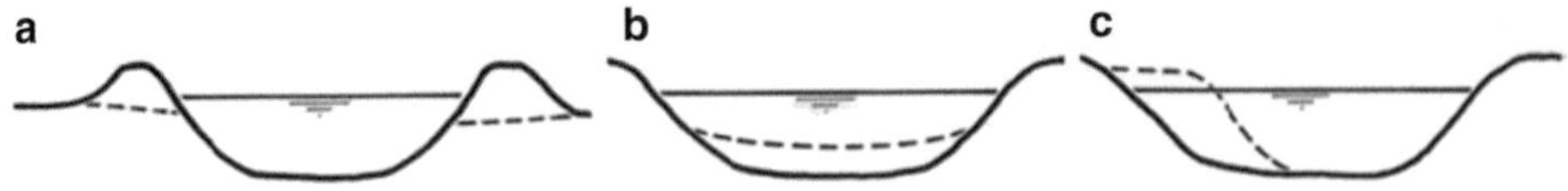

Abb. 5.16 Vergrößerung des Abflussprofils durch **a** Errichtung von Schutzdämmen, **b** Ausbaggerung, **c** Gerinneverbreiterung bzw. Gerinneaufweitung

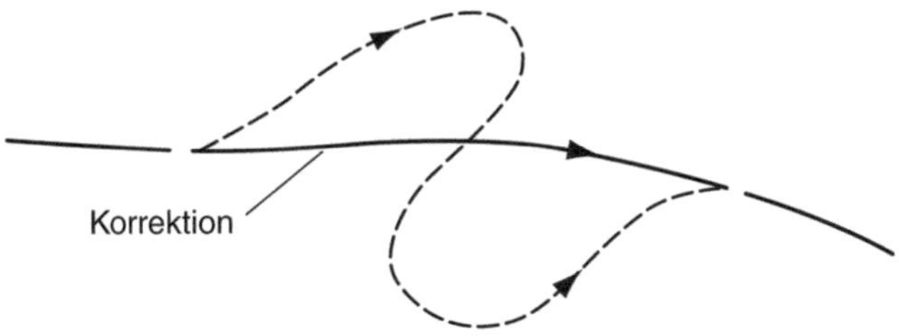

Abb. 5.17 Laufverkürzung durch Mäanderdurchstich

Vielfach ist es erst im Rahmen eines geschlossenen Gesamtkonzepts möglich, eine allgemeine Akzeptanz für Ausbaumaßnahmen im Bestand herbeizuführen. Dabei spielen der Interessenausgleich und nicht zuletzt der finanzielle Ausgleich eine wichtige Rolle.

Im Rahmen ökologischer Umgestaltungen (Renaturierungen) ist zu beachten, dass Vegetationsstrukturen die Abflussleistung reduzieren. Ob diese Minderung planungsrelevant ist, kann nur eine hydraulische Berechnung klären.

5.4.3.2 Beseitigung von Abflusshindernissen

In einem Gerinne können *lokale Abflusshindernisse* einen Aufstau bewirken, der dann zu einem mehr oder weniger weit nach oberstrom reichenden Anstieg des Wasserspiegels führt.

An *Strömungshindernissen* im Gewässerbett können sich sowohl Kolke als auch Anlandungen ausbilden. Entstehen Kolke in der Nähe von Fundamenten kann deren Standfestigkeit beeinträchtigt werden. Durch die stärkere Beanspruchung der Gewässersohle neigt eine ungeschützte Sohle zur Eintiefung.

Typische Entstehungsursachen von lokalen Veränderungen an der Gewässersohle sind u. a.

- zu kleine Abflussquerschnitte, Einengungen des Abflussquerschnitts durch Brückenwiderlager und -pfeiler, enge Durchlässe, Verrohrungen
- abrupte Richtungswechsel in der Linienführung
- im Abflussquerschnitt befindliche Versorgungs- und Entsorgungsleitungen
- seitliche Zuflüsse (z. B. Einmündungen von Nebengewässern, Ausläufe von Regenentlastungsbauwerken)

- Einflüsse durch bestehende Wasserbauwerke (z. B. Wehr- und Stauanlagen, Wasserentnahme- oder Rückgabebauwerke)
- Reduzierung des Fließquerschnitts durch Schwimmstoffe (Verklausungen oder Versetzungen)
- Auf- und Anlandungszonen von Feststoffen

Lokale Fließwiderstände können reduziert werden, indem z. B. Abflussquerschnitte an Brücken und Durchlässen vergrößert werden oder Versorgungsleitungen aus dem Abflussquerschnitt entfernt werden.

5.4.3.3 Gerinneglättung

Kontinuierliche Fließwiderstände (Verluste) können durch den Ausbau des Gerinnes (d. h. durch eine Glättung) reduziert werden. Im Ergebnis führen derartige Maßnahmen zu einer Steigerung der Abflussleistung, aber auch zu einer größeren Belastung der Gewässersohle.

Typische Ausbauformen sind gepflasterte Sohlen und Böschungen, gemauerte oder betonierte Seitenwände und die Streckung der Linienführung (d. h. Reduzierung der Krümmungswiderstände).

Ein derartiger Gerinneausbau hat jedoch sehr negative Auswirkungen auf die ökologischen Strukturen und sollte daher möglichst vermieden werden.

Etwas anders liegt der Fall, wenn stark durchströmte Bereiche eines Abflussquerschnitts bewusst von Bewuchs freigehalten werden, um dort möglichst große Wassermengen abführen zu können. Die Gestaltung von Flutmulden ist zwar auch eine Form der Gerinneglättung, jedoch können dadurch hydraulische Erfordernisse und ökologische Ansprüche besser in Einklang gebracht werden (s. auch Gerinneentlastungen, Abschn. 5.4.4).

5.4.3.4 Erhöhung des Sohlengefälles

Durch die Erhöhung des Sohlengefälles kann die Leistungsfähigkeit einer vorhandenen Gewässerstrecke ebenfalls gesteigert werden. Dieser Verfahrensweise sind jedoch enge Grenzen gesetzt, da eine Veränderung der Sohlenhöhen folgende Auswirkungen haben kann:

- Veränderung der Sohlenhöhen benachbarter Gewässerstrecken
- Gefährdung der Gründungen der Gewässerberandungen (z. B. Deiche, Dämme, Mauern, Böschungen)
- Gefährdung von ufernahen Bauwerken, Brückenpfeilern, Widerlagern u. a.
- Negative Auswirkungen auf den Feststofftransport bzw. die Geschiebebilanz

Um eine Gefälleerhöhung realisieren zu können, sind meist Veränderungen am Gewässerbett erforderlich. Diese sind in der Regel kostspielig und aufgrund der Randbedingungen oft nicht realisierbar.

5.4.4 Gerinneentlastungen

Zur Hochwasserentlastung zählen Umleitungen und Überleitungen. Aufgeteilt wird der Abfluss an sog. Verzweigungsbauwerken. Von dort gehen Entlastungsgerinne, meist Stollen oder Kanäle ab (Abb. 5.18). Dadurch wird ein Fließabschnitt von Spitzenabflüssen entlastet.

5.4.4.1 Gestaltungsmöglichkeiten

Zur Entlastung einer Gewässerstrecke (Gerinne) stehen folgende Gestaltungen zur Verfügung (Abb. 5.18):

- Umleitungen (Bau von Entlastungsgerinnen, wie z. B. Bypässe, Flutgräben, Entlastungskanäle, Flutmulden; Abb. 5.18a)
- Optimierung der Abflussaufteilung durch Umverteilung der Abflüsse (Abb. 5.18b)
- Ab- bzw. Überleitung in ein benachbartes Fließgewässer bzw. Einzugsgebiet (Abb. 5.18c)

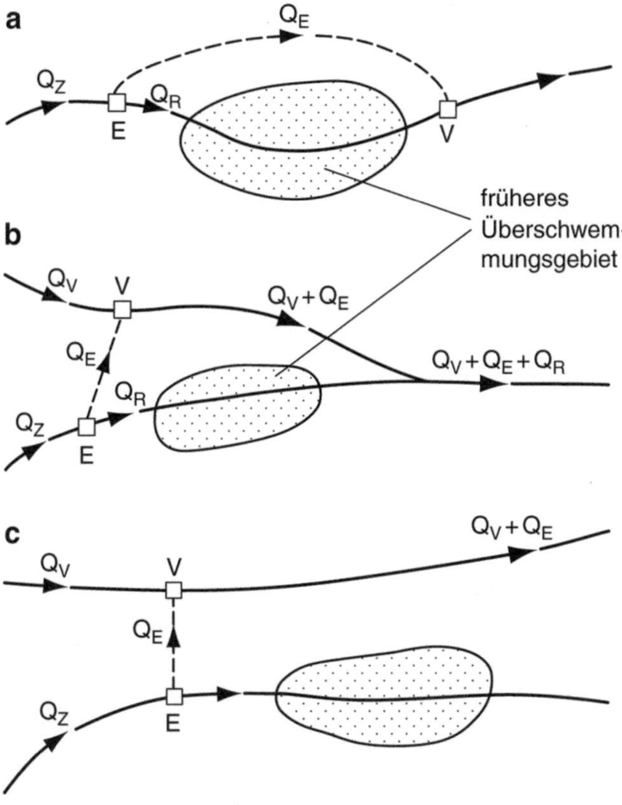

Abb. 5.18 Möglichkeiten zur Entlastung von Fließgewässern. **a** Bypass, **b** Umverteilung der Abflüsse, **c** Überleitung

Bei einer Umleitung werden die kritischen Abflüsse um die gefährdeten Bereiche herumgeführt. Im Schutzgebiet selbst können durch eine geschickte Aufteilung der Abflüsse unter Ausnutzung vorhandener oder gegebenenfalls neu zu schaffender Gerinnekapazitäten oft kritische Bereiche entschärft werden.

5.4.4.2 Steuerung der Entlastung

Die Abflussaufteilung kann durch unbewegliche (feste) und bewegliche Wehre (Kontrollbauwerke) gesteuert werden. Feste Wehre (Stauanlagen) wirken entsprechend ihrer baulichen Auslegung.

Maßgebende Größen sind die Höhe der Wehrschwelle sowie Länge und Form der Wehrkrone. Der Abfluss über das Wehr steigt mit zunehmendem Wasserstand über der Wehrkrone.

Günstig für die Steuerung des Entlastungssystems sind bewegliche Wehre. Je nach Bauart des Kontrollbauwerks (Wehranlage) wird dieses über- oder unterströmt. Durch Auf- und Zufahren der Verschlüsse ist es möglich, den gesamten Abflussquerschnitt freizugeben oder vollständig zu verschließen. Da bei der Regulierung beliebige Zwischenstellungen angefahren werden können, ist bei Bedarf jederzeit eine Anpassung an veränderte Abflussbedingungen möglich.

5.4.4.3 Planung einer Gerinneentlastung

Die Verhältnisse vor Ort sind ausschlaggebend bei der Planung der Ausleitungsstrecke und für die optimale Position des Kontrollbauwerks. Mögliche Entscheidungskriterien können z. B. sein:

- Verfügbarkeit von entsprechend geeigneten Flächen
- Städtebauliche und kulturhistorische Aspekte
- Möglicher Verlauf einer Schutzlinie
- Schadenspotenziale, Schadensrisiken
- Erhaltung oder Wiederherstellbarkeit der Durchgängigkeit eines Fließgewässers
- Auswirkungen der Maßnahme nach ober- bzw. unterstrom
- hydraulische und hydraulisch-sedimentologische Machbarkeit (u. a. Abflussleistung einzelner Gerinneabschnitte, Stabilität der Gewässersohle, Feststofftransportvorgänge in Hauptarm und Ausleitungsstrecke)
- Wirtschaftlichkeitsaspekte, Kosten-Nutzen-Verhältnis
- Steuerungsmöglichkeiten, Betriebsablauf
- Wohnumfeld, Naherholung, Integration von Freizeit- und Erholung

Bei der Planung muss sichergestellt werden, dass die vorhandene Abflusssituation durch die geplanten Maßnahmen nicht negativ beeinflusst wird. Auch hier kann nur bei Kenntnis aller Einflussfaktoren im Einzelfall entschieden werden.

Literatur

Becker, M., Schumacher, R., Siekmann, M. (2018) Die Zukunftsinitiative „Wasser in der Stadt von morgen“ – Kooperation für wassersensible, attraktive und nachhaltige Emscherregion, KW Korrespondenz Wasserwirtschaft, 11. Jahrg., Heft 10, S. 467 ff

Bundesamt für Wasser und Geologie – BWG (Hrsg.) (2001) Hochwasserschutz an Fließgewässern, Wegleitungen des Bundesamt für Wasser und Geologie, Bern: BWG (s. Bundesamt für Wasser und Geologie, Bern, Schweiz)

BWG (s. Bundesamt für Wasser und Geologie – BWG, Bern)

DWA (s. Deutsche Vereinigung für Wasserwirtschaft, Abwasser, Abfall e. V. (DWA), Hennef)

DWA – Deutsche Vereinigung für Wasserwirtschaft, Abwasser und Abfall e. V. (DWA) (Hrsg.) (2021) Entwicklung urbaner Fließgewässer, Teil 1: Grundlagen, Planung und Umsetzung, Merkblatt DWA-M 609–1, Juni 2021

Elgeti, T., Schmalz, N. (2008) Die Hochwasserschutzrichtlinie – Neues aus Europa, KW-Korrespondenz Wasserwirtschaft, 1. Jahrg., Nr. 1, Januar 2008, S. 38–43

Grett, H. D. (2011) Synergien bei der Umsetzung der Europäischen Wasserrahmenrichtlinie und EG-Richtlinien zum Naturschutz, Meeresschutz, Hochwasserschutz und Klimaschutz, KW Korrespondenz Wasserwirtschaft, 4. Jahrg., Heft 5, S. 252 ff

Grünewald, U. (2008) Klimawandel, Hochwasserrisikomanagement und Bewirtschaftung der Wasserressourcen in Flusseinzugsgebieten, KW Korrespondenz Wasserwirtschaft, 1. Jahrg., Heft 1, S. 23ff.

Grünewald, U. (2009) Hochwasserrisikomanagement und natürlicher Wasserrückhalt, KW Korrespondenz Wasserwirtschaft, 2. Jahrg., Heft 1/2009

Halbig, G. (2016) Aktueller Stand der Klimawandel-Situation – Schwerpunkt Starkregen, KW Korrespondenz Wasserwirtschaft, 9. Jahrg., Heft 7, S. 398ff

Hurck, R., Korte, Th., Petruck, A. (2015) Klimawandel und Erreichung der Bewirtschaftungsziele nach EG-Wasserrahmenrichtlinie, 8. Jahrg., Heft 8, S. 489ff

Länderarbeitsgemeinschaft Wasser – LAWA (Hrsg.) (1995) Leitlinien für einen zukunftsweisenden Hochwasserschutz, Stuttgart

Länderarbeitsgemeinschaft Wasser – LAWA (Hrsg.) (2000) Handlungsempfehlung zur Erstellung von Hochwasser-Aktionsplänen, 2000

Länderarbeitsgemeinschaft Wasser – LAWA (Hrsg.) (2007) Empfehlungen der Bund/Länder Arbeitsgemeinschaft Wasser zur Aufstellung von Hochwasser-Gefahrenkarten, 1. Aufl., März 2007, Kulturbuchverlag, Berlin

Müller, U. (2011) Umsetzung der Europäischen Wasserrahmenrichtlinie und der Europäischen Hochwasserrisikomanagementrichtlinie – Widerspruch oder Chance in der Flussgebietsbewirtschaftung?, KW Korrespondenz Wasserwirtschaft, 4. Jahrg., Heft 3, S. 141ff.

Munk, H.-H. (2005a) Das Gesetz zur Verbesserung des vorbeugenden Hochwasserschutzes-Teil 1, Wasser und Abfall, 7. Jahrg., Heft 5/2005

Munk, H.-H. (2005b) Das Gesetz zur Verbesserung des vorbeugenden Hochwasserschutzes-Teil 2, Wasser und Abfall, 7. Jahrg., Heft 6/2005

Patt, H. (2007) Hochwasserschutz urbaner Gebiete, Wasserbau-Kolloquium des Instituts für Wasserbau der Technischen Universität Dresden, „Fünf Jahre nach der Flut – Hochwasserschutzkonzepte – Planung, Berechnung, Realisierung“, 8.–9. Oktober 2007, Technische Universität Dresden – Dresdner Wasserbauliche Mitteilungen, Heft 35, S. 65–75

Patt, H., Jüpner, R. (Hrsg.) (2020) Hochwasser-Handbuch – Auswirkungen und Schutz, 3. Aufl., Springer Vieweg, Wiesbaden

Spanknebel, H.-G. (2009) Hochwassergefahren- und Hochwasserrisikokarten in Deutschland, KW Korrespondenz Wasserwirtschaft, 2. Jahrg., Heft 10/2009

Werk, K. (2015) Chancen und Anforderungen für ein gemeinsames Vorgehen von Wasserwirtschaft und Naturschutz bei der Gewässerrenaturierung, KW Korrespondenz Wasserwirtschaft, 8. Jahrg., Heft 3, S. 172ff

Weyand, M. (2015) Viertes DWA-Wasserrahmenrichtlinienforum zum Zusammenspiel von Wasserrahmenrichtlinie und Hochwasserrisikiomanagementrichtlinie, KW Korrespondenz Wasserwirtschaft, 8. Jahrg., Heft 1, S. 14ff

6 Wasserkraftnutzung

Zusammenfassung

In diesem Kapitel werden die wasserbaulichen Aspekte der Wasserkraft beschrieben. Dazu zählen die Beschreibung der unterschiedlichen Anlagentypen, die Gestaltung der Wasserfassungen und der Zulaufkanäle, die Speicherung von Wasser, die Auslegung von Druckleitungen sowie die Arbeitsweise von Turbinen und Pumpen.

6.1 Das Prinzip der Wasserkraftnutzung

Die Wasserkraftnutzung dient der Nutzbarmachung der hydromechanischen Energie des Wassers. Im Vordergrund dieser Nutzung steht die Umwandlung der hydromechanischen Energie von Fließgewässern in *elektrische Energie* (u. a. Giesecke et al. 2014; Bauhaus-Universität Weimar 2009b; Strobl und Zunic 2006; Lattermann 2017).

Unter stationären Fließbedingungen gilt für die beiden Kontrollquerschnitte o und u (Abb. 6.1a) der erweiterte Satz von Bernoulli:

$$z_o + h_o + \frac{v_o^2}{2g} = z_u + h_u + \frac{v_u^2}{2g} + h_{vB} \ [m]$$

und bei $v_o \cong v_u$ bzw. bei Vernachlässigung der Geschwindigkeitshöhen:

$$(z_o + h_o) - (z_u + h_u) = h_{vB} = H \ [m]$$

H. Patt et al., *Wasserbau*, https://doi.org/10.1007/978-3-658-30551-2_6

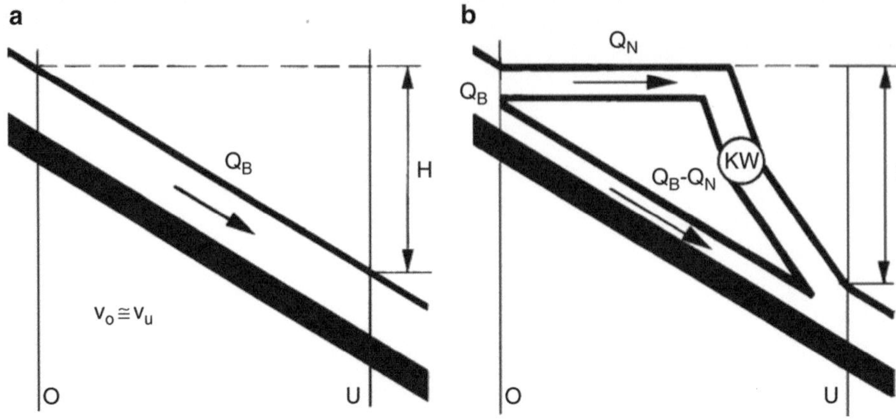

Abb. 6.1 Gegenüberstellung der **a** ungenutzten Gewässerstrecke und der **b** genutzten Gewässerstrecke zwischen den Kontrollquerschnitten o und u

mit

z + h Wasserspiegelhöhenlage (Sohlenhöhenlage plus Wassertiefe) [m]
v mittlere Fließgeschwindigkeit [m/s]
g Erdbeschleunigung [m/s²]
h_{vB} Verlusthöhe infolge Reibung, Krümmung, Querschnittsveränderung im Fließgewässer [m]
H Wasserspiegeldifferenz oder Fallhöhe [m]

Die Verlusthöhe h_{vB} ist mit der Wasserspiegeldifferenz H identisch. Die zwischen den beiden Kontrollabschnitten verbrauchte hydromechanische Leistung N_B beträgt:

$$N_B = \rho \cdot g \cdot Q_B \cdot H \text{ [W]}$$

mit

ρ Dichte des Wassers [kg/m³]
Q_B Abfluss [m³/s]

Anmerkung: Im Buch wird für die Leistung die Grundeinheit Watt [W] verwendet. In Verbindung mit der Wasserkraftnutzung wird die Leistung üblicherweise in Kilowatt [1 kW = 1000 W] oder Megawatt [1 MW = 1.000.000 W] angegeben.

Die *hydromechanische Leistung* N_B wird in einem naturbelassenen Fließgewässer vollständig in Wärme und Schall umgewandelt, die sich auf das Wasser und dessen Umgebung überträgt (Abb. 6.2a).

Betrachtet man dagegen ein Fließgewässer mit einer Wasserkraftanlage (Abb. 6.1b), so wird nur der Anteil N_v der hydromechanischen Leistung in Wärme und Schall umgewandelt. Der Anteil N wird im Kraftwerk (KW) bzw. im Generator in elektrische Energie umgewandelt (Abb. 6.2b).

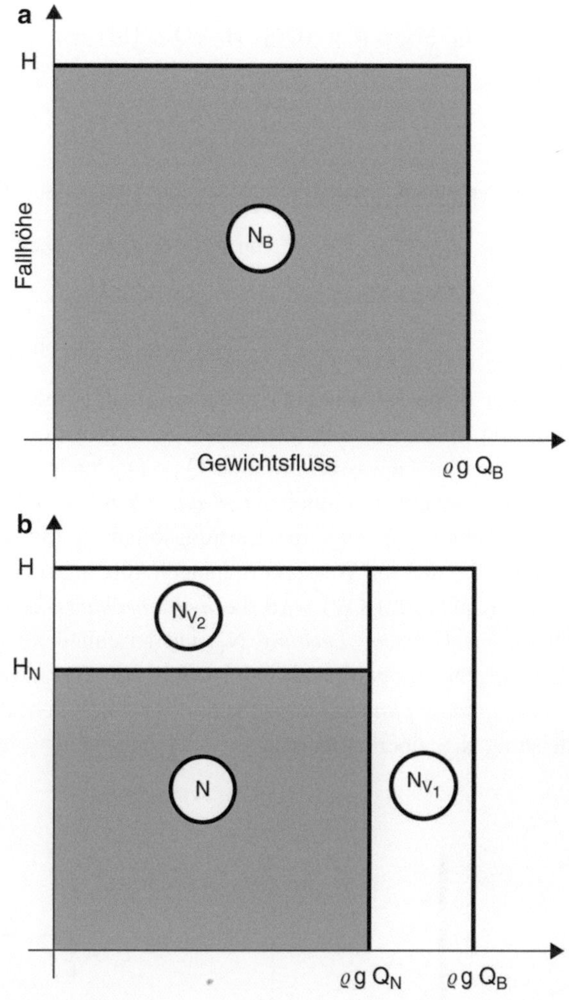

Abb. 6.2 Leistungsbilanz einer Wasserkraftanlage. **a** Im ungenutzten Gewässer wird N_B in Wärme und Schall umgewandelt; **b** im genutzten Gewässer kann N genutzt werden, während N_{v1} und N_{v2} als lokale Verluste bezeichnet werden können

Für die *hydromechanische Nutzleistung N* gilt:

$$N = \rho \cdot g \cdot Q_N \cdot (H - h_v) = \rho \cdot g \cdot Q_N \cdot H_N \text{ [W]}$$

mit

N	hydromechanische Nutzleistung [W]
Q_N	genutzter bzw. nutzbarer Abfluss [m^3/s]
h_v	Verlusthöhe in den Triebwasserleitungen und -kanälen [m]
H_N	$H - h_v$ = Nutz- oder Nettofallhöhe [m]

Die *hydromechanische Nutzleistung* N ist umso größer, je kleiner die Verlustleistung N_v gehalten werden kann. Es ist:

$$N_V = N_B - N = \rho \cdot g \cdot (Q]_B \cdot H - Q_N \cdot H_N) = \rho \cdot g \cdot (Q_B - Q_N) \cdot H + \rho \cdot g \cdot Q_N \cdot h_v \text{ [W]}$$

oder

$$N_v = N_{v1} + N_{v2} \text{ [W]}$$

Der Parameter N_{v1} repräsentiert den nicht gefassten Wasserabfluss

$$N_{v1} = \rho \cdot g \cdot (Q_B - Q_N) \cdot H \text{ [W]}$$

und N_{v2} die Verluste in den Triebwasserleitungen und -kanälen; für die gilt:

$$N_{v2} = \rho \cdot g \cdot Q_N \cdot h_v \text{ [W]}$$

Aus der Sicht der Wasserkraftnutzung ist der Anteil N_v eine nicht realisierte Leistung, eine sog. *Verlustleistung*. Der Anteil N_{v1} ergibt sich aus dem Umstand, dass ein Teil des Abflusses im Gewässer, nämlich $Q_B - Q_N$, nicht gefasst wird. Der Anteil N_{v2} ist das Ergebnis der unvermeidlichen *hydraulischen Verlusthöhe* h_v in den Nutzwasserleitungen.

Abbildung 6.2 zeigt die Leistungsbilanzen für Gewässer *ohne* Wasserkraftnutzung (Abb. 6.2a) und mit Wasserkraftanlage (Abb. 6.2b).

Im Kraftwerk (KW) wird die *hydromechanische Nutzleistung* N durch die Turbinen in die *mechanische Leistung* N_T und anschließend in den Generatoren in elektrische Leistung N_G umgewandelt. Meist wird die *Generatorspannung* noch auf eine höhere *Übertragungsspannung* transformiert. Dadurch geht die Leistung N_G in die Kraftwerksleistung N_{KW} über (Abb. 6.3).

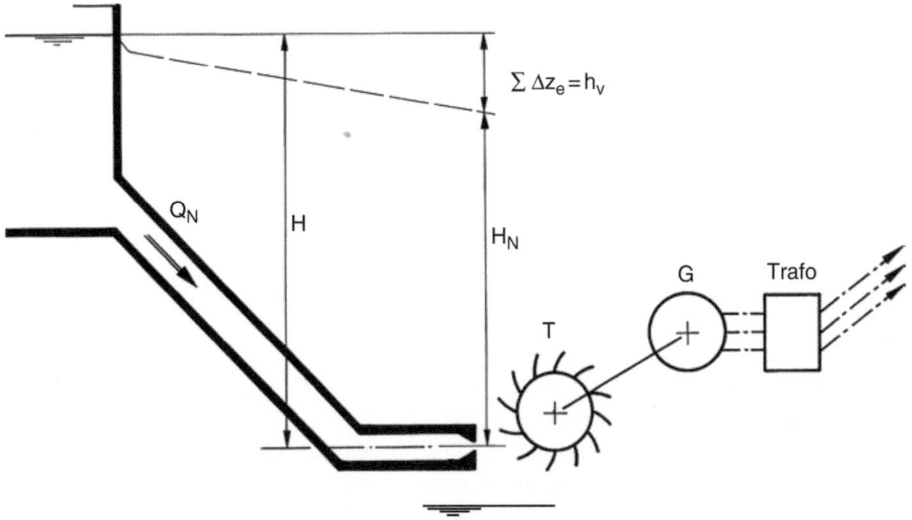

Abb. 6.3 Schematische Darstellung eines Kraftwerks mit Pelton-Turbine *T*, Generator *G* und Transformator (Trafo)

Die auftretenden *Umwandlungsverluste* werden in den Wirkungsgraden η_T (Turbine), η_G (Generator) und η_{Trafo} (Transformator) berücksichtigt. Für die *Turbinenleistung* N_T an der Turbinenwelle gilt

$$N_T = \eta_T \cdot N = \eta_T \cdot \rho \cdot g \cdot Q_N \cdot H_N \ [W],$$

für die an den Generatorklemmen gemessene *Generatorleistung* N_G

$$N_G = \eta_G \cdot N_T = \eta_T \cdot \eta_G \cdot \rho \cdot g \cdot Q_N \cdot H_N \ [W]$$

und für die abgegebene *Transformator-* bzw. *Kraftwerkleistung* N_{KW}, gemessen an den Transformatorklemmen,

$$N_{KW} = \eta_{Trafo} \cdot N_G = \eta_T \cdot \eta_G \cdot \eta_{Trafo} \cdot \rho \cdot g \cdot Q_N \cdot H_N \ [W]$$

Das Produkt der drei Wirkungsgrade $\eta_T \cdot \eta_G \cdot \eta_{Trafo}$ kann als Kraftwerkswirkungsgrad η_{KW} bezeichnet werden. Er liegt bei neueren Anlagen zwischen 80 und 88 %.

Die *Kraftwerksproduktion* E für eine bestimmte Zeitdauer T folgt aus der Energieformel:

$$E = \int_0^T N \cdot dt \ [Wh]$$

6.2 Anlagentypen

Die *nutzbare hydromechanische Leistung*

$$N = \rho \cdot g \cdot Q_N \cdot H_N \ [W]$$

ist umso größer, je kleiner die Verlustleistung N_V gehalten werden kann, bzw. je größer der nutzbare Abfluss Q_N und die Nutzfallhöhe H_N sind.

Der nutzbare Abfluss Q_N wird dabei durch den *Abfluss* des Fließgewässers Q_B, die *Restwasserabgabe* und den *Bemessungsabfluss* begrenzt.

Die *Nutzfallhöhe* $H_N = H - h_v$ setzt sich aus der *Bruttofallhöhe* H und der *Verlusthöhe* h_v zusammen.

Die *Bruttofallhöhe* H ist bei gegebenem Gefälle des Fließgewässers von der Wahl der Nutzungsstrecke abhängig. Ist diese einmal festgelegt, so kann nur noch die *Verlusthöhe* h_v beeinflusst werden.

Aus wirtschaftlichen Gründen müssen die *Nutzwasserleitungen* einer Wasserkraftanlage (u. a. Triebwasserleitungen und -kanäle) derart ausgelegt werden, dass die *Verlusthöhe* h_v möglichst gering ausfällt. Die Verlusthöhe h_v umfasst in der Hauptsache die *Reibungsverlusthöhe* h_{vR}.

Nach der Gleichung von Manning-Strickler ergibt sich:

$$h_{v,R} = \frac{l \cdot v_m^2}{k_{Str}^2 \cdot r_{hy}^{4/3}} \ [m]$$

mit

$h_{v,R}$ Reibungsverlusthöhe [m]
l Länge der Nutzwasserleitungen [m]
v_m mittlere Fließgeschwindigkeit [m/s]
k_{Str} Rauheitsbeiwert nach Manning-Strickler [$m^{1/3}$/s]
r_{hy} F/U = hydraulischer Radius [m]
F Querschnittsfläche [m^2]
U benetzter Umfang [m]

Bei *Stauwerken* (Abb. 6.4a) wird die Reibungsverlusthöhe dadurch klein gehalten, dass ein Fließgewässer aufgestaut wird. Auf diese Weise wird die Fließgeschwindigkeit v herab- und der hydraulische Radius r_{hy} auf der Staustrecke (die man im weitesten Sinn auch als Nutzwasserleitung betrachten kann) hinaufgesetzt.

Anders ist es bei den *Umleitwerken* (Abb. 6.4b). Dort wird die Reibungsverlusthöhe vermindert, indem das Nutzwasser in besonderen Leitungen mit kleiner Rauheit, also großem k_{Str}-Wert, geführt wird. Durch Abschneiden von Fluss- oder Bachschleifen kann dabei oft auch die Länge *l* der Nutzwasserleitungen herabgesetzt werden.

Stau- und *Umleitwerke* sind also bezüglich der Reduzierung der Reibungsverlusthöhe zwei grundsätzlich verschiedene Typen von Wasserkraftanlagen. Dies schließt allerdings nicht aus, dass auch Kombinationen beider Anlagentypen gebaut werden.

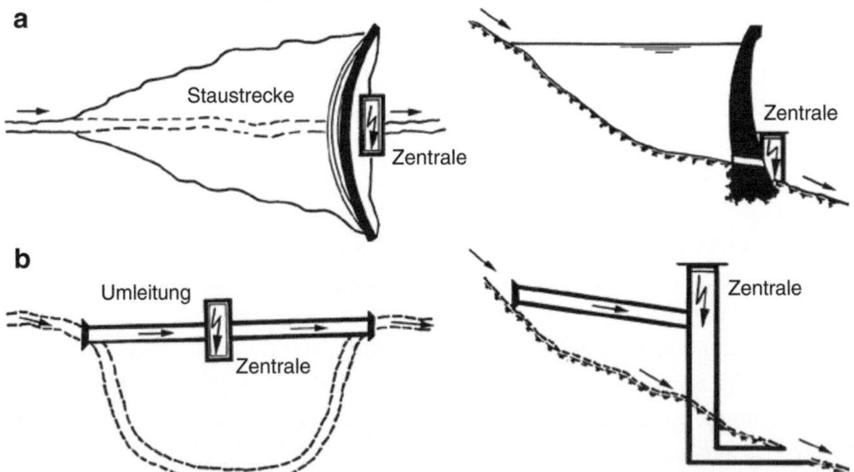

Abb. 6.4 Typen von Wasserkraftanlagen (Situation und Längsprofil). **a** Stauwerk, **b** Umleitwerk

Eine weitere Möglichkeit, Wasserkraftanlagen zu kennzeichnen, besteht darin, dass man *Speicherfähigkeit* und *Nutzfallhöhe* als Merkmale hervorhebt. Als Typen unterscheidet man dann:

- Speicherkraftwerke (mit Speicher)
- Laufkraftwerke (ohne Speicher)

oder

- Hochdruckanlagen (für $H_N > 200\,m$),
- Mitteldruckanlagen (für $30 < H_N < 200\,m$)
- Niederdruckanlagen (für $H_N < 30\,m$)

Als Kombinationen sind beispielsweise die Hochdruckspeicherkraftwerke und Niederdrucklaufkraftwerke sehr verbreitet.

Bei einem lückenlosen Flussausbau, wie er in Abb. 6.5 skizziert ist, werden in alpinen Gegenden am Oberlauf meistens Hochdruckspeicherkraftwerke bzw. Hochdrucklaufkraftwerke in Form von Kombinationen aus Stau- und Umleitwerken errichtet. Dann folgen im Mittellauf Mitteldrucklaufkraftwerke und im Unterlauf Niederdrucklaufkraftwerke, die sowohl als Stau- als auch als Umleitkraftwerke gebaut werden.

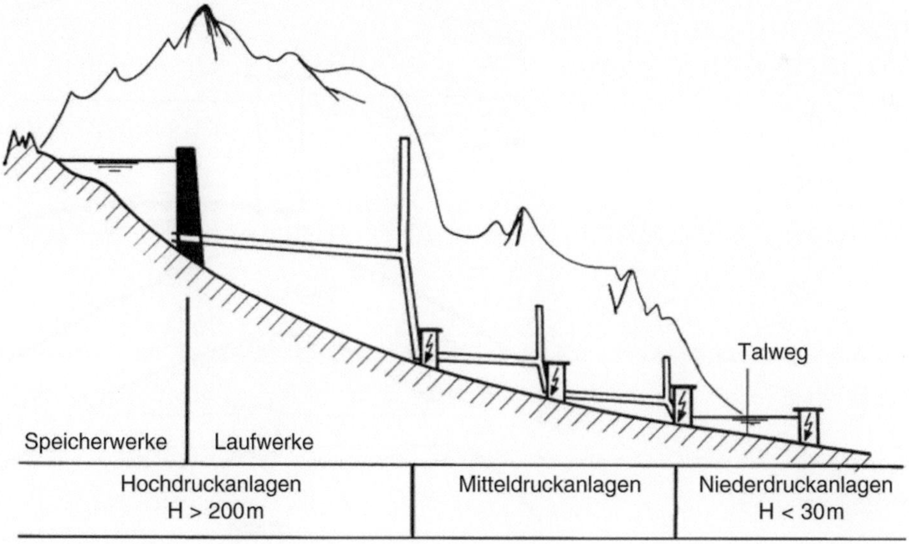

Abb. 6.5 Systematik eines Flussausbaus von der Quelle bis zur Mündung (oder bis zu allzu flachen Flussstrecken)

6.2.1 Niederdruckanlagen

Die Stauwerke unter den Niederdruckanlagen werden gewöhnlich als *Flusskraftwerke* bezeichnet (Abb. 6.6a) und die Umleitwerke als *Kanalkraftwerke* (Abb. 6.6b).

Bei den *Flusskraftwerken* wird der Fluss durch eine Sperre aufgestaut, die aus einem Wehr und einer Zentrale (u. a. Krafthaus, Maschinenhaus, Turbinenhaus) besteht.

Im Regelfall liegen *Wehr* und Kraftwerkszentrale (sog. Zentrale) nebeneinander im Fluss (Abb. 6.6a). Der Aufstau durch die Wehranlage erfordert oberwasserseitig der Zentrale entsprechend hohe Dämme, um ein Umströmen der Anlage zu vermeiden. Zuweilen wird die *Fallhöhe* noch durch unterwasserseitige Baggerungen vergrößert.

Bei *Kanalkraftwerken* sind Wehr und Zentrale getrennt. Das Wehr staut den Fluss auf, der Abfluss wird mit einem Kanal der Zentrale zugeführt. Die Zentrale steht an einer günstigen Stelle im Kanal (Abb. 6.6b).

Die Abb. 6.7 zeigt, wie *Stau-* und *Umleitwerk* bei einer Niederdruckanlage kombiniert werden können. Das Wehr staut den Fluss auf. Es bildet sich eine *Staustrecke,* die

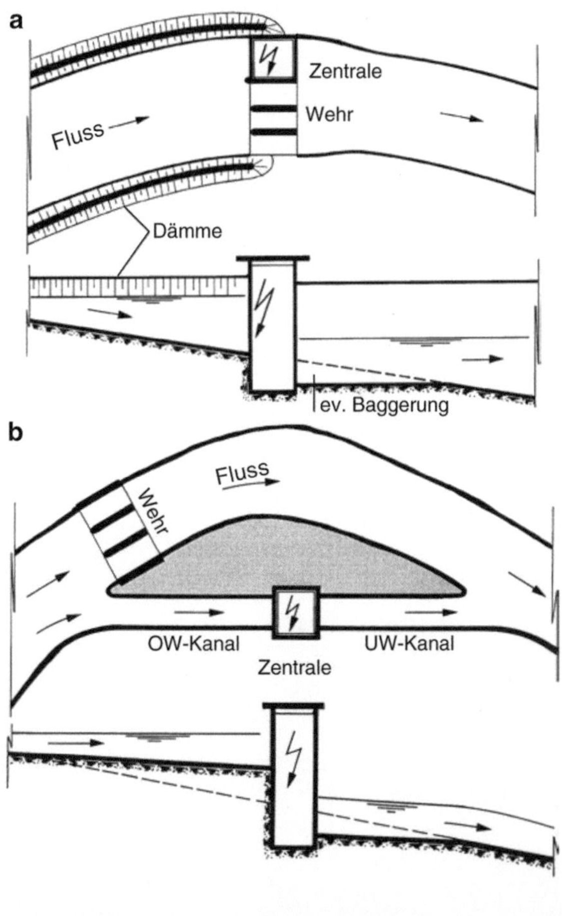

Abb. 6.6 Typen von Niederdruckanlagen in Situation und Längsschnitt. **a** Flusskraftwerk, **b** Kanalkraftwerk

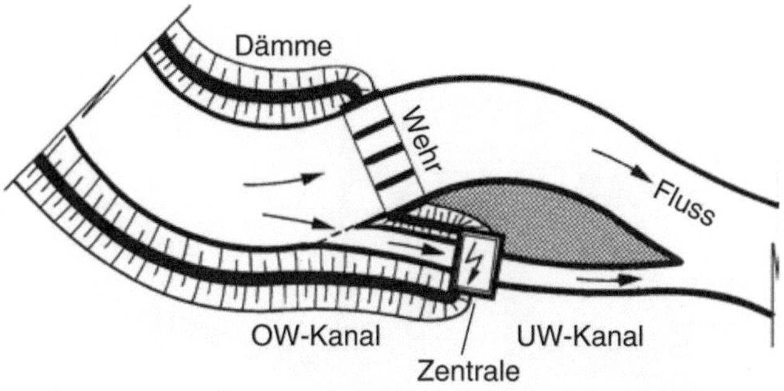

Abb. 6.7 Niederdruckanlage als Kombination eines Stau- und eines Umleitwerks (Situation)

oberwasserseitig mit Seitendämmen eingefasst ist. Die durch den Aufstau geschaffene *Nutzfallhöhe* wird vergrößert, indem das Wasser aus dem Flussbett in einen Kanal geleitet wird.

Die Zentralen der *Niederdruckanlagen* mittlerer und großer Leistungen enthalten heute ausnahmslos *Kaplan-Turbinen.* Bei Fallhöhen über 15 m handelt es sich vorwiegend um *vertikalachsige Kaplan-Turbinen.* Sind die Fallhöhen geringer als 15 m, kommen *horizontalachsige Kaplan-Turbinen* oder solche mit leicht geneigten Achsen zum Einsatz (Abb. 6.8).

Niederdruckanlagen von *Kleinkraftwerken* sind oft auch mit Francis-Turbinen oder Durchströmturbinen ausgerüstet (vgl. Abschn. 6.7).

Die Abmessungen der *Kraftwerkszentralen* werden in ihrem Unterbau weitgehend durch die Anzahl der Turbinen und durch deren *hydraulisches Profil* bestimmt. Unter dem hydraulischen Profil versteht man die Form der Nutzwasserleitung vom Einlauf in die bis zum Auslauf aus der Zentrale.

Auch haben *Fallhöhe* und *Laufraddurchmesser* einen Einfluss auf die Hauptabmessungen einer Wasserkraftanlage. Der Unterbau (Gründung, Fundament) muss in der Lage sein, die *Generatoren* und gegebenenfalls noch die *Transformatoren* zu tragen. Weitere wichtige Anlageteile sind:

- Rechen mit Reinigungsgeräten
- Notverschlussmöglichkeiten (u. a. Oberwasser-Dammbalken, Nadeln)
- Leitapparat
- Laufrad
- Notverschlussmöglichkeiten (u. a. Unterwasser-Dammbalken, Nadeln)

Über den *Turbinen* und *Generatoren* wird meist ein *Maschinenhaus* angeordnet, das den Maschinensaal mit einem oder zwei Brückenkranen für Montage- und Revisionszwecke enthält (sog. *Hochbauweise*). Es gibt aber auch andere Bauweisen.

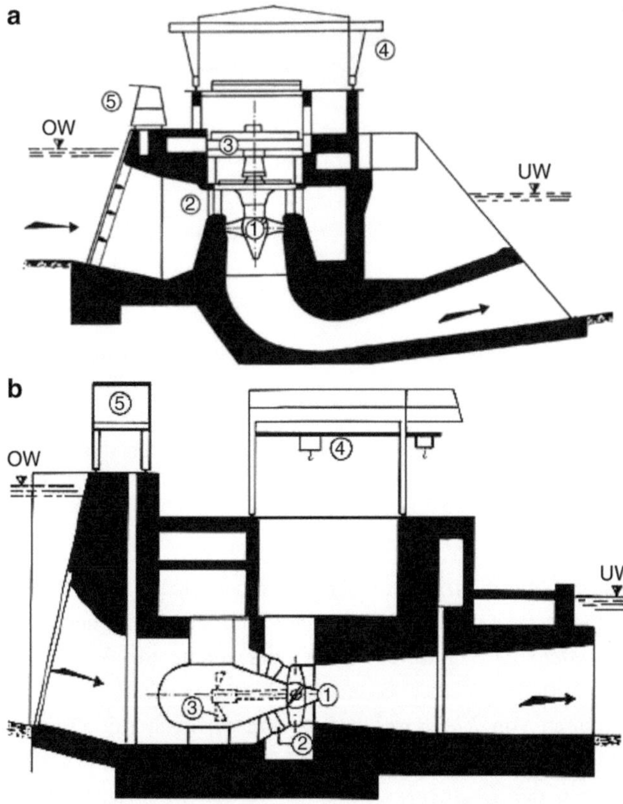

Abb. 6.8 Beispiele einer Zentrale (Längsschnitte) **a** mit vertikalachsigen Kaplan-Turbinen (z. B. Säckingen am Hochrhein), **b** mit horizontalachsigen Rohrturbinen (z. B. Bannwil an der Aare). Anlagenbestandteile sind: *1.* Kaplan-Laufrad, *2.* Leitapparat, *3.* Generator, *4.* Kran, *5.* Rechenreinigungsmaschine

6.2.2 Mittel- und Hochdruckanlagen

Die als *Stauwerke* ausgebildeten *Mitteldruckanlagen* werden oft als *Talsperrenkraftwerke* bezeichnet. Sie bestehen im Wesentlichen aus einer *Talsperre* und einer am Fuß der Stauanlage platzierten Kraftwerkszentrale. Derartige Anlagen nutzen die durch die Staumauer geschaffene Fallhöhe (Abb. 6.9).

Die *Umleitwerke* unter den *Mittel-* und *Hochdruckanlagen* haben in der Regel den in Abb. 6.10 dargestellten Längsschnitt. Sie fassen das Wasser von einem oder mehreren Fließgewässern und führen es durch *Kanäle* oder *Freilaufstollen* zu einem *Ausgleichsbecken* oder *Speicher.* Von dort strömt es dann in einem *Druckstollen* oder *Druckschacht* zur Zentrale.

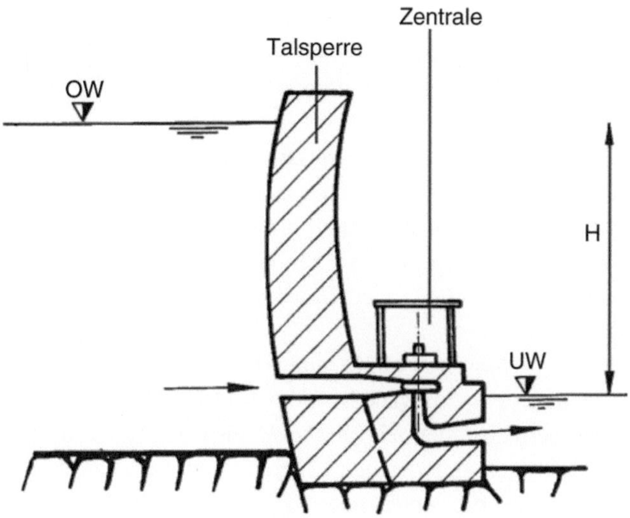

Abb. 6.9 Schema einer als See- oder Talsperrenkraftwerk ausgeführten Mitteldruckanlage (Längsschnitt)

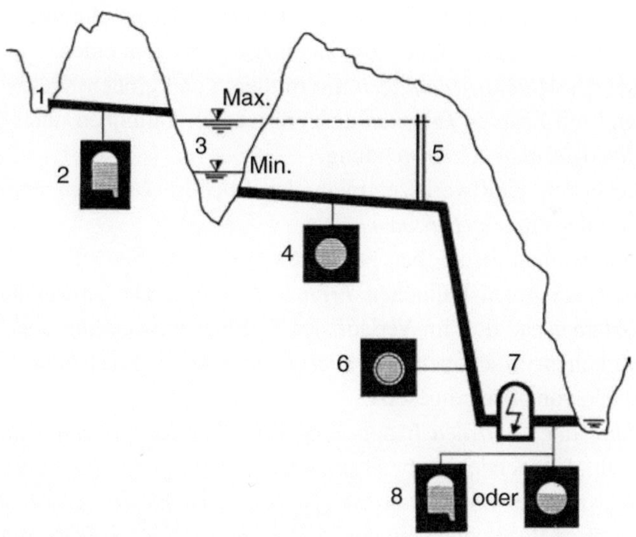

Abb. 6.10 Längsschnitt (überhöht) durch ein Hochdruckspeicherwerk. Derartige Anlagen bestehen aus folgenden Anlagenteilen: *1.* Fassung in einem Nebeneinzugsgebiet, *2.* Überleitungsstollen als Freilaufstollen, *3.* Stausee, *4.* Druckstollen, *5.* Wasserschloss, *6.* Druckschacht, *7.* Kavernenzentrale, *8.* Freilaufstollen

Es wird grundsätzlich angestrebt, die unter hohem Innendruck stehenden Nutzleitungen möglichst kurz zu halten, weil solche Gerinne, insbesondere bei Hochdruckanlagen, sehr teuer sind. Die daraus entwickelten Bautypen werden als *alpine* und *skandinavische Bauweisen* bezeichnet.

Das Drucksystem der *alpinen Bauweise* ist in Abb. 6.11a–c in Längsschnitten dargestellt. Das Nutzwasser wird vom Speicher aus in einem langen *Druckstollen* (Oberwasserstollen) zum *Oberwasserschloss* geführt und von dort in einem möglichst kurzen *Druckschacht* oder in einer *Druckleitung* zur unter- oder oberirdischen Zentrale. Der anschließende *Unterwasserstollen* oder *Unterwasserkanal* ist gegenüber dem Oberwasserstollen meist kurz.

Die *skandinavische Bauweise* wurde unter den topografischen und geologischen Bedingungen Skandinaviens entwickelt (Abb. 6.11d). Das Nutzwasser wird vom Speicher über einen *Vertikal-* oder *Schrägschacht* zur unterirdischen Zentrale abgeleitet. Die Rückgabe erfolgt durch einen langen Unterwasserstollen, der als Druck- oder Freilaufstollen ausgebildet ist. Ein Unterwasserstollen *unter Druck* erfordert im Anschluss an die Kraftwerkszentrale ein *Unterwasserschloss,* bei einem Stollen mit freiem Wasserspiegel ist eine *Schwallkammer* erforderlich.

Eine Alternative zu den beiden Bauweisen bildet die *norwegische Bauweise* mit geneigtem Druckstollen und Druckluftwasserschloss gemäß Abb. 6.11e. Mit Rücksicht auf die Schutterung beim Ausbruch darf der Druckstollen allerdings nicht zu stark geneigt werden. In der Regel ist eine Neigung über 8 % zu vermeiden.

Die Zentralen der *Mitteldruckanlagen* mit mittleren und großen Kraftwerksleistungen sind überwiegend mit *Francis-Turbinen* ausgerüstet. Bei Fallhöhen unter 60 m gelangen aber auch *Kaplan-Turbinen* zur Anwendung.

Die entsprechenden Kraftwerkszentralen der *Hochdruckanlagen* enthalten je nach Fallhöhe *Pelton-* oder *Francis-Turbinen.*

In Neubauten werden heute bei Fallhöhen über 600 bis 700 m *Pelton-Turbinen* installiert und bei kleineren Fallhöhen *Francis-Turbinen.* Die Anwendungsgrenze bei den *Francis-Turbinen* hat sich im Verlauf der Turbinenentwicklung aber immer weiter zu größeren Fallhöhen verschoben. Bei *Kleinkraftwerken* werden Pelton-Turbinen aber schon ab Fallhöhen von 50 m eingesetzt.

Die *Gestaltung der Zentralen* hängt stark vom Turbinentyp und von der Lage der Turbinenachse ab. Je nachdem, ob diese *Achse vertikal* oder *horizontal* ausgerichtet ist, spricht man von einer *horizontalachsigen* oder *vertikalachsigen Maschine,* Gruppe oder Einheit. Letztere Bezeichnungen sind Synonyme für eine Turbine mit zugehörigem Generator.

Bei einer *Pelton-Turbine* muss darauf geachtet werden, dass sie immer einen genügenden *Freihang* aufweist. Dieser erfordert, dass die Turbine um 1 bis 2 m über dem höchsten Unterwasserspiegel angeordnet wird. Falls der Unterwasserspiegel im Bereich des Turbinengehäuses durch Druckluft reduziert wird, liegt die Turbine etwa auf gleicher Höhe mit dem Unterwasserspiegel.

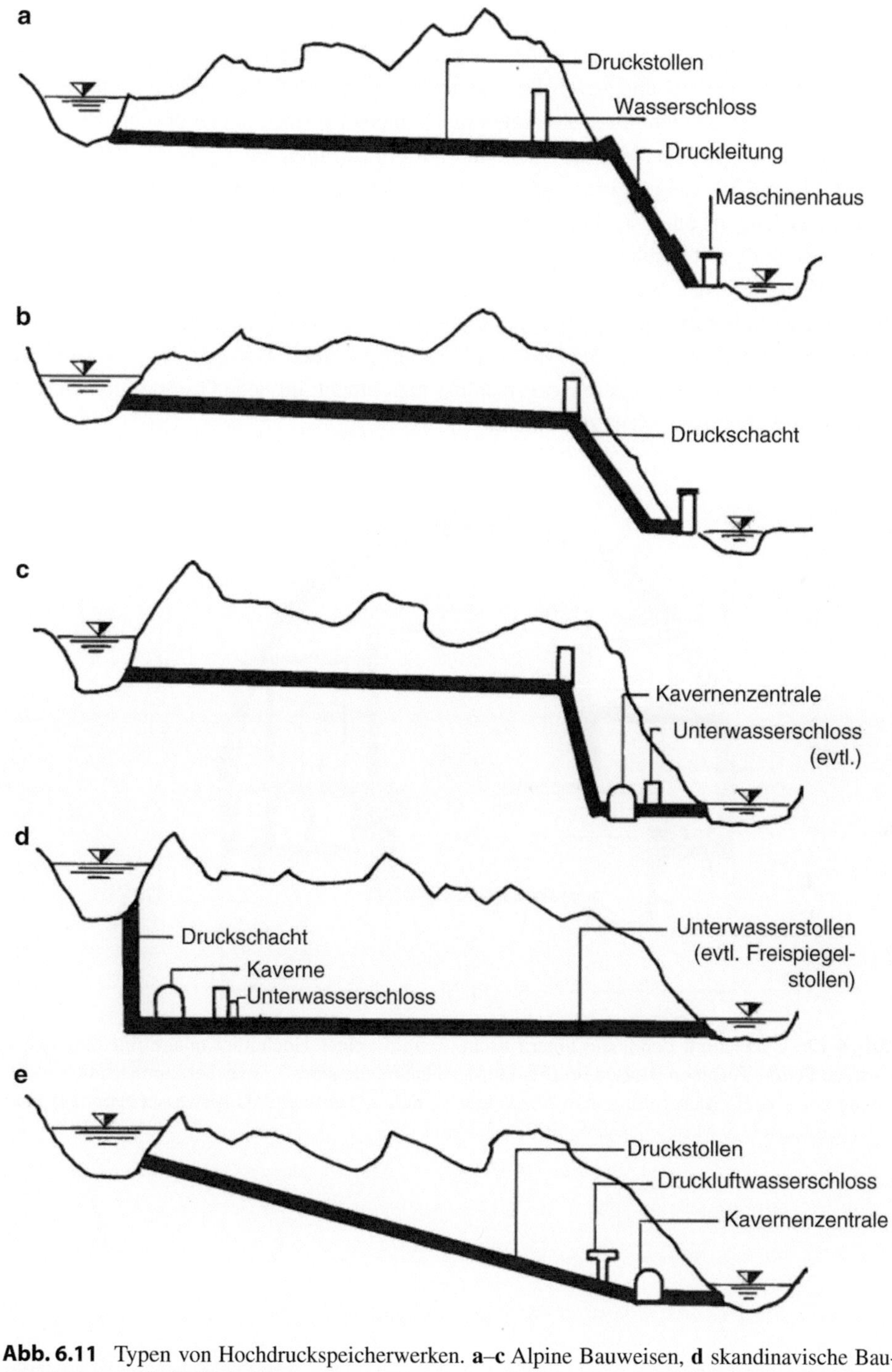

Abb. 6.11 Typen von Hochdruckspeicherwerken. **a–c** Alpine Bauweisen, **d** skandinavische Bauweise, **e** norwegische Bauweise

Zentralen mit *Pelton-Turbinen* liegen deshalb im Hinblick auf den Unterwasserspiegel verhältnismäßig hoch. Anders ist es bei der Francis-Turbine, die in der Regel vom Unterwasser eingestaut wird und deren Lage damit in Bezug auf den tiefsten Unterwasserspiegel festgelegt werden muss. Zentralen mit Francis-Turbinen liegen deshalb bezüglich des Unterwasserspiegels tiefer als solche mit Pelton-Turbinen.

Abbildung 6.12 zeigt eine unterirdische Zentrale (sog. *Kavernenzentrale*) mit horizontalachsigen, eindüsig beaufschlagten Pelton-Turbinen und Abb. 6.13 eine oberirdische Zentrale mit vertikalachsigen Francis-Turbinen.

Die Verteilung des Wassers vom Druckschacht bzw. von der Druckleitung auf die einzelnen Turbinen geschieht mittels einer *Verteilleitung.* Die entsprechenden Abzweiger werden mit einem Schieber als *Notverschluss* ausgestattet. Bei den *Francis-Turbinen* wird auch unterwasserseitig ein Notverschluss angebracht, um jede Gruppe für sich stilllegen und revidieren (warten) zu können.

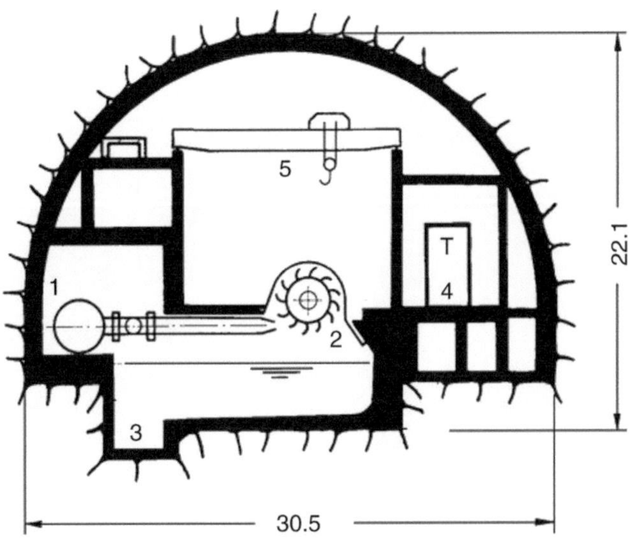

Abb. 6.12 Querschnitt durch die unterirdische Zentrale einer Hochdruckanlage mit horizontalachsigen Pelton-Turbinen (Biasca im Bleniotal). Anlagenteile sind: *1.* Schieberkammer mit Verteilleitung und Kugelschiebern in jedem Abzweiger, *2.* Pelton-Turbine, *3.* Unterwasser-Sammelkanal, *4.* Transformator, *5.* Maschinensaal mit Brückenkran

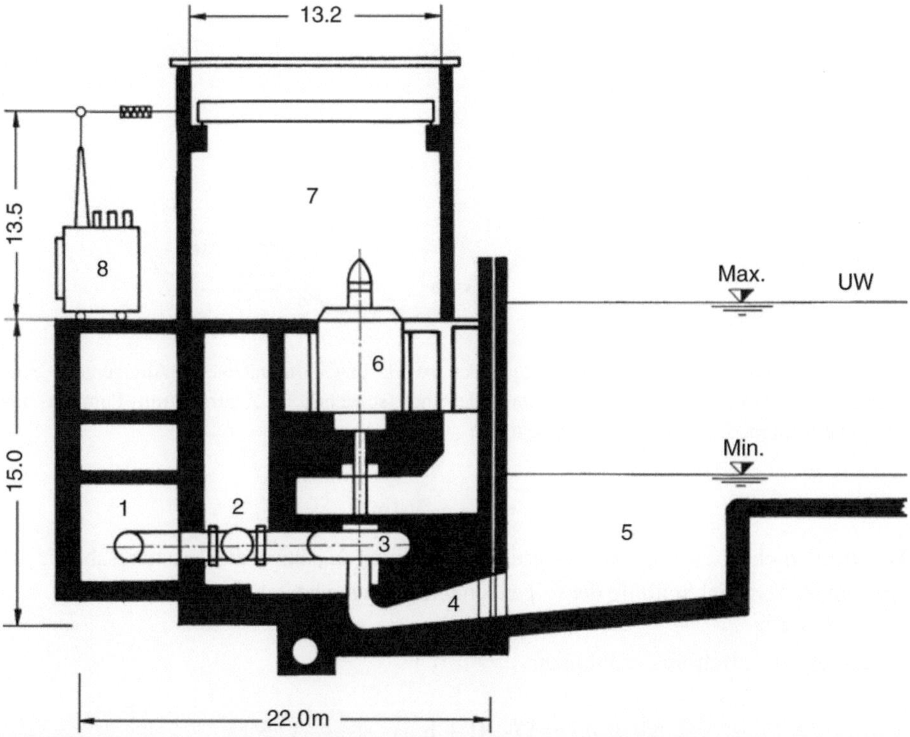

Abb. 6.13 Querschnitt durch die oberirdische Zentrale einer Hochdruckanlage. Vertikalachsige Francis-Turbine. Anlagenbestandteile sind: *1.* Verteilleitung, *2.* Kugelschieber, *3.* Francis-Turbine, *4.* Saugrohr mit Abschlussmöglichkeit (Schütze), *5.* Schwallbecken, *6.* Generator, *7.* Maschinensaal mit Brückenkran, *8.* Transformator

6.2.3 Pumpspeicherwerke

Reine *Pumpspeicherwerke,* die häufig auch als *Umwälzwerke* bezeichnet werden, bestehen im Wesentlichen aus einem *Ober-* und einem *Unterbecken* sowie einem dazwischen angeordneten *Druckleitungssystem* mit einer Kraftwerkszentrale (s. u. a. Giesecke et al. 2014; Abb. 6.14).

Das *Nutzwasser* wird anfangs vom Unter- in das Oberbecken gepumpt. Auf dem Rückweg zum Unterbecken wird es den Turbinen zugeleitet (turbiniert), dort in *mechanische Energie* umgewandelt und anschließend in den Generatoren in *elektrische Energie* (Strom) verwandelt.

Die Kraftwerkszentrale ist folglich sowohl mit *Pumpen* als auch mit *Turbinen* ausgerüstet. Selbstverständlich ist dieser Umwälzbetrieb mit Verlusten verbunden.

Wegen der Umwälzung des Wassers entspricht das gepumpte Wasservolumen V_P dem Wasservolumen V_T, das den Turbinen zugeführt wird:

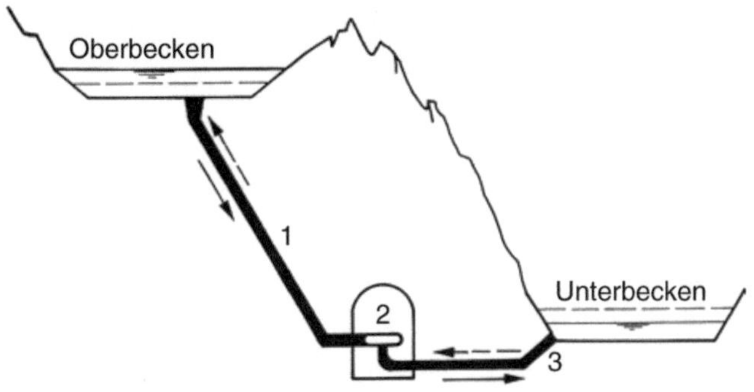

Abb. 6.14 Längsschnitt durch ein Pumpspeicherwerk bzw. Umwälzwerk. Anlagenteile sind: *1*. Oberwasser-Druckleitung (Druckstollen oder/und -schacht), *2*. Zentrale mit Pumpen- und Turbineneinheiten, *3*. Unterwasser-Druckstollen

$$V_P = V_T = V\ [m^3]$$

Die erforderliche Leistung zum Betrieb der Pumpen N_P bzw. die Leistungsabgabe der Turbinen N_T lässt sich mithilfe der folgenden Gleichungen berechnen (s. auch Abschn. 6.8):

- Leistung zum Betrieb der Pumpen:

$$N_P = \rho \cdot g \cdot Q \cdot (H + h_{vP}) \cdot \frac{1}{\eta_P \cdot \eta_M}\ [W]$$

- Leistungsabgabe der Turbinen:

$$N_T = \rho \cdot g \cdot Q \cdot (H - h_{vT}) \cdot \eta_T \cdot \eta_G\ [W]$$

Der Betrieb der Pumpen erfordert eine Energiezuführung:

$$E_P = \frac{1}{3{,}6 \cdot 10^6} \cdot \rho \cdot g \cdot V \cdot (H + h_{vP}) \cdot \frac{1}{\eta_P \cdot \eta_M}\ [kWh]$$

Die Energieabgabe der Turbinen beträgt:

$$E_T = \frac{1}{3{,}6 \cdot 10^6} \cdot \rho \cdot g \cdot V \cdot (H - h_{vT}) \cdot \eta_T \cdot \eta_G\ [kWh]$$

mit

H Bruttofallhöhe der Turbinen bzw. geodätische Förderhöhe der Pumpen (nur bei Verwendung von Francis-Turbinen identisch; [m])
h_{vP} repräsentative Druckverlusthöhe beim Pumpbetrieb
h_{vT} repräsentative Druckverlusthöhe beim Turbinierbetrieb

Der Quotient E_T/E_P kennzeichnet den *Anlagewirkungsgrad* η_{PSW}:

$$\eta_{PSW} = \frac{E_T}{E_P} = \frac{(H - h_{vT})}{(H + h_{vP})} \cdot \eta_T \cdot \eta_G \cdot \eta_P \cdot \eta_M\ [-]$$

Der *Anlagewirkungsgrad* erreicht im besten Fall einen Wert von 78 %. Der *Wirkungsgrad* η_{PSW} wird besser, wenn das Pumpspeicherwerk konzentriert angeordnet, also das Drucksystem im Verhältnis zur Fallhöhe kurz ist und die Verlusthöhe klein gehalten wird.

Ebenso aufschlussreich wie der *Anlagewirkungsgrad* ist das umgekehrte Verhältnis E_P/E_T. Es gibt an, wie viele Kilowattstunden (kWh) beim Pumpbetrieb aufgewendet werden müssen, um eine Kilowattstunde im Turbinenbetrieb zu erzeugen. Mit einem Anlagewirkungsgrad von 78 % werden also im besten Fall mindestens 1,3 Kilowattstunden an *Pumpenenergie* benötigt, um eine Kilowattstunde an *Turbinenenergie* zu erzeugen.

Als reine Pumpspeicherwerke werden solche bezeichnet, bei denen dem Oberbecken keine natürlichen Zuflüsse zufließen; abgesehen von den meist vernachlässigbaren Niederschlägen auf die Beckenfläche.

Pumpspeicherwerke produzieren also im Endeffekt keine Energie. Im Gegenteil, sie verbrauchen sogar Energie, wie die o. a. Berechnungen zeigen. Ihr Einsatz ist aber im Verbund mit Laufkraftwerken und thermischen Kraftwerken dennoch sinnvoll, weil sie überschüssigen Nacht- und Wochenendstrom speichern können, der dann in *Spitzenbedarfszeiten* zur Verfügung steht (Abb. 6.15). Heutzutage resultiert auch Überschussenergie aus Windkraft- und Photovoltaikanlagen, die ebenfalls für den Betrieb der Pumpen in Pumpspeicherkraftwerken verwendet werden kann.

Die reinen Pumpspeicherwerke dienen daher vorrangig der Bevorratung von überschüssigem Strom. Ihre Pumpen sind vorzugsweise nachts und am Wochenende in Betrieb, wenn die Stromkosten geringer sind. Demgegenüber produzieren die Turbinen eines Pumpspeicherwerks tagsüber Strom, wenn Spitzenbedarf abzudecken ist und der Strom teuer zu verkaufen ist.

Neben den reinen Pumpspeicherwerken gibt es auch solche, die außer dem gepumpten Wasser noch Zuflüsse zum Oberbecken nutzen.

In der Praxis kommen diesbezüglich auch sämtliche Übergänge zu einer normalen Wasserkraftanlage vor. Der wesentliche Unterschied ist jedoch, dass in Pumpspeicherwerken sowohl Pumpen als auch Turbinen im Einsatz sind.

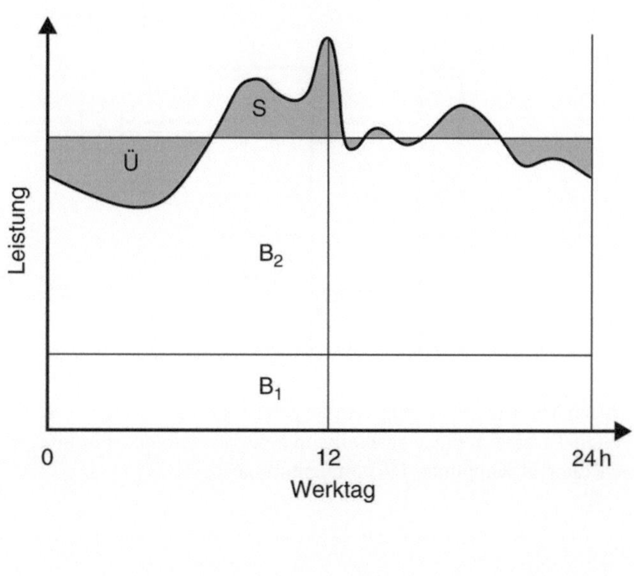

Abb. 6.15 Strombedarf an einem typischen Werktag und dessen Deckung durch unterschiedliche Kraftwerkstypen. Der Strombedarf wird durch folgende Anlagen gedeckt: B_1 = Strom aus Laufwerken; B_2 = Strom aus thermischen Kraftwerken; $\ddot{U}$ = Überschussenergie für den Betrieb der Pumpen in den Pumpspeicherwerken; S = Versorgung mit Spitzenenergie aus Pumpspeicherwerken

Turbinen und Pumpen können getrennt aufgestellt werden. Gewöhnlich werden sie aber kombiniert. Wie diese angeordnet werden können, zeigt Abb. 6.16.

Abbildung 6.16a zeigt eine sog. *dreiteilige Maschine.* Hier sitzen die Turbine und die Pumpe auf der gleichen Achse. Der Generator kann bei dieser Anordnung auch als Motor eingesetzt werden. Mit der Kupplung wird erreicht, dass die Pumpe nicht entleert werden muss, wenn vom Pumpen- auf Turbinenbetrieb übergegangen wird.

Eine sog. *zweiteilige Maschine* zeigt Abb. 6.16b. In dieser Anordnung sitzen ein Motorgenerator (MG) und eine Pumpenturbine (PT) auf der gleichen Achse. Die Pumpenturbine ist im Wesentlichen eine *Radialpumpe,* die im umgekehrten Drehsinn als Francis-Turbine arbeitet. Deshalb wird diese zweiteilige Maschine auch als r*eversible Maschine* bezeichnet.

Die Wahl der einen oder anderen Möglichkeit hängt von der Fallhöhe, dem Turbinierabfluss und betrieblichen Anforderungen ab. Wird beispielsweise ein rascher Übergang von Pumpen- auf Turbinenbetrieb und umgekehrt verlangt, so spricht dies eher gegen eine reversible Maschine.

Die Maschinenachsen können, wie bei den normalen Kraftwerken, horizontal oder vertikal angeordnet werden.

Als Beispiel eines Pumpspeicherwerks diene das Hotzenwaldwerk bei Säckingen (Abb. 6.17). Es weist bei einer Bruttofallhöhe von 411 m folgende Ausbaugrößen auf:

im Turbinenbetrieb	$Q_T = 96\ m^3/s$ $N_T = 360\,MW$
im Pumpenbetrieb	$Q_P = 64\ m^3/s$ $N_P = 280\,MW$

Die Turbinenleistung ist größer als die Pumpenleistung, weil die für das Turbinieren (Erzeugen mechanischer Energie in den Turbinen) verfügbare Zeit kleiner ist als diejenige für das Pumpen. Als Unterbecken dient der gestaute Hochrhein. Abbildung 6.18 hält eine der vier eingebauten dreiteiligen Maschinen fest.

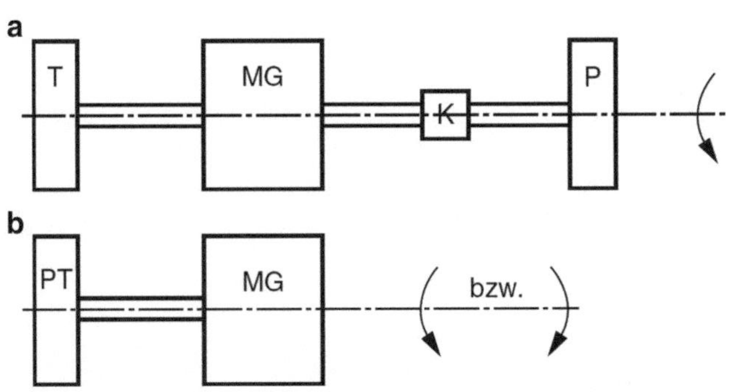

Abb. 6.16 Einheiten von Pumpspeicherwerken. Schema **a** einer dreiteiligen Maschine mit Pelton-Turbine, **b** einer zweiteiligen bzw. reversiblen Maschine. *P* Pumpe; *T* Turbine; *MG* Motorgenerator; *K* Kupplung; *PT* Pumpenturbine

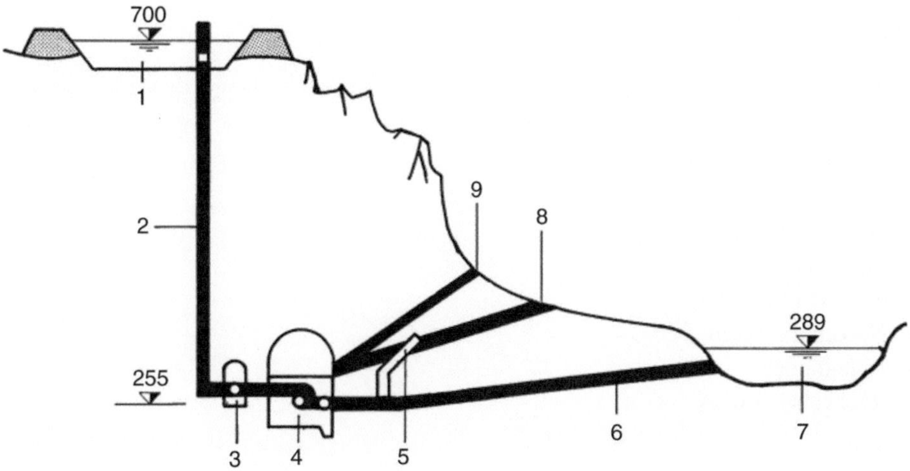

Abb. 6.17 Längsschnitt durch das Pumpspeicherwerk Hotzenwald im Schwarzwald. Anlagenteile sind: *1.* Eggbergbecken mit 2 Mio. m^3 Inhalt, *2.* Druckschacht von 400 m Länge und 4,3 m Durchmesser, *3.* Schieberkammer, *4.* Kaverne 160 x 23 x 30 m, *5.* Unterwasserschloss, *6.* Unterwasserstollen von 2000 m Länge und 5,6 m Durchmesser, *7.* Hochrhein, *8.* Zufahrtsstollen, *9.* Kabel- und Belüftungsstollen

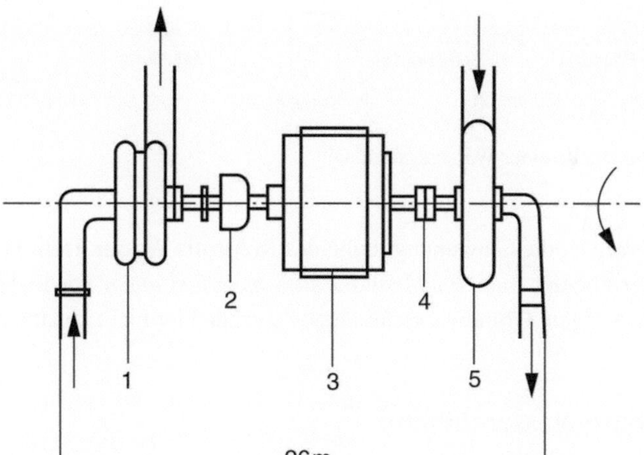

Abb. 6.18 Dreiteilige Maschine des Pumpspeicherwerks Hotzenwald bei Säckingen am Hochrhein. Anlagenteile sind: *1.* zweistufige Pumpe, *2.* Freilaufkupplung, *3.* Motor-Generator, *4.* Kupplung, *5.* Francis-Turbine

6.3 Wasserfassungen

Nutzwasserbauten, insbesondere solche für die Wasserversorgung, die Bewässerung, die Wasserkraftnutzung und die Kanalschifffahrt bestehen in der Regel aus folgenden Anlagenteilen (Abb. 6.19):

- Wasserfassung
- Zuleitungen
- eventuell Speicher
- Nutzungsanlagen
- Ableitungen
- Rückgabebauwerk

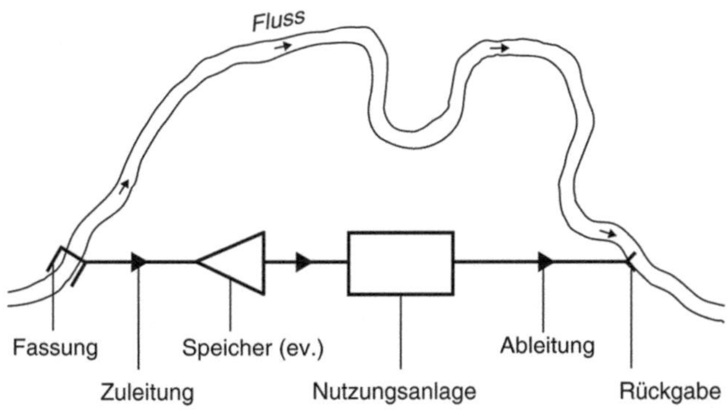

Abb. 6.19 Anlagenteile einer Wasserkraftanlage

Die *Wasserfassung* ist die Gewinnungsstelle des Rohstoffs Wasser. Dem Fassungsort entsprechend unterscheidet man *Bach-* und *Flusswasserfassungen* sowie *Seewasser-* und *Grundwasserfassungen.* Grundwasserfassungen werden hier nicht behandelt.

6.3.1 Fassbare Wasserabflüsse

An einer Wasserfassung kann in der Regel nicht der gesamte Abfluss aus dem Gewässer entnommen werden. Für die Festlegung des Entnahmeabflusses bzw. Bemessung einer Wasserfassung sind Restwasser, Spülwasser und Verlustwasseranteile zu berücksichtigen.

6.3.1.1 Entnahmeabfluss

Der Abfluss an der Fassungsstelle wird gewöhnlich gemäß Abb. 6.20 anhand der Dauerkurve in einen fassbaren und einen nicht fassbaren Teil unterteilt.

Der *fassbare Abfluss* ist gleich dem Abfluss minus dem Restwasser, Spülwasser und Verlustwasser. Er ist überdies auch durch den Bemessungsabfluss der Fassung begrenzt. Es kann vorkommen, dass der tatsächlich gefasste Abfluss kleiner ist als der fassbare Abfluss, beispielsweise bei einem bedarfsbedingten Teillastbetrieb der Nutzungsanlage.

Restwasserabfluss

Der Wasserentzug macht sich stromabwärts einer Fassung im Allgemeinen ungünstig bemerkbar. Um die Nachteile in zulässigen Grenzen zu halten, wird ein *Restwasserabfluss* (auch Pflicht- oder Dotierwasser oder ökologischer Mindestabfluss) im Fluss belassen (u. a. LAWA 2001).

Bei der Festlegung des Restwasserabflusses ist auch auf Bedürfnisse der übrigen Nutzungen und auf die naturschutzfachlichen Belange Rücksicht zu nehmen.

In diesem Zusammenhang geht es u. a.

- um die Gewährleistung des Wasserdargebots für die Fassungen der Unterlieger – u. a. für die Wasserversorgung, Bewässerung, Kraftwerke;
- um die Ausgeglichenheit der Feststoffbilanz – u. a. Geschiebe, Schweb, Geschwemmsel, Eis;
- die genügende Verdünnung eingeleiteter Abwässer – u. a. Gewässerschutz;
- die Sicherstellung der Wasserversorgung einer Schifffahrtsstraße – u. a. Wasserversorgung der Kanäle, Schleusen, Scheitelhaltungen;
- die Sicherung der angrenzenden Grundwasservorkommen – u. a. Wasserversorgung, Landwirtschaft und
- um den Schutz der Fließgewässer- und Auenlandschaften – u. a. Erholung, Erhaltung der biologischen Vielfalt, Biotopvernetzung, biologische Durchgängigkeit und naturschutzfachliche Belange (u. a. LAWA 2001).

Die Abb. 6.20 zeigt mögliche Kriterien für eine Festlegung des fassbaren Abflusses. Der gewählte Bemessungsabfluss berücksichtigt sowohl einen Mindestabfluss im Fluss (der fassbare Abfluss ist geringer als der Abfluss – s. Position 3) als auch einen Maximalwert für die Entnahme im Hochwasserfall (Begrenzung auf den Bemessungsabfluss Q_B (s. Position 2).

Spülwasser

Gewöhnlich wird danach getrachtet, die Feststoffe nicht zu fassen, sondern im Fluss zu belassen. Dies bedingt, dass bisweilen Spülungen in und vor der Fassung durchgeführt werden und damit Spülwasserverluste zu berücksichtigen sind.

Verlustwasser

An undichten Stellen des Fassungsbauwerks und aus dem aufgestauten Flussbett geht Sickerwasser verloren.

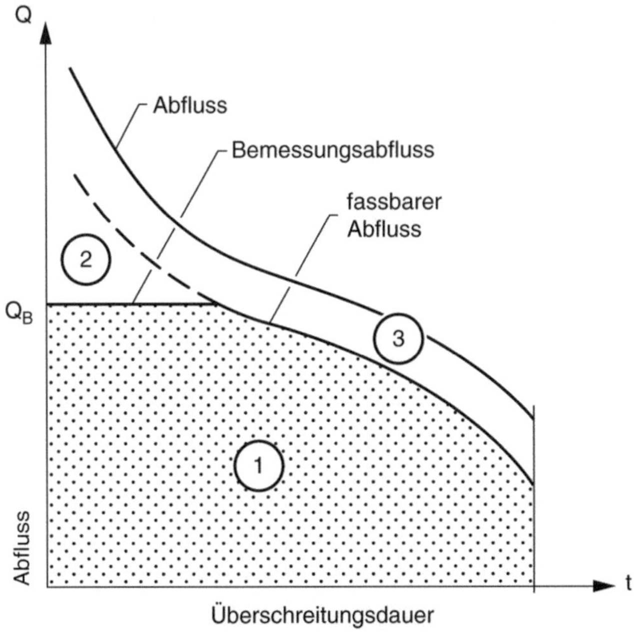

Abb. 6.20 Dauerkurve des Abflusses und des fassbaren Abflusses bei geringer Geschiebeführung. Die Flächen entsprechen dem fassbaren Abfluss (*1*), dem Überschusswasser (*2*), dem Rest-, Spül- und dem Verlustwasser (*3*)

Bemessungsabfluss

Der Abfluss, auf den die Fassung bemessen wird, heißt bei offenen Gerinnen *Bemessungs- oder Dimensionierungsabfluss* bzw. bei geschlossenen Kanälen und Drucksystemen *Bemessungs- oder Dimensionierungsdurchfluss* (Abb. 6.20). Er entspricht der *Kapazität* einer Wasserfassung (dem sog. *Schluckvermögen*) und begrenzt den fassbaren Abfluss in Zeiten überschüssigen Wasserdargebots.

Wie alle Bemessungsgrößen eines Projekts wird der Bemessungsabfluss auf der Basis einer *Wirtschaftlichkeitsrechnung* festgelegt. Dazu wird zunächst ein bestimmtes Wassernutzungsprojekt unter Annahme verschiedener Bemessungsabflüsse ausgearbeitet und veranschlagt. Dann wird der Barwert des Ertrags demjenigen des Aufwands gegenübergestellt. Die größte Differenz, also der größte Barwert des Gewinns, weist auf den *wirtschaftlichsten* Bemessungsabfluss *hin.*

6.3.1.2 Entnahme von Seewasser

Seewasserfassungen werden meist nicht auf der Basis der Dauerkurve bemessen, sondern mittels Ganglinie und Summenkurve (s. auch Abschn. 2.13). Der Grund liegt darin, dass dem See gewöhnlich eine Speicherfunktion zugeschrieben wird. Folglich korreliert der gefasste Abfluss nicht mit dem Zufluss.

Grundsätzlich gilt, dass das nutzbare Wasser (z. B. eines Durchschnittsjahrs) gleich dem zufließenden Wasser minus dem Rest- und Verlustwasser ist. Die Abb. 6.21 hält eine entsprechende Darstellung für einen alpinen Stausee fest. Die Speicherbemessung ist Inhalt von Abschn. 6.5.1.

Zuflüsse zum See
Gewöhnlich geht man bei der Bestimmung der *Zuflüsse* zu einem See von den Abflüssen der einmündenden Bäche und Flüsse aus. Zusätzlich berücksichtigt werden die unterirdischen Zu- und Abflüsse, die auf den See fallenden Niederschläge, die Verdunstung auf der Seeoberfläche und die vorübergehende Bindung von Wasser durch Vereisung.

Restwasser
Das Ausflussgerinne eines natürlichen oder künstlichen Sees muss einen *Restwasserabfluss* aufweisen. Die Kriterien sind ähnlich wie bei den Bach- und Flusswasserfassungen.

Verlustwasser
Die *Spülwasserverluste* sind gewöhnlich sehr klein, weil eine Seewasserfassung, wenn sie nicht gerade in der Nähe eines einmündenden Flusses oder Bachs angeordnet ist, nur wenig durch Feststoffe beeinträchtigt wird.

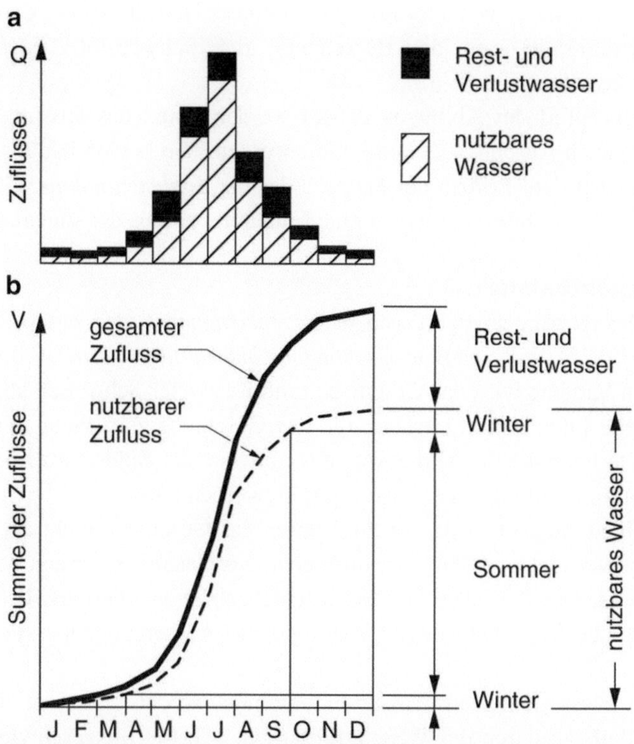

Abb. 6.21 Ermittlung der nutzbaren Zuflüsse. **a** Ganglinie der Monatsmittel der gesamten und der nutzbaren Zuflüsse, **b** Summenkurve zur Sichtbarmachung der Jahresbilanz

6.3.2 Fluss- oder Bachwasserfassungen

Ein Fassungsbauwerk ist eine Gewinnungsstelle für den Rohstoff Wasser. Demzufolge können die im Wasser enthaltenen Feststoffe als Verschmutzung dieses Rohstoffs betrachtet werden (s. Scheuerlein 1984). Es stellt sich deshalb die Frage, welche Maßnahmen erforderlich sind, um die Verschmutzung des Wassers möglichst gering zu halten.

Die Antwort hängt von der Empfindlichkeit der vom gefassten Wasser durchströmten Anlageteile (u. a. Turbinen, Pumpen, Filter, Verschluss- und Regulierorgane) hinsichtlich Geschiebe, Schwebstoffe und Geschwemmsel ab. Da die Belastungen von Anlagenteilen insbesondere vom Geschiebe ausgehen, sind die Fassungskonzepte vor allem auf eine *geschiebefreie Wasserentnahme* ausgerichtet.

Ein wichtiges Ziel bei der Gestaltung von Wasserfassungen ist es deshalb, die Entnahme derart zu gestalten, dass die unerwünschten Feststoffe möglichst im Fluss verbleiben. Die anfallenden Materialien sollen möglichst durch das *Überschusswasser* (nicht fassbarer Abfluss im Hochwasserfall) ins Unterwasser befördert werden.

Wasserentnahmen (und die gegebenenfalls erforderlichen *Spülungen*) können Wasserorganismen, insbesondere Fische gefährden. Meistens wird der Fischaufstieg durch die Entnahme behindert. Etwaigen Behinderungen ist durch bauliche und betriebliche Maßnahmen Rechnung zu tragen. Erwähnt seien der Bau von Fischpässen, die Gewährleistung ausreichend tiefer Wasserpolster unterhalb der Überfallwehre, Uferverbauungen mit Fischunterschlüpfen und die Begrenzung der Schwebstoffkonzentrationen im Fall einer Spülung.

Soll ein großer Teil des Abflusses gefasst werden, muss das Fassungsbauwerk mit einem Wehr (s. auch Abschn. 4.2) kombiniert werden. Die beiden häufigsten Fassungstypen arbeiten nach dem Prinzip der *Seiten-* oder der *Sohlenentnahme.* Geht es nur um einen kleinen Teil des Abflusses, genügt eine Entnahme mittels der sog. *Saugentnahme.*

6.3.2.1 Seitenentnahme

Abbildung 6.22 zeigt zwei gängige Typen von *Seitenentnahmen;* eine Variante mit *spülbarem Vorbecken* (Abb. 6.22a) und eine Bauweise mit *Geschiebeabzugkanälen* (Abb. 6.22b).

In der ersten Variante wird das Geschiebe mithilfe zweier Schwellen abgewiesen. Die vordere Schwelle bildet eine Leitwand, die das Geschiebe zum Wehr hin ablenkt. Die hintere Schwelle begrenzt das Vorbecken, das mittels einer Spülschütze periodisch über einen Spülkanal in Richtung Unterwasser gespült werden kann.

Im Unterschied dazu weist der zweite Bautyp das Geschiebe nicht ab, sondern lässt es in den jetzt zweistöckigen Einlauf eindringen. Das Geschiebe verlegt nur den unteren Teil des Einlaufs, der sich aber mittels Geschiebeabzügen kontinuierlich in Richtung Unterwasser spülen lässt. Die obere Ebene, wo die Wasserentnahme stattfindet, bleibt geschiebefrei.

Damit dem Fluss genügend Wasser entnommen werden kann, ist bei geringeren Zuflüssen ein Aufstau durch das Wehr erforderlich. Die Eintrittsgeschwindigkeit in die

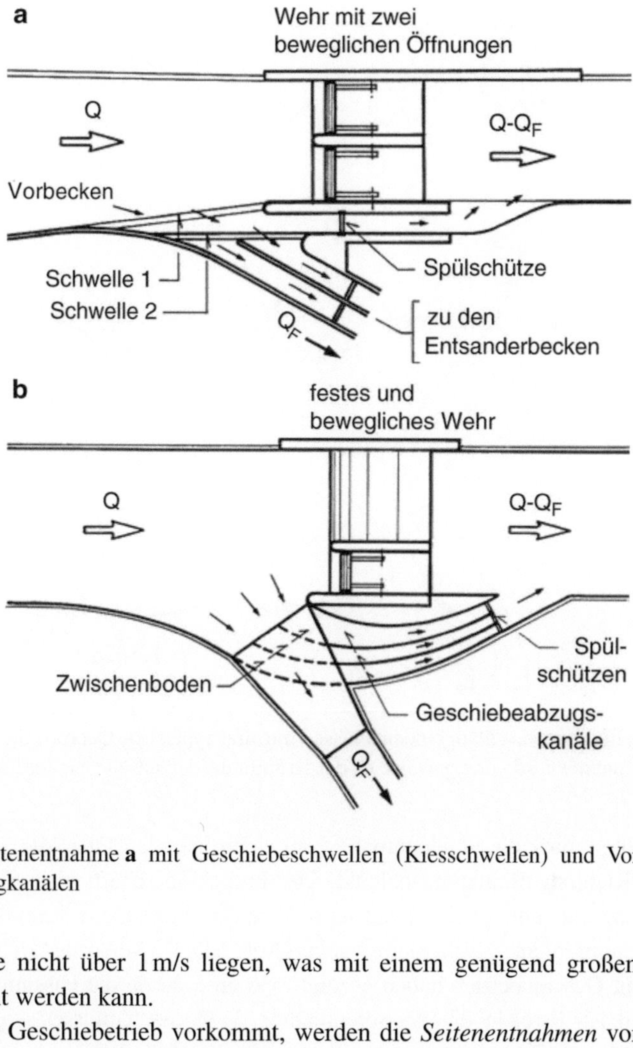

Abb. 6.22 Seitenentnahme **a** mit Geschiebeschwellen (Kiesschwellen) und Vorbecken, **b** mit Geschiebeabzugkanälen

Fassung sollte nicht über 1 m/s liegen, was mit einem genügend großen Einlaufquerschnitt erreicht werden kann.

Wo starker Geschiebetrieb vorkommt, werden die *Seitenentnahmen* vorzugsweise an die Außenseiten von Fluss- oder Bachkrümmungen gelegt. Auf diese Weise kann die *Geschiebeabweisung* unter Zuhilfenahme des sog. Umlenkeffekts verbessert werden.

Der *Umlenkeffekt* einer Krümmung bewirkt eine erhöhte Anströmung und damit eine höhere Turbulenz an der Außenseite. Deshalb entstehen dort bei unverbauten Gewässern ein Steilufer und eine größere Wassertiefe. Das Geschiebe lagert sich dort weniger oder gar nicht ab, sondern wird weiterbefördert. Eine Fassung an der Außenseite ist dem Geschiebe folglich weniger ausgesetzt als eine Fassung an der Innenseite (Abb. 6.23).

Sind die Zuflüsse gering, so arbeitet die Fassung als *Staufassung*. Bei größeren Zuflüssen mit Geschiebetrieb verhält sich die gleiche Anlage als *Umlenkfassung*.

Abbildung 6.23 zeigt die für einen schlängelnden Fluss typische Sequenz von Krümmungs- und Furtstrecken bzw. von Tiefwasserpartien (mit meist markantem Talweg) und Geschiebebänken.

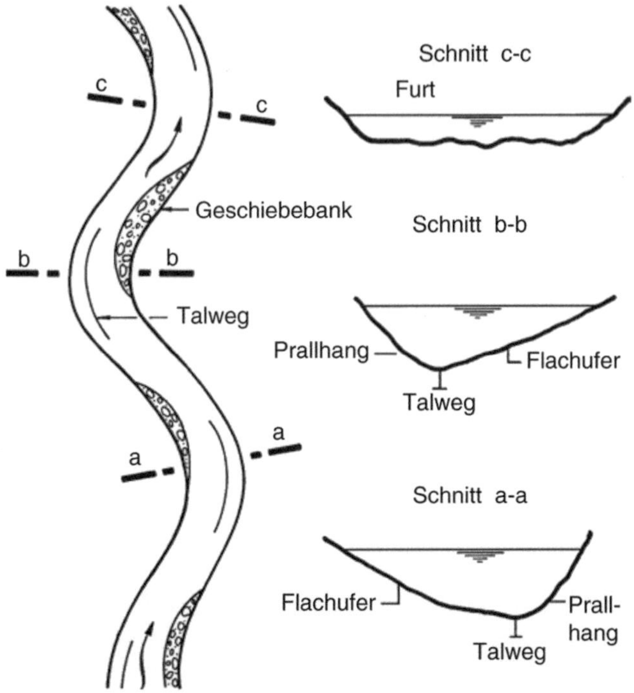

Abb. 6.23 Situation eines schlängelnden Flusses mit drei typischen Querprofilen. Eine Fassung mittels Seitenentnahme wird vorzugsweise an der Krümmungsaußenseite angeordnet

Es ist zu beachten, dass die Seitenentnahme an einem geraden Fluss die Strömung samt Geschiebe in Richtung Entnahme ablenkt. Die Entnahme schafft eine Krümmung, bei der die Strömung zur Innenseite gelenkt wird. Eine dort befindliche Fassung kann wegen dieser Anströmung nicht geschiebefrei sein (Abb. 6.24a). Versuche an einer geraden Flussstrecke mit Geschiebetrieb haben gezeigt, wie groß der in die Fassung eindringende Geschiebeanteil ist. Erreicht die Wasserentnahme 25 % des Zuflusses, so dringen etwa 50 % des zugeführten Geschiebes in die Fassung ein. Wird die Wasserentnahme auf 60 % des Zuflusses erhöht, so dringt praktisch alles Geschiebe in die Fassung ein.
Falls der Fluss oder Bach keine Krümmungen aufweist, können diese durch flussbauliche Maßnahmen künstlich erzeugt werden, beispielsweise durch den Einbau von Buhnen (Abb. 6.24b).

6.3.2.2 Sohlenentnahme

Abbildung 6.25 zeigt einen weit verbreiteten Typ einer *Sohlenentnahme* in Form eines Tiroler-Wehrs. Die Fassung selbst besteht aus dem *Grund*rechen *und dem Tiroler-Wehr.*

Dieser Wehrtyp eignet sich vor allem für Wildbäche im Gebirge. Da seine wesentlichen Teile im Untergrund liegen, ist er dem Angriff durch feststoffreiche Hochwasserabflüsse oder gar Murgänge und Lawinen weniger ausgesetzt.

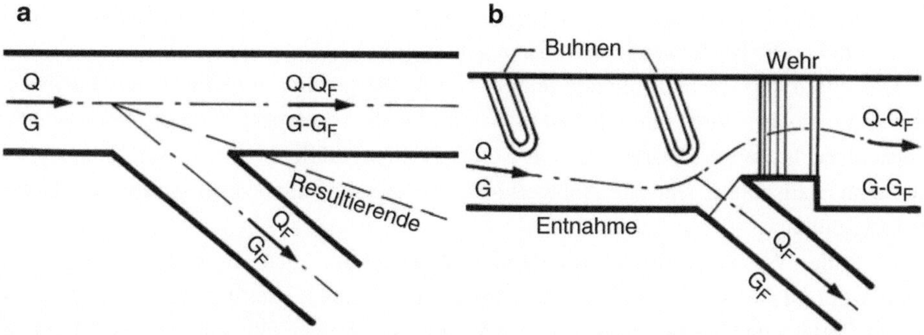

Abb. 6.24 Die Seitenentnahme erzeugt in einer geraden Flussstrecke eine Gerinnekrümmung (Resultierende in Abb. 6.24a). Als Gegenmaßnahme empfiehlt sich die Schaffung einer starken Gegenkrümmung durch den Einbau von Buhnen gemäß Abb. 6.24b

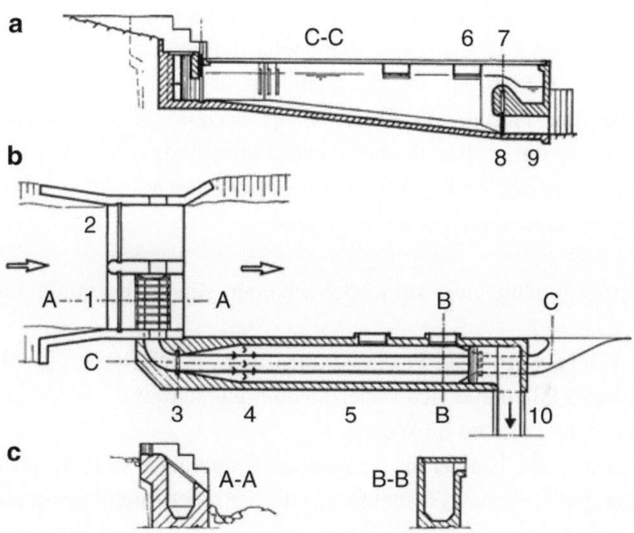

Abb. 6.25 Tiroler-Wehr. **a** Längsschnitt, **b** Situation und **c** Querschnitte. Anlagenteile sind: *1.* Wehrfeld mit Grundrechen, *2.* festes Wehr, etwas höher liegend, *3.* Regulierschütze, *4.* Beruhigungsstäbe, *5.* Entsander- und Entkieserbecken, *6.* Entlastungsüberfall, *7.* Entsanderüberfall, *8.* Spülschütze, *9.* Spülkanal, *10.* Überleitung

Beim *Tiroler-Wehr* wird ein Teil des Wehrrückens als Rechen ausgebildet, der einen seitwärts abgehenden Kanal überdeckt. Die Rechenöffnung ist auf den Bemessungsabfluss der Fassung ausgelegt (s. auch Abschn. 4.2.1). Bringt der Wildbach weniger Wasser, so fällt dieses durch den Rechen in den Kanal. Bringt er mehr, so wird der Überschuss ins Unterwasser abgeleitet (entlastet).

Die Aufgabe des Rechens ist es, das Geschiebe und das Geschwemmsel ins Unterwasser weiterzuleiten. Demzufolge weist der Rechen eine größere Neigung und einen engeren Stababstand auf. Er wird stark durch Schläge und Abrasion (Abschliff) beansprucht. Die Rechenstäbe bestehen aus kräftigen Stahlprofilen.

Das durch den Rechen fallende feinere Geschiebe gelangt in den Rechenschacht und von dort seitwärts durch einen Kanal in ein längliches Absetzbecken (sog. Entkieser bzw. Entsander). Über eine stark geneigte Sohle (Sohlengefälle $J_S \geq 3$ %) mit Trapezprofil und eine Spülschütze sind die Ablagerungen mit einem schießenden Abfluss ins Unterwasser spülbar.

Um die Wasserentnahme im Hochwasserfall auf den Bemessungsabfluss zu begrenzen, ist im Kanal eine *Drosselschütze* untergebracht. Seitlich des Absetzbeckens ist ein Entlastungsüberfall angeordnet. Das gefasste Wasser fällt am Ende des Beckens über einen Überfall in die Ausleitung und gelangt schließlich zur Nutzung.

Den zwei Hauptnachteilen des Tiroler-Wehrs – Verstopfungsgefahr und Risiko für Fische – versucht man mit der Entwicklung des *Coanda-Rechens* (u. a. Wahl 2003; Dengg 2013) zu begegnen. In einer Betonstruktur werden quer zur Fließrichtung feine scharfkantige Stäbe mit einem lichten Abstand von etwa 0,5 bis 2 mm angeordnet (Abb. 6.26). Durch den Coanda- oder Wandanhaftungseffekt folgt strömendes Wasser einer festen Kontur, in diesem Fall den Stäben in Richtung Fassung. Die Stäbe sind zudem gegenüber der Falllinie vertikal geneigt, sodass sie Wasser zur Fassung hin abscheren. Feststoffe, die größer als die Stababstände sind, fallen über den Rechen und führen nur in den seltensten Fällen zu kleineren Verstopfungen.

Die Vorteile gegenüber dem Tiroler-Wehr sind:

- Bessere Selbstreinigung, also kein oder weniger Verstopfen durch Laub, Äste und Geschiebe
- Gefahrloser Fischabstieg: Die Fische können nicht durch den groben Rechen in den Unterwasserkanal fallen und sich verletzen oder gar sterben
- Kein Einfrieren der Fassung im Winter
- Zumeist kann auf den Einbau eines Sandfangs verzichtet werden, da nur sehr feine Komponenten in die Fassung, respektive in die Turbinenzuleitung eingetragen werden

Die Nachteile gegenüber dem *Tiroler-Wehr* sind:

- Tieferes spezifisches Fassungsvermögen: Mit einem Tiroler-Wehr können spezifische Abflüsse bis zu 0,7 m³/s pro Laufmeter gefasst werden, mit einem Coanda-Rechen sind es maximal 0,11 bis 0,14 m³/s pro Laufmeter
- Der Coanda-Rechen ist filigran konstruiert und kann v. a. durch grobes Geschiebe beschädigt werden. Dieser Gefahr kann durch die Anordnung eines Grobrechens über dem Coanda-Rechen begegnet werden
- Die feinen und scharfkantigen Rechenstäbe sind von Abrasion betroffen und müssen etwa nach fünf Jahren ersetzt werden

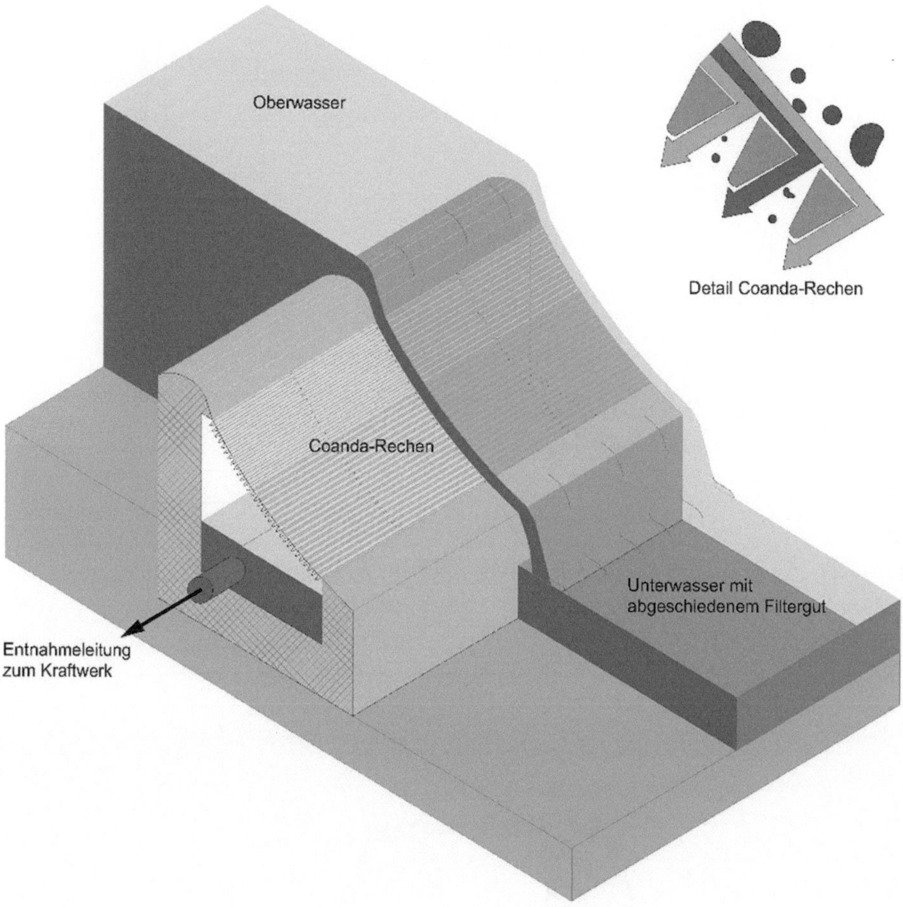

Abb. 6.26 Fassung mit Coanda-Rechen

- Der Coanda-Rechen erfordert eine höhere Konstruktion, was die nutzbare Höhe und somit die Energieproduktion reduziert. Bei großen Druckhöhen fällt dies allerdings kaum ins Gewicht.

6.3.2.3 Saugentnahme

Sollen einem Fluss nur kleine Wassermengen entnommen werden, genügt eine Anordnung gemäß Abb. 6.27. Der Saugkorb am Beginn der Saugleitung soll verhindern, dass Feststoffe in die Leitung eindringen.

Eine etwas größere und stabilere Ausführung zeigt Abb. 6.28. Die Saugkraft wird durch ein Schöpfwerk oder durch Schwerkraft (u. U. mittels Heber) aufgebracht.

Für größere Brauchwasserentnahmen wird oft eine Mittellösung zwischen einer Seiten- und einer Saugentnahme gewählt. Für Kühlwasserentnahmen von thermischen Kraftwerken ist die Anordnung gemäß Abb. 6.29 typisch.

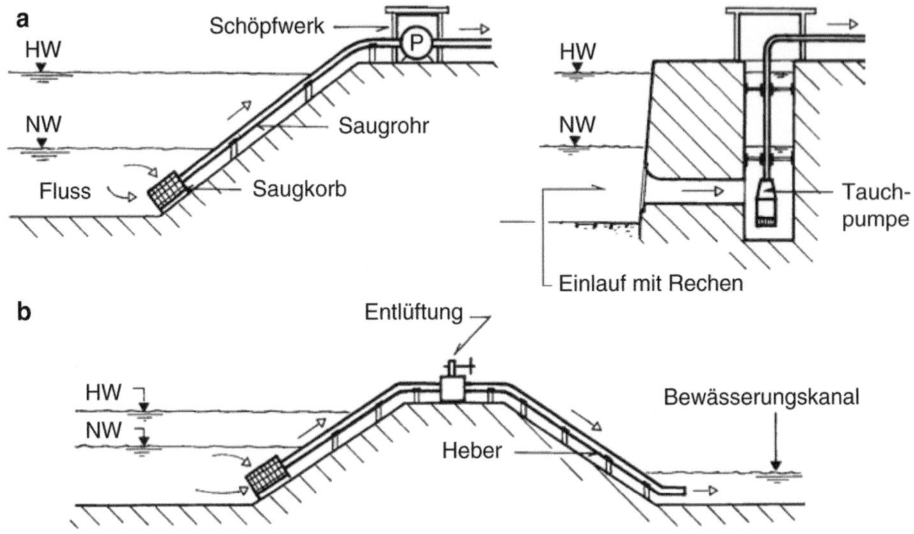

Abb. 6.27 Saugentnahmen mit **a** Schöpfwerk und **b** Heber. *P* Pumpe

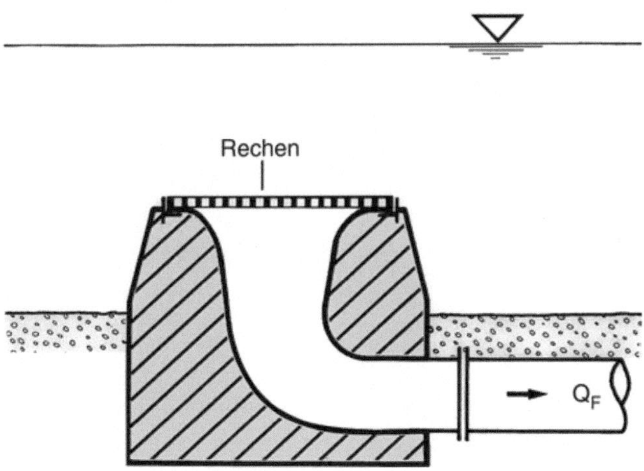

Abb. 6.28 Versenkte Fassung. Betonierter Saugkorb mit leicht demontierbarem Rechen oder Gitter

6.3.3 Geschiebeabweisung und -spülung

Es wurde bereits erwähnt, dass die Seitenentnahmen so zu platzieren sind, dass sie nur wenig Geschiebe fassen. Liegt ihr Bemessungsabfluss über dem Grenzabfluss für Geschiebetrieb, so ist ein Eindringen von Geschiebe in den Einlauf nicht zu vermeiden. Derartige Fassungen brauchen daher eine Spüleinrichtung.

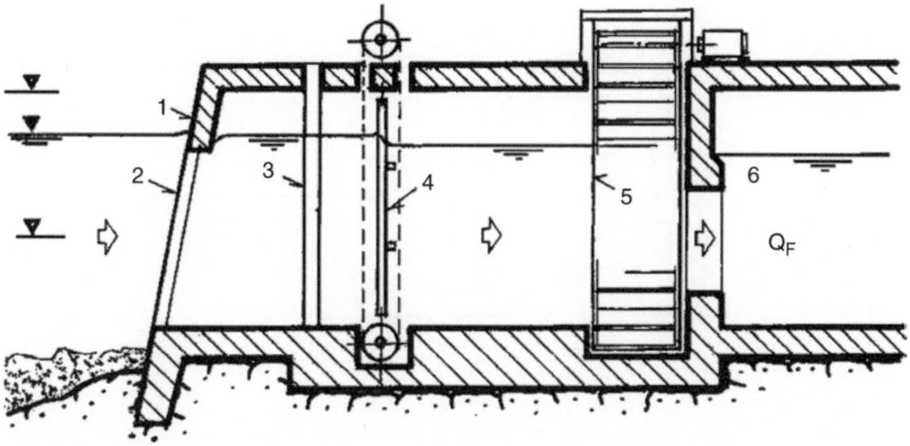

Abb. 6.29 Schematischer Längsschnitt durch eine Kühlwasserfassung. Anlagenteile sind: *1.* Tauchwand, *2.* Grobrechen, *3.* Notverschluss, *4.* eventuell Feinrechen, *5.* umlaufende Siebbänder oder Siebtrommeln, *6.* Pumpenvorbecken oder Kanal

Abbildung 6.30 zeigt den Längsschnitt für eine Seitenentnahme mit zweifacher Schwelle. Die wesentlichen Anlagenteile sind in den Abb. 6.29 und 6.30 dargestellt.

Heute werden Seitenentnahmen vermehrt mit horizontal angeordneten Rechenstäben und größeren Fassungsquerschnitten realisiert, damit Fische weniger einfach in die Fassung eindringen können.

Falls der Wasserspiegel durch ein bewegliches Wehr konstant gehalten wird, kann auf eine Einlaufschütze verzichtet werden. Bei einem festen Wehr schwankt der Flussspiegel derart, dass eine Einlaufschütze nötig wird. Eine Alternative oder Ergänzung zur Einlaufschütze bietet ein *Streichwehr*, das das *Überschusswasser* aus dem Vorbecken oder dem anschließenden Kanal seitlich abführt (s. auch Abschn. 4.2.1).

6.3.3.1 Durchfluss durch das Wehr

Um den Geschiebetrieb durch das Wehr und die Spülkanäle zu gewährleisten, braucht es sowohl bei Seiten- wie bei Sohlenentnahmen ausreichend Spülwasser. So muss beispielsweise für eine Seitenentnahme an einem Gebirgsfluss erfahrungsgemäß der geschiebeführende Abfluss Q_W über das Wehr und durch die Spülkanäle mindestens dem halben Zufluss entsprechen. Es wird aber nur dann gespült, wenn Geschiebetrieb herrscht, d. h. wenn der Zufluss Q über dem Grenzabfluss Q_{Gr} liegt. Damit ergeben sich (unter der Annahme eines Restwasserabflusses Q_R) die in den einzelnen Betriebsphasen fassbaren Abflüsse Q_F (Tab. 6.1).

Die *Spülwasserverluste* fallen nur während der Phase 3 an, dann allerdings stark (s. Q_S in Abb. 6.31).

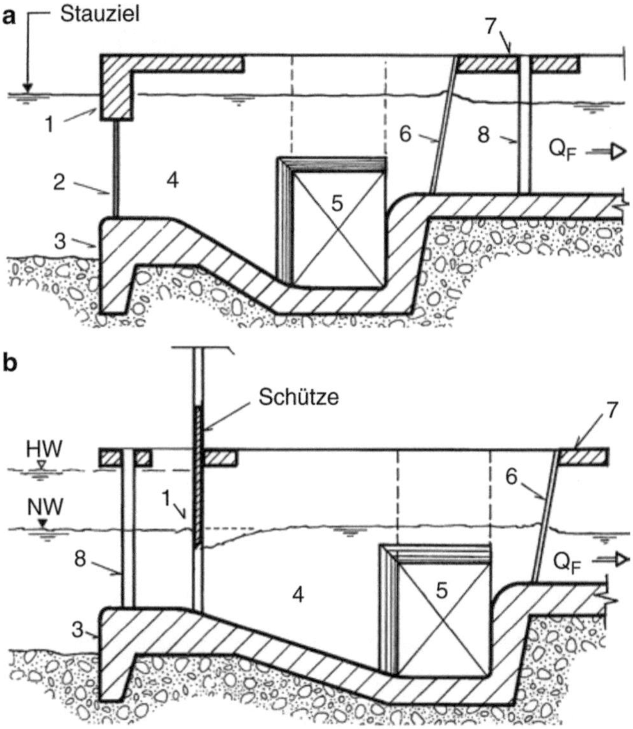

Abb. 6.30 Schematischer Längsschnitt durch eine Seitenentnahme mit zwei Geschiebeschwellen (Kiesschwellen). Anordnung bei **a** beweglichem Wehr und **b** festem Wehr. Anlagenteile sind: *1.* Dienststeg mit Tauchwand zur Abweisung des Geschwemmsels oder Einlaufschütze die 0,8 bis 1,0 m eintaucht; *2.* Grobrechen; *3.* Kiesschwelle (etwa 1,0 bis 1,5 m hoch); *4.* Vorboden und Vorbecken (Einlaufgeschwindigkeit: 0,5 bis 0,8 m/s, Gefälle: 5 %); *5.* Spülkanal mit Schieber (Gefälle ≥3 %; Bedingung für eine wirksame Spülung ist ein schießender Spülstrom ohne Rückstau durch Verengungen und hydraulische Verluste); *6.* Feinrechen; *7.* Rechenboden mit Möglichkeit zur Rechenreinigung; *8.* Notverschlussmöglichkeit

Tab. 6.1 Fassbarer Abfluss Q_F bei verschiedenen Zuflüssen Q

Phase	Zufluss Q	Fassbarer Abfluss Q_F	Wehrdurchfluss Q_W
1	$Q \leq Q_R$	0	Q
2	$Q_R \leq Q \leq Q_{Gr}$	$Q - Q_R$	Q_R
3	$Q_{Gr} \leq Q \leq 2 \times Q_B$	Q/2	Q/2
4	$2 \times Q_B \leq Q$	Q_B	$\geq Q_B$

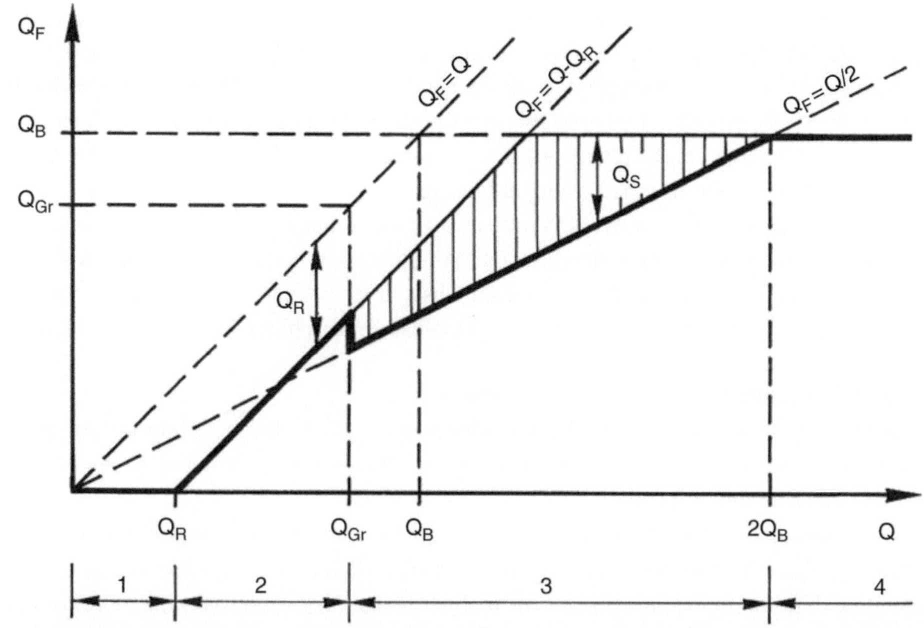

Abb. 6.31 Abhängigkeit des gefassten Abflusses Q_F vom Zufluss Q, wenn der Bemessungsdurchfluss Q_B der Fassung größer als der Grenzabfluss Q_{Gr} ist

6.3.3.2 Geschiebekontinuität unterhalb des Wehrs

Der Wehrdurchfluss Q_W sollte in der Lage sein, das Geschiebe durch die Restwasserstrecke abzuführen. Das gilt sowohl für Seiten- als auch Sohlenentnahmen.

In Flüssen und Bächen, die sich vor dem Bau der Fassung im Zustand der latenten Erosion befanden, wo also das Geschiebetransportvermögen wegen einer groben Abpflästerung oder einem Felsbett nicht ausgenutzt wird (beispielsweise in Wildbächen im Gebirge), ergibt sich dies oft problemlos.

Dort hingegen, wo sich die Sohle im Beharrungszustand befindet, sind Auflandungen und somit Sohlenanhebungen möglich und erfordern in der Regel flussbauliche Gegenmaßnahmen. Entsprechende rechnerische Grundlagen liefert die Geschiebetheorie (s. auch Abschn. 3.1).

6.3.4 Schwebstoffverminderung durch Entsander

Schwebstoffe können durch die Bildung von *Ablagerungen* in strömungsarmen Zonen von Kanälen und Speichern und durch *Abschliff* (sog. *Abrasion*) von Schussrinnen oder anderen schnell durchströmten Anlageteilen (u. a. Pumpen, Turbinen, Schieber) zu Schäden führen.

Der *Abschliff* ist naturgemäß auf die harten, kantigen Schwebstoffanteile, wie z. B. Quarz, zurückzuführen. Ihre Wirkung steigt mit der Fließgeschwindigkeit und dem Kornvolumen. Als Gegenmaßnahme empfiehlt sich eine mechanische Klärung, die durch entsprechende Bemessung dem gewünschten Reinigungsgrad angepasst werden kann.

Für die Entnahme von Kühlwasser für thermische Kraftwerke wurde in Abschn. 6.3.2 (s. auch Abb. 6.29) bereits eine Lösung aufgezeigt.

Für Wasserfassungen von Wasserkraft- und Bewässerungsanlagen werden *Entsander* verwendet. Das sind langsam durchströmte Absetzbecken, in denen sich die gröberen Feststoffe absetzen können. Der gebräuchlichste Typ ist der *Langsandfang,* der im Wesentlichen aus einer Kanalaufweitung unmittelbar im Anschluss an die Fassung besteht.

6.3.4.1 Wirksamer Raum des Entsanders

Vergegenwärtigt man sich, dass der Fluss oder Bach die Schwebstoffkörner aufgrund seiner Turbulenz transportiert, ist es naheliegend, diesen Transport durch Abminderung der Turbulenz zu unterbinden.

Im Langsandfang geschieht dies durch eine Verlangsamung und Beruhigung der Strömung. Es ist deshalb wichtig, den Langsandfang strömungstechnisch entsprechend zu gestalten, d. h. mit einem günstigen Ein- und Auslauf zu versehen. Kritisch ist vor allem die Einlaufstrecke, weil sie, wenn zu abrupt gestaltet, Ablösungswirbel erzeugen kann.

Abbildung 6.32 zeigt, wie in einem Langsandfang ein für den Absetzvorgang *wirksamer Raum* ausgewiesen werden kann. Im Fall der üblichen Konstruktion gemäß Abb. 6.32a ist dieser Raum groß, während die Ausführung gemäß Abb. 6.32b die Bildung von Ablösungswirbeln fördert. Der wirksame Raum ist deshalb kleiner. Die tatsächlichen Abmessungen eines Langsandfangs sind also größer als sein wirksamer Raum. Weitere Einflüsse auf das Absetzverhalten haben die Ein- und Auslaufstrecken sowie die Spüleinrichtungen bzw. Spülsysteme.

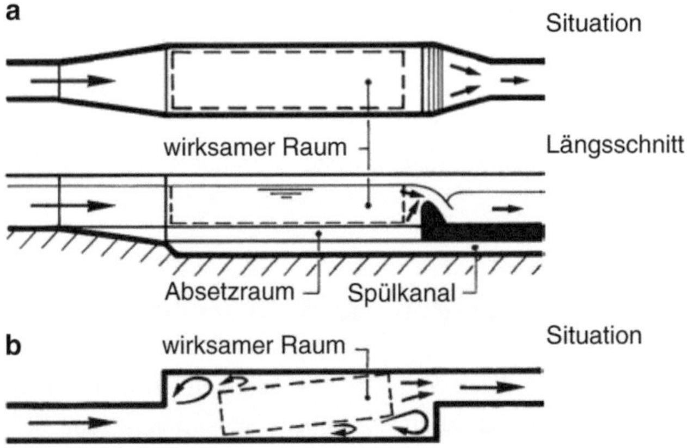

Abb. 6.32 Schema des Beckens eines Langsandfangs. **a** Bei guter Anströmung ist der wirksame Raum groß, **b** bei schlechter Anströmung klein

Für größere Durchflüsse werden aus betrieblichen Gründen und weil die Durchströmung bei zu großer Beckenbreite zu ungleichförmig wird, oft mehrere Sandfänge parallel angeordnet. Während der Spülung eines Beckens bleiben die übrigen Anlagen weiter in Betrieb.

6.3.4.2 Spülsysteme

Unter dem wirksamen Raum des *Entsanderbeckens* liegt der *Absetzraum* mit Trapezquerschnitt. Damit die seitlichen Ablagerungen in die Spülrinne gelangen, ist eine Böschungsneigung von mindestens 4:5 erforderlich.

Die *Spülung* der ausgeschiedenen Schwebstoffe ins Unterwasser kann *kontinuierlich* oder *in Intervallen* erfolgen. Als Beispiele sollen die früher häufig verwendeten Spülsysteme von Büchi, Bieri und Dufour etwas näher erläutert werden:

- Im Sandfang nach *Büchi* wird nach Drosselung des Zuflusses mittels der Regulierschütze und Öffnen der Spülschütze das Becken entleert, bis ein schießender Spülstrom die Ablagerungen auf der geneigten Sohle (Neigung der Sandfangsohle: $J \geq 1$ %) ins Unterwasser befördert (Abb. 6.33a).
- Der *Bieri*-Sandfang weist über der Spülrinne eine Abdeckung aus festen und verschiebbaren Blechlamellen auf. Ist im Absetzraum die zulässige Ablagerungshöhe erreicht, was mithilfe von Sonden (u. a. Sandtaster, Sohlenmembran) festgestellt werden kann,

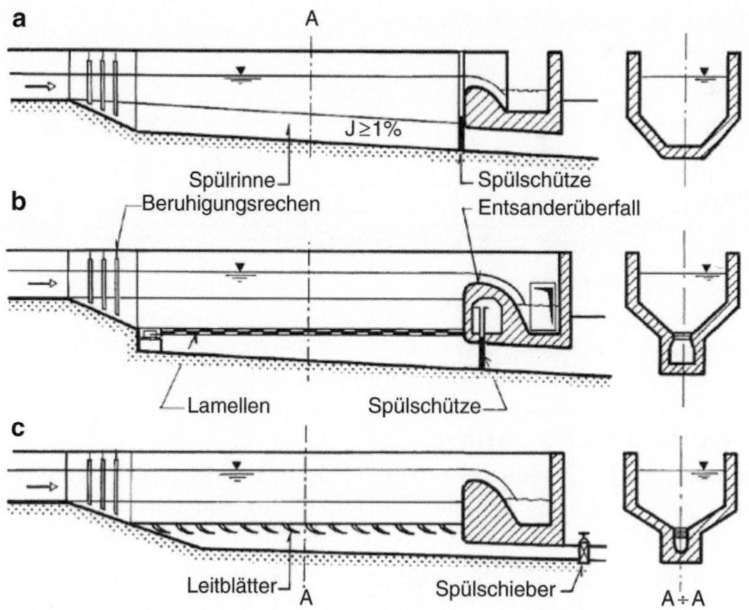

Abb. 6.33 Sandfänge mit verschiedenen Spülsystemen. **a** Büchi-Sandfang, **b** Bieri-Sandfang, **c** Dufour-Sandfang

so werden die beweglichen Lamellen durch einen ölhydraulischen Antrieb verschoben. In den entstandenen Bodenöffnungen entsteht eine wirksame Spülströmung zum Spülkanal, ohne dass das Becken entleert werden muss (Abb. 6.33b).
- Beim System *Dufour* geht die Sandspülung ständig vor sich, indem mittels einer regulierbaren Spülleitung eine absaugende Strömung im Spülkanal erzeugt wird. Leitblätter verbessern die Abströmverhältnisse (Abb. 6.33c).

Eine neuere Entwicklung ist das *System HSR* (u. a. Meier 2003, 2014; Truffer et al. 2009; Küttel und Meier 2012), das seit 2001 bei diversen Neu- oder Umbauten in der Schweiz, Österreich und Italien eingesetzt wurde. Die Spülung des trapezförmigen Entsanders erfolgt über eine Rohrleitung, in der durch seitlich angeordnete Einlässe Wirbelströmungen entstehen (Abb. 6.34), was relativ zum Abfluss hohe Sedimenttransportraten zur Folge hat.

Die Vorteile gegenüber den bisherigen Systemen sind:

- Sehr geringer Spülwasserbedarf
- Nur ein Spülschieber am Ende der Rohrleitung. Ansonsten keine beweglichen Teile, was sich auf den Unterhalt positiv auswirkt
- Wenig anfällig für Verstopfungen
- Spülung unter Druck:
  - Während der Spülung ist weiterhin Fassungsbetrieb möglich
  - Keine Neigung des Abzugsystems nötig
- Spülungen können kontinuierlich oder intermittierend stattfinden
- Tiefe Baukosten durch einfache Montage

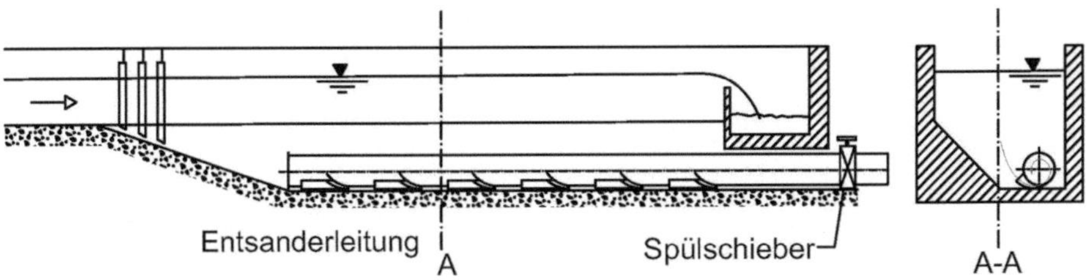

Abb. 6.34 Entsanderabzugsystem HSR

6.3.4.3 Hydraulische Bemessung

Die Bemessung des Langsandfangs berücksichtigt den wirksamen Raum (Gujer 2007). Gegeben ist im Allgemeinen lediglich der Bemessungsdurchfluss Q_B eines einzelnen Beckens.

Diese Vorgabe muss durch die Wahl eines *Bemessungskorns* d_B ergänzt werden. Alle Körner, deren Durchmesser d größer oder gleich d_B sind, sollen sich absetzen, die kleineren Körner jedoch nur zum Teil.

Daraus folgt, dass die *Aufenthaltszeit T* des Bemessungskorns im wirksamen Raum mit seiner *Absinkzeit* T_{SB} übereinstimmen muss, d. h.

$$T = T_{SB}\ [s]$$

Der einfachste Rechenansatz ergibt sich aus einer Mittelwertbetrachtung. Die mittlere Aufenthaltszeit T des Wassers im wirksamen Raum beträgt:

$$T = V/Q_B\ [s]$$

mit

V Volumen des Sandfangs ($V = B \cdot h \cdot L$) [m^3]

Die mittlere Absinkzeit eines Bemessungskorns, das gerade an der Wasseroberfläche in den wirksamen Raum eingetragen wird und dann gleichmäßig absinkt, beläuft sich auf:

$$T_{SB} = h/w_B\ [s]$$

mit

w_B mittlere Sinkgeschwindigkeit des Bemessungskorns d_B im wirksamen Raum [m/s]

Die Gleichsetzung dieser mittleren Zeiten $T = T_{SB}$ liefert die Beziehungen:

$$\frac{B \cdot h \cdot L}{Q_B} = \frac{h}{w}\ [s] \quad \text{bzw.} \quad \frac{L}{v} = \frac{h}{w}\ [s] \quad \text{bzw.} \quad w = \frac{Q_B}{B \cdot L}\ [m/s]$$

mit

v mittlere Strömungsgeschwindigkeit im Sandfang, $v = Q_B/(B \cdot h)$ [m/s]
w mittlere Sinkgeschwindigkeit im Sandfang [m/s]
B Sandfangbreite, $B \geq L/8$ [m]
L Sandfanglänge [m]
h Wassertiefe [m]

Der Quotient $Q_B/(B \cdot L)$ wird in der Abwassertechnik als *Oberflächenbelastung* bzw. *Oberflächenbeschickung* bezeichnet (u. a. Hager 2010; Gujer 2007).

Fast noch anschaulicher ist ein Rechenansatz, der von der Situation gemäß Abb. 6.35 ausgeht. Dort sind die mittleren Absetzbahnen der Körner in Form von Geraden (gleichsam als linearisierte Partikelbahnen) angegeben.

Aus der Bahn eines an der Wasseroberfläche befindlichen Korns (Abb. 6.35) folgt aus einer einfachen Relation zwischen den auftretenden Geschwindigkeiten (Strömungsgeschwindigkeit v und Sinkgeschwindigkeit w) und den Längen (Sandfanglänge L und Wassertiefe h) die Bemessungsgleichung:

$$\frac{L}{v} = \frac{h}{w}\ [s]$$

Im Sinn der Mittelwertbetrachtung deutet Abb. 6.35 auch an, dass sich in einem Langsandfang die gröberen Körner zum großen Teil, die kleineren Körner dagegen nur zu einem kleinen Teil absetzen. Feinstteile, wie etwa Gletscherschluff, setzen sich überhaupt nicht ab.

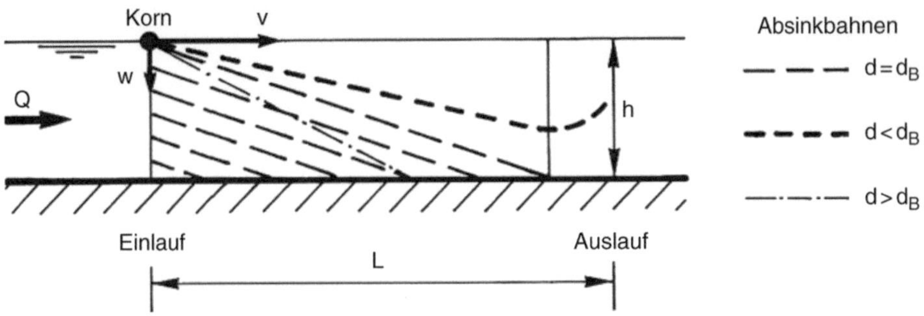

Abb. 6.35 Längsschnitt durch den wirksamen Raum eines Sandfangs. Linearisierte mittlere Bahnkurven für verschieden große Körner

Es ist jedoch zu beachten, dass mit diesen vereinfachten Ansätzen ein sehr komplexes Strömungsproblem stark vereinfacht wird.

6.3.4.4 Sinkgeschwindigkeit der Körner

Die Sinkgeschwindigkeit w_0 eines Korns im ruhenden Wasser könnte eigentlich aus dem Gleichgewicht der angreifenden Kräfte bestimmt werden. Gemäß Abschn. 3.1.1 gilt $W = G - A$, woraus sich die sog. Formel von Newton oder Prandtl für ein Einzelkorn ableiten lässt:

$$w_0 = \left[\frac{4}{3 \cdot C_D} \cdot g \cdot d \cdot \left(\frac{\rho_s}{\rho} - 1\right)\right]^{1/2} \text{[mm/s]}$$

Nun ist aber die dimensionslose Widerstandszahl des Korns C_D im interessierenden Bereich von d = 0,1 bis 1,0 mm stark von der Reynoldszahl des Korns Re_k

$$Re_k = \frac{w_0 \cdot d}{\nu} \ [-]$$

abhängig und damit von der Sinkgeschwindigkeit w_0 selbst.

Die *kinematische Zähigkeit* ν von *reinem* Wasser wird von der Temperatur beeinflusst. Die Größenordnung von ν zeigen die folgenden Zahlen:

- $\nu = 1{,}79 \cdot 10^{-6}$ m²/s bei 0 °C,
- $\nu = 1{,}31 \cdot 10^{-6}$ m²/s bei 10 °C und
- $\nu = 1{,}01 \cdot 10^{-6}$ m²/s bei 20 °C.

Bei $Re_k < 0{,}5$, d. h. für feine Körner von d < 0,08 mm, darf $C_D = 24/Re_k$ angenommen werden, was, in die Formel von Newton eingesetzt, zur *Formel von Stokes* führt:

$$w_0 = \frac{1}{18 \cdot \nu} \cdot g \cdot d^2 \cdot \left(\frac{\rho_s}{\rho} - 1\right) \text{[mm/s]}$$

Die gängigen Werte für die Widerstandszahl C_D wurden vor allem an *kugelförmigen Einzelkörnern* im Wassertank bestimmt.

Im Fall von *Feststoffkörnern,* die eine andere Form haben (gegebenenfalls mit einem Formfaktor zu berücksichtigen), sich in Schwebstoffwolken mit lokal unterschiedlichen Konzentrationen bewegen, von Gewässerrändern (u. a. Wände, Sohle) beeinflusst werden und definitionsgemäß nicht in reinem, sondern in schmutzigem Wasser absinken, ist die Bestimmung der Sinkgeschwindigkeit sehr viel schwieriger.

Aufwendiger, aber sehr präzise, sind insbesondere Messungen in sog. *Sedimentationssäulen.* Dort werden die Sinkgeschwindigkeiten bestimmt, in dem sich die Feststoffkörner unter kontrollierten Bedingungen absetzen (bekannt sind u. a. die physikalische Eigenschaften des Wassers und wichtige kornspezifische Parameter wie Feststoffdichte und Kornform). Die im unteren Teil der Säule befindliche Präzisionswaage registriert die Gewichtszunahme in Abhängigkeit von der Zeit.

Zanke (2002) schlägt für die Berechnung der Sinkgeschwindigkeit eine empirische Formel vor. Diese lautet für Sandkornhaufen mit $(\rho_S/\rho - 1) = 1{,}65$ und Wasser von 20 °C (siehe Abb. 6.36):

$$w_0 = \frac{100}{9 \cdot d} \cdot \left[\left(1 + 1{,}57 \cdot 10^2 \cdot d^3\right)^{1/2} - 1\right] \text{ [mm/s]}$$

mit

w_0 Sinkgeschwindigkeit eines Korns in ruhendem Wasser [mm/s]
d Korndurchmesser [mm]

Im fließenden Wasser ist die Sinkgeschwindigkeit infolge der größeren Turbulenz geringer oder gar Null (was ja der Grund für den Schwebstofftransport ist). Diese Abminderung wird näherungsweise mit dem Ansatz

$$w = w_0 - \alpha \cdot v \geq 0 \text{ [mm/s]}$$

mit

w Sinkgeschwindigkeit des Korns im fließenden Wasser [mm/s]
v mittlere horizontale Fließgeschwindigkeit [mm/s]
α Abminderungsfaktor [-]

erfasst. Nach Mosonyi kann der Abminderungsfaktor mit $\alpha = 0{,}132/h^{1/2}$ abgeschätzt werden, wobei die Wassertiefe h in m eingesetzt wird.

6.3.4.5 Grenzgeschwindigkeit im Sandfang

Damit sich die Körner absetzen, muss $w > 0$ sein. Sobald die Körner aber den Sandfangboden erreichen, werden sie dort gegebenenfalls als Geschiebe weiter befördert. Möglicherweise führt die vorhandene Turbulenz aber auch dazu, dass die Materialien wieder in Suspension übergehen und in Schwebe transportiert werden.

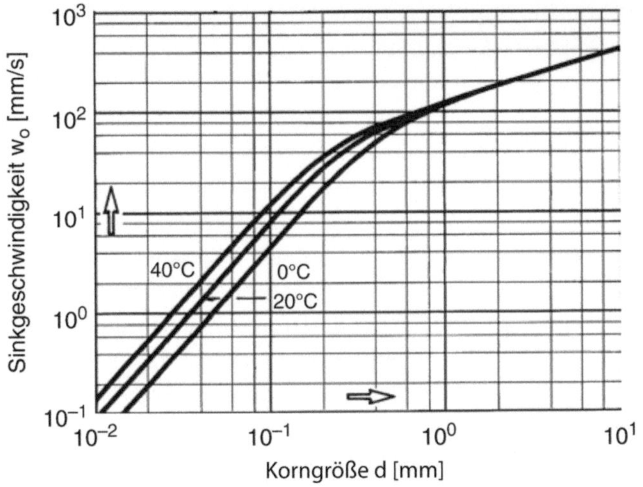

Abb. 6.36 Abhängigkeit der Sinkgeschwindigkeit w_o vom Korndurchmesser d und der Wassertemperatur. (Zanke 2002)

Soll dies nicht geschehen, darf die Fließgeschwindigkeit v im Sandfang die Grenzgeschwindigkeit v_{Gr} nicht überschreiten. Diese ergibt sich nach der Geschiebetheorie (s. auch Abschn. 3.1) aus der Bedingung:

$$\tau_R = \tau_{Gr}$$

mit

τ_R Schubspannung $\tau_R = \rho \cdot g \cdot r_{hy} \cdot J_E$ [N/m²]
r_{hy} hydraulischer Radius des Sandfangs [m]
J_E Energieliniengefälle der Strömung im Sandfang [-] $= \left(0,03 \cdot \left(\frac{\rho_s}{\rho} - 1\right) \cdot d\right)/r_{hy}$
τ_{Gr} Grenzspannung für Ruhe $\tau_{Gr} = 0,03 \cdot (\rho_S - \rho) \cdot g \cdot d$ [N/m²]

Kann man für die Strömungsverhältnisse im Sandfang Normalabfluss voraussetzen, lässt sich das Energieliniengefälle J_E mit dem Ansatz von Manning-Strickler ausdrücken. Dann wird die Grenzgeschwindigkeit:

$$v_{Gr} = k_{Str} \cdot r_{hy}^{1/6} \left[0,03 \cdot \left(\frac{\rho_S}{\rho} - 1\right) \cdot d\right]^{1/2} \quad [m/s]$$

mit

k_{Str} Rauheitsbeiwert im Sandfang nach Manning-Strickler [$m^{1/3}/s$]
d Korndurchmesser [m]

Mit $k_{Str} = 60\ m^{1/3}/s$ und $(\rho_S/\rho - 1) = 1{,}65$ vereinfacht sich die Formel zu:

$$v_{Gr} = 13 \cdot r_{hy}^{1/6} \cdot d^{1/2}\ [m/s]$$

6.3.4.6 Bemessung der Absetzbecken

Aus der mittleren horizontalen Fließgeschwindigkeit v und dem Bemessungsdurchfluss Q_B ergibt sich der erforderliche Durchströmquerschnitt im wirksamen Raum zu:

$$A = \frac{Q_B}{v}\ [m^2]$$

Die größte Beckentiefe und damit auch die Höhe h des wirksamen Raums sind aus topografischen Gründen (u. a. Ausmündung des Spülkanals ins Unterwasser) meistens vorgegeben.

Die Beckenbreite wird somit $B = A/h$ und sollte nicht größer als ein Achtel der Beckenlänge L gemäß

$$L = h \cdot \frac{v}{w}\ [m]$$

sein, um eine gleichmäßige Durchströmung zu gewährleisten. Bei großen Durchflüssen werden darum oft mehrere parallele Becken kleinerer Breite gebaut.

Die Übergangsstrecke zwischen Zuflusskanal und wirksamem Raum enthält oft mehrere Reihen von Beruhigungsrechen und ist etwa $2 \cdot B$ lang, sodass ein Entsanderbecken mindestens die Länge L

$$L = L + 2 \cdot B\ [m]$$

aufweisen sollte.

6.3.5 Geschwemmselbeseitigung

Um empfindliche Anlageteile, wie z. B. Pumpen, Turbinen, Schieber, gegen das Geschwemmsel abzuschirmen sowie Wassertiere von gefährlichen Anlageteilen fernzuhalten, werden Rechen eingesetzt.

Die Spaltweite eines Rechens a (der lichte Abstand zwischen den Rechenstäben) muss auf diesen Zweck ausgerichtet werden. Man unterscheidet *Grobrechen* mit $a = 100$ bis 300 mm und *Feinrechen* mit $a = 5$ bis 50 mm.

6.3.5.1 Rechenverluste

Rechen stellen ein Hindernis in der Strömung dar und erzeugen Fallhöhenverluste. Bei starkem *Geschwemmselanfall* oder ungenügender Reinigung können sie sogar verstopfen.

Im Fall eines sauberen Rechens lässt sich der Rechenverlust Δz_r nach Kirschmer u. Mosonyi wie folgt berechnen (Abb. 6.37):

$$\Delta z_r = \xi_r \cdot \frac{v^2}{2 \cdot g} \text{ [m]}$$

mit

v mittlere Zuflussgeschwindigkeit (maximal 0,5 bis 1,0 m/s)
ξ_r Rechenverlustbeiwert [-]

Der Verlustbeiwert ξ_r ist folgendermaßen definiert:

$$\xi_r = \kappa \cdot \varphi \cdot \left(\frac{s}{a}\right)^{4/3} \cdot \sin\alpha \text{ [-]}$$

mit

κ Faktor zur Berücksichtigung des Anströmwinkels δ gemäß Tab. 6.2 [-]
φ Formbeiwert für Rechenstäbe nach Kirschmer gemäß Abb. 6.38 [-]
s Stabdurchmesser [m]
a lichter Stababstand [m]
α Rechenneigung nach Abb. 6.37 [-]

An einem verlegten Rechen können natürlich erheblich größere Strömungsverluste auftreten. Je kleiner der lichte Stababstand a ist, umso mehr und schneller machen sich diese Verluste bemerkbar.

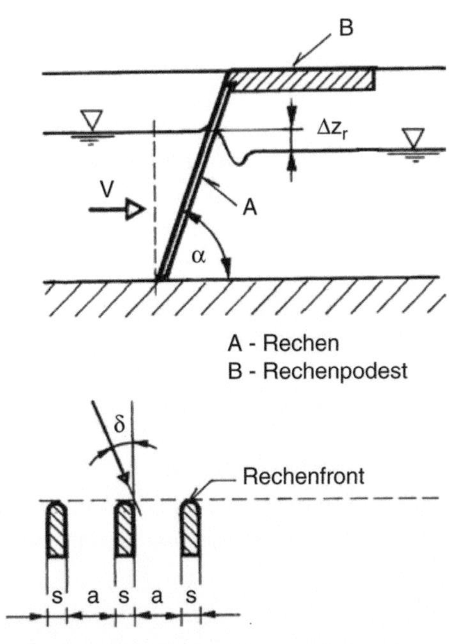

Abb. 6.37 Längsschnitt durch einen Einlauf mit Rechen. Querschnitt der Rechenstäbe mit Vermassung und Anströmwinkel δ

Tab. 6.2 Abhängigkeit zwischen κ und δ nach Mosonyi

δ	$s/a=$	1,0	0,8	0,6	0,4	0,2
0°		1,00	1,00	1,00	1,00	1,00
20°		1,14	1,18	1,24	1,31	2,24
40°		1,43	1,55	1,75	2,10	5,70
60°		2,25	2,62	3,26	4,40	–

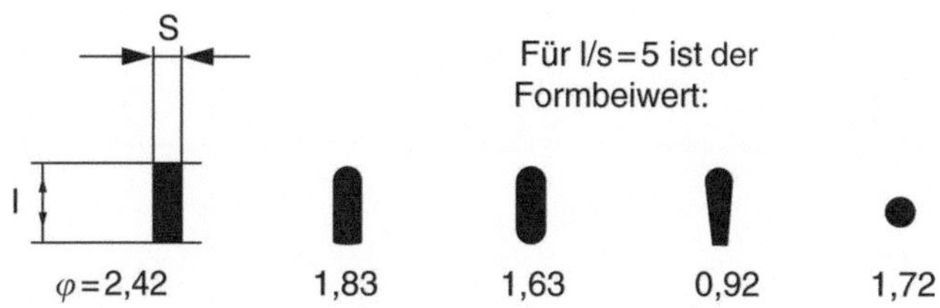

Abb. 6.38 Formbeiwerte φ für verschiedene Rechenstäbe nach Kirschmer

6.3.5.2 Statische Berechnung

Für die Bemessung der Rechen wird entweder eine vollständige Verlegung des Rechens (z. B. infolge von Schwebeis) oder ein Rechenverlust von 2 m (infolge von starkem Geschwemmselanfall) angenommen (Abb. 6.39).

Die auftretenden Wasserdrücke sind im Verhältnis zur leichten Konstruktion der Rechen groß und verlangen eine Aussteifung mit Längs- und Querträgern. Große Rechen werden in einzelne Rechenfelder aufgeteilt, wobei die Rechenstäbe häufig mit Querstäben aus Rundeisen verbunden werden. Diese Rechenfelder stützen sich dann auf ein grobes Netz von stromlinienförmigen Trägern (Abb. 6.39).

Eine weitere Beanspruchung der Rechen ergibt sich durch strömungsinduzierte Schwingungen, die infolge von Strömungsablösungen an den Rechenstäben entstehen. Die Ablösungen erfolgen periodisch und ihre Frequenz liegt für Zuflussgeschwindigkeiten von 0,5 bis 1 m/s in der Größenordnung von 10 bis 20 Hz.

Die Aussteifung der Rechen wird derart gestaltet, dass sich deren Eigenfrequenzen von der Eigenfrequenz der Konstruktion unterscheidet und vorzugsweise höher liegt. Wie zahlreiche Rechenbrüche zeigen, wird dieser Grundsatz häufig zu wenig beachtet.

Schließlich sind noch die Beanspruchungen zu erwähnen, die die Rechen während ihrer Reinigung durch die Arbeit einer Rechenreinigungsmaschine erfahren.

6.3.5.3 Rechenreinigung

Die Rechenreinigung geschieht bei kleinen Rechen durch Herausnehmen des Rechens und bei mittleren bis großen Rechen durch Bergen des Rechenguts *von Hand* oder mit *Rechenreinigungsmaschinen.*

Das *Bergen* erfolgt mittels Harken, deren Zähne zwischen die Rechenstäbe greifen. Gewöhnlich wird das Rechengut von unten nach oben abgestreift und auf dem Rechenboden in eine Geschwemmselrinne oder eine Mulde befördert.

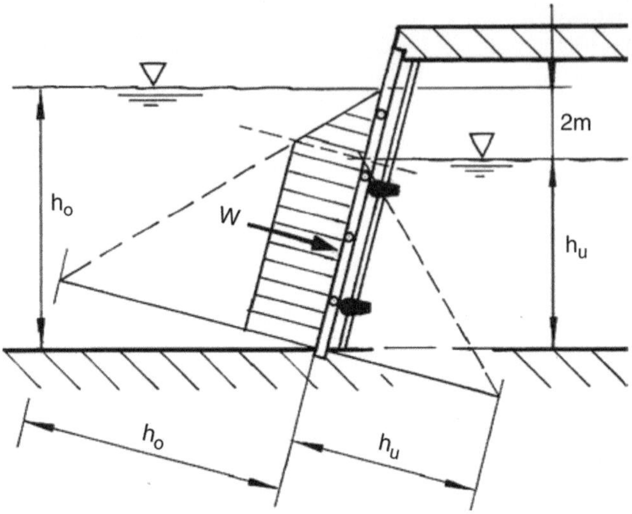

Abb. 6.39 Wasserdruckkraft W auf einen Rechen. Druckdreieck mit h_0 bei vollständiger Verstopfung ($h_u = 0$ m) und reduzierter Wasserdruckkraft (schraffierte Fläche) bei einem Rechenverlust von 2 m. Aussteifung der Rechenfelder mit stromlinienförmigen Trägern

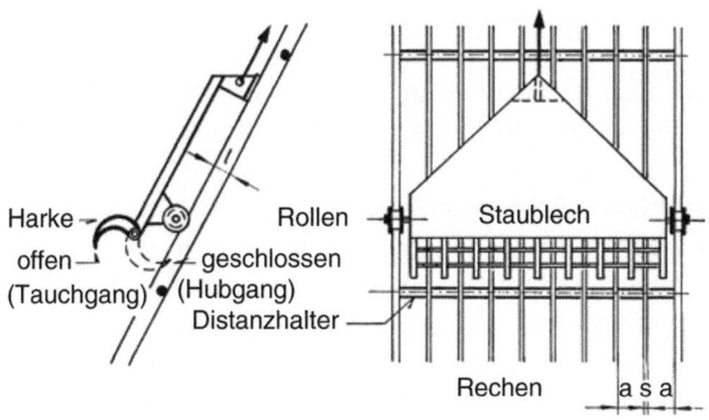

Abb. 6.40 Beispiel eines Putzwagens mit schwenkbarer Harke

Die Harken sind entweder an einem langen Stiel befestigt und werden von Hand geführt, oder sie sind mit einem Putzwagen verbunden, der durch eine Winde bewegt wird. Dabei bilden Windwerk und Putzwagen zusammen die Rechenreinigungsmaschine (Abb. 6.40).

Es gibt ortsfeste Anlagen, die immer das gleiche Rechenfeld bestreichen, aber auch auf Gleisen seitlich verschiebbare Anlagen, die mehrere Rechenfelder reinigen können. Für grobes Geschwemmsel werden neben den Harken oft auch Mehrzangengreifer eingesetzt.

In Ländern, in denen das Geschwemmsel stark mit Abfall durchsetzt ist, wird meist eine Entsorgung des Rechenguts vorgeschrieben. Anderenorts wird das Rechengut dem Fluss oder Bach zurückgegeben.

Beispiel

Ein Langsandfang wird von $Q_B = 5{,}0\ m^3/s$ durchflossen und soll alle Feststoffkörner $d > 0{,}2\ mm$ (Bemessungskorn) ausscheiden. Die Dichte des Feststoffkorns ist $\rho_s = 2650\ kg/m^3$, die Dichte des Wassers $\rho = 1000\ kg/m^3$, die Zähigkeit ν beträgt (bei einer Wassertemperatur von 20 °C) $\nu = 1{,}01 \cdot 10^{-6}\ m^2/s$.

Lösung:

Aus der Formel von Zanke (2002) folgt:

$$w_0 = \frac{100}{9 \cdot d} \cdot \left[\left(1 + 1{,}57 \cdot 10^2 \cdot d^3\right)^{1/2} - 1\right]$$

$$= \frac{100}{9 \cdot 0{,}2} \cdot \left[\left(1 + 1{,}57 \cdot 10^2 \cdot 0{,}2^3\right)^{1/2} - 1\right] = 28\ mm/s$$

bzw. $w_0 = 0{,}028\ m/s$. Für die weitere Berechnung wird die Wassertiefe mit $h = 5{,}0\ m$ angenommen und die mittlere Fließgeschwindigkeit mit $v = 0{,}2\ m/s$.

Das führt über die Kontinuitätsgleichung $Q_B = B \cdot h \cdot v$ zu

$$B = \frac{Q_B}{h \cdot v} = \frac{5{,}0\ m^3/s}{5{,}0\ m \cdot 0{,}2\ m/s} = 5{,}0\ m$$

sowie

$$\alpha = \frac{0{,}132}{\sqrt{h}} = \frac{0{,}132}{\sqrt{5{,}0}} = 0{,}059$$

und damit zu:

$$w_B = w_0 - \alpha \cdot v = 0{,}028\ m/s - 0{,}059 \cdot 0{,}2\ m/s = 0{,}016\ m/s$$

Aus der Bemessungsformel für den Sandfang folgt:

$$\frac{L}{0{,}2\ m/s} = \frac{5{,}0\ m}{0{,}016\ m/s}\ [s] \quad \text{oder} \quad L = \frac{5{,}0\ m \cdot 0{,}2\ m/s}{0{,}016\ m/s} = 62{,}5 \cong 63\ m$$

Die Kontrolle der Berechnung ergibt Folgendes:

Die Breite ist mit $B = 5{,}0\ m$ kleiner als $L/8 = 7{,}9\ m$, weshalb nur ein Becken benötigt wird. Der benetzte Querschnitt ist $A = B \cdot h = 5{,}0\ m \cdot 5{,}0\ m = 25{,}0\ m^2$, der benetzte Umfang $U = 5{,}0\ m + 2 \cdot 5{,}0\ m = 15{,}0\ m$, der hydraulische Radius $r_{hy} = 25\ m^2/15\ m = 1{,}67\ m$. Folglich wird:

$$v_{Gr} = 13 \cdot {r_{hy}}^{1/6} \cdot d^{1/2} = 13 \cdot 1{,}67^{1/6} \cdot 0{,}0002^{1/2} = 0{,}2\ m/s$$

Die gewählte Fließgeschwindigkeit liegt mit $v = 0{,}2\,\text{m/s}$ also gerade bei der Grenzgeschwindigkeit v_{Gr}. Die mittlere Aufenthaltszeit T des Wassers im wirksamen Raum beträgt beim Bemessungsdurchfluss Q_B:

$$T = \frac{25{,}0\ \text{m}^2 \cdot 63{,}0\ \text{m}}{5{,}0\ \text{m}^3/\text{s}} = 315\ \text{s} = 5{,}25\ \text{min}$$

Beispiel:
Ein Rechen mit Stäben aus Flacheisen wird durch die Parameter $s = 16\,\text{mm}$, $a = 20\,\text{mm}$, $\alpha = 75°$ beschrieben. Er wird im Mittel mit $v = 1{,}0\,\text{m/s}$ unter $\delta = 20°$ angeströmt.

Lösung:
Aus Abb. 6.38 folgt $\varphi = 2{,}42$ und aus Tab. 6.2 mit $s/a = 0{,}8$ ergibt sich $\kappa = 1{,}14$
Damit wird:

$$\xi_r = \kappa \cdot \varphi \cdot \left(\frac{s}{a}\right)^{4/3} \cdot \sin\alpha = 1{,}14 \cdot 2{,}42 \cdot (0{,}8)^{4/3} \cdot \sin 75° = 2{,}0$$

$$\Delta z_r = \xi \cdot \frac{v^2}{2g} = 2{,}0 \cdot \frac{1{,}0^2}{2 \cdot 9{,}81} = 0{,}10\ \text{m}$$

6.3.6 Eisprobleme

Die Eisprobleme werden hier nur kurz gestreift. Treibeis kann ähnlich abgehalten werden wie Geschwemmsel.

Bewährt haben sich vor allem *Tauchwände* am Einlauf zur Fassung. Diesen vorgelagert, oder sogar anstelle der Wände, werden manchmal schwimmende *Abweisvorrichtungen* (sog. *Schwimmbalken* oder *Eisbäume*) angebracht. Jedoch werden diese bei Hochwasser oft beschädigt.

Bildet sich vor der Fassung und im Vorbecken eine geschlossene Eisdecke, so ist dies meist unbedenklich. Diese Eisdecke schirmt die Fassung sogar ab. Gefürchtet ist hingegen das Eindringen von Schwebeis, das den Rechen verlegen und die Einlaufschütze blockieren kann (s. auch Abschn. 4.2.3).

Eine Möglichkeit, die Einlaufrechen vor der Vereisung zu bewahren, ist die elektrische Beheizung der Stäbe.

Die Einströmung von Schwebeis in eine Fassung kann durch die Erzeugung von Druckluftschleiern (Blasenschleier) im langsam strömenden Wasser verhindert werden.

In der Projektierung der Einlaufbauwerke ist auf einen guten Zugang für Räumungsgeräte zu achten.

6.3.7 Seewasserfassungen

Seewasserfassungen unterscheiden sich aufgrund der andersartigen Anströmbedingungen von Flusswasserfassungen. Während bei Flusswasserfassungen die Entnahme aus dem fließenden Wasser erfolgt, sind in einem See oder Speicher die Strömungsgeschwindigkeiten nahezu Null.

6.3.7.1 Bauweisen, Gestaltung des Einlaufs

Weist der See größere Wasserspiegelschwankungen auf, muss die Fassung unter der tiefsten Seewasserspiegelkote angeordnet werden.

Der Einlauf wird trompetenförmig mit maximalen Eintrittsgeschwindigkeiten von $v = 0{,}5$ bis $1{,}0\,m/s$ ausgebildet (Abb. 6.41).

Der Eintrittsverlust $\xi_E \cdot v^2/2 \cdot g$ wird dann mit $\xi_E \approx 0{,}1$ gering. Im Allgemeinen ist der Einlaufquerschnitt rechteckig, der Querschnitt der Entnahmeleitung (Stollen, Rohr) aber rund, was eine entsprechende Übergangsstrecke erfordert.

Die versenkte Anordnung der Fassung schützt diese vor Geschwemmsel und insbesondere vor Vereisung.

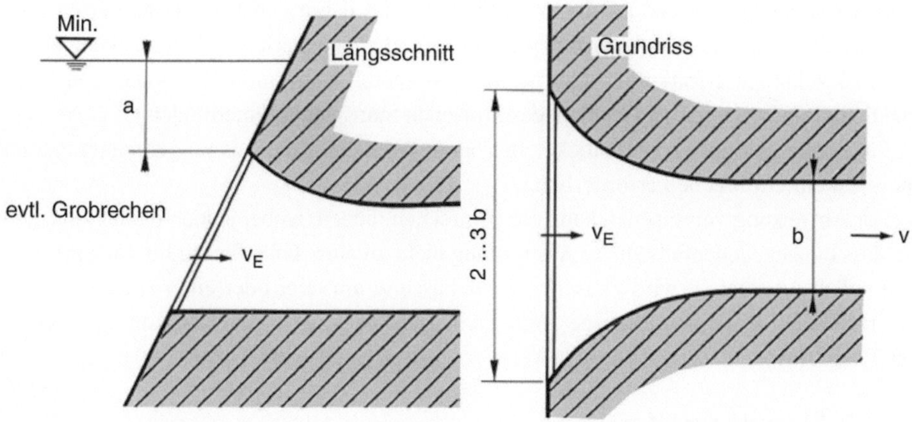

Abb. 6.41 Vertikal- und Horizontalschnitt durch den Einlauf einer Seewasserfassung

Bei geringer Wasserüberdeckung bilden sich vor dem Einlaufbauwerk oftmals luftsaugende Wirbel, die zu erheblichen Schäden an den hydraulischen Maschinen wie Turbinen, Pumpen etc. führen können.

Gemäß Gordon (1970) beträgt die minimal erforderliche Überdeckung h (Abb. 6.42):

$$h \geq c \cdot v \cdot d^{1/2}$$

mit

v Fließgeschwindigkeit im Stollen [m/s]
d Durchmesser des Stollens [m]

Abb. 6.42 Minimal erforderliche Überdeckung h bei einem Einlaufbauwerk

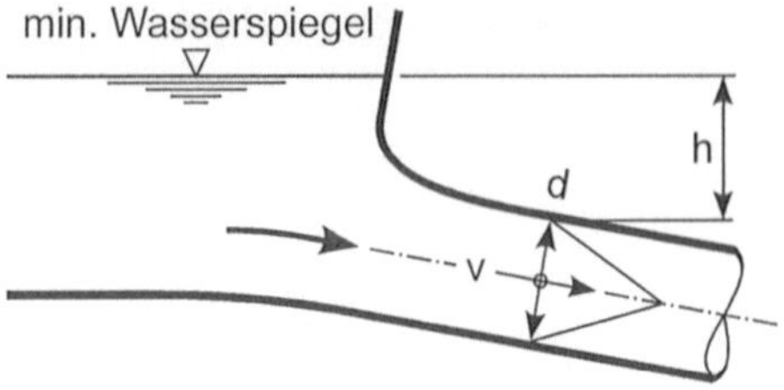

c	Koeffizient nach Gordon [-]
c = 0,55	symmetrische Anströmung
c = 0,73	asymmetrische Anströmung

Nach Knauss (1978) beträgt die gleiche Überdeckung *h*:

$$h \geq d \cdot \left[1 + 2{,}3 \cdot \frac{v}{(g \cdot d)^{1/2}}\right]$$

Die an verschiedenen Versuchsanstalten durchgeführten Versuche haben gezeigt, dass neben der Zuströmung auch die Geometrie des Einlaufbauwerks und seiner näheren Umgebung einen erheblichen Einfluss auf die Wirbelbildung und damit den Lufteintrag haben kann. Ist beispielsweise aus betriebswirtschaftlichen Gründen eine geringere Überdeckung als die minimal zulässige erforderlich, lässt sich die Wirbelbildung durch Einbauten, wie Gitter und Schwimmkörper etc. im Bereich des kritischen Stauspiegels unterbinden.

Falls mit Treibgut (Wurzelstöcke, aber auch Wohlstandsmüll usw.) gerechnet werden muss, ist ein Grobrechen erforderlich.

Zur Abweisung von Fischen kann ein Feinrechen dienen, wobei jedoch darauf zu achten ist, dass die gegebenenfalls starke Anströmung nicht zu einer Falle für die Fische wird.

Je nach Anordnung wird zwischen einer Fassung am Ufer oder einer solchen im See unterschieden. Bei einem Stausee ergibt sich noch die Möglichkeit der Kombination mit der Talsperre.

6.3.7.2 Fassung am Ufer

Die Fassung am Ufer wird an einer topografisch und geologisch günstigen Stelle angeordnet. Je nachdem, ob die Abschlussorgane als *Notverschluss* oder als *Regulierorgan* dienen sollen, kommen verschiedene Schieber- und Schützentypen infrage (s. auch Abschn. 4.2.3).

Die Abschlussorgane werden von einem *Apparatehaus* oder einer unterirdischen *Apparatekammer* aus gesteuert. Entweder sitzt das Apparatehaus über dem maximalen Seewasserspiegel und ist mit den Abschlussorganen durch einen mit dem See kommunizierenden Schacht (sog. *Nassschacht*) verbunden (Abb. 6.43a) oder die Apparatekammer enthält auch die Abschlussorgane, ist also unter dem minimalen Seespiegel angeordnet (Abb. 6.43b).

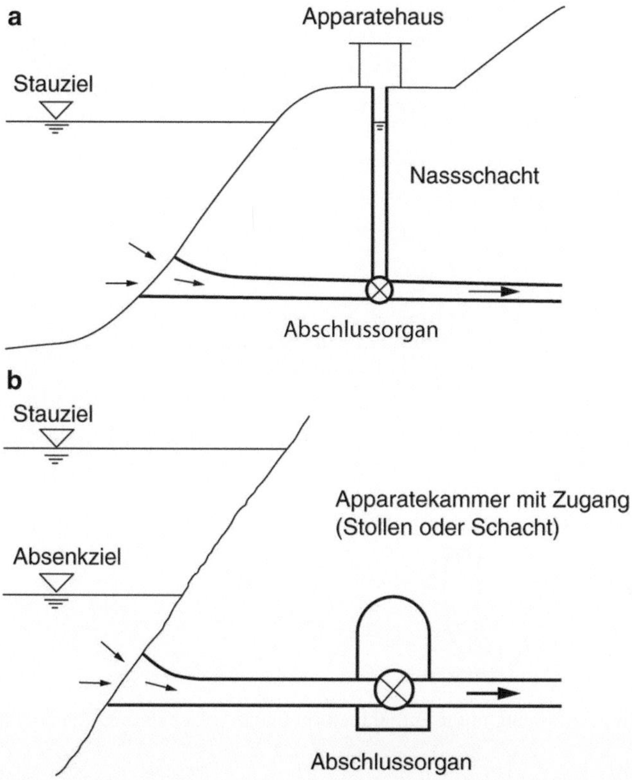

Abb. 6.43 Seewasserfassung am Ufer. **a** Abschlussorgane im Nassschacht oder **b** in der Apparatekammer

Meist bietet die Gewährleistung der Rechenreinigung – sofern diese überhaupt vorgesehen wird – gewisse Schwierigkeiten. Eine einfache Lösung besteht darin, den Einlaufrechen nur bei minimalem Seespiegel von Hand zu reinigen.

6.3.7.3 Fassung im See

Die Fassung im See besteht entweder aus einem *Entnahmeturm,* dessen Spitze zugänglich ist und der die Winde für einen Notverschluss beherbergt (z. B. für eine Zylinderschütze; Abb. 6.44a), oder aus einem versenkten Entnahmebauwerk, in dem sich gewöhnlich kein Abschlussorgan befindet (Abb. 6.44b). In beiden Fällen liegen die Entnahmen unter dem Absenkziel.

6.3.7.4 Entnahme in der Talsperre

Bei Staumauern ist es naheliegend, die für die Fassung erforderlichen Öffnungen im Beton auszusparen. Ähnlich wie bei Fassungen am Ufer kann hier ebenfalls zwischen einer Lösung mit Nassschacht und einer solchen mit Apparatekammer unterschieden werden (s. Varianten in Abb. 6.45).

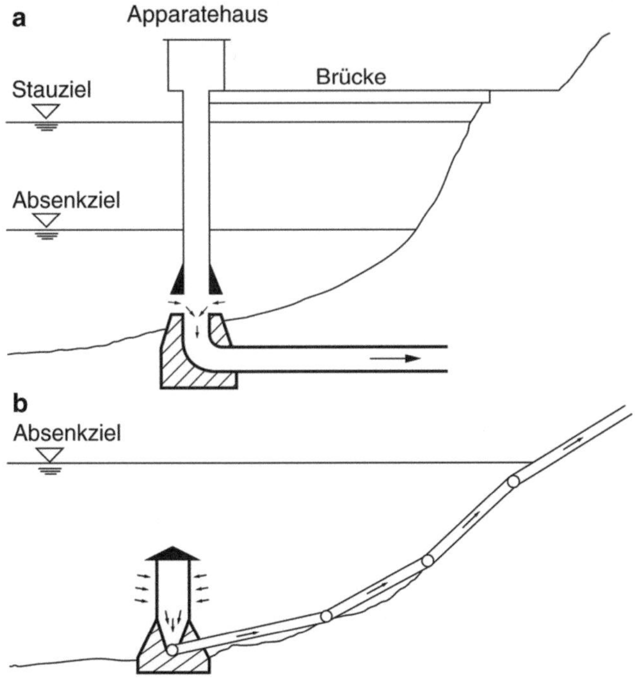

Abb. 6.44 Seewasserfassung mit **a** Entnahmeturm und **b** versenktem Entnahmebauwerk

Bei Staudämmen verzichtet man im Allgemeinen auf eine solche Kombination und sieht eine Fassung am benachbarten Ufer vor.

6.3.7.5 Probleme mit Feststoffen

Durch eine versenkte Anordnung der Seewasserfassungen können die Probleme mit Geschwemmsel und schwimmendem Eis klein gehalten werden. Das mit den Zuflüssen in den See verfrachtete *Geschiebe* lagert sich im Delta dieser Zuflüsse ab (Abb. 6.46). Solange sich die Wasserfassung nicht im Deltabereich befindet, bleibt sie geschiebefrei.

In Abhängigkeit von den Strömungsverhältnissen und den Konturen des Sees können sich die *Schwebstoffe* jedoch gegebenenfalls auch weitab vom Delta bemerkbar machen (u. a. Dichteströme).

Grundsätzlich ist ein See wegen der geringen Strömungsgeschwindigkeiten immer ein ausgezeichneter Entsander.

In kleineren Seen und insbesondere in kleinen Stauseen kann es vorkommen, dass das Delta bis zur Fassung vorrückt und diese beeinträchtigt. Bei Stauseen besteht dann die Möglichkeit der zeitweiligen Seespülung bei offenem Grundablass und mit möglichst abgesenktem Stauspiegel (Abb. 6.47).

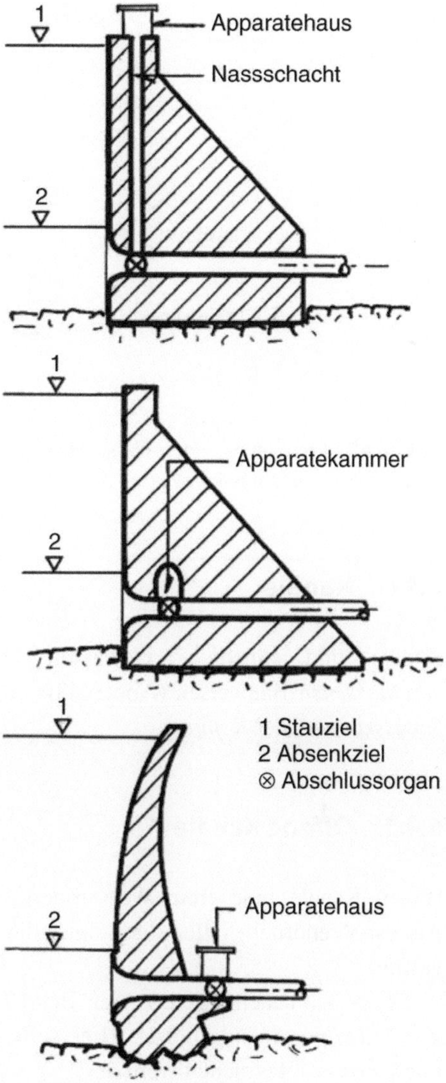

Abb. 6.45 Fassungen in Staumauern. Varianten zur Anordnung und Bedienung der Abschlussorgane. 1 = Stauziel, 2 = Absenkziel

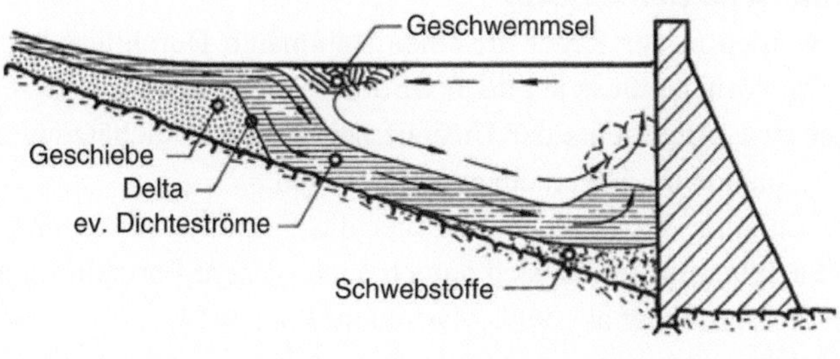

Abb. 6.46 Typische Verlandungserscheinungen in einem Stausee mit geringen Wasserspiegelschwankungen

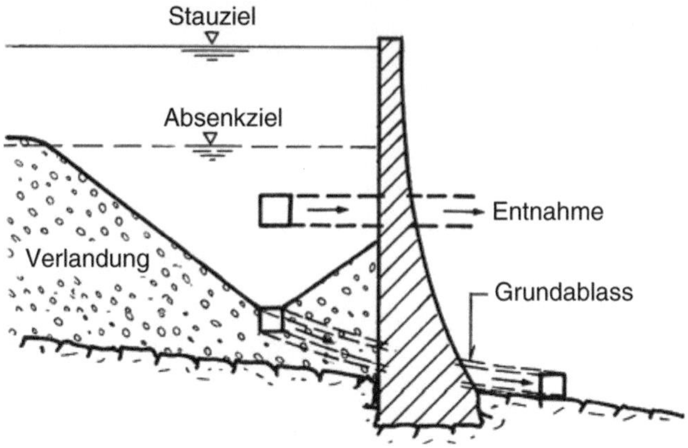

Abb. 6.47 Freihaltung einer Wasserfassung (Entnahme) am Ufer durch periodische Spülungen mittels des Grundablasses

6.4 Kanäle

Kanäle sind *künstliche* Gewässer. Unterschieden wird zwischen *offenen* und *geschlossenen* Bauweisen (Abb. 6.48). Im Fall starker Neigungen spricht man auch von *Schussrinnen* oder *Rampen.*

6.4.1 Offene Kanäle

Haben Kanäle eine freie Wasseroberfläche (d. h. an der Wasseroberfläche herrscht Atmosphärendruck) fallen diese unter die Oberbegriffe *offene Gerinne* oder *Freispiegelgerinne.*

Es ist zu beachten, dass der Begriff *Gerinne* sowohl *künstliche* als auch *natürliche Fließgewässer* umfasst. Hier sollen jedoch nur offene Kanäle, d. h. künstliche Fließgewässer, betrachtet werden.

6.4.1.1 Hydraulische Bemessung

Offene Kanäle werden in der Regel für einen stationären Durchfluss bemessen. Dieser weicht meist vom Normalabfluss ab, doch wird bei längeren Kanalstrecken dennoch ein solcher vorausgesetzt. Angesichts der Unsicherheiten bei der Schätzung der Rauheiten, lässt sich diese Annahme im Allgemeinen rechtfertigen.

Zur Berücksichtigung der Rauheit wird hier die Formel von Manning-Strickler verwendet. In der Fachliteratur finden sich jedoch auch weitere Formeln (u. a. Hager 1988; Naudascher 1992; Schröder et al. 1999; Martin und Pohl 2015).

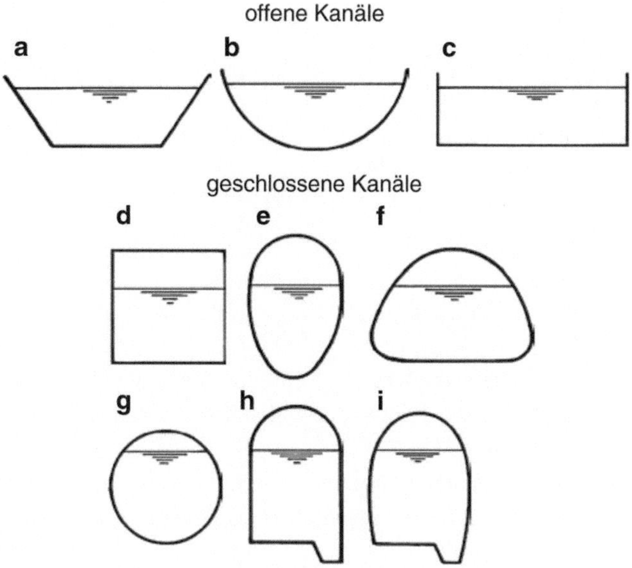

Abb. 6.48 Offene Kanäle mit **a** Trapezprofil, **b** Halbkreisprofil, **c** Rechteckprofil; geschlossene Kanäle mit **d** Rechteckprofil, **e** Eiprofil, **f** Maulprofil, **g** Kreisprofil (Rohr), **h** Freilaufstollen mit Torbogenprofil, **i** Hufeisenprofil

Bemessung bei Normalabfluss

Für längere Strecken ohne Gefälle- und/oder ohne Querschnittsänderungen sowie bei gleichbleibender Rauheit kann Normalabfluss vorausgesetzt werden. Es gilt:

$$J_E = J_W = J_S = J \ [-]$$

mit

J_E Energieliniengefälle [-]
J_W Wasserspiegelgefälle [-]
J_S Sohlengefälle [-]

Für eine vereinfachte hydraulische Berechnung von offenen Gerinnen kann u. a. die weit verbreitete empirische Gleichung von Manning-Strickler

$$v = k_{Str} \cdot r_{hy}^{2/3} \cdot J_S{}^{1/2} \ [m/s]$$

mit

v mittlere Fließgeschwindigkeit [m/s]
k_{Str} Rauheitsbeiwert nach Manning-Strickler [$m^{1/3}/s$]
r_{hy} $r_{hy} = A/U$ – hydraulischer Radius [m]

J_S Sohlengefälle [-]
A Fließquerschnittsfläche [m^2]
U benetzter Umfang [m]

genutzt werden. In Verbindung mit der Kontinuitätsgleichung

$$Q = v \cdot A\ [m^3/s]$$

ergibt sich dann

$$Q = k_{Str} \cdot J_S^{1/2} \cdot \frac{A^{5/3}}{U^{2/3}} \quad [m^3/s]$$

Die Rauheit (bzw. der Rauheitsbeiwert k_{Str}) und das Sohlengefälle J_S kennzeichnen die Kanalkonstruktion, während die Fließquerschnittsfläche A und der benetzte Umfang U die geometrischen Abmessungen beschreiben.

In den beiden zuletzt genannten Größen ist auch die Wassertiefe h und die Gerinnebreite b enthalten. So gilt z. B. für die Fläche A eines Rechteckquerschnitts:

$$A = h \cdot b\ [m^2]$$

mit

h Wassertiefe [m]
b Gerinnebreite [m]

und für den benetzten Umfang U:

$$U = b + 2 \cdot h\ [m]$$

Die häufigste Fragestellung ist die Ausbildung des Kanals bei bekanntem Abfluss Q bzw. vorgegebenem Bemessungsabfluss Q_B.

Je nach Fragestellung müssen neben dem Abfluss drei weitere Größen bekannt sein bzw. vorgegeben werden. Die Frage nach der Wassertiefe h, ist nur durch Iteration zu beantworten.

Hydraulisch günstigste Querschnittsform
Die Abflussleistung Q eines Gerinnes wird bei Normalabfluss durch

$$Q = k_{Str} \cdot J_S^{1/2} \cdot \frac{A^{5/3}}{U^{2/3}} \quad [m^3/s]$$

beschrieben. Die Abflussleistung ist für gegebene Werte von k_{Str}, J und A offensichtlich am größten, wenn der benetzte Umfang U am kleinsten ist. Die entsprechenden Querschnitte, die auch als *hydraulisch günstige Querschnitte* bezeichnet werden, besitzen die Eigenschaft, dass ihnen ein Halbkreis eingeschrieben werden kann. Abbildung 6.49 zeigt als Beispiel das Halbkreisprofil als hydraulisch günstigste Form sowie ebenfalls günstige Dreieck-, Trapez- und Rechteckprofile.

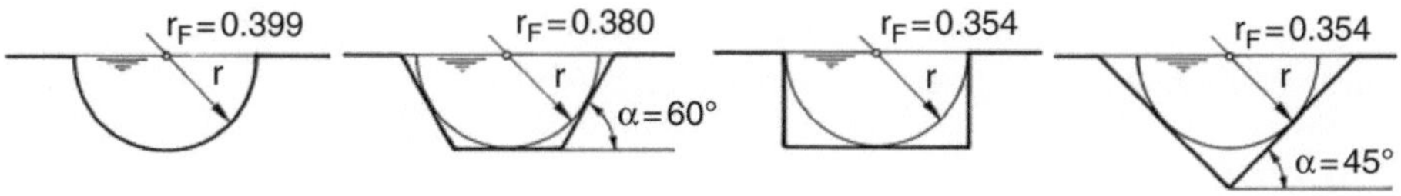

Abb. 6.49 Hydraulisch günstige Profile. Das Halbkreisprofil ist das absolut günstigste Profil. Trapez-, Rechteck- und Dreieckprofil mit eingeschriebenem Halbkreis nähern sich dem Halbkreisprofil an und sind daher auch als optimal einzustufen

Dieses Optimierungsproblem ist auch dadurch lösbar, dass ein dimensionsloser hydraulischer Radius oder ein *Formfaktor* r_F eingeführt wird:

$$r_F = \frac{r_{hy}}{\sqrt{A}} = \frac{\sqrt{A}}{U} \quad [-]$$

Damit wird

$$Q = k_{Str} \cdot J_S^{1/2} \cdot A^{4/3} \cdot r_F^{2/3} \quad [m^3/s]$$

Der Abfluss Q ist für vorgegebene Werte von Rauheitsbeiwert k_{Str}, Sohlengefälle J_S und Querschnittsfläche A am größten, wenn der Formfaktor r_F sein Maximum hat.

Entsprechende Werte sind in Abb. 6.49 eingetragen und werden in Tab. 6.3 hinsichtlich ihrer Auswirkungen auf die Abflussleistung (Abflusskapazität) verglichen.

Tab. 6.3 Abflussleistung von Kanälen (in Prozent) gemäß Abb. 6.49 bei gleicher Fläche und bezogen auf das Halbkreisprofil

Profil	r_F	Kapazität [%]
Halbkreis	0,399	100
Trapez	0,380	97
Rechteck	0,354	92
Dreieck	0,354	92

Rechteck- und Dreiecksprofil sind hinsichtlich der Abflussleistung gleichwertig; das Trapezprofil ist nur um drei Prozent schlechter als das Halbkreisprofil.

Die hydraulisch günstigsten Kanalquerschnitte sind jedoch nicht immer die wirtschaftlichsten Profile, da in die entsprechenden Kostenberechnungen auch Belange des Baus, des Betriebs und des Unterhalts eingehen (s. auch Abschn. 6.6.1).

Bemessung bei verzögertem oder beschleunigtem Abfluss

In kürzeren Strecken oder bei Gefällsknicken und Querschnittsänderungen kann kein Normalabfluss vorausgesetzt werden:

$$J_E \neq J_W \neq J_S \neq J \quad [-]$$

Unter diesen Bedingungen erfolgt die hydraulische Berechnung mit der Gleichung von Bernoulli und der Kontinuitätsgleichung (Abb. 6.50):

- *Bernoulli-Gleichung:*

$$\frac{v_o^2}{2g} + z_o + h_o = \frac{v_u^2}{2g} + z_u + h_u + h_v \text{ [m]}$$

mit

Q Abfluss [m³/s]
$\frac{v^2}{2g}$ Geschwindigkeitshöhe an den Kontrollquerschnitten o bzw. u [m]
z geodätische Höhe an den Kontrollquerschnitten o bzw. u [m]
h Wassertiefe an den Kontrollquerschnitten o bzw. u [m]
h_v Verlusthöhe (u. a. infolge Reibung, Krümmung und/oder Querschnittsveränderung) [m]

- *Kontinuitätsgleichung:*

$$Q = v_o \cdot A_o = v_u \cdot A_u \text{ [m}^3\text{/s]}$$

mit

Q Abfluss [m³/s]
v Strömungsgeschwindigkeit an den Kontrollquerschnitten o bzw. u [m/s]
A Fließquerschnitt an den Kontrollquerschnitten o bzw. u [m²]

Korrekterweise müssten die Geschwindigkeitshöhen $v^2/2g$ noch mit dem Faktor α multipliziert werden, um die über den Querschnitt ungleichförmige Geschwindigkeitsverteilung

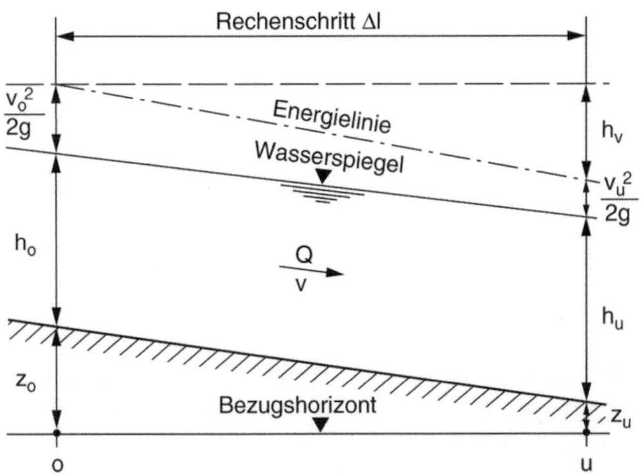

Abb. 6.50 Anwendung der Gleichung von Bernoulli auf das Freispiegelgerinne. Bezeichnung der Kontrollquerschnitte: *o* oben; *u* unten

zu berücksichtigen. Im Regelfall ist α aber nur unwesentlich größer als 1, sodass näherungsweise mit $\alpha \approx 1$ gerechnet werden kann.

Die Bemessung setzt eine schrittweise Wasserspiegellagenberechnung voraus (Rechenschritt Δl in Abb. 6.50), bei der kontrolliert wird, ob der gewählte Kanal den Bemessungsabfluss Q_B abzuleiten vermag.

Bei *strömendem Abfluss* muss von einem vorgegebenen Wasserspiegel am unteren Ende der Kanalstrecke ausgegangen werden und gegen die Strömungsrichtung gerechnet werden. Häufig ist diese Vorgabe ein konstanter bzw. einzuhaltender Wasserstand (z. B. ein Seewasserspiegel, der Betriebswasserspiegel einer Stauhaltung oder die kritische Abflusstiefe bei einem Fließwechsel über einem Gefällsknick).

Bei *schießendem Abfluss* wird die Berechnung an einem bekannten Wasserspiegel am oberen Ende der Kanalstrecke begonnen und in Strömungsrichtung durchgeführt.

Ob der Fließzustand *Schießen* oder der Fließzustand *Strömen* herrscht, lässt sich mithilfe der Froude-Zahl Fr feststellen:

$$\mathrm{Fr} = \frac{v}{\sqrt{g \cdot h}} \quad [\text{-}] \quad \text{Strömen: Fr} < 1, \quad \text{Schießen: Fr} > 1$$

Übergang Schießen – Strömen, hydraulische Stabilität

Der Übergang *von Schießen* zu *Strömen* bewirkt einen *Wechselsprung* (Wassersprung; s. Abschn. 4.2.1). Im Wechselsprung wird überschüssige Strömungsenergie in Wärme- und Schallenergie umgewandelt.

Der Übergang *von Strömen* zu *Schießen* (etwa infolge eines Gefällsknicks) erfolgt dagegen meist störungsfrei in Form einer stabilen Senkungskurve (s. Abschn. 4.2.1).

Ein Abfluss im *Grenzbereich* zwischen Schießen und Strömen wird als *gewellter Abfluss* bezeichnet. An der Stelle des Fließwechsels entstehen Oberflächenwellen, die sich stromabwärts fortpflanzen. Da der gewellte Abfluss zu sehr instabilen Strömungsbedingungen führt, wird diese Fließart nach Möglichkeit vermieden. Der zu vermeidende Wertebereich kann wie folgt umschrieben werden:

$$0{,}65 < \mathrm{Fr} < 1{,}7$$

Freibord

Die endgültige Bemessung des Kanalquerschnitts muss vom höchsten stationären Spiegel ausgehen und zusätzlich noch instationäre Erscheinungen berücksichtigen. Dabei ist zu beachten, dass der höchste Wasserspiegel nicht unbedingt bei voller Beaufschlagung des Kanals *(Volllast)* auftritt, sondern gegebenenfalls bei Teilbeaufschlagung *(Teillast)* oder gar Stillstand.

Wenn beispielsweise ein Kanal Wasser von einer Fassung zu einem Kraftwerk leitet, ist die Verlusthöhe auf dieser Fließstrecke bei Volllast größer als bei Teillast oder Stillstand (Abb. 6.51). Wird also der Wasserspiegel bei der Fassung konstant gehalten, weist der Kanal bei Volllast, bzw. beim Bemessungsdurchfluss, den niedrigsten Spiegel auf. Entsprechend nimmt er die höchste Spiegellage bei Stillstand ein, wenn das Kraftwerk nicht arbeitet und auch keinen Bypass (sog. *Leerschuss*) in Betrieb hat.

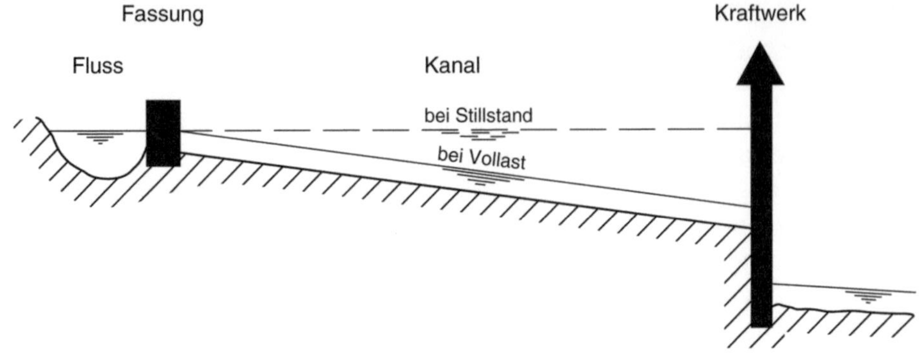

Abb. 6.51 Überhöhter Längsschnitt durch ein Kanalkraftwerk. Darstellung der Wasserspiegellagen im Oberwasser

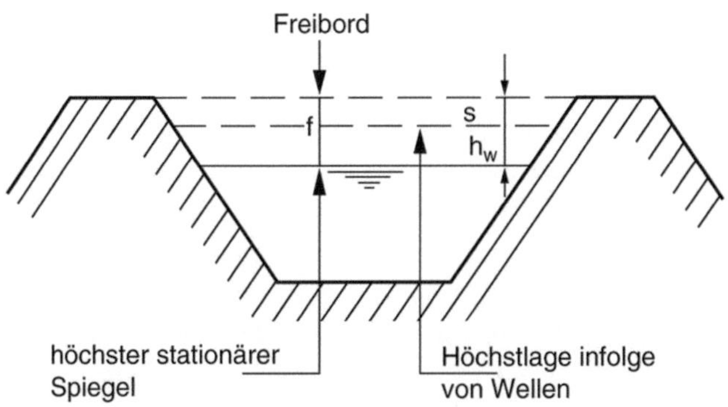

Abb. 6.52 Bemessungsgrößen für den Freibord an einem Kanalquerschnitt

Zu den instationären Erscheinungen gehören Schwall- und Sunkwellen, Windwellen und gegebenenfalls Schiffswellen.

Die *Schwallwellen* entstehen bei verhältnismäßig raschen Veränderungen des Abflusses, also etwa bei einem Übergang von Stillstand oder Teillast auf Volllast (s. auch Abschn. 6.4.1.2).

Schwall- und Sunkwellen werden bei der Kanalbemessung berücksichtigt, indem ein zusätzlicher Zuschlag, der sog. *Freibord,* berücksichtigt wird (Abb. 6.52). Für die Höhe des Freibords f gilt:

$$f = h_w + s \quad [m]$$

mit

f Freibord [m]
h_w maximale Wellenhöhe [m]
s Sicherheitszuschlag [m]

Die maximale Wellenhöhe h_w ergibt sich aus einer möglichen Überlagerung der oben erwähnten Wellen. Dabei ist gegebenenfalls auch noch der Auflaufeffekt an den Böschungen zu berücksichtigen.

Der *Sicherheitszuschlag* s deckt u. a. die Unzulänglichkeiten der hydraulischen Berechnung ab (u. a. unsichere Annahmen bezüglich Rauheit, stehende Wellen). Bei Kanälen, die durch Dämme eingefasst sind, soll der Freibord ein Überschwappen bzw. Ausufern ausschließen.

6.4.1.2 Schwall- und Sunkwellen

Im Fall zeitlich veränderlicher (instationärer) Abflüsse können Schwall- und Sunkwellen auftreten. Diese entstehen, wenn ein Reguliervorgang (z. B. Öffnen oder Schließen eines Schiebers) eine, im Vergleich zur Reaktionszeit des Kanals, rasche Abflussänderung verursacht (Schweizer et al. 2009).

So entstehen z. B. beim schnellen Schließen eines Schiebers *Sunkwellen,* während beim schnellen Öffnen *Schwallwellen* entstehen. Unterschieden werden vier unterschiedliche Arten von Schwall- und Sunkwellen:

- Absperrschwall
- Absperrsunk
- Füllschwall
- Entnahmesunk

Absperrschwall

In Abb. 6.53 ist ein *Absperrschwall* in einem durch eine Schütze kontrollierten Trapezkanal dargestellt.

Für diesen Fall kann in erster Näherung die relative Schwallgeschwindigkeit gleich der Geschwindigkeit einer Oberflächenwelle geringer Höhe

$$v_o = \sqrt{g \cdot h_o}\ [m/s]$$

angenommen und die Schwallhöhe h_w aus der Kontinuitätsbedingung abgeleitet werden. Die *absolute* Schwallgeschwindigkeit w ergibt sich dann zu:

$$w = \sqrt{g \cdot h_o} - v_o\ [m/s]$$

Ferner folgt aus der Kontinuitätsgleichung

$$h_w \cdot B \cdot l = (Q_o - Q) \cdot t \quad [m^3]$$

die Schwallhöhe h_w

$$h_w = \frac{Q_o - Q}{w \cdot B}\ [m]$$

mit

Q_o Abfluss vor der Änderung $[m^3/s]$
Q Abfluss nach der Änderung $[m^3/s]$

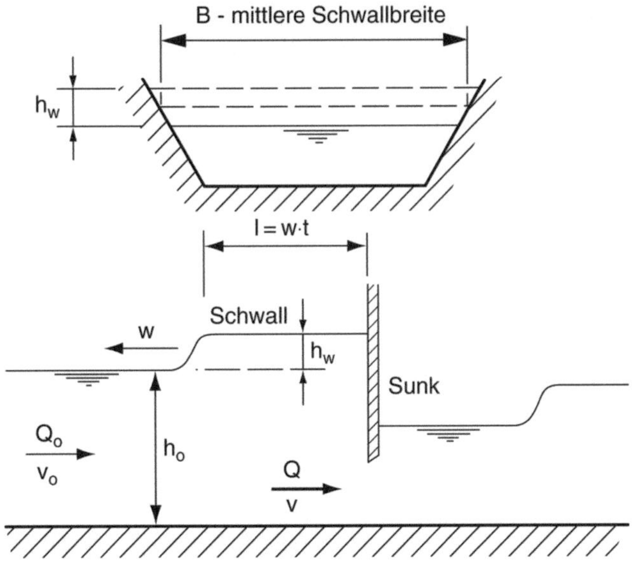

Abb. 6.53 Absperrschwall. Definition Schwallhöhe h_w und Schwallbreite B

B mittlere Schwallbreite [m]
h_o Wassertiefe vor der Änderung [m]
v_o Fließgeschwindigkeit vor der Änderung [m/s]

und die Schwalllänge l

$$l = w \cdot t$$

mit

l Schwalllänge [m]
w absolute Schwallgeschwindigkeit [m/s]
t Laufzeit der Schwallwelle [s]

Beispiel – offene Kanäle
In einem Rechteckkanal mit B = 25,0 m, h_o = 4,0 m und v_o = 1,0 m/s drosselt ein Regulierorgan den Durchfluss von $Q_o = 100\ m^3/s$ auf $Q = 50\ m^3/s$. – Zu ermitteln sind die Geschwindigkeiten und Höhen von Absperrschwall und Absperrsunk.

Lösung:
Die absolute Schwallgeschwindigkeit $w_{Schwall}$ beträgt:

$$w = \sqrt{g \cdot h_o} - v_0 = \sqrt{g \cdot 4{,}0} - 1{,}0 = 6{,}25\ m/s - 1{,}0\ m/s = 5{,}25\ m/s$$

Daraus folgt eine Schwallhöhe $h_{w,Schwall}$:

$$h_{w,Schwall} = \frac{Q_0 - Q}{w \cdot B} = \frac{100\ m^3/s - 50\ m^3/s}{5{,}25\ m/s \cdot 25{,}0\ m} = 0{,}38\ m$$

Die absolute Sunkgeschwindigkeit w_{Sunk} beträgt:

$$w = \sqrt{g \cdot h_o} + v_0 = \sqrt{g \cdot 4{,}0} + 1{,}0 = 6{,}25\ m/s + 1{,}0\ m/s = 7{,}25\ m/s$$

und die Sunkhöhe $h_{w,Sunk}$:

$$h_{w,Sunk} = \frac{Q_0 - Q}{w \cdot B} = \frac{100\ m^3/s - 50\ m^3/s}{7{,}25\ m/s \cdot 25{,}0\ m} = 0{,}28\ m$$

Absperrsunk, Füllschwall und Entnahmesunk

In den anderen Fällen werden die entsprechenden Formeln analog zum Absperrschwall hergeleitet. Sie sind in der Übersicht von Abb. 6.54 festgehalten.

Die auf diese Weise berechneten Werte sind als Schätzwerte anzusehen, weil die Voraussetzung einer kleinen Welle (= geringe Höhe) nicht völlig zutrifft. Anhand des Impulssatzes (Stützkraftsatz) kann die relative Schwallgeschwindigkeit noch etwas genauer bestimmt werden.

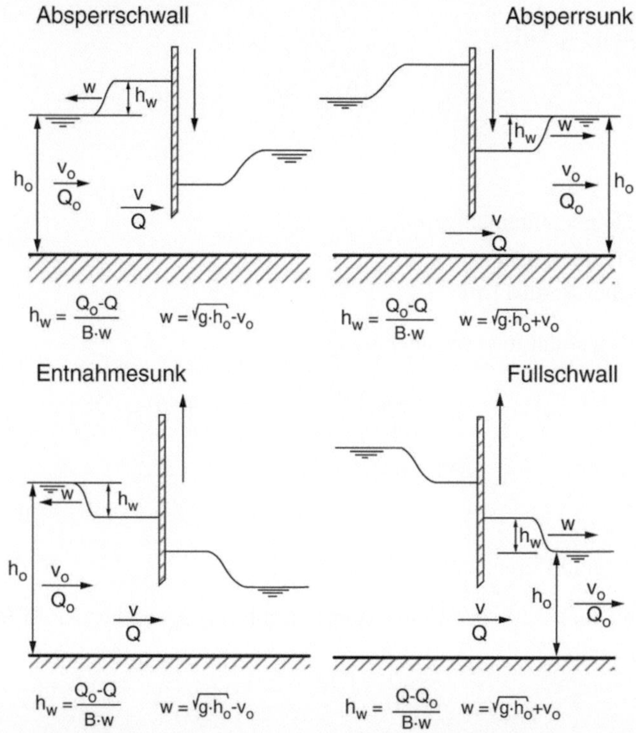

Abb. 6.54 Schwall- und Sunkerscheinungen infolge von Abflussregulierungen

Um die wirklichen Verhältnisse einwandfrei zu erfassen, müssten zudem die Schließ- und Öffnungsgesetze des Regulierorgans, die Reibungseinflüsse im Kanal sowie die Reflexionen bei Querschnittsänderungen, insbesondere an den Kanalenden, berücksichtigt werden.

Die Reibungseinflüsse haben zur Folge, dass die Wellenbewegungen, sofern keine weiteren Abflussänderungen erfolgen, schließlich gedämpft werden. Es stellt sich zuletzt ein dem neuen Abfluss angepasster stationärer Kanalwasserspiegel ein.

Schwall- und Sunkwellen können auch in natürlichen Gerinnen auftreten, insbesondere als Folge von Wehrregulierungen. Oft erzeugt auch ein rasch ansteigendes Hochwasser einen typischen Füllschwall.

6.4.1.3 Wirtschaftliche Bemessung

In Abschn. 6.4.1.1 wurde mehrfach angedeutet, dass ein Kanal nicht allein aufgrund von hydraulischen Kriterien bemessen werden darf. Diese Feststellung ergibt sich bei Normalabfluss aus der Manning-Strickler-Gleichung:

$$Q = k_{Str} \cdot J_S^{1/2} \cdot A^{4/3} \cdot r_F^{2/3} \qquad [m^3/s]$$

mit

k_{Str} Manning-Strickler-Beiwert $[m^{1/3}/s]$
J_S Sohlengefälle [-]
A benetzte Querschnittsfläche $[m^2]$

Für den Formfaktor r_F gilt:

$$r_F = \frac{\sqrt{A}}{U} = \frac{r_{hy}}{\sqrt{A}} \qquad [-]$$

mit

A benetzte Querschnittsfläche $[m^2]$
U benetzter Umfang [m]
r_{hy} hydraulischer Radius [m]

Nach Umformung erhält man die Gleichung:

$$Q = k_{Str} \left(\frac{\Delta z}{L}\right)^{1/2} \cdot A^{4/3} \cdot r_F^{2/3} \; [m^3/s]$$

mit

L Kanallänge [m]
Δz Wasserspiegeldifferenz auf der Fließlänge L [m]

Vorgegeben sind meist nur der Bemessungsdurchfluss Q_B sowie der Anfangs- und der Endpunkt des Kanals.

Allein mit diesen Angaben lassen sich die insgesamt fünf Kanalparameter, Rauheitsbeiwert k_{Str}, Höhendifferenz Δz, Kanallänge L, Querschnittsfläche A und Formfaktor für hydraulisch günstige Profilformen r_F, nicht bestimmen. Zur Lösung sind noch Zusatzbedingungen in Form von Restriktionen (einschließlich ökologischer) erforderlich.

Auch ist die Wirtschaftlichkeit der Anlage zu berücksichtigen. Hierbei wird im Allgemeinen eine Kostenminimierung verlangt:

$$K = K(k_{Str}, \Delta z, L, A, r_F) = \text{Min!} \quad [\text{Währung}]$$

mit

K Kosten [Währung]

Ein Kanal ist also derart zu bemessen, dass seine Kosten (beispielsweise die Summe aus dem Barwert der Anlage- und der Betriebskosten) minimal werden. In der Praxis wird dieses Optimierungsproblem meist aufgrund eines Variantenstudiums, gegebenenfalls auch durch Probieren, gelöst.

Wenn beispielsweise der Anfangs- und der Endpunkt eines geraden Kraftwerkkanals (Abb. 6.51) durch die Lage der Wasserfassung und den Kraftwerkstandort vorgegeben sind, als Profilform ein Trapez mit dem Formfaktor $r_F = 0{,}36$ gewählt wurde und die vorgesehene Auskleidung des Kanals sicherstellt, dass ein Rauheitsbeiwert $k_{Str} = 70$ $[m^{1/3}/s]$; erreicht wird, dann reduziert sich die Zielfunktion des Optimierungsproblems auf zwei Variablen:

$$K = K(\Delta z, A) \quad [\text{Währung}]$$

Eine dieser Variablen kann mittels der Bernoulli-Gleichung in die andere Größe überführt werden. Die abflusswirksame Querschnittsfläche A enthält als Parameter die Höhendifferenz Δz, so dass die Zielfunktion im Hinblick auf die Kostenminimierung wie folgt vereinfacht werden kann:

$$K = K(A) = \text{Min!} \quad [\text{Währung}]$$

mit

A benetzte Querschnittsfläche $[m^2]$

Mit zunehmender Querschnittsfläche A steigen die Anlage- und Unterhaltskosten K_{AU}, dafür nehmen die Fallhöhenverluste Δz ab. Die Fallhöhenverluste führen zu einer Reduzierung der erzeugten Leistung und können als Betriebskosten K_V bewertet werden. Folglich gibt es, wie Abb. 6.55 verdeutlicht, einen optimalen Kanalquerschnitt A_{opt}.

Weitere Anregungen für ähnliche Wirtschaftlichkeitsberechnungen finden sich in den Abschn. 6.4.2 und 6.6.2. Ökologische Aspekte und deren wirtschaftliche Folgen sind in diesen Betrachtungen jedoch noch nicht berücksichtigt.

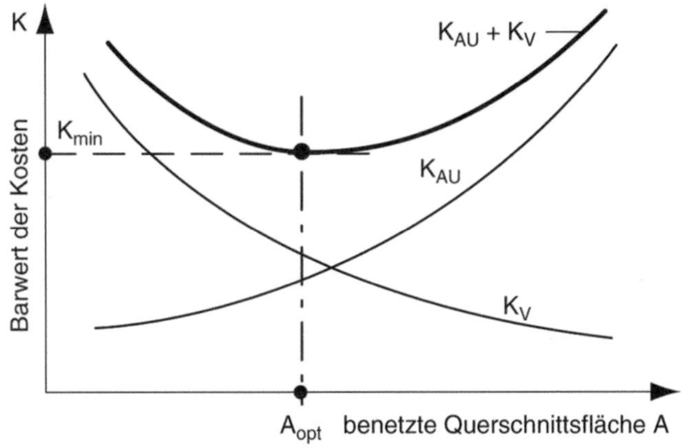

Abb. 6.55 Abhängigkeit der benetzten Querschnittsfläche A von den Anlagekosten und dem Barwert der Unterhaltskosten K_{AU} sowie dem Barwert des Minderertrags K_V infolge von Energieeinbussen

6.4.1.4 Begrenzung der Fließgeschwindigkeit

Bei hohen Fließgeschwindigkeiten können in einem Kanal Erosionsschäden entstehen. Umgekehrt können sich bei zu geringen Geschwindigkeiten Ablagerungen und Auflandungen bilden.

Derartige Auswirkungen lassen sich in der oben geschilderten Wirtschaftlichkeitsbetrachtung berücksichtigen, indem die Behebung der Erosionsschäden oder die Beseitigung der Auflandungen (oder die wirtschaftlichen Folgen daraus) in der Berechnung berücksichtigt werden. Sie sind dann ein Bestandteil der Bemessungskriterien. Erosionsschäden in einem Kanal lassen sich auf folgende Ursachen zurückführen:

- Abtransport loser Sohlen- und Uferbestandteile durch die Strömung
- Abschliff (Abrasion) von losen oder festen Bestandteilen durch Schwebstoffkörner
- Kavitation an festen Bestandteilen infolge lokaler Unterdrücke

Ein anderes, in der Praxis viel häufiger gewähltes Verfahren besteht deshalb darin, für die Fließgeschwindigkeiten Grenzen einzuführen und diese (in Form von zulässigen Fließgeschwindigkeiten) als Restriktionen explizit zu beachten.

Die Ursache für allfällige Auflandungen besteht in der Sedimentation von Schwebstoffen.

Höchstzulässige Geschwindigkeit für lose Sohlen- und Uferbestandteile

Lose Sohlen- und Uferbestandteile müssen der angreifenden Schubspannung τ_R (sog. aktuelle Schubspannung) standhalten. Der Mittelwert dieser Schubspannung über den Gerinnequerschnitt lässt sich wie folgt formulieren (s. auch Abschn. 3.1.3):

$$\tau_R = \rho \cdot g \cdot r_{hy} \cdot J_E \;\; [N/m^2]$$

mit

τ_R aktuelle Schubspannung [N/m²]
ρ Dichte von Wasser [kg/m³]
g Erdbeschleunigung [m/s²]
r_{hy} hydraulischer Radius [m]
J_E Energieliniengefälle (bei Normalabfluss identisch mit dem Sohlengefälle J_S) [-]

Bei einem Kanal kann eine ebene Sohle vorausgesetzt werden.

Von besonderem Interesse ist die *kritische Schubspannung* τ_{Gr} (sog. *Grenzschubspannung*), bei welcher der Feststofftransport gerade beginnt. Für unverkleidete Kanäle in kiesigem Lockergestein lässt sich die Grenzschubspannung τ_{Gr} nach Meyer-Peter u. Müller wie folgt berechnen (s. auch Abschn. 3.1.3):

$$\tau_{Gr} = 0{,}03 \cdot (\rho_s - \rho) \cdot g \cdot d_m \ [N/m^2]$$

mit

τ_{Gr} kritische Schubspannung [N/m²]
ρ_s Dichte des Feststoffs [kg/m³]
ρ Dichte des Wassers [kg/m³]
d_m mittlerer Korndurchmesser des Sohlenmaterials [m]

Die Bedingung für die Sohlenstabilität (d. h. kein Feststofftransport – s. auch Abschn. 3.1.3) lautet demnach:

$$\tau_R < \tau_{Gr} \ [N/m^2]$$

Wird Normalabfluss vorausgesetzt, so kann diese Bedingung mithilfe der Formel von Manning-Strickler und Müller wie folgt umgewandelt werden:

$$v < 5{,}7 \cdot d_m^{1/3} \cdot r_{hy}^{1/6} = v_{Gr} \ [m/s]$$

mit

v Strömungsgeschwindigkeit [m/s]
d_m mittlerer Korndurchmesser des Sohlenmaterials [m]
r_{hy} hydraulischer Radius [m]
v_{Gr} Grenzgeschwindigkeit [m/s]

Die Gesteinsdichte wurde mit $\rho_s = 2.600$ kg/m³ angenommen. Diese Formel liefert für $d_m > 0{,}1$ mm zuverlässige Werte (Tab. 6.4).

In Kanälen mit bindigem Ufer- und Sohlenmaterial gelten andere Gesetze für die kritische Schubspannung (u. a. Hoffmans und Verheij 1997). Die höchstzulässigen Geschwindigkeiten liegen dort bei 0,5 bis 1,4 m/s, also in der gleichen Größenordnung wie bei grobem Sand.

Tab. 6.4 Grenzgeschwindigkeiten v_{Gr} in m/s für kiesige Kanalsohlen

r_{hy} d_m [mm]	0,1	1	10	100
1 m	0,27	0,57	1,23	2,65
2 m	0,30	0,64	1,28	2,97
3 m	0,32	0,68	1,47	3,18

Höchstzulässige Geschwindigkeit für den Abschliff fester Bestandteile

Der Abschliff hängt naturgemäß nicht nur von der Fließgeschwindigkeit, sondern auch von der Zusammensetzung und Menge der Sedimente ab. Bei einer entsprechenden Konstruktion der Wasserfassung kann das Eindringen von Geschiebe in den Kanal ausgeschlossen werden (s. auch Abschn. 6.3.2).

Hingegen ist der Kanal dem Angriff der Schwebstoffe ausgesetzt. Für betonierte Kanäle gelten in etwa Grenzgeschwindigkeiten v_{Gr} in der Größenordnung zwischen 4 und 10 m/s.

Kavitationserosion fester Bestandteile

Die Entstehung der Kavitation (Kochen des Wassers bei normalen Temperaturen) setzt lokale Unterdrücke in der Größenordnung des Dampfdrucks voraus. In betonierten Kanälen können solche Unterdrücke bei Fließgeschwindigkeiten ab

$$v_{Gr} = 20 \text{ bis } 30 \text{ m/s}$$

auftreten. Deshalb werden nur lange, betonierte Schussrinnen davon betroffen.

Die *Kavitationserosion* äußert sich in einem Anfressen des Betons. Sie beginnt an kleinen Unebenheiten der Sohle (Fugen, Gräte, Löcher von Schalungsbefestigungen, Verletzungen) und breitet sich dann stromabwärts aus.

Schwebstoffablagerungen

In den Kanal eindringende Schwebstoffe haben die Tendenz, sich bevorzugt in strömungsarmen Bereichen abzusetzen. Derartige Strömungsverhältnisse sind deshalb zu vermeiden. Aber auch in normal durchströmten Fließstrecken können sich Schwebstoffe ablagern.

Bei einer *Wasserfassung mit Sandfang* sind die Verhältnisse überschaubar. Ein Sandfang scheidet alle Körner aus, die größer als das Bemessungskorn sind. Folglich dringen nur kleinere Körner in den Kanal ein. Damit sie sich dort nicht ablagern, muss deren Sinkgeschwindigkeit $w = 0$ sein. Nach der Sandfangtheorie (s. auch Abschn. 6.3.4) gilt:

$$w = w_0 - \alpha \cdot v = 0 \quad [\text{m/s}]$$

mit

w Sinkgeschwindigkeit [m/s]

w_0 Sinkgeschwindigkeit in ruhendem Wasser [m/s]

α Faktor $0{,}132/\sqrt{h}$ [-]
v mittlere Strömungsgeschwindigkeit [m/s]

Für das in den Kanal eindringende Bemessungskorn d_B gilt hinsichtlich der Grenzgeschwindigkeit v_{Gr}:

$$v_{Gr} = \frac{w_{0B}}{\alpha}\ [m/s]$$

In Tab. 6.5 sind die zugehörigen Grenzgeschwindigkeiten v_{Gr} in Abhängigkeit von der Wassertiefe h dargestellt.

Tab. 6.5 Grenzgeschwindigkeiten v_{Gr} in m/s, die erreicht oder überschritten werden müssen, damit sich Schwebstoffkörner von d<0,2 mm nicht absetzen

h [m]	α	v_{Gr} [m/s]
1	0,132	0,21
2	0,093	0,30
3	0,076	0,37

Ein anderer Ansatz geht davon aus, dass sich die groben Feststoffkörner zwar auf der Kanalsohle absetzen dürfen, von dort aber weiter transportiert werden sollen.

Für die kritische Schubspannung τ_{Gr} für regelmäßigen Geschiebetransport auf loser Sohle gilt dann (s. auch Abschn. 3.1.3):

$$\tau_{Gr} = 0{,}047(\rho_s - \rho) \cdot g \cdot d_m\ [N/m^2]$$

Wird von einer Gesteinsdichte $\rho_s = 2700\ kg/m^3$ ausgegangen, so ergibt sich die zugehörige Grenzgeschwindigkeit:

$$v_{Gr} = 7{,}3 \cdot d_m^{1/3} \cdot r_{hy}^{1/6}\ [m/s]$$

Die Bedingung $v > v_{Gr}$ ist aus der Sicht der *Geschiebetheorie* allerdings nicht hinreichend. Es muss auch noch die Kontinuität der Geschiebeführung

$$G_S = G_{SO}$$

mit

G_S pro Zeiteinheit abtransportierte Geschiebefracht [kg/s] und
G_{SO} pro Zeiteinheit antransportierte Geschiebefracht [kg/s]

erfüllt sein. Ob allerdings die Sandfangformeln für derartige Betrachtungen verwendet werden dürfen, ist fraglich. So ist beispielsweise zu beachten, dass die Geschiebeformel von Meyer-Peter und Müller nur bis zu Korndurchmessern $d = 0{,}5$ mm experimentell belegt ist.

Bei einer *Wasserfassung ohne Sandfang* sind die Verhältnisse noch komplizierter. Dort wird man die Grenzgeschwindigkeit auf gröbere Körner ausrichten müssen und deshalb höhere Werte erhalten.

Auf die Darstellung weiterer Formeln und Theorien zum Transportbeginn wird hier jedoch verzichtet und auf die Literatur verwiesen.

Beispiel zur Grenzgeschwindigkeit

Bei einem Bemessungskorn von $d_B = 0{,}2\,\text{mm}$ wird das mittlere Korn zu $d_m = d_B/2$ geschätzt. – Wie groß ist die Grenzgeschwindigkeit für $r_{hy} = 1\,\text{m}$?

Lösung:

$$v_{Gr} = 7{,}3 \cdot d_m^{1/3} \cdot r_{hy}^{1/6} = 7{,}3 \cdot (0{,}0001)^{1/3} \cdot 1^{1/6} = 0{,}35\ \text{m/s}$$

Anmerkung:

In einem Kanal ist die Wassertiefe h im Allgemeinen zwei- bis dreimal so groß wie der hydraulische Radius r_{hy}. Folglich gehört die errechnete Grenzgeschwindigkeit v_{Gr} zu einer Wassertiefe von 2 bis 3 m und liegt in der gleichen Größenordnung wie die entsprechenden Werte für die Grenzgeschwindigkeiten gemäß Tab. 6.4.

6.4.1.5 Kanäle mit geböschten Ufern (Trapezkanäle)

Aus wirtschaftlichen Gründen werden offene Kanäle meist mit geböschten Ufern und daher als Trapezkanäle ausgeführt. Abbildung 6.56 zeigt einige Ausführungsformen im Lockergestein.

Derartige Trapezkanäle können aber auch im Fels ausgebrochen werden. Zu den konstruktiven Problemen gehören die Gewährleistung der Uferstabilität, die Erosionsbeständigkeit und eine ausreichende Dichtheit der Kanalberandungen.

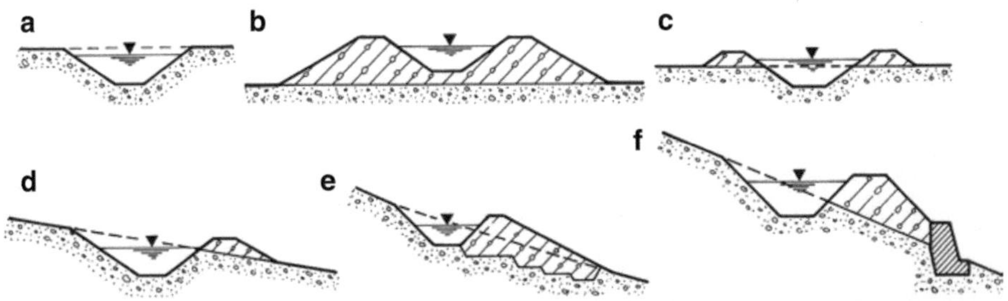

Abb. 6.56 Kanäle mit geböschten Ufern (Trapezkanäle) **a** im Aushub, **b** geschüttet, **c** mit Massenausgleich, **d** auf schwach geneigtem Gelände, **e** auf stark geneigtem Gelände, **f** Alternative zu **e** mit Stützmauer

Uferstabilität, Böschungsstabilität

Die Stabilität der Ufer trapezförmiger Kanalformen (Abb. 6.56) ist abhängig von der *Stabilität der Böschungen* (oder im Fall von begleitenden Dämmen, der Dammstabilität).

Die *Böschungsstabilität* wird durch grundbautechnische Untersuchungsmethoden sichergestellt. Dabei werden mögliche Rutschungen (Gleitungen) entlang potenzieller Gleitflächen untersucht.

Die *Gleitsicherheit* ist gewährleistet, wenn die *rückhaltenden* (u. a. Scherwiderstände) größer als die *treibenden* Kräfte (u. a. Scherkräfte) bzw. entsprechende Momente sind ($R_d > E_d$). Im Bemessungswiderstand R_d und der Bemessungseinwirkung E_d sind die Sicherheitsfaktoren bereits eingerechnet.

Bei *undichten Kanälen* ist zu beachten, dass die Ufer gegebenenfalls durchnässt sind, was die Gleitgefahr grundsätzlich erhöht. Unter gewöhnlichen Bedingungen erweisen sich aber folgende Böschungen als stabil:

- Feinsand 1:3 und flacher
- Grober Sand 1:2 bis 1:2,5
- Grober Kies 1:1,5 bis 1:2
- Standfester Fels 10:1 bis 5:1

Uferschutz, Böschungsschutz

Wie in Abschn. 6.4.1.4 erläutert, kann der Schutz gegen Erosion dadurch gewährleistet werden, dass die Fließgeschwindigkeit unter einem bestimmten Grenzwert (höchstzulässige Fließgeschwindigkeit) gehalten wird. Man kann aber auch Kanalufer und -sohle erosionsfest gestalten.

Neben stationären Strömungen müssen auf jeden Fall auch instationäre Effekte berücksichtigt werden (u. a. Schwall- und Sunkwellen infolge rascher Durchflussänderungen, Schiffs- und Windwellen; s. auch Abschn. 6.4.1.2).

Als Uferschutz im Lockergestein kann ein Lebendverbau dienen. Er besteht beispielsweise aus einer Uferbepflanzung mit Gras, Weiden, Weidengeflechten o. a. austriebsfähigen Materialien.

Fachlich einwandfrei ausgeführt und gepflegt sind mit den sog. ingenieurbiologischen Bauweisen erstaunliche Stabilitäten erreichbar (u. a. Schiechtl und Stern 2002; Gebler 2005; Patt et al. 2018). Allerdings erhöhen Weiden- und andere Bäume den Strömungswiderstand und bewirken auf diese Weise auch eine Minderung der Abflussleistung.

Vor- und Nachteile der einzelnen Bauweisen müssen auch diesbezüglich sorgfältig gegeneinander abgewogen werden. Als weitere Bauweisen für den Ufer- bzw. Sohlenschutz kommen infrage:

- Blockwurf
- Schroppenlage (Blockmaterial)
- Pflästerung und
- Verkleidung

Sowohl der *Blockwurf* als auch die *Schroppenlage* stellen eine *künstliche Deckschicht* dar. Damit sie den Angriffen der Strömung auf die Sohle widerstehen können, werden diese entsprechend bemessen.

Die *bauweisenspezifische Grenzschubspannung* τ_{Gr} muss mindestens so groß sein wie die größte *auftretende* (aktuelle) Schubspannung τ_R (s. auch Abschn. 3.1.3; Patt et al. 2018). Daraus folgt für ihren *mittleren Korndurchmesser* d_m:

$$d_m \geq \frac{\rho \cdot r_{hy} \cdot J_E}{0{,}04 \cdot (\rho_s - \rho)} \text{ [m]}$$

mit

ρ Dichte des Wassers [kg/m³]
r_{hy} hydraulischer Radius [m]
J_E Energieliniengefälle (bei Normalabfluss das Wasserspiegelgefälle J_W) [-]
ρ_s Dichte des Gesteins [kg/m³]

Infolge der geringeren Wassertiefe ist die *Schubspannung* in den Uferbereichen kleiner; gleiches gilt dann auch für die *Grenzschubspannung*. Damit ein Blockwurf oder eine Schroppenlage auch im Uferbereich stabil ist, muss die Berechnung etwas modifiziert werden. Entsprechende Überlegungen führen zu:

$$d_m \geq \frac{\rho \cdot h_{max} \cdot J_E}{0{,}04 \cdot m \cdot \cos\ \beta \cdot (\rho_s - \rho)} \text{ [m]}$$

mit

ρ Dichte des Wassers [kg/m³]
ρ_s Korndichte [kg/m³]
h_{max} Wasserstand über dem Böschungsfuss [m]
β Böschungsneigung [°]
φ Ruhewinkel des Böschungsmaterials (Schroppenlage) ohne Strömungsangriff [°]

Der Wert m ergibt sich aus der Formel:

$$m = \sqrt{1 - \left(\frac{\tan \beta}{\tan \varphi}\right)^2} \text{ [-]}$$

Bei feinkörnigem Untergrund ist zwischen dem *Blockwurf* (oder der *Schroppenlage*) und dem Untergrund eine oder allenfalls gar mehrere *Filterschichten* vorzusehen. Oft kommen auch Kombinationen von *Filterschichten* und *Geotextilien* (u. a. Gewebematten) zum Einsatz. Fehlt ein Filter, muss mit Ausspülungen gerechnet werden.

Bei hohen Schubspannungen wird eine Abpflästerung mit Kunst- oder Natursteinen eingebracht, eventuell unter Vergießen der Fugen mit Mörtel oder Bitumen.

Als Alternative bietet sich eine Verkleidung aus Betonplatten oder ein bituminöser Belag an. Dadurch wird die Gerinnerauheit verringert, was insbesondere bei kleinem

Kanalprofil und geringem Gefälle die Abflussleistung erhöht. Bei kleineren Kanälen gelangen häufig vorgefertigte Betonelemente zum Einsatz.

Diese Bauweisen sind jedoch auch im Hinblick auf ihre ökologischen Auswirkungen zu überprüfen, weisen zudem keinen gutmütigen Versagensmechanismus auf und sollten nur in Ausnahmefällen realisiert werden. Ein Ufer- und Sohlenschutz im Festgestein (Fels) ist im Allgemeinen nicht nötig.

Beispiel – Bemessung einer Schroppenlage

Die Böschungsneigung an der Einbaustelle beträgt 1:1,5 ($\beta = 33{,}7°$; $\cos\beta = 0{,}83$). Der Böschungsfuß befindet sich $h_{max} = 3{,}0\,m$ unter dem Wasserspiegel.

Die Dichte der Schroppen soll 2650 kg/m³ betragen, die Dichte des Wassers = 1000 kg/m³. Das Kanalgefälle beträgt 2 ‰, d. h. $J_E = 0{,}002$. Das Verhältnis $\tan\varphi/\tan\beta$ (eine Art Sicherheitsquotient der Schroppenlage gegen Abgleiten) soll 1,5 betragen. – Wie groß muss der mittlere Durchmesser der Schroppenlage sein?

Lösung:

Mit den oben angeführten Vorgaben folgt zunächst für m:

$$m = \sqrt{1 - \left(\frac{\tan\beta}{\tan\varphi}\right)^2} = \sqrt{1 - (1/1{,}5)^2} = 0{,}75$$

Daraus folgt für den mittleren Durchmesser der Schroppenlage:

$$d_m \geq \frac{\rho \cdot h_{max} \cdot J_E}{0{,}04 \cdot m \cdot \cos\beta \cdot (\rho_s - \rho)}$$

$$d_m \geq \frac{1.000\ kg/m^3 \cdot 3{,}0\ m \cdot 0{,}002}{0{,}04 \cdot 0{,}75 \cdot \cos 33{,}7° \cdot (2.650\ kg/m^3 - 1.000\ kg/m^3)} = 0{,}15\ m$$

Der mittlere Durchmesser muss also mindestens $d_m = 150\,mm$ betragen.

Dichtung des Kanals

Die Dichtheit eines Kanals hängt wesentlich vom Zusammenspiel zwischen dem Kanalwasser und dem angrenzenden Grundwasser ab. Grundsätzlich sind zwei Fälle zu unterscheiden:

- Fall 1: Der Kanalwasserspiegel ist höher als der Grundwasserspiegel
- Fall 2: Der Grundwasserspiegel ist höher als der Kanalwasserspiegel

Dass beide Wasserspiegellagen übereinstimmen, ist die Ausnahme und entspricht meist nur einem kurzen Übergangsstadium.

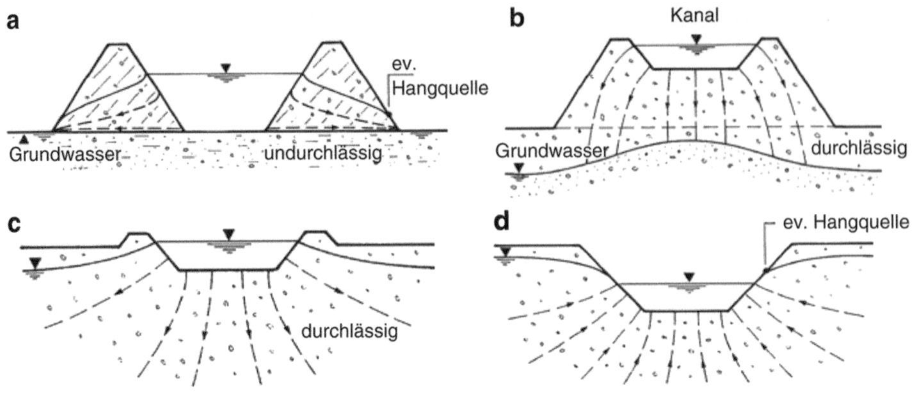

Abb. 6.57 Sickerströmungen bei ungedichteten Kanälen. **a, b** und **c** bei tiefer liegendem Grundwasserspiegel, **d** bei höher liegendem Grundwasserspiegel

Im ersten Fall versickert, sofern keine Dichtung vorhanden ist, Kanalwasser in den Untergrund. Diesbezüglich typische Strömungsbilder zeigt Abb. 6.57a–c. Werden durch die Strömung feinkörnige Feststoffe ausgespült (sog. *Suffosion*), so kann die Standfestigkeit und Dichtheit der Dämme mit der Zeit gefährdet werden (u. a. Patt und Jüpner 2020).

Auch werden durch das zuströmende Wasser die Grundwasserspiegellagen lokal angehoben. Dadurch können Grundwasseraustritte entstehen, die Feuchtigkeitsschäden an Bauten oder Vernässungen von landwirtschaftlich genutzten Flächen bewirken. Eingetragene Verschmutzungen können die Qualität des Grundwassers nachhaltig negativ verändern.

Als Gegenmaßnahme empfiehlt sich der Einbau einer Dichtung, eventuell in Kombination mit einem Entwässerungskanal (Drainage), der am landseitigen Dammfuß entlang verläuft. Mögliche Dichtungskonzepte zeigen die Abb. 6.58a–d. Als Dichtungen kommen infrage:

- eine Lehmschicht (sog. Lehmschlag) mit einem wasserseitigen Erosionsschutz durch eine Schroppenlage
- Betonplatten mit Netzarmierung (Zementdosierung: 200 bis 300 kg/m^3; Fugenabstände bis 8 m; Fugen gedichtet)
- Bitumenlagen (s. auch Abschn. 6.5.3)

Als Alternative zur Verkleidung können die Ufer und insbesondere die Dämme auch durch Dichtungsschirme (s. auch Abschn. 4.2.3) abgedichtet werden. Diese werden als Spundwände, Schlitzwände, Injektionen und im weiteren Sinn auch als Kern aus bindigem Lockergestein ausgeführt.

Im Fall, dass der Kanalspiegel tiefer liegt als der Grundwasserspiegel (Abb. 6.57d) und wenn keine Gegenmaßnahmen ergriffen werden, strömt das Grundwasser in den Kanal. Der Kanal wirkt dann als Entwässerungskanal für die angrenzenden Flächen.

Die Folgen sind vielschichtig. – Zunächst besteht die Gefahr, dass die Ufer durch Ausspülung (innere Erosion) oder durch Hangquellen beschädigt werden.

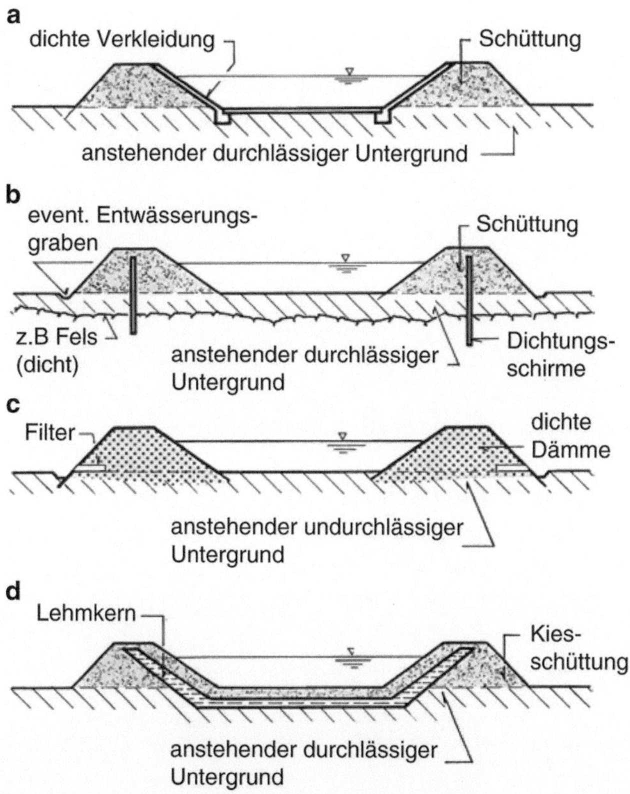

Abb. 6.58 Dichtungskonzepte. **a** Dichte Verkleidung, **b** Dichtungsschirme, **c** dichtes Dammmaterial auf dichten Untergrund geschüttet oder **d** Damm mit Kern

Auch bewirkt die Absenkung der Grundwasserspiegel eine Reduzierung der Ergiebigkeit der betroffenen Grundwasserleiter. Weiterhin ist insgesamt mit einer Absenkung des Geländes und, speziell im Bereich von Bauwerken, mit erhöhten Fundamentsetzungen zu rechnen (sog. Konsolidierungsprozess).

Als Gegenmaßnahme kommt, analog zu Abb. 6.58b, der Einbau eines Dichtungsschirms infrage. Außer Betracht bleibt dagegen eine Verkleidung, weil diese als verhältnismäßig leichtes Bauelement dem Auftrieb nicht standhalten könnte.

Beispiel zur Stabilität der Kanalverkleidung

Eine Kanalverkleidung besteht aus einem 100 mm starken bituminösen Belag (Asphaltbeton auf Sandasphalt). Welchem Auftrieb vermag sie bei leerem Kanal standzuhalten?

Lösung:

Sieht man von der Verbundwirkung in der Verkleidung ab, lässt sich die Gleichgewichtsbedingung für eine Platte der Fläche 1 m^2 bestimmen (Abb. 6.59):

Daraus folgt: $\rho_B \cdot g \cdot t \cdot \cos\,\beta = \rho \cdot g \cdot a\,[N/m^2]$

$$a = \frac{\rho_B}{\rho} \cdot t \cdot \cos\,\beta = \frac{2300\ kg/m^3}{1000\ kg/m^3} \cdot 0{,}1\ m \cdot 0{,}83 = 0{,}19\ m$$

mit

ρ_B	Dichte des Belagmaterials (2300 kg/m^3)
g	Erdbeschleunigung (m/s^2)
t	Stärke des Belags (0,1 m)
β	Böschungsneigung ($\cos\,\beta = 0{,}83$)
ρ	Dichte des Wassers (1000 kg/m^3)
a	Auftriebsdruckhöhe (in Meter Wassersäule)

Die Verkleidung ist also nur bis 0,19 m Wassersäule sicher. Bei höheren Wassersäulen ist die Sicherheit gegen Auftrieb nicht mehr gegeben.

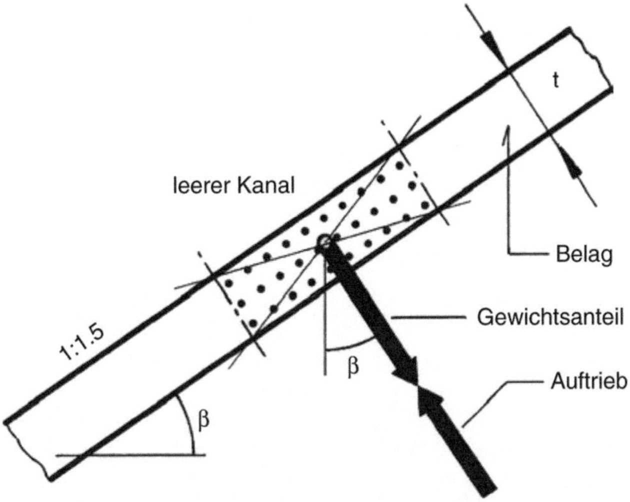

Abb. 6.59 Element einer dichten Uferverkleidung. Kräfte normal zur Böschung bei leerem Kanal

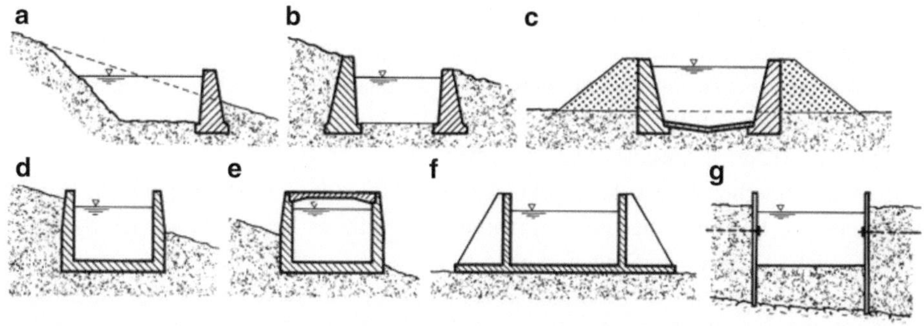

Abb. 6.60 Kanäle mit biegesteifen Wänden. **a** Einseitige Stützmauer, **b** beidseitige Stützmauern, **c** beidseitige Stützmauern mit Sohlenverkleidung zwecks Glättung, **d** Trog, **e** Trog mit Querriegeln, **f** Kombination Trog/Winkelstützmauern, **g** Spundwände oder Pfahlreihen; eventuell rückwärts verankert oder mit Querriegeln

6.4.1.6 Kanäle mit biegesteifen Wänden

Falls es nicht möglich ist, Kanäle mit geböschten Ufern zu bauen, kommen Kanäle mit biegesteifen Wänden in Betracht (Abb. 6.60). Es handelt sich im Allgemeinen um Trapezprofile mit steilen Wänden oder um Rechteckprofile. Für kleinere Ausführungen werden bisweilen auch vorgefertigte Betonelemente mit Halbkreisprofil sowie Stahl- und Holztröge eingesetzt.

Zu den konstruktiven Erfordernissen gehört die Stabilität der Kanalwände und der Sohle sowie deren Erosionsbeständigkeit und Dichtheit. Der Stabilitätsnachweis der einzelnen Kanalelemente (Stützmauern, Trog) wird ähnlich durchgeführt wie bei Wehrelementen (s. auch Abschn. 4.2.5).

Die Erosionsbeständigkeit hängt vom Material ab. Hinweise auf die maximal zulässigen Fließgeschwindigkeiten für Beton finden sich in Abschn. 6.4.1.4. Die Dichtung des Kanals lässt sich bei Betonwänden verhältnismäßig leicht verwirklichen. In der Hauptsache gilt es Risse zu vermeiden und die Fugen lückenlos zu dichten. Spundwände sind nie absolut, aber in vielen Fällen doch genügend dicht.

6.4.2 Geschlossene Kanäle und Freilaufstollen

Im Gegensatz zu offenen Kanälen sind geschlossene Kanäle und Freilaufstollen überdeckt. Sie werden typischerweise als Zuleitung zu den Turbinen einer Wasserkraftanlage oder eines Wasserspeichers gebaut.

6.4.2.1 Hydraulische Bemessung

Wie die offenen Kanäle, so werden auch die geschlossenen Kanäle (Abb. 6.48d–i) in der Regel für stationären Abfluss bemessen (u. a. Hager 2010). Hierbei wird vorausgesetzt, dass der Luftdruck über dem freien Wasserspiegel im Wesentlichen dem Atmosphärendruck entspricht. Dies trifft bei gut belüfteten, d. h. mit vielen, oben offenen Einstiegschächten versehenen und nicht sehr schnell durchströmten Konstruktionen ($Fr<4$), im Regelfall zu.

6.4.2.2 Bemessung bei Normalabfluss

In längeren Strecken ohne Gefälle- und/oder Querschnittsänderungen (prismatische bzw. zylindrische Gerinne) stellt sich der Normalabfluss ein. Die Berechnung der Wasserspiegellage erfolgt nach dem gleichen Verfahren wie bei einem offenen Kanal bzw. Gerinne (s. auch Abschn. 6.4.1.1).

Eine Besonderheit bildet der Effekt, dass die Abflusskurve in ihrem oberen Bereich zweideutig ist. Für einen bestimmten Abfluss Q_{voll} gibt es bei geschlossenen Systemen zwei mögliche Wasserspiegellagen (Abb. 6.61).

Gewöhnlich versucht man dieser Zweideutigkeit auszuweichen, weil nicht ganz klar ist, welche der beiden Spiegellagen sich einstellt. So will man insbesondere einen sprunghaften Übergang von der einen in die andere Lage vermeiden. Ein derartiges Zu- oder Aufschlagen des Kanals lässt sich bei hohen Füllungsgraden (große Verhältnisse von h/D im Kreisprofil) manchmal beobachten.

Dementsprechend wird der Kanalquerschnitt so bemessen, dass der Bemessungsabfluss Q_B kleiner oder höchstens gleich dem Durchfluss Q_{voll} ist, bei dem der Kanal vollläuft ($h/D = 1$).

Für kleine, vorfabrizierte Rohre wird meist $Q_B = Q_{voll}$ gewählt. Für große Rohre und andere Profile dagegen $Q_B = Q_{prakt} < Q_{voll}$, entsprechend der sog. praktischen Bemessungstiefe h_B (Abb. 6.62).

Hydraulisch günstigste Querschnittsformen

Die hydraulisch günstigsten Querschnittsformen von Freispiegelgerinnen sind im Allgemeinen diejenigen Profile, in die ein Halbkreis eingeschrieben werden kann (s. auch Abschn. 6.4.1.1).

Fragt man hingegen nach der hydraulisch günstigsten Querschnittsform von geschlossenen Kanälen, bei denen der Wasserspiegel (gemäß dem Bemessungsansatz $Q_B = Q_{voll}$) gerade die Decke berührt, so muss die Antwort modifiziert werden. Hydraulisch günstig sind jetzt diejenigen Profilformen, in die ein Kreis eingeschrieben werden kann (Abb. 6.63).

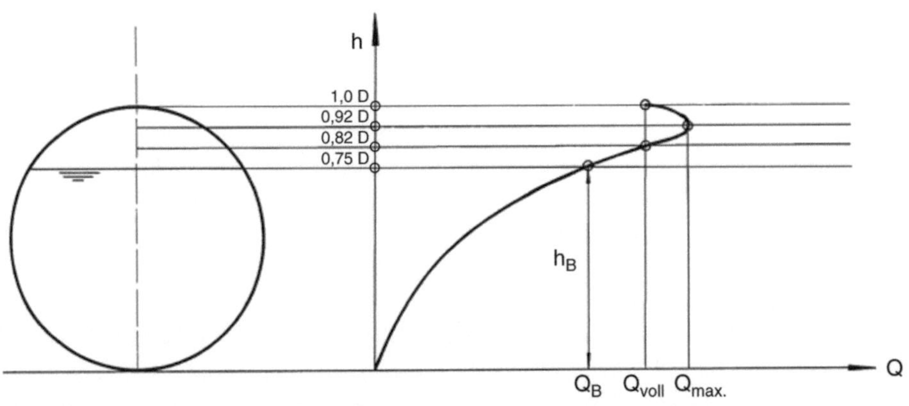

Abb. 6.61 Abflusskurve im Kreisprofil (Rohr) mit der charakteristischen Zweideutigkeit bei hohen Füllungsgraden

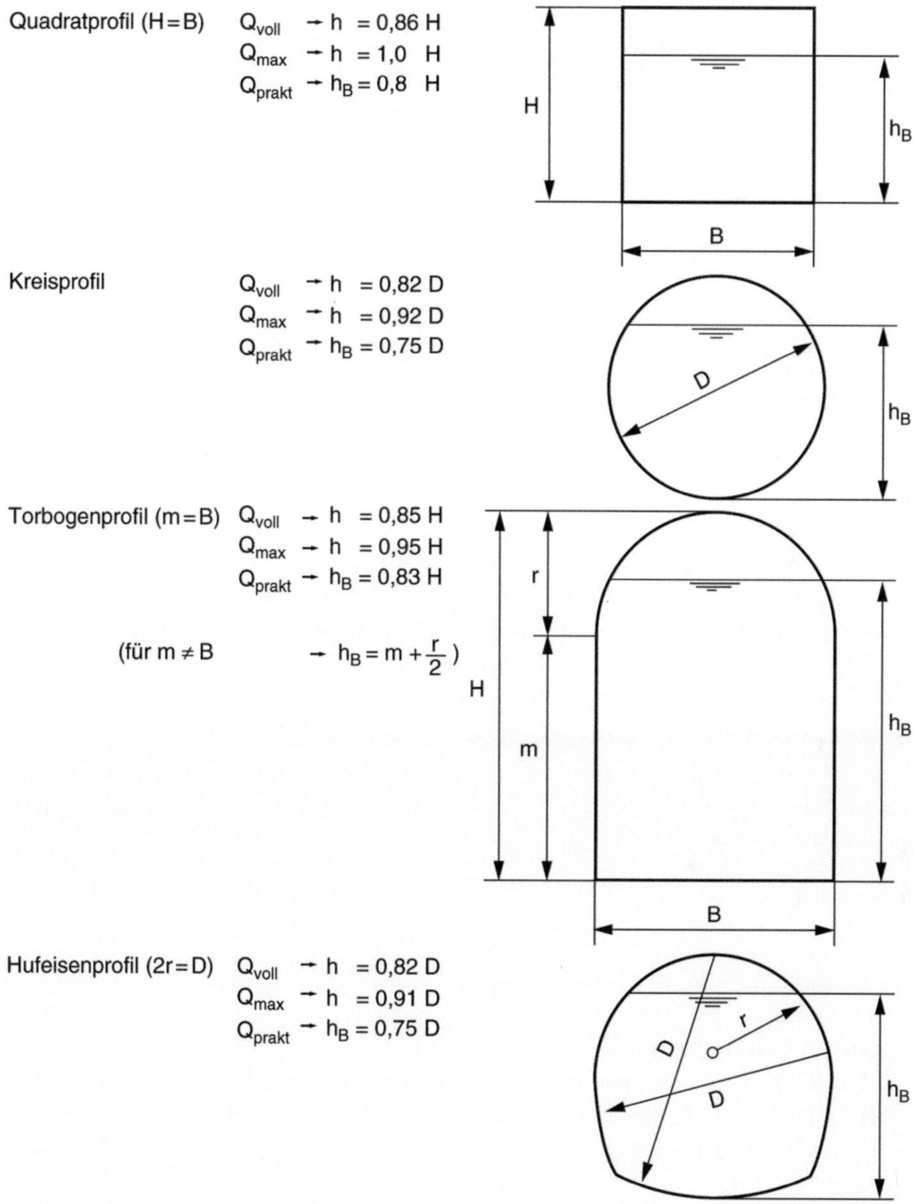

Abb. 6.62 Abflusstiefen in geschlossenen Kanälen bei hohen Füllungsgraden h/D. Für die Bemessung kann $Q_B = Q_{prakt}$ angenommen werden

Von Interesse ist der Vergleich der Abflussleistung von Freispiegelgerinnen und geschlossenen Kanälen. Dazu wird die Formel

$$Q = k_{Str} \cdot J_S^{1/2} \cdot A^{4/3} \cdot r_F^{2/3}\ [m^3/s]$$

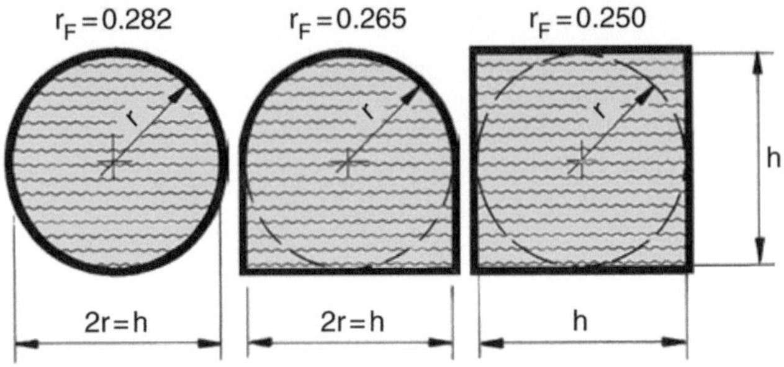

Abb. 6.63 Hydraulisch günstigste Profile von geschlossenen Kanälen bei Vollfüllung. Das Kreisprofil ist das absolut günstigste Profil. Torbogen- und Rechteckprofile mit eingeschriebenem Kreis sind ebenfalls günstige Profilformen

bei gleichen Werten von Rauheit k_{Str}, Sohlengefälle J_S und benetzter Querschnittsfläche A ausgewertet.

Als Ergebnis ist festzuhalten, dass die geschlossenen Kanäle den Freispiegelgerinnen in Bezug auf die Abflussleistung wesentlich unterlegen sind (Tab. 6.6).

Für die Wahl eines geschlossenen anstelle eines offenen Kanals, sind demnach nicht die Abflussleistung, sondern andere Gründe maßgebend. Bei tiefliegender Trasse können beispielsweise der Flächenbedarf und die Aushubkosten des offenen Kanals sehr hoch werden und somit die Wahl eines geschlossenen Kanals rechtfertigen.

Tab. 6.6 Abflussleistung von geschlossenen Kanälen im Vergleich zum offenen Halbkreisprofil gemäß Abb. 6.63

Profil	Formfaktor r_F	Abflussleistung in %
Halbkreis	0,399	100
Kreis	0,282	79
Torbogen	0,265	76
Quadrat	0,250	73

Fragen der Leistungsreserve

Für Kanäle für Nutzwasserbauten lässt sich der Bemessungsabfluss Q_B verhältnismäßig genau definieren. Zur Festlegung des Bemessungsabflusses für Schutzwasserbauten (u. a. im Hochwasserschutz) wird Q_B aber oft als statistische Größe eingeführt und ist deshalb unsicher.

Der Abfluss kann durchaus höher werden, sodass sich oft die Frage nach den Abflussreserven stellt. Wie die Praxis zeigt, werden diese Reserven bei geschlossenen Kanälen häufig überschätzt, sie sind grundsätzlich geringer als bei offenen Gerinnen.

Abbildung 6.64 zeigt als Beispiel einen geschlossenen Rechteck- und einen vergleichbaren offenen Trapezkanal. Beide bestehen aus Beton ($k_{Str} = 80\ m^{1/3}/s$), sind auf $Q_B = 48\ m^3/s$ bemessen, weisen einen Freibord von 1 m auf und werden im Normalabfluss bei einem Gefälle von $J_S = 2\ ‰$ durchflossen.

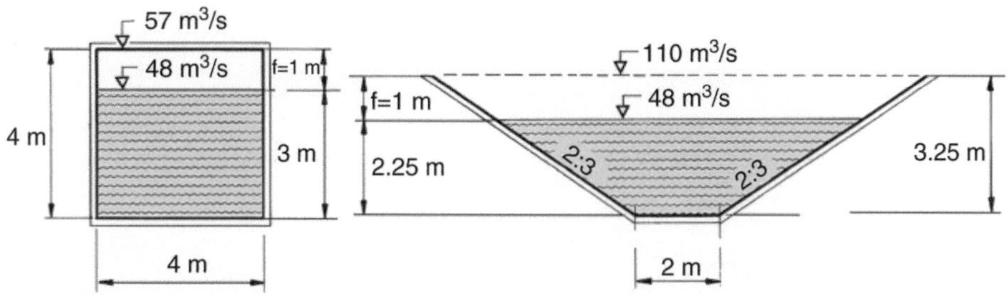

Abb. 6.64 Vergleich eines geschlossenen Rechteckkanals mit einem offenen Trapezkanal. Beide sind für den gleichen Bemessungsabfluss $Q_B = 48$ m³/s bei einem Freibord von $f = 1{,}0$ m bemessen. Doch weist der Rechteckkanal mit $57 - 48 = 9$ m³/s eine bedeutend geringere Reserve auf als der Trapezkanal mit $110 - 48 = 62$ m³/s

Berechnet man für den geschlossenen und den offenen Kanal die Abflussreserve bei voller Beanspruchung des Freibords, erhält man für den Rechteckkanal $Q_B = 57$ m³/s und für den Trapezkanal $Q_B = 110$ m³/s; also fast das Doppelte. Der offene Trapezkanal besitzt demnach eine erheblich größere Reserve!

Dieser Umstand macht sich neben dem Profilwechsel und der Verklausungsgefahr bei der Überbauung von Fließgewässern oft verhängnisvoll bemerkbar.

Das freie Zulaufgerinne ist in der Lage, ein außerordentliches Hochwasser abzuleiten, ohne auszuufern. Die anschließende, geschlossene Kanalstrecke hat eine zu geringe Abflussleistung, sodass ein Rückstau in das Zulaufgerinne entsteht und es dadurch zu Ausuferungen kommt. Deshalb muss der Übergang vom freien Zulaufgerinne zum geschlossenen Kanal besonders sorgfältig geplant werden. Die Voraussetzung des Normalabflusses gilt dort selbstverständlich nicht mehr.

Bemessung bei beschleunigtem oder verzögertem Abfluss

Die Wasserspiegellagenberechnungen werden in geschlossenen Kanälen gleich durchgeführt, wie in offenen Gerinnen. Die Übergänge von Schießen zu Strömen und umgekehrt sowie die damit verbundenen Stabilitätsfragen, sind für die Bemessung von erheblicher Bedeutung (u. a. Naudascher 1992).

Abbildung 6.65 illustriert die Konsequenzen einiger Fälle für die Wahl der Kanalabmessungen; hier insbesondere im Hinblick auf die Wassertiefe. Gleiches gilt bei einem Kreisprofil für den Rohrdurchmesser.

Schwall- und Sunkwellen

Die bei raschen Abflussänderungen entstehenden Schwall- und Sunkwellen können, solange diese nicht die Kanaldecke berühren, den offenen Kanälen entsprechend abgeschätzt werden. Sobald die Wellen jedoch die Decke berühren, pflanzen sie sich schneller fort.

Schwall- und Sunkwellen sind bei den geschlossenen Kanälen weniger relevant, da sie kein Ausufern bewirken. Sie werden deshalb hier nicht näher behandelt.

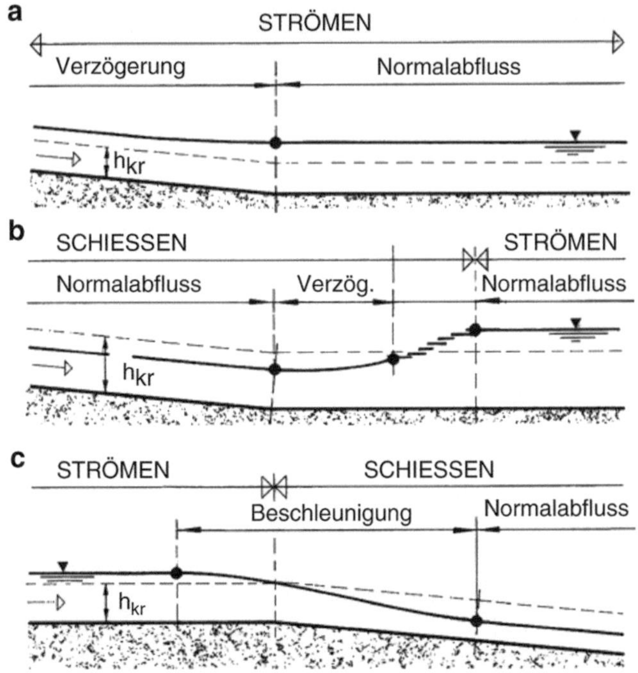

Abb. 6.65 Auswirkungen eines Gefällsknicks auf die Wasserspiegellage in einem Rechteckkanal (h_{kr} = kritische Wassertiefe). **a** Abflachung im strömenden Bereich verursacht stromaufwärts eine lange Verzögerungsstrecke (Staustrecke), **b** die Abflachung mit Übergang von Schießen zu Strömen verursacht einen Wassersprung, **c** das steiler werdende Gerinne mit Übergang von Strömen zu Schießen verursacht eine lange Beschleunigungsstrecke

Die von Zeit zu Zeit entstehenden großen Luftblasen können beim Austritt aus Schächten oder am Ende eines Kanals zu unangenehmen Störungen führen.

6.4.2.3 Wirtschaftliche Bemessung

In Ergänzung zu den Ausführungen in Abschn. 6.4.1.3 wird hier ein weiteres Optimierungsbeispiel behandelt.

Gemäß den Vorgaben von Abb. 6.66a soll ein kleiner, eingedeckter Bach, der in einem Geländeeinschnitt verläuft, auf dem kürzesten Weg einem Vorfluter zugeführt werden. Je steiler die Rohrstrecke ist, desto kleiner ist der erforderliche Rohrdurchmesser; dafür nimmt jedoch der Aushub zu.

Als Ergebnis der gegenläufigen Kostenfunktionen ergibt sich folglich ein wirtschaftlich optimales Gefälle, das sowohl die optimale Trasse im Längsprofil als auch den optimalen Rohrdurchmesser festlegt (Abb. 6.66b). Die Zielfunktion lautet:

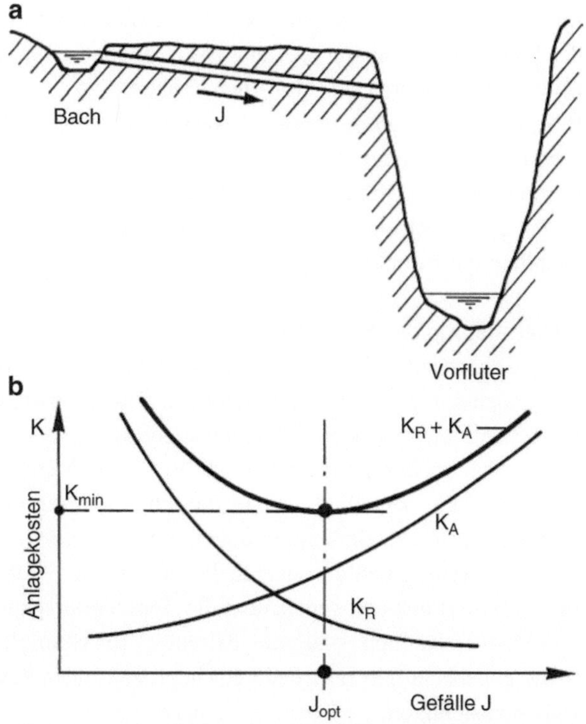

Abb. 6.66 Rohrtrasse im Längsprofil. Das optimale Gefälle J bedingt minimale Anlagekosten K als Summe der Rohrkosten K_R und der Aushubkosten K_A

$$K(J) = K_R + K_A = \text{Min! [Währung]}$$

mit

K Anlagekosten (vom Gefälle *J* abhängig) [Währung]
K_R Rohrkosten [Währung]
K_A Aushubkosten [Währung]

Falls man bei dieser Betrachtungsweise zu einer Lösung mit allzu kleinen oder zu hohen Fließgeschwindigkeiten gelangt, muss man entweder die in Abschn. 6.4.1.4 beschriebenen Grenzgeschwindigkeiten als Restriktionen einführen oder den Kostenansatz durch die zu erwartenden Unterhaltskosten ergänzen.

6.4.2.4 Kanäle im Lockergestein

Geschlossene Kanäle werden entweder vorgefertigt oder vor Ort erstellt. Die Vorfabrikation ist vor allem bei kleinen und mittleren Profilen die Regel. Die dabei bevorzugten Profilformen sind in erster Linie das Kreisprofil, aber auch das Ei- und das Rechteckprofil. Als Baustoffe kommen Beton, Faserzement, Kunststoffe, Keramik und Metall infrage.

Bei einer Herstellung vor Ort wird fast ausschließlich Beton verwendet. Es werden aber auch große Kreis- oder Maulprofile aus Wellblechen zusammengeschraubt.

Im Unterschied zum *Ausbruch* von Freilaufstollen im Fels, geschieht die Verlegung oder der Bau von geschlossenen Kanälen im Tagbau (sog. offene Bauweise), d. h. über dem Boden oder in einem ausgehobenen Graben.
Bei großen Verlegungstiefen, in stark besiedelten Gebieten oder unter wichtigen Verkehrsträgern gelangt oft der Pressvortrieb zur Anwendung. Von Vortriebsschächten werden die Rohre mittels hydraulischer Pressen durch den lockeren Boden geschoben.

Zu den konstruktiven Problemen gehören die Sicherstellung der Stabilität und die Dichtheit der Rohrstrecke.

Sicherstellung der Stabilität
Die geschlossenen Kanäle sind gewöhnlich kontinuierlich gelagert und in regelmäßigen Abständen durch Bewegungsfugen (sog. Dilatationsfugen) unterteilt. Deshalb sind die in Längsrichtung wirkenden Kräfte meist gering.

Die Hauptbeanspruchung herrscht in Querrichtung. Je nachdem, ob die Kanäle ober- oder unterirdisch geführt werden, bestehen die angreifenden Kräfte aus Eigengewicht, Innenwasserdruck, Bodenpressungen und Temperaturspannungen bzw. Eigengewicht, Erddruck (einschließlich eventuell auftretender Verkehrslasten), Außenwasserdruck, Innenwasserdruck und gegebenenfalls Temperaturspannungen.

Selbstverständlich sind alle extremen Belastungszustände des Baus, des Betriebs sowie gegebenenfalls notwendiger Unterhalts- oder Revisionsphasen bei der Bemessung zu berücksichtigen.

Abbildung 6.67 zeigt als Beispiel einen eingedeckten Rechteckkanal im Grundwasser in einer Betriebs- und in einer Revisionsphase. Nachzuweisen sind gemäß den üblichen Verfahren die Stabilität des gesamten Kanals bezüglich Aufschwimmen (bei Hangkanälen auch des Gleitens) sowie die Bruchsicherheit der Wandungen.

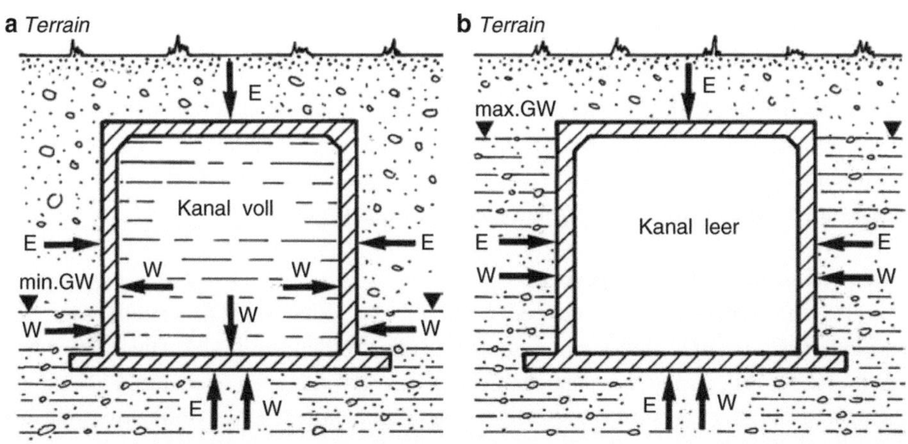

Abb. 6.67 Betonkanal **a** in einer Betriebsphase (vollgeschlagen) und **b** in einer Unterhaltsphase (leer). Als Kräfte wirken außer dem Kanalgewicht unterschiedliche Erd- und Wasserdruckkräfte, deren Resultierenden mit E und W angedeutet sind

Dichtung geschlossener Kanäle

Das Zusammenspiel zwischen einem geschlossenen Kanal und dem Grundwasser ist ähnlich wie beim offenen Kanal.

Im Allgemeinen ist ein aus Beton gebauter geschlossener Kanal, sofern er keine Risse hat, praktisch dicht. Jedoch können bei der Verwendung von Ortsbeton die Dehnungsfugen und bei vorgefertigten Elementen die Montagestöße mehr oder weniger durchlässig ausgebildet werden, um die Kanäle den örtlichen Erfordernissen anzupassen. Hier kann es dann zu Undichtheiten (sog. *Leckagen*) kommen.

6.4.2.5 Freilaufstollen

Die Profilformen von Freispiegelstollen hängen u. a. von der Art des Vortriebs bei der Herstellung einer Rohrtrasse ab.

Für *konventionellen Vortrieb* (Bohren, Laden, Sprengen) werden gewöhnlich das Torbogen- und das Hufeisenprofil bevorzugt. Nur im druckhaften Fels wird auf das Kreisprofil übergegangen.

Für *maschinellen Vortrieb* (Tunnelbohrmaschine) ergibt sich naturgemäß immer ein Kreisprofil.

Die *Auskleidung der Profile* wird mit Rücksicht auf die vorhandenen Felsverhältnisse und die gewünschte Wandrauheit gewählt. Abbildung 6.68 zeigt als Beispiel die üblichen Ausbautypen eines Torbogenprofils. Sie unterscheiden sich wie folgt:

- *Typ Ia im standfesten Fels*
  Unverkleidet mit betonierter Sohle und Rigole. Die Rigole dient der Ableitung des Wassers während des Baus und bei entleertem Stollen. Der Rauheitsbeiwert k_{Str} liegt zwischen 25 und 35 $m^{1/3}/s$.
- *Typ Ib*
  Wie bei Typ Ia, aber eventuell mit Gunitaufspritz von 2 bis 3 cm Stärke als leichte Sicherung und Ausglättung.
- *Typ II im leicht gebrächen Fels*
  Teilweise verkleidet, z. B. mit einem Gewölbe aus Spritzbeton (Zementgehalt: 250 bis 300 kg/m^3)
- *Typ III im leicht druckhaften Fels*
  Vollständig verkleidet; Zementgehalt: 250 bis 300 kg/m^3; Rauheitsbeiwert $k_{Str} = 75$ bis 85 $m^{1/3}/s$ (je nach Schalung)
- *Typ IV im druckhaften Fels*
  Übergang auf ein vollständig verkleidetes Kreisprofil (statisch günstiger als Hufeisen- oder Torbogenprofil); Ausbruch der Sohle horizontal

Mit Rücksicht auf den Ausbruch, die Schutterung und die Begehbarkeit bei längeren Stollen wird selbst bei kleinem Bemessungsabfluss ein Minimalprofil ausgebrochen (Abb. 6.68).

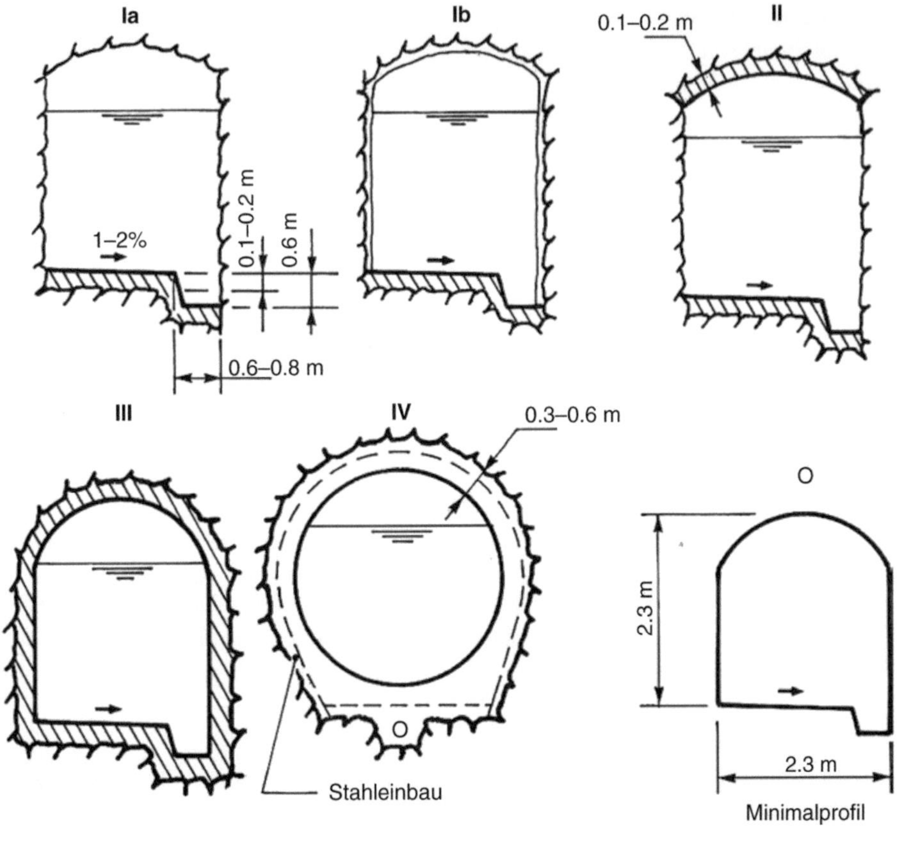

Abb. 6.68 Ausbautypen eines Freispiegelstollens

Die Stabilität von Freilaufstollen während des Vortriebs wird durch die Hohlraumsicherungen sichergestellt (u. a. Felsanker, Gunit mit Armierungsnetzen, Stahlprofile, Verzugsbleche).

Bei einem befahrbaren Stollen beträgt die minimale Sohlenbreite 2,3 m. Kommt eine *bemannte Tunnelbohrmaschine* zum Einsatz, beträgt der minimale Ausbruchdurchmesser im standfesten Fels 2,8 bzw. 3,0 m im leicht gebrächen bis leicht druckhaften Fels. Damit steht ein Freiraum für die Hohlraumsicherung zur Verfügung.

Bei einer *unbemannten Bohrung* sind Durchmesser von 0,5 m möglich (sog. *Mikrostollen*). Für Abdichtungszwecke genügt eine gute Verkleidung längs des benetzten Umfangs.

6.4.3 Sonderbauwerke

Die Kanäle sind so zu gestalten, dass Revisions- und Reinigungsarbeiten möglich sind. Bei geschlossenen Kanälen wird dieser Zugang durch *Kontrollschächte* sichergestellt. Diese werden meist in regelmäßigen Abständen und zusätzlich bei Krümmern, Gefällsknicken, Querschnittsänderungen, Einmündungen und Abzweigungen sowie bei Einbauten angeordnet.

6.4.3.1 Schussrinnen, Raugerinne und Steilleitungen

Lokale Höhenunterschiede werden bei offenen Kanälen durch Schussrinnen oder durch Raugerinne überwunden.

Schussrinnen werden glatt ausgebildet und enden gewöhnlich in einem Tosbecken. Übersteigt die Froude-Zahl Fr den Wert von 4, so ist mit Lufteintrag zu rechnen (s. auch Abschn. 6.4.1). Das Abflussmedium ist dann nicht mehr Reinwasser, sondern ein Wasser-Luft-Gemisch, das entsprechend mehr Durchflussfläche beansprucht. Bei Kanalprofilen, die vom Rechteck abweichen, ist Fr wie folgt definiert:

$$\mathrm{Fr} = \frac{\mathrm{v}}{\sqrt{\mathrm{g} \cdot \mathrm{A}/\mathrm{B}}} \quad [\text{-}]$$

mit

Fr Froude-Zahl [-]
v mittlere Fließgeschwindigkeit [m/s]
A benetzter Querschnitt [m^2]
B zugehörige Wasserspiegelbreite [m]

Ein besonderes Merkmal von Schussrinnen sind *Stoßwellen*, auch *Kreuzwellen* genannt. Es handelt sich um stehende Wellen, die bei Querschnittsänderungen und Krümmungen entstehen. Die Abb. 6.69 zeigt zwei typische Muster. Sie bewirken, dass der Wasserspiegel im Kanalquerschnitt nicht eben ist. Dort, wo „positive" Wellen auf die Kanalwand treffen, muss ein entsprechend höherer Freibord vorgesehen werden.

Raugerinne sind steile Kanäle, deren Sohlen mit Schikanen in Form von Höckern, Schwellen, Treppenstufen usw. versehen werden. Dadurch lässt sich ihre Rauheit erheblich erhöhen. Das Ziel besteht darin, dass die Strömungsenergie bereits im Gerinne und nicht erst im Tosbecken umgewandelt wird. Das Tosbecken kann dann entsprechend

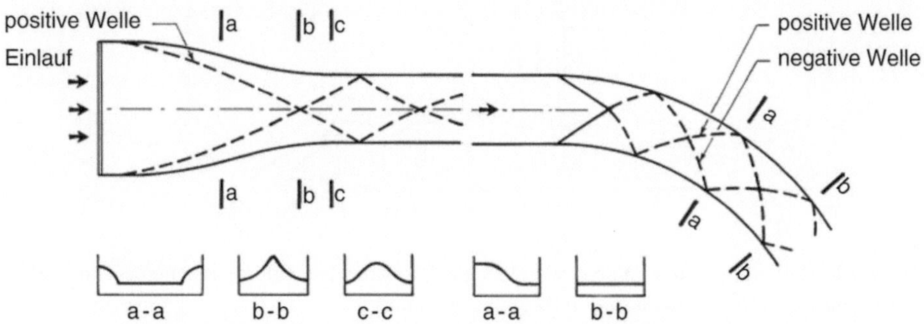

Abb. 6.69 Typische Muster von Stoßwellen im Einlauf und im Krümmer einer Schussrinne

kleiner gebaut werden. Diese Schikanen führen dazu, dass der Lufteintrag bereits bei Froude-Zahlen $Fr < 4$ einsetzt.

Steilleitungen sind, hydraulisch gesehen, abgedeckte Schussrinnen. Bei ihnen hat die Frage, ob ein Lufteintrag erfolgt, noch weiter reichende Konsequenzen. Die Grenzgeschwindigkeit dafür liegt, wie bei den Schussrinnen, bei einer Froude-Zahl $Fr = 4$.

Die zur Bildung des Wasser-Luft-Gemischs benötigte Luft muss von oben (Einlauf, Schacht usw.) nachströmen. Wird die Luft daran gehindert, entsteht über der Strömung, dort wo sich die Luft befindet, ein Unterdruck, der die Leitung zum Vollschlagen bringen kann.

Eine volle Leitung, die von einem Wasser-Luft-Gemisch durchflossen wird, bildet eine Form von Wasserstrahlpumpe. Die damit meist verbundenen Unannehmlichkeiten (u. a. Pulsationen, Druckstöße im System) können vermieden werden, wenn die Leitung ausreichend groß bemessen ist und eine ausreichende Luftzufuhr gewährleistet wird.

6.4.3.2 Schächte

Bei kleineren Fallhöhen und Abflüssen kann der Abfluss über einen *Schachtüberfall* mit anschließend freiem Fall abgeleitet werden. Die Erosionswirkung und die Luftaufnahme halten sich dann in zulässigen Grenzen. Bei größeren Höhen drängen sich spezielle Maßnahmen zur Energieumwandlung auf.

Eine mögliche Ausführungsform bei größeren Höhendifferenzen ist der *Wirbelfallschacht* (Abb. 6.70; Hager 2010). Sein spiralförmiger Einlauf bewirkt ein

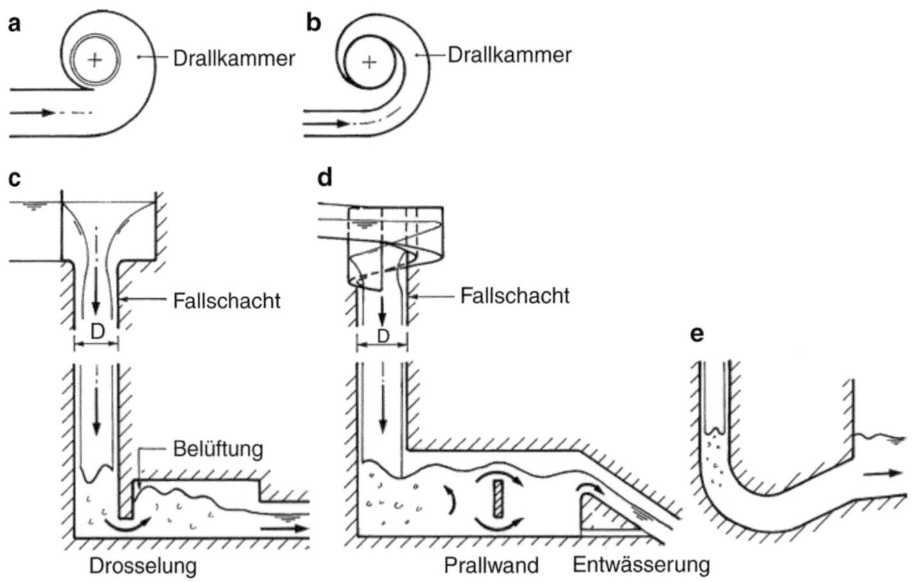

Abb. 6.70 Wirbelfallschacht mit Spiraleinlauf für **a** strömenden Zufluss, **b** schießenden Zufluss, **c** Toskammer am Schachtfuß, **d** mit Prallwänden, **e** Siphon

Anpressen der Strömung an die runde Schachtwand. Damit wird erreicht, dass der Strahl nicht frei fällt, sondern längs der Schachtwand abfließt (Anpressdruck = Fliehkraft plus Luftdruck). Ein Teil seiner hydraulischen Energie wird folglich durch Reibung aufgezehrt und beansprucht deshalb den Schachtfuß nicht.

Die Bemessung der *Drallkammer* richtet sich nach den hydraulischen Zuflussbedingungen.

Im Fall des *strömenden Zuflusses* genügt eine horizontale Sohle (Abb. 6.70c). *Schießende Zuflüsse* erfordern eine *längere Leitwand* und die Sohle hat die Form einer *Spirale* (Abb. 6.70d).

Der *Schachtdurchmesser* D lässt sich aufgrund des Bemessungsdurchflusses Q_B mittels folgender Formel berechnen:

$$D = 1{,}25 \cdot \sqrt[5]{\frac{Q_B^2}{g}} \; [\mathrm{m}]$$

Dank der durchgehenden Luftsäule in der Schachtachse ist überall eine gleichmässige Belüftung gewährleistet.

Am *Schachtfuß* muss die überschüssige hydraulische Energie in einer Toskammer umgewandelt werden. Dort trifft der Strahl im Allgemeinen auf ein Wasserpolster und wird in diesem verwirbelt.

Die Gestaltung des Wirbelfallschachts hängt auch davon ab, ob das Wasser Feststoffe enthält, deren Durchgang gewährleistet werden muss, und ob die im Fallschacht aufgenommene Luft in der Toskammer wieder ausgeschieden werden soll. Abbildung 6.70 zeigt einige Gestaltungsmöglichkeiten.

6.4.3.3 Kreuzungs- und Mündungsbauwerke

An Kreuzungen von Kanälen mit Verkehrswegen aller Art sind drei Lösungen möglich, nämlich die Kanalbrücke, der Düker und der Durchlass (Abb. 6.71a–e). Auf Einzelheiten soll hier nicht eingegangen werden. Es seien lediglich einige wesentliche Probleme aufgezeigt.

Bei der *Kanalbrücke* (Abb. 6.71a) stehen Dichtungsprobleme im Vordergrund. Leckstellen können an den Fugen der Auf- und Widerlager entstehen oder bei Rissen in der Betonkonstruktion.

Bei *Dükern* (Abb.6.71b, c) entsteht grundsätzlich eine Diskontinuität in der Feststoffführung. Daher muss das Geschwemmsel notfalls an einem Rechen und das Geschiebe in einem Kiesfang vor dem Einlauf in den Düker zurückgehalten werden.

Bei *Durchlässen* (Abb. 6.71d) unter Verkehrsanlagen, die für stark variable Durchflüsse erstellt werden, ist die in Abschn. 6.4.2 näher erläuterte Frage der Abflussleistung beim Übergang von einem offenen zu einem geschlossenen Querschnitt zu beachten.

Dort, wo Kanäle in einen Vorfluter münden, sind unter Umständen Absturzbauwerke, Siele und Schöpfwerke vorzusehen. Sie werden gebaut, wenn die Energie der

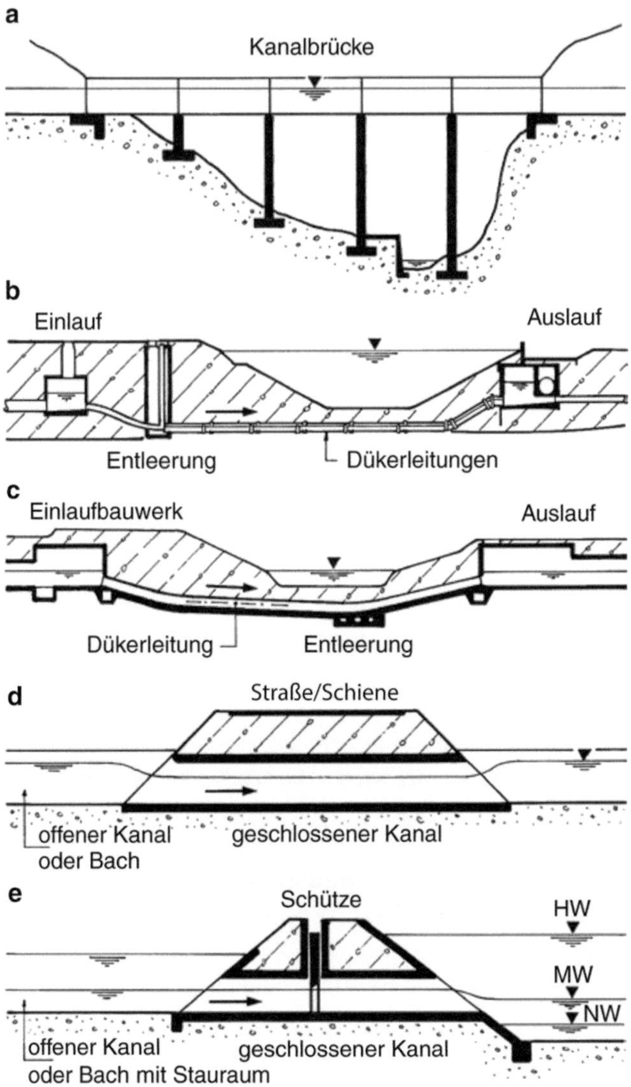

Abb. 6.71 Kreuzungs- und Mündungsbauwerke. **a** Kanalbrücke oder Aquädukt, **b** und **c** Düker, **d** Durchlass und **e** Siel

einmündenden Strömung reduziert werden muss, damit keine unerwünschten Erosionserscheinungen (z. B. am Gegenufer des Vorfluters) auftreten. Solche Bauwerke gleichen einem festen Wehr (s. auch Abschn. 4.1.2).

Ein *Siel* ist erforderlich, wenn das Kanalwasser nur bei Nieder- und Mittelwasser in den Vorfluter fließen kann, bei Hochwasser dagegen nicht. Dementsprechend ist das Siel ein abschließbarer Durchlass (Abb. 6.71e). Bei Niedrig- und Mittelwasser ist es geöffnet, bei Hochwasser jedoch geschlossen.

Während der Hochwasserzeit muss das Kanalwasser zurückgehalten werden, beispielsweise in einem Auffangbecken. Wenn dies nicht möglich ist oder wenn der Vorfluterspiegel auch bei Nieder- und Mittelwasser über dem Kanalspiegel liegt, ist ein *Schöpfwerk* (beispielsweise gemäß Abb. 6.29) die einzig mögliche Lösung.

Hier sei nochmals erwähnt, dass alle in diesem Abschnitt genannten Bauwerke auch im Hinblick auf die Durchgängigkeit für Fische (Fischauf- und Fischabstieg) und die Wanderwege anderer Wasserorganismen zu überprüfen sind. Dies ergibt sich nicht zuletzt aus den Umweltzielen der Europäischen Wasserrahmenrichtlinie (EG-WRRL) sowie aus dem Gewässerschutzgesetz in der Schweiz (GSchG).

6.5 Speicher

Speicher dienen dem Ausgleich zwischen dem Wasserdargebot und dem Wasserbedarf. Sie schaffen einen künstlichen, zeitlich begrenzten Rückhalt des Wassers. Dieser Rückhalt wird auch als Retention bezeichnet.

6.5.1 Speicherbemessung

Grundlage der Speicherbemessung ist die Retentionsgleichung, die die Wasserbilanz zwischen den instationären (zeitabhängigen) Zu- und Abflüssen nutzt, um die zeitliche Veränderung des Speichervolumens zu bestimmen.

6.5.1.1 Retentionsgleichung

Der zeitliche Ablauf der Speicherung erfolgt mithilfe der *Retentionsgleichung*. Sie drückt die Wasserbilanz (Kontinuitätsbedingung) für den Zeitschritt dt aus (Abb. 6.72):

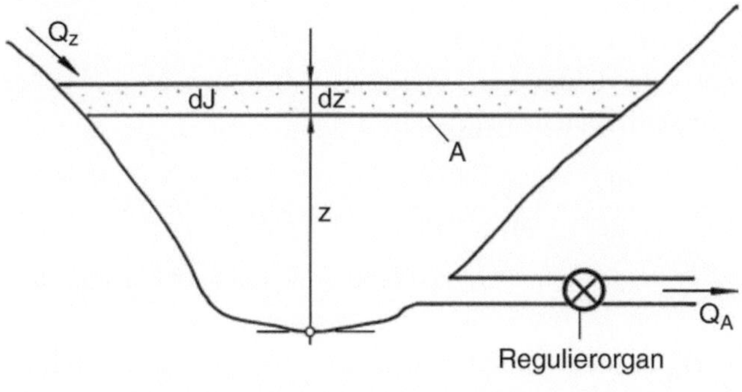

Abb. 6.72 Schematischer Vertikalschnitt durch einen Speicher mit reguliertem Ausfluss

$$Q_z - Q_a = A \cdot \frac{dz}{dt} = \frac{dJ}{dt} \quad [m^3/s]$$

mit

$A = A(z)$ Spiegelfläche als Funktion des Wasserstands z $[m^2]$
$z = z(t)$ Spiegelkote als Funktion der Zeit t [m]
$J = J(z)$ Speicherinhalt als Funktion des Wasserstands z $[m^3]$
$Q_z = Q_z(t)$ Zufluss als Funktion der Zeit t $[m^3/s]$
$Q_a = Q_a(t)$ Abfluss als Funktion der Zeit t $[m^3/s]$

Wie schon in Abschn. 6.3.1 angedeutet, sind in dieser Wasserbilanz neben dem oberirdischen Zufluss und dem Abfluss (Entnahme) grundsätzlich auch die Einflüsse aus der Infiltration und Exfiltration des Seebeckens sowie Niederschläge und Verdunstung zu berücksichtigen. Auch ist gegebenenfalls zu berücksichtigen, dass ein Teil des Seewassers vorübergehend in einer Eisdecke gebunden sein kann.

6.5.1.2 Bemessung anhand der Summenkurven

Bemessungsaufgaben an Speichern werden in der Praxis meist anhand der Summenkurven gelöst. Wird die Retentionsgleichung über eine Zeitperiode T integriert, so erhält man:

$$\int_T Q_z \cdot dt - \int_T Q_a \cdot dt = \Delta J \quad [m^3] \quad \text{und}$$

$$V_z - V_a = D \quad [m^3]$$

mit

V_z Volumen aus der Summe der Zuflüsse $= +\int_T Q_z \cdot dt \quad [m^3]$
V_a Volumen aus der Summe der Abflüsse $= -\int_T Q_a \cdot dt \quad [m^3]$
D Differenz $= \Delta J$ $[m^3]$

Der Speicher muss die Differenz D jederzeit aufnehmen bzw. abgeben können. Die Extremalstellen dieser Differenz liegen dort, wo

$$\frac{dD}{dt} = \frac{dV_z}{dt} - \frac{dV_a}{dt} = Q_z - Q_a = 0 \ [m^3/s]$$

ist, also bei $Q_a = Q_z$ bzw. $\tan \alpha_a = \tan \alpha_z$ (s. die parallelen Tangenten in Abb. 6.73 bzw. Abb. 6.74).

Insbesondere ergibt sich zum Zeitpunkt t_{Max} das größte positive Maximum D_{Max} sowie zum Zeitpunkt t_{Min} das größte negative Maximum (Minimum) D_{Min}. Der Speicher muss also mindestens den Inhalt

$$J_{erf} = D_{Max} + |D_{min}| \quad [m^3]$$

aufweisen.

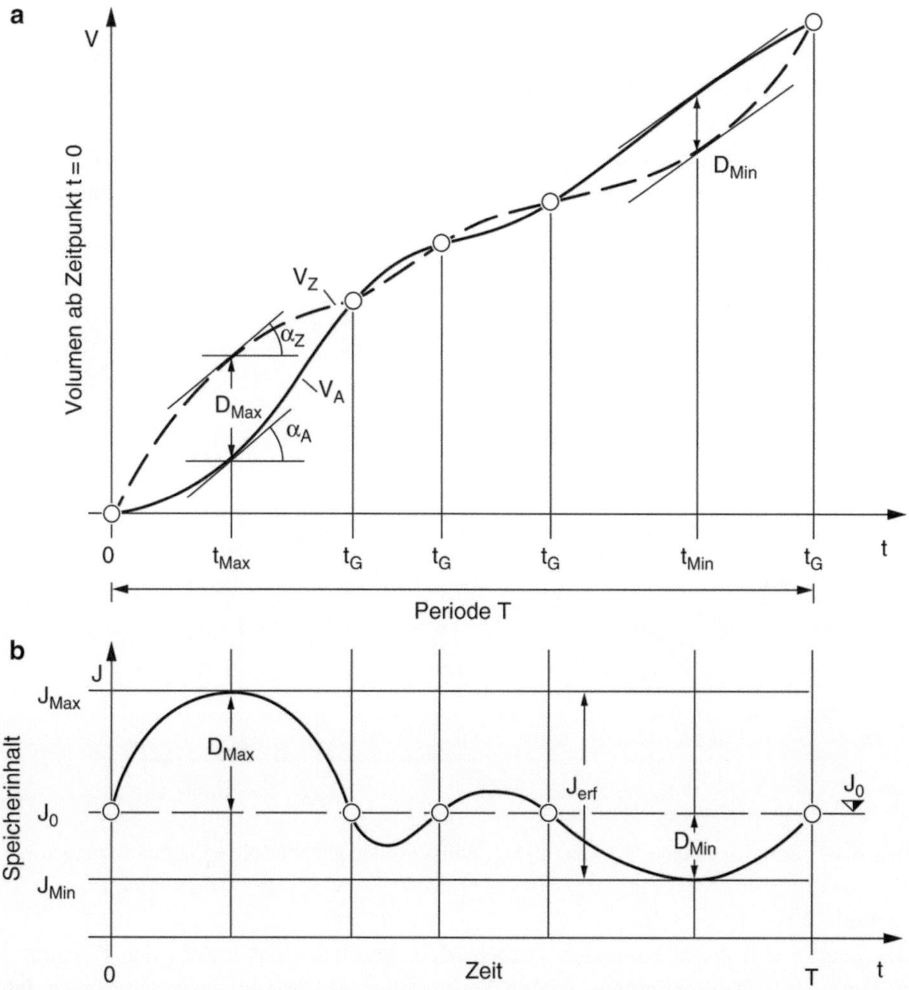

Abb. 6.73 Summenkurve der Zu- und Abflüsse V_z und V_a zu einem Speicher. **a** Ganglinie des Speicherinhalts J, **b** Speicherinhaltskurve zur Veranschaulichung des Speicherbetriebs

Die in Abb. 6.73a dargestellte Summenkurve der Zu- und Abflüsse und die zugehörige Speicherinhaltslinie (Volumenganglinie des Speichers) verdeutlichen diese Zusammenhänge (Abb. 6.73b).

Zu den mit t_G gekennzeichneten Zeitpunkten sind die zu- bzw. abgeflossenen Wasserfrachten gerade gleich groß, nicht aber die Zuflüsse Q_z und die Abflüsse Q_a.

6.5.1.3 Bemessungsvarianten: Stauseen mit natürlichem Zufluss

Die folgenden Varianten zeigen mögliche Bewirtschaftungsstrategien eines Speichers. Die aufgezeigten Varianten dienen mehr dem Verständnis und sind nicht immer praxisnah.

Variante 1

Ein Stausee soll derart bemessen werden, dass er während eines Durchschnittsjahrs eine gleichmäßige Entnahme ermöglicht. Eine solche Bewirtschaftungsstrategie kommt in der Praxis kaum vor, doch wird sie hier aus didaktischen Gründen beschrieben.

Abbildung 6.74 zeigt die vorgegebene Summenkurve der Zuflüsse sowie die entsprechende gerade Summenkurve der Abflüsse, die sich aus der gleichmäßigen Entnahme ergibt.

Der erforderliche Speicherinhalt ergibt sich aus der Beziehung:

$$J_{erf} = D_{Max} + |D_{Min}| \quad [m^3]$$

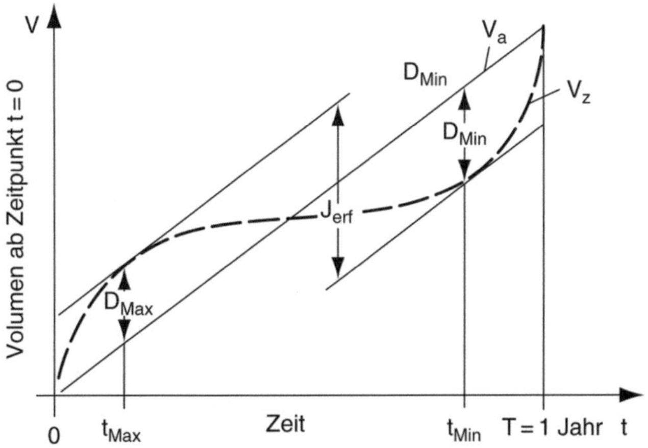

Abb. 6.74 Bemessung eines Speichers. Die Zuflüsse sollen gleichmäßig entnommen werden

Variante 2

Ein Stausee soll derart bemessen werden, dass sämtliche Zuflüsse in der Trockenzeit (wasserarme Zeit) entnommen werden können. Es wird von einem wasserarmen Jahr ausgegangen.

Abbildung 6.75 zeigt die vorgegebene Summenkurve der Zuflüsse und die gewünschte Summenkurve der Entnahme bzw. der Abflüsse. Der erforderliche Speicherinhalt $J_{erf} = D_{Max} + |D_{Min}|$ lässt sich wiederum leicht bestimmen.

Zur Veranschaulichung wird in Abb. 6.75 auch die Ganglinie des Speicherinhalts dargestellt. Sie zeigt erwartungsgemäß, dass der Speicher zu Beginn der Trockenzeit voll und am Ende leer ist.

Das gleiche Beispiel wird oft auch so behandelt, dass im Jahresgang zwischen einer Regen- und einer Trockenzeit (wasserreiche und wasserarme Zeit) unterschieden wird. Das erleichtert, wie Abb. 6.76 zeigt, die Übersicht, ändert aber nichts am erforderlichen Speichervolumen ($J_{erf} = D_{Max}$).

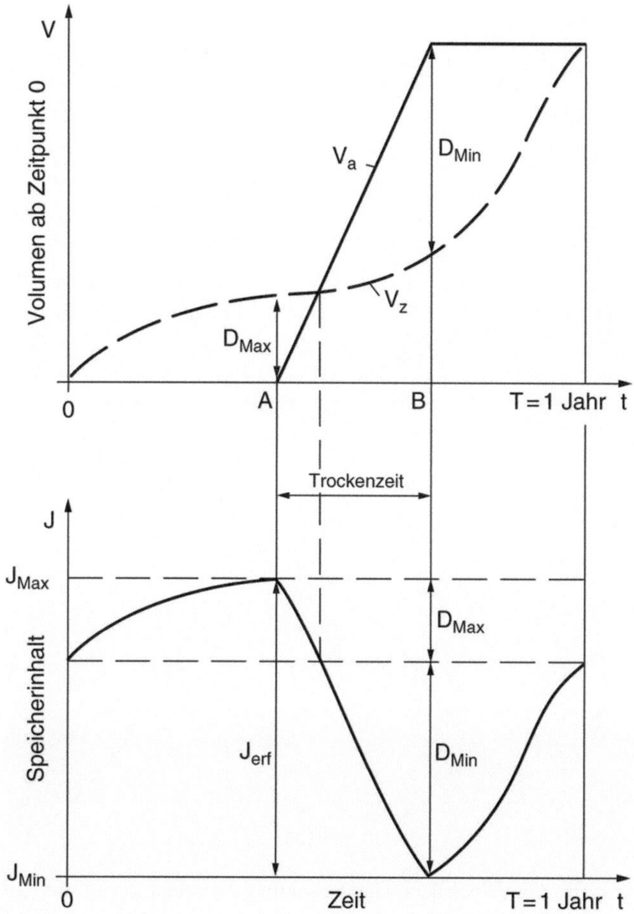

Abb. 6.75 Bemessung eines Speichers. Sämtliche Zuflüsse sollen in der Trockenzeit gleichmäßig abgegeben werden (Darstellung analog zu Abb. 6.73)

Variante 3

Der Stausee gemäß Variante 2 ist für das wasserarme Jahr bemessen worden. Sein Speichervolumen ist folglich vorgegeben (J_{vorh}). – Wie funktioniert er sinngemäß im Durchschnittsjahr?

Abbildung 6.77 zeigt die Summenkurve der Zuflüsse, die zugehörige Summenkurve der Abflüsse sowie die entsprechende Ganglinie des Speicherinhalts. Der Speicher ist nicht in der Lage, den gesamten Zufluss der Regenzeit zu fassen. Er ist vor dem Ende der Regenzeit voll und muss Wasser abgeben (sei es zu Nutzungszwecken oder als Überschusswasser über die Hochwasserentlastung).

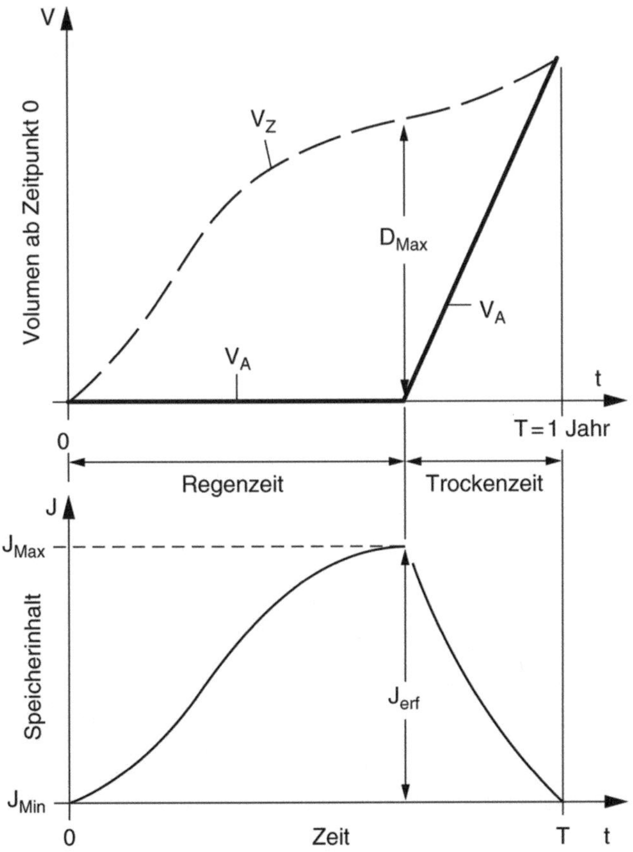

Abb. 6.76 Bemessung eines Speichers. Unterscheidung zwischen Regen- und Trockenzeit (alternative Darstellung zu Abb. 6.75)

Der Berechnungsablauf für Variante 3 gilt natürlich auch für Fälle, bei denen das Speichervolumen nicht gesucht, sondern infolge äußerer Umstände vorgegeben ist.

Bei den Varianten 2 und 3 wurde davon ausgegangen, dass in gewissen Zeiten des Jahrs kein Wasser aus dem Speicher abfließt. Im Allgemeinen muss aber Restwasser im Flussbett verbleiben, um u. a. den ökologischen Anforderungen zu genügen.

Um derartige Vorgaben zu berücksichtigen, können im Summenkurvendiagramm zwei Wege beschritten werden. Entweder wird die Betriebsstrategie durch diese Zielsetzung ergänzt oder es wird mit dem Nettozufluss Q_z, anstatt mit dem tatsächlichen Zufluss gerechnet (s. auch Abschn. 6.3.1). Der Nettozufluss Q_z entspricht dann der Differenz aus dem tatsächlichen Zufluss $Q_{z,eff}$ und dem Restwasser Q_R, d. h. $Q_z = Q_{z,eff} - Q_R$. Bei der grafischen Lösung ändert sich nichts.

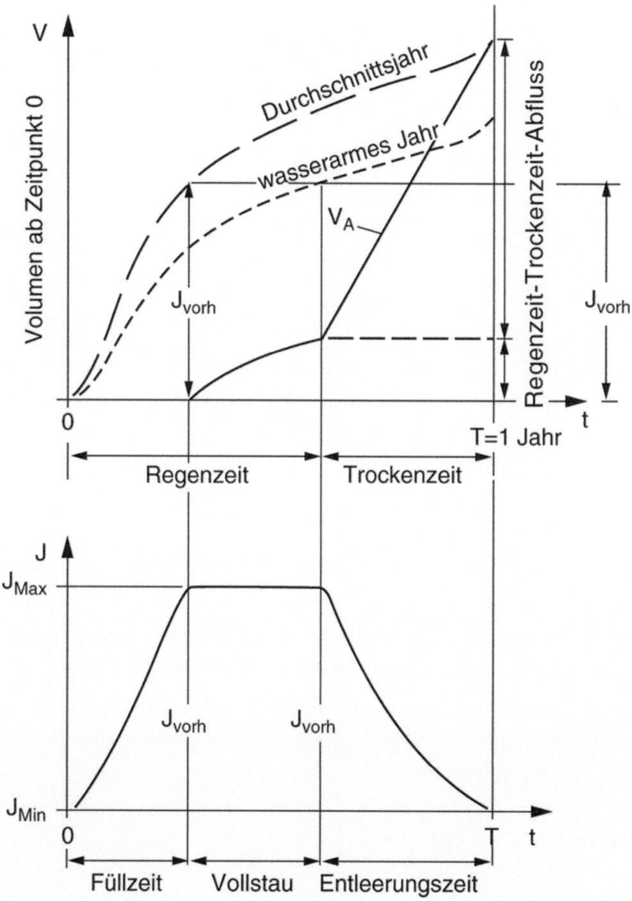

Abb. 6.77 Einsatz eines Speichers mit vorgegebenem Nutzinhalt J_{vorh}. Das nutzbare Speichervolumen soll während der Trockenzeit vollständig zur Verfügung stehen und gleichmäßig abgegeben werden (Darstellung analog Abb. 6.76)

6.5.1.4 Speicherinhaltslinie

Den Zusammenhang zwischen der Wasserspiegelkote z und der Wasserspiegelfläche A bzw. dem Speicherinhalt J zeigt Abb. 6.78. Er wird aus der Topografie des Staubeckens gewonnen. Dazu werden die von den Höhenkurven im Staubecken umgrenzten Flächen planimetriert, woraus A = A(z) folgt. Anschließend wird nach einem numerischen Verfahren (z. B. Trapezregel) integriert; die entsprechende Kurve wird als Speicher- oder Beckeninhaltskurve bezeichnet. Es gilt:

$$J_z = \int A \cdot dz \quad [m^3]$$

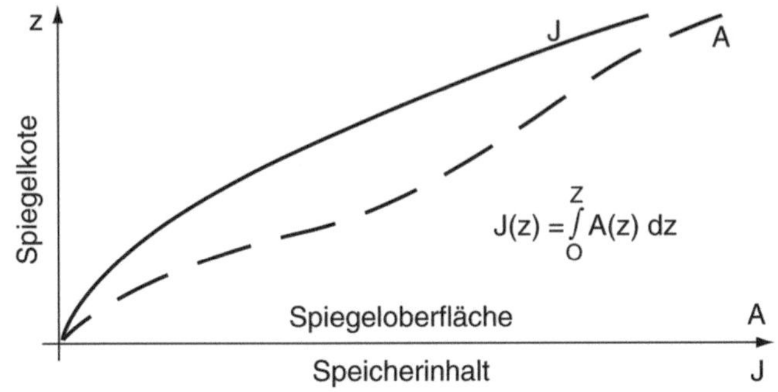

Abb. 6.78 Abhängigkeit der Spiegelfläche A und des Speicherinhalts J von der Spiegelkote z

Die Speicherinhaltslinie lässt sich meistens gut mit einer Potenzfunktion der Form

$$J = a \cdot z^b$$

annähern, wobei der Exponent b dazu dient, die unterschiedlichen Beckenformen zu erfassen.

Im Allgemeinen liegt dieser Wert im Bereich $1{,}3 < b < 4{,}4$. Becken auf flachen Talböden mit steilen Flanken sind durch kleine b-Werte gekennzeichnet. Große b-Werte sind ein Merkmal schluchtartiger Täler, d. h. Täler die sich mit zunehmender Höhe stark ausweiten.

6.5.2 Stauseen

Künstliche Speicher können durch den Einstau von Talbecken errichtet werden. Als Stauanlagen dienen, neben den bereits in Abschn. 4.2 behandelten Wehren, die Talsperren.

6.5.2.1 Talsperren

Es gibt verschiedene Talsperrentypen (Bauhaus-Universität 2009a). Eine übliche Systematik zeigt Abb. 6.79. *Staumauern* bestehen aus Beton, allenfalls aus Mauerwerk und *Staudämme* aus Lockergestein. Staumauern lassen sich in die Hauptgruppen *Gewichtsmauern* und *Bogenmauern* einteilen.

Zu den Gewichtsmauern gehören die *Vollmauern, Hohlmauern, Pfeilerkopfmauern und die Gewölbereihenmauern.*

Bei den Bogenmauern können *Zylindermauern* und *Kuppelmauern* unterschieden werden.

Staudämme weisen demgegenüber nur zwei Hauptgruppen auf, nämlich die *Erd-* und die *Steindämme,* wobei sich diese nicht immer eindeutig voneinander abgrenzen lassen.

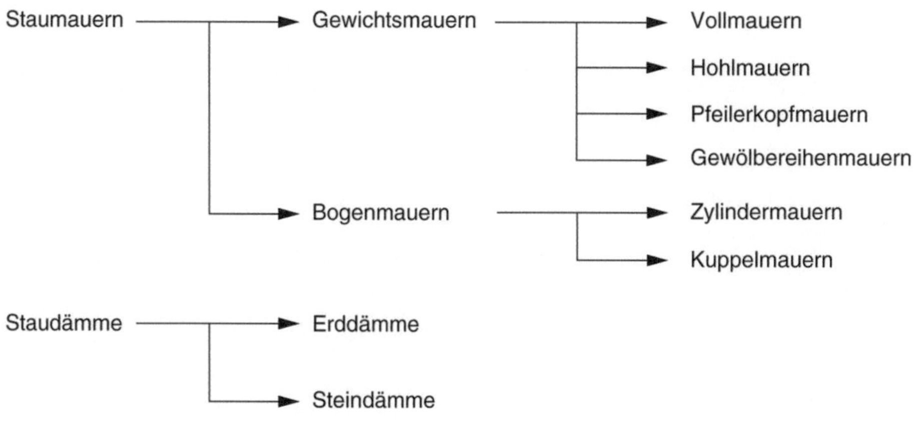

Abb. 6.79 Systematik der Talsperrentypen

Vollmauern

Im Grundriss werden die Vollmauern, wie alle Gewichtsmauern, gerade, eventuell auch polygonal oder leicht gekrümmt, gebaut. Ihre Wasserseite ist gewöhnlich vertikal ausgebildet (Abb. 6.80).

Die Luftseite einer Vollmauer weist eine Neigung in der Größenordnung von 1:0,7 bis 1:0,8 auf. Vollmauern bestehen aus aneinandergereihten vertikalen Blöcken von 12 bis 20 m Breite, die durch Bewegungsfugen getrennt sind. Sie bestehen heute fast ausschließlich aus unbewehrtem Beton mit verhältnismäßig groben Zuschlagstoffen (Maximalkorndurchmesser: 150 mm). Wegen der geringen Beanspruchungen genügt im Mauerinnern ein nur schwach dosierter Kernbeton (z. B. 140 bis 180 kg Zement pro m^3 Beton). Die äußeren 2 bis 3 m werden mit Rücksicht auf Dichtheit und Frosteinwirkungen mit einem stärker dosierten Vorsatzbeton (z. B. 250 kg Zement pro m^3 Beton) ausgeführt.

Ein *Dichtungsschirm* von der Länge h/3 bis h (h = Sperrenhöhe) verlängert die Sperrenwirkung in den angrenzenden Fels. Gleiches geschieht auch bei allen anderen Talsperrentypen. Bei der Vollmauer werden talwärts des Dichtungsschirms gegebenenfalls noch Drainagebrunnen angeordnet, um den Auftrieb zu reduzieren (Abb. 6.80).

Die *Belastungen* einer Vollmauer sind in Abb. 6.81 dargestellt. Die Bemessung der Mauer richtet sich in erster Linie nach der Gleitsicherheit in der Fundamentfuge und in den darunterliegenden Gesteinsformationen.

Hohlmauern

Hohlmauern unterscheiden sich von den Vollmauern nur durch Hohlräume, die in den Fugenflächen ausgespart werden. Sie ermöglichen eine Einsparung an Beton, weil sie den Auftrieb verringern. Das unter Druck stehende Sickerwasser entspannt in die unten offenen Hohlräume.

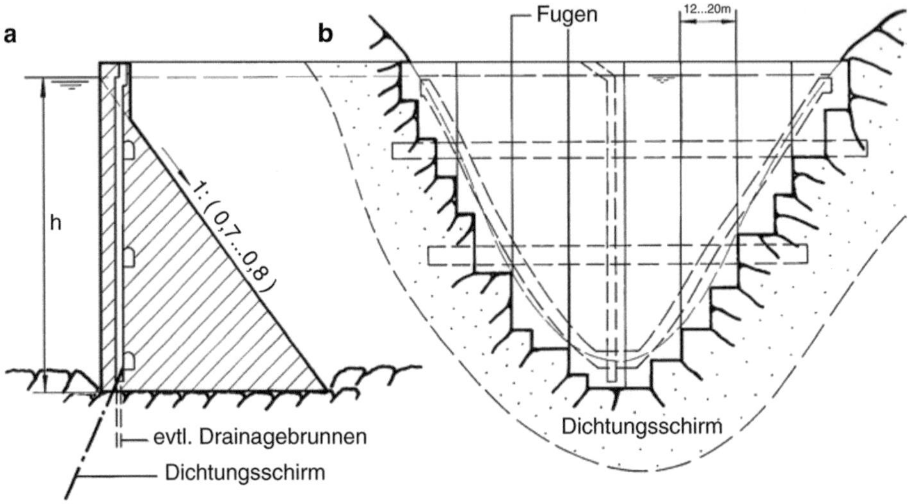

Abb. 6.80 Querschnitt **a** und Längsschnitt **b** einer Vollmauer. Der Monolith wird durch bleibende Vertikalfugen aufgegliedert und von Kontrollschächten und -gängen durchdrungen. Der Gang entlang der Fundamentfuge (sog. Kontrollstollen) dient der Erstellung des Dichtungsschirms (und eventuell der Drainagebrunnen) sowie der Aufnahme von Messinstrumenten zur Bauwerkskontrolle

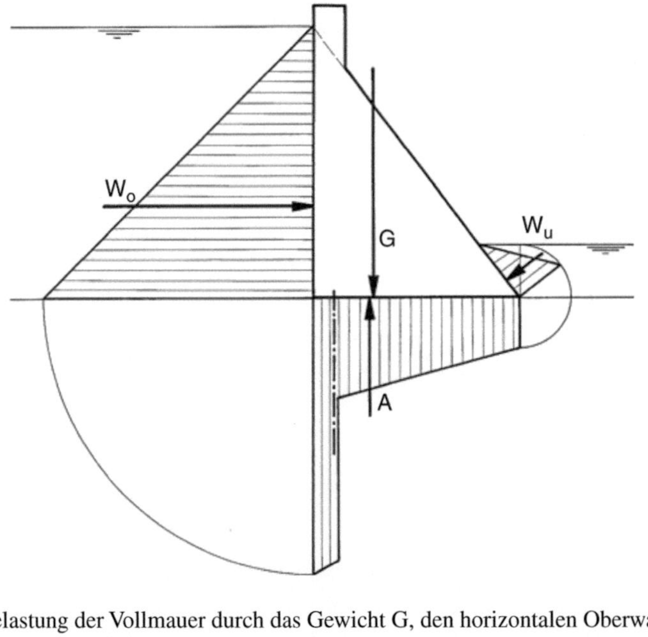

Abb. 6.81 Belastung der Vollmauer durch das Gewicht G, den horizontalen Oberwasserdruck W_o, den Auftrieb A und den Unterwasserdruck W_u. Der Auftrieb wird durch den Dichtungsschirm und die Drainagebrunnen abgemindert

Pfeilerkopfmauern

Gegenüber den Hohlmauern weisen die Pfeilerkopfmauern noch größere Hohlräume auf (Abb. 6.82). Damit benötigen sie noch weniger Beton, der dafür mehr beansprucht wird und deshalb höher dosiert werden muss. Auch kann die Gleitsicherheit nur gewährleistet werden, wenn die Wasserseite stark geneigt, das fehlende Betongewicht also durch eine Wasserauflast ersetzt wird.

Die Bemessung einer Pfeilerkopfmauer muss deshalb sowohl auf die Bruchfestigkeit als auch auf die Gleitsicherheit ausgerichtet werden.

Gewölbereihenmauern

Die Gewölbereihenmauern sind im Vergleich zur Pfeilerkopfmauer feingliedriger, weisen aber sonst die gleichen Eigenheiten auf (Abb. 6.83). Die Gewölbe sind zylindrisch; gewöhnlich erscheinen sie im Horizontalschnitt als Kreisringausschnitte.

Vergleich – Vollmauern und gegliederte Mauern

Die gegliederten Mauern weisen gegenüber den Vollmauern folgende Vorteile auf:

- Geringerer Betonbedarf wegen der besseren Ausnutzung des Betons und dem geringeren Auftrieb
- Wesentlich geringere Kühlprobleme beim Bau im Zusammenhang mit der Abbindewärme
- Gleichmäßigere Bodenpressung bei vollem und leerem Stausee

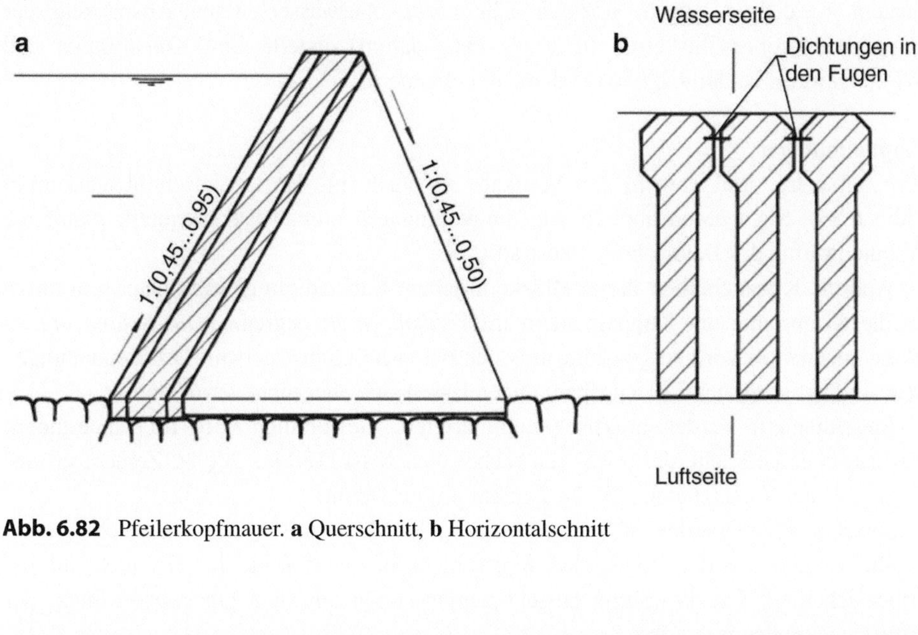

Abb. 6.82 Pfeilerkopfmauer. **a** Querschnitt, **b** Horizontalschnitt

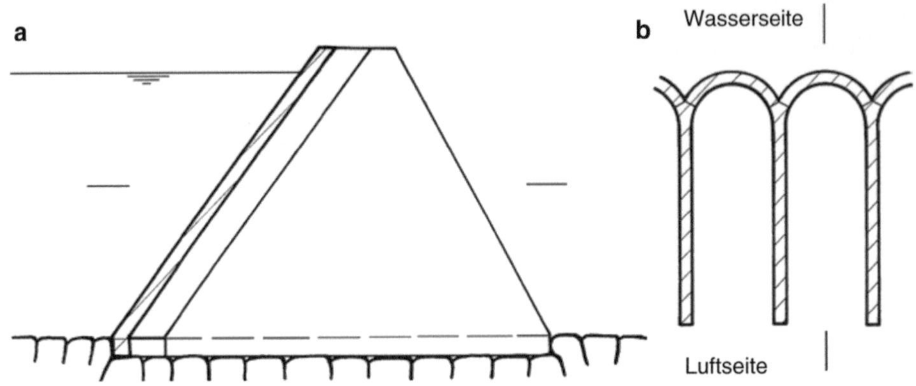

Abb. 6.83 Gewölbereihenmauer. **a** Querschnitt, **b** Horizontalschnitt

Die Nachteile sind:

- Höhere Zementdosierung und höherer Schalungsanteil (bei dünnen Gewölbereihenmauern eventuell sogar Armierung)
- Geringe Seitenstabilität der Pfeiler und damit erhöhte Bruchgefahr bei Beschädigungen
- Empfindlicher auf Erdbeben

Zylindermauern

Zylindermauern sind hauptsächlich im Horizontalschnitt gekrümmt. Kleinere Zylindermauern werden in engen, felsigen Tälern zur oberwasserseitigen Absperrung der Baugruben großer Talsperren (d. h. als Fangedamm) erstellt. Ihre Konstruktion und Wirkungsweise ist ähnlich wie bei den Kuppelmauern.

Kuppelmauern

Kuppelmauern sind sowohl im Vertikal- als auch im Horizontalschnitt gekrümmt (Abb. 6.84). Sie werden ähnlich wie die Vollmauern blockweise betoniert, damit die Abbindewärme des Betons besser abstrahlt.

Weil die Kippsicherheit dieser Blöcke in jedem Baustadium gewährleistet sein muss, ist die Krümmung der Kuppelmauern im *Vertikalschnitt* begrenzt. *Die Krümmung im Horizontalschnitt* wird so gewählt, dass der Beton möglichst nur mit Druckspannungen beaufschlagt wird; gewisse Zugspannungen lassen sich aber nicht vermeiden.

Bogenmauern werden praktisch nicht armiert. Gewöhnlich wird im Mauerinnern Kernbeton eingebracht, der etwas schwächer dosiert ist (180 bis 200 kg Zement pro m^3 Beton) als der Vorsatzbeton (250 kg Zement pro m^3 Beton).

Die *Blockfugen* werden nach der Abkühlung der Mauer mit Injektionen geschlossen.

Die Bemessung der Bogenmauern geschieht in erster Linie im Hinblick auf die Bruchsicherheit. Die Belastung besteht hauptsächlich aus dem Oberwasserdruck; der Auftrieb ist meist nur gering.

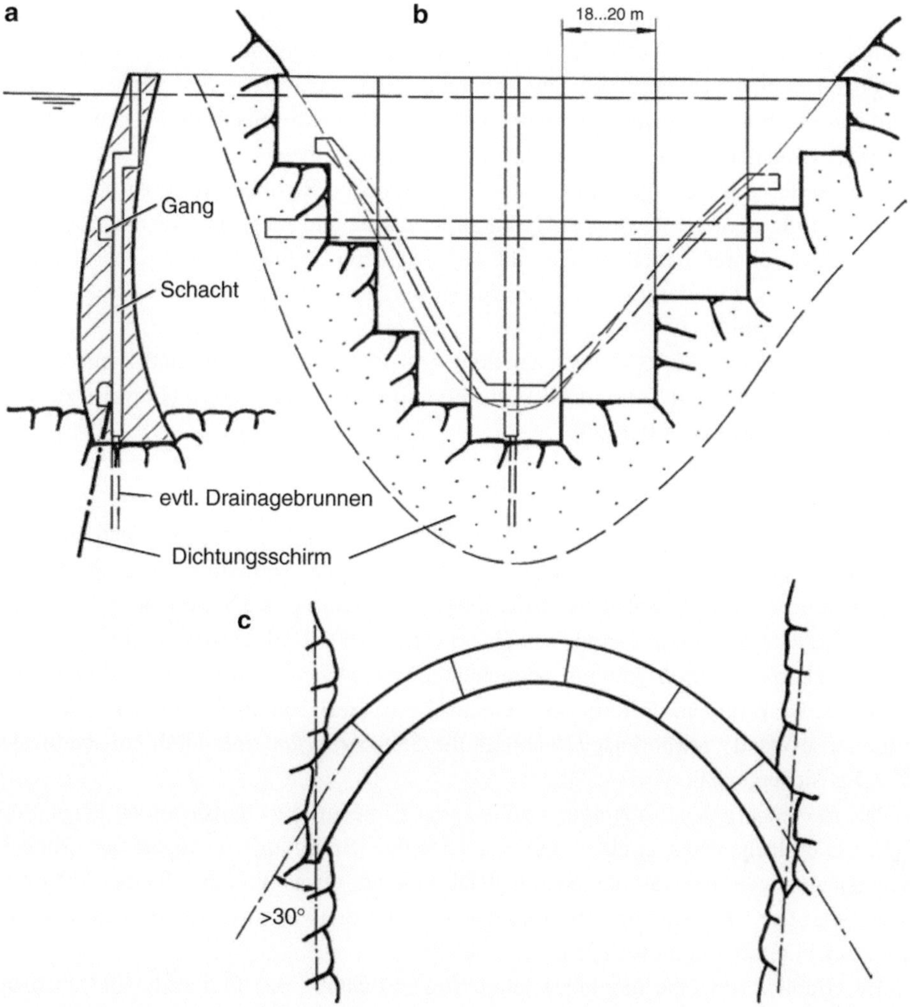

Abb. 6.84 Kuppelmauer (zweifach gekrümmt). **a** Querschnitt, **b** Längsschnitt, **c** Horizontalschnitt. Die Vertikalfugen sind lediglich Arbeitsfugen, die durch Injektionen geschlossen werden. Zur Kontrolle der Mauer dienen Schächte und Gänge

Walzbetonmauern

Hierbei handelt es sich nicht um einen Sperrentyp im eigentlichen Sinn, sondern um eine Bauweise. *Walzbeton* (seltener Wälzbeton, engl.: „*roller-compacted concrete*" – RCC), wird mit Erdbaumethoden eingebracht, d. h. schichtweise geschüttet und mit schweren Walzen verdichtet. Es werden hauptsächlich Gewichtsmauern so erstellt, die Methode ist aber auch für Bogenmauern möglich.

Noch vor dem ersten ganz in Walzbeton erstellten Damm mit mehr als 15 m Höhe – Willow Creek in den USA (1982) – wurde in Japan mit dem Shimajigawa Damm 1980 der erste Damm als RCD gebaut. Die Abkürzung RCD steht für „*roller-compacted dam*“, wird hauptsächlich in Japan angewendet und ist im Wesentlichen ein RCC-Damm, dessen äußerste Schichten mit konventionellem Beton erstellt werden.

Der Vorteil von RCC gegenüber der konventionellen Betonbauweise ist der schnelle Baufortschritt, u. a. durch weniger Hydratationswärme und somit niedrigere Gestehungskosten. Ein weiterer Vorteil ist, dass die Hochwasserentlastung in Form einer Treppenschussrinne als Teil des Damms konstruiert werden kann und nicht als Nebenanlage erstellt werden muss.

Weitere Angaben zu RCC-Dämmen sind u. a. zu finden in Strobl und Zunic (2006), Boes (1999), Schrader (1995), ICOLD (1989) und Berga et al. (2003). Hinweise zu RCD enthält z. B. Nagataki et al. (2008).

Erddämme

Bei Erddämmen mit *homogenem Querschnitt* (Abb. 6.85a) ist das Dammmaterial zugleich Stützkörper und Dichtung. Es muss deshalb verhältnismäßig viele feine Bestandteile aufweisen, was flache Böschungen und damit große Volumina erfordert.

Bei Erddämmen mit *inhomogenem Querschnitt* (Abb. 6.85b,c) werden die Dichtungs- und Stützkörperfunktion getrennt betrachtet. Die *Dichtheit* wird entweder durch einen Belag (z. B. Bitumen, Beton) oder einem Kern (z. B. bindiges Material oder eine bituminöse Wand) gewährleistet, während die *Stützkörperfunktion* durch ein scherfestes Material sichergestellt wird.

Die *Bemessung* der Erddämme wird in erster Linie auf die Gleitsicherheit längs möglicher Gleitflächen ausgerichtet. Die wasserseitige Böschung ist wegen der erhöhten Scherspannungen bei rascher Seespiegelabsenkung etwas flacher als die luftseitige Böschung. Der Blocksatz auf der Wasserseite ist auf den Wellenschlag zu bemessen und auf einer Filterschicht zu verlegen.

Im Hinblick auf eine möglichst langfristige Erhaltung des Freibords sind auch die voraussichtlichen *Setzungen* eines Erddamms zu berücksichtigen.

Steindämme

Steindämme unterscheiden sich von Erddämmen lediglich durch die Größe des Stützkörpermaterials. Deshalb sind ihre Böschungen steiler. Sie werden meist mit einem wasserseitigen Belag gedichtet.

Eignung der Talsperrentypen

Eine Hilfestellung bei der Wahl eines geeigneten Sperrentyps unter verschiedenen Ausgangsbedingungen gibt der in Abb. 6.86 dargestellte Entscheidungsbaum.

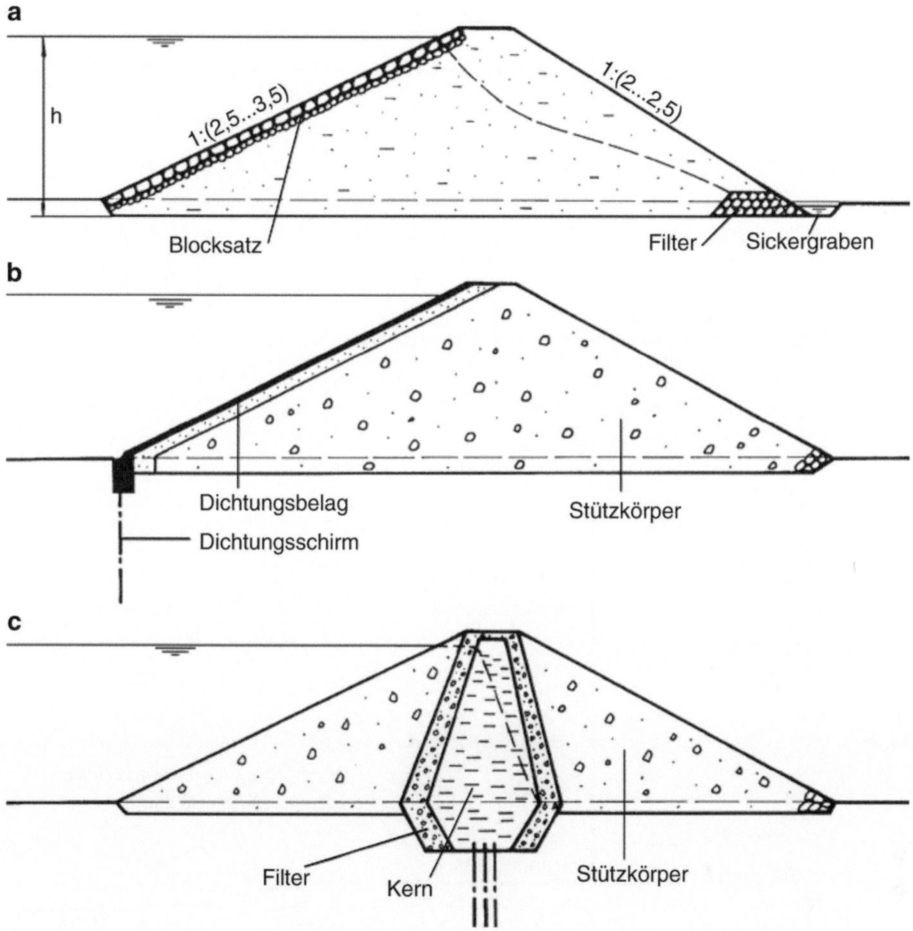

Abb. 6.85 Querschnitt eines Erddamms. **a** Homogen mit wasserseitigem Erosionsschutz durch Blocksatz, **b** inhomogen mit wasserseitiger Dichtungshaut, **c** inhomogen mit Kern aus bindigem Lockergestein

Staumauern erfordern eine Gründung auf *felsigem Untergrund.* Wo Fels in wirtschaftlicher Aushubtiefe nicht ansteht, kommen somit nur Staudämme infrage. Die Abdichtung des Lockergesteins bedingt dann einen ausgedehnten *Dichtungsschirm.*

6.5.2.2 Nebenanlagen von Talsperren

Stauseen weisen im Allgemeinen einen Grundablass, eine Fassung und eine Hochwasserentlastung auf (Abb. 6.87). Der Stauraum wird grundsätzlich in vier Bereiche unterteilt:

- Hochwasserschutzraum
- Nutzraum
- Totraum 1
- Totraum 2

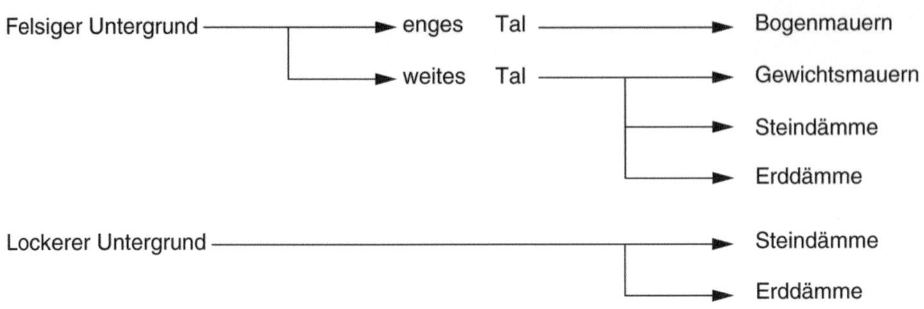

Abb. 6.86 Entscheidungsbaum zur Wahl des Talsperrentyps

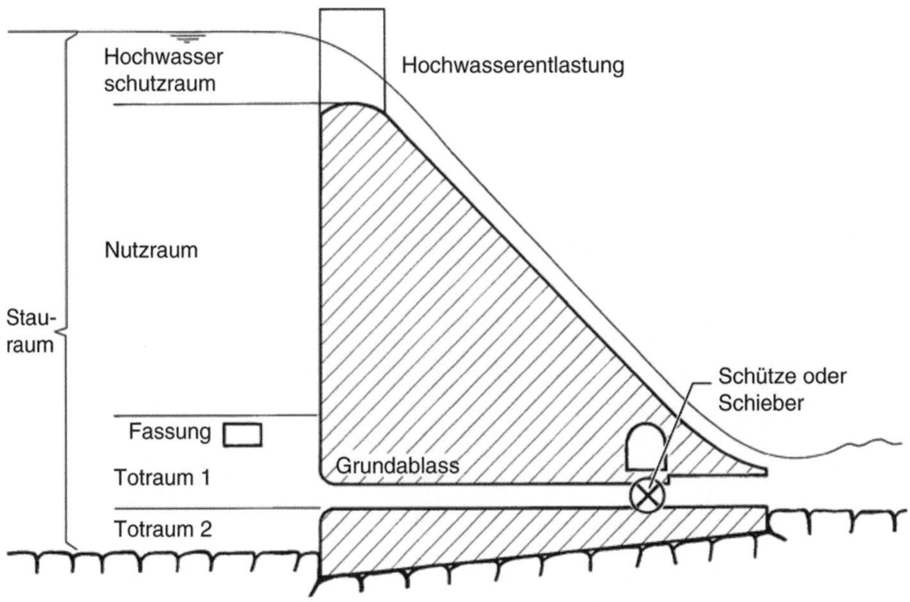

Abb. 6.87 Unterteilung des Stauraums in Hochwasserschutzraum, Nutzraum sowie Totraum 1 und Totraum 2

Der Totraum 2 kann nie entleert werden und wird der Verlandung preisgegeben (Abb. 6.87).

Grundablass und Fassung

Der Grundablass gleicht einer tiefliegenden Wasserfassung. Er dient der kontrollierten Erstfüllung des Sees, der Entleerung des Sees bei Spülungen des Stauraums, der Kontrolle der Sperre oder der Entlastung der Sperre bei drohendem Versagen.

Die eigentliche Fassung, durch die das Nutzwasser den See verlässt, liegt höher als der Grundablass (s. auch Abschn. 6.3.7).

Hochwasserentlastung

Die Hochwasserentlastung ist eine Sicherheitseinrichtung, die ein Überströmen der Talsperre verhindern muss. Sie wird deshalb für ein extremes Hochwasser bemessen (z. B. HQ_{1000}). Am sichersten funktioniert sie, wenn sie als Überfall ohne aufgesetzte Regulierorgane konzipiert ist.

Im Fall einer Entlastung kann der Abfluss über eine *Schussrinne* (Abb. 6.88a), *im freien Fall* (Abb. 6.88b) oder über eine *Sprungschanze* (Abb. 6.88c) dem Unterwasser zugeführt werden. Der Energieumwandlung dient jeweils ein *Tosbecken,* das den Zuflussbedingungen entsprechend ausgelegt werden muss.

Eine Bauwerksvariante, wie die Kombination von Stau- und Entlastungsbauwerk vermieden werden kann, ist in Abb. 6.89 dargestellt. Eine derartige Kombination ist insbesondere bei Staudämmen als ungünstig anzusehen, weil die Dichtheit zwischen den Anlagenteilen der Hochentlastungsanlage (Baumaterial: Beton) und dem eigentlichen Dammkörper (Baumaterialien: Stein bzw. Erde) als kritisch einzustufen ist.

Eine weitere Variante ist die Treppenschussrinne („*stepped spillway*“). Anstatt einer glatten Schussrinne wird auf der Luftseite der Talsperre eine abgetreppte Rinne ausgebildet. Zwar werden so die Abflusstiefen höher, aber durch die kontinuierliche

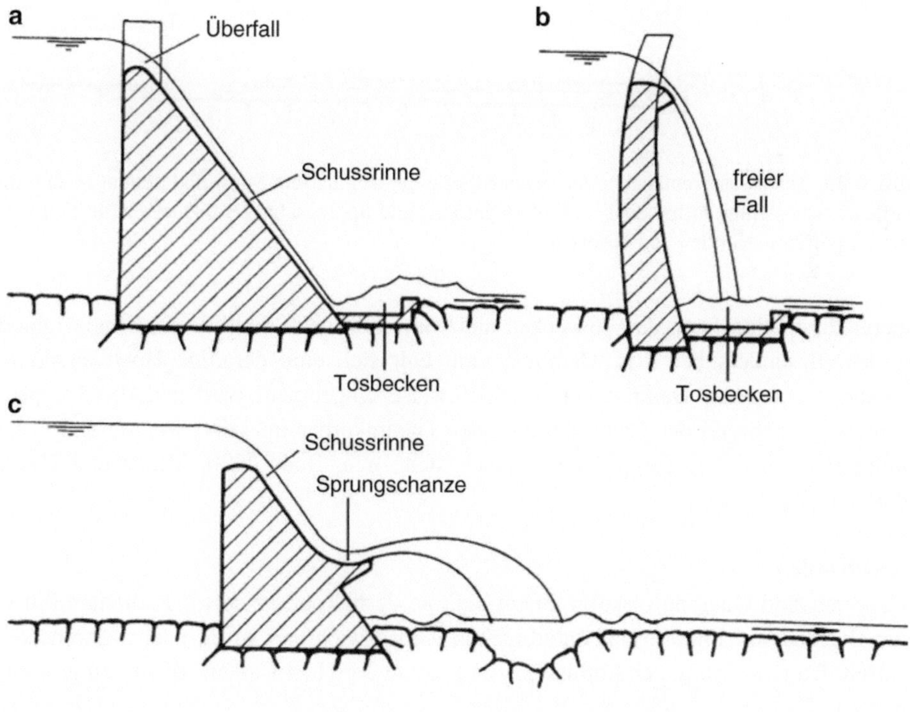

Abb. 6.88 Hochwasserentlastung einer Staumauer. **a** Überfall mit Schussrinne und Tosbecken, **b** freier Überfall mit Tosbecken, **c** Überfall mit Schussrinne und Sprungschanze

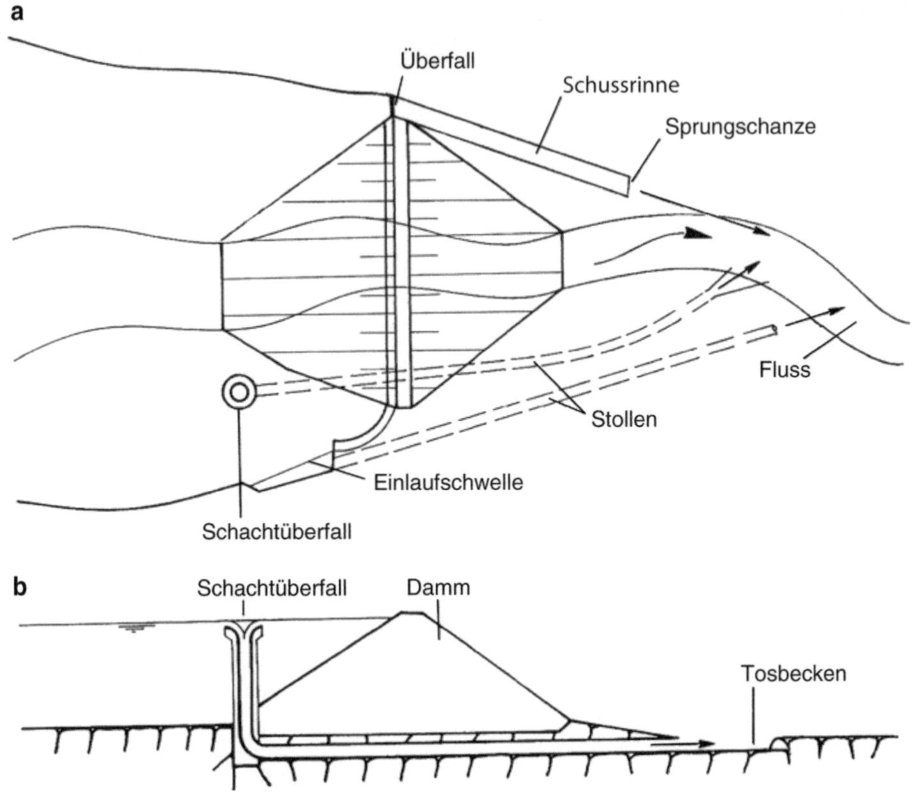

Abb. 6.89 Hochwasserentlastung an einem Staudamm. **a** Situation: Stirn- und Seitenüberfall mit seitlicher Schussrinne (offen oder im Stollen geführt) und Sprungschanze, **b** Querschnitt: Schachtüberfall mit Turm, Stollen und Tosbecken

Energiedissipation kann das Tosbecken am Dammfuß wesentlich kleiner dimensioniert werden. Besonders bei RCC-Dämmen empfiehlt sich eine derartige Hochwasserentlastung, da dort das Dammmaterial schichtweise eingebracht wird und die Treppenschussrinne während des Baus direkt in den Dammkörper integriert werden kann (zur Dimensionierung von Treppenschussrinnen siehe u. a. Boes 2000; Minor und Hager 2000; und Bung 2009).

Umleitstollen

Talsperren sind Querbauwerke in einem Tal, die deshalb einen dort befindlichen Fluss- oder Bachlauf im Fließverlauf unterbrechen. Umso wichtiger ist es, auch während der Bauzeit den Durchgang der Abflüsse, insbesondere der Hochwasserabflüsse, zu gewährleisten.

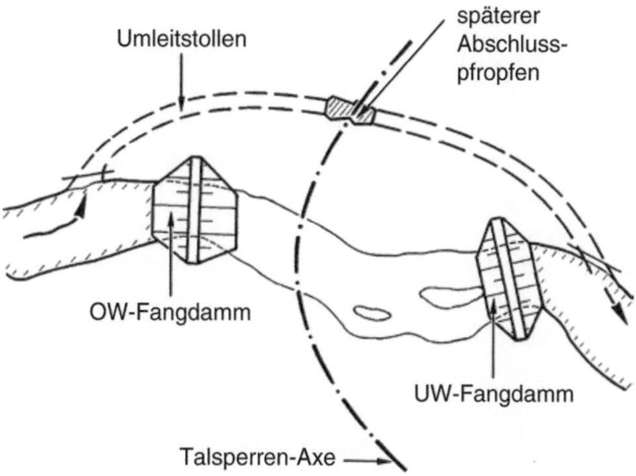

Abb. 6.90 Umleitung des Gewässers während der Bauzeit der Talsperre mittels Fangdämmen und Umleitstollen

Wird eine Staumauer schrittweise realisiert, ist es möglich, eine Abflussmöglichkeit offen zu halten (sog. Baubresche) oder eine temporäre Umleitung des Bach- oder Flusslaufs durch einen seitlichen Umleitstollen vorzusehen (Abb. 6.90).

Der Umleitstollen wird nach Abschluss der Arbeiten an der Sperre in der Regel wieder verschlossen. Dann übernehmen der Grundablass bzw. die Betriebseinrichtungen die Durchleitung des zuströmenden Wassers. Wirtschaftlicher ist es jedoch, den Stollen derart anzuordnen, dass dieser später ein Bestandteil der Betriebseinrichtungen wird.

6.5.2.3 Sicherheitskonzepte

Das Versagen einer Talsperre führt zu einem Auslaufen des Stausees. Je nach dem Füllstand desselben und der Geschwindigkeit der Breschenbildung entsteht eine Flutwelle, die sich flussabwärts verheerend auswirken kann.

Das vorhandene Gefahrenpotenzial rechtfertigt ein besonderes Sicherheitskonzept. Dieses stützt sich im Allgemeinen auf die Säulen:

- Konstruktive Sicherheit
- Überwachung
- Notfallkonzept

Die *konstruktive Sicherheit* strebt eine einwandfreie Projektierung und Ausführung der Talsperre mit ihren Nebenanlagen an. Hierbei wird auch der Verbund der Talsperre mit dem umgebenden Gestein berücksichtigt.

Mit der *Überwachung* wird gewährleistet, dass die Sicherheit einer Talsperre während der ganzen Betriebsdauer erhalten bleibt oder dort, wo sich gegebenenfalls Schwächen zeigen, nachgebessert wird.

Es geht insbesondere darum, laufend die menschlichen und natürlichen Einflüsse, die der Sperre schaden könnten (einschließlich des Alterns der Konstruktion), zu erkennen und rechtzeitig Gegenmaßnahmen zu ergreifen.

Die *Kontrollmessungen* umfassen Sperren- und Felsdeformationen, den hydrostatischen Auftrieb auf das Mauerfundament, die Sickerwasserverluste und die Temperaturen im Bauwerk. Einer periodischen Betriebskontrolle bedürfen auch die Nebenanlagen, insbesondere deren bewegliche Organe.

Das *Notfallkonzept* gelangt dann zum Einsatz, wenn die erwähnten Gegenmaßnahmen nicht rechtzeitig zum Tragen kommen und ein Versagen der Sperre befürchtet werden muss. In erster Linie wird im Notfall versucht, den Stausee durch den Grundablass zu entleeren, um einerseits den Wasserdruck auf die Talsperre abzubauen und andererseits das Seevolumen zu vermindern.

Da die Wasserdruckkraft auf die Sperre meist mit der dritten Potenz der Wassertiefe steigt, genügt bereits eine Absenkung von 20 %, um die Hälfte der Belastung abzubauen. Aber auch diese Maßnahme kann zu lange dauern, sodass die Alarmierung und Evakuierung der gefährdeten Bevölkerung veranlasst werden muss.

Dieses dreifache Sicherheitskonzept findet sich in allen Ländern, die über Talsperren verfügen. In der gesetzlichen und organisatorischen Ausgestaltung bestehen aber erhebliche Unterschiede. Mancherorts werden auch für die größeren Wehranlagen derartige Konzepte entworfen.

6.5.3 Künstliche Becken

Wo keine geeignete Sperrenstelle zur Errichtung einer Talsperre vorhanden ist (u. a. auf Bergkuppen oder Ebenen), können künstliche Becken erstellt werden. Sie sind aber nur bis zu einem Nutzinhalt von wenigen Millionen Kubikmeter wirtschaftlich zu vertreten.

Als Beispiel zeigt Abb. 6.91 ein Ausgleichsbecken im Anschluss an die Fassung eines Hochdrucklaufwerks (s. auch Abschn. 6.2).

Das Becken wird unter Beachtung des Massenausgleichs durch Anschnitt und Aufschüttung eingefasst und mit einem Belag abgedichtet. Dieser besteht meist aus ein- oder mehrschichtigen bis 15 cm starken Bitumenbahnen auf einer Filterschicht. Als Auftriebssicherung wird unter dem Becken eine Drainage verlegt (Rohrdurchmesser: 0,3 bis 1 m).

Es sind die gleichen Nebenanlagen wie bei den Stauseen erforderlich, nämlich eine Hochwasserentlastung (Überfallsicherung), eine Fassung (Entnahme) und ein Grundablass.

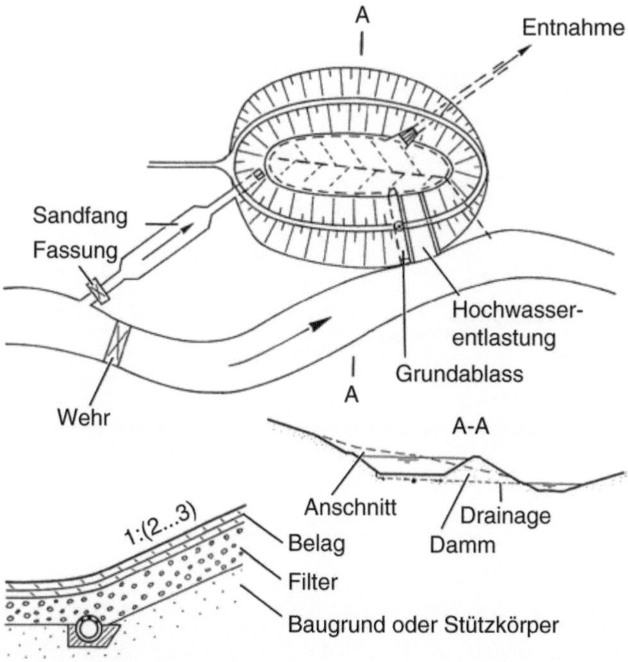

Abb. 6.91 Ausgleichsbecken eines Hochdruckkraftwerks (in Lageplan und Querschnitt)

6.6 Druckleitungen

Druckleitungen und Druckstollen weisen aus statischen Gründen fast durchwegs ein Kreisprofil auf. Neben der hydraulischen Bemessung, sind auch wirtschaftliche Aspekte zu berücksichtigen (s. auch Abschn. 6.4).

6.6.1 Hydraulische Bemessung

Für die hydraulische Bemessung von Druckleitungen werden gewöhnlich stationäre und abschnittsweise kontinuierliche Verhältnisse (keine seitlichen Zu- oder Abflüsse) vorausgesetzt.

Wie bei den Freilaufgerinnen stehen dann die erweiterte Gleichung von Bernoulli:

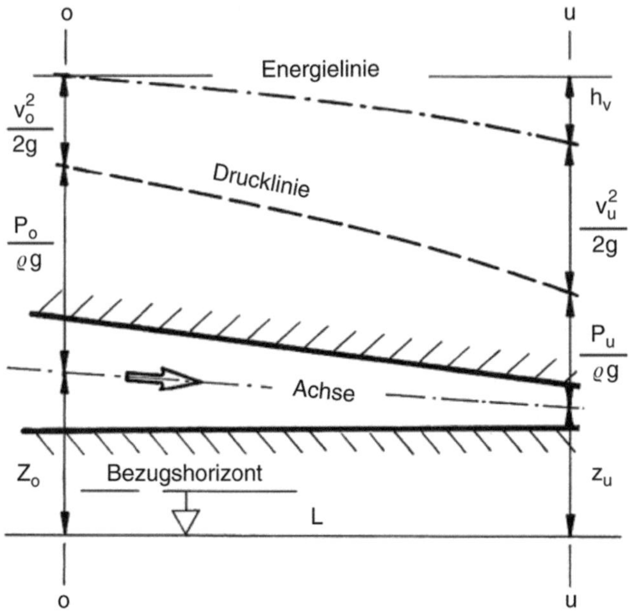

Abb. 6.92 Längsschnitt durch eine Druckleitung. Anwendung der Gleichung von Bernoulli zwischen den Querschnitten o und u

$$z_o + \frac{p_o}{\rho \cdot g} + \frac{v_o^2}{2 \cdot g} = z_u + \frac{p_u}{\rho \cdot g} + \frac{v_u^2}{2 \cdot g} + h_v \text{ [m]}$$

[o, u Indizes für die Querschnitte „oben" und „unten" gemäß Abb. 6.92]

mit

z Höhenlage der Leitungsachse [m]
v Geschwindigkeit [m/s]
p Druck in der Leitungsachse [N/m²]
h_v Verlusthöhe infolge Reibung, Krümmung, Querschnittsänderungen [m]

und die Kontinuitätsgleichung:

$$Q = v_o \cdot A_o = v_u \cdot A_u \text{ [m}^3\text{/s]}$$

[o, u Indizes für die Querschnitte „oben" und „unten" gemäß Abb. 6.92]

mit

Q Abfluss [m³/s]
v Geschwindigkeit [m/s]
A Querschnittsfläche [m²]

zur Verfügung.

Für *prismatische* oder *zylindrische Druckleitungen* gilt $v_o = v_u = v$. Somit ist dort das Reibungsgefälle der Energie- bzw. der Drucklinie nach Manning-Strickler:

$$\frac{h_v}{L} = \frac{v^2}{k_{Str}^2 \cdot r_{hy}^{4/3}} \quad [m/m]$$

mit

h_v Verlusthöhe [m]
L Leitungslänge [m]
v mittlere Geschwindigkeit [m/s]
k_{Str} Manning-Strickler-Beiwert [$m^{1/3}/s$]
r_{hy} hydraulischer Radius [m]

Für die *zylindrische Druckleitung,* also für das Rohr, kann mit $r_{hy} = D/4$ und unter Verwendung der Kontinuitätsgleichung auch geschrieben werden:

$$\frac{h_v}{L} = \frac{4^{10/3} \cdot Q^2}{k_{Str}^2 \cdot D^{16/3} \cdot \pi^2} \quad [-]$$

mit
D Rohrdurchmesser [m]

Bei der Bemessung einer Druckleitung ist gewöhnlich der Bemessungsdurchfluss Q gegeben. Zur Bestimmung der übrigen vier Größen, Verlusthöhe h_v, Leitungslänge L, Manning-Strickler-Beiwert k_{Str} und Rohrdurchmesser D, genügt es nicht, lediglich den Bemessungsdurchfluss vorzugeben. Es müssen auch nicht-hydraulische Bedingungen herangezogen werden (s. auch Abschn. 6.6.2).

In vielen Fällen werden die Verlusthöhe h_v und die Leitungslänge L durch die wasserwirtschaftliche Zielsetzung (Transportaufgabe) festgelegt und der Manning-Strickler-Beiwert k_{Str} durch die Auswahl des Rohrmaterials. Somit verbleiben noch der Rohrdurchmesser D oder der hydraulische Radius r_{hy} als Unbekannte, was eine eindeutige Lösung erlaubt. In anderen Fällen ist die Verlusthöhe h_v aber nicht gegeben.

Die Verlusthöhe h_v beeinflusst die Nutzfallhöhe einer Wasserkraftanlage und damit deren Anlage- und Betriebskosten (s. auch Abschn. 6.1). Der Rohrdurchmesser D bestimmt die Anlage- und Betriebskosten der Druckleitung. Somit kann aus der Gegenüberstellung beider Auswirkungen eine wirtschaftlich optimale Beziehung zwischen h_v und D gefunden werden.

Aus der Bernoulli-Gleichung folgt:

$$z_o + \frac{p_o}{\rho \cdot g} + \frac{v_o^2}{2 \cdot g} = z_u + \frac{p_u}{\rho \cdot g} + \frac{v_u^2}{2 \cdot g} + h_v \ [m]$$

und weil gilt:

$$v_o^2/2\,g \approx 0 \ [m]$$

$$p_o/(\rho \cdot g) = 0 \ [m]$$

$$p_u/(\rho \cdot g) = 0 \ [m]$$

$$z_o - z = H \ [m]$$

wird

$$\frac{v_u^2}{2 \cdot g} = H - h_v = H_N \text{ [m]} \quad \text{bzw.} \quad v = \sqrt{2g \cdot H_N} \text{ [m/s]}$$

mit

v Geschwindigkeit [m/s]
H Bruttofallhöhe [m]
h_v Verlusthöhe [m]
H_N Nutzfallhöhe (Nettofallhöhe) [m]

In einer Leitung gemäß Abb. 6.93a ist der Durchmesser D groß und in der Folge H_N klein. In Abb. 6.93b ist es umgekehrt; der kleine Rohrdurchmesser am Auslauf führt zu einer großen Nutzfallhöhe H_N. Hinsichtlich der Geschwindigkeit gilt bei beiden Varianten: $v = (2g \cdot H_N)^{1/2}$.

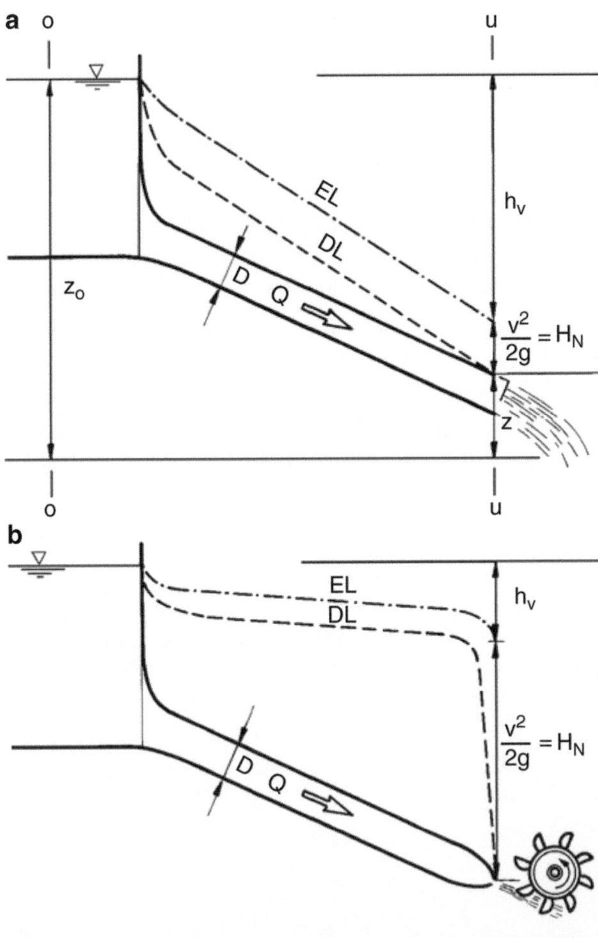

Abb. 6.93 Überhöhtes Längsprofil zweier Anlagen mit gleichem Durchfluss Q und gleichem Rohrmaterial. **a** Mit großer Verlusthöhe h_v und kleinem H_N, **b** mit kleiner Verlusthöhe und großem H_N. *EL* Energielinie und *DL* Drucklinie

Der Durchmesser D der Druckleitung bestimmt, ob die Energiehöhe H am Austrittsquerschnitt groß oder klein ist. Bei *Freistrahlturbinen* wird die zur Verfügung stehende Energiehöhe als Nutzfallhöhe H_N bezeichnet (s. auch Abschn. 6.7).

6.6.2 Wirtschaftliche Bemessung

In Ergänzung zu den wirtschaftlichen Betrachtungen in den Abschn. 6.4.1 und 6.4.2 wird hier noch auf eine Besonderheit der Druckleitungen eingegangen. Diese Besonderheit ergibt sich dadurch, dass sich die Optimierung der Trassierung in der Regel von der Optimierung der Querschnittsabmessungen trennen lässt.

6.6.2.1 Trassierung

Bei Nutzwasserbauten muss das Wasser von der Fassung zur Nutzungsstelle und von dieser zur Rückgabe geführt werden. Wegen bestehender Siedlungen und Verkehrswege sowie aus topografischen und landschaftsästhetischen Gründen sind für die Trasse auch nichttechnische Vorgaben zu berücksichtigen. Im Allgemeinen wird aber auch dann die wirtschaftlichste Trasse gesucht und gewählt.

In der Praxis geschieht dies auf der Grundlage eines Variantenvergleichs, also auch durch Probieren. Die intuitive Vorgehensweise kann durch einige grundsätzliche Überlegungen gestützt werden.

Leitungen mit ortsabhängigen Kosten pro Laufmeter

Wenn eine Druckleitung einen Anfangspunkt A mit einem Zielpunkt B verbindet, so durchquert sie Gebiete, die im Allgemeinen hinsichtlich Topografie, Geologie, Bodennutzung unterschiedlich zu bewerten sind. Demzufolge sind auch die *Laufmeterkosten* (Kosten pro laufenden Meter) der Druckleitungen unterschiedlich, also *gebiets-* und *ortsabhängig.*

Die *wirtschaftlichste Trasse* ist offensichtlich diejenige, die zu den geringsten *Leitungskosten* führt.

Im Sinn der *Optimierungsrechnung* kann die folgende Zielfunktion formuliert werden (Abb. 6.94a):

$$K(p) = \int_A^B p \cdot ds = \text{Min [Währung]}$$

mit

K Leitungskosten [Währung]

p ortsabhängige Laufmeterkosten [Währung/m]

s Leitungslänge [m]

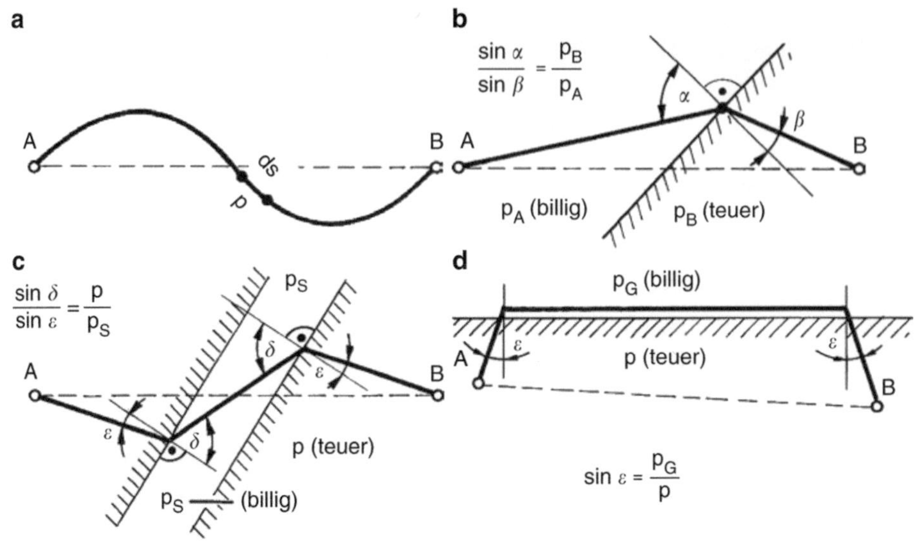

Abb. 6.94 Wirtschaftliche Bemessung einer Rohrstrecke. **a** Optimale Leitungstrassen zwischen A und B mit Trassenelement ds und zugehörigen ortsabhängigen Laufmeterkosten p, **b** von einem billigeren in ein teureres Gebiet führende Trasse, **c** ein teureres Gebiet durchquerende Trasse und **d** in ein billigeres Gebiet ausweichende Trasse

Als Beispiel für eine Optimierung einer Leitungstrasse seien die Szenarien von Abb. 6.94b, c angeführt. Die Abb. 6.94d zeigt eine Sonderform.

Leitungen mit strangabhängigen Kosten pro Laufmeter

Wenn die Leitung, die einen Anfangspunkt A mit einem Zielpunkt B verbindet, gleichzeitig einen Abzweiger nach einem weiteren Zielpunkt C aufweist (Abb. 6.95), so werden die Verhältnisse komplizierter.

Nimmt man an, dass die Kosten pro Laufmeter nur *strangabhängig* und nicht auch ortsabhängig sind, ist die entsprechende Zielfunktion (Abb. 6.95):

$$K = \sum p \cdot L = \text{Min.} \quad [\text{Währung}]$$

bzw.

$$K = p_A \cdot L_A + p_B \cdot L_B + p_C \cdot L_C = \text{Min.} \quad [\text{Währung}]$$

mit

K Leitungskosten [Währung]
p strangabhängige Laufmeterkosten [Währung/m]
L Stranglänge [m]

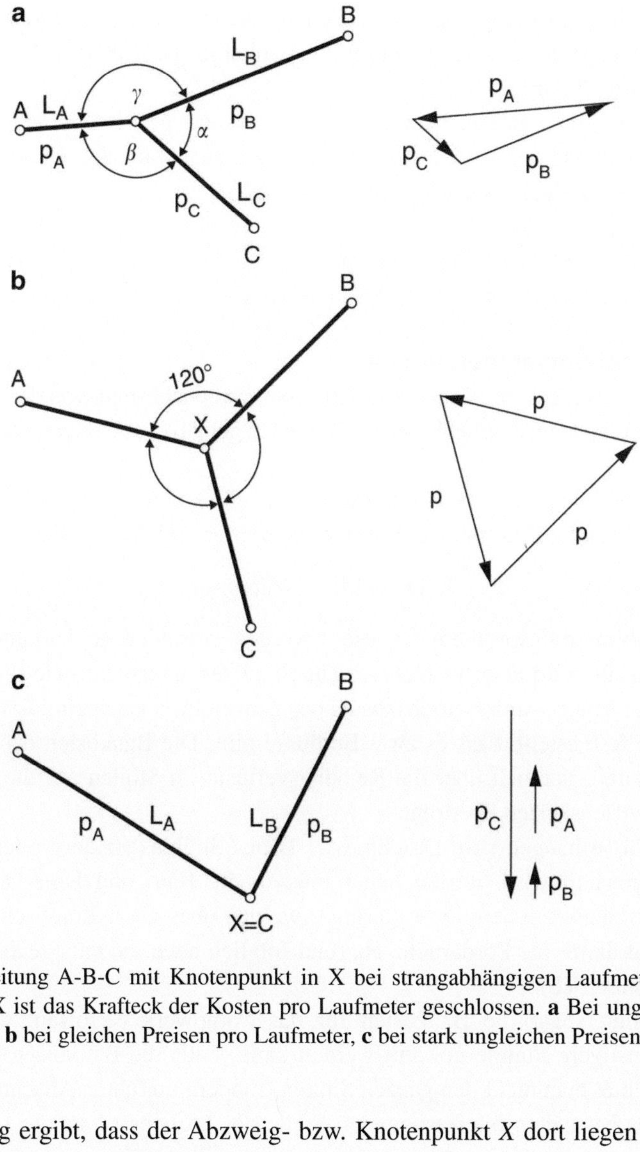

Abb. 6.95 Leitung A-B-C mit Knotenpunkt in X bei strangabhängigen Laufmeterkosten p. Im Knotenpunkt X ist das Krafteck der Kosten pro Laufmeter geschlossen. **a** Bei ungleichen Preisen pro Laufmeter, **b** bei gleichen Preisen pro Laufmeter, **c** bei stark ungleichen Preisen pro Laufmeter

Die Rechnung ergibt, dass der Abzweig- bzw. Knotenpunkt *X* dort liegen muss, wo die vektorielle Summe der Preise Null wird. Die Abb. 6.95b, c zeigen diesbezüglich zwei Sonderfälle.

- Wenn alle drei Leitungsstränge die gleichen Laufmeterkosten aufweisen, so treffen sie sich in *X* unter jeweils 120° (sofern die Winkel im Dreieck A-B-C alle kleiner als 120° sind; Abb. 6.95b).
- Ist der Preis pro Laufmeter eines Leitungsstrangs größer als die Summe entsprechenden Preise der beiden anderen Stränge, dann fällt der Knotenpunkt *X* mit einer Ecke des Dreiecks A-B-C zusammen (Abb. 6.95c).

Für mehr als drei Leitungsstränge gilt grundsätzlich dasselbe. Der Knotenpunkt, sofern man nur einen einzigen einführt, liegt dort, wo sich das Krafteck der Preise schließt.

6.6.2.2 Querschnittsabmessungen

Für den häufigen Fall, dass die Querschnittsabmessungen unabhängig von der Leitungstrasse optimiert werden können, empfiehlt sich ein Vorgehen gemäß dem Beispiel von Abb. 6.96.

In einer Pumpenanlage führt vom Pumpwerk zum Reservoir ein Stollen, dessen Trasse gegeben ist und dessen Durchmesser D optimiert werden soll. Die Zielfunktion heißt:

$$K(D) = \text{Min. [Währung]}$$

Um dieses Optimierungsproblem zu lösen, werden verschiedene Varianten entworfen und verglichen. Es wird also für mehrere Durchmesser untersucht, wie die Ausstattung des Stollens die Anlage- und Betriebskosten des ganzen Projekts beeinflusst.

Dabei wird festgestellt, dass es zwei Einflüsse gibt: Die Baukosten des Stollens und einen Kostenanteil, der sich über die Reibungsverluste im Stollen auf die Pumpkosten, d. h. auf die Betriebskosten überträgt.

Beide Einflüsse hängen vom Durchmesser D des Stollens ab. Je größer der Stollendurchmesser gewählt wird, um so höher müssen die Bau- und Unterhaltskosten des Stollens veranschlagt werden, umso geringer werden aber die hydraulischen Reibungsverluste h_v und damit die Förderhöhe H_P (und folglich auch die entsprechenden Kosten für den Pumpenbetrieb).

Eventuell sind sogar die Baukosten für das Pumpwerk betroffen, wenn dadurch eine kostengünstigere Pumpe gewählt werden kann. Falls die Baukosten nicht tangiert werden, betrachtet man nicht den ganzen Stollen, sondern nur einen Abschnitt von einem Meter an einer besonders interessierenden Stelle des Stollens (z. B. die Lokalität B in Abb. 6.96a).

Quantifiziert man beide Einflüsse und überträgt diese als Barwerte in Abhängigkeit vom Stollendurchmesser D (Abb. 6.96b), so ergibt sich die Lösung des Optimierungsproblems.

Der Stollendurchmesser mit dem geringsten Gesamtaufwand ist der wirtschaftlichste Durchmesser (D_{opt}). Die zu ihm gehörende Geschwindigkeit wird als optimale Ausbaugeschwindigkeit $v_{A,opt}$ bezeichnet:

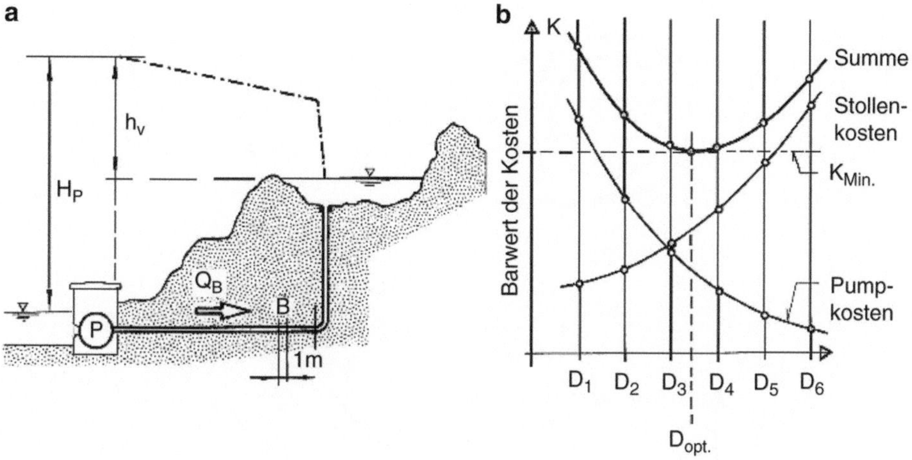

Abb. 6.96 Wirtschaftlicher Rohrdurchmesser. **a** Der optimale Stollendurchmesser D_{opt} an der Stelle B führt zu **b** minimalen Gesamtkosten (und gegebenenfalls das Pumpwerk)

$$v_{A,opt} = \frac{Q_B}{A_{opt}} = \frac{4 \cdot Q_B}{\pi \cdot D_{opt}^2} \text{ [m/s]}$$

mit

Q_B Bemessungsdurchfluss (Ausbaudurchfluss) [m^3/s]
A_{opt} optimaler Durchflussquerschnitt [m^2]

In gutem Fels und bei geringem Innendruck kann der betrachtete Stollen sowohl verkleidet (Abb. 6.97a) als auch unverkleidet (Abb. 6.97b) ausgeführt werden (s. auch Abschn. 6.6.6). Die Entscheidung für oder gegen die Wahl einer Stollenverkleidung ergibt sich dann aus der Wirtschaftlichkeitsrechnung für beide Lösungen.

Der *unverkleidete Stollen* bedingt geringere Anlagenkosten, dafür aber, insbesondere wenn er konventionell ausgebrochen wird, größere Reibungsverluste beim Betrieb. Vorzuziehen ist selbstverständlich die Lösung mit den niedrigsten Kosten $K_{1\,Min}$.

So ist gemäß Abb. 6.97c beispielsweise $K_{1\,Min} < K_{2\,Min}$. Das deutet darauf hin, dass der Einbau einer Stollenverkleidung günstiger ist.

Aus dem Vergleich der Kurven von Abb. 6.97c folgt (was grundsätzlich für sämtliche künstlichen Gerinne gilt); je teurer ein Gerinne ausgestaltet ist, umso kleiner ist sein optimaler Durchflussquerschnitt D_{opt} und umso höher daher seine optimale Ausbaugeschwindigkeit.

Es ist darauf hinzuweisen, dass die Prognose der Pumpkosten sehr schwierig und mit entsprechenden Unsicherheiten behaftet ist.

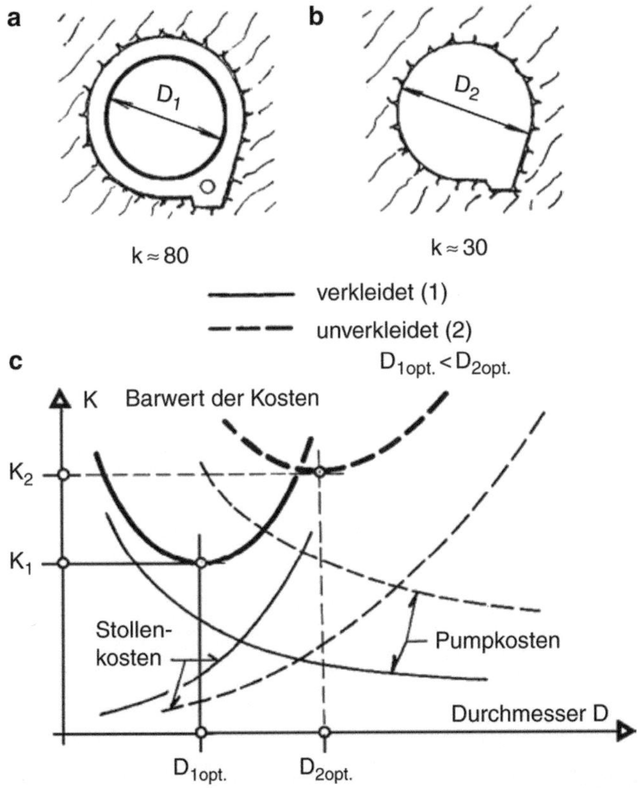

Abb. 6.97 Stollen im standfesten Fels. Die Frage, ob der Querschnitt **a** verkleidet oder **b** unverkleidet ausgeführt werden soll, wird durch **c** einen Vergleich der Gesamtkosten für den Stollenbau und den Pumpenbetrieb beantwortet

6.6.3 Druckstöße

Bei Durchflussänderungen entstehen in Druckleitungen *Druckstöße*. Es handelt sich um rasch wandernde Druckwellen, die das Gegenstück zu den wesentlich langsameren Schwall- und Sunkwellen in Kanälen bilden. Im Sinn einer Einführung in das Wesen der *Druckstöße* werden hier nur die einfachsten Zusammenhänge aufgezeigt (s. auch Schwaigerer 1986; Schwaigerer und Mühlebeck 1997).

6.6.3.1 Plötzliche Durchflussänderung

Joukowski-Formel

Abbildung 6.98 zeigt eine kurze Rohrstrecke oberhalb eines Schiebers, der den Durchfluss plötzlich von Q auf $(Q - \Delta Q)$ drosselt. Dadurch wird die Strömung plötzlich von v auf $(v - \Delta v)$ abgebremst, was zu einer raschen, wenn auch minimalen Kompression des Wassers und zu einer kleinen Aufweitung (Blähung) des Rohrs führt. Dieser Effekt breitet sich rohraufwärts als Druckstoß aus.

Die *Ausbreitungsgeschwindigkeit des Druckstoßes* entspricht der Differenz $a - v$, d. h. die *Druckstoßgeschwindigkeit* a im ruhenden Wasser wird um die Strömungsgeschwindigkeit v vermindert.

Die *Größe des Druckstoßes* lässt sich aus dem Impulssatz ableiten. Die nach der Zeit abgeleitete Impulsänderung der Strömung muss mit der resultierenden Druckkraft übereinstimmen.

Gemäß Abb. 6.98 weist die betrachtete Masse m den Querschnitt F mit der Länge l und somit das Volumen $V = F \cdot l$ auf. Wird die Länge l mit $(a - v) \cdot \Delta t$ ersetzt, folgt für

$$m = \rho \cdot V = \rho \cdot F \cdot l = \rho \cdot F \cdot (a - v) \cdot \Delta t$$

Unter Vernachlässigung der minimalen Dichte- und Querschnittsänderungen ergibt sich die folgende Bilanz:

- Impuls vor der Drosselung:

$$m \cdot v = \rho \cdot F \cdot (a-v) \cdot \Delta t \cdot v$$

- Impuls zur Zeit Δt nach der Drosselung:

$$m \cdot (v-\Delta v) = \rho \cdot F \cdot (a-v) \cdot \Delta t \cdot (v-\Delta v)$$

- Impulsänderung aus actio:

$$-m \cdot \Delta v = -\rho \cdot F \cdot (a-v) \cdot \Delta t \cdot \Delta v$$

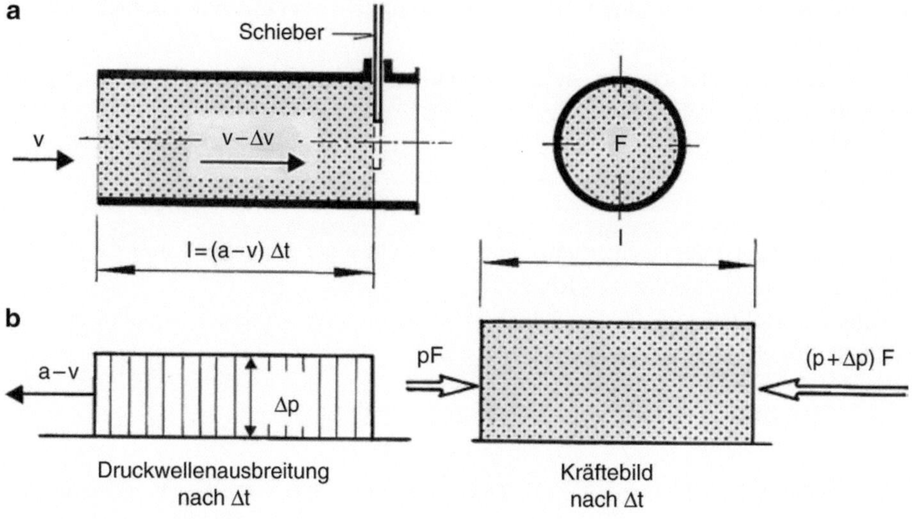

Abb. 6.98 Druckstoß infolge plötzlicher Durchflussdrosselung am Schieber. **a** Bewegungsänderung, **b** Druckänderung

Resultierende Druckkraft gemäß Abb. 6.98:

$$-\Delta p \cdot F$$

Auf dieser Grundlage kann der Impulssatz formuliert werden:

$$-\frac{\rho \cdot F \cdot (a - v) \cdot \Delta t \cdot \Delta v}{\Delta t} = -\Delta p \cdot F \ [N]$$

oder

$$\Delta p = \rho \cdot (a - v) \cdot \Delta v \ [N/m^2]$$

und für a>>v

$$\Delta p = \rho \cdot a \cdot \Delta v \ [N/m^2]$$

mit

Δp Druckänderung [N/m²]
ρ Dichte des Wassers [kg/m³]
a Druckstoßgeschwindigkeit in ruhendem Wasser [m/s]
Δv Geschwindigkeitsänderung [m/s]

Diese Formel wird als *Joukowski-Formel* bezeichnet. Die entsprechende Druckhöhe Δh_D ist:

$$\Delta h_D = \frac{\Delta p}{\rho \cdot g} = \frac{a \cdot \Delta v}{g} \ [m]$$

Anwendung auf andere Fälle
Eine entsprechende Beziehung kann auch für ein plötzliches Öffnen des Schiebers von Q auf (Q+ΔQ) abgeleitet werden.

Das Ergebnis unterscheidet sich von demjenigen bei der Durchflussänderung nur durch ein negatives Vorzeichen:

$$\Delta h_D = \frac{\Delta p}{\rho \cdot g} = -\frac{a \cdot \Delta v}{g} \ [m]$$

Die Druckwelle ist demnach negativ und entspricht einer Dekompression des Wassers und einem Zusammenziehen des Rohrs.

Falls das Rohr unterhalb des Schiebers nicht ins Freie entlastet, sondern als Rohr weitergeführt wird, gilt dort ebenfalls:

$$\Delta h_D = \frac{\Delta p}{\rho \cdot g} = \pm\frac{a \cdot \Delta v}{g} \ [m]$$

Das *positive* Vorzeichen gehört zur *Drosselung* und das *negative* Vorzeichen zum *Öffnungsvorgang.*

Anstelle eines Schiebers kann selbstverständlich auch eine Pumpe oder eine Turbine diese Durchflussänderung erzeugen.

Seine Extremwerte $\Delta h_{D,max}$ erreicht der Druckstoß beim plötzlichen Schließen und Öffnen beim Bemessungsdurchfluss:

$$\Delta h_{D,max} = \frac{\Delta p_{max}}{\rho \cdot g} = \pm \frac{a \cdot v_A}{g} \text{ [m]}$$

mit

$\Delta h_{D,max}$ maximaler Druckstoß [m]
v_A Ausbaugeschwindigkeit (Fließgeschwindigkeit beim Bemessungsdurchfluss) [m/s]

Druckstoßgeschwindigkeit
Die Druckstoßgeschwindigkeit ergibt sich aus den druckstoßbedingten Formänderungen des Wassers und des Druckrohrs.

Bei der plötzlichen Drosselung erfährt das Wasser eine Kompression, d. h. eine Volumeneinbuße ΔV_W, und das Rohr eine Blähung, d. h. eine Volumenerweiterung ΔV_R (Abb. 6.99). Aus der Kontinuitätsbedingung folgt:

$$\Delta v \cdot F \cdot \Delta t = \Delta V_W + \Delta V_R \text{ [m}^3\text{]}$$

Setzt man hierin sowohl ΔV_W als auch ΔV_R in Funktion des Druckstoßes ein, so erhält man eine Bestimmungsgleichung für die Druckstoßgeschwindigkeit a. Für dünnwandige Rohre folgt beispielsweise:

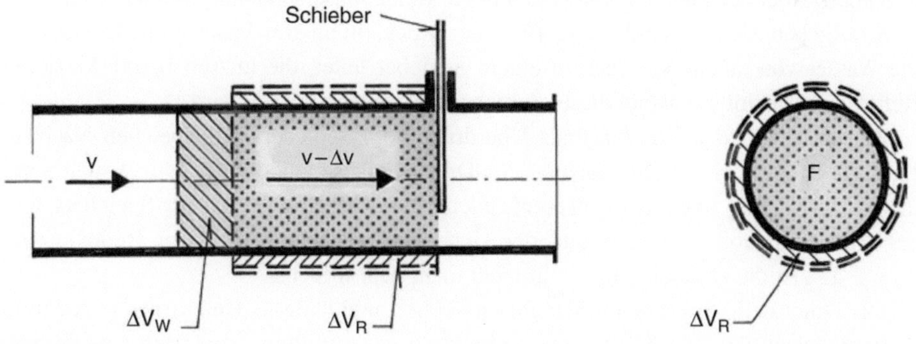

Abb. 6.99 Kompression des Wassers und Blähung des Rohrs infolge eines Druckstoßes (stark übertrieben dargestellt)

$$a = \sqrt{\frac{1}{\rho} \cdot \left(\frac{1}{\frac{1}{E_W} + \frac{D}{s \cdot E_R}} \right)} \; [m/s]$$

mit

E_W Elastizitätsmodul des Wassers [N/m²]
E_R Elastizitätsmodul des Rohrs [N/m²]
D Durchmesser des Rohrs [m]
s Wandstärke [m]

Wäre das Rohr starr, der Elastizitätsmodul des Rohrs also $E_R = \infty$, so würde mit einem Elastizitätsmodul des Wassers von $E_W \approx 2 \cdot 10^9\ N/m^2$ und einer Dichte $\rho = 1.000\ kg/m^3$ die *Druckstoßgeschwindigkeit*

$$a = \sqrt{\frac{E_W}{\rho}} \approx 1.400\ m/s$$

betragen. Sie entspräche naturgemäß der Schallgeschwindigkeit im Wasser. Nun ist aber ein dünnwandiges Rohr nicht starr, sodass die Druckstoßgeschwindigkeit kleiner wird.

Bei einem Stahlrohr mit dem Elastizitätsmodul $E_R \approx 2{,}1 \cdot 10^{11}\ N/m^2$ und den Abmessungen $D/s = 100$ ergibt sich daraus beispielsweise die Druckstoßgeschwindigkeit zu $a \approx 1.000\ m/s$, was einem Mittelwert für größere Stahldruckleitungen entspricht.

Druckstoßreflexionen

Läuft der Druckstoß im Rohr durch eine Querschnittsänderung, so wird er teilweise reflektiert. Aber auch an den Rohrenden treten Reflexionserscheinungen auf.

So ergeben sich beispielsweise für eine Druckleitung mit konstantem Querschnitt, die Wasser von einem Speicher zu einem Schieber leitet, die in Abb. 6.100 skizzierten Reflexionsverhältnisse, wenn dieser Schieber plötzlich gedrosselt wird.

Zunächst läuft der *Druckstoß* als Überdruck vom Schieber zum Speicher. Nach der Laufzeit $T_L = L/a$ (L = Leitungslänge; a = Druckstoßgeschwindigkeit $a >> v$) steht somit die ganze Leitung unter dementsprechenden Überdruck. Im Fall eines Speichers wird der Druckstoß voll reflektiert und der Überdruck abgebaut. Nach der Reflexionszeit $T_R = 2 \cdot L/a$ ist die Druckleitung somit nicht mehr beansprucht.

Der Druckstoß wird nun am Schieber reflektiert und läuft als Unterdruck in Richtung Speicher. Nach der Zeit $3 \cdot L/a$ steht deshalb die ganze Leitung unter dem zugehörigen Unterdruck.

Dann erfolgt beim Speicher wiederum eine Reflexion, der Unterdruck wird abgebaut und nach der Zeit $T_P = 4 \cdot L/a$ (Schwingungsperiode) ist die Leitung wieder unbelastet und der Vorgang beginnt von Neuem.

Der Druckstoß läuft also zwischen dem Schieber und dem Speicher hin und her; es handelt sich um einen Schwingungsvorgang mit der Periode $4 \cdot L/a$. Selbstverständlich wird dieser Vorgang durch die Reibung gedämpft und hört relativ rasch auf.

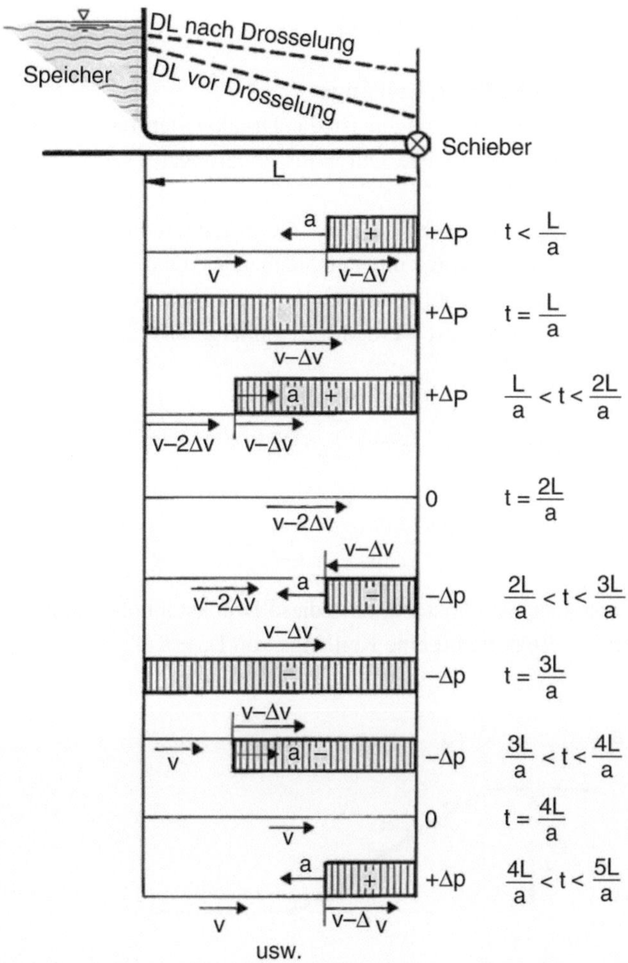

Abb. 6.100 Druckstoß infolge plötzlicher Durchflussdrosselung am Schieber. Ausbreitungs- und Reflexionsverhältnisse

Beispiel

Die Druckstoßgeschwindigkeit beträgt a = 1.000 m/s und die Ausbaugeschwindigkeit $v_A = 2{,}0$ m/s. – Wie groß wird die Druckstoßhöhe $\Delta h_{D,max}$ bei plötzlichem Öffnen oder Schließen?

Lösung:

$$\Delta h_{D,max} = \frac{\Delta p_{max}}{\rho \cdot g} = \pm\frac{a \cdot \Delta v}{g} = \pm\frac{1.000\ \text{m/s} \cdot 2{,}0\ \text{m/s}}{9{,}81\ \text{m/s}^2} \cong \pm 200\ \text{m}$$

6.6.3.2 Lineare Durchflussänderung

Steilheit der Druckwellenfront, Keillänge

Bei plötzlichen Durchflussänderungen ist die Druckwellenfront, so wie es Abb. 6.100 andeutet, sehr steil. Für langsamere Durchflussänderungen ergibt sich naturgemäß eine Abflachung.

Hier wird nun der Fall betrachtet, wo die *Fließgeschwindigkeit linear zu-* oder *abnimmt.* Abbildung 6.101a zeigt ein entsprechendes Diagramm für eine Drosselung um Δv. Diese Drosselung könnte aber auch durch einige aufeinanderfolgende plötzliche Teildrosselungen Δv_i angenähert werden; das Endergebnis wäre gemäß Abb. 6.101b in einem langen Rohr dasselbe:

$$\Delta v = \sum \Delta v_i \ [m/s]$$

$$\frac{\Delta p}{\rho \cdot g} = \sum \frac{\Delta p_i}{\rho \cdot g} = \frac{a}{g} \sum \Delta v_i = \frac{a \cdot \Delta v}{g} \ [m]$$

Noch wichtiger ist aber der Umstand, dass diese Druckstoßhöhe die Zeit T_S braucht, um sich aufzubauen; sie erhält damit eine Keillänge von $L_K = a \cdot T_S$.

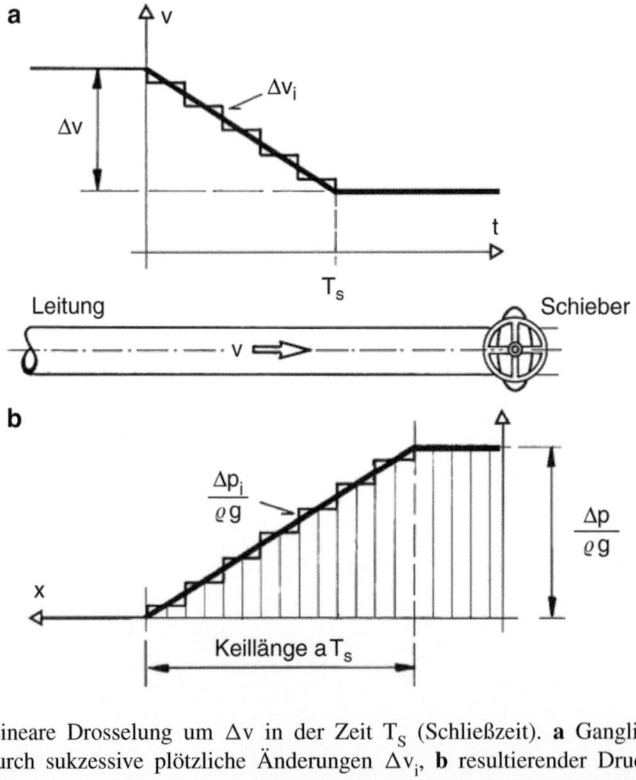

Abb. 6.101 Lineare Drosselung um Δv in der Zeit T_S (Schließzeit). **a** Ganglinie von v und Annäherung durch sukzessive plötzliche Änderungen Δv_i, **b** resultierender Druckstoß in einer langen Leitung

Michaud-Allievi-Formel

Eine Leitung, die kürzer ist als die halbe Keillänge, wird nie dem vollen Joukowski-Stoß ausgesetzt. Dies kann gezeigt werden, wenn man mit der Methode von Abb. 6.101 die Reflexionsbilder von Abb. 6.100 nachzeichnet.

Das Resultat einer linearen Drosselung ergibt für die Rohrstrecke oberhalb des Schiebers die in Abb. 6.102 dargestellten Phasenbilder. Der maximale Überdruck stellt sich nach der Zeit $2 \cdot L/a$ ein. Er ist beim Speicher Null und erhält beim Schieber den Wert:

$$\frac{\Delta p^*}{\rho \cdot g} = \frac{2 \cdot \Delta v \cdot L}{g \cdot T_s} \text{ [m]}$$

Ein negativer Druckstoß stellt sich *nicht* ein. Analog dazu entsteht natürlich bei langsamer Durchflusserhöhung innerhalb der Öffnungszeit $T_{Ö}$ ein Unterdruck:

$$\frac{\Delta p^*}{\rho \cdot g} = -\frac{2 \cdot \Delta v \cdot L}{g \cdot T_{ö}} \text{ [m]}$$

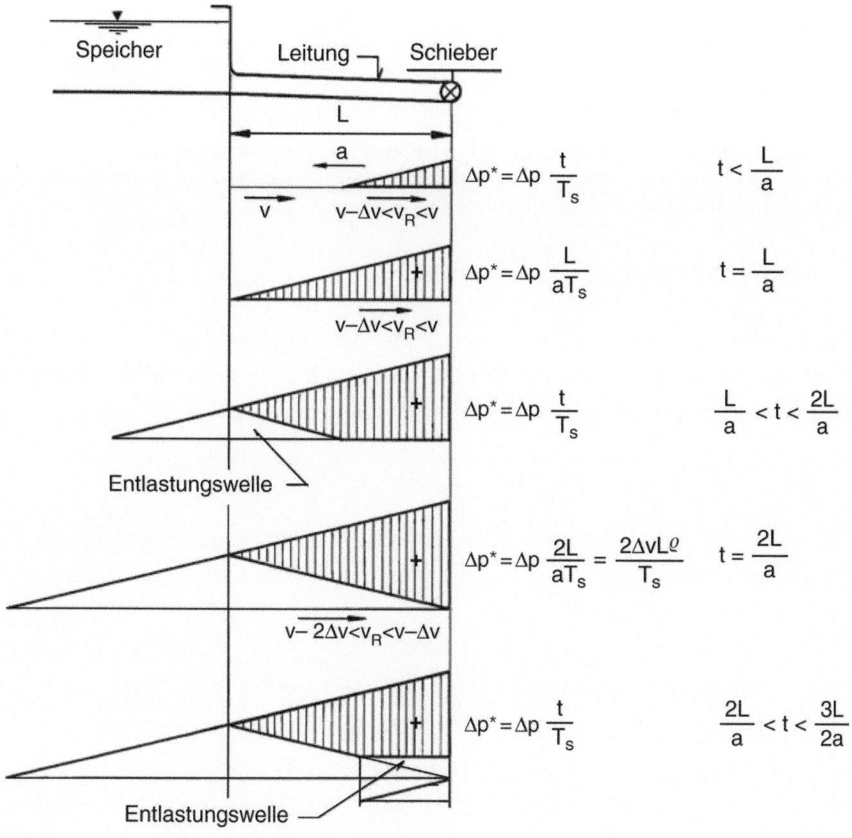

Abb. 6.102 Druckstoß infolge einer langsamen linearen Durchflussdrosselung am Schieber (vgl. Abb. 6.100). Ausbreitungs- und Reflexionsverhältnisse (v_R = örtliche Fließgeschwindigkeit)

Der Unterdruck ist beim Schieber maximal und nimmt längs der Leitung bis zum Speicher linear ab. Die Extremwerte des Druckstoßes entstehen offensichtlich wiederum bei vollständigem Schließen oder Öffnen bei Volllast:

$$\frac{\Delta p_{max*}}{\rho \cdot g} = \pm \frac{2 \cdot \Delta v_A \cdot L}{g \cdot T_{s,ö}} \quad [m]$$

Bemerkenswert ist es, dass die Größe des Druckstoßes beim langsamen Schließen oder Öffnen von der Druckstoßgeschwindigkeit a unabhängig ist.

6.6.3.3 Langsame Durchflussänderung

In den vorangehenden Abschnitten war von plötzlicher und langsamer Durchflussänderung sowie von langer und kurzer Leitung die Rede. Diese Begriffe können unter Berücksichtigung der abgeleiteten Formeln, wie folgt systematisiert werden:

- *Anwendungsbereich der* Joukowski-Formel *bei plötzlicher Durchflussänderung,* also beim technisch praktisch nicht vorkommenden Fall $T_{s,ö} = 0$:
  - Bei schneller Durchflussänderung: $T_{S,Ö} < \frac{2 \cdot L}{a}$ [s]
  - Bzw. langer Leitung: $L > a \cdot \frac{T_{S,Ö}}{2}$ [m]
- *Anwendungsbereich der* Michaud-Allievi-Formel *(technisch häufigster Fall)*
  - Bei langsamer Durchflussänderung: $T_{s,ö} \geq \frac{2 \cdot L}{a}$ [s]
  - Bzw. kurzer Leitung: $L \leq a \cdot \frac{T_{S,Ö}}{2}$ [m]

Die Kenngröße $2 \cdot L/a$ ist nichts anderes als die Reflexionszeit des Druckstoßes. Abschließend sei nochmals betont, dass die vorliegenden Formeln und Erklärungen nur eine Einführung in das Gebiet des Druckstoßes vermitteln.

Beispiel

Wie groß ist der Druckstoß $\Delta p_{max*}/\rho \cdot g$ für eine Ausbaugeschwindigkeit $v_A = 2{,}0$ m/s, eine Leitungslänge $L = 1000$ m und eine Schließzeit $T_S = 10$ s?

Lösung:

$$\frac{\Delta p_{max*}}{\rho \cdot g} = \pm \frac{2 \cdot \Delta V_A \cdot L}{g \cdot T_{s,ö}} = \pm \frac{2 \cdot 2{,}0 \text{ m/s} \cdot 1.000{,}0 \text{ m}}{9{,}81 \text{ m/s}^2 \cdot 10{,}0 \text{ s}} \cong \pm 40 \text{ m}$$

Das positive Vorzeichen gilt für den Fall, dass der Schieber am unteren Ende der Leitung sitzt, das negative Vorzeichen, wenn er sich am oberen Ende der Leitung befindet.

6.6.4 Bemessungsdrücke

Man unterscheidet zwischen relativen Drücken p und absoluten Drücken p′. Für die statische Bemessung der Druckleitungen sind die Innen- und Außendrücke von Bedeutung. Beide werden gewöhnlich als konstant über den Rohrumfang angenommen.

Abbildung 6.103 zeigt, dass diese Vereinfachung nur zulässig ist, wenn h>>D, d. h. die Drucklinie bzw. der Außenwasserspiegel sich um ein Vielfaches des Leitungsdurchmessers über der Leitungsachse befinden. Aber auch in diesem Fall ist zu beachten, dass die Differenz zwischen den auf die untere und obere Halbschale des Rohrs wirkenden Drücken dem Wassergewicht G_w oder dem Auftrieb A entspricht.

Es gilt pro Längeneinheit:

$$G_w = \rho \cdot g \cdot \frac{D^2 \cdot \pi}{4} = A \quad [N/m]$$

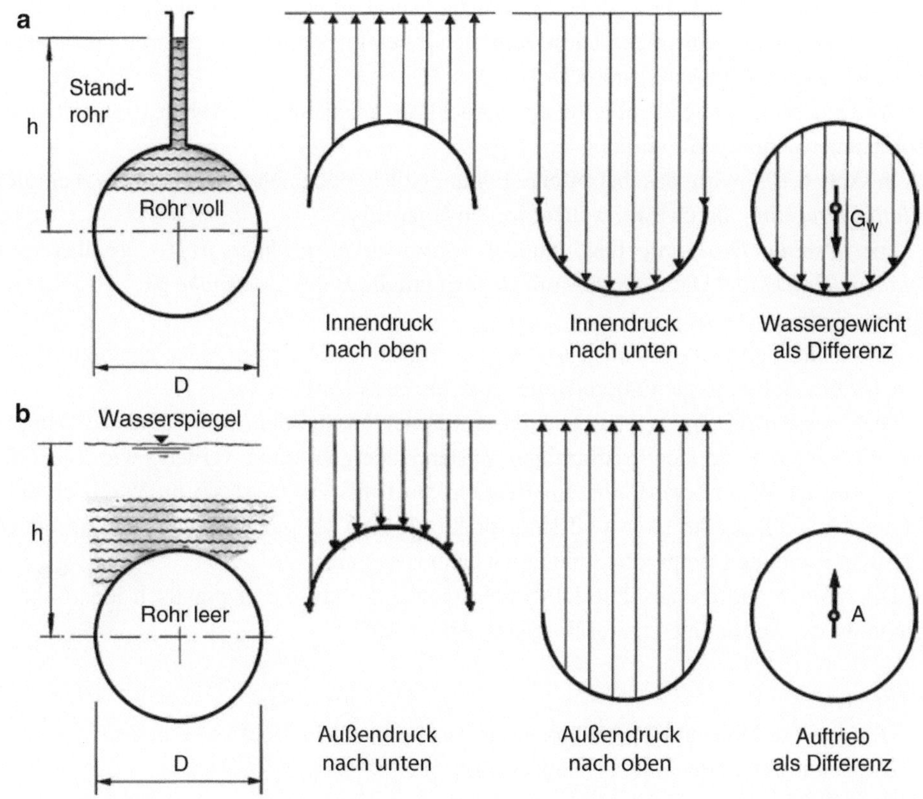

Abb. 6.103 Innen- und Außendrücke bei Rohren. **a** Rohr unter Wasserinnendruck, die horizontalen Drücke heben sich auf, die vertikalen resultieren als Wassergewicht G_w, **b** Rohr unter Wasseraußendruck, die horizontalen Drücke heben sich auf, die vertikalen resultieren als Auftrieb A

Eine Druckleitung muss sowohl dem maximalen Innendruck als auch dem maximalen Außendruck standhalten. Deshalb empfiehlt es sich, diesbezüglich sämtliche Betriebs- und Revisionszustände zu prüfen.

Zu unterscheiden sind insbesondere die stationären Betriebszustände bei Volllast, Teillast und Stillstand sowie die Druckstöße beim Übergang von Voll- auf Teillast bzw. Stillstand und umgekehrt. Daneben können auch gewisse Bau- und Revisionszustände zu betrachten sein.

Im Folgenden werden lediglich die im Hinblick auf den Wasserinnendruck maßgebenden Fälle behandelt.

6.6.4.1 Stationärer Betrieb

Bei Nutzungsanlagen gemäß Abb. 6.104a ist der Innendruck bei Stillstand der Anlage und maximalem Speicherstand am größten. Umgekehrt ist er am kleinsten bei Volllast und minimalem Speicherstand.

Für Pumpwerke gemäß Abb. 6.104b ist der Innendruck bei Volllast und maximalem Speicherstand am größten; bei Stillstand und minimalem Speicherstand ist er dagegen am kleinsten.

Es ist stets zu beachten, dass die üblicherweise gezeichnete Drucklinie der sog. *relativen Drucklinie* entspricht. Diese zeigt den Innendruck abzüglich des von außen entgegenwirkenden Atmosphärendrucks.

Wo die Druckleitung über die relative Drucklinie hinausführt (s. Abb. 6.104a), ist eine Zusatzuntersuchung erforderlich.

In Abb. 6.105 wird das betroffene Leitungsstück nochmals dargestellt, wobei die *relative Drucklinie* durch zwei weitere Linien ergänzt ist.

Die *absolute Drucklinie* liegt um die *Atmosphärendruckhöhe* $p'_A/(\rho \cdot g)$ über der *relativen Drucklinie.* Die *Dampfdrucklinie* liegt um die *Dampfdruckhöhe* $p'_D/(\rho \cdot g)$ unter der *absoluten Drucklinie.*

Die *Atmosphärendruckhöhe* $p'_A/(\rho \cdot g)$ ist von der Höhe über Meer abhängig. Die Tab. 6.7 gibt dafür einige mittlere Werte (sog. *Normalwerte*) an.

Die *Dampfdruckhöhe* $p'_D/(\rho \cdot g)$ zeigt den Druck an, bei dem das Wasser zu Dampf wird (kocht, d. h. in den gasförmigen Zustand übergeht). Sie variiert, wie Tab. 6.8 zeigt, mit der Wassertemperatur. Im Bereich von 0 bis 20 °C ist sie im Vergleich zur Atmosphärendruckhöhe klein und kann praktisch vernachlässigt werden. Die absolute Drucklinie und die Dampfdrucklinie fallen dann zusammen.

Die *relative* und die absolute Drucklinie (sowie die mit dieser praktisch identischen Dampfdrucklinie) definieren drei Bereiche (Abb. 6.105):

- *Bereich 1:*
  Der absolute Innendruck p'_i ist größer als der Atmosphärendruck ($p'_i > p'_A$).
  Die Leitung steht unter dem (relativen) Innenüberdruck $p_i = p'_i - p'_A$.
- *Bereich 2:*
  Der absolute Innendruck ist kleiner als der Atmosphärendruck, aber größer als der Dampfdruck ($p'_A > p'_i > p'_D$ oder, wo $p'_D \approx 0$ gilt, $p'_A > p'_i > 0$). Die Leitung steht unter dem (relativen) Außenüberdruck $p_a = p'_A - p'_i$.

Häufig spricht man dann von einem Unterdruck in der Leitung bzw. von einem negativen Innendruck $p_i = p'_i - p'_A$.

- *Bereich 3:*
  Der absolute Innendruck ist gleich dem Dampfdruck ($p'_i = p'_D$ oder $p'_i \approx 0$). Es entstehen Dampfblasen. Das Wasser kocht gleichsam bei natürlichen Temperaturen und verliert damit seine Kontinuität. Im Extremfall wird es völlig durch Wasserdampf ersetzt.
  Die Leitung steht unter dem Außenüberdruck $p_a = p'_A - p'_D$ bzw. $p_a = p'_A$. In der Praxis wird dann etwa von einem Vakuum in der Leitung gesprochen bzw. von einem negativen Innendruck $p_i = p'_D - p'_A$ oder $p_i \approx -p'_A$.

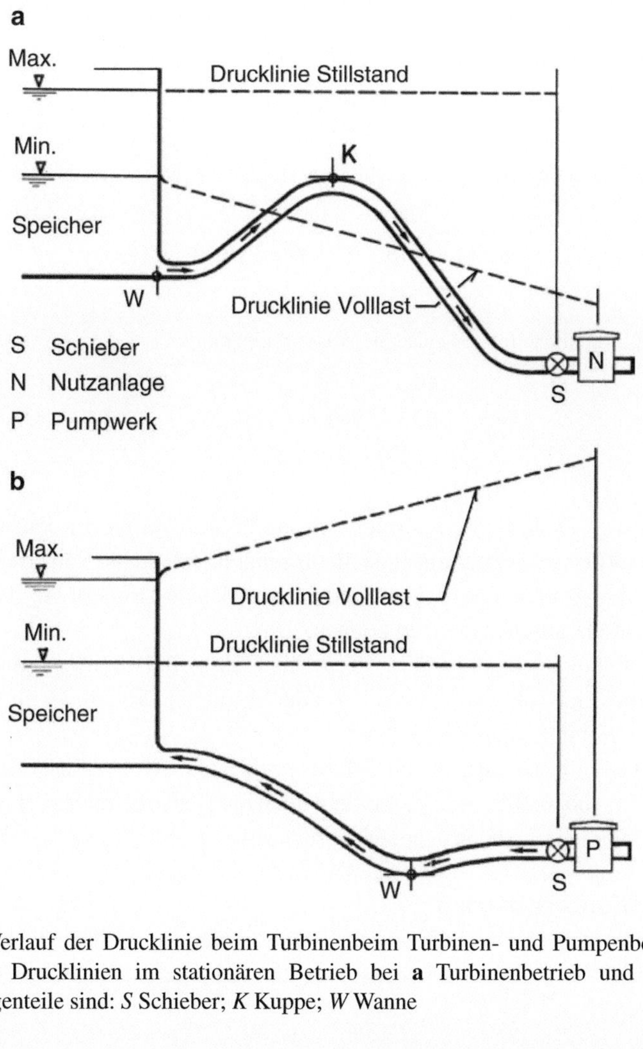

Abb. 6.104 Verlauf der Drucklinie beim Turbinenbeim Turbinen- und Pumpenbetrieb. Höchste und niedrigste Drucklinien im stationären Betrieb bei **a** Turbinenbetrieb und **b** Betrieb der Pumpen. Anlagenteile sind: *S* Schieber; *K* Kuppe; *W* Wanne

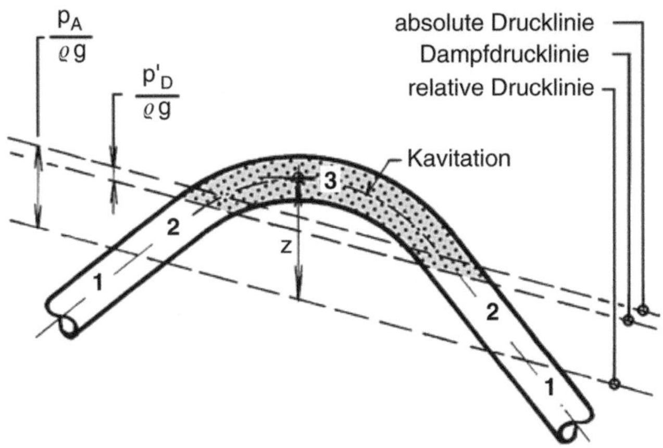

Abb. 6.105 Druckleitung mit Unterdruckbereich. Fällt der Innendruck unter den Dampfdruck entsteht Kavitation

Tab. 6.7 Atmosphärendruckhöhe für verschiedene Höhen über Meer (sog. Normalwerte)

Höhe [m ü. NN]	0	500	1000	1500	2000	2500	3000
$p'_A/(\rho \cdot g)$ [m]	10,33	9,73	9,20	8,60	8,10	7,55	7,00

Tab. 6.8 Dampfdruckhöhe für verschiedene Wassertemperaturen

T [°C]	0	10	20	40	60	80	100
$p'_D/(\rho \cdot g)$ [m]	0,06	0,13	0,24	0,75	2,03	4,83	10,33

Das Entstehen von Dampfblasen bezeichnet man als *Kavitation.* Im Fall von Kaviation fallen die Dampfblasen schlagartig in sich zusammen, sobald sie vom Bereich 3 in den Bereich 2 geraten. Dadurch entstehen nadelartig wirkende Druckstöße, die die Leitung beschädigen und Geräusche erzeugen können.

Es ist deshalb bei der Planung darauf zu achten, dass die Leitung möglichst unterhalb ihrer Dampfdrucklinie (und damit auch unter der absoluten Drucklinie) zu führen ist, um auf diese Weise Kavitation zu vermeiden.

Die Druckverhältnisse im Bereich 3 begrenzen auch die Wirksamkeit von Hebern. Man kann die in Abb. 6.105 gezeigte Leitung auch als Heber betrachten, mit dem Wasser von einem Gefäß in ein anderes gehoben werden soll.

6.6.4.2 Instationärer Betrieb

Rasche Betriebswechsel von Volllast auf Teillast, oder gar Stillstand und umgekehrt, erzeugen positive und negative Druckstöße, die sich den vorhandenen Innendrücken überlagern.

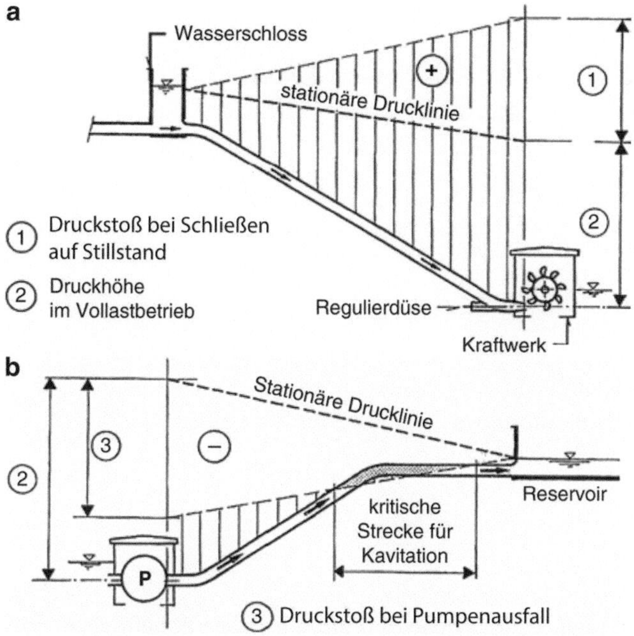

Abb. 6.106 Verlauf der Drucklinie im stationären Volllastbetrieb überlagert durch einen Druckstoß bei Übergang auf Stillstand. **a** Kraftwerk, **b** Pumpwerk (mit Hinweis auf eine hinsichtlich Kavitation besonders kritische Strecke)

Wie bereits in Abschn. 6.3.3 angedeutet, gehorchen diese Druckstöße fast immer der Formel von Michaud-Allievi. Sie können in einem zylindrischen Rohr (ohne Querschnittsänderungen) folglich als Dreiecksbelastung gemäß Abb. 6.106 dargestellt werden.

Der Maximalwert tritt immer vor dem Regulierorgan auf, der Minimalwert Null beim freien Wasserspiegel. Falls das Wasser komprimiert (und das Rohr gebläht) wird, ist der Druckstoß *positiv,* falls das Wasser dekomprimiert wird *negativ.*

6.6.4.3 Bau- und Revisionszustände

Selbstverständlich muss geprüft werden, ob Bau- oder Revisionszustände die Leitung stärker beanspruchen können als die stationären und instationären Betriebsfälle. So sind insbesondere auch der Füll- und der Entleerungsvorgang sowie die damit verbundene Ent- und Belüftung zu beachten.

Ein Blick auf Abb. 6.104a zeigt, dass die dort dargestellte Leitung nicht gefüllt werden kann, wenn sich in der Kuppe kein Entlüftungsventil befindet. Sie kann aber auch nicht geleert werden, wenn im gleichen Punkt keine Belüftung und in der Wanne kein Entleerungsschieber vorgesehen sind.

Auf eine Konstellation, bei der die fehlende Belüftung zu einem im Betriebsfall nicht auftretenden Außenüberdruck (Vakuum) führen kann, wird in Abb. 6.111 hingewiesen.

Beispiel

Auf 500 m ü. NN soll ein Heber gebaut werden, der bis zu 20 °C warmes Wasser abführen soll. – Wie hoch darf die Heberleitung über der relativen Drucklinie liegen (Abb. 6.105), wenn keine Kavitation entstehen soll?

Lösung:

Die zulässige Überhöhung ist gemäß den Werten der Tab. 6.7 und 6.8:

$$z_{zul} = \frac{p'_A - p'_D}{\rho \cdot g} = 9{,}73\ \text{m} - 0{,}24\ \text{m} = 9{,}49\ \text{m}$$

Mit Rücksicht auf den schwankenden Atmosphärendruck und das Auftreten lokaler Geschwindigkeitsspitzen wird ein kleinerer Wert gewählt, z. B.:

$$z = 7{,}5\ \text{m} < z_{zul}$$

6.6.5 Rohre

Aufgrund ihrer guten hydraulischen Form und der wirtschaftlichen Herstellung eignen sich Rohre in besonderer Weise für Druckleitungen.

6.6.5.1 Konstruktive Gestaltung

Die industrielle Herstellung von Rohren ermöglicht es, unterschiedliche Profilformen herzustellen und auch verschiedene Materialien zu verwenden. Auf diese Weise ist der Planer in der Lage, sich flexibel den Bedingungen vor Ort anzupassen.

Profilform, Material, Lage

Die am meisten verwendete *Profilform* bei Druckleitungen ist das Kreisprofil. Vorgefertigte Leitungen sind oft hinsichtlich Durchmesser und Rohrlänge genormt.

Als *Rohrmaterialien* kommen u. a. Metall (Guss und Stahl), Kunststoff (z. B. GFK) oder Beton infrage. Vor Ort erstellte Leitungen bestehen meist aus Beton.

Die Druckleitungen können sowohl *frei,* d. h. an der Erdoberfläche, als auch *eingedeckt* in der Erde geführt werden. Eingedeckte Druckleitungen werden ähnlich gelagert wie eingedeckte Freilaufgerinne (s. auch Abschn. 6.4.2).

Lagerung frei geführter Druckleitungen

Frei oder offen geführte Druckleitungen werden kontinuierlich oder punktweise gelagert. Letzteres erfordert die Ausbildung von festen und beweglichen Halterungen. Abbildung 6.107 zeigt eine Auswahl von üblichen konstruktiven Lösungen für große Rohrdurchmesser (z. B. für Kraftwerke).

Um Eigenspannungen (insbesondere Temperaturspannungen) zu verringern, werden spezielle Einbauten zur Aufnahme von Bewegungen der Rohrleitung vorgesehen.

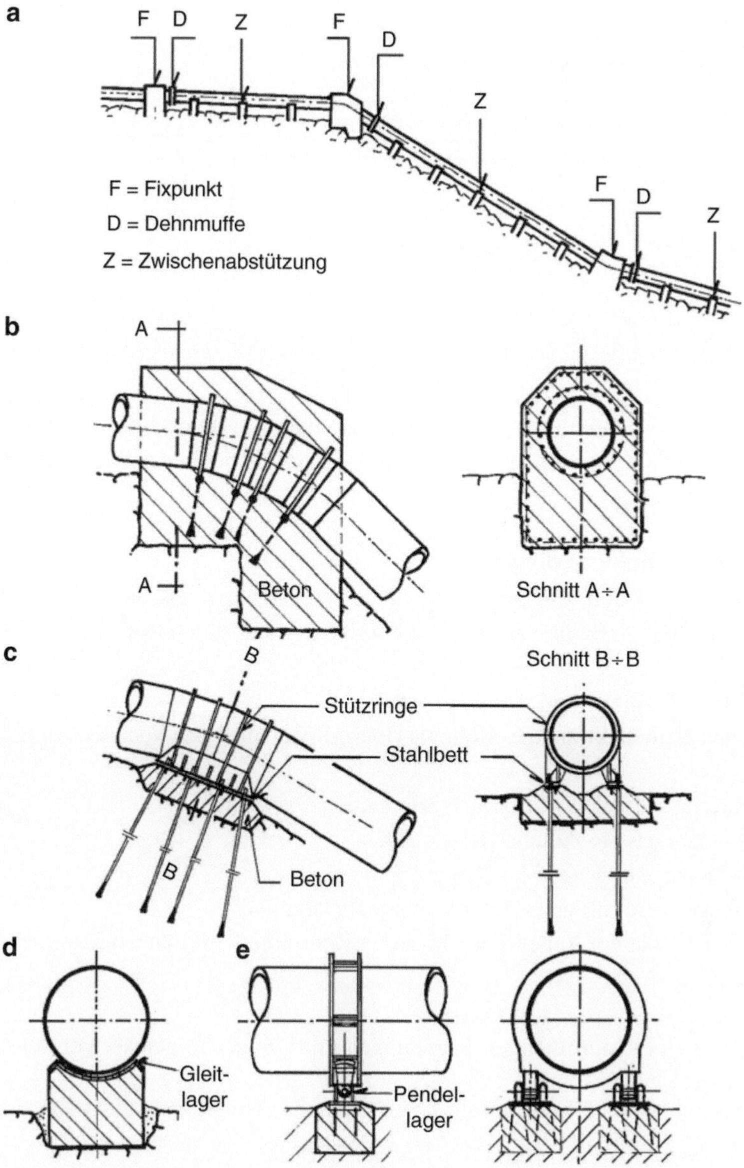

Abb. 6.107 Lagerung einer frei geführten Druckleitung. **a** Längsschnitt mit Sequenz von Fixpunkten *F*, Dehnmuffen D und Zwischenabstützungen Z, **b** Betonfixpunkt, **c** Stützringfixpunkt mit Stahlbett, **d** Zwischenabstützung mit Gleitlager, **e** Zwischenabstützung mit Pendellager

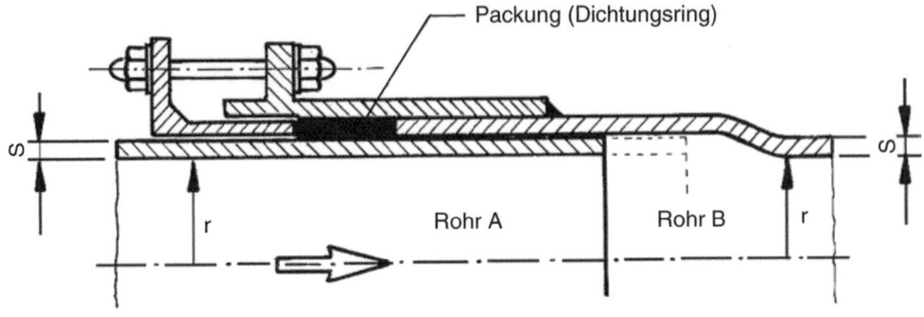

Abb. 6.108 Dehnmuffe mit Dichtungsring (Packung) und Nachstellmöglichkeit

Infrage kommen Dehnmuffen, Kompensatoren und Ausgleichsbogen (Abb. 6.108). In der Wasserwirtschaft herrschen die Dehnmuffen vor. Sie bedingen allerdings den Einbau einer guten Dichtung.

6.6.5.2 Statik dickwandiger Rohre

Die verwendeten Rohre müssen derart bemessen werden, dass diese den auftretenden Drücken standhalten. Bemessen wird auf den Innen- und Außendruck.

Bemessung auf Innen- und Außendruck

Betrachtet man ein dickwandiges Rohr als Hohlzylinder unter den Voraussetzungen, dass …

- das Material homogen ist und sich rein elastisch verhält,
- insbesondere das Hookesche Gesetz gilt,
- ebener Spannungszustand herrscht,
- sowohl die Innen- als auch Außenwand dicht sind und
- der Innen- sowie der Außendruck über den Rohrumfang in Längsrichtung gleichmäßig wirken,

dann lassen sich die auftretenden Spannungen mithilfe der folgenden Formel berechnen (Abb. 6.109):

$$\sigma_{t,r} = \frac{1}{r_a^2 - r_i^2} \cdot \left[p_a \cdot r_a^2 \cdot \left(1 \pm \frac{r_i^2}{r^2}\right) - p_i \cdot r_i^2 \cdot \left(1 \pm \frac{r_a^2}{r^2}\right)\right] \; [\mathrm{N/m^2}]$$

mit

σ_t Tangentialspannung (oberes Vorzeichen in der Klammer) [N/m^2]
σ_r Radialspannung (unteres Vorzeichen in der Klammer) [N/m^2]
r_a Außenradius [m]
r_i Innenradius [m]
r Radius (Variable) [m]
p_a Außendruck [N/m^2]
p_i Innendruck [N/m^2]

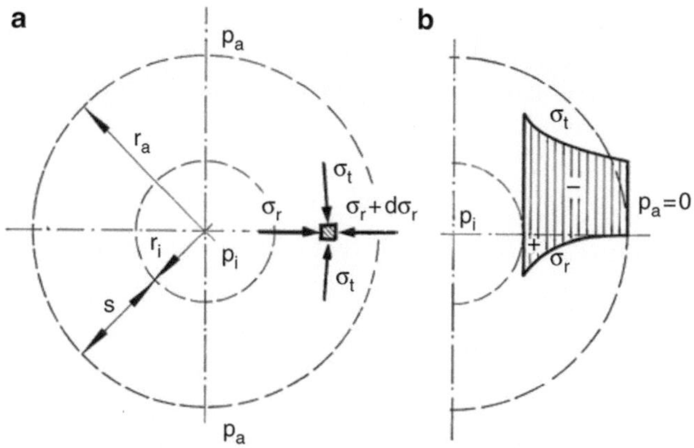

Abb. 6.109 Dickwandiges Rohr. **a** Radial- und Tangentialspannungen am Wandelement, **b** Spannungsverteilung, falls nur der Innendruck p_i wirkt (nach Lamé)

Bemessung auf Innendruck allein

Wichtig ist der Spezialfall des frei geführten Rohrs, bei dem $p_a = 0$ gesetzt werden kann. Er führt zu den sog. Formeln von Lamé:

$$\sigma_{t,r} = -p_i \cdot \frac{r_i^2}{r_a^2 - r_i^2} \cdot \left(1 \pm \frac{r_a^2}{r^2}\right) \; [\text{N/m}^2]$$

Zu beachten ist, dass positive σ-Werte einer Druckspannung und negative Werte einer Zugspannung entsprechen. Diese Formeln zeigen bei positivem p_i (Innenüberdruck) immer:

$$\sigma_t < 0 \text{ bzw. } \sigma_r > 0$$

Tangentialspannungen sind also Zugspannungen, *Radialspannungen* dagegen Druckspannungen. Weiterhin gilt immer:

$$|\sigma_t| > |\sigma_r| \; [\text{N/m}^2]$$

Die Absolutwerte der Tangentialspannungen sind also größer als diejenigen der Radialspannungen. Bei der Berechnung der Randspannungen $\sigma_{t,i}$ bzw. $\sigma_{t,a}$ ergibt sich:

$$\sigma_{t,i} = -p_i \cdot \frac{r_a^2 + r^2}{r_a^2 - r^2} \; [\text{N/m}^2] \quad \text{bzw.} \quad \sigma_{t,a} = -p_i \cdot \frac{2 \cdot r_i^2}{r_a^2 - r_i^2} \quad [\text{N/m}^2]$$

sowie

$$\sigma_{r,i} = p_i \quad \text{bzw.} \quad \sigma_{r,a} = 0$$

Anmerkung: (i = innen; a = außen). Die Werte $\sigma_{r,i}$ und $\sigma_{r,a}$ entsprechen den vorgegebenen Randbedingungen (Abb. 6.109).

Angesichts der Tatsache, dass die tangentialen Zugspannungen größer sind als die radialen Druckspannungen, kann man bei Beton- und Steinzeugrohren (zumindest im Sinn einer Näherung) von der Bruchtheorie der größten Hauptspannung ausgehen und formulieren:

$$\sigma_{t,i} \leq \sigma_{zul} \quad [N/m^2]$$

Daraus ergibt sich für die Wandstärke s die folgende Bemessungsformel:

$$s = r_i \cdot \left(\sqrt{\frac{\sigma_{zul} - p_i}{\sigma_{zul} + p_i}} - 1 \right) [m]$$

Beispiel

Ein Betonrohr mit dem Innenradius $r_i = 350\,mm$ und der zulässigen Zugspannung $\sigma_{zul} = 1\,N/mm^2$ soll für einen maximalen Innendruck von $p_i = 25{,}0\,m$ WS (Wassersäule) $\approx 0{,}25\,N/mm^2$ bemessen werden. – Wie groß muss die Wandstärke s sein?

Lösung:

Die Bemessungsformel ergibt für die Wandstärke *s*:

$$s = r_i \cdot \left(\sqrt{\frac{\sigma_{zul} - p_i}{\sigma_{zul} + p_i}} - 1 \right) = 0{,}35 \cdot \left(\sqrt{\frac{-1 - 0{,}25}{-1 + 0{,}25}} - 1 \right) = 0{,}102\ m$$

6.6.5.3 Statik dünnwandiger Rohre

Bemessung auf Innenüberdruck

Für dünnwandige Rohre lässt sich $r = (r_a + r_i)/2$ schreiben. Mit

$$r_a^2 - r_i^2 = (r_a - r_i) \cdot (r_a + r_i) = s \cdot 2 \cdot r \ [m]$$

folgt dann aus den Lamé-Formeln:

$$\sigma_{t,r} = -p_i \cdot \frac{r}{2 \cdot s} \cdot (1 \pm 1) \ [N/m^2]$$

oder

$$\sigma_t = -p_i \cdot \frac{r}{s} \text{ und } \sigma_r = 0 \quad [N/m^2]$$

In der Praxis wird für den Radius r gewöhnlich der Innenradius r_i eingesetzt.

Die Formel für σ_t liefert für Verhältnisse von $r/s > 10$ bis auf wenige Prozent genaue Werte. Dabei kann p_i sowohl als Innendruck als auch als Innenüberdruck aufgefasst werden.

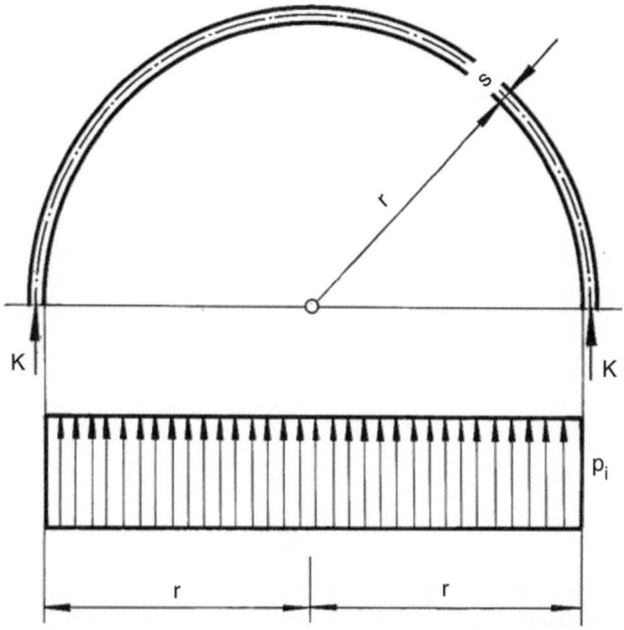

Abb. 6.110 Dünnwandiges Rohr unter Innendruck; Gleichgewichtsbetrachtung gemäß der Kesselformel

Die gleiche Formel kann auch direkt aus einer Gleichgewichtsbetrachtung am dünnwandigen Rohr mit der Einheitslänge gemäß Abb. 6.110 abgeleitet werden. Dann gilt:

$$r \cdot p_i = -K \; [N/m]$$

Daraus ergibt sich mit der Kraft $K = \sigma_t \cdot s$ als bekannte Näherung die sog. *Kesselformel:*

$$\sigma_t = -p_i \cdot \frac{r}{s} \; [N/m^2]$$

Wählt man auch hier die Bruchtheorie der größten Hauptspannung, also $\sigma_t \leq \sigma_{zul}$, dann ergibt sich für die Wandstärke:

$$s = -r \cdot \frac{p_i}{\sigma_{zul}} \; [m]$$

Bemessung auf Außenüberdruck

An sich könnte die Tangentialspannung infolge eines gleichmäßigen Außenüberdrucks p_a ebenfalls mit der Kesselformel bestimmt werden. Doch gilt es, bei dünnwandigen Rohren die *Beulgefahr* zu berücksichtigen.

Als Vergleichsmaß dient dann nicht eine zulässige Spannung, sondern ein zulässiger Außendruck $p_{a,zul}$, der um den Sicherheitsfaktor n kleiner ist als der kritische Beuldruck $p_{a,kr}$:

$$p_{a,zul} = \frac{p_{a,kr}}{n} \quad [N/m^2]$$

Für unendlich lange Rohre gilt:

$$p_{a,kr} = \left[\frac{E_R}{4 \cdot (1 - \nu^2)}\right] \cdot \left(\frac{s}{r}\right)^3 \quad [N/m^2]$$

Erreicht der Außendruck diesen Wert, beult das Rohr gemäß Abb. 6.111. Folglich gilt für die Bemessungsformel:

$$s = r \cdot \sqrt[3]{\frac{4 \cdot n \cdot p_{a,max} \cdot (1 - \nu^2)}{E_R}} \quad [m]$$

mit

$p_{a,max}$ maximal wirkender Aussendruck [N/m²]
E_R Elastizitätsmodul des Rohrmaterials [N/m²]
ν Querdehnungszahl des Rohrmaterials [-]
n Sicherheitsfaktor [-]

Für Rohre, die in kurzen Abständen durch Stützringe gehalten werden, sind die kritischen Beuldrücke erheblich höher und somit die erforderlichen Wandstärken wesentlich kleiner.

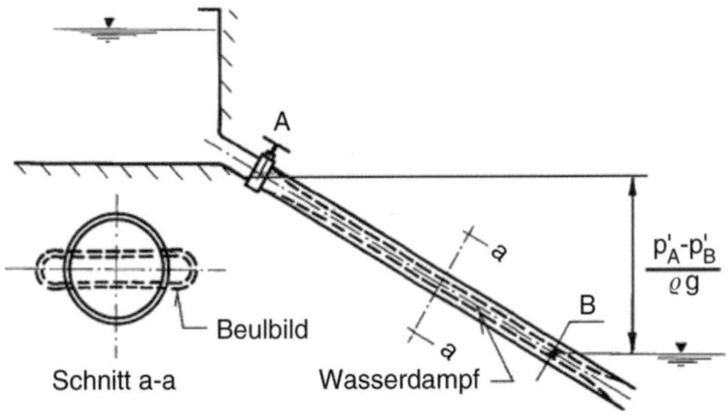

Abb. 6.111 Beispiel einer frei geführten Druckleitung, die bei Schließen des Schiebers *A* und ohne Belüftung unter Außenüberdruck von etwa 1 bar (etwa 10 m Druckhöhe) gerät und beult, sofern sie nicht genügend stark bemessen ist

Bemessung auf Erddruck

Bei der Bemessung von vergrabenen Leitungen müssen der Erd- und gegebenenfalls auch der Grundwasserdruck berücksichtigt werden. Das Vorgehen bezüglich des Erddrucks ist analog zum Prozedere bei eingedeckten Freilaufleitungen (s. auch Abschn. 6.4.2).

Bemessung unter Einbezug von Längs- und Schubspannungen

Die in den vorangehenden Abschnitten vorgestellten Formeln (z. B. die Formel von Lamé oder die Kesselformel) berücksichtigen keine Längs- und Schubspannungen. Derartige Spannungen entstehen insbesondere bei frei geführten Leitungen, u. a. durch Momente, Längs- und Querkräfte infolge des Gewichts der Leitung sowie aufgrund von Temperaturschwankungen und Querdehnungskräften. Letztlich hat man es also mit einem räumlichen Spannungszustand zu tun und muss den Spannungsnachweis mit einer Vergleichsspannung σ_g führen:

$$\sigma_g \leq \sigma_{zul}$$

Wie schon erwähnt, können die Radialspannungen σ_r allerdings meist vernachlässigt werden.

Frei geführte Druckleitungen gleichen durchlaufenden Balken. Ihre Momente, Längs- und Querkräfte lassen sich somit analog berechnen. Zu den leitungsspezifischen Beanspruchungen zählen:

- das Gewicht des Wassers,
- die Druckkraft infolge einer Richtungs- oder Querschnittsänderung,
- die Druckkraft in der Dehnungsmuffe,
- die hydraulische Reibungskraft und der Querdehnungseffekt infolge des Innen- oder Außendrucks.

Vom Gewicht des Leitungswassers geht die Komponente quer zum Rohr in die Berechnung der Momente und Querkräfte ein (Abb. 6.112a). Die Komponente längs des Rohrs trägt nichts zu den Längskräften bei. Sie bewirkt lediglich, dass sich der Innendruck aufbaut. Dies ändert sich in einem Krümmer, wo eine Umlenkkraft entsteht (Abb. 6.112b). Diese setzt sich aus einem statischen und einem dynamischen Anteil zusammen und lässt sich aus dem Stützkraftsatz bestimmen. Dasselbe gilt für eine Querschnittsänderung:

$$S_o = \rho \cdot Q \cdot v_o + p_{io} \cdot A_o \text{ [N]}$$

$$S_u = \rho \cdot Q \cdot v_u + p_{iu} \cdot A_u \text{ [N]}$$

(Anmerkung: o, u – Indizes für oben und unten)

mit

S Stützkraft [N]
Q Durchfluss [m^3/s]
v Fließgeschwindigkeit [m/s]
p_i Innendruck [N/m^2]
A Querschnittsfläche [m^2]

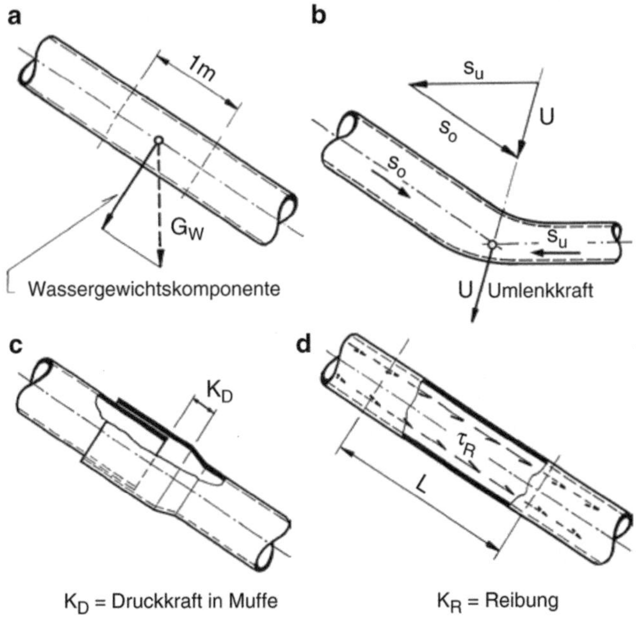

Abb. 6.112 Rohrspezifische Kräfte. **a** Wassergewicht G_W, **b** Umlenkkraft U, **c** Druckkraft in der Dehnmuffe K_D, **d** hydraulische Reibung K_R

Die Dehnmuffe bedingt eine lokale Aufweitung des Rohrs (Abb. 6.112c). Der entsprechende Kreisring mit der Fläche A_R ist folglich dem örtlichen Druck $p_{i,D}$ ausgesetzt. Für die *Druckkraft in der Dehnmuffe* K_D gilt dann:

$$K_D = p_{iD} \cdot A_R \text{ [N]}$$

mit A_R Rohrmaterialquerschnitt (bei einem Stahlrohr der Stahlquerschnitt) [m^2]

Die *hydraulische Reibung* K_R könnte ohne Weiteres aus der Wandschubspannung τ_R berechnet werden (Abb. 6.112d):

$$K_R = \tau_R \cdot 2 \cdot r \cdot \pi \cdot L \quad \text{[N]}$$

mit τ_RWandschubspannung (gemäß Abschn. 3.1.2: $\tau_r = \rho \cdot g \cdot J_e \cdot r/2$) [$N/m^2$]

Die hydraulische Reibung ist jedoch bei den üblichen Fließgeschwindigkeiten von einigen Metern pro Sekunde meist vernachlässigbar klein.

Unter dem Innenüberdruck bläht sich das Rohr leicht auf, sodass es sich in der Längsrichtung verkürzt. Wird diese Bewegung verhindert, weil die Auflager diese Verkürzung nicht zulassen oder die Dehnmuffe nicht wirksam wird, resultiert eine *Längsspannung* σ_1 und damit eine *Längskraft* K_V.

Im Fall eines dünnwandigen Rohrs ergibt sich aus der *Kesselformel* dafür der einfache Ausdruck:

$$\sigma_1 = p_i \cdot \nu \cdot \frac{r}{s} \quad [N/m^2]$$

$$K_v = \sigma_1 \cdot A_R \quad [N]$$

mit

ν Querdehnungszahl [-]

Beispiel
Ein Stahlrohr mit dem Radius $r = 350\,mm$ und der zulässigen Zugspannung $\sigma_{zul} = 140\,N/mm^2$ soll für einen maximalen Innendruck von $p_i = 280$ m Wassersäule $\approx 2{,}8\,N/mm^2$ bemessen werden. – Wie dick muss die Wand des Stahlrohrs sein?

Lösung:
Aus der Kesselformel folgt:

$$s = -r \cdot \frac{p_i}{\sigma_{zul}} = 0{,}35 \cdot \frac{2{,}8}{140} = 0{,}007\ m$$

Weil $r/s = 50$ ist, ist die Anwendung der Kesselformel gerechtfertigt.

Beispiel
Durch Schließen des Schiebers im Punkt A der in Abb. 6.111 gezeigten Anlage entsteht in der Stahlleitung mit dem Radius $r = 350\,mm$ ein Vakuum, also $p_a = 100\,kPa \approx 0{,}1\,N/mm^2$. – Wie dick muss die Wandung der Stahlleitung sein, wenn der Sicherheitsfaktor gegenüber dem Beuldruck $n = 4$ betragen soll?

Lösung:
Nach der Bemessungsformel ergibt sich für $E_R = 2{,}1 \cdot 10^5\,N/mm^2$ und $\nu = 0{,}3$

$$s = r \cdot \sqrt[3]{\frac{4 \cdot n \cdot p_{a,max} \cdot (1 - \nu^2)}{E_R}} = r \cdot \sqrt[3]{\frac{4 \cdot 4 \cdot 0{,}1 \cdot (1 - 0{,}3^2)}{2{,}1 \cdot 10^5}} = 0{,}019 \cdot r$$

Die Wanddicke *s* beträgt also knapp 2 % des Radius r, d. h. im betrachteten Fall etwa 7 mm.

Beispiel
Ein Stahlrohr mit dem Radius r = 350 mm, einer Wandstärke von s = 7 mm und dem maximalen Innendruck von $p_i = 280$ m WS (Wassersäule) ≈ 2,8 N/mm² kann sich infolge einer Einspannung zwischen Fixpunkten nicht verkürzen (Querdehnungszahl ν = 0,3). – Welche Längsspannung σ_1 und welche Längskraft K_ν entstehen dadurch?

Lösung:
Mit

$$\sigma_1 = p_i \cdot \nu \cdot \frac{r}{s} = 2{,}8\ \text{mm}^2/\text{s} \cdot 0{,}3 \cdot \frac{350\ \text{mm}}{7\ \text{mm}} = 42\ \text{N}/\text{mm}^2$$

und

$$A_R = 2 \cdot r \cdot s \cdot \pi = 2 \cdot 350\ \text{mm} \cdot 7\ \text{mm} \cdot \pi = 15.400\ \text{mm}^2$$

wird

$$K_\nu = \sigma_i \cdot A_R = 42 \frac{N}{\text{mm}^2} \cdot 15.400\ \text{mm}^2 = 646.500\ \text{N} = 646{,}5\ \text{kN}$$

6.6.6 Druckstollen und Druckschächte

6.6.6.1 Querschnittsgestaltung

Druckstollen, die mit einer Tunnelbohrmaschine ausgebrochen werden, erhalten dadurch zwangsläufig ein Kreisprofil. Doch wird auch bei konventionellem Ausbruch meist ein Kreisprofil gewählt, weil dieses sowohl hinsichtlich Berg- und Bergwasserdruck als auch hinsichtlich des Innendrucks statisch günstig ist.

Abgesehen von bautechnischen Belangen sind für die Querschnittsgestaltung

- die Erhaltung des Hohlraums im Gebirge,
- die akzeptierbare hydraulische Rauheit und
- die Aufnahme des Innendrucks bzw. die Verhinderung von allzu starken Wasserverlusten

wichtig. Dementsprechend gibt es auch eine Fülle von Profiltypen (u. a. Giesecke et al. 2014; Seeber 1999):

- *Unverkleidet* im standfesten, dichten Fels bei hohem Bergwasserspiegel und genügender Überdeckung. Rauheitsbeiwert nach Manning-Strickler bei konventionellem Ausbruch $k_{Str} = 30\ m^{1/3}/s$; bei maschinellem Ausbruch $k_{Str} = 55$ bis $65\ m^{1/3}/s$
- *Mit Spritzbetonauskleidung* von 30 bis 100 mm Stärke (eventuell mit Netzbewehrung oder Stahlfasern); in gutem, dichtem Fels $k_{Str} = 40$ bis $45\ m^{1/3}/s$ (eventuell durch Glättung des frisch aufgetragenen Betons)

- *Mit Betonauskleidung* (Abb. 6.113a, b) von 200 bis 250 mm Mindeststärke; bei schlechter Felsqualität und durchlässigem Fels bewehrt, um Risse zu verteilen; normalerweise mit Nieder- und Hochdruckinjektionen durch radiale Bohrlöcher verstärkt (Kontakt- und Verfestigungsinjektionen) $k_{Str} = 80\ m^{1/3}/s$
- *Mit Betonauskleidung unter passiver Vorspannung* bei sehr durchlässigem, gegebenenfalls druckhaftem Fels. Die Vorspannung wird erzielt, indem ein bewusst geschaffener Spalt zwischen der Betonauskleidung und dem Fels mit Injektionsmörtel derart ausgepresst wird, dass die Verkleidung bei leerem Stollen unter Druck steht und bei vollem, mit maximalem Innendruck keine Zugspannungen erhält (Überdrücken der Zugspannungen). Voraussetzung für den Erhalt der passiven Vorspannung sind ausreichende Primärspannungen im Gebirge (wesentlich von Überlagerung beeinflusst).
- *Mit Betonauskleidung unter aktiver Vorspannung* bei sehr durchlässigem und schlechtem Fels (eventuell keine mittragende Wirkung). In die Verkleidung werden ringförmige Spannkabel eingelegt und derart vorgespannt, dass die Verkleidung ähnlich beansprucht wird, wie bei der passiven Vorspannung. Der Fels kommt dabei nicht zum Tragen.
- *Mit Betonauskleidung und Foliendichtung* bei durchlässigem Fels, gegebenenfalls auf Durchnässung empfindlich (Anhydrit). Die Folie wird auf einer Außenverkleidung (bei maschinellem Vortrieb eventuell direkt auf dem Fels) aufgebracht und mit einer Innenverkleidung geschützt und gegen den Bergwasserdruck gesichert (Sandwichbauweise). Die Folie hat nur dichtende, also keine statische Funktion.
- *Mit Betonauskleidung und dünnwandiger Panzerung* wie oben. Doch kommt der Stahlpanzerung bei Innendruck auch eine *tragende* Funktion zu. Der Außen- oder Bergwasserdruck wird aber wiederum von der Innenverkleidung aufgenommen.

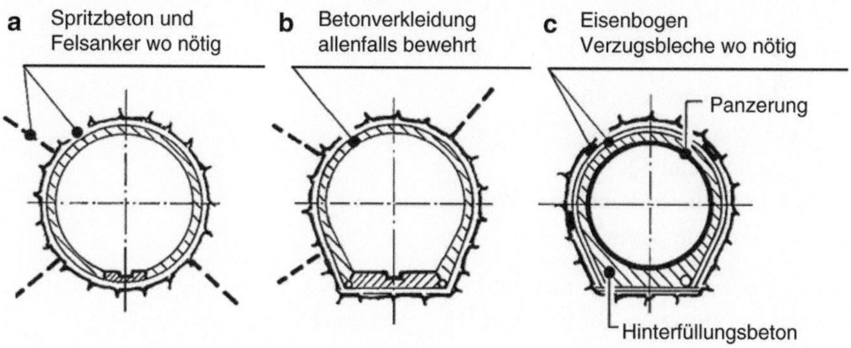

Abb. 6.113 Profiltypen von Druckstollen. **a** Maschinell ausgebrochen mit Betonverkleidung (Spritzbeton und Felsanker zur Hohlraumsicherung während des Baus), **b** konventionell ausgebrochen (Spritzbeton und Felsanker zur Hohlraumsicherung während des Baus), **c** mit hinterbetonierter Stahlpanzerung (Einbaubogen und Verzugsbleche zur Hohlraumsicherung während des Baus)

- *Mit Betonauskleidung* und *Vollpanzerung*. Bei Druckstollen nur im Ausnahmefall zur Überbrückung einer Störung oder bei zu geringer Überlagerung (Abb. 6.113c); bei Druckschächten aber häufig angewandt. Die Panzerung wird durch Aneinanderschweißen von Stahlrohren erstellt, die laufend hinterbetoniert werden. Die Rohrschüsse ersetzen also die Schalung. Die Mindeststärke des Stahls liegt bei 10 mm. Der Innendruck wird sowohl von der Panzerung als auch von der Betonverkleidung und dem angrenzenden Fels übernommen. Der Bergwasserdruck belastet aber praktisch nur die Panzerung (Beulgefahr).

Die Abb. 6.113 zeigt einige Beispiele. Der minimale Durchmesser des Ausbruchquerschnitts liegt bei gebohrten Stollen in der Größenordnung von 3 m, bei konventioneller Bauweise bei 2,5 m.

Damit Druckstollen oder Druckschächte den Innendruck aufnehmen können, benötigen derartige Stollen eine minimale Felsüberlagerung. Ansonsten besteht die Gefahr eines Gebirgsbruchs und Versagens der Auskleidung.

Insbesondere bei durchlässigen Stollen (unausgekleidet; gerissene Betonauskleidung), kann das in die Felsklüfte eindringende Stollenwasser bei ungenügenden primären Gebirgsspannungen einen progressiven Gebirgsbruch (sog. *„hydraulic jacking"*), verbunden mit sehr hohen Wasserverlusten, verursachen.

Aus einer stark vereinfachenden Überlegung einer von außen wirkenden Felsgesteinssäule und einer von innen wirkenden Wassersäule folgt:

$$t \cdot \rho_F \cdot g > m \cdot h_{max} \cdot \rho \cdot g \quad [N/m^2]$$

$$t \geq m \cdot h_{max} \cdot \frac{\rho}{\rho_F} \quad [m]$$

mit

t	Überlagerungshöhe [m]
ρ_F	Felsdichte (=2600 bis 2700 kg/m^3) [kg/m^3]
m	Vergleichszahl [-]
h_{max}	maximale Innendruckhöhe (Wassersäule) [m]
ρ	Wasserdichte [kg/m^3]

Bei unverkleideten oder nur mit Beton verkleideten Stollenabschnitten wird für erste Abschätzungen etwa m = 2 empfohlen; bei gepanzerten Stollen m = 0,4 bis 0,7.

6.6.6.2 Statik der Druckstollen und -schächte

Der zylindrische Hohlraum unter Innendruck

Ein unverkleideter Druckstollen kann (unter der Voraussetzung eines gleichmäßig auf die dichte Wandung wirkenden Innendrucks p_i sowie eines homogenen Gebirges) als Hohlzylinder im Sinn von Abschn. 6.6.5 aufgefasst werden, dessen Wand unendlich dick ist. Mit $r_a \rightarrow \infty$ folgt aus den *Formeln von Lamé*:

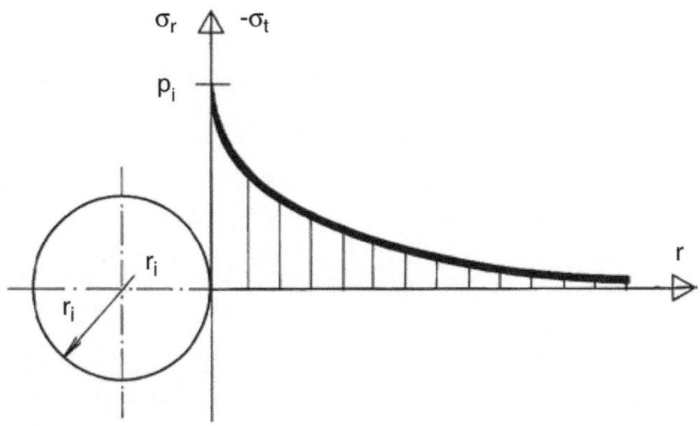

Abb. 6.114 Unverkleideter Druckstollen unter Innendruck. Spannungsverteilung für die Radial- und die Tangentialspannungen

$$\sigma_{t,r} = \mp p_i \cdot \left(\frac{r_i}{r}\right)^2 \; [N/m^2]$$

Abbildung 6.114 zeigt die entsprechende Spannungsverteilung. Die höchsten Spannungen treten an der Stollenwand auf. Die Radialspannung σ_r ist eine Druckspannung und erreicht an der Stollenwand voraussetzungsgemäß den Wert p_i. Die Tangentialspannung ist dann aber naturgemäß eine Zugspannung und erreicht betragsmäßig ebenfalls den Wert p_i.

Der Verbundquerschnitt unter Innendruck

Bei einem verkleideten Stollen entsteht ein Verbundquerschnitt aus Beton und Fels. Die statische Berechnung erfolgt dementsprechend in vier Schritten:

- *Schritt 1:*
  Gedankliche Aufteilung des Stollenquerschnitts in ein dickwandiges Rohr (Betonverkleidung) und einen Hohlraum (Fels) gemäß Abb. 6.115.
- *Schritt 2:*
  Berechnung der Radialverschiebung Δr_B (λ) an der Stelle A des Rohrs infolge des Innendrucks p_i und des Außendrucks $\lambda \cdot p_i$. Der Faktor λ entspricht dem zunächst unbekannten Lastanteil. Berechnung der Radialverschiebung Δr_F (λ) an der Stelle A des Hohlraums infolge des Innendrucks $\lambda \cdot p_i$.
- *Schritt 3:*
  Formulierung der Verträglichkeitsbedingung an der Stelle A: Gleiche Radialverschiebung $\Delta r_B (\lambda) = \Delta r_F (\lambda)$. Bestimmung des Lastanteils λ.
- *Schritt 4:*
  Berechnung der Spannungen im Rohr infolge des Innendrucks p_i und des nun bekannten Außendrucks $\lambda \cdot p_i$. Berechnung der Spannungen im Fels infolge des entsprechenden Innendrucks $\lambda \cdot p_i$.

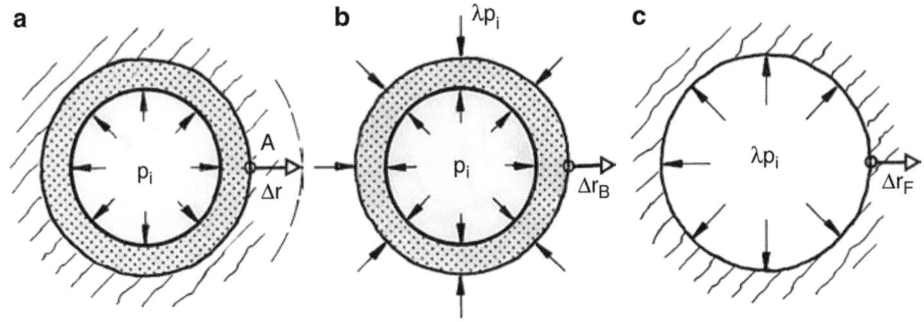

Abb. 6.115 Verkleideter Druckstollen unter Innendruck. **a** Verbundquerschnitt, **b** Betonverkleidung als Rohr, **c** Hohlraum im Fels als unendlich dickes Felsrohr

Aufgrund der Theorie des dickwandigen Rohrs (s. auch Abschn. 6.6.5) errechnet sich mit den zugehörigen Voraussetzungen eine Radialverschiebung Δr an der Stelle r mit den dortigen Spannungen σ_t und σ_r zu:

$$\Delta r = -\frac{1}{E} \cdot (\sigma_t - \nu \cdot \sigma_r) \cdot r \text{ [m]}$$

mit

E Elastizitätsmodul [N/m²]

ν Querdehnungszahl [-]

Im Felshohlraum mit dem Innenradius $r_{i,F}$ wirkt der Innendruck $\lambda \cdot p_i$. Folglich gilt im Punkt A (Abb. 6.115):

$$\sigma_{t,r} = \mp \lambda \cdot p_i \text{ [N/m}^2\text{]}$$

und somit

$$\Delta r_F = \frac{\lambda \cdot p_i}{E_F} \cdot (1 + \nu_F) \cdot r_F \text{ [m]}$$

Der Quotient $E_F/(1+\nu_F)$ wird auch als *Verformungsmodul* V_F bezeichnet und direkt aus Messungen an Ort bestimmt.

Bei einer Betonauskleidung mit Vollpanzerung könnte man eine gedankliche Aufteilung in ein Stahlrohr, ein Betonrohr und einen Felshohlraum vornehmen. Gewöhnlich erfolgt aber nur eine Aufteilung in ein Stahlrohr und in einen aus dem Beton und dem Fels gemeinsam gebildeten Hohlraum. Manchmal wird der Beton als gerissen angenommen, sodass er nur in radialer Richtung Kräfte überträgt.

Bei anderen Formen von Verbundquerschnitten wird ähnlich vorgegangen.

Einflüsse der Durchlässigkeit

Die Theorie des Hohlzylinders gemäß Abschn. 6.6.5 und 6.6.6 geht von dichten Wandungen aus. In Wirklichkeit sind aber Beton und Fels durchlässig (u. a. Schleiss 1986).

Dadurch entsteht bei Innendruck eine Sickerströmung vom Stollen in den Fels, sodass Auskleidung und Fels zusätzlich durch *radiale Sickerkräfte* (hydraulische Reibung der Sickerströmung) beansprucht werden.

Weiterhin baut sich im Fels in der Regel ein *Bergwasserdruck* auf, der dem Innendruck entgegenwirkt und vor allem die Beanspruchung der Auskleidung vermindert. Von besonderer Bedeutung ist dabei das Verhältnis der *Auskleidungs-* zur *Felsdurchlässigkeit.*

Selbstverständlich kann sich ein Bergwasserdruck auch aus natürlichen Gründen ergeben und Werte erreichen, die sogar *über* dem Innendruck liegen und eine *umgekehrte Sickerströmung* erzeugen. Auf die entsprechende Stollenstatik kann hier nicht eingegangen werden.

Beulberechnung für die Panzerung

Da der Stahl dicht ist, sind bei einem gepanzerten Stollen oder Schacht die Voraussetzungen für die geschilderte Berechnung auf Innendruck besser erfüllt. Bei Außenüberdruck, und insbesondere bei Bergwasserdruck im Bauzustand oder nach einer Entleerung zu Revisionszwecken, ist zu beachten, dass die Panzerung beulen kann. Der Bergwasserdruck wird nämlich bergwärts der Panzerbleche *voll* wirksam. Für die verhältnismäßig komplizierte Beulberechnung muss auf die Literatur verwiesen werden.

6.6.7 Ausrüstung der Druckleitungen

Zur Ausrüstung einer Druckleitung gehören Regulierorgane, Abschlussorgane, Überdruck- und Unterdruckventile sowie Durchflussmesseinrichtungen.

6.6.7.1 Schieber und Ventile

Abbildung 6.116 vermittelt eine Übersicht über einige im Wasserbau gebräuchliche Schieber und Ventile.

Zur *Regulierung* der Durchflüsse werden *Keil-* oder *Ringschieber* eingesetzt. Als *Verschlussorgane,* beispielsweise zur Absicherung von Pumpen oder Turbinen, dienen *Kugelschieber* (bei hohen Drücken) und *Drosselklappen* (bei mittleren und kleineren Drücken).

Zum Energieabbau am Ende von Leerschüssen eignen sich *Kegel-* und *Hohlstrahlschieber;* sie versprühen das Wasser teilweise.

Druckminderer sind den Ringschiebern ähnlich, enthalten aber anstelle des Verschlusses ein gelochtes Rohr. Die Rückschlagklappe wirkt als Ventil, das sich bei Rückströmung selbsttätig schließt.

6.6.7.2 Maßnahmen gegen den Druckstoß

Nach Abschn. 6.6.3 erreicht der Druckstoß beim sog. langsamen Schließen oder Öffnen der Leitungen den Wert:

$$\frac{\Delta p^*_{max}}{\rho \cdot g} = \pm \frac{2 \cdot v_A \cdot L}{g \cdot T_{S,Ö}} \quad [m]$$

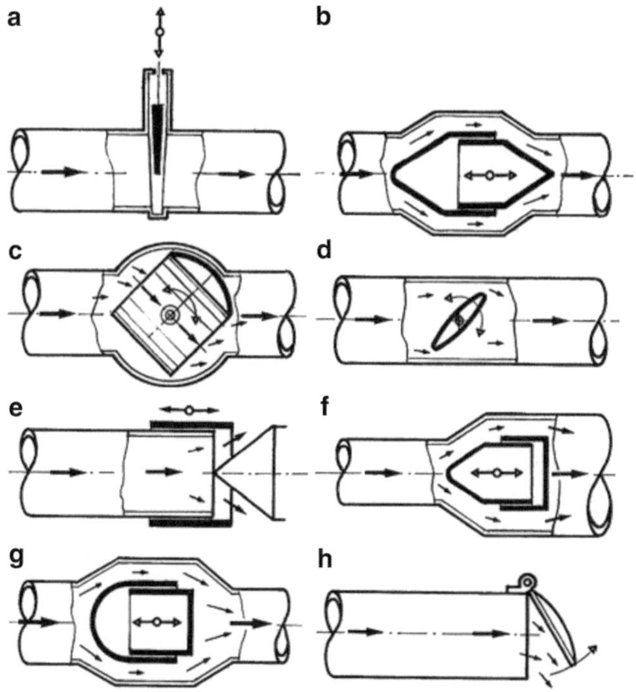

Abb. 6.116 Bauarten von Schiebern. **a** Keilschieber, **b** Ringschieber, **c** Kugelschieber, **d** Drosselklappe, **e** Kegelstrahlschieber, **f** Hohlstrahlschieber, **g** Druckminderer, **h** Rückschlagklappe

Um ihn gering zu halten, kommen drei Maßnahmen infrage, nämlich:

- die Verringerung der Ausbaugeschwindigkeit v_A
- die Verringerung der wirksamen Leitungslänge L oder
- die Verlängerung der wirksamen Schließ- bzw. Öffnungszeit $T_{S,Ö}$

Die *Verringerung der Ausbaugeschwindigkeit* v_A bedingt einen größeren und damit teureren Leitungsquerschnitt. Diese Maßnahme muss mittels einer Wirtschaftlichkeitsrechnung beurteilt werden.

Die *wirksame Leitungslänge L* kann durch ein Ventil, ein Wasserschloss oder einen Windkessel derart gekürzt werden, dass der Reflexionsweg des Druckstoßes kleiner wird. Abbildung 6.117a, b zeigen schematisch, was unter einem *Wasserschloss* und einem *Windkessel* zu verstehen ist.

Die Öffnungszeit eines Abschlussorgans kann meistens in genügend weiten Grenzen gehalten werden. Dies gilt hingegen nicht immer für die Schließzeit (u. a. Stromausfall bei Pumpen, Netzzusammenbruch bei Turbinen).

Die effektive Schließzeit lässt sich dann allenfalls durch ein Überdruckventil in einem Bypass (Abb. 6.117c) oder (bei Pumpen) durch Schwungmassen an der Maschinenachse verlängern.

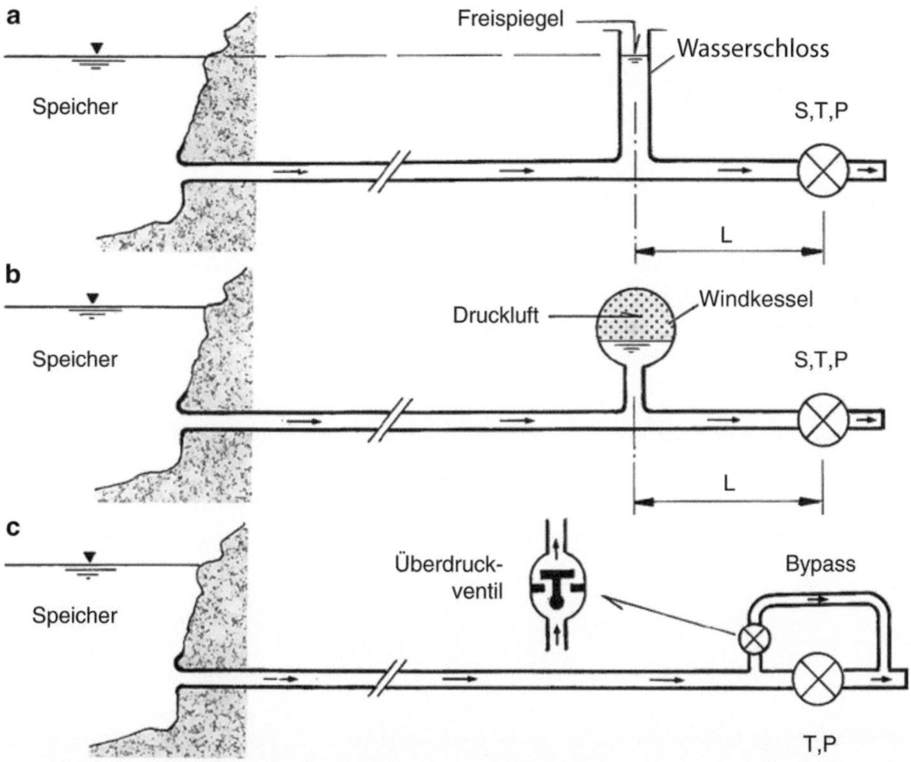

Abb. 6.117 Maßnahmen gegen den Druckstoß. **a** Wasserschloss, **b** Windkessel, **c** Bypass mit Überdruckventil. (Bezeichnungen: S Schieber; T Turbine; P Pumpe)

6.7 Turbinen

Turbinen entziehen dem Nutzwasser mechanische Energie und wandeln diese in kinematische Energie um, die in den Generatoren in elektrische Energie umgewandelt wird (u. a. Raabe 2010; Giesecke et al. 2014; Strobl und Zunic 2006; Kaczynski 1994).

6.7.1 Konstruktive Merkmale

Man unterscheidet *Freistrahl-* und *Überdruckturbinen.* Zu den Freistrahlturbinen gehören die *Pelton-Turbinen* und die *Durchströmturbinen,* zu den Überdruckturbinen die *Francis-* und die *Kaplan-Turbinen.*

Die Francis-Turbine kann hydraulisch als eine inverse Radialpumpe angesehen werden. Die Kaplan-Turbine entspricht, insbesondere in der Ausführung einer Rohrturbine, der Axialpumpe.

6.7.1.1 Freistrahlturbinen

Die Merkmale der *Pelton-Turbine* sind: tangentiale Anströmung, regulierbare Düse (es können auch mehrere, längs des Laufradumfangs regelmäßig verteilte Düsen sein), freier Strahl, Becher, Freihang (Abb. 6.118).

Die *Durchströmturbine* (u. a. Banki-, Michell- oder Ossberger-Turbine) besteht aus folgenden Hauptteilen (Abb. 6.119):

- verstellbare Zungendüse
- walzenförmiges Laufrad
- Durchströmung parallel zu einem Längenkreis (meridional)
- Freihang

Der Anwendungsbereich der Durchströmturbine liegt bei kleineren Leistungen sowie kleinen bis mittleren Gefällen. Da das Laufrad seitlich in mehrere Zellen aufgeteilt werden kann, ist auch bei Teilbeaufschlagung ein guter Wirkungsgrad erreichbar. Der Betrieb ist selbst dann noch möglich, wenn der Freihang in einen geringen Einstau übergeht.

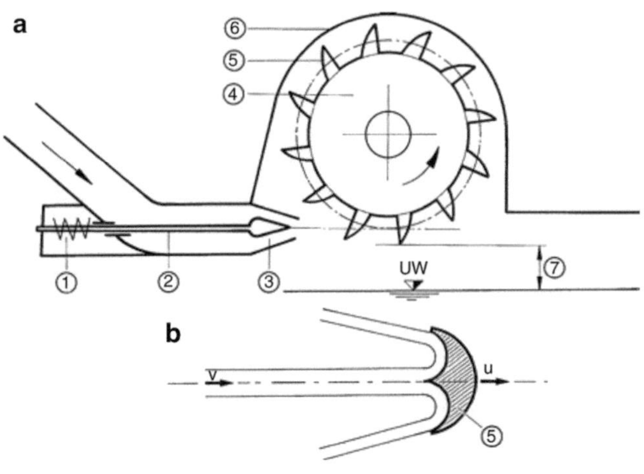

Abb. 6.118 Pelton-Turbine. **a** Längsschnitt, **b** Horizontalschnitt durch einen Becher; der Freistrahl wird fast vollständig umgelenkt. Anlagenteile sind: *1.* Regler, *2.* Nadel, *3.* Düse, *4.* Laufrad, *5.* Becher (Schaufel), *6.* Gehäuse, *7.* Freihang. *v* ist die Strahlgeschwindigkeit, *u* die Geschwindigkeit der Schaufel

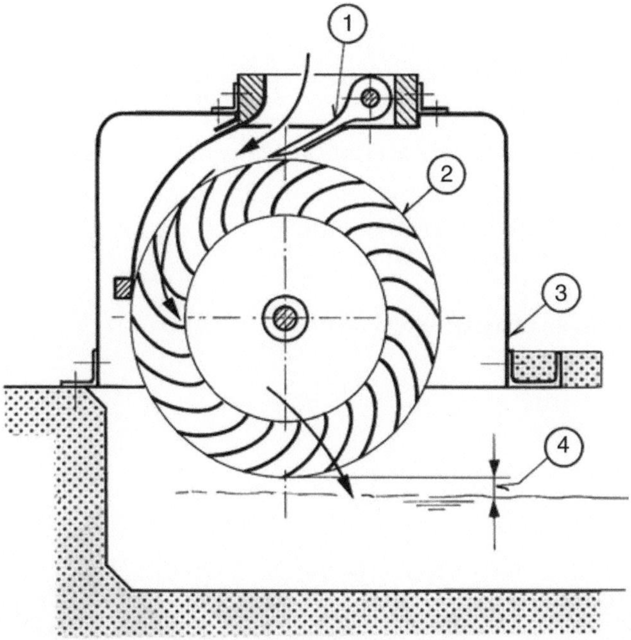

Abb. 6.119 Längsschnitt einer Durchströmturbine. Anlagenteile sind: *1*. Zungendüse, *2*. Laufrad mit meridionaler Durchströmung, *3*. Gehäuse, *4*. Freihang

6.7.1.2 Überdruckturbinen

Die Merkmale der *Francis-Turbine* sind (Abb. 6.120):

- radiale Anströmung
- axiale Abströmung
- Zulaufspiralgehäuse

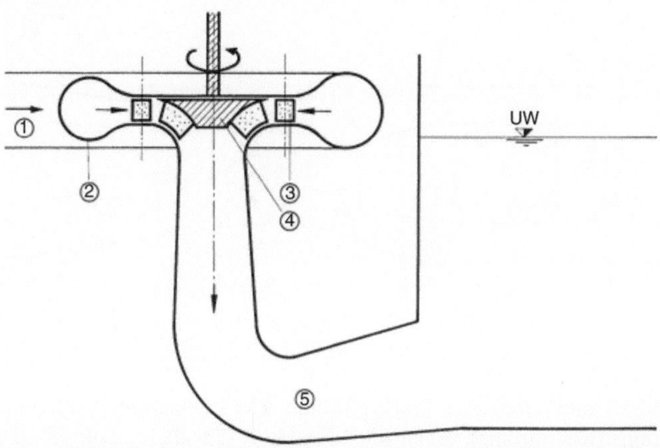

Abb. 6.120 Längsschnitt durch eine Francis-Turbine. Anlagenteile sind: *1*. Druckrohr, *2*. Spiralgehäuse, *3*. Leitapparat mit beweglichen Leitschaufeln, *4*. Laufrad mit festen Schaufeln, *5*. Saugschlauch

- Leitapparat
- feste Laufschaufeln
- Saugrohr

Die Merkmale der *Kaplan-Turbine* bei *vertikalachsiger* Anordnung sind (Abb. 6.121a):

- radiale Anströmung des Leitapparats
- axiale An- und Abströmung des Laufrads
- Zulaufspiralgehäuse
- bewegliche Leit- und Laufschaufeln und
- Saugrohr

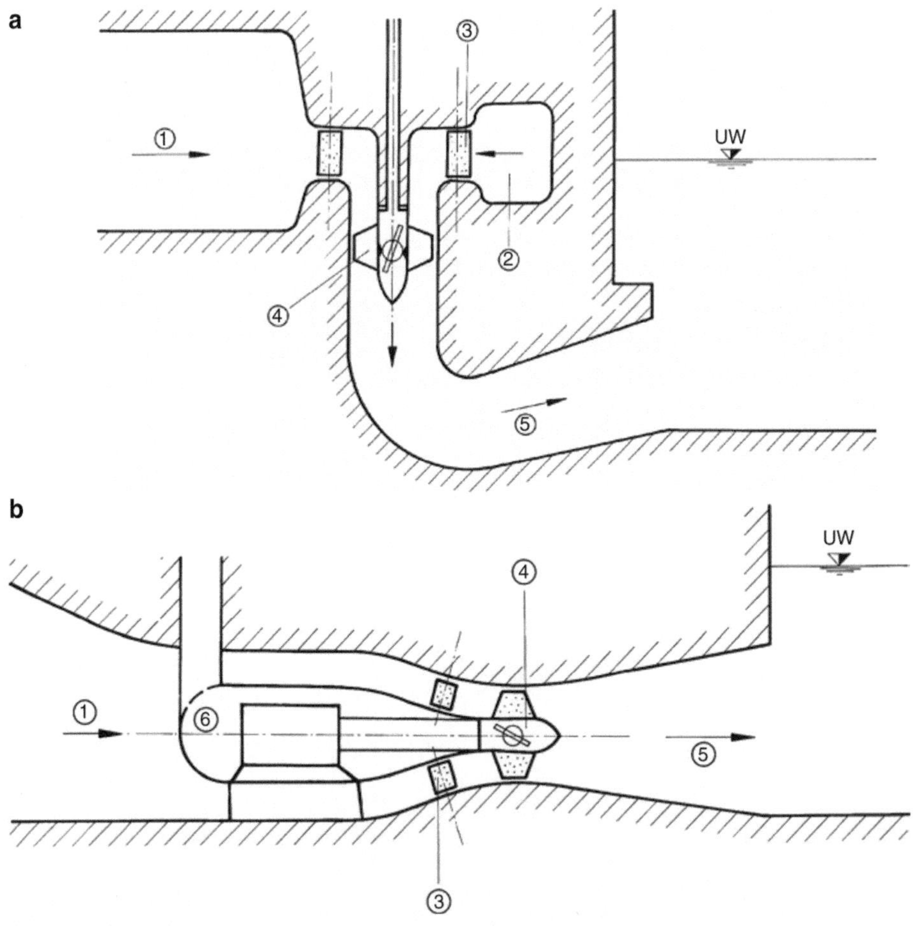

Abb. 6.121 Längsschnitt durch eine Kaplan-Turbine. **a** Vertikalachsige Ausführung, **b** horizontalachsige Ausführung (Rohrturbine). Anlagenteile sind: *1.* Zulauf, *2.* Spirale, *3.* Leitapparat mit beweglichen Leitschaufeln, *4.* Laufrad mit beweglichen Laufschaufeln, *5.* Saugrohr, *6.* Gehäuse (Torpedo) mit Einstiegsschacht zum Generator

und bei *horizontalachsiger* Anordnung (Rohrturbine; Abb. 6.121b):

- axiale An- und Abströmung
- Gehäuse (sog. Torpedo)
- bewegliche Leit- und Laufschaufeln
- Saugrohr

Als Alternative zur Rohrturbine wird häufig die *Straflo-Turbine* verwendet. Bei ihr bilden die Laufradschaufeln gleichsam die Speichen des Generatorrotors. Dieser ist als Kreisring gestaltet und läuft innerhalb des außen herum gebauten Generatorstators. Der Torpedo enthält nur noch die Lager und ist folglich wesentlich kleiner.

6.7.1.3 Einsatzbereiche

Mit Turbinen werden heute Fallhöhen von 1 bis 1800 m ausgenutzt. Die üblichen Einsatzbereiche für mittlere und größere Leistungen sind:

- Pelton-Turbinen > 600 m
- Francis-Turbinen 30 bis 700 m
- Kaplan-Turbinen
  - vertikalachsig 10 bis 60 m
  - horizontalachsig 2 bis 20 m

Die größten Kraftwerksleistungen liegen bei Pelton- und Kaplan-Turbinen pro Einheit um 500 MW, bei Francis-Turbinen um 1.000 MW.

Bei kleineren Leistungen werden Pelton-Turbinen aber schon ab 50 m und Francis-Turbinen ab 6 m Fallhöhe eingesetzt. Durchströmturbinen eignen sich für einen Bereich von 1 bis 200 m.

6.7.2 Allgemeine Anordnung und Regulierung

Die *Freistrahlturbine* in Form der Pelton-Turbine wird um 1 bis 2 m über dem höchsten Unterwasserspiegel angeordnet, damit der Freihang gewährleistet ist (Abb. 6.122a).

Die *Nutz-* oder *Nettofallhöhe* H_N wird am Düseneinlauf gemessen und beträgt:

$$H_N = H + \frac{v_o^2}{2 \cdot g} - h_v \text{ [m]}$$

mit

H Bruttofallhöhe [m]
h_v Verlusthöhe [m]

Meist gilt, weil $v_o^2/2g$ vernachlässigbar klein ist:

$$H_N = H - h_v \text{ [m]}$$

Überdruckturbinen werden in Bezug auf den Unterwasserspiegel derart angeordnet, dass keine Kavitation entsteht (Abb. 6.122b; s. auch Abschn. 6.6.4). Die Überlegungen für den erforderlichen Gegendruck sind ähnlich wie für den Zulaufdruck bei den Pumpen (s. auch Abschn. 6.8.1).

Die *Nutzfallhöhe* H_N wird zwischen Ein- und Auslauf gemessen:

$$H_N = H + \frac{v_o^2 - v_u^2}{2 \cdot g} - (h_{vo} + h_{vu})\ [m]$$

mit

H Bruttofallhöhe (Spiegeldifferenz) [m]
h_{vo}, h_{vu} Verlusthöhe in der Ober- bzw. Unterwasserleitung [m]

Meist gilt, weil $v_o^2/2g$ und $v_u^2/2g$ vernachlässigbar klein sind:

$$H_N = H - h_{vo} - h_{vu}\ [m]$$

6.7.2.1 Anlage- und Turbinenkennkurve

Die *Anlagekennkurve* bzw. *Rohrleitungscharakteristik* ergibt sich gemäß Abb. 6.123a.

Die *Nutzfallhöhe* H_N ist vom *Nutzwasserdurchfluss* Q abhängig. Sie kann als Parabel der Form $H_N = H - C \cdot Q^2$ dargestellt werden. Der Faktor C ist ein Leitungsparameter (s. auch Abschn. 6.8.1).

Die *Turbinenkennkurve* kann für eine gegebene Drehzahl und Stellung des Regulierorgans als Parabel gemäß Abb. 6.123b aufgezeichnet werden. Ihr Schnittpunkt mit der *Anlagekennkurve* ist der *Arbeitspunkt* der Turbine (Abb. 6.123c).

Nun ist aber jede moderne Turbine grundsätzlich regulierbar und zwar so, dass ihr Arbeitspunkt kontinuierlich längs der Anlagekennkurve verschoben werden kann.

Der *Turbinenkennkurve* wird deshalb nicht die gleiche Beachtung geschenkt wie der *Pumpenkennkurve.* Für die Turbinen ist viel eher der Wirkungsgradverlauf in Abhängigkeit des Durchflusses charakteristisch (Abb. 6.123d).

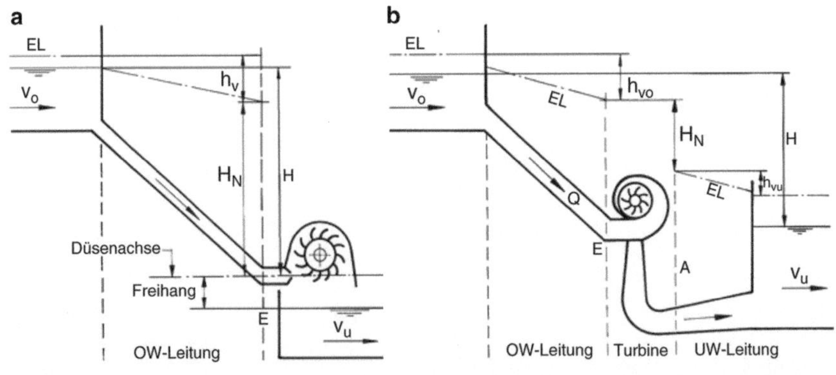

Abb. 6.122 Anordnung einer Turbine. **a** Pelton-Turbine mit Düseneinlauf *E*, **b** Francis-Turbine mit Einlauf *E* zum Spiralgehäuse und Auslauf *A* aus dem Saugschlauch

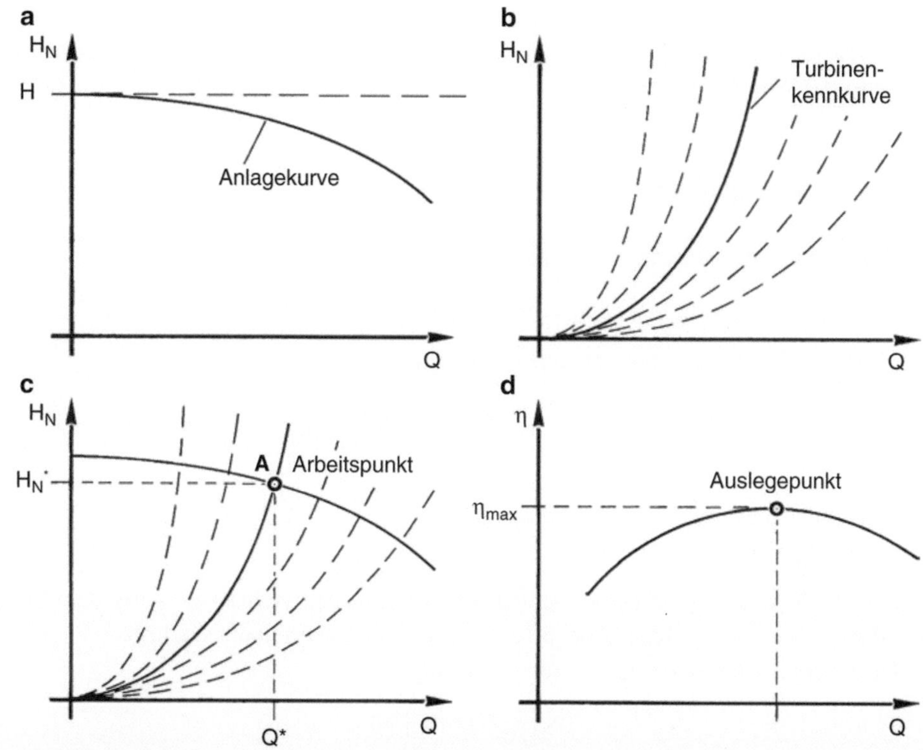

Abb. 6.123 Turbinenkennkurven. **a** Anlagekennkurve, **b** Turbinenkennkurve (mit Alternativen bei anderer Stellung der Düse oder des Leitapparats), **c** Arbeitspunkt im Schnittpunkt A, **d** Wirkungsgradverlauf

6.7.2.2 Turbinenregulierung

Die Turbinen treiben heute fast ausnahmslos Generatoren an. Mit Rücksicht auf die Wechselstromfrequenz müssen sie folglich eine konstante Drehzahl aufweisen.

Die entsprechende Regulierung, die sog. *Drehzahlregulierung,* wirkt vor allem auf den Durchfluss und erfasst bei den Pelton-Turbinen die *Düsennadel,* bei den Francis-Turbinen den *Leitapparat* und bei den Kaplan-Turbinen den *Leitapparat* und den *Verstellpropeller.*

Die Regulierung wirkt derart, dass das Antriebsmoment $\rho \cdot g \cdot Q \cdot H_N \cdot \eta_T/\omega$ dauernd mit dem Belastungsmoment des Generators übereinstimmt. Das Symbol ω bedeutet die Winkelgeschwindigkeit der Drehachse

$$\omega = 2 \cdot \pi \cdot n_{syn}\ [1/T]$$

mit

n_{syn} Synchrondrehzahl [1/T].

Jede Turbine ist, wie Abb. 6.123d andeutet, für einen bestimmten Durchfluss ausgelegt und weist für diesen den besten *Wirkungsgrad* η_T auf. Für kleinere und größere Durchflüsse ist der Wirkungsgrad geringer.

6.7.3 Leistungsabgabe

Die Turbine nimmt die hydraulische Nutzleistung

$$N = \rho \cdot g \cdot Q \cdot H_N \quad [W]$$

auf. Ihre Leistungsabgabe beträgt dementsprechend:

$$N_T = N \cdot \eta_T \quad [W]$$

mit

N_T Turbinenleistung (Leistungsabgabe) [W]
η_T Turbinenwirkungsgrad [-]

Der *Turbinenwirkungsgrad* berücksichtigt die hydraulischen Verluste zwischen dem Ein- und dem Auslauf der Turbine (Abb. 6.122) sowie deren Lagerreibungsverluste.

Die Leistungsabgabe des Generators N_G beträgt:

$$N_G = N_T \cdot \eta_G \ [W]$$

mit

N_G Generatorleistung (Leistungsabgabe) [W]
η_G Generatorwirkungsgrad [-]

Bei großen Einheiten wird der Strom meist in Mittelspannung generiert und für den Transport ins Konsumgebiet dann in Hochspannung transformiert.

Die *Leistungsabgabe* des zugehörigen *Transformators* N_{Trafo} erreicht den Wert:

$$N_{Trafo} = N_G \cdot \eta_{Trafo} \ [W]$$

mit

N_{Trafo} Transformatorleistung (Leistungsabgabe) [W]
η_{Trafo} Transformatorwirkungsgrad [-]

Die Leistung N_{KW}, die das entsprechende Kraftwerk abgibt, errechnet sich somit zu

$$N_{KW} = \rho \cdot g \cdot Q \cdot H_N \cdot \eta_T \cdot \eta_G \cdot \eta_{Trafo} \quad [W]$$

Abbildung 6.124 hält den zugehörigen Leistungsfluss schematisch fest. Die maximalen Wirkungsgrade η_T liegen für große Turbinen im Megawattleistungsbereich (analog zu den Pumpen) zwischen 90 und 95 %, für solche im Kilowattleistungsbereich zwischen 75 und 90 %. Die Energieabgabe des Kraftwerks zwischen den Zeitpunkten t_1 und t_2 bestimmt sich zu:

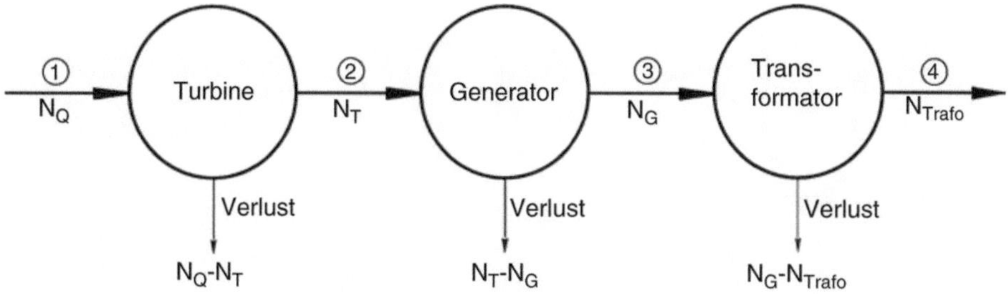

Abb. 6.124 Leistungsfluss in einem Kraftwerk. *1.* nutzbare hydraulische Leistung, *2.* mechanische Leistung, *3.* Generatorleistung, *4.* Transformatorleistung (Kraftwerksleistung)

$$E_{KW} = \int_{t_1}^{t_2} N_{KW} \cdot dt \text{ [Wh]}$$

bzw.

$$E_{KW} = \int_{T} \rho \cdot g \cdot Q \cdot H_N \cdot \eta_T \cdot \eta_G \cdot \eta_{Trafo} \cdot dt \text{ [Wh]}$$

Anmerkung: Mit $\rho = t/m^3$, $g = 9{,}81\,m/s^2$, Q in m^3/s und H_N in m erhält man N_{KW} in Kilowatt (kW). Zählt man die Einsatzzeit in Stunden h, wird die erzeugte Energie E_{KW} in kWh erhalten.

6.8 Pumpen

Pumpen übertragen mechanische Energie auf den Förderstrom (s. u. a. Raabe 2010) und können auf diese Weise Reibungsverluste und Höhendifferenzen kompensieren, sodass Wasser (u. a. Flüssigkeiten) auf ein höheres Niveau gefördert werden kann.

6.8.1 Kreiselpumpen (Turbopumpen)

Bei Kreiselpumpen dient als Übertragungselement ein mit Schaufeln besetztes Laufrad, dem das Wasser *axial* zuströmt und aus dem es – je nach Bauart – *axial, diagonal* oder *radial* abströmt (Abb. 6.125).

Dementsprechend unterscheidet man *Axialpumpen* (Propeller- und Kaplan-Pumpen), *Diagonalpumpen* (Schraubenpumpen) und *Radialpumpen* (Zentrifugalpumpen). Bei *diagonaler* und *radialer Abströmung* wird das Wasser in einem Spiralgehäuse gesammelt und dann tangential abgeleitet (Abb. 6.126).

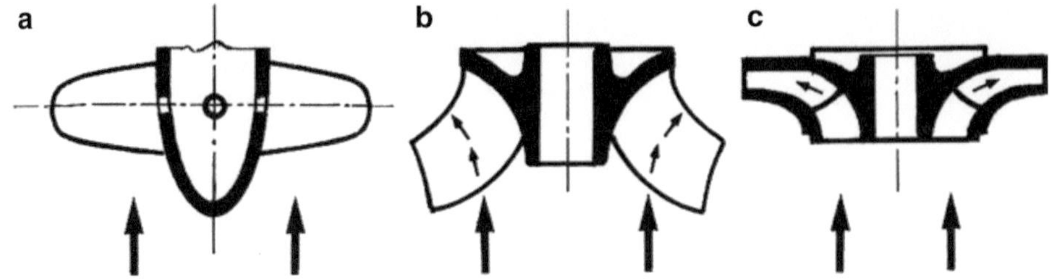

Abb. 6.125 Laufradtypen von Kreiselpumpen. **a** Axialpumpe **b** Diagonalpumpe, **c** Radialpumpe

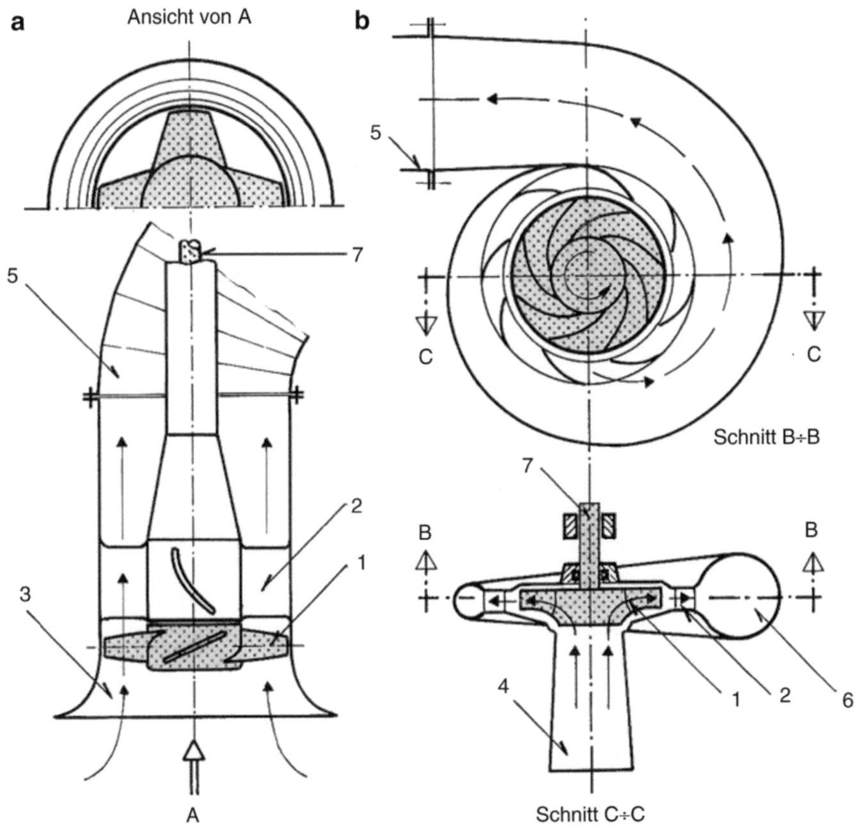

Abb. 6.126 Aufbau von Pumpen. **a** Axialpumpe, **b** Radialpumpe. Anlagenteile sind: *1.* Laufrad, *2.* feste Leitschaufeln, *3.* Ansaugstutzen, *4.* Saugrohr, *5.* Druckrohr, *6.* Spirale, *7.* Welle

Axialpumpen eignen sich grundsätzlich für große Förderströme und kleine Förderdrücke, *Diagonalpumpen* für mittlere Förderströme und mittlere Förderdrücke, *Radialpumpen* für kleine Förderströme und hohe Förderdrücke.

6.8.1.1 Anlage- und Pumpenkennkurve

Soll das Wasservolumen V um die Höhe H_P gehoben werden, bedarf es der Überwindung der Schwereenergie $A_Q = \rho \cdot g \cdot V \cdot H_P$. Die entsprechende Energie wird von der Pumpe aufgebracht. Die zugehörige Leistung N_Q ist, da $\rho \cdot g$ und H_P als zeitlich konstant angenommen werden können:

$$N_Q = \frac{dA_Q}{dt} = \rho \cdot g \cdot \frac{dV}{dt} \cdot H_P \text{ [W]}$$

oder

$$N_Q = \rho \cdot g \cdot Q_P \cdot H_p \text{ [W]}$$

mit

ρ Dichte des Förderstroms [kg/m³]
Q_P Förderstrom [m³/s]
H_P Förderhöhe [m]

Für die Bemessung einer Pumpe stellt sich die Frage, welches Wertepaar von Förderhöhe H_P und Förderstrom Q_P sich einstellt, wenn eine bestimmte Rohrleitungsanlage mit einer bestimmten Pumpe kombiniert wird.

Abbildung 6.127 zeigt einen schematischen Schnitt durch ein Pumpwerk. Zu unterscheiden ist zwischen der *Saugleitung* (sog. Saugseite) und der *Druckleitung* (sog. Druckseite) der Pumpe.

Die *Saugleitung* beginnt im Unterbecken (Vorbecken oder Pumpensumpf) und endet am Saugstutzen der Pumpe. Die Pumpe liegt zwischen dem *Saugstutzen* und dem *Druckstutzen*. Die *Druckleitung* führt vom Druckstutzen zum Oberbecken (Gegenbecken, Reservoir usw.).

Wie in Abb. 6.127 dargestellt, wird die Förderhöhe H_P zwischen dem Saug- und dem Druckstutzen gemessen und beträgt:

$$H_P = H_{geo} + \frac{v_o^2 - v_u^2}{2 \cdot g} + h_{vS} + h_{vD} \text{ [m]}$$

oder, weil der mittlere Term meist nicht ins Gewicht fällt:

$$H_P = H_{geo} + h_{vS} + h_{vD} \text{ [m]}$$

mit

H_{geo} geodätische Förderhöhe [m]
v_u, v_o mittlere Fließgeschwindigkeiten im Unter- und Oberbecken [m/s]
h_{vS}, h_{vD} Verlusthöhen in der Saug- und Druckleitung [m]

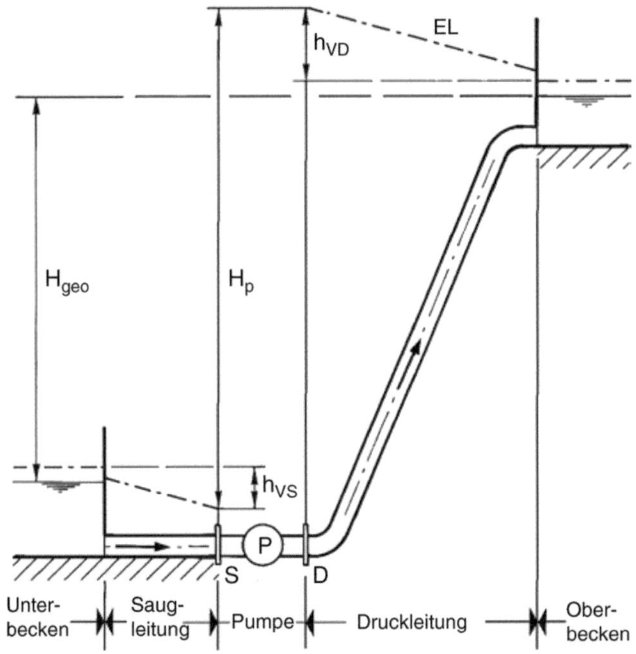

Abb. 6.127 Schematischer Längsschnitt durch eine Pumpenanlage mit Energielinie EL, Saugstutzen *S*, Pumpe *P* und Druckstutzen *D*

Anlagenkennkurve

Die zur turbulenten Strömung gehörenden Verlusthöhen können bei gegebener Geometrie und Rauheit der Leitungen wie folgt angeschrieben werden:

$$h_{vS} = C_S \cdot Q_P^2 \text{ [m]}$$

$$h_{vD} = C_D \cdot Q_P^2 \text{ [m]}$$

mit

Q_P Förderstrom (Durchfluss) [m^3/s]
$C_{S,D}$ Leitungsparameter [-]

Der Leitungsparameter errechnet sich aus dem allgemeinen Fließgesetz zu:

$$C_{S,D} = \frac{4^{10/3} \cdot L}{k_{Str} \cdot D_i^{16/3} \cdot \pi^2} \quad \text{[-]}$$

mit

D_i Innendurchmesser der Druckleitung [m]
k_{Str} Manning-Strickler-Beiwert [$m^{1/3}/s$]
L Leitungslänge [m]

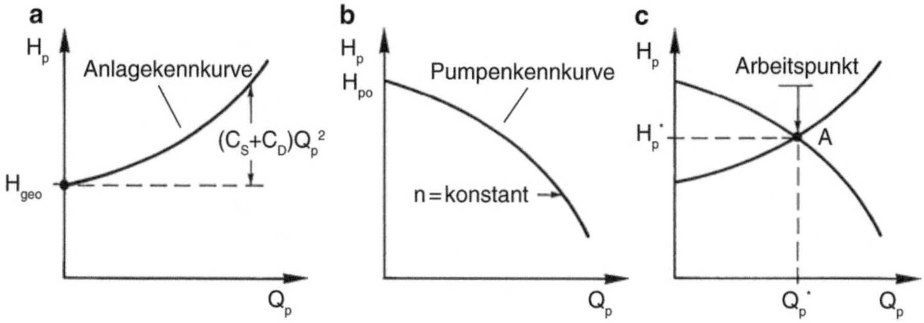

Abb. 6.128 Kennkurven einer Kreiselpumpe. **a** Anlagekennkurve, **b** Pumpenkennkurve, **c** Arbeitspunkt der Pumpanlage im Schnittpunkt *A*

Im H_P-Q_P-Diagramm lässt sich die Förderhöhe somit als Parabel

$$H_P = H_{geo} + (C_S + C_D) \cdot Q_P^2 \quad [m]$$

auftragen (Abb. 6.128a). Sie wird als *Anlagekennkurve* oder *Rohrleitungscharakteristik* bezeichnet und charakterisiert die Pumpenanlage; jedoch *ohne* die Pumpe selbst.

Pumpenkennkurve

Lässt man eine Kreiselpumpe mit konstanter Drehzahl n laufen, so besteht zwischen ihrer *Förderhöhe* H_P und dem *Förderstrom* Q_P eine gegenläufige Beziehung. Je mehr Förderhöhe überwunden werden muss, umso geringer fällt der Förderstrom aus.

Lässt man die Pumpe gegen einen geschlossenen Schieber arbeiten, so wird die Förderhöhe (Nullförderhöhe) maximal, nämlich H_{P0} bei $Q_P = 0$.

Die Beziehung zwischen Q_P und H_P wird als *Pumpenkennkurve* oder *Pumpencharakteristik* (gegebenenfalls auch als *Drosselkurve*) bezeichnet (Abb. 6.128b).

Arbeitspunkt

Werden Rohrleitungsanlage und Pumpe gemeinsam betrachtet, so ergeben sich die zugehörige *Förderhöhe* H_P und der zugehörige *Förderstrom* Q_P aus dem Schnittpunkt von *Anlagekennkurve* und *Pumpenkennkurve.* Dieser Schnittpunkt wird als *Arbeitspunkt* bezeichnet, was zum Ausdruck bringt, dass sich beim Betrieb des Pumpwerks das entsprechende Wertepaar (Förderhöhe H_p^*, Förderstrom Q_p^*) einstellt (Abb. 6.128c).

6.8.1.2 Optimale Pumpenwahl

An kleineren Anlagen stellt sich oft das Problem, aus einer bestimmten Baureihe diejenige *Pumpe* auszuwählen, die optimal arbeitet.

Die Rohrleitungsanlage und der gewünschte Förderstrom Q_{soll} sind im Allgemeinen gegeben. Folglich sind die *Anlagekennkurve* und der auf ihr liegende *Sollpunkt* bekannt (Abb. 6.129).

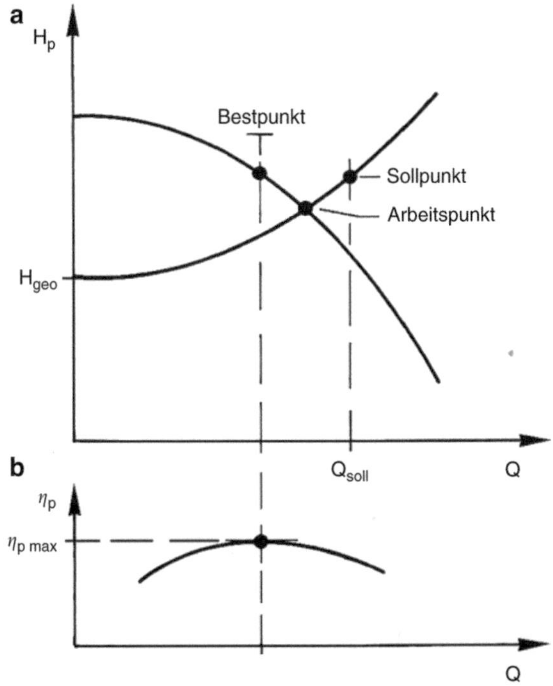

Abb. 6.129 Auswahl einer Pumpe. **a** Sollpunkt, Bestpunkt und Arbeitspunkt sollen möglichst nahe beieinander liegen bzw. identisch sein, **b** der Bestpunkt wird bei maximalem Wirkungsgrad erreicht

Wählt man nun eine Pumpe, so ist zu beachten, dass diese für ein ganz bestimmtes Wertepaar von H_P und Q_P ausgelegt ist. Wird die Pumpe in diesem Wertebereich betrieben, so ist ihr Wirkungsgrad η_P maximal, läuft sie außerhalb dieses Bereichs, wird der Wirkungsgrad η_P schlechter (Abb. 6.129). Das erwähnte Wertepaar stellt auf der Pumpenkennkurve somit einen *Bestpunkt* dar.

Legt man die *Anlage-* und die *Pumpenkennkurve* übereinander, ergibt sich als dritter Punkt der *Arbeitspunkt.* Liegen nun alle drei Punkte nahe beisammen oder fallen sie sogar auf einen Punkt, handelt es sich um die *optimale* Pumpe. Sie fördert Q_{soll} bei maximalem Wirkungsgrad $\eta_{P,max}$.

In der Praxis wird dieses Auswahlproblem noch erschwert, weil im Unter- und Oberbecken Spiegelschwankungen vorkommen können, die die geodätische Förderhöhe verändern. Dann gibt es statt eines einzigen Arbeitspunkts einen *Arbeitsbereich.* Die Pumpe ist dann so zu wählen, dass sie im gesamten Arbeitsbereich mit gutem Wirkungsgrad läuft.

Ferner ist damit zu rechnen, dass das Pumpwerk altert, sodass die Anlagekurve mit der Zeit stärker ansteigt und die Pumpenkennkurve generell absinkt. Gegebenenfalls muss deshalb bereits bei der Bemessung eine gewisse Reserve vorgesehen werden, d. h. Q_{soll} muss größer als erforderlich angenommen werden.

Zusätzlich sind noch Fragen der Wirtschaftlichkeit bei der Bemessung der Pumpen zu berücksichtigen (u. a. Kosten der Pumpen, Energiebedarf, Wartungsintervalle).

6.8.1.3 Leistungsbedarf einer Pumpe

Die Pumpe muss die *hydraulische Förderleistung*

$$N_Q = \rho \cdot g \cdot Q_P \cdot H_P \; [W]$$

erbringen. Dabei handelt es sich theoretisch um die Leistung, die die Pumpe allein für den Transport des Wassers, den eigentlichen Pumpvorgang, benötigt.

Infolge der *hydraulischen Verluste* in der Pumpe selbst (zwischen Saug- und Druckstutzen der Pumpe) sowie ihrer *Lagerreibungsverluste,* ist die von ihr benötigte Gesamtleistung naturgemäß höher. Es gilt:

$$N_Q = N_P \cdot \eta_P \; [W]$$

oder

$$N_P = \frac{N_Q}{\eta_P} \; [W]$$

mit

N_P Pumpenleistung (Leistungsaufnahme) [W]
η_P Pumpenwirkungsgrad [-]

Gleiches kann für den Antrieb der Pumpe gesagt werden. Er muss N_P abgeben und dafür N_M aufnehmen. Es ist

$$N_P = N_M \cdot \eta_M \; [W]$$

oder

$$N_M = \frac{N_P}{\eta_M} \; [W]$$

mit

N_M Motoren- oder Antriebsleistung (Leistungsaufnahme) [W]
η_M Motorwirkungsgrad [-]

Die Leistung N_{PW}, die dem entsprechenden Pumpwerk zuzuführen ist, beträgt somit:

$$N_{PW} = N_M = \frac{\rho \cdot g \cdot Q_P \cdot H_P}{\eta_P \cdot \eta_M} \; [W]$$

Abbildung 6.130 zeigt den entsprechenden Leistungsfluss. Für große Pumpen im Megawattleistungsbereich liegen die maximalen Wirkungsgrade η_p zwischen 90 und 95 %, für solche im Kilowattleistungsbereich zwischen 75 und 90 %.

Der Energiebedarf des Pumpwerks E_{PW} zwischen den Zeitpunkten t_1 und t_2 beträgt:

$$E_{PW} = \int_{t_1}^{t_2} N_{PW} \cdot dt \quad [Wh]$$

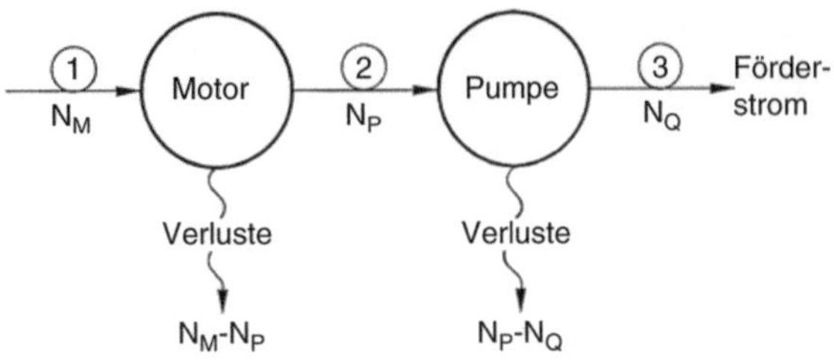

Abb. 6.130 Leistungsfluss in einem Pumpwerk. Anlagenteile: *1.* Strom oder Treibstoff, *2.* mechanische Leistung, *3.* hydraulische Leistung bzw. Förderleistung

bzw.

$$E_{PW} = \int_{t_1}^{t_2} \frac{\rho \cdot g \cdot Q_P \cdot H_P}{\eta_P \cdot \eta_M} \cdot dt \quad [Wh]$$

Anmerkung: Mit $\rho = t/m^3$, $g = 9{,}81\,m/s^2$, Q_P in m^3/s und H_P in m erhält man N_{PW} in Kilowatt (kW). Zählt man die Einsatzzeit in Stunden h, ergibt sich die Energie E_{PW} in Kilowattstunden (kWh).

6.8.1.4 Hinweise zur Anordnung

Die Kreiselpumpen werden im Allgemeinen *horizontal-* oder *vertikalachsig* angeordnet. Ihre räumliche Entwicklung wird im Wesentlichen durch vier Anlagenteile bestimmt (Abb. 6.131):

- Saugrohr
- Laufrad
- Druckrohr
- Antrieb

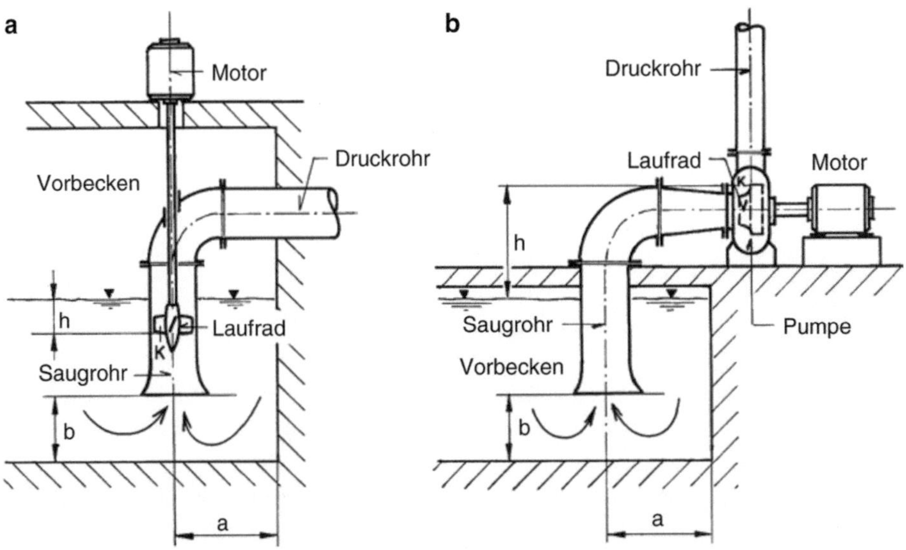

Abb. 6.131 Schematische Anordnung einer Pumpenanlage. **a** Vertikalachsige Axialpumpe mit positivem Zulaufdruck, **b** horizontalachsige Radialpumpe mit negativem Zulaufdruck. *K* kritische Stellen in der Anlage bezüglich Kavitation

Besondere Bedeutung haben die Gewährleistung einer *wirbelfreien Anströmung* und die *Kavitationssicherheit.*

Wirbelfreie Anströmung

Vor allem bei einer vertikalachsigen Anordnung gemäß Abb. 6.131a besteht die Gefahr der Wirbelbildung im Vorbecken. Die Wirbel schränken den Zufluss und damit den Wirkungsgrad der Pumpen ein; sie können sogar Luft in die Pumpen reißen, was den Wirkungsgrad weiter herabsetzt und zu unerwünschten Vibrationen führen kann.

Um die Wirbelbildung zu vermeiden, ist eine sorgfältige Gestaltung des Vorbeckens und des Saugrohreintritts erforderlich. Für die in Abb. 6.131 dargestellten Längen a und b gibt es vom Pumpenlieferanten empfohlene Richtwerte in Abhängigkeit vom Saugrohrdurchmesser (Abb. 6.131a, b).

Kavitationssicherheit

Nach Bernoulli gilt für einen gewählten Bezugshorizont entlang eines gedachten Stromfadens vom Vorbecken zu einem kritischen Punkt K beim Laufrad die folgende Beziehung (Abb. 6.131a,b):

$$h + \frac{p'_A}{\rho \cdot g} + \frac{v^2}{2 \cdot g} = \frac{p'_K}{\rho \cdot g} + \frac{v_K^2}{2 \cdot g} + h_v \text{ [m]}$$

mit

p'_A Atmosphärendruck [N/m^2]
h Zulaufdruckhöhe [m]
p'_K absoluter Druck im kritischen Punkt [N/m^2]
v Strömungsgeschwindigkeit im Vorbecken [m/s]
v_K Strömungsgeschwindigkeit im kritischen Punkt [m/s]
h_v Verlusthöhe [m]

Falls $v^2/2 \cdot g \approx 0$ gesetzt wird, ist der *absolute Druck* an den kritischen Stellen:

$$\frac{p'_K}{\rho \cdot g} = h - \left(\frac{v_K^2}{2 \cdot g} + h_v \right) + \frac{p'_A}{\rho \cdot g} \text{ [m]}$$

Dieser Druck kann bei hohen Strömungsgeschwindigkeiten an den kritischen Stellen sehr kleine Werte annehmen.

Liegt der absolute Druck im Rohr unter dem Dampfdruck $p'_D/(\rho \cdot g)$, so entsteht Kavitation (s. auch Abschn. 6.6.4). Die Kavitation regt Vibrationen an, die zu Erosionsschäden am Laufrad führen können. Für die *Kavitationssicherheit* muss somit die Bedingung

$$\frac{p'_K}{\rho \cdot g} > \frac{p'_D}{\rho \cdot g} \text{ [m]}$$

d. h.

$$h > \left(\frac{v_K^2}{2 \cdot g} + h_v\right) - \left(\frac{p'_A - p'_D}{\rho \cdot g}\right) \text{ [m]}$$

erfüllt sein.

Mit den notwendigen Sicherheitszuschlägen führen diese Überlegungen zu praktischen Werten für die *minimale Zulaufdruckhöhe* h von einigen zehn Metern bis zu negativen Drücken von bis hin zu −7 m.

Berücksichtigt man zudem, dass alle Teile des Laufrads diese Kriterien erfüllen müssen, dann ist bei einer *Tieflage* (d. h. bei negativen Werten) der Laufraddurchmesser zu dieser Höhenangabe zu addieren, d. h. die Baugrube wird noch tiefer. Gleiches gilt dann umgekehrt für die Hochlage. Der jeweils zu berücksichtigende Wert muss vom Pumpenlieferanten mitgeteilt werden.

Um tiefe Gründungen zu vermeiden, wird das Laufrad so hoch wie möglich angeordnet. Wenn die minimal erforderliche Zulaufdruckhöhe negativ ist, kommt das Laufrad folglich über den Vorbeckenspiegel zu liegen (Abb. 6.131b). Die Pumpe kann dann allerdings nicht ohne besondere Vorkehrungen zu ihrer Füllung angefahren werden (z. B. manuelles Füllen der Saugleitung von der Druckseite her, selbstansaugende Pumpe, Zubringerpumpe).

6.8.1.5 Hintereinander- und Nebeneinanderschaltung

In einer Pumpenanlage werden meist mehrere Pumpen eingebaut. Infrage kommt eine *Hintereinander-* oder eine *Nebeneinanderschaltung.*

Eine Alternative zur Nebeneinanderschaltung ist die *Blockschaltung.* Bei dieser Anordnung wird die Pumpanlage praktisch in mehrere voneinander unabhängige Teilanlagen aufgegliedert (Abb. 6.132c).

Hintereinanderschaltung

Bei der *Hintereinanderschaltung* (Abb. 6.132a) addieren sich die *Pumpenkennkurven* gemäß Abb. 6.133a in der H_P-Richtung. Dadurch wird vor allem eine größere Förderhöhe erreicht. Doch ist auch der Förderstrom größer.

Es ist darauf zu achten, dass der resultierende Arbeitspunkt im Bereich eines guten Wirkungsgrads liegt. Zu erwähnen ist noch, dass es ratsam ist, für die verschiedenen Pumpen den gleichen Nullpunkt auf der Q_P-Achse zu wählen.

Das Prinzip der Hintereinanderschaltung wird insbesondere bei *mehrstufigen Pumpen* verwirklicht. An diesen sitzen mehrere Laufräder auf der gleichen Antriebsachse; der Druckstutzen des ersten Laufrads bildet praktisch den Saugstutzen des zweiten usw. (Abb. 6.134).

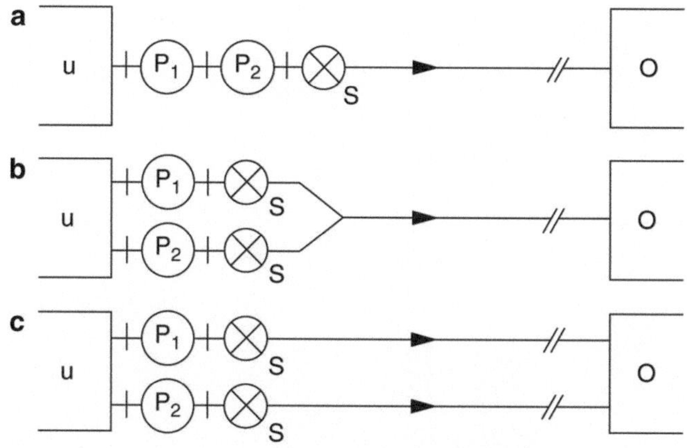

Abb. 6.132 Einsatz von mehreren Pumpen. **a** Hintereinanderschaltung, **b** Nebeneinanderschaltung und **c** Blockschaltung. (Bezeichnungen: *u* Unterbecken; *o* Oberbecken; *S* Schieber; *P* Pumpe)

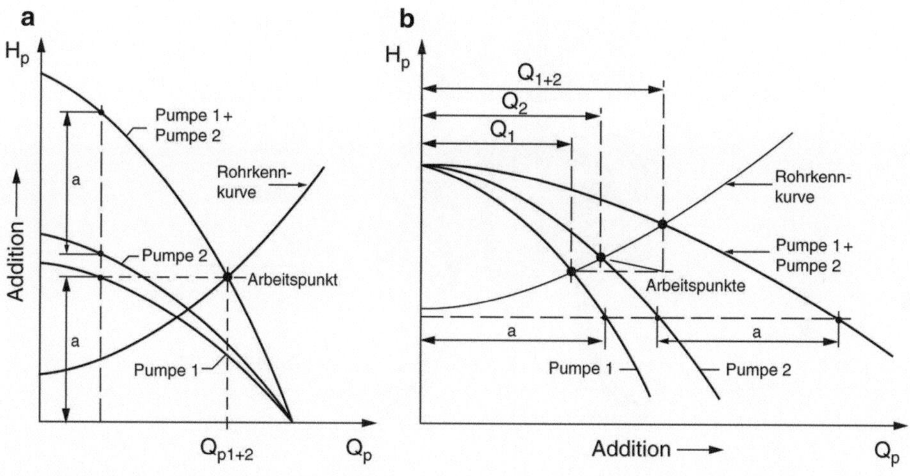

Abb. 6.133 Einsatz von zwei Pumpen. **a** bei Hintereinanderschaltung addieren sich die Pumpenkennkurven in H_P-Richtung, **b** bei Nebeneinanderschaltung in Q_P-Richtung

Nebeneinanderschaltung

Bei der *Nebeneinanderschaltung* von Pumpen addieren sich deren Kennkurven in der Q_P-Richtung (Abb. 6.133b). Dadurch wird vor allem ein größerer Förderstrom erreicht.

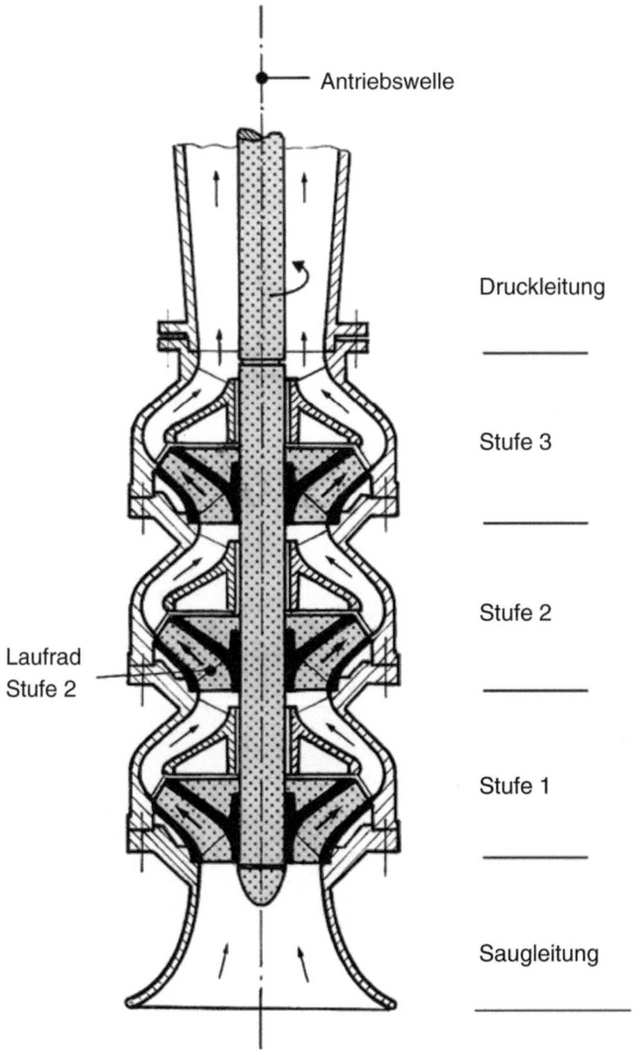

Abb. 6.134 Schematischer Schnitt durch eine *dreistufige* Radialpumpe (in diesem Fall eine Bohrlochpumpe)

Ist die Druckseite mit Schiebern abschließbar, so können bei n verschiedenen Pumpen $2^n - 1$ Arbeitspunkte gefahren werden, was die Flexibilität des Betriebs einer Pumpenanlage erhöht. Dieser Betrieb ist allerdings nur dann problemlos, wenn die Pumpen gleiche *Nullförderhöhen* $H_{P,0}$ aufweisen.

6.8.1.6 Regulierung von Pumpen

Wenn eine Pumpanlage verschiedene Arbeitspunkte abdecken soll, muss sie regulierbar sein. Die Regulierung kann dabei auf verschiedene Arten verwirklicht werden, beispielsweise als Drehzahl-, Drossel- oder Schaufelregulierung.

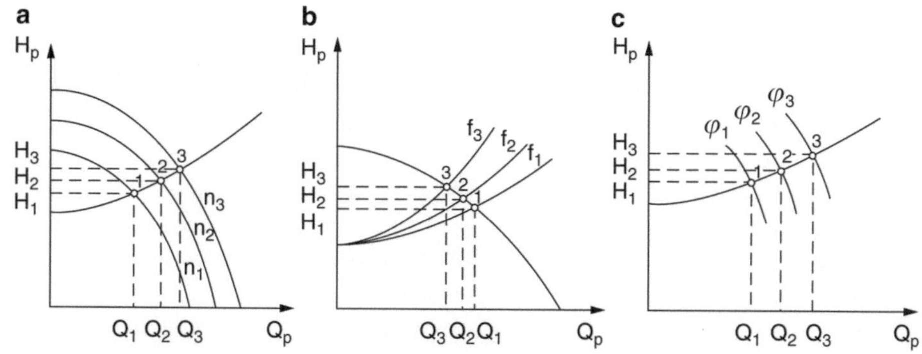

Abb. 6.135 Regulierung einer Pumpanlage. **a** Drehzahlregulierung mit Drehzahl n, **b** Drosselregulierung mit Drosselquerschnitt f, **c** Laufschaufelregulierung mit Schaufelstellung φ (einer Axialpumpe)

Drehzahlregulierung

Wie bereits erwähnt, gehört zu jeder Drehzahl eine bestimmte Kennkurve. Demzufolge entspricht eine Drehzahlregulierung auch einer Pumpenregulierung. Die Drehzahländerung kann *kontinuierlich* (stufenlose Regulierung) oder in *diskreten Schritten* erfolgen (Abb. 6.135a).

Drosselregulierung

Anstatt die *Pumpenkennkurve* und damit praktisch die Pumpe zu verändern, kann die Anlagekennkurve mit einer in der Druckleitung eingebauten *Drosselung* verschoben werden. Dadurch wird der Arbeitspunkt der Pumpe ebenfalls verschoben. Als Drosselorgan eignet sich ein Schieber (z. B. ein Ringschieber), der bei kontinuierlicher Verstellung eine stufenlose Pumpenregulierung ermöglicht (Abb. 6.135b).

Schaufelregulierung

Für Axial- oder Halbaxialläufer kann die Pumpenkennkurve durch eine *Verstellung der Laufschaufeln* (Verstellpropeller) geändert werden (Abb. 6.135c). Eine Variante dazu bildet die Verstellung der Leitschaufeln auf der Saug- oder Druckseite der Pumpe (s. auch Abschn. 6.7.1 – Leitapparat bei Turbinen).

Vergleich der Regulierungsmöglichkeiten

Die *Drosselregulierung* ist hinsichtlich Betriebskosten die teuerste Lösung. Das folgt aus dem Umstand, dass die Pumpe zwangsläufig die Drosselverluste überwinden muss und zudem meist außerhalb ihres *Bestpunkts* arbeitet.

Die *Drehzahlregulierung* erfordert naturgemäss einen hinsichtlich Anlagekosten teuren Antrieb. Sie erlaubt es aber, die Pumpe ständig in der Nähe ihres Bestpunkts einzusetzen, weshalb die Betriebskosten günstig ausfallen.

Die *Schaufelregulierung* erhöht die Anlagekosten eher stark. Sie führt aber in ihrem Anwendungsbereich ebenfalls zu niedrigen Betriebskosten.

6.8.1.7 Intermittierender Betrieb

Als Alternative zur Regulierung des Förderstroms dient der intermittierende Pumpbetrieb. Er erfordert – je nach Anlage – auf der Saug- oder der Druckseite der Pumpe den Einbau eines Speichers, dessen Wirkungsweise am grundsätzlichen Beispiel von Abb. 6.136a gezeigt werden kann.

Eine Entwässerungspumpe soll das in einem tiefer liegenden Gebiet variabel anfallende Wasser Q_z, (wobei $Q<Q_z<Q_{z,max}$) in einen Speicher mit konstantem Wasserspiegel fördern. Die Pumpe soll nicht reguliert werden, sondern intermittierend (mit Unterbrechungen) arbeiten. Die Bemessungssituation zeigt Abb. 6.136a.

Wie wird eine derartige Entwässerungspumpe bemessen? – Wie groß soll der Nutzinhalt ihres Vorbeckens (Speicher) werden?

Zunächst wird man bei dieser Aufgabe die maximalen und minimalen Vorbeckenspiegel festlegen sowie die Pumpleistung wählen. Damit lässt sich zu jedem

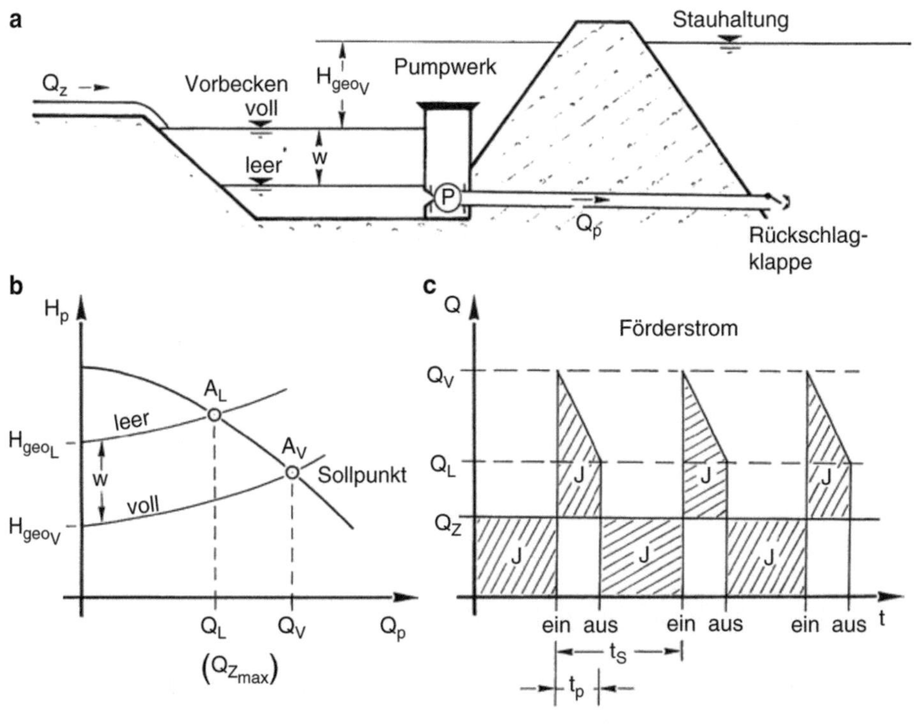

Abb. 6.136 Intermittierender Betrieb einer Entwässerungspumpe. **a** Längsschnitt durch die Anlage, **b** Anlage- und Pumpenkennkurve, Schwankungsbereich w, **c** Ganglinie der Zuflüsse Q_z und des Förderstroms $Q_L<Q_P<Q_V$

Vorbeckenspiegel die *Anlagenkennkurve* bestimmen. Diese schwankt entsprechend der Spiegelschwankung w im Vorbecken (Abb. 6.136b).

Die Pumpe kann auch so gewählt werden, dass sie bei vollem Vorbecken gerade $Q_{z,max}$ fördert. Ihre Kennkurve muss also durch den Sollpunkt $Q_{z,max} = Q_V$ gehen (Abb. 6.136a).

Daraus ergibt sich für einen kleineren, über längere Zeit konstanten Wasserzufluss Q_z, der folgende Betriebsablauf:

- Während der Füllung des Vorbeckens arbeitet die Pumpe nicht.
- Die Pumpe schaltet ein, wenn der Speicher voll ist und leitet damit den Entleerungsvorgang ein.
- Ist das Vorbecken leer gepumpt, schaltet die Pumpe ab.

Damit ergibt sich der erforderliche Speicherinhalt J aus der Vorgabe, dass das Füllvolumen dem Entleerungsvolumen entspricht (Abb. 6.136c). In diesem Fall gilt:

$$J = Q_z \cdot (t_s - t_p) = \left[0{,}5 \cdot (Q_V + Q_L) - Q_z\right] \cdot t_p \quad [m^3]$$

mit

t_s Schaltfolge [s]
t_p Pumpzeit [s]
Q_V Förderstrom bei vollem Speicher [m^3/s]
Q_L Förderstrom bei leerem Speicher [m^3/s]

Der dritte Term basiert auf einer Annäherung der Gangliniendifferenz durch ein Trapez.

Die Auflösung nach der Schaltfolge t_s bzw. der Schalthäufigkeit (Schaltfrequenz) $i_s = 1/t_s$, ergibt, wenn zusätzlich berücksichtigt wird, dass Q_L als Anteil $\alpha \cdot Q_V$ ausgedrückt werden kann:

$$i_s = \frac{Q_z}{J} \cdot \left[1 - \frac{Q_z}{0{,}5 \cdot Q_v \cdot (1+\alpha)}\right] \quad [1/s]$$

Die Schalthäufigkeit ist demzufolge für $Q_z = 0$ und $Q_z = 0{,}5 \cdot Q_V \cdot (1 + a)$ gleich Null. Da der Wasserzufluss Q_z nicht negativ werden kann, muss die zweite Aussage noch präzisiert werden. Die Schalthäufigkeit wird Null für

$$0{,}5 \cdot Q_V \cdot (1+\alpha) \leq Q_z \leq Q_V \; [m^3/s]$$

und maximal für

$$Q_z = \frac{0{,}5 \cdot Q_V \cdot (1+\alpha)}{2} \; [m^3/s]$$

und erreicht dann den Wert:

$$i_{s,max} = \frac{0{,}5 \cdot Q_V \cdot (1+\alpha)}{4 \cdot J} \; [1/s]$$

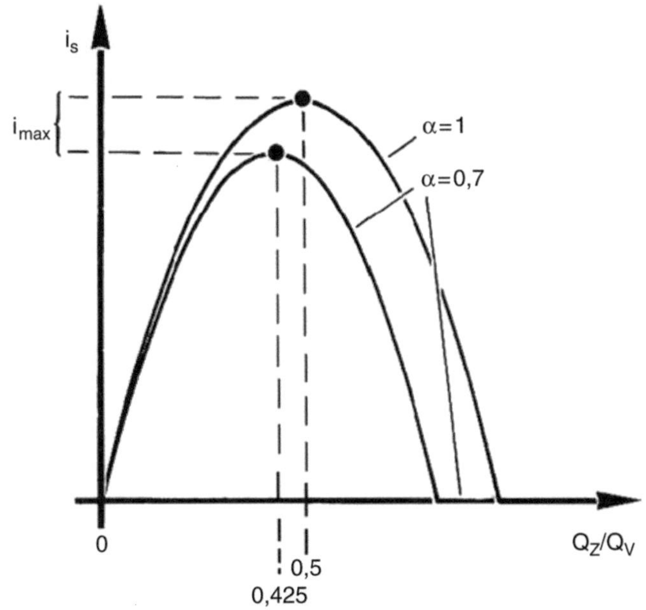

Abb. 6.137 Beziehung zwischen Schalthäufigkeit i_s und dem Verhältnis Q_Z/Q_V bei gegebenem Inhalt J des Speichers

Die zugehörige Funktion ist in Abb. 6.137 für zwei Werte von α dargestellt. Sie wird dazu verwendet, um bei Annahme einer maximal zulässigen Schalthäufigkeit den erforderlichen Speicherinhalt J_{erf} zu bestimmen. Für diesen gilt:

$$J_{erf} = \frac{0{,}5 \cdot Q_V \cdot (1 + \alpha)}{4 \cdot i_{s,max}} \text{ [m}^3\text{]}$$

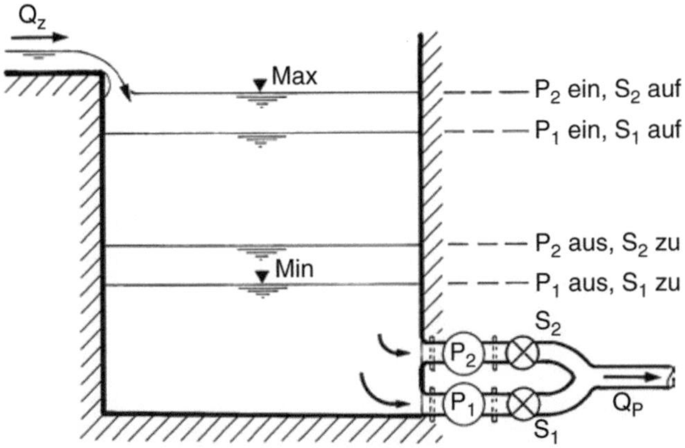

Abb. 6.138 Schema eines Schöpfwerks mit zwei nebeneinander arbeitenden Pumpen P_1 und P_2 mit den zugehörigen Schiebern S_1 und S_2. Möglichkeit für eine Vierpunktregelung des Betriebs

Das betrachtete Schöpfwerk gemäß Abb. 6.136a besitzt nur eine einzige Pumpe. Diese wird gemäß einem Zweipunktregler ein- und abgeschaltet, d. h. Einschaltung bei vollem Speicher, Abschaltung bei leerem Speicher.

In Schöpfwerken mit mehreren nebeneinander arbeitenden Pumpen wird man im Allgemeinen für jede Pumpe einen besonderen Zweipunktregler verwenden und damit insgesamt betrachtet einen Mehrpunktregler einführen. Abbildung 6.138 zeigt einen Vierpunktregler für zwei Pumpen.

Beispiel

Der Zufluss schwankt zwischen $Q_z = 0$ und $2{,}0\ m^3/s$. Der Förderstrom beträgt bei vollem Speicher $Q_V = 2{,}0\ m^3/s$, bei leerem $Q_L = 1{,}4\ m^3/s$. – Wie groß muss das Speichervolumen J_{erf} gewählt werden, damit die Schalthäufigkeit i_s nicht über $i_{s,max} = 2/h = 1/1800\ s$ steigt?

Lösung:

Mit $\alpha = Q_L/Q_V = 0{,}7$ wird:

$$J_{erf} = \frac{0{,}5 \cdot Q_V \cdot (1+\alpha)}{4 \cdot i_{s,max}} \cdot 1800 = \frac{0{,}5 \cdot 2{,}0\ m^3/s \cdot (1+0{,}7)}{4 \cdot 1 \cdot 1/s} \cdot 1800 = 765\ m^3$$

6.8.2 Schneckenpumpen

Schneckenpumpen (sog. *Archimedes-Schnecken*) weisen eine gewisse Verwandtschaft mit Axialpumpen auf; sie fördern die Flüssigkeit aber mit einem freien Spiegel (Abb. 6.139). Sie weisen heute bei Längen bis 20 m eine Neigung bis 40° auf.

Ihre Förderkapazität richtet sich einzig nach dem Unterwasserstand; sie steigt mit diesem an, bis der sog. Füllpunkt erreicht ist, dann bleibt sie konstant (Abb. 6.140).

Gegen den Anfall von Geschwemmsel und starke Verschmutzungen sind solche Pumpen weitgehend unempfindlich, weshalb sie oft in der Abwassertechnik zum Einsatz gelangen.

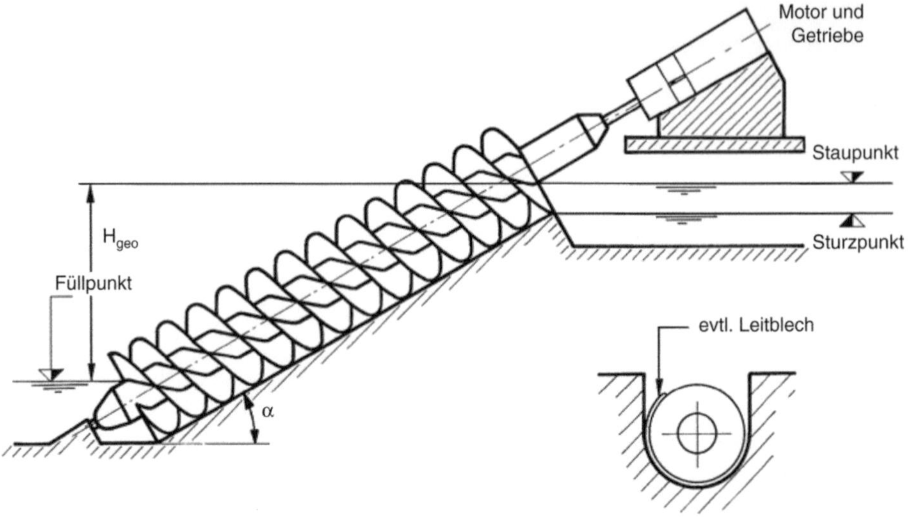

Abb. 6.139 Längs- und Querschnitt durch eine Schneckenpumpe

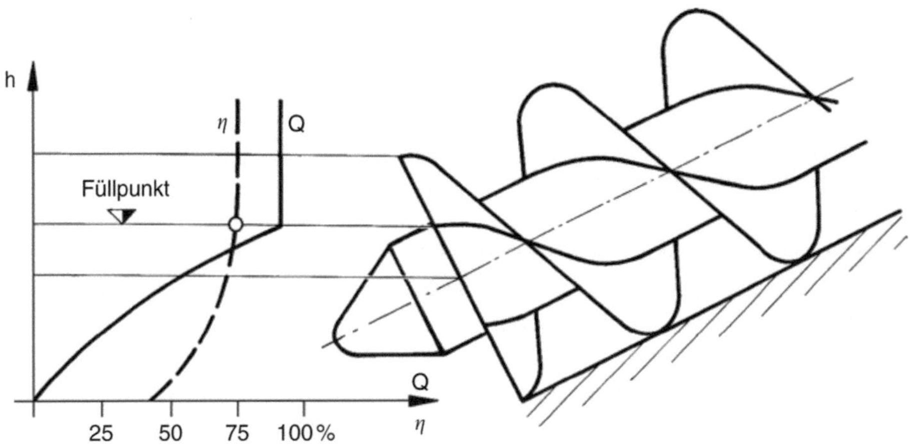

Abb. 6.140 Kennkurve einer Schneckenpumpe und zugehöriger Wirkungsgrad η

6.8.3 Kolbenpumpen

Da *Kolbenpumpen* in der Wasserwirtschaft eher selten eingesetzt werden, folgt hier nur ein kurzer Hinweis. Ihre Wirkung beruht darauf, dass sie das ihnen zugeführte Wasser periodisch in die Druckleitung verdrängen. Deshalb werden sie generell den *Verdrängerpumpen* zugeordnet.

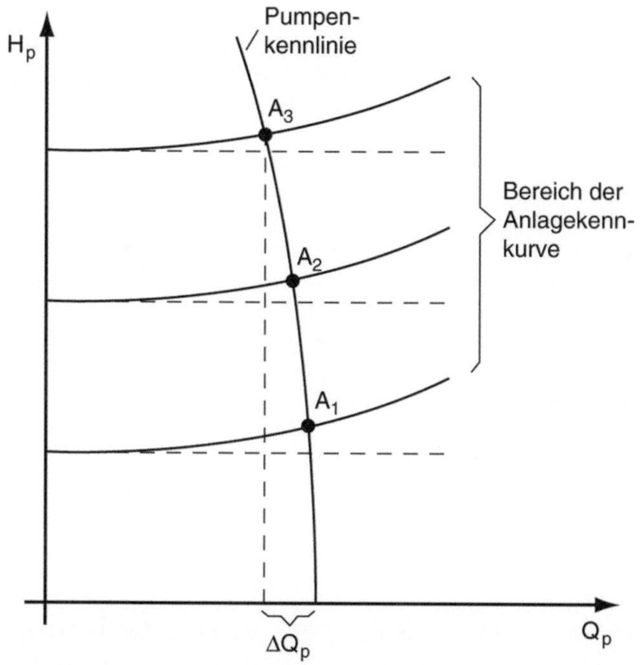

Abb. 6.141 Kolben- oder Verdrängerpumpe. Pumpenkennkurve und Anlagekennkurven. Der Förderstrom variiert in Funktion des Drucks nur wenig (ΔQ_p)

Aus der Fülle der Konstruktionstypen seien hier erwähnt:

- die eigentliche Kolbenpumpe
- die Membranpumpe
- die Kreiskolbenpumpe und die
- Zahnradpumpe

Kolbenpumpen eignen sich grundsätzlich für kleine Förderströme und hohe Förderdrücke.

Infolge des Verdrängungsprinzips ist ihre Kennlinie sehr steil. Wie Abb. 6.141 andeutet, eignen sie sich deshalb gut als Dosierpumpen, d. h. für eine vom Druck in der Anlage wenig abhängige Förderung. Im Unterschied zu den Kreiselpumpen werden sie gewöhnlich nicht hintereinandergeschaltet bzw. nicht mehrstufig gebaut.

Literatur

Bauhaus-Universität Weimar (Hrsg.) (2009a) Betrieb und Sanierung von Talsperren – Sicherheit, Bewirtschaftung und Wirtschaftlichkeit, Überwachung, Reparatur-Modernisierung-Rückbau, Weiterbildendes Studium „Wasser und Umwelt“, VDG Bauhaus-Universitätsverlag Weimar, Weimar

Bauhaus-Universität Weimar (Hrsg.) (2009b) Flussbau – Hydraulische Berechnung, Wehre und Sohlenbauwerke, Ausleitungsbauwerke, Energieumwandlungsanlagen, Wasserkraftanlagen, Binnenverkehrswasserbau, Weiterbildendes Studium „Wasser und Umwelt", 2. redaktionell überarbeitete Ausgabe, VDG Bauhaus-Universitätsverlag Weimar, Weimar

Berga, L., Buil, J.M., Jofré, C., Chonggang, S. (Hrsg.) (2003) Roller Compacted Concrete Dams, Proceedings of the 4th international symposium on RCC dams, 17–19 Nov 2003, Madrid, A.A. Balkema, Rotterdam

Boes, R. (1999) Gewichtsstaumauern aus Walzbeton, Wasser, Energie, Luft, 914. Jahrg., Heft 1/2/1999, S. 11–15, Schweizerischer Wasserwirtschaftsverband, Baden

Boes, R. (2000) Zweiphasenströmung und Energieumsetzung an Grosskaskaden, Mitteilung 166 Versuchsanstalt für Wasserbau, Hydrologie und Glaziologie an der ETH Zürich, Zürich

Bung, D. B. (2009) Zur selbstbelüfteten Gerinneströmung auf Kaskaden mit gemäßigter Neigung, Bericht 16, Lehr- und Forschungsgebiet Wasserwirtschaft und Wasserbau Bergische UniversitätWuppertal, Shaker Verlag, Aachen

Dengg, A. (2013) Grizzly-Rechen – eine innovative Technologie für Wasserfassungen, Wasserwirtschaft, 109. Jahrg., Heft 7/8, S. 52–55

Gebler, R.-J. (2005) Entwicklung naturnaher Bäche und Flüsse – Massnahmen zur Strukturverbesserung, Verlag Wasser und Umwelt, Walzbachtal

Giesecke, J., Heimerl, S., Mosonyi, E. (2014) Wasserkraftanlagen – Planung, Bau und Betrieb, 6. Aufl., Springer, Berlin, Heidelberg

Gordon, J.L. (1970) Vortices at intakes; Water Power

Gujer, W. (2007) Siedlungswasserwirtschaft, 3. Aufl., Springer, Berlin, Heidelberg, New York

Hager, W.H. (1988) Abflußformeln für turbulente Strömungen, Wasserwirtschaft, 78. Jahrg., Heft 2, S. 79–84

Hager, W.H. (2010) Abwasserhydraulik – Theorie und Praxis, 2. Aufl., Springer, Berlin, Heidelberg, New York

Hoffmans, G.J.C.M., Verheij, H.J. (1997) Scour Manual, A.A. Balkema, Rotterdam, Brookfield

ICOLD (Hrsg.) (1989) Roller compacted concrete for gravity dams, state of the art, ICOLD-Bulletin 75, Paris

Kaczynski, J. (1994) Stauanlagen, Wasserkraftanlagen, 2. Aufl., Werner-Verlag, Düsseldorf

Knauss, J. (1978) Swirling flow problems at intakes; IAHR Design Manual Nr.1, A.A. Balkema, Rotterdam

Küttel, M., Meier, J. (2012) Erfahrungen mit dem Entsanderabzugsystem HSR, Wasser, Energie, Luft, 104. Jahrg., Heft 1/2012, S. 77+78, Schweizerischer Wasserwirtschaftsverband, Baden

Lattermann, E. (2017) Wasserbau-Praxis, 4. Aufl., Beuth Verlag GmbH, Berlin, Wien, Zürich

LAWA (Hrsg.) (2001) Länderarbeitsgemeinschaft Wasser. Empfehlungen zur Ermittlung von Mindestabflüssen in Ausleitungsstrecken von Wasserkraftanlagen und zur Festsetzung im wasserrechtlichen Vollzug, 1. Aufl., Juli 2001, Kulturbuchverlag, Berlin

Martin, H., Pohl, R. (Hrsg.) (2015) Technische Hydromechanik 4 – Hydraulische und numerische Modelle, 3. Aufl., Beuth Verlag GmbH, Berlin, Wien, Zürich

Meier, J. (2003) Leistungsfähiger Sandabzug für moderne Entsander in Neu- und Umbauprojekten, Wasser, Energie, Luft, 95. Jahrg., Heft 7/8/2003, S. 205+206, Schweizerischer Wasserwirtschaftsverband, Baden

Meier, J. (2014) Entsanderanlagen für Wasserkraftwerke – Stand der Technik, zek HYDRO, August 2014, S. 91–93, Gruber-Seefried-Zek Verlags OG, Bad Ischl

Minor, H.-E., Hager, W. H. (Hrsg.) (2000) Hydraulics of Stepped Spillways, Proceedings of the international symposium on hydraulics of stepped spillways, March 22–24, Zürich, A.A. Balkema, Rotterdam

Nagataki, S., Fujisawa, T., Kawasaki, H. (2008) State of art of RCD dams in Japan, Anais do 50° Congreso Brasileiro do Concreto CBC2008, September, Salvador, BA
Naudascher, E. (1992) Hydraulik der Gerinne und Gerinnebauwerke, Springer, Wien, New York
Patt, H., Jüpner, R. (Hrsg.) (2020) Hochwasser-Handbuch – Auswirkungen und Schutz, 3. Aufl., Springer Vieweg, Wiesbaden
Patt, H., Jürging, P., Kraus, W. (2018) Naturnaher Wasserbau – Entwicklung und Gestaltung von Fließgewässern, 5. Aufl., Springer Vieweg, Wiesbaden
Raabe, J. (2010) Hydraulische Maschinen und Anlagen, 3. Aufl., Springer, Berlin
Schiechtl, H.M., Stern, R. (2002) Naturnaher Wasserbau – Anleitung für ingenieurbiologische Bauweisen, Ernst & Sohn Verlag, Berlin
Scheuerlein, H. (1984) Die Wasserentnahme aus geschiebeführenden Flüssen, Wilhelm Ernst Verlag, Berlin
Schleiss, A. (1986) Bemessung von Druckstollen, Teil 1–1985, Teil 2–1986, Mitteilungen 78 und 86 Versuchsanstalt für Wasserbau, Hydrologie und Glaziologie an der ETH Zürich
Schrader, E. (1995) RCC: current practices, controversies and options, Hydropower & dams, September 1995, S. 80–87
Schröder, W., Euler, G., Schneider, K., Knauf, D. (1999) Grundlagen des Wasserbaus, Hydrologie, Hydraulik, Wasserrecht, 4. Aufl., Werner-Verlag, Düsseldorf
Schwaigerer, S. (1986) Rohrleitungen, Theorie und Praxis, Nachdruck der Erstauflage, Springer, Berlin, Heidelberg, New York
Schwaigerer, S., Mühlenbeck G. (1997) Festigkeitsberechnungen im Dampfkessel-, Behälter- und Rohrleitungsbau, 5. Aufl., Springer, Berlin, Heidelberg
Schweizer, S., Neuner, J., Heuberger, N. (2009) Bewertung von Schwall/Sunk – Herleitung eines ökologisch abgestützten Bewertungskonzeptes, Wasser, Energie, Luft, 101. Jahrg., Heft 3/2009
Seeber, G. (1999) Druckstollen und Druckschächte – Bemessung, Konstruktion und Ausführung, Enke im Thieme-Verlag, Stuttgart, New York
Strobl, T., Zunic, F. (2006) Wasserbau, Aktuelle Grundlagen – Neue Entwicklungen, Springer, Berlin, Heidelberg, New York
Truffer, B., Küttel, M., Meier, J. (2009) Wasserfassung Titer der GKW – Entsanderabzüge System HSR in grossen Entsanderanlagen, Wasser, Energie, Luft, 101. Jahrg., Heft 3/2009, S. 207+208, Schweizerischer Wasserwirtschaftsverband, Baden
Wahl, T. L. (2003) Design Guidance for Coanda-Effect Screens, Report R-03-03, U.S. Bureau of Reclamation, Denver, CO
Zanke, U.C.E. (2002) Hydromechanik der Gerinne und Küstengewässer, Paul Parey Buchverlag, Berlin

7 Landwirtschaftlicher Wasserbau

Heinz Patt, Ulrich Fitzthum

Zusammenfassung

Der klassische landwirtschaftliche Wasserbau (auch *Kulturwasserbau,* „water engineering of agricultural lands“) beschäftigt sich mit der Be- und Entwässerung von landwirtschaftlichen Flächen. Die *Bewässerung* („irrigation“) dient dem Aufbringen von Bewässerungswasser auf landwirtschaftlich, forstwirtschaftlich oder gärtnerisch genutzte Flächen. Die Bewässerung (auch die Beregnung) soll insbesondere den Wasserbedarf der Pflanzen decken (s. DIN 4047 Teil 6 – Landwirtschaftlicher Wasserbau – Begriffe – Teil 6: Bewässerung). Die *Entwässerung* („drainage“) oder Dränung dient der Ableitung von überschüssigem Bodenwasser und/oder unterirdischem Wasser mithilfe von Dränen und Vorflutern (s. DIN 4047 Teil 9 – Landwirtschaftlicher Wasserbau – Begriffe – Teil 9: Entwässerung, Drainung). Im Buch werden die technischen Aspekte des landwirtschaftlichen Wasserbaus ohne jede Bewertung der ökologischen und naturschutzfachlichen Auswirkungen dargestellt. Diesbezüglich gibt es oft sehr unterschiedliche Zielsetzungen und Positionen, die im Planungsprozess berücksichtigt werden müssen.

7.1 Bewässerung

In niederschlagsarmen Gebieten werden Wiesen, Acker- und Gartenkulturen bewässert, um die Ernteerträge zu steigern, vor allem aber, um die heutzutage von den Märkten geforderten Qualitäten erreichen zu können. Die Bewässerung ist insbesondere notwendig, wenn die Wachstumsperiode mit der Trockenzeit zusammenfällt. Der Wasserbedarf für die Bewässerung wird mit Oberflächenwasser aus Seen, Flüssen oder künstlichen Gewässern wie Kanälen, mit Grundwasser oder mit Uferfiltrat gedeckt (Muth 1991).

H. Patt et al., *Wasserbau,* https://doi.org/10.1007/978-3-658-30551-2_7

Neben dem Hauptzweck, der Anfeuchtung, kann die Bewässerung auch der Düngung, der Reinigung des Bodens (z. B. der Entsalzung), der Erwärmung (etwa als Frostschutz) oder der Auflandung (sog. Kolmationsfelder) dienen.

Mit dem *Bewässerungswasser* werden *gelöste* und *ungelöste Stoffe* in den Boden eingetragen.

Die Abb. 7.1 zeigt ein offenes Verteilsystem mit *Haupt*kanal, *Sekundärkanälen, Tertiärkanälen, Feldkanälen* und *Entwässerungskanälen.*

Zu den üblichen Bewässerungsverfahren gehören die Stauverfahren, die Rieselverfahren, die Beregnung und die Tropfbewässerung. Der Beckeneinstau ist weltweit betrachtet das häufigste Bewässerungsverfahren, gefolgt von der Furchenrieselung und der *Beregnung.*

7.1.1 Stauverfahren

Bei diesem Bewässerungsverfahren wird das Wasser auf Flächen oder in Gräben gestaut. Die Strömungsgeschwindigkeit ist dabei nahezu Null, d. h. das Wasser steht.

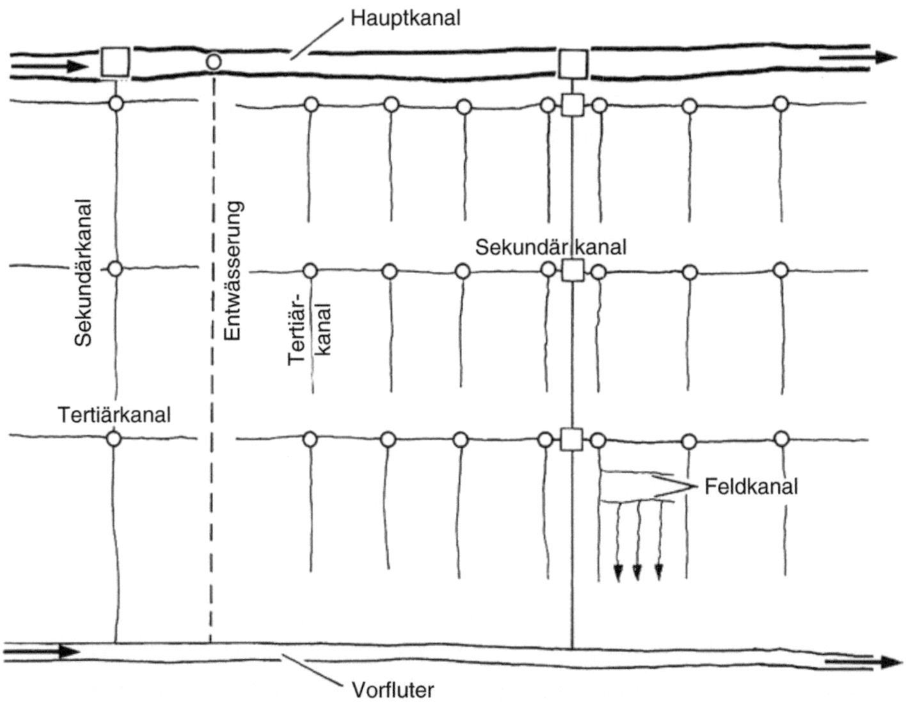

Abb. 7.1 Typisches Bewässerungsnetz mit abgestufter Ordnung der Kanäle und Verteilbauwerke

7.1.1.1 Grabenstauverfahren

Beim *Grabenstauverfahren* werden Gräben (u. a. Entwässerungsgräben, Dränsysteme) eingestaut, um dadurch eine Anfeuchtung des Bodens zu erreichen; das Land selbst wird dabei nicht überstaut.

Dieses Verfahren ist bei tiefem Grundwasserstand nicht anwendbar, weil das Wasser von den Gräben aus fast senkrecht versickern würde. Der Grabenstau bedingt also einen hohen Grundwasserstand sowie ein möglichst flaches Gelände.

7.1.1.2 Furcheneinstau

Der *Furcheneinstau* stellt eine Verfeinerung des Grabenstauverfahrens dar. Zusätzlich zu den Gräben wird ein System von Furchen verwendet. Die Furchen werden eingestaut, aber nicht zum Überlaufen gebracht. Sie sind etwa 0,2 bis 0,3 m breit und tief und verlaufen mit geringem Gefälle von 0,2 bis 0,5 % über eine Strecke von maximal 100 m. Der Furchenabstand beträgt 0,6 bis 1 m und kann für undurchlässige Böden größer gewählt werden als für durchlässige Böden.

Der Furcheneinstau findet hauptsächlich bei Obst- und Gemüsekulturen Anwendung. Eine mögliche Anordnung der Furchen in Bezug auf einen abschnittsweise gestauten Be- und Entwässerungsgraben zeigt Abb. 7.2.

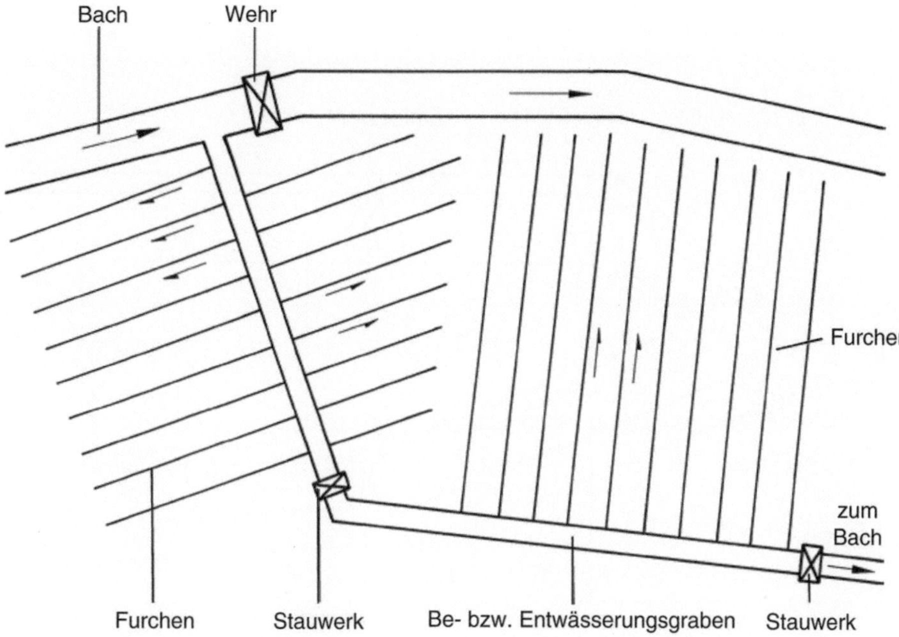

Abb. 7.2 Furchenbewässerung. Abschnittsweiser Aufstau des Be- und Entwässerungsgrabens durch Schützen (kleine bewegliche Wehre) und Anordnung der Furchen

7.1.1.3 Beckeneinstau, Flächeneinstau

Die zu bewässernde Fläche wird in flache Becken unterteilt (Niveaudifferenzen maximal 0,1 m). An Hängen führt dies zu langen, schmalen Konturbecken, auf ebenen Flächen zu rechteckigen Strukturen. Diese Becken werden durch kleine Dämme bis 0,4 m Höhe geschaffen bzw. gegeneinander abgegrenzt.

Zur Bewässerung wird der Boden zeitweise 0,2 bis 0,3 m tief überstaut und dadurch mit Wasser angereichert. Falls das Wasser Sinkstoffe (Schweb) enthält, wirken diese als Dünger oder erzeugen gegebenenfalls eine unter Umständen erwünschte Auflandung.

Bei längerer Überstauung wirkt sich der Luftabschluss nachteilig aus, weshalb die Wässerungszeit, je nach Boden- und Pflanzenart, beschränkt werden muss (siehe u. a. Gonsowski 1987, 1990).

Unbestelltes Ackerland kann während längerer Zeit düngend bewässert werden. Allerdings dürfen einige Kulturen während der Wachstumsphase höchstens ein bis zwei Tage überstaut werden. Daher muss anschließend genügend Zeit zur Entwässerung zur Verfügung stehen (z. B. zwei Wochen).

Die Abb. 7.3 zeigt schematisch, wie die wasserbaulichen Anlagen angeordnet werden. Das einem Fluss entnommene Bewässerungswasser wird in einem Zuleitungskanal (Bewässerungskanal) landeinwärts geführt und im Bewässerungsgebiet verteilt. Das Gebiet ist in einzelne Becken aufgeteilt, die über jeweils eine Einlassschleuse beschickt und bewässert werden. Bei größeren Abteilungen wird die gleichmäßige Bewässerung noch durch Verteil- und Entwässerungsgräben gewährleistet.

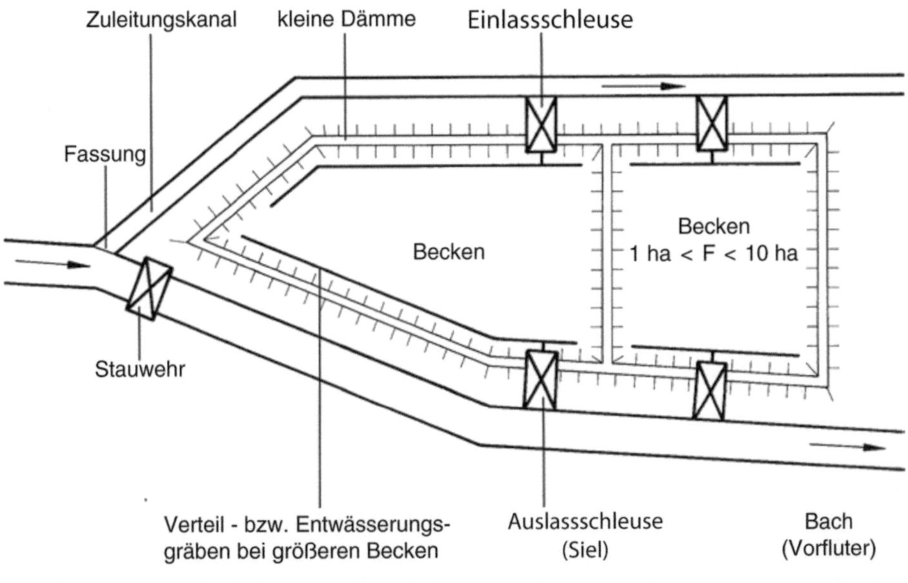

Abb. 7.3 Becken- und Flächeneinstau. Aufteilung des Bewässerungsgebiets in Becken mit Flächen F zwischen 1 und 10 Hektar Anordnung der Verteil- bzw. Entwässerungsgräben

7.1.2 Rieselverfahren

Während das Bewässerungswasser bei den Stauverfahren praktisch steht, fließt es bei den Rieselverfahren langsam über den Boden oder durch die Furchen. Das Wasser ist durch die Rieselung sauerstoffreicher. Auch können mehr Sinkstoffe zur Düngung verteilt werden.

Wenn die Wasserverteilung nicht gleichmäßig erfolgt, sondern durch mehr oder weniger improvisierte Maßnahmen erreicht wird, spricht man von *wilder Rieselung*. Die gleichmäßige Bewässerung wird u. a. durch die *Furchen-* und die *Landstreifenrieselung* erzielt.

7.1.2.1 Furchenrieselung

Die Furchen haben eine V- oder U-Form und sind in der Regel 0,15 bis 0,2 m tief und 0,25 bis 0,3 m breit. Der Abstand liegt bei 0,5 bis 1 m. Das Gefälle soll in der Regel 0,5 bis 2 % betragen.

Ein zu großes Gefälle führt bei starker Beschickung zu Erosionsvorgängen. Deshalb werden in geneigtem Gelände entweder *Konturfurchen* oder *Zickzackfurchen* erstellt. Eine Alternative dazu sind Konturterrassen mit Furchen.

Als *Verteilbauwerke* zur Beschickung der Furchen dienen einfache Durchlässe oder Heber im Verteilkanal. Es gibt aber auch Systeme, deren Verteilgerinne aus Rohren (starr oder flexibel und aufrollbar) mit verschließbaren Auslassöffnungen bestehen (Abb. 7.4).

7.1.2.2 Landstreifenrieselung

Das Bewässerungswasser wird in dieser Methode nicht auf Furchen, sondern auf *planierte Flächenstreifen* verteilt (Abb. 7.5). Diese sind je nach Bodenqualität und Anbau 3 bis 30 m breit und 100 bis 800 m lang.

Die Flächenstreifen sind auf den ersten 10 bis 15 m eben. Danach steigt das Gefälle für schwere Böden auf 0,2 bis 0,3 %, für mittlere Böden auf 2 % und für Klee- und Grünland auf bis zu 7 %. Zwischen den Streifen liegen kleine Leitdämme.

Die Wasserverteilung erfolgt meist schwallartig, indem das Auslassbauwerk (u. a. Siel oder ähnliches Bauwerk oder Heber) nur kurz geöffnet wird. Zur Verbesserung der Verteilung werden auf den Streifen manchmal noch Rillen in Form von 0,08 bis 0,12 m tiefen Kleinfurchen angelegt.

7.1.3 Leitungsgebundene Bewässerungsverfahren

Die leitungsgebundene Bewässerung ist von der Geländeform unabhängig und ermöglicht eine relativ genaue, feine Wasserverteilung (DWA 2019). Sie erlaubt eine an Kulturart, Bodeneigenschaften, klimatische Bedingungen und aktuellen Wasserbedarf der Pflanzen angepasste Wasserausbringung. Der Wasserverbrauch ist deutlich geringer als bei den Einstau- und Rieselverfahren. Die Wirkung ist mit der eines natürlichen Regens

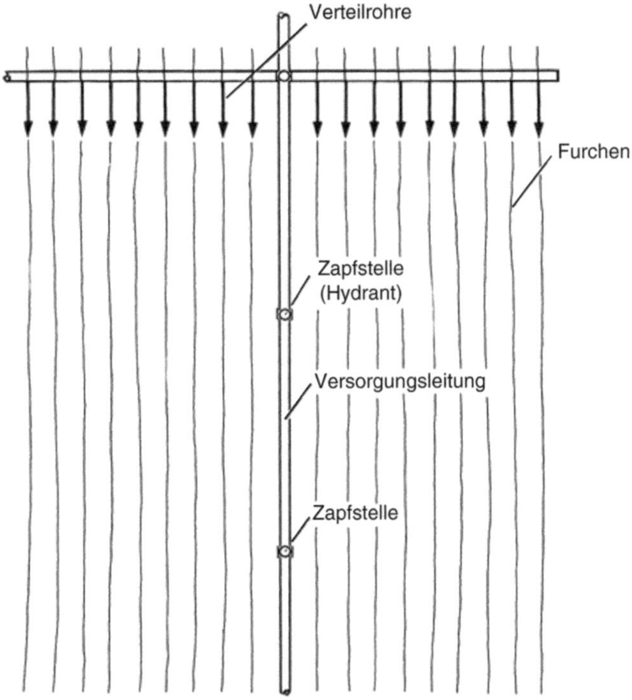

Abb. 7.4 Furchenrieselung. Verteilsystem mit Niederdruckrohren

vergleichbar. Im Allgemeinen ist aber die Intensität bei einer künstlichen Beregnung höher und, bei der Verwendung von Grundwasser, die Wassertemperatur niedriger.

Bestandteile einer *Bewässerungsanlage* sind Pumpenaggregat (Förderung), Druckleitungen (Wasserzuführung) und Einrichtungen zur Ausbringung des Wassers. Einen Überblick über gebräuchliche Verfahren zur Wasserverteilung in Deutschland und ihre charakteristischen Kennwerte gibt Abb. 7.6.

7.1.3.1 Reihenregnerverfahren

Bei diesen Verfahren wird das Wasser direkt über Regner, die auf der Rohrleitung installiert sind, oder über Regner auf Stativen, die mit Schläuchen angeschlossen sind, ausgebracht. In der Regel werden dabei Drehstrahlregner eingesetzt. Sie bestehen entsprechend Abb. 7.7 aus einer schräg nach oben gerichteten Düse, die sich um eine vertikale Achse dreht.

Die Drehbewegung wird vom austretenden Wasser gesteuert. Auf diese Weise wird erreicht, dass der austretende Strahl eine große Fläche bestreicht. Der wirksame Radius R kann die Größenordnung von 15 bis 65 m erreichen. Für die Aufstellung der Drehstrahlregner ist deren *Intensitätskurve* (Abb. 7.7b) maßgebend. Aus ihr wird der wirksame Radius abgeleitet.

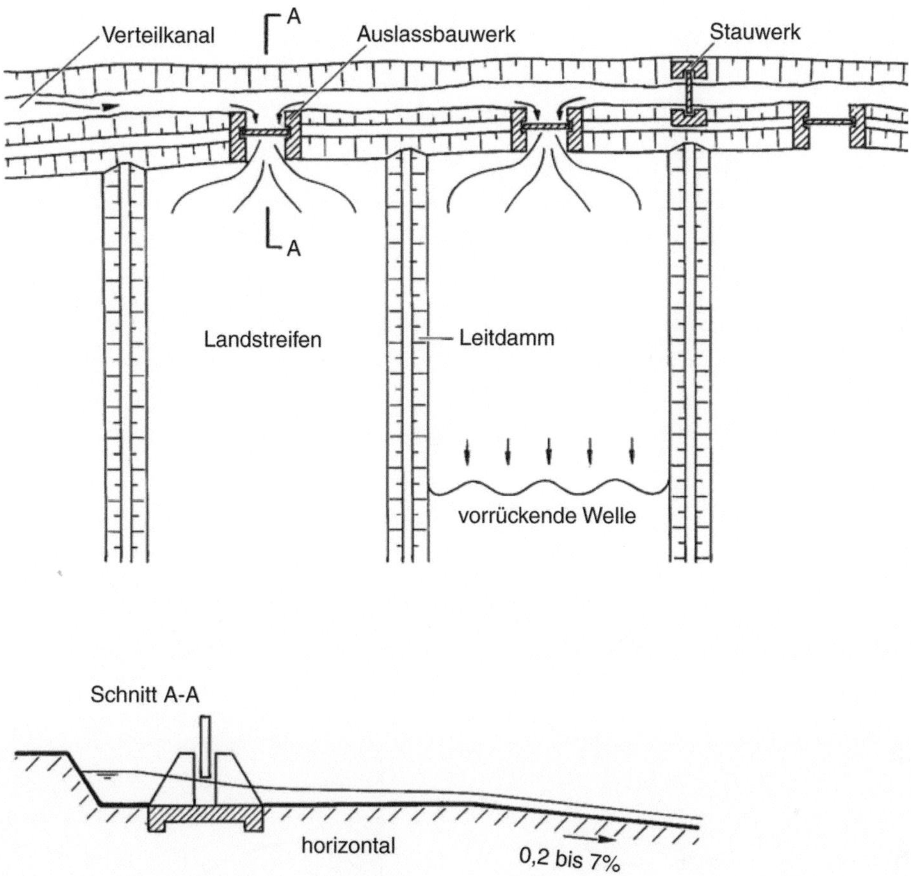

Abb. 7.5 Verteilsystem der Landstreifenrieselung

Der Einfluss der Regnerabstände ist in Abb. 7.8 dargestellt. Bei einer Aufstellung im Quadratverband werden 58 % der Fläche zweimal beregnet, bei einer Aufstellung im Dreiecksverband 21 %. Diese Überlappung ist mit Rücksicht auf die ungleichmäßige Beregnungsintensität längs des wirksamen Radius bis zu einem gewissen Grad erwünscht.

7.1.3.2 Mikrobewässerung

Vor allem in jüngerer Zeit finden die Verfahren der Mikrobewässerung immer breitere Anwendung. Grund hierfür sind vor allem die gegenüber anderen Verfahren möglichen erheblichen Wassereinsparungen und die höchsteffiziente Wasserverteilung. Hohe Investitions- und Betriebskosten schränken die Anwendungsbereiche fallweise allerdings ein.

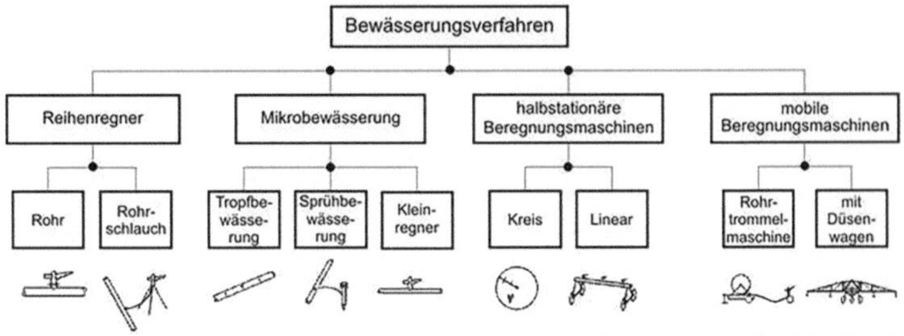

Wassereffizienz	0,6 . . . 0,7	0,9	0,7 . . . 0,8	0,6
Energiebedarf kWh/(ha • a)	810	160	600	1 000
Druck bar am Verteilorgan	3 . . . 4	bis 1	1 . . . 4	4 . . . 5
Flächenleistung ha/10 d	16 . . . 35	stationär, abhängig von der Anlagengrößen		14 . . . 55
Arbeitszeit h/(ha • Gabe)	2,0 (0,3)	5,0 (0,2)	0,1	0,4
Kapitalbedarf €/ha	250	2 750	650 . . . 1 150	500 . . . 1 000
Verfahrenskosten €/ha	425	700	316	335

Abb. 7.6 Bewässerungsverfahren (Grafik: Anter, Thünen-Institut für Agrartechnologie)

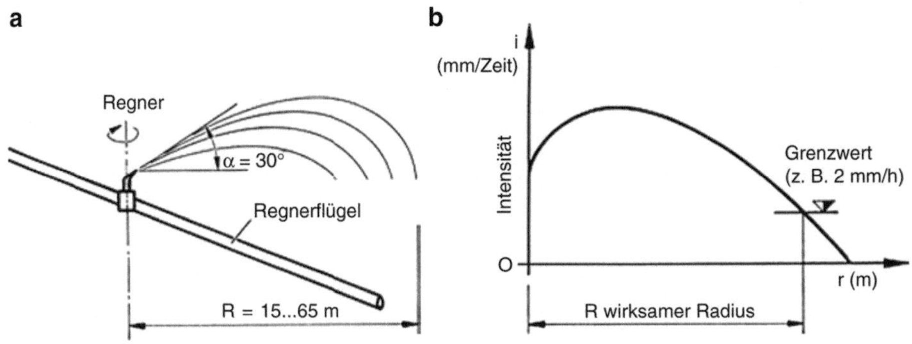

Abb. 7.7 Drehstrahlregner. **a** Prinzipskizze, **b** Intensitätskurve (zeigt die Abhängigkeit der Regenintensität vom Abstand der Drehachse)

Tropfbewässerung

Die *Tropfbewässerung* führt das Bewässerungswasser tropfenweise zu den Pflanzen. Dort wird dann der Wurzelraum durchfeuchtet. Als Tropfelemente dienen einzelne Tropfer, die in Rohre eingesteckt werden, Tropfrohre und Tropfschläuche.

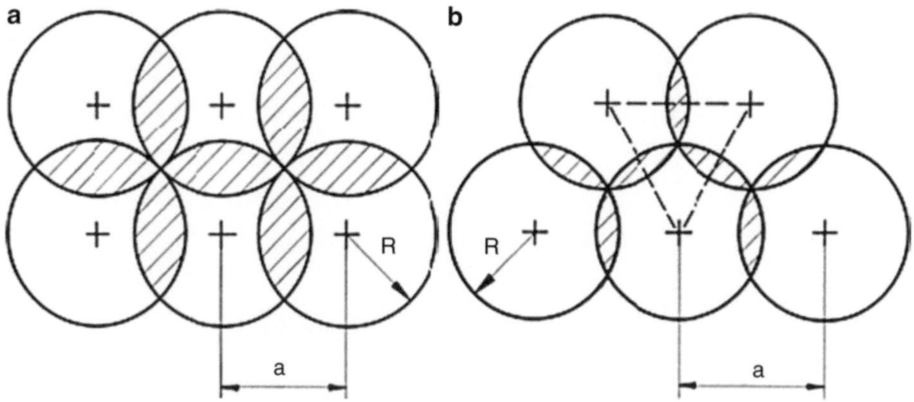

Abb. 7.8 Anordnung der Drehstrahlregner **a** im Quadratverband mit $a = R\sqrt{2}$, **b** im Dreieckverband mit $a = R\sqrt{3}$

Tropfrohre werden in dickwandiger Ausführung angeboten, die eine mehrfache Verwendung zulassen, während Tropfschläuche als dünnwandige Kunststoffschläuche angeboten werden, die in der Regel einmalig, gegebenenfalls auch über mehrere Jahre, verwendet werden. Die Tropfelemente kompensieren je nach Ausführung den Druck, sorgen für gleichmäßige Wasseraustritte und verhindern das Auslaufen des Wassers am Ende eines Bewässerungsgangs. Behindert die Konstruktion auch das Einwachsen von Pflanzenwurzeln, können die Tropfleitungen auch in geringer Tiefe unterirdisch verlegt werden.

Tropferabstände und Wasserdurchflussraten sind wählbar und erlauben eine genaue und bedarfsgerechte Wasserverteilung. Dies ist insbesondere bei Verwendung von Einzeltropfern der Fall, die in unterschiedlichen Abständen und Ausführungen direkt oder über Schläuche an das Verteilrohr angeschlossen werden.

Die Druckhöhe bei der Tropfbewässerung beträgt meist 5 bis 15 m. Der Zulaufdruck in den Verteilleitungen darf deshalb nicht beliebig hoch oder gering sein. Meist werden zwischen der von einem Pumpwerk herangeführten unterirdischen Versorgungsleitung und den Verteilleitungen Druck- und Durchflussregler sowie Dosiergeräte für Düngerbeigaben eingebaut (Abb. 7.9). Um Verstopfungen der Wasseraustrittsöffnungen vorzubeugen, ist in Anlagen zur Tropfbewässerung ein vorgeschalteter Filter erforderlich.

Zu beachten ist, dass sich besonders bei einjährigen Kulturen die Pflanzenwurzeln bevorzugt um die einzelnen Tropfpunkte bilden können und so nur einen relativ kleinen Bodenraum erschließen. In solchen Fällen muss wegen des fehlenden Wasserspeichervolumens im Wurzelraum eine hohe Wasserverfügbarkeit zur Vermeidung von Trockenschäden gegeben sein.

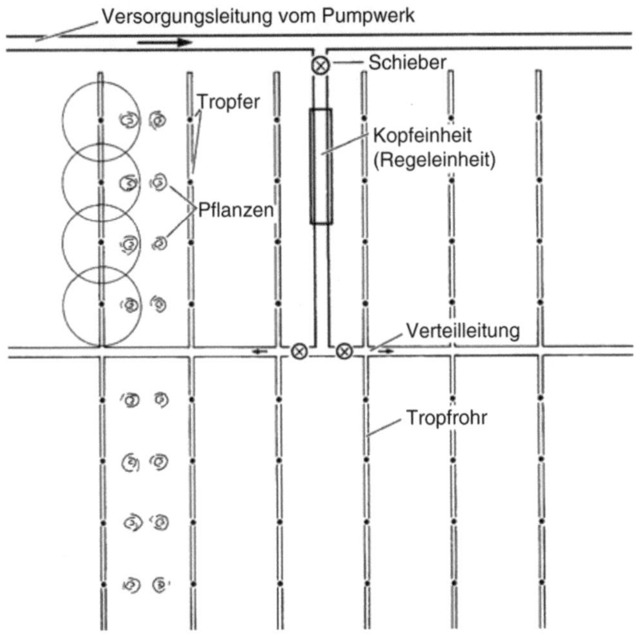

Abb. 7.9 Tropfbewässerungsanlage. Schema mit Versorgungsleitung, Kopfeinheit (u. a. Druckmesser, Druckregler bzw. Durchflussdosierventil und gegebenenfalls Düngerbehälter mit Düngerdosierer) und Tropfrohren

Kleinregner und Sprühbewässerung

Anders als in der Tröpfchenbewässerung wird das Wasser von Kleinregnern und Sprühdüsen nicht direkt auf den Wurzelbereich aufgebracht, sondern im Bereich der zu bewässernden Kultur oder knapp darüber. Stative oder Erdspieße, auf die Düsen und Sprinkler montiert werden, ermöglichen die erforderliche Höhenanpassung. So wird eine flächige Verteilung des Wassers und damit eine gegenüber der Tropfbewässerung gleichmäßigere Durchfeuchtung des Bodens erreicht. Rohre, Schläuche und Regner bestehen in der Regel aus Kunststoff.

7.1.3.3 Halbstationäre Beregnungsmaschinen

Für die Bewässerung sehr großer und ebener Flächen kommen halbstationäre Beregnungsmaschinen zum Einsatz. Sie bestehen aus Rohrelementen, die gelenkig miteinander verbunden und auf beweglichen Stützen gelagert sind. Die Stützenräder werden von Turbinen, die vom durchströmenden Beregnungswasser angetrieben werden, oder von Motoren bewegt. Düsen oder auch Schleppschläuche, die an den Rohren angeschlossen sind, verteilen das Wasser in der Kultur. Diese Anlagen drehen sich entweder um einen zentralen Punkt und versorgen so eine kreisrunde Fläche oder sie bewässern als Linearregner eine rechteckige Fläche.

Halbstationäre Beregnungsmaschinen zeichnen sich durch niedrige Gesamtkosten bezogen auf die bewässerte Fläche bei gleichzeitig guter Wassereffizienz aus. Insbesondere wegen der für einen wirtschaftlichen Einsatz erforderlichen Schlaggröße ist ihre Verbreitung in Deutschland allerdings begrenzt.

7.1.3.4 Mobile Beregnungsmaschinen

Im Gegensatz zu den halbstationären Anlagen sind mobile Beregnungsmaschinen auch auf kleineren und nicht regelmäßig geformten Flächen einsetzbar. Meist werden Rohrtrommelberegnungsmaschinen eingesetzt. An diesen wird der Beregnungsschlauch zunächst von der Rohrtrommel abgezogen und während des Beregnungsvorgangs wieder aufgehaspelt.

Der Antrieb der Rohrtrommel erfolgt in der Regel durch eine Turbine, die vom Beregnungswasser durchströmt wird. Das Wasser wird über Großregner verteilt, möglich ist auch der Anschluss von Düsenwagen. Da diese Anlagen nacheinander auf verschiedenen Flächen eingesetzt werden können, ist der flächenbezogene Kapitalbedarf sehr niedrig. Insbesondere bei ungünstigen Windverhältnissen kann die Effizienz der Wasserausbringung allerdings sehr beeinträchtigt werden.

7.1.4 Unterflurbewässerung

In der *Unterflurbewässerung* wird ein Graben- oder Dränsystem zeitweilig eingestaut. Dadurch wird der normalerweise abgesenkte Grundwasserspiegel soweit angehoben, dass das Erdreich angefeuchtet wird. Die Abb. 7.10 zeigt eine mögliche Anordnung sowie den Querschnitt einer Variante mit Gräben.

Für die Lösungsvariante mit Dränrohren, die in etwa 0,5 m Tiefe mit 6 bis 12 m Abstand verlegt werden, erfolgt der Einstau mit Stauwerken in den Sammelleitungen. Die Schächte der Stauwerke gestatten die Überprüfung der Lage des Wasserspiegels (Abb. 7.11).

Die Vorteile der Unterflurbewässerung gegenüber den oberirdischen Verfahren liegen darin, dass die Unterflurbewässerung die Bewirtschaftung praktisch nicht behindert, die Verdunstung an Bewässerungswasser klein hält und keine Auswaschung des Bodengefüges verursacht.

Nachteilig ist, dass sich die Anwendung auf ebenes oder fast ebenes Terrain beschränkt, die Wasserverteilung mengenmäßig eingeschränkt und kaum kontrollierbar ist. Auch kann nur sauberes Wasser verwendet werden, sodass auf die Zugabe von Dünger verzichtet werden muss.

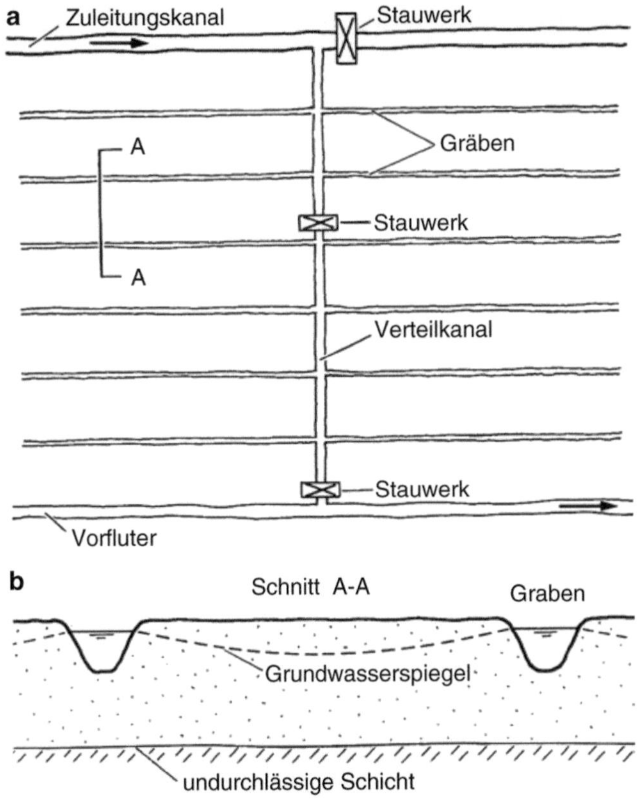

Abb. 7.10 Unterflurbewässerung mit Kanälen und Gräben. **a** Schema der Wasserverteilung, **b** Querschnitt durch zwei Gräben

7.2 Entwässerung

Unter *Entwässerung* (sog. Dränung) wird hier die landwirtschaftliche Entwässerung verstanden; sie wird etwa auch als kulturbautechnische Entwässerung bezeichnet.

7.2.1 Ziel der Entwässerung – Dränung

Das Ziel der landwirtschaftlichen Entwässerung besteht darin, die Kulturpflanzen vor schädlicher Bodennässe zu schützen. Ursachen für eine Bodennässe können sein:

- Allzu häufige und lang andauernde Überschwemmungen
- Ein zu hoher Grundwasserstand infolge Grundwasserandrangs aus benachbarten Gebieten oder aus hohen Vorflutern
- Ungenügende Versickerung der Niederschläge in schwer durchlässigen Böden
- Zu großes Rückhaltevermögen schwerer Böden

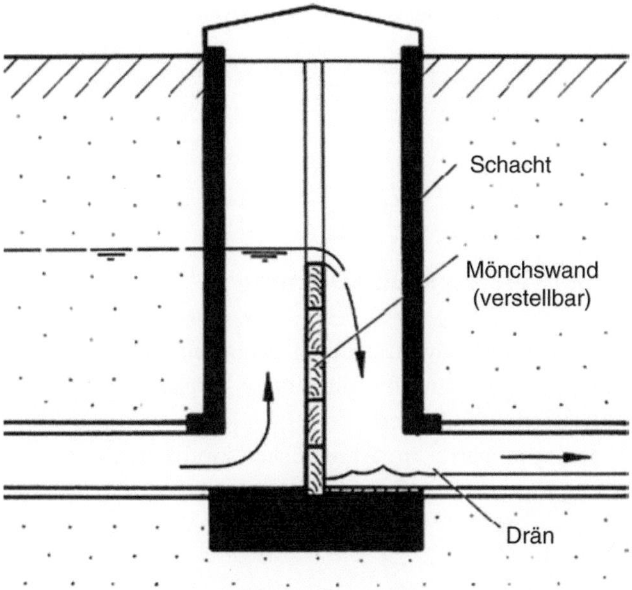

Abb. 7.11 Unterflurbewässerung mit Dränsystem. Stauwerk in einem Schacht (sog. Mönchsbauwerk)

Als Gegenmaßnahmen kommen grundsätzlich infrage:

- Hochwasserschutzmaßnahmen
- Senkung des Grundwasserstands
- Hebung der Böden durch Aufschüttung
- Ableitung des Oberflächenwassers sowie gezielte Bodenverbesserungen

Im Folgenden werden vor allem die Möglichkeiten zur Senkung des Grundwasserspiegels behandelt. Als Richtwerte für einen günstigen Grundwasserstand können in Mitteleuropa nach Schröder die Angaben der Tab. 7.1 dienen.

Tab. 7.1 Günstiger Grundwasserstand unter Terrain in Meter

Bodenart	Wiese	Weide	Äcker
Leicht durchlässige Mineralböden	0,5...0,7	0,7...0,9	0,8...1
Schwer durchlässige Mineralböden	0,6...0,8	0,8...1	1...1,2
Moorkulturen	0,5...0,7	0,7...0,9	0,8...1

7.2.2 Grabenentwässerung und Dränung

Soll in jedem Punkt eines landwirtschaftlich genutzten Gebiets ein günstiger Grundwasserstand gewährleistet werden, so bedingt diese Vorgabe meist ein Zusammenwirken verschiedener Entwässerungsleitungen.

In der Praxis gelangen hierfür im Wesentlichen zwei Entwässerungssysteme einzeln oder kombiniert zum Einsatz:

- Grabenentwässerung
- Dränung

Der Unterschied zwischen beiden Systemen besteht vornehmlich darin, dass die *Grabenentwässerung* offen und die *Dränung* verdeckt geführt werden. Die Anordnung der Primär-, Sekundär- und Tertiärleitungen ist bei beiden aber grundsätzlich gleich.

Die Abb. 7.12a zeigt ein Beispiel für die Anordnung der Entwässerungsleitungen und Abb. 7.12b einen Schnitt durch die Tertiärleitungen.

Die Vorteile der Grabenentwässerung gegenüber der Dränung sind:

- das unmittelbare und schnelle Abführen von Oberflächenwasser bei Starkregen und Schneeschmelze
- die größere Wasseraufnahme- und Ableitfähigkeit offener Gerinne
- das geringere Mindestgefälle
- die Irrelevanz der Frosttiefe
- das leichte Erkennen und Beseitigen von Abflussstörungen und Verbreiterungen
- die einfache Möglichkeit zur Einrichtung, Bedienung und Unterhaltung von Staueinrichtungen
- die Realisierbarkeit einer Entwässerung selbst bei schlechten Bodenverhältnissen oder in Wäldern und
- die im Allgemeinen geringeren Herstellungskosten

Es gibt allerdings auch Nachteile. Dazu zählen:

- der Verlust von Kulturland (bis zu 15 % der Nutzfläche)
- die Behinderung der Zugänglichkeit der Kulturflächen und damit der Bewirtschaftung

- die größere notwendige Anzahl von Bauwerken, wie Durchlässe, Brücken, Düker, Durchfahrten
- der laufende Unterhalt der Gräben und der zugehörigen Bauwerke
- die Bildung von Unkraut- und Ungezieferherden
- die Abflussstörungen durch Frost (Zufrieren der Leitungen usw.) und
- die ungleichmäßigere Entwässerung

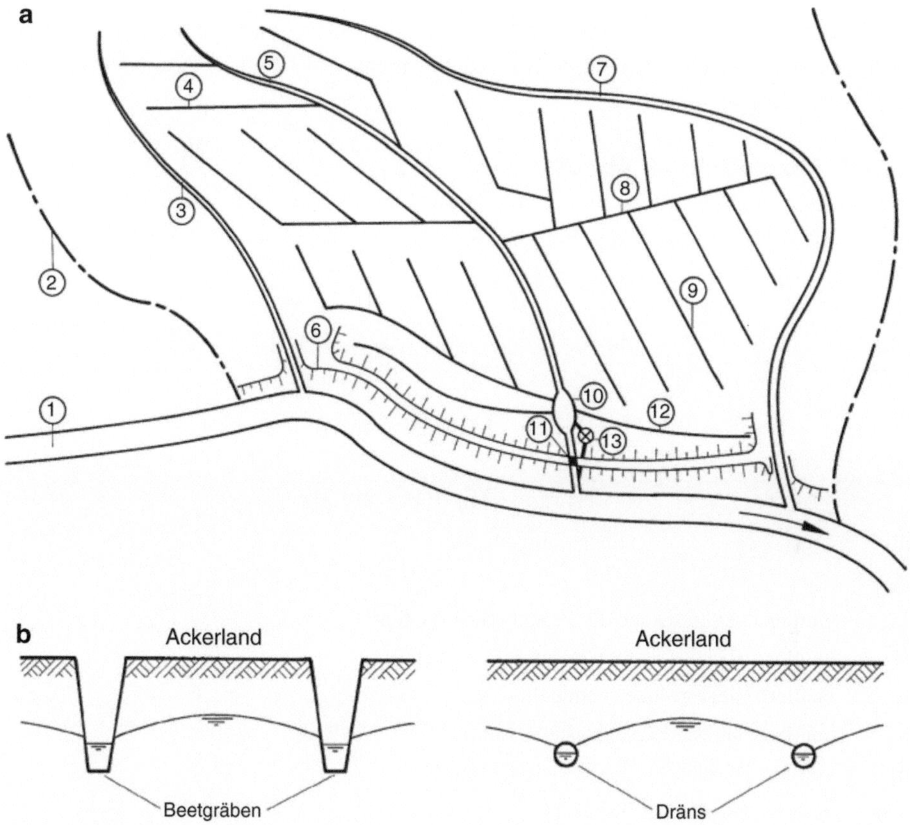

① Vorfluter
② Wasserscheide
③ Randgraben
④ Nebengraben
⑤ Vorflutgraben
⑥ Damm/Deich
⑦ Randgraben
⑧ Sammelgraben
⑨ Beetgraben
⑩ Vorbecken
⑪ Siel
⑫ Deichgraben
⑬ Schöpfwerk

Abb. 7.12 Anordnung einer Grabenentwässerung (oberer Bildteil) und überhöhter Querschnitt durch zwei benachbarte Beetgräben oder Dräns (unterer Bildteil)

7.2.2.1 Vorfluter

Da letztlich alles Bewässerungswasser einem Vorfluter zufließt, muss dieser ein entsprechendes Aufnahmevermögen besitzen. Demzufolge setzt die Verwirklichung eines Entwässerungssystems oft Ausbaumaßnahmen voraus.

7.2.3 Grabenentwässerung

Die Bemessung einer Grabenentwässerung erfolgt auf der Grundlage des abzuführenden Abflusses. Mit den unterschiedlichen Grabenformen wird sich den Besonderheiten des Terrains angepasst.

7.2.3.1 Abzuführender Abfluss

Der Bemessung einer Entwässerung werden die Abflussspenden feuchter Jahre zugrunde gelegt. Zu ihrer Abschätzung dient in Mitteleuropa beispielsweise die Formel nach Uhden:

$$M_q = \frac{7/6 \cdot h_N - h_V}{31{,}5} \; [\mathrm{l}/(\mathrm{s} \cdot \mathrm{km}^2)]$$

$$H_q = a \cdot M_q \; [\mathrm{l}/(\mathrm{s} \cdot \mathrm{km}^2)]$$

$$N_q = b \cdot M_q \; [\mathrm{l}/(\mathrm{s} \cdot \mathrm{km}^2)]$$

mit

M_q	mittlere Abflussspende der Feuchtjahre [l/(s · km²)]
H_q	mittlere Hochwasserabflussspende [l/(s · km²)]
N_q	mittlere Niedrigwasserspende [l/(s · km²)]
h_N	mittlere Jahresniederschlagshöhe [mm]
h_V	mittlere jährliche Verdunstungshöhe [mm]
a, b	Koeffizienten gemäß Tab. 7.2

Der abzuführende Abfluss Q in Liter pro Sekunde [l/s] beträgt bei bekannter Größe des Entwässerungsgebiets E in Quadratkilometer [km^2]:

$$Q = q \cdot E + \text{Fremdwasserzufluss} \; [\mathrm{l/s}]$$

Tab. 7.2 Koeffizienten a und b der Abflussspendeformel nach *Uhden*

	a	b
Flachland	4…0	1/3
Hügel- und Bergland	10…30	1/4
Mittelgebirge	30…60	1/5
Hochgebirge	≥60…150	1/6

7.2.3.2 Grabenform

Die Entwässerungsgräben weisen meist trapezförmige Querschnitte auf. Eine hydraulische Bemessung wird in der Regel nur für die größeren Vorflutgräben durchgeführt. Für die Gestaltung des Grabens ist in der Regel Folgendes zu beachten:

- Mit Rücksicht auf Ablagerungen soll das Minimalgefälle 0,3 Promille nicht unterschreiten. Am günstigsten ist ein Gefälle zwischen 1 bis 2 Promille
- Das Maximalgefälle richtet sich mit Rücksicht auf die Erosion nach der Sohlen- und Böschungsneigung. In unbefestigten Gräben soll die mittlere Fließgeschwindigkeit die in Tab. 7.3 dargestellten Werte nicht überschreiten
- Die Böschungsneigung richtet sich nach der Standfestigkeit des Bodens. Sie nimmt Werte von 1:1 bis 1:4 an
- Die Sohlenbreite beträgt bei Handherstellung mindestens 0,25 m, bei maschineller Herstellung mindestens 0,30 m
- Bei der hydraulischen Berechnung nach Manning-Strickler-Formel wird für unverkrautete Gräben mit $k_{Str} = 30$ und für verkrautete mit $k_{Str} = 25$ bis 20 gerechnet
- Meist wird die Höhenlage der Gräben auf die mittlere Abflussspende und die gewünschte Grundwasserabsenkung ausgerichtet. In einem weiteren Schritt wird geprüft, ob die mittlere Hochwasserabflussspende N_q ohne auszuufern abfließen kann

7.2.3.3 Rand- und Fanggräben

Die Rand- und Fanggräben werden gemäß Abb. 7.13 am Rand des Entwässerungsgebiets gebaut, um den Grundwasserandrang aus benachbarten Gebieten, also das sog.

Tab. 7.3 Mittlere Fließgeschwindigkeiten in unbefestigten Gräben (Schätzwerte)

Grabensohle	Maximale Fließgeschwindigkeiten in unbefestigten Gräben [m/s]
Feiner Sand	0,2 bis 0,3
Grober Sand	0,4 bis 0,5
Feiner Kies	0,8 bis 1,0
Grober Kies	1,3 bis 1,6
Sandiger Lehm	0,3 bis 0,5
Gewöhnlicher Lehm	0,6 bis 0,9
Schwerer Lehm	0,9 bis 1,3

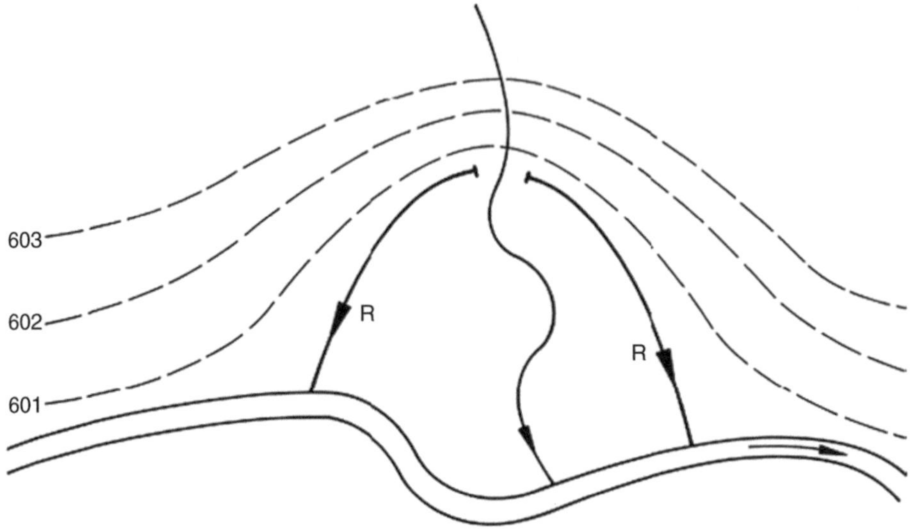

Abb. 7.13 Grabenentwässerung. Anordnung der Rand-(*R*) und Fanggräben

Fremdwasser, aufzufangen und abzuleiten. Auch der längs eines höherliegenden, längs eines eingedämmten Vorfluters führende Entwässerungs- und Deichgraben ist eigentlich ein Rand- und Fanggraben.

7.2.3.4 Beetgräben und Grüppen

Die *Beetgräben* sammeln das Oberflächen- und Sickerwasser in den Feldern. Ihr Name rührt daher, dass sie die Felder in Beete unterteilen. Um diese zugänglich zu machen, werden die Beetgräben an geeigneten Stellen überdeckt. Dies setzt die Ausbildung von Durchlässen voraus (Abb. 7.14).

Die Tiefe und der Abstand der Beetgräben (sog. Beetbreite) richten sich naturgemäß nach der Beschaffenheit und der Nutzung der Böden sowie nach der gewünschten Grundwasserabsenkung. Einige Richtwerte enthält Tab. 7.4.

Im geneigten Gelände wird gewöhnlich versucht, die Beetgräben quer zur Fließrichtung des Grundwassers anzuordnen, weil dadurch die entwässernde Wirkung gesteigert werden kann.

Unter *Grüppen* versteht man noch kleinere Kanäle, die vor allem dem Abzug des Oberflächenwassers dienen. Ihre Querschnittsabmessungen liegen in der Größenordnung von 0,2 x 0,2 m.

7.2.3.5 Sammelgräben

Die *Sammel-*, *Zug-* oder *Nebengräben* bilden die Vorfluter der Beetgräben und münden ihrerseits in die eigentlichen Vorflutergräben.

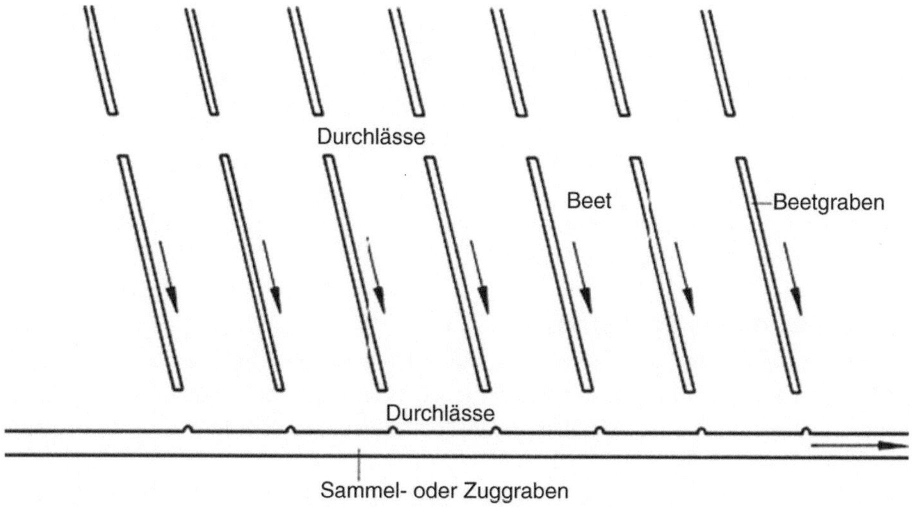

Abb. 7.14 Grabenentwässerung. Anordnung der Beetgräben und der zugehörigen Durchlässe

Tab. 7.4 Richtwerte für Tiefe und Breite der Beetgräben

	Tiefe [m]	Breite [m]
Äcker	1,0 … 1,3	0,25 … 0,4
Wiese	0,6 … 0,9	0,5 … 1
	schwere…leichte Böden	

7.2.3.6 Unterhaltungsarbeiten

Sämtliche Entwässerungsgräben erfordern eine entsprechende Unterhaltung. Da diese heute oft maschinell erfolgt, muss die Anordnung und Gestaltung der Gräben entsprechend gewählt werden.

Zu den Unterhaltsarbeiten in den Gräben gehören insbesondere die *Krautung,* der *Schnitt* von Pflanzen, die *Räumung* eventueller Auflandungen sowie die Wiederinstandsetzung bei Erosionsschäden.

Hinsichtlich der ökologischen Auswirkungen gibt es heute eine lange Reihe von Untersuchungen, die belegen, dass eine naturraumangepasste Gewässerunterhaltung den Lebensraum Fließgewässer weit weniger belastet und daher auch den naturschutzfachlichen Belangen Rechnung trägt (u. a. DVWK 1992; DWA 2010; Patt 2016; Patt et al. 2018).

7.2.4 Dränung

Dränsysteme bestehen im Wesentlichen aus künstlichen, unterirdischen Abzügen. Ihre kleinsten Elemente, die Sauger und Sammler, sind bei der sog. Rohrdränung vergrabene

Tab. 7.5 Abflussspenden für verschiedene mittlere Jahresniederschläge

Niederschlag [mm/Jahr]	Abflussspende [l/(s · ha)]
<600	0,8
600…1000	1
>1000	2

Rohre, die in der Regel im Freilauf durchflossen werden. Die Rohrdränung ist die wichtigste und häufigste Art der Dränung.

7.2.4.1 Abzuführender Abfluss

Die *Abflussspende,* die der Bemessung eines Dränsystems zugrunde gelegt wird, ist ein Erfahrungswert, der stark von den örtlichen Gegebenheiten abhängt und nicht ohne Weiteres zu bestimmen ist. Anhaltspunkte für Mitteleuropa vermittelt DIN 1185 gemäß Tab. 7.5.

Muss mit starkem *Schmelzwasseranfall* gerechnet werden oder werden die Dräns für eine intensive Entwässerung vorgesehen, so sind die obigen Abflussspenden zu verdoppeln.

Die Abflussspende q [l/(s · ha)] ist naturgemäß umso größer, je durchlässiger der Boden und je flacher das Gelände sowie je gröber und je unregelmäßiger die Niederschläge sind. Deshalb sind örtliche Erfahrungen weitgehend wegweisend.

Der abzuführende Abfluss Q [l/s] ist bei gegebener Fläche des Entwässerungsgebiets E [km^2]:

$$Q = q \cdot E + \text{Fremdwasserzufluss}\ [m^3/s]$$

7.2.4.2 Bemessung und Gestaltung der Dränrohre

Die hydraulische Bemessung mit der Manning-Strickler-Formel wird in der Regel nur für die Sammler und für größere Leitungen durchgeführt. Bei der Gestaltung sind folgende Richtwerte zu beachten:

- Das Minimalgefälle liegt für Sauger bei 0,3 % und für Sammler je nach Bodenart bei 0,15 bis 0,45 %
- Das Maximalgefälle beträgt in Mineralböden 8 %; in Moorböden sind kleinere Werte zugelassen.
- Der Mindestdurchmesser beträgt für Sauger 50 mm; für Sammler liegt er bei 65 mm.
- Die Mindestüberdeckung der Sammler liegt bei 0,7 m
- Die größte Länge ohne Schächte erreicht bei Saugern in Mineralböden 250 m, bei Sammlern 1000 m; in Moorböden sind es 150 bzw. 400 m.
- Bei der hydraulischen Berechnung wird mit einem Manning-Strickler-Rauheitsbeiwert $k_{Str} = 65$ bis 75 gerechnet. Der erste Wert bezieht sich auf Ton- und Betonrohre mit geringer Geradlinigkeit, geringer Glätte, geringer Gefahr der Versandung und Verschlammung sowie bei unsicherer Verlegung. Der zweite Wert gilt für Kunststoff- und Steinzeugrohre bei einwandfreier Verlegung und ohne Versandung oder Verschlammung.

7.2.4.3 Dränungsabteilungen

Die Rand- und Fangdräns werden am Rand des Entwässerungsgebiets erstellt, um den Grundwasserandrang aus benachbarten Gebieten (das sog. Fremdwasser) aufzufangen und abzuleiten.

Das Entwässerungsgebiet selbst wird in sog. *Dränungsabteilungen* unterteilt. Als Dränungsabteilungen werden diejenigen Dräns oder Sauger bezeichnet, die zusammen mit einem Sammler (gegebenenfalls einem Haupt- oder Nebensammler) eine Dränungsabteilung bilden.

Je nach der Richtung der Sauger zur Fallgeraden im Gelände unterscheidet man die Quer-, Schräg- oder Längsdränung. Diese verschiedenen Anordnungen sind in den Abb. 7.15 und 7.16 schematisch dargestellt.

Die Vorteile der Querdränung liegen darin, dass die Sammler in der Fallgeraden des Geländes liegen und auf diese Weise ein großes Gefälle aufweisen. Dadurch wird die Gefahr von Ablagerungen verringert.

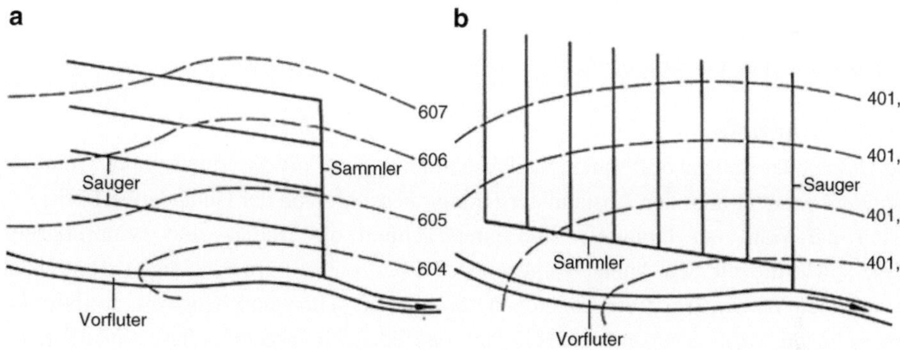

Abb. 7.15 Anordnung einer Dränungsabteilung. **a** Längsdränung und **b** Querdränung

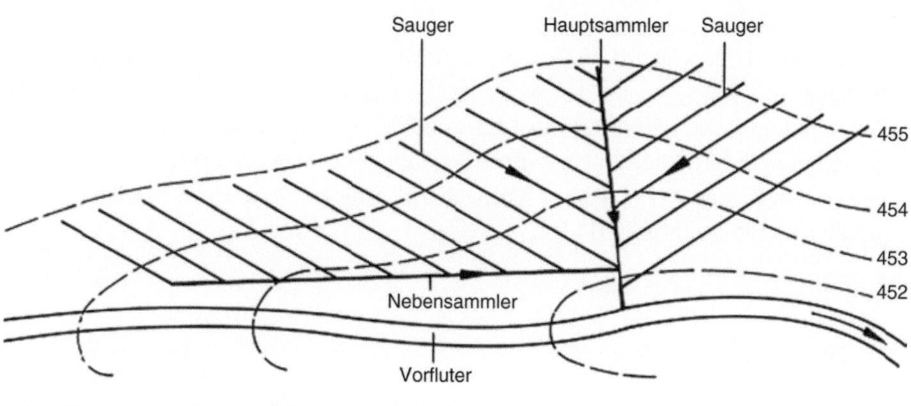

Abb. 7.16 Anordnung einer Schrägdränung

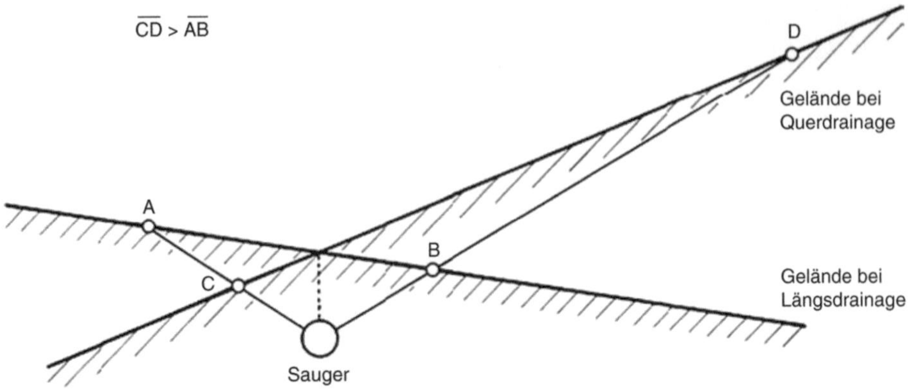

Abb. 7.17 Breitenwirkung eines Saugers bei Längs- und Querdränung

Das meist in der Fallgeraden des Geländes abfließende Bodenwasser wird von den *Quersaugern* besser aufgefangen. Die Breitenwirkung des Quersaugers ist besser als diejenige des *Längssaugers* (Abb. 7.17). Für Geländeneigungen unter 0,5 % lässt sich die Längsdrainage aber meist nicht umgehen.

7.2.4.4 Dräntiefe

Die Dräns oder Sauger bestimmen im Wesentlichen den Entwässerungseffekt. Unter der *Dräntiefe* versteht man den Abstand der Drängrabensohle von der Geländeoberfläche.

Für die Wahl der Dräntiefe sind hauptsächlich die Boden- und Witterungseinflüsse sowie die für den Anbau vorgesehenen Pflanzen zu berücksichtigen. Eine, auch im kältesten Winter, frostfreie Lage der Dränrohre ist sehr wünschenswert. Je tiefer die Sauger liegen, umso geringer ist die Gefahr, dass Pflanzenwurzeln in diese einwachsen.

Für Ackerdränungen kommen folgende Dräntiefen infrage:

- Die flache Lage mit 0,8 bis 1,0 m Dräntiefe wird hauptsächlich in schwer durchlässigen Böden angewendet
- Die mittlere Lage von 1,0 bis 1,2 m empfiehlt sich in schweren und mittelschweren Böden
- Die tiefe Lage von 1,2 bis 1,4 m ist für mitteldurchlässige Böden geeignet. Sie ist in der Regel in tiefgründigen, nährstoffreichen Lehmböden zweckmäßig.
- Die sehr tiefe Lage von 1,4 bis 1,8 m wählt man für tief wurzelnde Bestände in tiefgründigen, mittelschweren Böden.

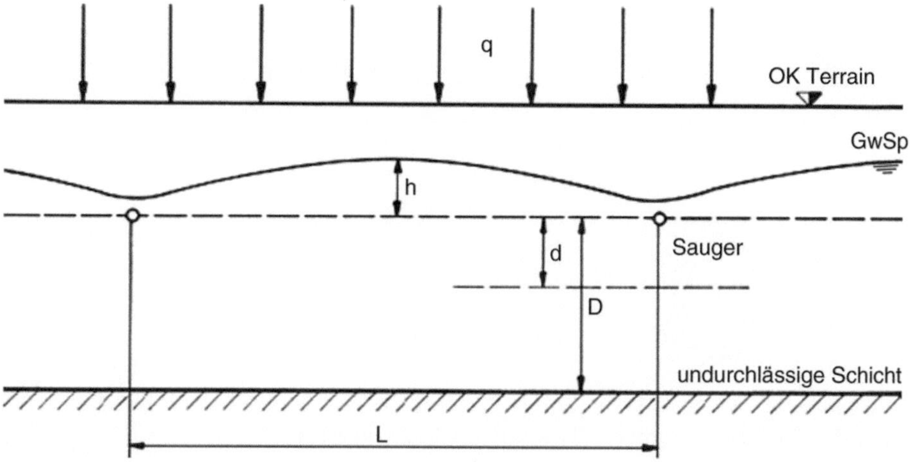

Abb. 7.18 Berechnung des Dränabstands. Skizze zur Formel von Hooghoudt

7.2.4.5 Dränabstand

Der *Dränabstand* ist von sehr vielen Parametern abhängig und muss deshalb sorgfältig und – wenn immer möglich – unter Berücksichtigung örtlicher Erfahrungen gewählt werden. Für Böden mit zu hohem Grundwasserstand wird etwa die *Formel von Hooghoudt* verwendet (Abb. 7.18):

$$L = \sqrt{\frac{8 \cdot k_2 \cdot d \cdot h + 4 \cdot k_1 \cdot h^2}{q}} \; [m]$$

mit

L Dränabstand [m]
q Dränabflussspende [m/Tag] oder [$m^3/(m^2 \cdot Tag)$]
k_1 Durchlässigkeit der Bodenschicht oberhalb Dränsohle [m/Tag]
k_2 Durchlässigkeit der Bodenschicht unterhalb der Dränsohle [m/Tag]
h Druckhöhe des Grundwassers über Dränsohle zwischen Saugern [m]
d äquivalenter Wert für die Mächtigkeit der durchströmten Bodenschicht

in Abhängigkeit des Dränabstands L und der Tiefe D der undurchlässigen Schicht unterhalb der Dränsohle [m]

Übliche Dränabstände in Mineralböden liegen zwischen 8 und 30 m. Für Böden, die staunass sind, auf denen das Niederschlagswasser also nicht versickert, ist die Wahl der Dränabstände schwieriger.

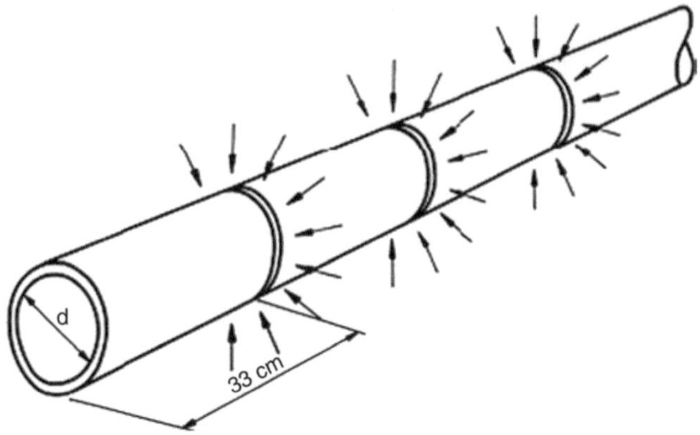

Abb. 7.19 Tonsauger. Eintritt des Wassers durch die Stoßfugen

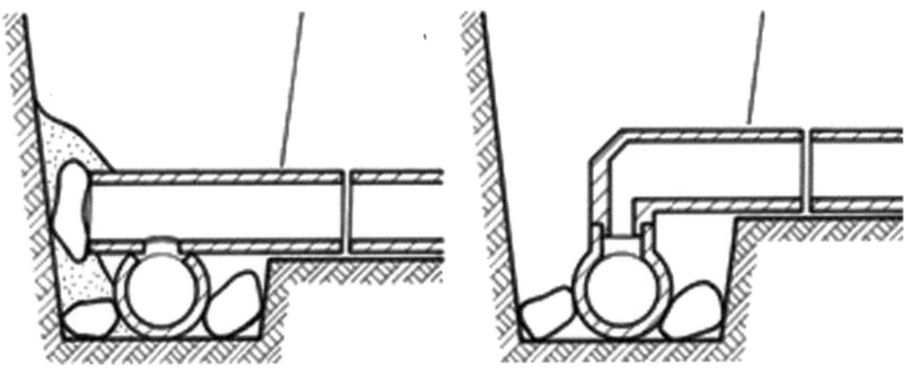

Abb. 7.20 Einmündung eines Tonsaugers in einen Sammler (zwei Ausführungsvarianten)

7.2.4.6 Sauger

Die Dräns oder Sauger bestehen meist aus Ton- oder aus Kunststoffrohren. Die Tonrohre werden mit Nenndurchmessern von 50 bis 200 mm und in Längen von 333 mm hergestellt. Sie werden stumpf gestoßen im Graben verlegt.

Das *Sickerwasser* dringt, wie Abb. 7.19 veranschaulicht, durch die Stoßfugen ein. Die Anschlüsse an die Sammler werden behelfsmäßig nach Abb. 7.20a erstellt oder mit Formstücken gemäß Abb. 7.20b ausgeführt.

Die Kunststoffrohre werden in geraden Schüssen von 5 bis 6 m Länge oder als Ringe mit profilierter Wandung und mit bis zu 300 m Länge geliefert. Die Verbindungen bilden Steck- oder Schraubmuffen. Der Wasserzutritt erfolgt durch besondere Schlitze in der Rohrwandung.

Als Nebenanlagen der Dräns oder Sauger dienen *Dränschächte, Dränabstürze* (Überwindung von Gefällestufen), *Sand- und Schlammfänge*. Die Dränschächte (Abb. 7.21) dienen der Kontrolle der Abflüsse.

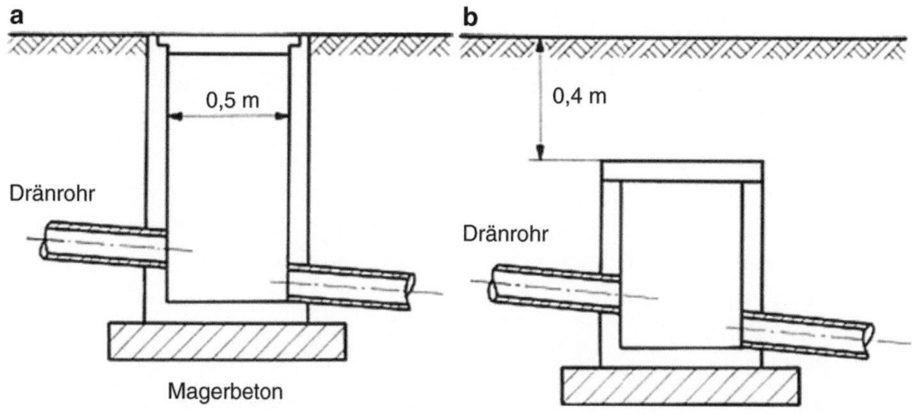

Abb. 7.21 Dränschächte. **a** Offene Ausführung, **b** verdeckte Ausführung

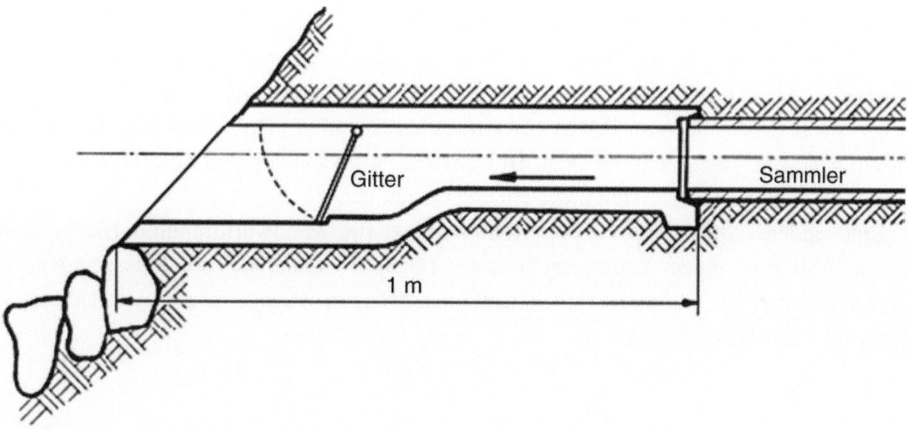

Abb. 7.22 Ausmündung eines Sammlers in einen Vorfluter

7.2.4.7 Sammler

Die Sammler müssen sich bezüglich ihrer Höhenlage und ihres Durchmessers nach den angeschlossenen Dräns richten. Bei der Kreuzung von Vorflutern, Straßen und Wegen sind gedichtete Rohre zu verwenden. Straßen und Wege sind ständig Erschütterungen ausgesetzt, sodass Bodenteilchen durch die Dränfugen fallen können. Außerdem müssen die Rohre gegen den Druck starker Verkehrslasten widerstandsfähig genug sein.

Die Ausmündungen der Sammler sollen in Bezug auf die Rohrsohle 0,10 bis 0,15 m über dem mittleren Wasserstand des Vorfluters liegen. Sie werden wegen der Gefahr des Rückstaus deshalb möglichst nicht unmittelbar flussaufwärts von Brücken, Durchlässen und Wehren angeordnet.

In Mineralböden verwendet man meistens besondere Formstücke aus Beton mit einer nach außen drehbaren Gitterklappe, damit keine Tiere in den Sammler eindringen können (Abb. 7.22).

7.2.4.8 Unterhaltungsarbeiten

Im Betrieb einer Rohrdränung können sich folgende Abflussstörungen einstellen:

- Verstopfungen durch abgelagerten Sand und Schluff
  - Gegenmaßnahmen:
    Filtermaterial um Stoßfugen der Tonrohre oder über Schlitze der Kunststoffrohre einbringen; kurze und möglichst steile Dräns, d. h. kleine Dränungsabteilungen wählen; eventuell Vorrichtungen für Spülungen vorsehen.
- Verwachsungen durch Pflanzenwurzeln
  - Gegenmaßnahmen:
    Große Dräntiefe; Spülgeräte mit Fräseinrichtung
- Eisenockerausscheidungen bei starkem Eisengehalt des Bodens
  - Gegenmaßnahmen:
    wie bei Verstopfungen durch Sand

7.2.4.9 Alternativen zur Rohrdränung

Anstelle von Rohren können auch sog. Holz- und Steindräns zum Einsatz gelangen. Entsprechende Gestaltungsmöglichkeiten sind aus Abb. 7.23 ersichtlich.

Je nach verwendetem Material unterscheidet man Holzdräns in Form von Faschinendräns, Stangendräns oder Holzkastendräns sowie Steindräns. Die Wahl des Materials richtet sich nach den örtlichen Gegebenheiten.

Eine andere Alternative zu den Rohren bietet die Maulwurfdränung. Hierzu wird gemäß Abb. 7.24 einem Untergrundlockerer (auch Bodenmeisel) ein Presskegel nachgezogen, der einen mehrere Jahre haltenden Hohlraum erzeugt. Dieser wirkt dann als rohrloser Drän oder Sauger.

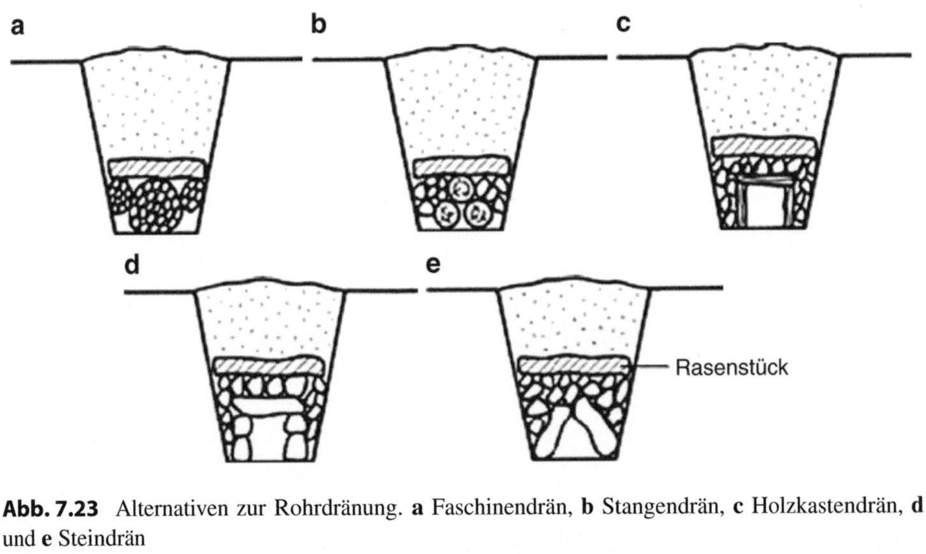

Abb. 7.23 Alternativen zur Rohrdränung. **a** Faschinendrän, **b** Stangendrän, **c** Holzkastendrän, **d** und **e** Steindrän

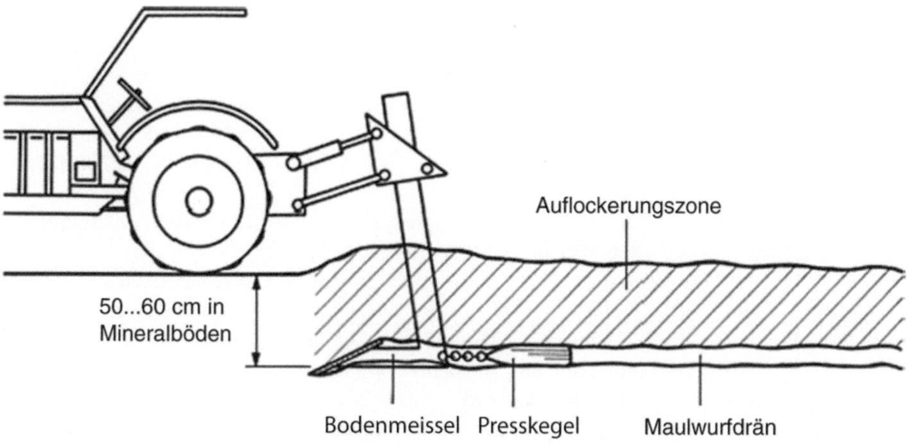

Abb. 7.24 Erstellung eines sog. Maulwurfdräns

7.3 Wasser Re-Use bei der Bewässerung landwirtschaftlicher Flächen – Aktuelle Entwicklungen

Seit dem Jahre 2020 regelt eine EU-Verordnung die Wasserwiederverwendung für landwirtschaftliche Bewässerung (EU KOM 2020). Die Regelung stellt, differenziert nach den bewässerten Anbaukulturen, Anforderungen an die Qualität und Überwachung des aufbereiteten Kommunalabwassers. Die festgeschriebenen Mindestanforderungen sind bei der Weitergabe des Wassers von der Aufbereitungsanlage einzuhalten und umfassen im Kern *E.Coli,* BSB5, TSS und Trübung. Weitere Umwelt- und Gesundheitsrisiken sind im Rahmen eines Risikomanagements zu bewerten und mit entsprechenden Risikominderungsmaßnahmen zu reduzieren.

Die Verordnung verfolgt das Ziel, die Wasserwiederverwendung als mögliche Maßnahme bei Wasserknappheit infolge des Klimawandels zu erleichtern. Dabei ergänzt sie die bestehenden EU-Regelungen zum europäischen Umwelt- und insbesondere Wasserrecht sowie die Gesetzgebung zur Lebensmittelsicherheit. Bis die Verordnung im Jahr 2023 in allen Ländern der Europäischen Union Gültigkeit erlangt, werden für die Umsetzung in Deutschland noch Konkretisierungen erarbeitet.

Literatur

DWA (s. Deutsche Vereinigung für Wasserwirtschaft, Abwasser, Abfall eV – DWA, Hennef)

DVWK – Deutscher Verband für Wasserwirtschaft und Kulturbau e. V. (Hrsg.) (1992) Methoden und ökologische Auswirkungen der maschinellen Gewässerunterhaltung, DVWK-Merkblätter zur Wasserwirtschaft, Nr. 224/1992, Bonn

DWA – Deutsche Vereinigung für Wasserwirtschaft, Abwasser und Abfall e. V. – DWA (Hrsg.) (2010) Neue Wege der Gewässerunterhaltung – Pflege und Entwicklung von Fließgewässern, Merkblatt DWA-M 610, Juni 2010.

DWA – Deutsche Vereinigung für Wasserwirtschaft, Abwasser und Abfall e. V. – DWA (Hrsg.) (2019) Grundsätze und Richtwerte zur Beurteilung von Anträgen zur Entnahme von Wasser für die Bewässerung, Merkblatt DWA-M 590, Juni 2019.

EU KOM (2020) Verordnung (EU) des europäischen Parlaments und des Rates vom 25. Mai 2020 über Mindestanforderungen an die Wasserwiederverwendung. Amtsblatt der Europäischen Union. https://eur-lex.europa.eu/legal-content/DE/TXT/HTML/?uri=CELEX:32020R0741&from=EN

Gonsowski, P. (1987) Der Einfluss der Bodenluftkompression auf die vertikale Infiltration von Wasser in Sanden, Wasserbau-Mitteilung TH Darmstadt, Heft 28

Gonsowski, P. (1990) Ein Infiltrationsansatz für instabile Strömungen, Wasserbau-Mitteilungen TH Darmstadt, Heft 32

Muth, W. (1991) Landwirtschaftlicher Wasserbau, Werner-Verlag, Düsseldorf

Patt, H. (Hrsg.) (2016) Fließgewässer und Auenentwicklung – Grundlagen und Erfahrungen, 2. Aufl., Springer, Berlin, Heidelberg, New York

Patt, H., Jürging, P., Kraus, W. (2018) Naturnaher Wasserbau – Entwicklung und Gestaltung von Fließgewässer, 5. Aufl., Springer Vieweg, Wiesbaden.

Waller P., Yitayew, M. (2016) Irrigation and Drainage Engineering, Springer International Publishing Switzerland

Verkehrswasserbau, Schifffahrt

8

Jürgen Stamm

Zusammenfassung

Fließgewässer sind die Lebensadern unserer Erde und werden seit jeher mit Schiffen befahren, um Personen und Güter zu befördern. Denn der Transport mit dem Schiff hat gegenüber dem Landtransport den gravierenden Vorteil, dass das Wasser die Last trägt und so große Lasten mit geringer Kraft transportiert werden können. Ströme und Flüsse wurden daher als natürliche Verkehrskorridore genutzt, die über die Meere weltweite Wasserstraßenverbindungen ermöglichen. Seit dem 18. Jahrhundert wurden Flusslandschaften aus vielerlei Gründen in Kulturlandschaften umgewandelt, auch um den Verkehr immer größerer Schiffe und so die wirtschaftliche Steigerung der verkehrlichen Transportleistung zu ermöglichen. Das vorliegende Kapitel geht auf den Raumbedarf des Schiffsverkehrs und die für den Verkehr erforderlichen Bauwerke ein. Da sich die nautischen Bedingungen der Seeschifffahrt von denen der Binnenschifffahrt stark unterscheiden, wird sich dieses Kapitel auf die Betrachtung der Binnenwasserstraßen beschränken. Die Definitionen der Fachbegriffe im Verkehrswasserbau finden sich in DIN 4054.

8.1 Entwicklung der Schifffahrt

Erste Seereisen können aufgrund von archäologischen Funden vor griechischen Inseln bis etwa 10.000 Jahre vor Christus nachgewiesen werden und die Schifffahrt spielte eine wesentliche Rolle in den besiedelten Tälern früher Kulturen (Nil, Euphrat, Ganges, Jangtse etc.). Im heutigen Europa veranlasste Karl der Große im Jahr 793 den Bau einer Kanalverbindung „Fossa Carolina“ zwischen der Altmühl (zur Donau) und der schwäbischen Rezat (zum Rhein), scheiterte jedoch mit diesem ambitionierten Vorhaben nach 1400 m Grabenlänge infolge von Böschungsrutschungen. Die erste klar

H. Patt et al., *Wasserbau*, https://doi.org/10.1007/978-3-658-30551-2_8

dokumentierte Schiffsschleusenkonstruktion ist datiert auf das Jahr 1439 und zeigt eine Schleuse des Naviglio Grande Kanals, einer Verbindung zwischen Mailand und dem Lago Maggiore in Norditalien, die auf das 12. Jahrhundert zurückgeht. Die Salzflotte von Lüneburg erhielt im Jahre 1398 den ersten funktionsfähigen Kanal, den Stecknitz-Kanal (heute Elbe-Lübeck-Kanal; s. Eckoldt 1998) gibt einen sehr umfassenden Überblick über die Geschichte der deutschen Wasserstraßen.

Die Kähne hatten noch keinen eigenen Antrieb und wurden gestakt oder durch Tier- bzw. Menschenkraft entlang Treidelpfaden (auch Leinpfade) gezogen. Bis zum Jahr 1820 gab es die sog. Treidelschifffahrt mit Schiffen, die ausschließlich mit Ruder, Segeln und Treidelmast ausgestattet waren.

Siedlungen entlang von Flüssen prosperierten, jedoch behinderte die Kleinstaaterei den Schiffsverkehr und die wirtschaftliche Entwicklung, sodass erstmals auf dem Wiener Kongress im Jahre 1815 eine Übereinkunft über die Abgabenfreiheit der internationalen Flussschifffahrt getroffen und eine Zentralkommission für die Rheinschifffahrt eingesetzt wurde. Der Versailler Vertrag aus dem Jahre 1919 fixierte einen wasserwirtschaftlichen Ordnungsrahmen, indem er internationale Fließgewässer definierte. Dessen Umsetzung in Reichsrecht erfolgte im „*Staatsvertrag betreffend den Übergang der Wasserstraßen von den Ländern auf das Reich*" von 1921, der die zentrale Eigentumsübernahme für die Binnen- und Seewasserstraßen mit allen Rechten und Pflichten sowie deren Verwaltung und deren Nutzungsrechte festlegte. Mit der Gründung der Bundesrepublik Deutschland wurde die Reichswasserstraßenverwaltung in die Wasser- und Schifffahrtsverwaltung (WSV), heute Wasserstraßen- und Schifffahrtsverwaltung, überführt. Die Abgrenzung der Zuständigkeiten von Bund und Land orientieren sich weiterhin an den Regelungen aus dem Jahr 1921. Der Bund ist für die Nutzung des Flusses als Schifffahrtsstraße und Energieträger sowie den sicheren Abfluss bis zum bordvollen Querschnitt verantwortlich und das jeweilige Bundesland für die übrigen Nutzungen und Belange.

Mit der ersten industriellen Revolution, der Erfindung der Dampfmaschine, veränderte sich auch die Schifffahrt. Das erste in Deutschland gebaute Dampfschiff wird im Jahre 1818 auf der Havel eingesetzt. Selbstfahrende Dampfschiffe bewirken den Niedergang der Treidel- und Segelschifffahrt und deren Ende etwa ab dem Jahr 1850 auf dem Rhein. Die Schleppschifffahrt mit Dampfschiffen beginnt ab dem Jahr 1829. Ein Dampfer kann zusätzlich zur eigenen Ladung vier bis sechs Segelschiffe stromauf ziehen. Die Motorschifffahrt beginnt um das Jahr 1900 (am Anfang Gasmotoren, ab dem Jahr 1910 Dieselmotoren) und führte letztlich etwa im Jahre 1960 zum Ende der Schleppschifffahrt.

Ab dem Jahr 1960 ist das *Regelschiff* der Selbstfahrer mit Dieselmotor (Europaschiff - ES), Großmotorschiff (GMS)) und die Schifffahrt mit Schubbooten beginnt („*Schubverband*" – starre Koppelung eines „*Schubbootes*" mit „*Leichtern*").

Die Schifffahrt entwickelt sich in Deutschland im internationalen Vergleich zu einem sehr leistungsfähigen Verkehrsträger (Abb. 8.1 und 8.2).

Zum baulichen Anlagevermögen der Wasser- und Schifffahrtsverwaltung (WSV) gehören heute neben den Streckenbauwerken an 7.237 km Binnenwasserstraßen und etwa 23.000 km^2 Seewasserstraßen u. a. 315 Schleusenanlagen und 307 Wehre, drei

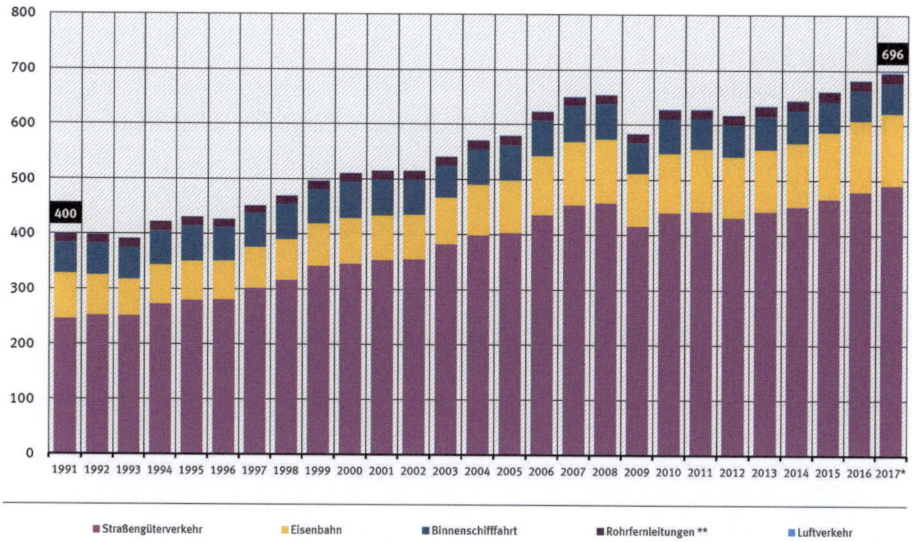

Abb. 8.1 Güterverkehrsleistung in Deutschland nach Verkehrsträgern in Milliarden Tonnenkilometern. (Bundesministerium für Verkehr und digitale Infrastruktur, Verkehr in Zahlen 2018/2019)

alte (Henrichenburg, Rothensee, Niederfinow alt) und zwei im WSV-Betrieb befindliche (Scharnebeck, Niederfinow neu) *Schiffshebewerke*, 40 Kanalbrücken, zwei Talsperren, vier Sturmflutsperrwerke und etwa 1.300 Straßen- und Eisenbahnbrückenbauwerke. Zahlreiche Häfen binden das Wasserstraßennetz als trimodale Knoten- und Umschlagspunkte an die beiden weiteren Verkehrsträger Straße und Schiene an (Abb. 8.3).

Viele Verkehrswasserbauwerke haben bereits ein (weit) fortgeschrittenes Alter erreicht oder gar ihre planmäßige Nutzungsdauer von meist 100 Jahren überschritten und müssen saniert oder ersetzt werden. Heute spielt weniger der weitere Ausbau als vielmehr das Bauen im Bestand die wesentliche Rolle. Dabei sollen durch die Einführung von Standards (z. B. Standardschleusen) effiziente technische Entwicklungen realisiert werden. Elektronische Informationssysteme (ELWIS, Fahrsimulator usw.) unterstützen die Navigation und helfen so, die Sicherheit und Leichtigkeit zu erhöhen und zugleich die Transportleistung zu optimieren. Innovationen im Bereich der Antriebssysteme und Motoren unterstützen die ökologische Entwicklung unserer Gewässer.

Die ökonomische Entwicklung eines Standorts ist eng an die verfügbare kostengünstige Transportleistung der Verkehrsträger gekoppelt. Die generell rapiden Zunahmen im Warenverkehr zeigen im intermodalen Vergleich einen relativen Rückgang der wassergebundenen Transportleistung. Dennoch sind die Vorteile der Schifffahrt gravierend:

- Geringe Energiekosten (20 % geringer als Schiene, 70 % geringer als Straße)
- Hohe Produktivität Arbeitskraft pro Transportleistung

- Geringe Umweltbelastung (Lärm, Abgase)
- Geringer Landverbrauch
- Geringes Unfallrisiko
- Einfacher Transport von schwerem und übergroßem Cargo sowie Schüttgüter

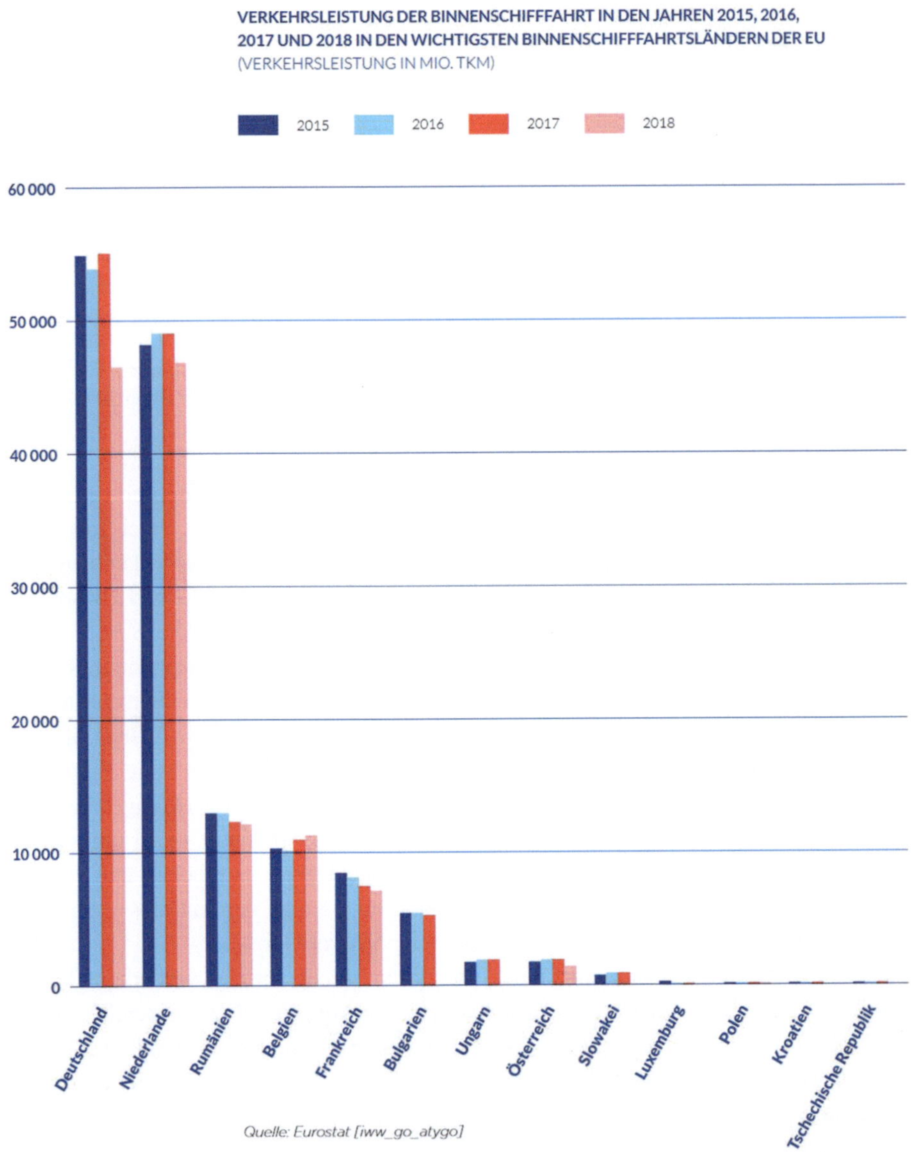

Abb. 8.2 Verkehrsleistung der Binnenschifffahrt in den wichtigsten Binnenschifffahrtsländern der EU (Eurostat) (ZKR 2019)

Abb. 8.3 Bundeswasserstraßen, Netzkategorisierung unter Berücksichtigung der Verkehrsprognose 2030 (BMVI, 2019)

Die hohe Relevanz der Binnenwasserstraßen für die Sicherheit des Verkehrsträgers Schiff spiegelt sich in dem umfassenden Regelwerk für Bauwerke, Bau- und Betriebsweisen, Baumaterialien und Bauverfahren wider. Erwähnt seien hier die einschlägigen normativen Regelwerke der DIN, die Zusätzlichen Technischen Vertragsbedingungen im Wasserbau (ZTV-W) und Merkblätter der Bundesanstalt für Wasserbau (BAW), die Empfehlungen des Arbeitsausschusses „Ufereinfassungen" Häfen und Wasserstraßen (EAU) der Hafenbautechnischen Gesellschaft e. V. sowie die Bulletins der Permanent International Association for Nautical Congresses (PIANC).

8.2 Das schiffsinduzierte Strömungs- und Wellensystem

Bei der Fahrt durchs Wasser verändert das Schiff das umliegende Strömungsfeld. Am einfachsten zeigt sich dies im ruhenden Wasser, wie es in der Regel in einem Kanal der Fall ist. Daher wird nachfolgend die Kanalfahrt vom Ufer aus betrachtet, d. h. wir befinden uns nicht im bewegten System.

In der Vorwärtsfahrt verdrängt das Schiff mit der von Land aus messbaren Schiffsgeschwindigkeit über Grund (v_S) im Bugbereich Wasser, dieses strömt um das Schiff herum und füllt den Bereich hinter dem Schiffsheck. Eine energetische Betrachtung erleichtert das Verständnis des induzierten Strömungssystems. Im ruhenden Kanalwasser ($v=0$) entspricht die Energielinie der Wasserspiegellinie. Die Rückströmung (v_R) um das Schiff erfordert einen Wasserspiegelgradienten, der bei horizontaler Kanalsohle zu einer kontinuierlich ansteigenden Fließgeschwindigkeit in Richtung Heck führt. Die schiffsnahe Rückströmgeschwindigkeit (v_R) erhöht die Fahrgeschwindigkeit durch das Wasser ($v_{S,W}$), reduziert jedoch zugleich die Schiffsgeschwindigkeit über Grund. Je kleiner der Fließquerschnitt, umso schneller ist die Rückströmung und umso tiefer liegt der Wasserspiegel.

Das Schiff erzeugt also während der Fahrt eine ihm entgegengerichtete Strömung sowie eine Absenkmulde und sinkt in dieser ein. Bei absolut mittiger Fahrt in einem symmetrischen Kanal handelt es sich um ein dipolförmiges Strömungsfeld (Abb. 8.4). Dieses

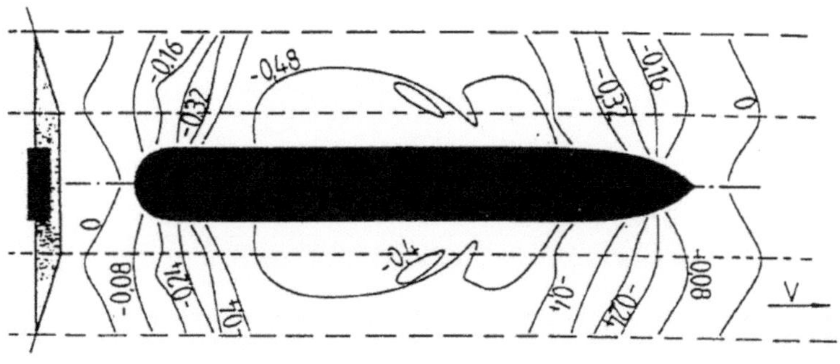

Abb. 8.4 Niveaulinien der Wasserspiegelverformung. (Verein für Binnenschifffahrt und Wasserstraßen e. V. 1992)

Strömungsfeld hängt am Schiff und bewegt sich exakt mit der Schiffsgeschwindigkeit v_S. Es wird daher als *Primärwellenfeld* bezeichnet. Ein Verdrängerschiff kann diese Absenkmulde nicht verlassen.

Übersicht

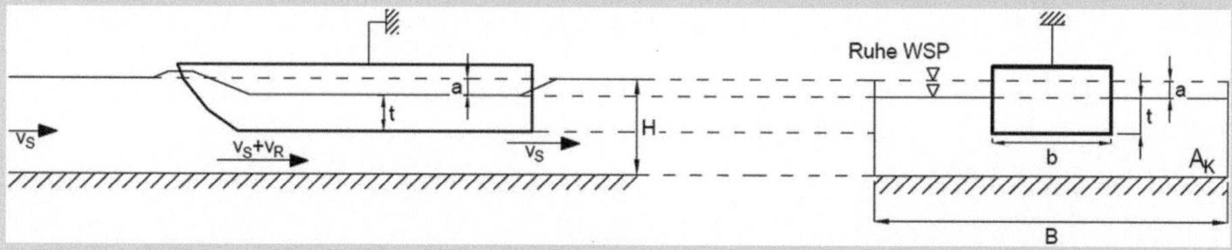

Analytisches Ersatzsystem mit Definition der Abmessungen für Kanal, Schiff und Absunk in der eindimensionalen Kanalfahrt

Im eindimensionalen Analogiemodell soll das Schiff im Kanal festgehalten werden und das Wasser mit der Schiffsgeschwindigkeit v_S im Kanal fließen (Abb. 8.5). Um das Schiff herum strömt es mit der erhöhten Geschwindigkeit $v_S + v_R$. Das Schiff hat aufgrund seines Gewichts noch immer den Tiefgang (t), der mit dem Squat (a) die Tauchtiefe (a + t) ergibt.

Die energetische Betrachtung nach Bernoulli

$$\frac{v_S^2}{2g} + H = \frac{(v_S + v_R)^2}{2g} + H - a$$

führt zu:

$$a = \frac{v_S^2}{2g}\left[\left(\frac{v_S + v_R}{v_S}\right)^2 - 1\right]$$

Die Kontinuitätsbetrachtung

$$Q = v_S \cdot A_K = (v_S + v_R) \cdot [(H - a) \cdot B - t \cdot b)]$$

führt zur Gleichung

$$\frac{v_S + v_R}{v_S} = \frac{A_K}{A_K - B \cdot a - A_S} = \frac{1}{1 - x - \alpha}$$

mit dem eingetauchten Schiffsquerschnitt $A_S = t \cdot b$ und $n = \frac{A_K}{A_S}$ bzw. $\alpha = \frac{1}{n}$ sowie der vorgenommenen Substitution $x = \frac{a}{H}$.

Setzen wir dies in den Ausdruck für a ein, so führt dies zu

$$a = \frac{v_S^2}{2g}\left[\left(\frac{1}{1 - x - \alpha}\right)^2 - 1\right] = x \cdot \frac{A_K}{B}$$

und mit der Substitution $y^2 = \frac{v_S^2}{gH}$ ergibt sich nach kurzer Umformung der folgende Ausdruck:

$$y^2 = \frac{2x}{\left(\frac{1}{1 - x - \alpha}\right)^2 - 1}$$

Die Auflösung dieser Parabelgleichung für typische α-Werte, respektive n-Verhältnisse, führt zu folgender Abbildung:

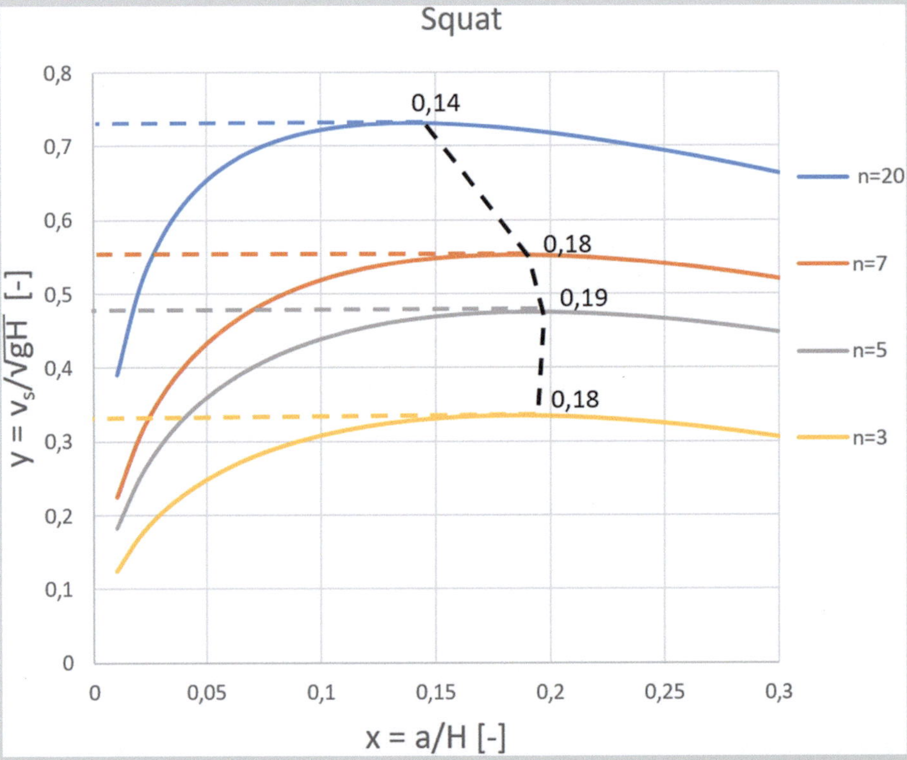

Dimensionslose Darstellung des relativen Absunks (a/H) *als Funktion der Schiffsfroudezahl* ($v_s/\sqrt{gH}$)

Die Kurven weisen ein Maximum auf, für das die Schiffsgeschwindigkeit v_S demnach maximal ist. Diese Geschwindigkeit wird die kritische Schiffsgeschwindigkeit (v_{kri}) genannt. Fährt das Schiff schneller durchs Wasser, so erhöht sich die Rückströmungsgeschwindigkeit v_R überproportional und v_S nimmt wieder ab. Mit zunehmender Geschwindigkeit durchs Wasser sinkt das Schiff zugleich weiter ein. Für ein n-Verhältnis von 7 (entspricht $\alpha = 0{,}143$) ergibt sich ein Absunk von 18 % der Wassertiefe ($x = a/H = 0{,}18$); dies entspricht 0,76 m bei einer Standardkanalwassertiefe von H = 4 m.

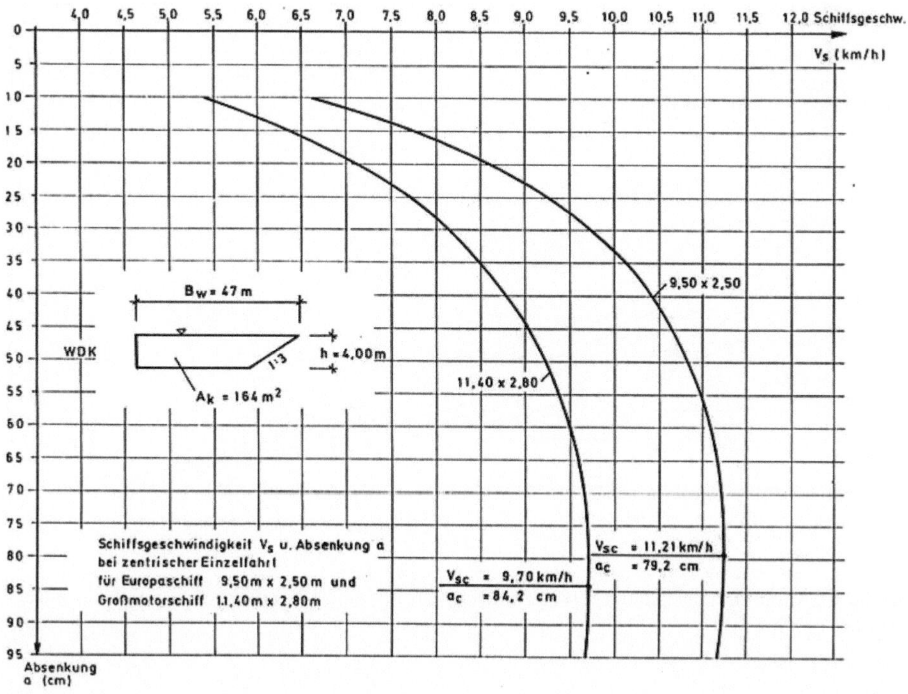

Abb. 8.5 Fahrdynamischer Absunk (Squat) bei Fahrt mit GMS und ES im Wesel-Datteln-Kanal. (VBW 1992)

In VBW (1992) werden für die Schiffsführer die Absunkdiagramme für die Kanalfahrt bereitgestellt (Abb. 8.5). Die kritische Schiffsgeschwindigkeit wird zur Grundlage zahlreicher verkehrswasserbaulicher Bemessungen genutzt.

Die kritische Schiffsgeschwindigkeit hängt von einer Vielzahl von Einflussparametern ab, wie n-Verhältnis, Schiffsform, Gewässerquerschnitt, Lage des Schiffs im Gewässer, Antriebsart, Sohlrauheit etc. und kann vereinfacht für ein fülliges GMS im Rechteckkanalprofil mit folgender Gleichung abgeschätzt werden:

$$v_{krit} = C^* \cdot \sqrt{gH}$$

Der Abminderungsfaktor C^* kann über Abb. 8.6 bestimmt werden. Für $n = 7$ ergibt sich:

$$\alpha = 1/7 = 0{,}143 \Rightarrow C^* = 0{,}55$$

Bei komplexeren Kanalquerschnitten, die nicht dem einfachen Rechteckprofil entsprechen, wird eine mittlere Wassertiefe H_m angenommen.

Für Einwirkungen auf den fahrdynamischen Absunk finden sich in der Literatur auch zahlreiche Ansätze, stellvertretend seien hier das Merkblatt „Grundlage für die Bemessung von Böschungs- und Sohlensicherungen an Wasserstraßen an

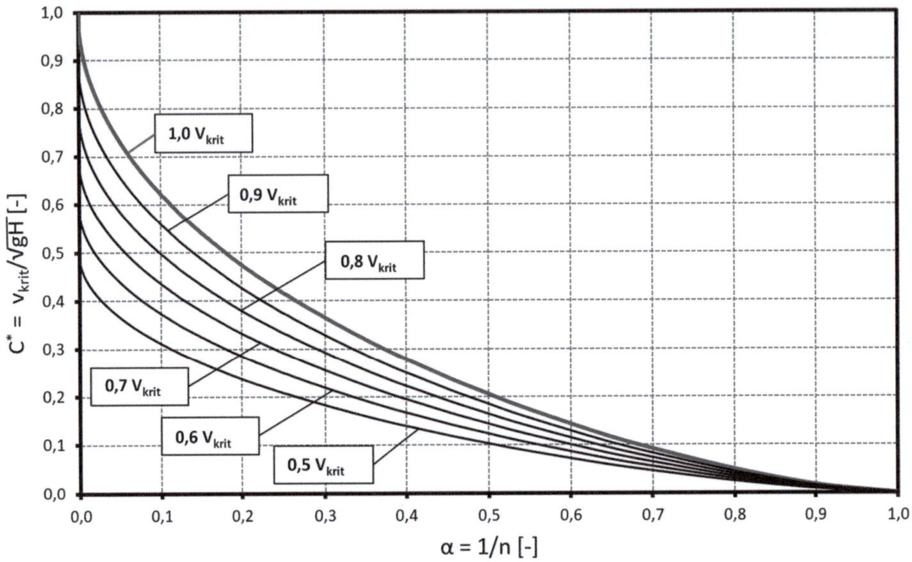

Abb. 8.6 Abminderungsfaktor C^* zur Ermittlung der kritischen Schiffsgeschwindigkeit im Rechteckprofil (BAW)

Binnenwasserstraßen (GBB)" der BAW, die Autoren Schijf, Bouwmeester, Führer und Römisch, Krey sowie Tuck genannt. Überschlägig kann für die Kanalfahrt ein *kritischer Squat* von 20 % der Wassertiefe angenommen werden (Abb. 8.7).

An Bug und Heck lösen sich im *Kelvinschen Winkel* die Bug- und Heckwelle (Primärwelle) sowie Schrägwellen (Sekundärwellensystem) ab, die sich auf der Interferenzlinie deutlich erheben und sichtbar werden. Auf der Höhe des Hecks trifft die Heckquerwelle auf das Ufer und hier wird durch den Rollbrecher die Absenkmulde wieder aufgefüllt.

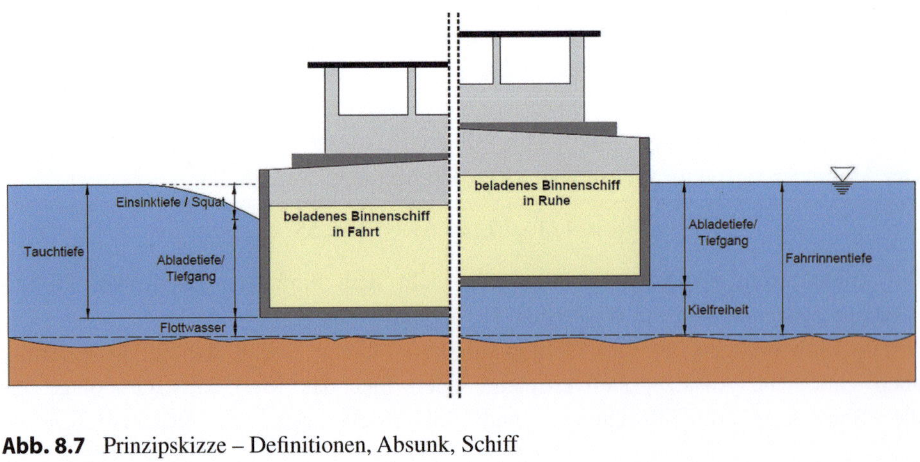

Abb. 8.7 Prinzipskizze – Definitionen, Absunk, Schiff

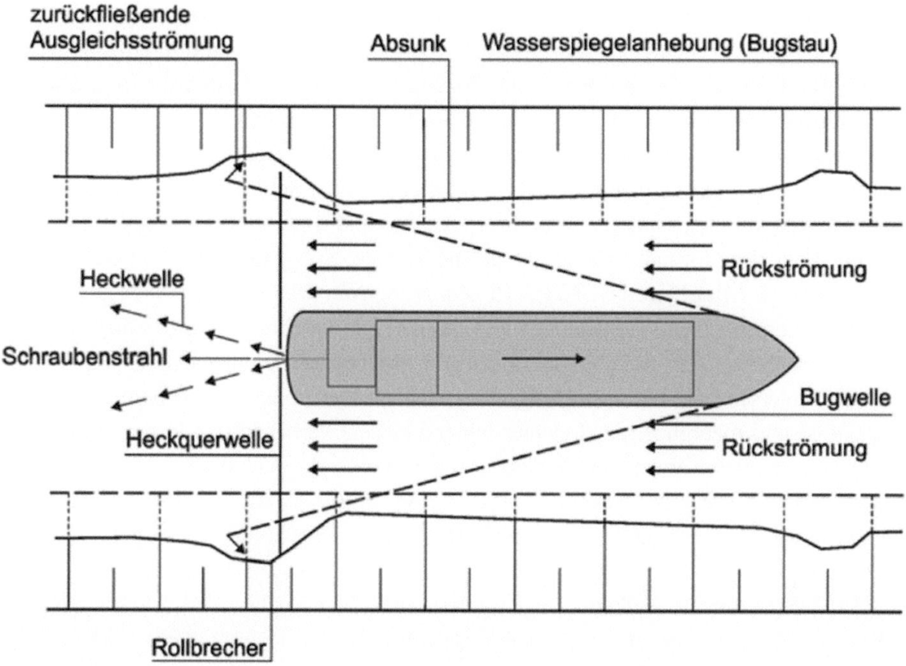

Abb. 8.8 Hydraulische Belastung einer Böschung durch das fahrende Schiff (modifiziert nach GBB)

Der Rollbrecher bewegt sich mit der gleichen Geschwindigkeit wie das Schiff und gehört damit zum Primärwellensystem. Während das Primärwellensystem in der Nähe des Schiffs größere Wellenhöhen hervorbringt, läuft das Sekundärwellenfeld nahezu verlustfrei bis ans Ufer (Abb. 8.8).

Eine ausführliche Beschreibung der schiffsinduzierten Belastungen auf Ufer und Deckwerke findet sich im BAW Merkblatt „Grundlage für die Bemessung von Böschungs- und Sohlensicherungen an Wasserstraßen an Binnenwasserstraßen (GBB)". In VBW (2013) wird die Fahrdynamik von Binnenschiffen und ihr Fahrverhalten auf Binnenwasserstraßen anhand zahlreicher illustrierter Beispiele beschrieben.

8.3 Wasserstraßenklassifizierung und Regelschiffe

Aufgrund von Untersuchungen der in Europa vorhandenen Schiffsgrößen und bereits bestehenden Standardisierungen (Frankreich, Belgien, Niederlande) legte die Europäische Verkehrsministerkonferenz (*Conférence Européenne des Ministres des Transports*, CEMT) bereits im Jahr 1954 Typschiffe und deren Abmessungen fest. Die Schiffsbreite ist durch das Standardmaß von Schleusen, ursprünglich 12,0 m, heute 12,5 m, auf ein Höchstmaß von 11,45 m begrenzt. Dagegen hat die Schiffslänge die seinerzeit festgelegte

Größe von 80 m weit überschritten und ist bei Großmotorgüterschiffen bei 110 m angelangt. Heute verkehren vereinzelt auch 135 m lange, sogenannte übergroße Motorschiffe (üGMS), die z. B. vom Rhein aus Zugang zum Neckar erhalten sollen und so zum gegenwärtigen Ausbauprojekt der Schleusen am Neckar führten.

Die zur DIN e. V. gehörende *Normenstelle Schifffahrt und Meerestechnik* (NSMT) koordiniert die Normungsarbeit auf dem Gebiet der Schiffs- und Meerestechnik. Dies gilt für die nationale, europäische (CEN) und internationale (ISO) Normung einschließlich der Normung für die Deutsche Marine. So ist die NSMT auch zuständig für die deutsche Mitarbeit in CEN/TC 15 „*Fahrzeuge der Binnenschifffahrt*".

Auf den europäischen Wasserstraßen verkehren heute vornehmlich *Großmotorgüterschiffe* und *Schubverbände* (ein Schubboot schiebt ein bis mehrere Schubleichter; Abb. 8.9 und 8.10). Zu unterscheiden sind einspurige und mehrspurige (Leichter nebeneinander) sowie eingliedrige und mehrgliedrige (Leichter hintereinander) Verbände. Sie lösten die *Schleppverbände* ab (Schleppverband: ein Schlepper schleppt einen bis mehrere Leichter).

Aus der Fülle der Schiffe im *Klassifizierungssystem der europäischen Binnenwasserstraßen*, seien hier die drei wesentlichen Schiffstypen hervorgehoben:

- *Motorschiff* (Johann Welker – sog. Europaschiff, ES) – Klasse IV: Länge: 80–85 m; Breite 9,50 m; Abladetiefe (maximaler Tiefgang): 2,50 m; Tragfähigkeit: 1.000–1.500 t
- *Großmotorgüterschiff (GMS, Großes Rheinschiff)* – Klasse Va: Länge: 95–110 m; Breite 11,40 m; Abladetiefe (maximaler Tiefgang): 2,50–2,8 m; Tragfähigkeit: 1.500 bis 3.000 t
- *Schubverband*mit Europaleichtern – Klasse Vb bzw. VIa: Länge mit einem Leichter 95–110 m (Vb); mit zwei Leichtern 172–185 m (VIa); Breite: 11,4–22,8 m; Tragfähigkeit mit einem Leichter: 3.200–6.000 t (Vb); mit zwei Leichtern: 6.400–12.000 t (VIa; Abb. 8.8)

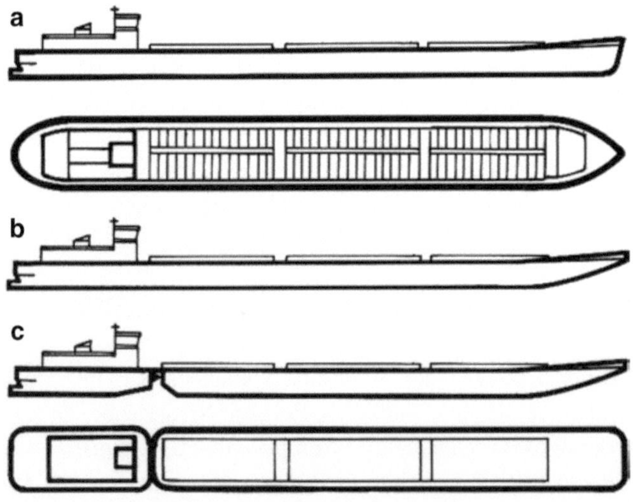

Abb. 8.9 Schiffstypen. **a** Motorschiff mit Spitzbug (Rundspant), **b** Motorschiff mit Pontonbug (Knickspant), **c** Schubverband mit Schubboot und Schubleichter

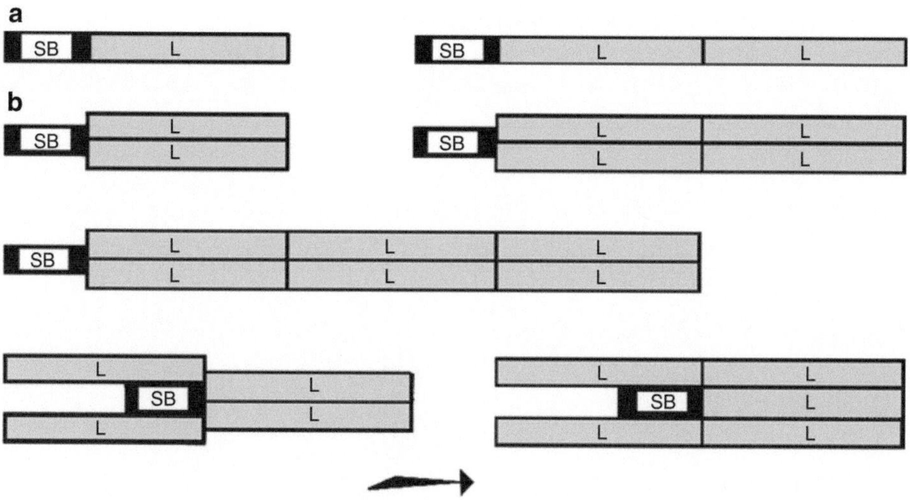

Abb. 8.10 Formen von Schubverbänden. **a** auf Wasserstraßen der Klasse IV zugelassen, **b** für größere Wasserstraßen. (Bemerkung: SB Schubboot; L Leichter)

Von grundlegender Bedeutung ist die Zuordnung der Schiffsgrößen im Klassifizierungssystem der Wasserstraßen (Abb. 8.11). Im Streckenverlauf einer Wasserstraßenklasse ist die Durchgängigkeit für die jeweilige Schiffsklasse amtlich zugesichert.

Für die *lichten Durchfahrtshöhen* unter Kreuzungsbauwerken (z. B. am Mittellandkanal 5,25 m) sind die Schiffsaufbauten wichtig. Am höchsten ragen meist die Steuerhäuser auf. Moderne Schiffe können diese über eine Hydraulik in der Höhe verstellen und so während der Fahrt bei Erfordernis vorübergehend absenken.

Die Motorschiffe besitzen einen oder zwei Schraubenantriebe (GMS etwa 2.000 kW); die Schubboote zwei bis drei (bis 4.500 kW). Zur Verbesserung der Steuerfähigkeit sind einige Einheiten zusätzlich mit Bugstrahlruder (Querstrahlanlagen) ausgerüstet, die bis zu 10 % der Hauptantriebsleistung aufweisen können. Sogenannte Ruderpropeller erlauben eine 360-Grad-Drehung des Propellers und so die volle Leistung auch beim Manövrieren.

Der *Schraubenstrahl* kann die Sohle und die Böschungen der Wasserstraßen stark beanspruchen und Erosionsschäden sowie störende Anhäufungen erzeugen. Insbesondere beim Anfahren und Abbremsen des Schiffs ergeben sich hohe Schubbelastungen auf die Sohle, die mit geringer werdendem Flottwasser (Differenz Fahrwassertiefe – Tauchtiefe) zunehmen. Eine andere Art der Beanspruchung ergibt sich beim *Ankerwurf*. Die heute fast durchwegs verwendeten Klippanker graben sich bis 0,6 m ins Lockergestein ein oder schlagen beim Fallen auf eine Asphaltdichtung bis zu 0,1 m tiefe Löcher. Letzteres ist deshalb untersagt.

Klassifizierte Binnenwasserstraßen

Klasse der Binnenwasserstraße	MOTORSCHIFFE UND SCHLEPPKÄHNE Typ des Schiffes: Allgemeine Merkmale					SCHUBVERBÄNDE Art des Schubverbandes: Allgemeine Merkmale					Brückendurchfahrtshöhe
	Bezeichnung	Länge L (m)	Breite B (m)	Tiefgang d (m)	Tonnage T (t)	Formation	Länge L (m)	Breite B (m)	Tiefgang d (m)	Tonnage T (t)	
I	Peniche Westlich der Elbe	38,5	5,05	1,8-2,2	250-400						4,0
	Gross Finow Östlich der Elbe	41	4,7	1,4	180						3,0
II	Kempenaar Westlich der Elbe	50-55	6,6	2,5	400-650						4,0-5,0
	BM-500 Östlich der Elbe	57	7,5-9,0	1,6	500-630						3,0
III	Gustav Koenigs Westlich der Elbe	67-80	8,2	2,5	650-1000						4,0-5,0
	Östlich der Elbe	67-70	8,2-9,0	1,6-2,0	470-700		118-132	8,2-9,0	1,6-2,0	1000-1200	4,0
IV	Johann Welker	80-85	9,5	2,5	1000-1500		85	9,5	2,5-2,8	1250-1450	5,25 od. 7,0
Va	Große Rheinschiffe	95-110	11,4	2,5-2,8	1500-3000		95-110	11,4	2,5-4,5	1600-3000	5,25 od. 7,00 od. 9,1
Vb							172-185	11,4	2,5-4,5	3200-6000	
VIa							95-110	22,8	2,5-4,5	3200-6000	7,0 od. 9,1
VIb		140	15	3,9			185-195	22,8	2,5-4,5	6400-12000	
VIc							270-280	22,8	2,5-4,5	9600-18000	9,1
							195-200	33,0-34,2			

Abb. 8.11 Wasserstraßenklassifizierung (BMVI, Fachstelle für Geoinformationen Süd, Anlage zu „Karte W 161 k")

Im Kontext des allgemein gestiegenen Umweltbewusstseins und vor dem Hintergrund der Klimaveränderungen ist auch das Streben nach verminderter Schadstoffemission von Schiffsmotoren von Bedeutung. Die Relevanz dieses Themas kommt in der Antwort der Bundesregierung auf die Kleine Anfrage *„Luftverschmutzungen durch die Binnenschifffahrt"* (Drucksache 19/7510 vom 04.02.2019) zum Ausdruck. Die Bundesregierung erarbeitete einen *„Masterplan Binnenschifffahrt"* (Drucksache 19/11487) und unterstützt mit einem Förderprogramm zur nachhaltigen Modernisierung von Binnenschiffen Maßnahmen für eine umweltfreundlichere und wettbewerbsfähige Flotte. Dies sieht auch alternative Antriebstechnologien für die Wasserfahrzeuge der WSV vor. Der Bund arbeitet daran, neue nachhaltige Antriebstechnologien schneller in das europäische Regelwerk zu integrieren.

8.4 Das Schiff im Fahrwasser

Schiffe benötigen für ihre Fahrt im Fahrwasser Spielräume, um sowohl die vertikalen Bewegungen des Schiffsrumpfs, bedingt durch schiffsinduzierte Wellen sowie Schwall- und Sunkerscheinungen in Stauketten, als auch die Seitwärtsbewegung, bedingt durch laterale Kräfte, kompensieren zu können.

8.4.1 Geradeausfahrt

Das sich bei der Fahrt um das Schiff einstellende Strömungsfeld führt – wie oben gezeigt – zu einem gewellten und zum Heck hin abfallenden Umgebungswasserspiegel, die *Absenkmulde*. Macht sich diese Änderung bis zum Ufer hin bemerkbar, so sprechen wir vom sog. *begrenzten* Fahrwasser dies ist in der Regel im Kanal der Fall. Fährt das Schiff nicht exakt in der Mitte eines symmetrischen Kanalquerschnitts, was in der Realität der Fall ist, so ist die steuer- und backbordseitige Rückströmungsgeschwindigkeit und damit auch die von der Schiffslängsachse getrennte Absenkmulde unterschiedlich groß. Dadurch sinkt das Schiff als Ganzes in diese Wellenformation ungleichmäßig ab und verändert dabei seine Trimmlage.

Damit das Schiff infolge der heckseitig tieferen Absenkmulde im Fall einer Grundberührung nicht zuerst mit dem Propeller und Ruder aufsetzt, wird es zumeist buglastig vorgetrimmt und so bei schneller Fahrt eine nahezu sohlparallele Schwimmlage erzielt. Dies führt bei langsamen Fahrgeschwindigkeiten zur vergleichsweise stärkeren Einsenkung am Bug (Abb. 8.12). Findet dabei eine Grundberührung statt, so kann sich das Schiff daraus in der Regel selbstständig befreien.

Neben der Vertrimmung in Schiffslängsrichtung erfährt das Schiff auch eine laterale Krafteinwirkung H, die es in Richtung des niedrigeren Umgebungswasserspiegels drückt, d. h. in Richtung des näherliegenden Ufers. Der Schiffsführer muss dies mit einer entsprechenden gegensteuernden Ruderlegung korrigieren.

Das Schiff nimmt einen Kurs auf, der unter dem Winkel α vom Ufer weg führt. Auf das fahrende Schiff wirkt der Fahrwiderstand W. Seine Komponente $W \cdot \sin \alpha$ und der Sog H erteilen dem Schiff ein Drehmoment $M_W + M_H$. Dem wird wiederum entgegengewirkt durch Umlegen des Ruders mit einem Ruderwinkel δ, das die quergerichtete Ruderkomponente $R \cdot \cos \delta$ und somit das Gegenmoment M_R bildet (Abb. 8.13).

Die unsymmetrische Fahrt wird zudem auch durch die Drehrichtung des Propellers verursacht, die selbst im Fall einer mittigen Fahrt tendenziell aus dieser herausführen würde. Dies führt zu einem permanenten Korrekturbedarf und einer harmonisch

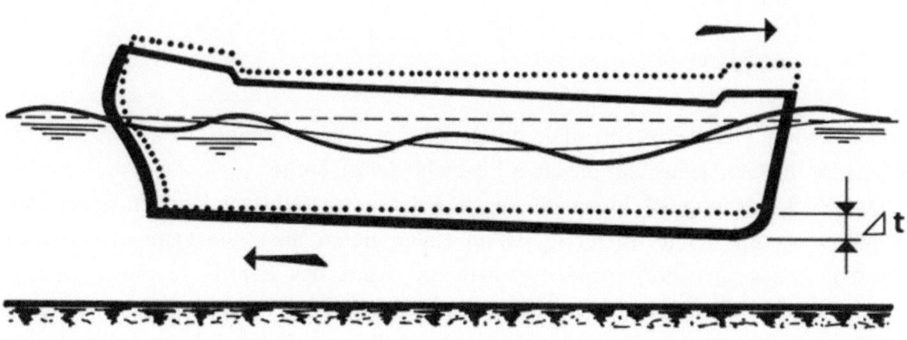

Abb. 8.12 Motorschiff mit Spitzbug. Wasserspiegelverformung bei Fahrt; stärkste Einsenkung Δt am Bug

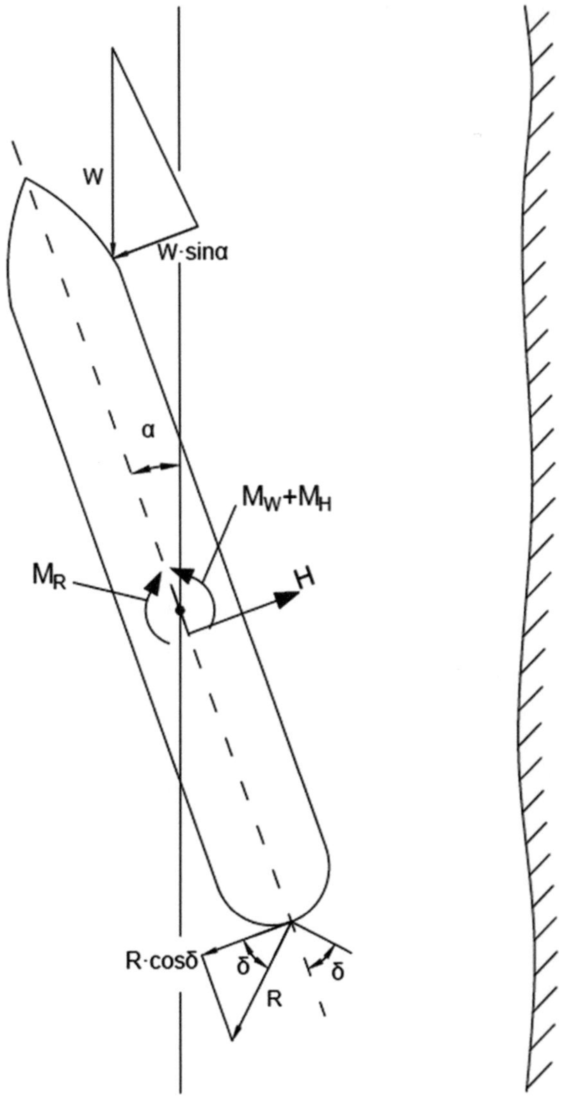

Abb. 8.13 Kräfte und Momente in der unsymmetrischen Geradeausfahrt

schlängelnden Geradeausfahrt. Hierdurch beträgt die benötigte Fahrspurbreite des Schiffs für die Geradeausfahrt die etwa 1,5-fache Schiffsbreite.

Die Rückströmung ist in einem engen Fahrwasser selbstverständlich anders und intensiver als im freien Wasser (z. B. in einem tiefen See). Sie kann die erwähnte Absenkung des Schiffs vergrößern sowie die Fahrt des Schiffs hemmen. Sprunghafte Querschnittsverengungen im Kanal, zum Beispiel infolge von Brückenauflagern, erfordern infolgedessen deutlich reduzierte zulässige Fahrgeschwindigkeiten, um unerwünschte Grundberührungen zu vermeiden.

Für leistungsfähige Wasserstraßen wird deshalb ein *Mindestquerschnittsverhältnis* n gefordert, das für den Kanalquerschnitt (A_K) ein Vielfaches des eingetauchten Schiffsquerschnitts am Hauptspant (A_S) einfordert:

$$n = \frac{A_K}{A_S} \geq 7\ [-]$$

Der Ausbau des Westdeutschen Kanalnetzes fand mit n = 7 für das Europaschiff statt. Für die heute verkehrenden größeren Schiffe (meist GMS) stellt sich dieses Verhältnis kleiner dar und erlaubt infolgedessen nur vergleichsweise geringere Schiffsgeschwindigkeiten. Diese Maßgabe geht in die modernen Regelquerschnitte für Standardkanäle ein.

Eine weitere Größe, die die Fahrt des Schiffs beeinflusst, ist die *Stauschwallgeschwindigkeit* w im Fahrwasser. Sie wird gewöhnlich definiert mit:

$$w = \sqrt{g \cdot R}\ [m/s]$$

mit

w Stauschwallgeschwindigkeit [m/s]
g Erdbeschleunigung [m/s^2]
R hydraulischer Radius des Fahrwassers (im breiten Rechteckgerinne identisch mit der Fahrwassertiefe h[m]

Um allzu große Fahrwiderstände zu vermeiden, sollte die Fahrgeschwindigkeit v_S des Schiffs den Wert von 75 bis 80 % der kritischen Schiffsgeschwindigkeit (z. B. für n = 7 gilt $v_{krit} = 0{,}55 \cdot w$) nicht übersteigen (s. oben). Wir sprechen dann von einer *wirtschaftlichen Schiffsgeschwindigkeit*, da bei schnellerer Fahrt überproportional viel Energie für das sich aufbauende Wellensystem erforderlich wird. Aber auch im Hinblick auf Uferbeschädigungen infolge des schnellen Wasserspiegelabsunks, der Rückströmungsgeschwindigkeit und des sich einstellenden Rollbrechers am Ufer muss die Fahrgeschwindigkeit in Grenzen bleiben, beispielsweise unter 10 bis 12 km/h. Ausführliche Bemessungshinweise finden sich in dem BAW Merkblatt GBB.

8.4.2 Kurvenfahrt

In der Kurvenfahrt erfährt das Schiff mit der Gesamtmasse G die Fliehkraft $F = G \cdot \frac{v_S^2}{R}$, die es mit einer Lateralkraft ausgleichen muss, um nicht ans Außenufer versetzt zu werden. Diese Lateralkraft H erzeugt es, indem es sich im Driftwinkel β schräg zur Fahrtrichtung stellt (Ausscheren des Hecks). Die lotrecht auf die Außenseitenfläche (Lateralplan) des Schiffs einwirkende Flächenkraft ergibt sich aus der Staudruckkomponente $\rho/2 \cdot v_{S,w}^2 \cdot \sin\beta$, in die die relative Schiffsgeschwindigkeit durchs Wasser eingeht. Zwischen der Schiffsachse und der Tangente an die Bahnkurve stellt sich somit ein Driftwinkel β ein, der zu einer Verbreiterung der Fahrspur B_1 führt. Der taktische

Drehpunkt liegt bei der Kanalfahrt etwa im vorderen Schiffsdrittel (in der Entfernung $C_f \cdot L$ vom Heck).

Die Ermittlung der Fahrspurbreite kann in der Kanalfahrt über den Driftwinkel β oder über die Lage des taktischen Drehpunkts anhand des Satzes nach Pythagoras erfolgen (Abb. 8.14). Der Driftwinkel ist eine Funktion des Kurvenradius und kann einen Wert bis zu $\beta = 7°$ annehmen (in sehr enger Kurve mit $R = 600\,\text{m}$). Er nimmt mit zunehmendem Kurvenradius ab und beträgt bei $R = 2000\,\text{m}$ (Übergang zur Geraden) nur noch $\beta = 1°$.

$$B_l = \sqrt{(R + B_S)^2 + (C_f \cdot L)^2} - R$$

bzw.

$$B_l = \sqrt{(R + B_S)^2 + \left[\frac{L}{2} + \left(R + \frac{B_S}{2}\right)\tan\beta\right]} - R$$

mit

R	Kurvenradius [m]
L	Schiffslänge [m]
B_S	Schiffsbreite
C_f	=0,9 (fülliges Binnenschiff) bzw. 1,0 (für voll abgeladenes GMS)

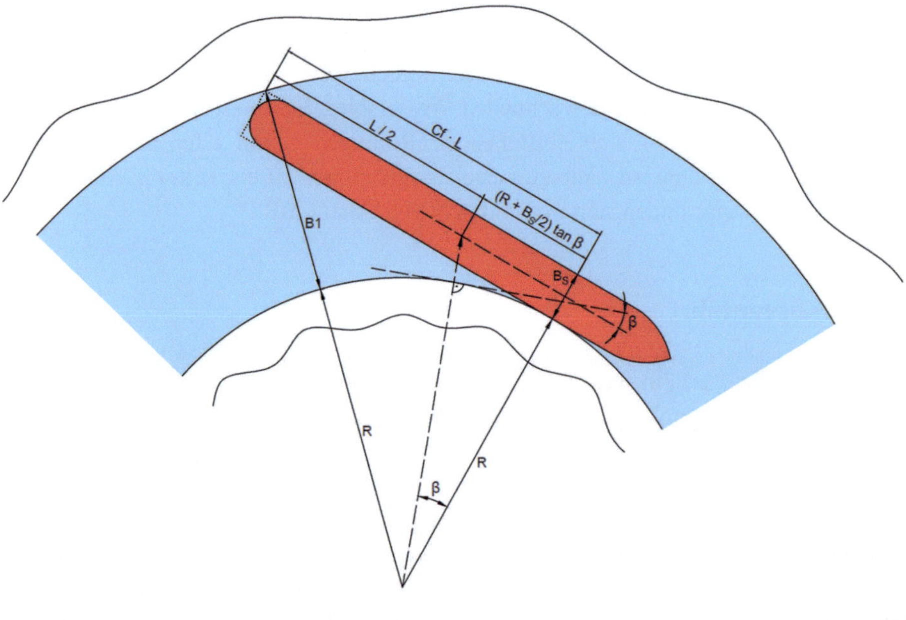

Abb. 8.14 Kurvenfahrt eines Schiffs mit Darstellung des Driftwinkels β und der Lage des taktischen Drehpunkts im Vorderschiff

Nach PIANC WG 141 kann die Fahrspurbreite in der Kurve auch über $B_1 = B_S + \Delta B$ ermittelt werden, wobei ΔB die vom Kurvenradius abhängige Zusatzbreite darstellt, die vereinfacht beschrieben wird mit

$$\Delta B = \frac{L^2}{2R + B_S} \cong \frac{L^2}{2R}$$

Bei der Flussfahrt ist zwischen der Berg- und Talfahrt zu unterscheiden, da die natürliche Fließgeschwindigkeit v_0 zu berücksichtigen ist:

$$v_S = v_{S,w} + v_0 \quad \text{(Talfahrt)}$$

$$v_S = v_{S,w} - v_0 \quad \text{(Bergfahrt)}$$

Typischerweise zeichnet sich die Talfahrt durch hohe Schiffsgeschwindigkeiten v_S bei zugleich kleinen Relativgeschwindigkeiten $v_{S,w}$ aus und erfordert dadurch große Driftwinkel β. Bei der Bergfahrt hingegen bewirkt die kleinere Schiffsgeschwindigkeit v_S eine entsprechend kleinere Fliehkraft, die durch die vergleichsweise starke Anströmung $v_{S,w}$ mit einem entsprechend kleinen Driftwinkel schon ausgeglichen werden kann (Abb. 8.15). Messungen auf dem Rhein ergaben für die Talfahrt Driftwinkel zwischen 5° und 18° für Kurvenradien zwischen 2.500 m und 400 m. Wie oben gezeigt ist aber auch die abflussabhängige Fließgeschwindigkeit von zentraler Bedeutung.

Fahrspureinmessungen werden heute mittels DGPS-Verfahren vorgenommen und dienen der Kalibrierung von virtuellen Schiffen in Schiffsführungssimulatoren.

8.4.3 Fahrt am Ufer, Begegnen, Überholen

Die Fahrt des Schiffes erzeugt bzw. verändert das umliegende Strömungsfeld. Der Wirkungsbereich dieser Änderung erstreckt sich beidseitig über etwa je eine halbe Schiffslänge querab. Befindet sich innerhalb dieses Bereichs ein Ufer oder ein anderes Schiff, so findet eine gegenseitige Beeinflussung statt.

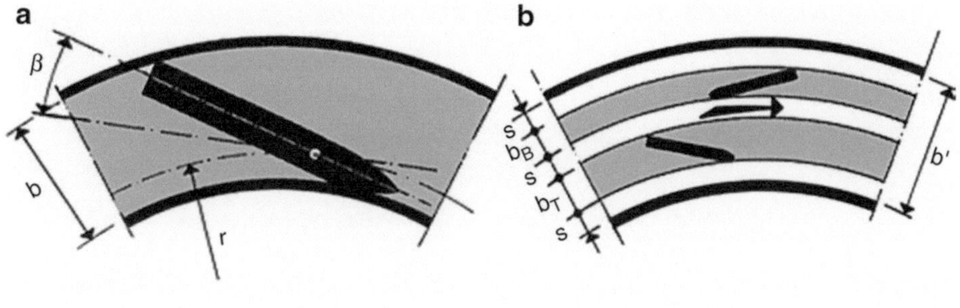

Abb. 8.15 Kurvenfahrt eines Schiffs. **a** Schema mit Driftwinkel ß, **b** Definition einer Gesamtkurvenbreite bei Gegenverkehr

Je ufernaher die Fahrt, umso stärker wird die Rückströmungsgeschwindigkeit und damit die zum Ufer wirkende Sogkraft, die eine vom Ufer wegführende Ruderlegung erfordert.

Wird ein Schiff von einem anderen überholt, so addieren sich die schiffsinduzierten Rückströmungsgeschwindigkeiten zwischen den Schiffen, was zum erhöhten Absunk beiträgt und damit eine Sogwirkung zwischen den Schiffen verursacht. Dieser Sogwirkung muss mit abweisender Ruderlegung gegengesteuert werden.

Begegnen sich zwei Schiffe, so erfahren sie zunächst infolge der sich treffenden Bugwellen eine abstoßende Kraft. Befinden die Schiffe sich nebeneinander, so heben sich zwischen ihnen die Rückströmungsfelder tendenziell auf, was ebenso zu einer gegenseitig abstoßenden Kraft auf voller Breitseite führt. Im weiteren Verlauf der Begegnung saugen sich dann die Hecks an, bis sich schließlich die Heckwellen gegenseitig abstoßen. Somit erfordert die Begegnung wiederholte Richtungskorrekturen durch Ruderlegung.

8.4.4 Fahrwasser und Fahrrinne

Die Bezeichnung *Wasserstraße* ist ein verkehrsgeografischer, das Fahrwasser und die Fahrrinne sind nautische Begriffe. Während das *Fahrwasser* den Bereich in einer Wasserstraße bezeichnet, der je nach örtlichen Verhältnissen eine für den durchgehenden Verkehr der Schiffe erforderliche Wassertiefe aufweist, ist die *Fahrrinne* der Teil des Fahrwassers, in dem für den durchgehenden Schiffsverkehr bestimmte Breiten und Tiefen im Rahmen des Möglichen und Zumutbaren (amtlich) vorgehalten werden (Abb. 8.16).

Die vorgehaltene Wassertiefe in der Fahrrinne bezieht sich zumeist auf einen niedrigen Abfluss. An Rhein und Elbe ist der *gleichwertige Wasserspiegel* (GLW) der Wasserspiegel, der im langjährigen Mittel an nur 20 eisfreien Tagen unterschritten wird (Abb. 8.17). Die Ausweisung der Fahrrinne mit 2,50 m unter GLW bedeutet demnach, dass bei einem Pegelstand von zwei Meter über GLW die Wassertiefe in der Fahrrinne 4,5 m beträgt. Neben dem GLW gibt es auch das auf das Mittelwasser bezogene *Ausbaumittelwasser* (AMW) auf der Mittelrheinstrecke und das *Regulierungsniedrigwasser* (RNW) auf der

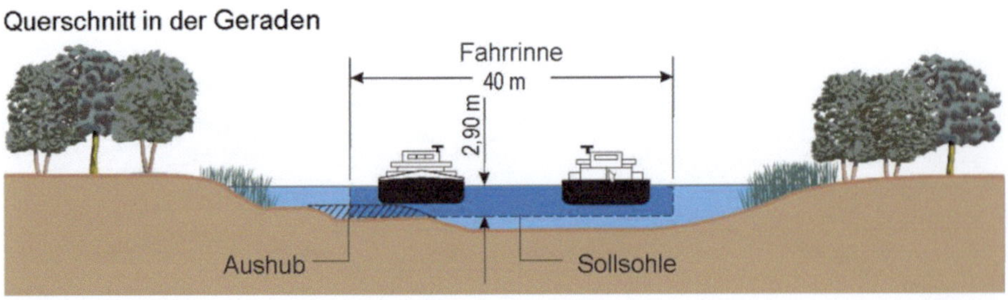

Abb. 8.16 Fahrrinne und erforderliche Aushubmaßnahme zur Herstellung der Fahrrinnentiefe (ELWIS)

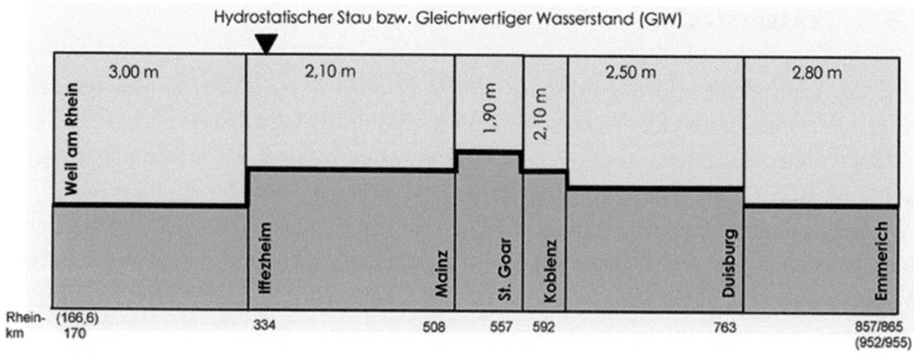

Abb. 8.17 Längsprofil der Fahrrinnentiefe im Rhein (ELWIS) (Quelle: Generaldirektion Wasserstraßen und Schifffahrt, 2019)

Donau. Die Unterhaltung und der Ausbau einer Wasserstraße korrespondierend mit einem Bezugswasserstand verfolgt den Zweck, eine gleichwertige Befahrung für diese Abflussverhältnisse auf dem gesamten Streckenabschnitt sicherzustellen.

Die Fahrrinnenbreite in der Geraden eines Fließgewässers soll mit Rücksicht auf den Begegnungs- und Überholvorgang mindestens das 2,2-Fache der beiden Schiffsbreiten betragen, demnach für GMS etwa 50 m. Die erforderliche Fahrrinnenbreite in einem Fließgewässer ist deutlich größer als in einem Kanal, infolge a) der natürlichen Fließgeschwindigkeit und b) der Unregelmäßigkeiten im Flussquerschnitt und der damit verbundenen Querströmungseinflüsse sowie c) des ungleichförmigen Strömungsverlaufs durch Rauheitsunterschiede.

In der Krümmung wird auf der Kurveninnenseite grundsätzlich eine Verbreiterung vorgesehen (Abb. 8.18). Sie wird auf einen Begegnungsvorgang ausgerichtet und kann nach den oben (Abschn. 8.4.2) genannten Beziehungen vordimensioniert werden. Da die ufer- und landseitigen Eingriffe aus ökologischen und wirtschaftlichen Gründen zu minimieren sind, finden die abschließenden Trassierungen unter Berücksichtigung der verkehrenden Schiffsklassen mittels einer fahrdynamischen Simulation statt, die als Stand der Technik gilt.

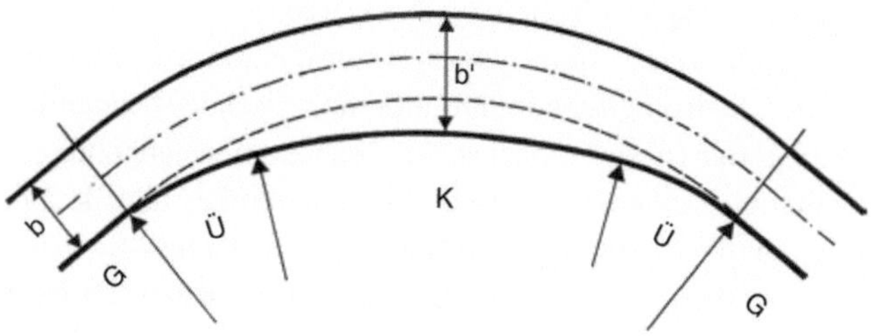

Abb. 8.18 Kurvenverbreiterung. G = Gerade Strecke, Ü = Übergangsbogen, K = Kreisbogen

8.5 Wasserstraßen

Eine Wasserstraße ist ein oberirdisches Gewässer oder Küstengewässer, das gesetzlich für den Personen- und/oder den Güterverkehr bestimmt ist (DIN 4054).

Das Wasserstraßennetz setzt sich aus *natürlichen Gewässern* (Flüssen und Seen) und aus *künstlichen Gewässern* (Kanälen) zusammen. Da die Befahrbarkeit der Gewässer grundsätzlich nur bedingt gegeben ist, wird hinsichtlich der erforderlichen Baumaßnahmen zur wirtschaftlichen Schiffbarmachung zwischen drei Kategorien von Wasserstraßen unterschieden:

- Mit flussregelnden Maßnahmen schiffbar (veränderte Gewässer)
- Durch Stauregelung schiffbar (stark veränderte Gewässer)
- Kanäle (künstliche Gewässer)

8.5.1 Natürliche Gewässer mit Flussregelung

Ohne eine Flussregelung sind nur Ströme und große Flüsse mit Binnenschiffen befahrbar. In der Bundesrepublik Deutschland sind alle frei fließenden Wasserstraßen mittels Flussregelungsmaßnahmen ertüchtigt, mit dem Ziel der verbesserten Befahrbarkeit. Dies kann die Vergrößerung der Abladetiefe betreffen sowie die Zulassung größerer Schiffe und Verbände oder auch die Erhöhung der Leichtigkeit und Sicherheit der Schifffahrt durch verbesserte Strömungsbedingungen.

Generell verursachen die Regelungsmaßnahmen die Anhebung des Wasserspiegels, der eine Einschnürung des Abflusses, also eine Erhöhung des spezifischen Durchflusses und damit eine Geschwindigkeitserhöhung verursacht. Letzteres ist selten ein Problem, da die Schiffe ausreichend motorisiert sind. Dennoch ist der für die Schifffahrt maximal mögliche Tiefenzuwachs aus diesem Grund limitiert (große Fließgeschwindigkeiten führen zu großen Fahrspurbreiten und erschweren die Schiffsführung).

Die Einengungen müssen nicht durchgehend errichtet werden, da sie infolge der strömenden Fließverhältnisse ($Fr << 1$) und geringen Sohlgefälle in der Regel bis weit nach oberstrom wirken. Erst an der nächsten Engstelle muss wieder baulich eingegriffen werden. Gegebenenfalls können Baumaßnahmen auch durch diskontinuierliche Sohlumlagerungen (Baggern und Verklappen) ersetzt werden.

Buhnen und *Parallelwerke* sind typische Einschnürungsbauwerke. Sie gestalten in Abhängigkeit der hydrologischen und morphologischen Dynamik die Fahrrinne. Nach der Errichtung führen sie zunächst zur Wasserspiegelanhöhung, dann zu einer planmäßigen Eintiefung innerhalb der Streichlinienbreite und letztlich wieder zu einer Annäherung an die ursprüngliche Wasserstands-Abfluss-Beziehung bei jedoch vergrößerter Tiefe innerhalb der Streichlinienbreite (Abb. 8.19). Es ist daher die langfristige Wirkungsweise zu betrachten. Wo dies nicht ausreicht, bedarf es einer sog. *Stauregelung,* d. h. einem Wasserstraßenausbau durch Einbau von Staustufen.

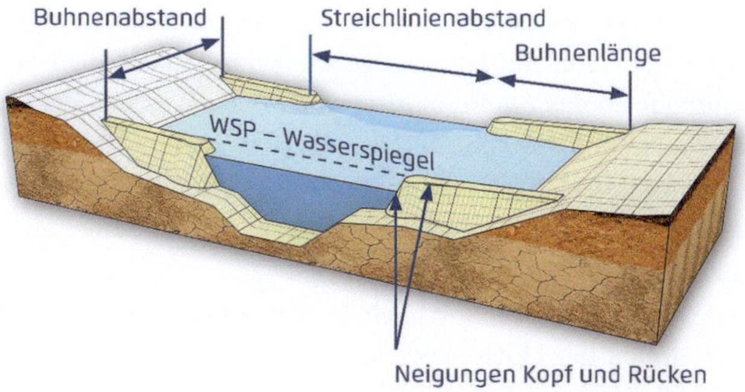

Abb. 8.19 Langfristige Wirkung von Buhnen (aus BAWiki)

Buhnen und Parallelwerke können auch zur Verbesserung der ökologischen Strukturen an Wasserstraßen beitragen. Die Flachwasserbereiche der Buhnenfelder können ein hohes naturschutzfachliches Potenzial entfalten, das durch gezielte Optimierung alternativer Buhnenformen unterstützt wird. Untersuchungen der *Bundesanstalt für Wasserbau* (BAW) haben gezeigt, dass Kerb- und Knickbuhnen die Strömungsvielfalt und die strukturelle Heterogenität im Buhnenfeld erhöhen und somit die Lebensraumbedingungen für terrestrische und aquatische Organismen verbessern. Auch in Fließrichtung liegende Regelungsbauwerke, wie das Parallelwerk Walsum-Stapp, können erfolgreich zur Verbesserung der ökologischen Verhältnisse führen. Das Parallelwerk erzeugt einen strömungsberuhigten Gewässerbereich, in dem sich Wasserpflanzenbestände neu entwickeln können und Laichplätze für diverse Fischarten entstehen (Abb. 8.20).

Abb. 8.20 *Links* Luftbildaufnahme Elbe-km 286 – Breitenhagen, Jahr 2011, WSA Dresden (Foto: Andreas Hilger); *rechts* aufgelöstes Parallelwerk bei Walsum am Niederrhein (WSA Rhein, Schrägluftbild aus dem Jahr 2007, Rhein-km 793 bis 799)

Da flussregelnde Maßnahmen generell zu einer höheren Sohlbelastung führen, ist die Gefahr der übermäßigen Sohleintiefung gegeben, wie zum Beispiel an der Elbe. Von 2010 bis 2017 erarbeiteten das *Bundesministerium für Verkehr und digitale Infrastruktur* (BMVI) und das *Bundesministerium für Umwelt, Naturschutz, Bau und Reaktorsicherheit* (BMUB) gemeinsam das „*Gesamtkonzept Elbe – Strategisches Konzept für die Entwicklung der deutschen Binnenelbe und ihrer Auen*", um damit eine umweltverträgliche, verkehrliche Nutzung der Elbe zu ermöglichen.

In natürlichen Gewässern ist die Schifffahrt vom *natürlichen Wasserdargebot* abhängig. Extreme treten bei Hoch- und Niedrigwasser auf. Bei Hochwasser wird als kennzeichnende Größe der „*höchste Schifffahrtswasserstand (HSW)*" eingeführt. Er ist derjenige Grenzwasserstand, bis zu dem der Verkehr auf der Wasserstraße noch zulässig ist. Bei höheren Wasserständen muss der Verkehr auf der Wasserstraße eingestellt werden.

Der „*niedrigste Schifffahrtswasserstand (NSW)*" ist der untere Grenzwasserstand, bis zu dem der Verkehr bei bestimmter Abladetiefe möglich oder zulässig ist.

Bei einer Unterschreitung des Grenzwasserstands wird die Schifffahrt jedoch nicht eingestellt, sondern bloß eingeschränkt. Die Konsequenz ist, dass die Schiffe nicht vollbeladen, sondern lediglich teilbeladen *(geleichtert)* fahren können. Bei diesen Bedingungen passt sich das Schiff an die Wasserstraße an.

8.5.2 Stauregelung zur Schiffbarmachung

Zahlreiche deutsche Flüsse wurden im 20. Jahrhundert durch den Bau von *Staustufen* schiffbar gemacht bzw. zur Großschifffahrtsstraße der Wasserstraßenklasse Vb ausgebaut. Dies ermöglicht die durchgängige Befahrung mit einem GMS und einem einspurigen Schubverband mit zwei Leichtern. Hierzu zählen z. B. der Main und der Neckar, die Mosel und die Saar. Staustufen sind komplexe *Stauanlagen* und in der DIN 19700-13 geregelt.

Zur *Staustufe* gehören das Absperrbauwerk, die Stauhaltungsdämme, die Schleuse mit Vorhäfen und gegebenenfalls eine Wasserkraftanlage. Die im Jahr 2000 veröffentlichte Europäische Wasserrahmenrichtlinie (EG-WRRL) fordert u. a. die Durchgängigkeit für Fische und somit den Bau von Fischwanderhilfen an Staustufen, die in die Anlagen zu integrieren sind.

Die Abb. 8.21 zeigt schematisch eine *Stauhaltung eines staugeregelten Flusses*. Bei Niedrigwasser liegt die für die Schifffahrt hinsichtlich der Fahrwassertiefe kritische Strecke am oberen Ende (Punkt 4 in Abb. 8.21). Dort befindet sich auch die Einfahrt zur stromaufwärts gelegenen Schleuse.

Dieser Bereich wird oft ausgebaggert, um eine ausreichende Fahrwassertiefe sicherzustellen. Entsprechend wird auch die *Drempeltiefe* (Wassertiefe über dem Drempel = Schwelle am Schleusentor) geplant.

Staugeregelte Flüsse müssen, zumindest streckenweise, gedichtet werden. Zwei Ausführungsbeispiele zeigt Abb. 8.22. Die *Stauregelung* eines natürlichen Gewässers hat

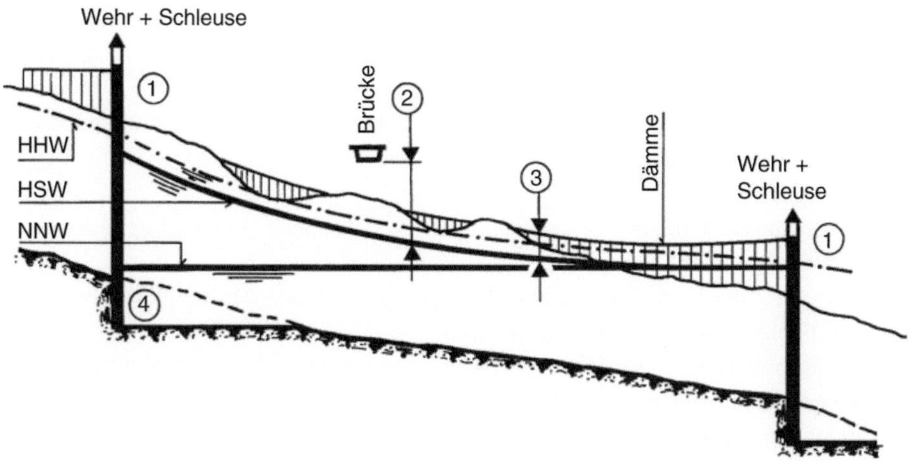

Abb. 8.21 Haltung einer staugeregelten Wasserstraße. Anlagenteile: 1) Hochwassersichere Antriebe der Schleusentore und Wehrschützen, 2) lichte Durchfahrtshöhe unter Brücken, 3) Freibord für die Schifffahrt, 4) ausgebaggerte Fahrrinne

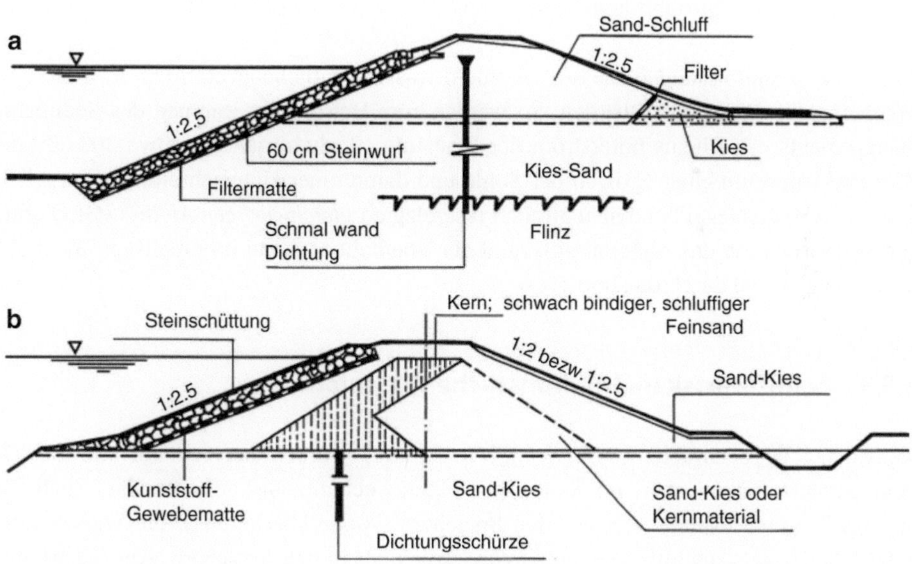

Abb. 8.22 Stauhaltungsdichtung. **a** Donaustufe Geisling mit Schmalwand-Dichtung; **b** Rheinstufe Iffezheim mit Kerndichtung und anschließende Dichtungsschürze. (nach Kuhn 1984)

sehr große Auswirkungen auf den *Wasser- und Naturhaushalt* der umgebenden Landschaft und verändert den Charakter eines Fließgewässers in großem Maß (u. a. Tittizer 1999).

Im Hinblick auf *Wasserwirtschaft* und *Naturschutz* sind dabei insbesondere folgende Auswirkungen zu nennen:

- Veränderung der Grundwasserspiegelhöhen bzw. künstliche Grundwasserhaltung
- Veränderung des Abflussregimes
- Veränderung der Fließdynamik eines Gewässers durch den Aufstau des Wassers; aus einem Fließgewässer wird ein Stillgewässer
- Nutzungsorientierte Gestaltung (Ausbau) eines natürlichen Gewässers, um die Rahmenbedingungen für die Schifffahrt zu optimieren
- Abtrennung von Nebengewässern bzw. gestaltete Einleitung der Nebengewässer
- Veränderung der Feststoffbilanz eines Flusses; Beeinträchtigung der Durchgängigkeit für Geschiebe
- Beeinträchtigung der Durchgängigkeit für Wanderfische u. a. Wasserorganismen
- Auswirkungen auf das Artenspektrum durch die Veränderung der Fließdynamik
- Nutzungsorientierte Unterhaltung des Gewässers; die Gewässerunterhaltung wird den Belangen der Schifffahrt angepasst

Alle diese Beeinflussungen müssen in einem wasserrechtlichen Verfahren ermittelt und gegeneinander abgewogen werden. So werden zum Beispiel im Rahmen des Sedimentmanagements des Rheins unterstrom der Staustufe Iffezheim jährlich etwa 200.000 m^3 Kies verklappt, um einer Erosion der Sohle und damit einer Unterschreitung vertraglich fixierter Wasserspiegel bei einem amtlich festgelegten *gleichwertigen Abfluss* (GLQ) entgegenzuwirken, da das Material aufgrund der Stauhaltungskette im Oberrhein nicht auf natürlichem Wege durchtransportiert wird.

8.5.3 Schifffahrtskanäle – Künstliche Wasserstraßen

Künstliche Wasserstraßen (sog. *Schifffahrtskanäle*) werden speziell für die Schifffahrt gebaut, können aber, im Sinn einer Mehrzwecknutzung, zum Beispiel auch für die Bewässerung (Versorgung aus den Speichern, Wasserüberleitung), die Wasserkraftnutzung oder den Hochwasserschutz (Wasserrückhalt in den Speichern, Ableitung) eingesetzt werden. Die Mehrzwecknutzung muss bereits bei der Planung berücksichtigt werden, um die jeweiligen Nutzungsansprüche an Bau und Betrieb des Gesamtsystems optimal zu gestalten.

Der Bau eines Schifffahrtskanals kommt dann in Betracht, wenn kein natürliches Gewässer für die geplante Verbindung zur Verfügung steht bzw. hierzu ausgebaut werden kann. Meist dient er zur Verbindung von Wasserstraßen, wie z. B. der Mittellandkanal, der Elbe-Seitenkanal, der Main-Donau-Kanal und der Canal Seine-Nord, oder sie erschließen als Stichkanal einen Industriestandort, wie zum Beispiel der Stichkanal Salzgitter und der Stichkanal Hildesheim.

Von hervorzuhebender wirtschaftlicher und strategischer Bedeutung sind die *Kanäle für die Seeschifffahrt,* die zur deutlichen Verkürzung von Transportwegen einhergehend mit der Erhöhung der Sicherheit führen, wie der Nord-Ostsee-Kanal, der Panama-Kanal und der Suez-Kanal. Für diese Verbindungen gelten spezifische Regelungen, die lokale Verhältnisse und Anforderungen berücksichtigen, wie zum Beispiel Dichteunterschiede infolge unterschiedlichem Salzgehalt oder Richtungsverkehr zur Vermeidung von Begegnungen etc.

Linienführung und Querschnitt der *Binnenschifffahrtskanäle* müssen den Anforderungen der Schifffahrt genügen. Die *Linienführung* wird möglichst gestreckt gewählt. Die Kurvenradien sollten 1000 m nicht unterschreiten. Natürliche Gewässer werden mit Trogbrücken gequert.

Es ist darauf zu achten, dass sich der Kanal gut in das vorhandene Gelände und die umgebende Landschaft einfügt. Eine optimale Einpassung in die Geländekonturen führt dann zu Kosteneinsparungen, wenn es gelingt, Erdbauarbeiten zu reduzieren. Aus Gründen des Landschaftsbilds ist es erstrebenswert, hohe Kanaldämme zu vermeiden. Lange Relationen erfordern die Einteilung in mehrere Kanalabschnitte auf unterschiedlichem Höhenniveau, wobei *Schleusen* und *Schiffshebewerke* als Verbindungselemente zur Überbrückung der Höhendifferenz genutzt werden. Die Trassenoptimierung erfordert die systemische Abstimmung der Leistungsfähigkeit von Schleuse/Hebewerk und der Kanalabschnittslänge, damit ein möglichst kontinuierlicher Verkehrsfluss gewährleistet werden kann und es nicht zu verkehrlichen Engstellen kommt.

In Sonderfällen kann auch der Bau einer Kanal-Tunnelstrecke infrage kommen, statt mit mehreren Schleusen/Hebewerken einen Höhenzug zu überwinden. Beispielhaft seien der Weilburger Schifffahrtstunnel (1844–1847) an der Lahn, der älteste noch heute schiffbare Tunnel in Deutschland, mit 195 m Länge, und der Riquevaltunnel des Canal de Saint-Quentin (1801–1810) in Nordfrankreich, mit einer Länge von 5670 m, genannt. Aufgrund kleiner Querschnitte und n-Verhältnisse ermöglichen die Tunnel nur die Durchfahrt kleiner Schiffe mit geringen Fahrgeschwindigkeiten und keine Befahrung mit Verbrennungsmotoren. In Tunnelstrecken ist für die ausreichende Belüftung zu sorgen.

Die *Richtlinien für Regelquerschnitte von Binnenschifffahrtsstraßen* (BMVBS 2011) setzen zwar einen knappen Standard, ermöglichen aber im Wesentlichen die beschränkungsfreie Fahrt, wobei die Begegnung und Überholung des Regelschiffs zwar generell möglich ist, jedoch als Ausnahmezustand betrachtet wird. Zudem wird angenommen, dass die Strömungsgeschwindigkeit nur gering ist ($v < 0{,}5$ m/s). Die Regelquerschnitte gelten für gerade Kanalstrecken. In Kurven sind entsprechende Aufweitungen erforderlich. Als Regelschiff wird das GMS sowie der einspurige Schubverband bis 185 m Länge, jeweils mit 2,80 m Abladetiefe, betrachtet. Für die Einzelfahrt wird eine Geschwindigkeit von 9 km/h, für die Begegnung von 7 km/h zugrunde gelegt.

Die Regelquerschnitte ergeben sich aus den Einzelflächen für die zwei Fahrspuren unter Berücksichtigung der Schlängelfahrt in der Geraden, dem Sicherheitsabstand zwischen den beiden Fahrspuren sowie dem seitlichen Sicherheitsabstand zum jeweiligen Ufer, das den Rückströmungsquerschnitt beinhaltet (Abb. 8.23).

Der *Querschnitt des Kanals* sollte symmetrisch sein. Es wird unterschieden zwischen dem Trapezprofil (T), dem Rechteckprofil (R), dem Rechtecktrapezprofil (RT) und dem kombinierten Rechtecktrapezprofil (KRT). Meist wird ein Trapezprofil gewählt (Abb. 8.24). Ein derartiger Querschnitt passt sich besser in die Landschaft ein als ein Rechteckprofil, benötigt aber mehr Platz, weshalb in Stadtstrecken meist Rechteckprofile gebaut werden. Ein Trapezprofil bietet in Notsituationen Ausstiegsmöglichkeiten für Mensch und Tier. Das KRT-Profil verbindet diese Vorteile. In Rechteckprofilen müssen solche Möglichkeiten durch Griffleisten, Ausstiegsleitern und Wildausstiege geschaffen werden.

Für Tiere sind bei einem Rechteckprofil immer Sonderkonstruktionen erforderlich, wie zum Beispiel teilweise Absenkungen von Spundwandprofilen unter die Wasserspiegellage, um ein Entkommen aus dem Kanal zu ermöglichen.

Die *Uferböschung* eines Kanals ist derart zu sichern, dass sie dem Schiffsbetrieb standhält (Rückströmungen, Schraubenstrahl, Bug- und Heckwellen). Das erfordert Deckwerke mit ausreichend großen Bauteilen. Damit die feineren Körner nicht ausgespült werden können sind Filterschichten erforderlich.

Die Abb. 8.25 zeigt mögliche Ausführungsvarianten für die Gestaltung der Böschungen. Ausführliche Bemessungshinweise gibt das Merkblatt zur Anwendung von Regelbauweisen (MAR) sowie das *Merkblatt zur Anwendung von Kornfiltern* (MAK) der Bundesanstalt für Wasserbau.

Bei der Böschungsgestaltung ist von Bedeutung, ob die Kanalberandungen *dicht* oder *durchlässig* sein sollen. Davon hängt ab, wie sich die Kanalkonstruktion auf das angrenzende Grundwasser auswirken wird.

An bedarfsgerechten Stellen werden *Wendeplätze* im Grundriss einer trapezförmigen einseitigen Aufweitung angeordnet. Das Wendemanöver beansprucht in der Regel eine Kreisfläche, deren Durchmesser etwa das 1,2-Fache der Schiffslänge beträgt. Die Aufweitung sollte von Kanalmitte bis Poller mindestens die Länge des Regelschiffs (GMS, üGMS) betragen.

In bedarfsgerechten Abständen sind *Liegestellen* zur Verfügung zu stellen, in denen mindestens zwei Einzelfahrer mit einem Sicherheitsabstand von 10 m hintereinanderliegen können.

Für die Planung der Wasserhaltung ist wichtig, ob der Kanal in einer *trockenen Baugrube* oder *im Wasser* gebaut wird. Wird im Wasser gebaut, so sind erhöhte Toleranzmaße (z. B. für Dichtungsbahnen, Filterschichten) infolge erschwerter Einbaubedingungen zu berücksichtigen. Wird im Trockenen gebaut, so ist witterungsabhängig auf die Feuchteverhältnisse des Einbaumaterials zu achten.

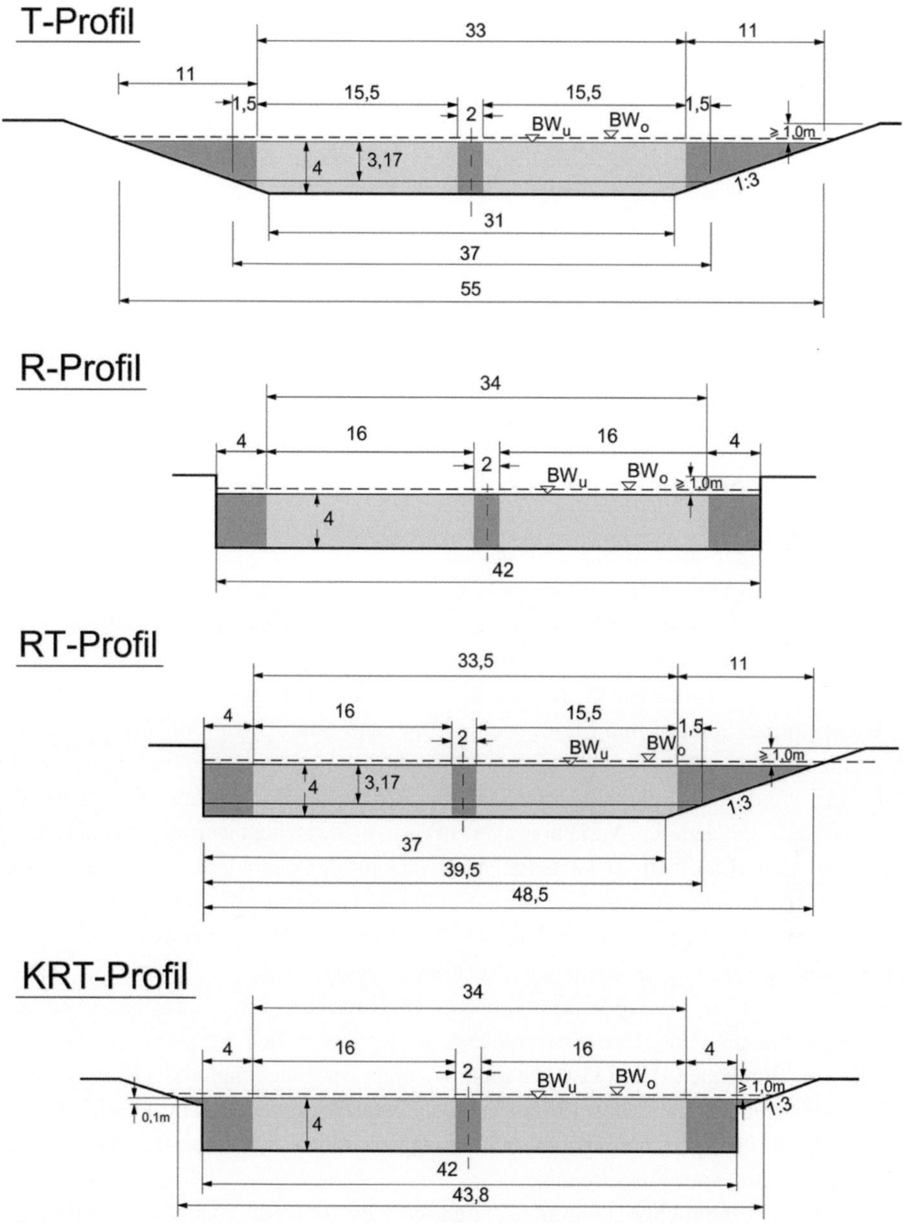

Abb. 8.23 Regelquerschnitte von Binnenschifffahrtskanälen für die Befahrung mit GMS, üGMS und einspurigen Schubverbänden bis 185 m Länge und 2,80 m Abladetiefe; Abmessungen in m. T Trapezprofil; R Rechteckprofil; RT Rechtecktrapezprofil; KRT kombiniertes Rechtecktrapezprofil. (nach BMVBS 2011)

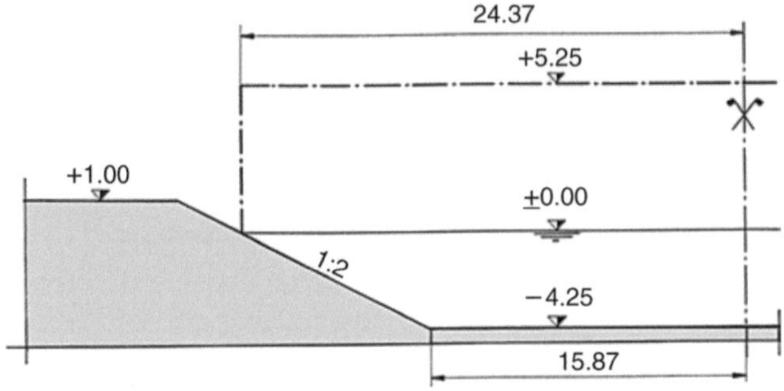

Abb. 8.24 Beispiel eines Trapezkanals für Gegenverkehr. Regelquerschnitt des Rhone-Rhein-Kanals

8.6 Hafenanlagen

Die Anforderungen an *Hafenanlagen* haben sich rasant gewandelt. Dienten sie früher vorwiegend dem Umschlag von Massen(Schütt-)gütern mit der entsprechenden Lager- und Hallenfläche sowie Hafenausrüstung, so handelt es sich heute meist um hochmoderne Logistikzentren für den trimodalen Umschlag von Stückgut, Containern, Massengütern und Sonderfracht. Tendenziell nimmt der Containeranteil permanent zu.

Wasserstraße, Schiene und Straße werden in einem intelligenten logistischen Knoten zusammengeführt, der beim optimierten Löschen und Umlagern der Ladung die Ladepläne der anliegenden und angemeldeten Schiffe sowie den anstehenden Umschlag von und auf die anderen Verkehrsträger inklusive Zwischenlagerung berücksichtigt. Dies spart Zeit (Liegezeit ist kostenintensiv) und infolge optimierter Stapelpläne auch Flächen.

Gleichzeitig wird der Flächenbedarf für Schüttgüter geringer, wodurch freie Flächen für Gewerbeansiedlungen entstehen. Spezialisierungen haben stattgefunden: RoRo-Terminals (*„roll on roll off“*) ermöglichen den Umschlag von Fahrzeugen aller Art; Containerterminals mit Containerbrücken ermöglichen den Massenumschlag des Twenty-foot-Equivalent-Unit(TEU)-Standard- und Spezialcontainers (Kühlcontainer, Gefahrstoffcontainer) bzw. des 40-Fuß langen Containers; Ölhäfen sind speziell für den Umschlag von flüssigen, brennbaren und wassergefährdeten Stoffen ausgelegt und daher stets separiert und vom Fluss trennbar.

Neben den öffentlichen Umschlagshäfen gibt es Industrie- oder Werkshäfen und Schutzhäfen.

Der Umschlag in einem Hafen erfolgt mithilfe von *Krananlagen* (u. a. Massengüter, Stückgut, Container) unterstützt durch spezielle *Flurförderzeuge* wie Greifstapler (*„reach stacker“*) sowie rad- oder schienengebundene Portalhubstapelwagen („van carrier, gantry lift“), *Sauganlagen* (pneumatisch; u. a. für Getreide) oder mit *Pumpanlagen* (u. a. flüssige Stoffe).

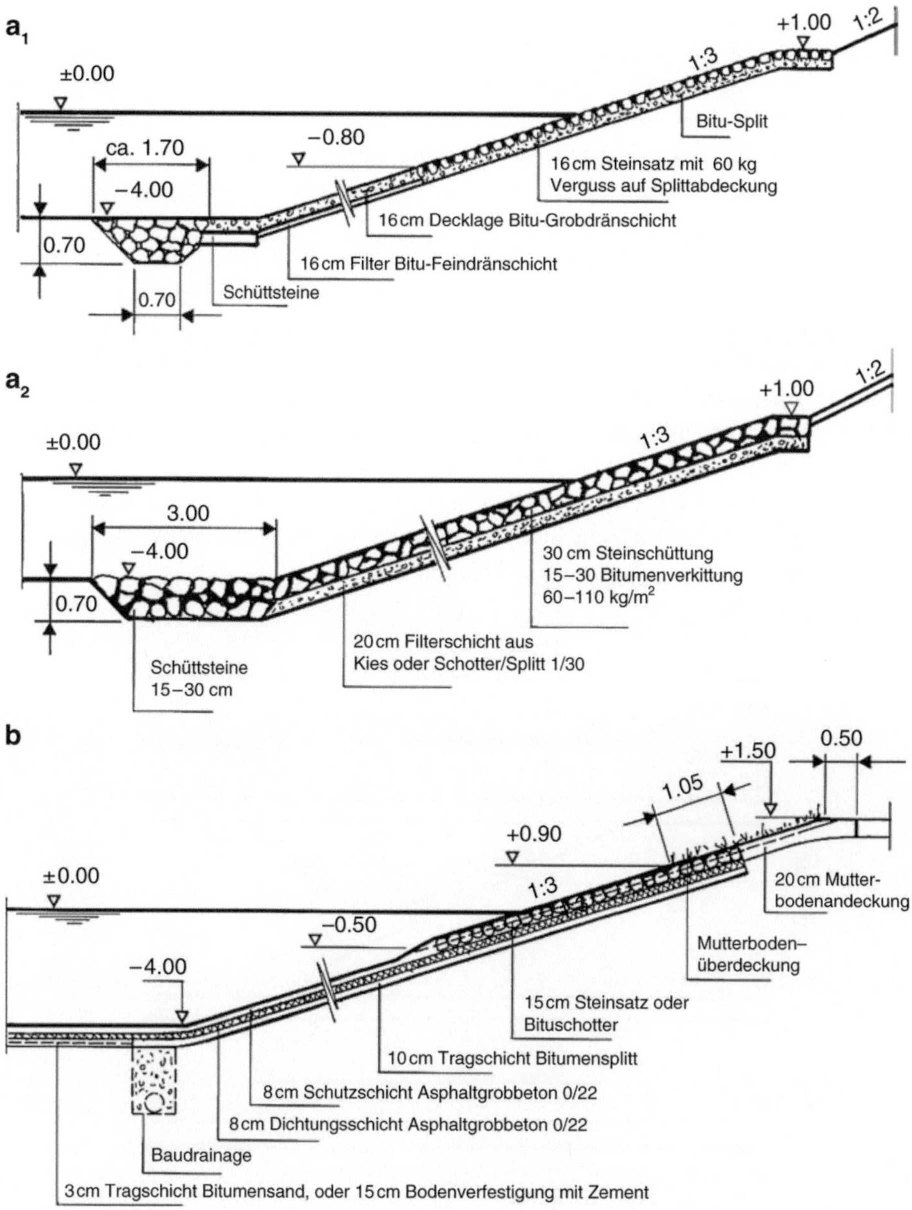

Abb. 8.25 Gestaltung von Böschungen (Deckwerken) an Kanälen. **a** Elbe-Seitenkanal, Beispiel für durchlässige Deckwerke, a_1 im Trockenen ausgeführt, a_2 im Wasser; **b** Main-Donau-Kanal für dichte Deckwerke im Trockenen ausgeführt. (nach Kuhn 1984)

Von grundlegender Bedeutung für die Hafenplanung sind die erwarteten Schiffstypen und -größen, die Gestaltung der Hafenzufahrt (Unterscheidung Fluss- und Kanalhafen, Vermeidung von Sedimentation durch Flussaufweitung und Ermöglichung einer sicheren Ein- und Ausfahrt bei Strömung), die Größe und Tiefe der wasserseitigen Hafenflächen für den fahrenden und ruhenden Verkehr, die Terminalgestaltung unter Berücksichtigung der Umschlaggüter und Trimodalität sowie die Gestaltung von Kaimauern und Pieranlagen.

Die Größe der Hafenanlagen ist infolgedessen sehr standortspezifisch und unterschiedlich. Neben einer einfachen Anlegestelle außerhalb der Fahrrinne gibt es verschiedene Hafentypen (Abb. 8.26). Häfen unterscheiden sich u. a. darin, dass sie von den Strömungen der durchgehenden Schifffahrt unterschiedlich beeinflusst werden. Damit die Trossenkräfte der im Hafen liegenden Schiffe nicht zu groß werden, müssen der durchgehenden Schifffahrt Geschwindigkeitsbeschränkungen auferlegt werden. Beim Molen- und beim Stichhafen ist diese Maßnahme nicht nötig.

Der *Stichhafen* kann mittels einer Schleuse an seinem Eingang in einen sog. Dockhafen umgewandelt werden. Dies bietet sich dort an, wo die Spiegelschwankungen groß sind und sich im Hafen nicht voll bemerkbar machen sollen.

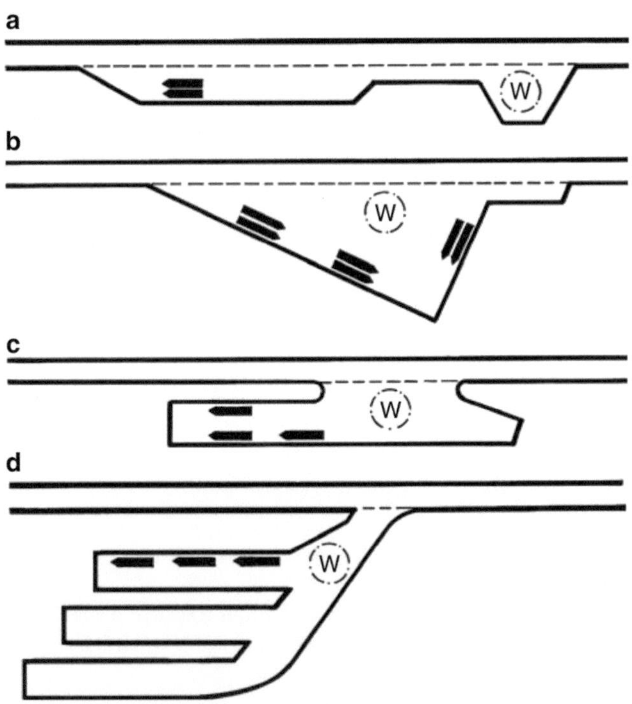

Abb. 8.26 Typen von Binnenhäfen. **a** Parallelhafen, **b** Dreieckhafen, **c** Molenhafen, **d** Stichhafen. *W* Wendestelle

Die *Hafenwände* können entweder geböscht und befestigt oder mit schweren Ufermauern senkrecht ausgebildet sein.

Die *Hafeneinfahrt* an einem Fluss sollte am Prallufer (im letzten Drittel stromab vom Scheitelpunkt der Krümmung) liegen, da in diesem Bereich die geringste Verlandungsgefahr besteht. Auch Treibeis wird vorbeigeführt. Wegen der langen Schubverbände ist die Einfahrt möglichst spitzwinklig anzulegen. Von stromauf ankommende Schubverbände können durch Umsetzen des Schubbootes sicher einfahren. Das erfordert in der Nähe der Einfahrt einen Liegeplatz.

Die Breite von Binnenhafeneinfahrten sollte mindestens 45 m betragen. Sind Krümmungen in den Hafeneinfahrten unumgänglich, dann sollten sie Radien von mindestens 600 m haben.

Die *Tiefe der Hafeneinfahrt* soll 30 bis 50 cm größer sein als auf der anschließenden Wasserstraße bzw. auch als im Hafenbecken. Das führt zur Ablagerung von Sedimenten, die hier einfacher zu entnehmen sind als im Hafenbecken.

8.7 Schleusen und Hebewerke

Eine *Schiffsschleuse* dient ebenso wie ein *Schiffshebewerk* zur Überwindung einer Fallstufe, indem durch Füllen oder Leeren der Schleusenkammer, bzw. durch Heben und Senken eines Trogs, Schiffe gehoben oder gesenkt werden (DIN 4054).

Der internationale Stand zum Design von Schleusen und dem Verhalten von Schiffen während der Schleusenannäherung sowie der Schleusung, ist in den PIANC Reports No. 106 (Innovations in Navigation Lock Design 2009) und No. 155 (Ship Behaviour in Locks and Lock Approaches 2014) dargestellt.

8.7.1 Typisierung von Schleusen

Schleusen können als Einzelbauwerk, als Parallelbauwerk *(Doppelschleuse)* und als Gruppe in Form einer *Schleusentreppe* oder einer *Koppelschleuse* realisiert werden. Unmittelbar vor und hinter einer Schleuse (oder Schleusentreppe) werden *Schleusenvorhäfen* angeordnet, die eine sichere Einfahrt in die Schleuse sowie das sichere Liegen beim Warten auf die Weiterfahrt ermöglichen.

Eine Schleuse verfügt üblicherweise über drei funktionale Bauwerksabschnitte, das oberwasserseitige sog. *Oberhaupt,* die *Schleusenkammer* und das unterwasserseitige *Unterhaupt.* Im Ober- und Unterhaupt sind bewegliche Tore vorhanden, die die Ein- und Ausfahrt der Schiffe ermöglichen und im beidseitig geschlossenen Zustand den Schleusenwasserspiegel vom Ober- und Unterwasserstand hydraulisch entkoppeln (Abb. 8.27 und 8.28).

Neben der oben genannten Kategorisierung lassen sich weitere Typen definieren.

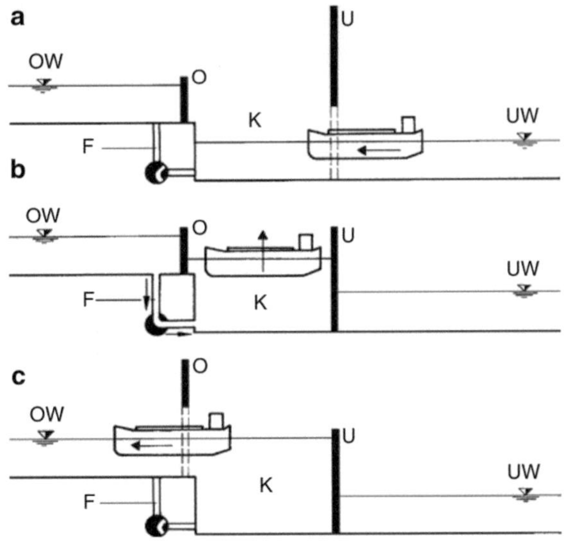

Abb. 8.27 Schleusungsvorgang bei Bergfahrt. **a** Einfahrt in Schleusenkammer K, unteres Schleusentor U geöffnet, Füllleitung F geschlossen; **b** Anhebung des Schiffs durch Füllung der Kammer K, unteres Tor U geschlossen, Füllleitung F offen; **c** Ausfahrt aus Kammer K, oberes Tor O geöffnet, Füllleitung F geschlossen

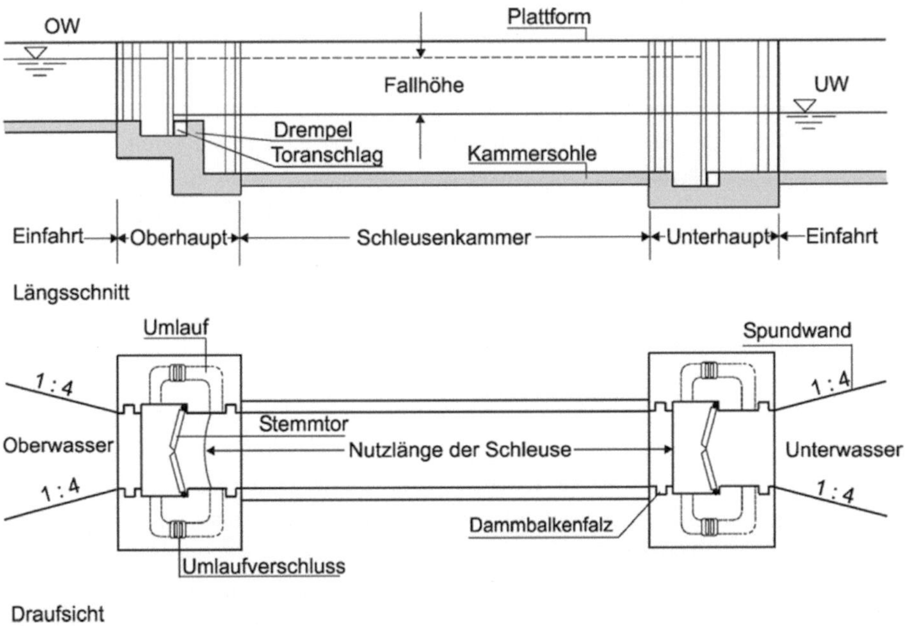

Abb. 8.28 Kammerschleuse mit hochliegendem Drempel und Umläufen. (Wasser- und Schifffahrtsdirektion Südwest, 2010)

Die *Kammerschleuse,* mit einer Hubhöhe bis 15 m, ist die häufigste Bauform. Sie gibt bei geöffnetem Unterhaupt den gesamten Querschnitt von Schleusenkammersohle bis Wasserspiegellage frei.

Die *Schachtschleuse* schließt im Unterhaupt aufgrund ihrer großen Höhe (H > 15 m) mit einer festen Wand ab und gibt nur einen für die Ein- und Ausfahrt des Schiffs ausreichend hohen Querschnitt von mindestens 5,25 m über dem höchsten Schifffahrtswasserstand (HSW) frei.

Die *Zwillingsschleuse* ist eine Doppelschleuse, die über eine hydraulische Verbindung zwischen zwei parallelen Schleusenkammern verfügt und damit fast 50 % Wasser spart, indem die Leerung einer Kammer für die zeitgleiche Füllung der benachbarten Kammer genutzt wird.

Die *Sparschleuse* nutzt mehrere seitlich angeordnete Becken zur Zwischenspeicherung des Schleusenwassers. Je nach Größe und Anzahl der Becken variiert der Grad der Einsparung und erreicht typischerweise Werte von 30 % bis über 80 %.

Ferner lassen sich die Anforderungen an Flussschleusen von denen an Kanalschleusen deutlich unterscheiden, infolge des verfügbaren Wasserdargebots und der Strömungsverhältnisse im Bereich der Vorhäfen. Kanalschleusen verfügen zumeist über ein Pumpwerk, um das Schleusungswasser wieder zurück in die obere Haltung pumpen zu können und zum Ausgleich von Wasserverlusten durch Verdunstung, Versickerung etc.

Die Wahl des Schleusentyps richtet sich demnach nach der zu überbrückenden Fallstufenhöhe (Hubhöhe), dem Wasserdargebot, der Wasserstraßenklasse und damit den verkehrenden Schiffsgrößen sowie dem Verkehrsaufkommen und der Schleusungszeit.

Die DIN 19703 (2014) „Schleusen der Binnenschifffahrtsstraßen – Grundsätze für Abmessungen und Ausrüstung" setzt einen im Vergleich zur Vorgängernorm erhöhten Standard. Als Standardabmessungen von modernen Schleusen gelten eine lichte Breite von 12,50 m sowie eine *Nutzlänge* von 190 m (WStKl Vb) bzw. von 140 m (WStKl Va). Die Nutzlänge zuzüglich des jeweiligen Sicherheitsabstandes zwischen Schiff und Tor (je 2,50 m) ergeben die *Kammerlänge* der Schleuse.

Historisch bedingt weichen viele Schleusen von diesem Standard ab (z. B. Mosel in Kanzem: 172 m Länge und 12 m Breite, Neckar in Heidelberg: 109 m Länge und 12 m Breite). Die Staustufe Iffezheim am Oberrhein verfügt über zwei Kammern mit je 24 m Breite und 270 m Länge und kann damit pro Schleusung jeweils 185 m lange zweispurige Schubverbände aufnehmen, bzw. bis zu vier GMS aufnehmen. Jährlich werden dort bis zu 40.000 Schiffe (Frachtschiffe, Weiße Flotte, Freizeitschiffe) geschleust.

8.7.2 Typisierung von Schiffshebewerken

Sind sehr große Fallstufen von mehr als etwa 30 m und/oder größere horizontale Distanzen zwischen Ober- und Unterwasser zu verbinden, so kommen Schiffshebewerke zum Einsatz. Typisiert wird nach der Förderbewegung, d. h. die *Vertikalförderung* (Scharnebeck, Niederfinow – s. Abb. 8.29, Rothensee) von der *Schrägförderung (Längs- und Querförderung;* Arzviller, Elsass) und *Rotationsförderung* (Falkirk, Schottland). Zumeist erfolgt die Förderung des schwimmenden Schiffes in einem wassergefüllten

Abb. 8.29 Im Vordergrund altes (1934) und im Hintergrund, neues (2019) Gegengewichtshebewerk Niederfinow mit Kanalbrücke im Oberwasser (BAW Karlsruhe)

Trog oder Wasserkeil. Bei der Trockenförderung werden kleinere Boote aufgeständert und mithilfe eines schienengeführten Slipwagens transportiert.

Vorteil der Trogförderung ist das bekannte, mit und ohne Schiff weitgehend konstante Gewicht des wassergefüllten Trogs. Im *Gegengewichtshebewerk* wird das Gewicht des Trogs (5.700 t in Scharnebeck) durch Gegengewichte, die mit über Seilscheiben (etwa 3,5 m Durchmesser) laufenden Drahtseile mit dem Trog verbunden sind, nahezu ausgeglichen. Infolgedessen reichen kleine Motorenantriebe aus, um den Trog zu heben oder zu senken.

Im *Schwimmerhebewerk* wird der Trog auf einem im Erdreich befindlichen Schwimmer gelagert, der in etwa den Auftrieb des gefüllten Trogs hat, um ebenso mit nur geringen Antriebsleistungen die Bewegung des Trogs zu ermöglichen.

Die Hauptvorteile von Hebewerken im Vergleich zu Schleusen sind

- größere Hubhöhen,
- größere Hubgeschwindigkeiten (bis etwa 15 m/min) und
- kein nennenswerter Wasserverbrauch (kein Schwall und Sunk).

Die Hauptnachteile der Hebewerke sind:

- Meist Entkopplung von Verbänden nötig wegen kleiner Trogabmessungen
- Komplexes Bauwerk, mit hoher Technisierung im Sinn einer großen Maschine.
- Aufwendigerer Betrieb und Wartung
- Störanfälligkeit, z. B. durch Schwall und Sunk einer nahen Schleuse.

8.7.3 Schleusung

Als *Schleusung* wird der Vorgang bezeichnet, bei dem Schiffe eine Fallstufe mithilfe einer *Schiffsschleuse* oder eines *Schiffshebewerks* überwinden. Als Leistungskennzahl wird die Dauer einer Kreuzungsschleusung verwendet. Sie beinhaltet den gesamten Zyklus von der unterwasserseitigen Einfahrt der Schiffe bis zum Abschluss der unterwasserseitigen Ausfahrt und erfasst das Ein- und Ausfahren, das Öffnen und Schließen der Tore sowie das Füllen und Leeren der Schleusenkammer, bzw. Heben und Senken des Trogs. In die Kreuzungsschleusungsdauer gehen alle nautisch und hydrotechnisch erforderlichen zeitlichen Bedarfe ein, sie liegt bei Binnenschleusen (abhängig von Größe und Typ) bei etwa 45 min.

Ist an der Fallstufe ein großes Verkehrsaufkommen zu bewältigen, so muss die Schleuse möglichst leistungsfähig sein. Je größer der Schleusenquerschnitt (größeres n-Verhältnis) ist, umso einfacher und schneller kann ein Schiff ein -und ausfahren. Je leistungsfähiger das hydraulische Füll- und Entleersystem der Schleuse, umso schneller kann das Schiff gehoben und abgesenkt werden, ohne dass zu große Horizontalkräfte auf das Schiff sowie Schwall- und Sunkerscheinungen im Ober- und Unterwasser entstehen. Die Bau- und Betriebskosten, die Kreuzschleusungsdauer sowie die Leichtigkeit und Sicherheit der Schifffahrt sind demnach die wesentlichen Kriterien für die Schleusenplanung. Wenn genügend Platz vorhanden ist, kann es jedoch effizienter sein, statt einer aufwendigen Schleuse zwei einfache und weniger leistungsfähige Schleusen zu bauen.

8.7.4 Füllung und Entleerung

Das Füllen bzw. Entleeren der Schleusenkammer geschieht auf drei Arten:

- Durch Bewegen der Tore selbst, mit Schützen in diesen Toren, oder durch Umlaufkanäle mit Abschlussorganen um die Tore herum *(Vorkopffüllsystem)*
- Über ein System von Kanälen mit Öffnungen in der Kammerwand in Bodennähe (Längskanäle an den aufgehenden Kammerwänden [*Seiten*füllsystem*]) oder*
- ein über Fülldüsen angeschlossenes Kanalsystem bzw. einer großen Druckkammer unterhalb der Kammersohle (*Grundlaufsystem*)

Mit zunehmender Höhe der Fallstufe (entspricht der erforderlichen Hubhöhe H) und proportional zur Kammerspiegelfläche (A) nimmt das zu füllende/entleerende Kammerwasservolumen ($V = A \cdot H$) und damit auch die Füllzeit zu.

Bei geringen Hubhöhen ($H < 10\,m$) und geringen Anforderungen an die Schleusungszeit kann die Schleuse am einfachsten vom Oberhaupt her gefüllt werden. Dabei stellt sich in Abhängigkeit vom Durchfluss eine geneigte Wasserspiegellage (I) ein, die eine Hangabtriebskraft des Schiffes erzeugt. Diese muss über die Trossen an die Poller abgetragen werden. Für ein Großmotorgüterschiff wird von der Bundesanstalt für Wasserbau derzeit eine aus dem Wasser auf das Schiff wirkende Kraft von 23 kN als akzeptabel angesehen. Da die Schiffkraftansätze sich im europäischen Vergleich jedoch von denen der Nachbarländer unterscheiden, sind diese derzeit in Überarbeitung. Nach Partenscky (1986) ergibt sich aus dieser Last zusammen mit Sicherheitsfaktoren, Faktoren für dynamische Effekte sowie geometrische Zwänge eine deutlich höhere auf den Poller wirkende Kraft. Nach DIN 19703 sind 200 kN als Bemessungslast für den Poller anzusetzen. Der Füllvolumenstrom muss so gesteuert werden, dass diese Lasten nicht überschritten werden.

Soll die Schleuse schneller gefüllt werden, was bei höheren Hubhöhen der Wunsch ist, so muss die Zuführung des Wassers mit einem Seitenfüllsystem entlang der gesamten Kammerlänge erfolgen. Hier kommen meist stehende Rechteckkanalquerschnitte ($B: H = 1 : 2$) zum Einsatz, die über seitliche Fülldüsen das Wasser der Kammer zuführen. Bei Binnenschleusen liegen die Querschnittsflächen der Längskanäle bei etwa 8 m^2, können jedoch bei großen Kammern auch 16 m^2 (Schleuse Iffezheim) erreichen.

Bei sehr hohen Schleusen wird der erforderliche Füllstrom gleichmäßig über die Sohle zugeführt, um ein schnelles Füllen bei ruhiger Wasserspiegellage zu ermöglichen. Hierbei wird bei hohen Anforderungen ein mehrfach verzweigtes Kanalsystem verwendet, um das Füllwasser möglichst gleichförmig zu verteilen (Abb. 8.30 und 8.31; Tab. 8.1).

Die hydraulische Berechnung der Schleusenfüllung stützt sich auf die Kontinuitätsgleichung und die Ausflussgleichung nach Torricelli. Der Füllstrom Q ist:

$$Q = \mu \cdot f \sqrt{\frac{2 \cdot g \cdot z}{1 + \sum \xi}} = A \frac{dz}{dt} \ [m^3/s]$$

mit

A Spiegelfläche in der Schleusenkammer (s. Abb. 8.32) [m^2]
f Austrittsquerschnitt der Füllleitung [m^2]; gegebenenfalls zeitabhängige Formulierung
μ Leistungsfähigkeitsbeiwert; typischerweise 0,5–0,6 [-]
ξ Beiwerte der hydraulischen Verluste in der Füllleitung [-]

Abb. 8.30 Blick vom Unterwasser auf die ESK-Sparschleusen Uelzen I *(rechts);* Bauzeit 1970/1976, drei seitliche Sparbecken, Wasserersparnis 60 % und Uelzen II *(links);* Bauzeit 1998/2006, beidseitig vier Sparbecken übereinander, Wasserersparnis 70 %. (Die Schleusengruppe Uelzen, Flyer Schleusengruppe Uelzen – WSV 2020)

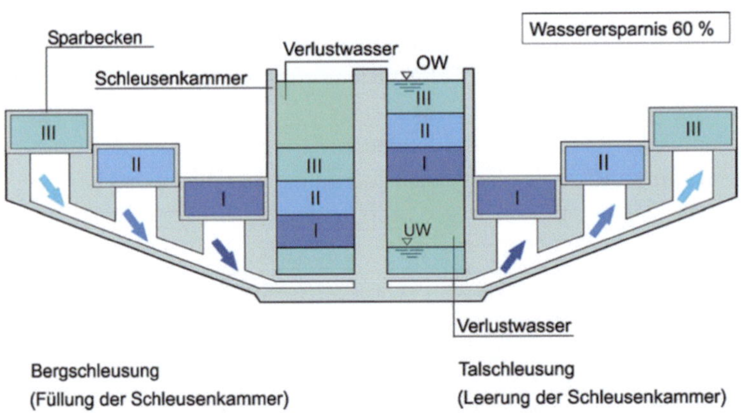

Abb. 8.31 Hydraulische Prinzipskizze einer Sparschleuse. (Wasser- und Schifffahrtsdirektion Südwest 2010)

Tab. 8.1 Zusammenhang zwischen erforderlicher Hubhöhe und Füllsystem

Füllsystem	Hubhöhenbereich [m]	Steiggeschwindigkeit [m/min]	Mittlerer Füllstrom [m³/s]
Vorkopffüllsystem	Bis 10	<1,0	5–35
Seitenfüllsystem	10–15	0,5–1,5	25–60
Grundlaufsystem	Über 15	<2,5	40–80

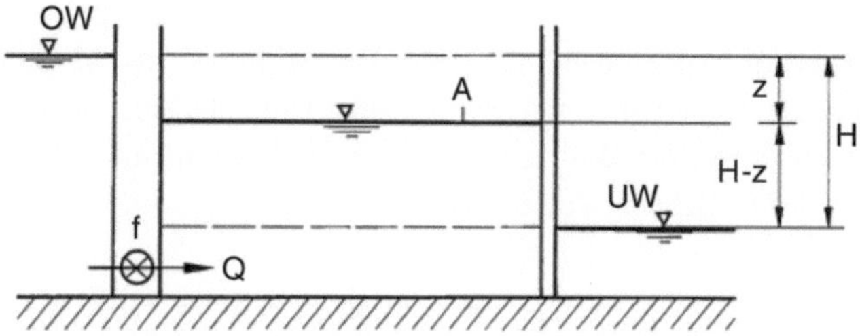

Abb. 8.32 Bezeichnungen für die Berechnung des Füllstroms Q und der Füllzeit T

Die oben angeführte Differenzialgleichung kann explizit gelöst werden, wenn die Schleusenwände senkrecht sind, d. h. die Fläche der Schleusenkammer folglich unabhängig von der Wasserspiegellage z ist und der Füllquerschnitt f instantan geöffnet wird. Die Füllzeit T ergibt sich dann zu:

$$T = \frac{2 \cdot A\sqrt{H}}{\mu \cdot f \cdot \sqrt{\frac{2g}{1+\sum \xi}}} \text{ [s]}$$

oder

$$T = \frac{2 \cdot V}{Q_{max}} \text{ [s]}$$

mit

T Füllzeit [s]
Q_{max} maximaler Füllstrom für t = 0 bzw. z = H [m^3/s]
V zu füllendes Kammervolumen = A · H [m^3]

Bei genauerer Betrachtung muss die zeitabhängige Querschnittsfreigabe des Füllorgans berücksichtigt werden, die je nach gewähltem Füllsystem mit etwa 3–30 mm/s erfolgt, um zu große Instationaritäten und daraus resultierende Schiffskräfte zu vermeiden. Dies erfolgt in der Regel mithilfe eines computerbasierten, zeitdiskreten Berechnungsverfahren. Diese und die oben genannten Ansätze basieren jedoch stark auf den gewählten hydraulischen Parametern und sind daher mit Erfahrungswerten aus Modellversuchen, numerischen Berechnungen oder Naturmessungen zu parametrisieren.

Der *Füllstrom Q* und damit die Hubgeschwindigkeit müssen im Hinblick auf die Sicherheit des Schiffs in der Schleusenkammer und in den Vorhäfen (auftreten von Sunk- und Schwallwellen) begrenzt werden. Ähnliche Berechnungen und Überlegungen gelten auch bei der Entleerung.

8.7.5 Schleusentore

Als *Schleusentore* werden oft *Hub-* oder *Senkschütze* am Oberhaupt und *Stemmtore* am Unterhaupt eingebaut. Zunehmend kommen *Drehsegmente* als Verschlussorgane im Obertor zum Einsatz. Bei einer Schleuse mit großer Hubhöhe kann als Untertor auch ein Hubschütz verwendet werden, das dann im oberen Teil durch eine feste Abschlusswand (Maske) ersetzt wird (s. Schachtschleuse).

Die Abb. 8.33 zeigt als Beispiel eine Schleuse mit einem Senktor am Oberhaupt und Stemmtoren am Unterhaupt; die Füllung der Schleuse geschieht durch einen Umlaufkanal mit Abschlussorgan, die Entleerung durch Schütze in den Stemmtoren.

Soll die Flussschleuse im Hochwasserfall zur Erhöhung des Abflussquerschnitts vollständig geöffnet werden, so erfordert dies im Oberhaupt einen gegen die Durchströmung schließbaren Verschluss, wie zum Beispiel einen Drucksegmentverschluss (Abb. 8.34). Standardisierungen im Bereich der stahlwasserbaulichen Ausstattung führen zu einer vereinfachten Planung und erhöhten Austauschbarkeit beim Betrieb von Staustufenketten.

Eine übliche Anordnung für eine Schleuse neben einem Flusskraftwerk zeigt Abb. 8.35.

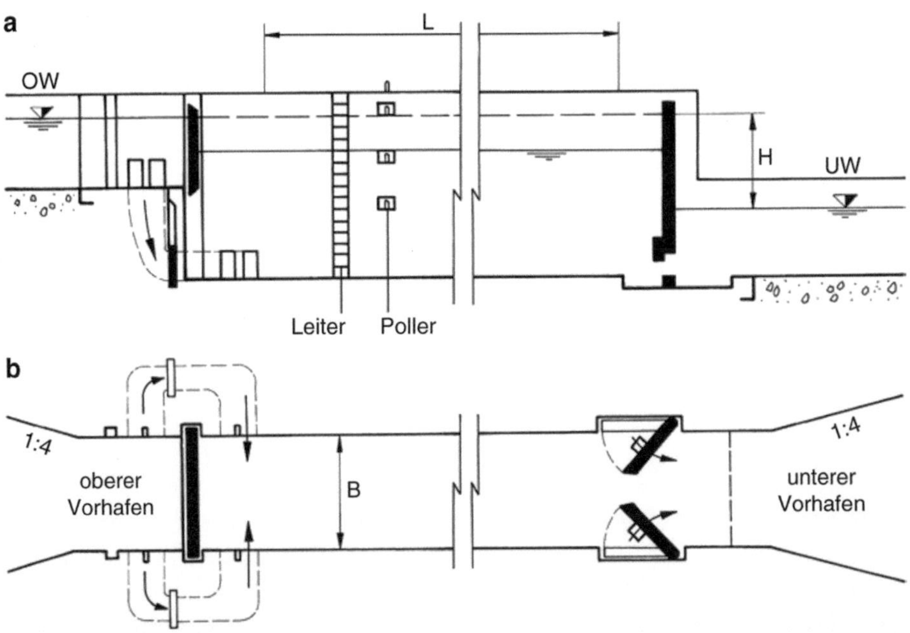

Abb. 8.33 Schleuse mit Senktor am Oberhaupt und Stemmtoren am Unterhaupt. **a** Längsschnitt, **b** Lageplan

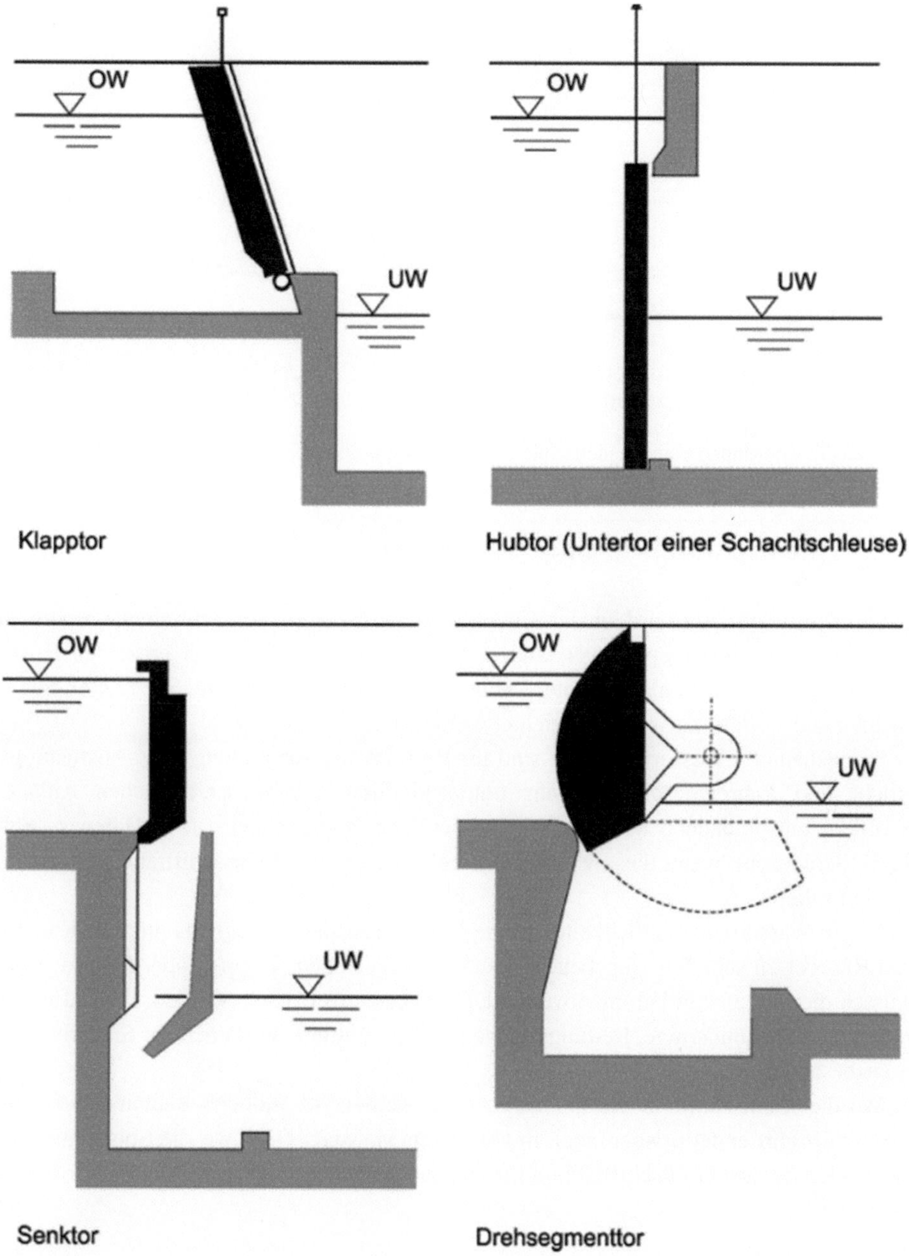

Abb. 8.34 Häufig im Oberhaupt verwendete Schleusentore. (Wasser- und Schifffahrtsdirektion Südwest 2010)

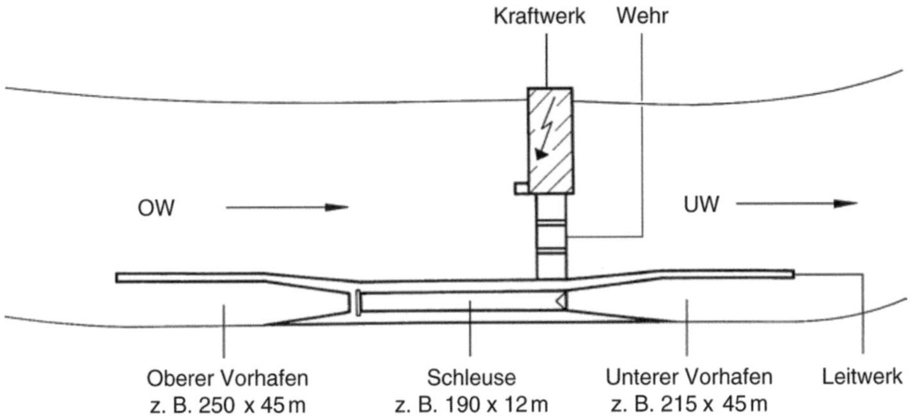

Abb. 8.35 Anordnung einer Schleuse neben einem Flusskraftwerk

8.8 Kleinschifffahrt – Sportschifffahrt

Unter *Kleinschifffahrt* wird in der Hauptsache der Verkehr der zahlreichen Boote im Freizeitbereich (Wassersport) verstanden. Auf eine Beschreibung der einzelnen Bootstypen (u. a. Pontons, Schlauchboote, Kanus, Ruderboote, Motorboote, Surfbretter, Segelyachten und -jollen) muss hier verzichtet werden.

Die genannten Wasserfahrzeuge sind im Hinblick auf Ausrüstung bzw. Ausrüstungspflicht und Fahreigenschaften sehr unterschiedlich. Die wasserbaulichen Anlagen erfordern entsprechende bauliche und betriebliche Anpassungen (u. a. Häfen s. Abb. 8.36), Schleusen), wenn diese von der Kleinschifffahrt bzw. Sportschifffahrt mit genutzt werden sollen

Es gilt Wasserungsmöglichkeiten sowie Ein- und Ausstiegsmöglichkeiten für Kanuten und Ruderer zu schaffen, gegebenenfalls mit Anlegestellen, Treppen oder Leitern. Auch müssen die Folgen von Fehlmanövern oder des Kenterns bedacht werden. Die dafür vorzusehenden Rettungsringe, Rettungsstangen, Absperrgitter usw. dienen der Sicherheit der Bootsbesatzungen.

Wo die *Kleinschifffahrt* stark verbreitet ist, werden oft ähnliche Bauten wie für die Großschifffahrt erstellt, wenn auch in kleinerem Maßstab. Dort, wo die Sportschifffahrt die Schleusen der Großschifffahrt mitbenutzt, sind besondere Vorkehrungen zu treffen (Abb. 8.37).

Abb. 8.36 Segelyachten an einer Anlegestelle (sog. Anleger) in einer Marina. Der Wassersport ist für manche Region ein bedeutsamer Wirtschaftsfaktor (Foto: H. Patt)

Abb. 8.37 Berufs- und Freizeitschifffahrt teilen sich die Schleusenanlagen (Foto: H. Patt)

Literatur

BMVBS (s. Bundesministerium für Verkehr, Bau und Stadtentwicklung, Bonn)
BMVBS (Hrsg.) (2011) Richtlinien für Regelquerschnitte von Binnenschifffahrtskanälen, Bundesministerium für Verkehr, Bau und Stadtentwicklung, Bonn
Eckoldt M. (Hrsg.) (1998) Flüsse und Kanäle – Die Geschichte der deutschen Wasserstraßen, DSV Verlag, ISBN 3–88412–243–6
ELWIS (s. Elektronischer Wasserstraßen-Informationsservice der Wasserstraßen- und Schifffahrtsverwaltung des Bundes – ELWIS)
GBB (2004) Grundlagen zur Bemessung von Böschungs- und Sohlensicherung an Binnenwasserstraßen, BAW Mitteilungen Nr. 87, Karlsruhe
Kuhn R (1984) Binnen-Verkehrswasserbau, Verlag Wilhelm Ernst & Sohn, Berlin
MAR (2008) Anwendung von Regelbauweisen für Böschungs- und Sohlensicherung an Binnenwasserstraßen, BAW Merkblatt, Karlsruhe
Partenscky HW (1986) Binnenverkehrswasserbau. Schleusenanlagen, Springer-Verlag, Berlin, Heidelberg, New York, Tokyo
PIANC (s. Permanent International Association of Navigation Congresses – PIANC, Brüssel)
Tittizer T (1999) Binnenschifffahrt, Schifffahrtsstraßen, In: Konold W, Böcker R, Hampicke U (Hrsg.) (2008) Handbuch Naturschutz und Landschaftspflege – Kompendium zu Schutz und Entwicklung von Lebensräumen und Landschaften, Stand 01/2016 nach 21. Ergänzungslieferung, ecomed-Verlagsgesellschaft, Landsberg am Lech
VBW (s. Verein für europäische Binnenschifffahrt und Wasserstraßen e. V., Duisburg)
VBW (1992) Fahrdynamik von Binnenschiffen – Allgemeine Einführung und Folgerungen aus Schifffahrtsversuchen, Binnenschifffahrts-Verlag GmbH, Duisburg-Ruhrort
VBW (2013) Fahrdynamik von Binnenschiffen – Fahrverhalten auf Binnenwasserstraßen, Verein für europäische Binnenschifffahrt und Wasserstraßen e.V., Schifffahrtsverlag Hansa
Wasser- und Schifffahrtsdirektion Südwest (Hrsg.) (2010) Wasserstraßen – Schiffahrt – Umwelt, Handbuch für den Beruf Wasserbauerin/Wasserbauer
Zentralkommission der Rheinschifffahrt – ZKR (Hrsg.) (2019) Europäische Binnenschifffahrt, Marktbeobachtung, Jahresbericht 2019, ISSN 2070-6723.
ZKR (s. Zentralkommission der Rheinschifffahrt)

Normen, Drucksachen, Regelwerk

DIN 19703 (2014) Schleusen der Binnenschifffahrtsstraßen – Grundsätze für Abmessungen und Ausrüstungen, Beuth-Verlag, Berlin
DIN 19700-13 (2019) Stauanlagen – Teil 13 Staustufen, Beuth-Verlag, Berlin
DIN 4048-1 (1987) Wasserbau; Begriffe; Stauanlagen, Beuth-Verlag, Berlin
DIN 4054 (1977) Verkehrswasserbau; Begriffe, Beuth-Verlag, Berlin
Drucksache 19/7510 Luftverschmutzungen durch die Binnenschifffahrt, Deutscher Bundestag, 04.02.2019
Drucksache 19/11487 Umsetzung Masterplan Binnenschifffahrt, Deutscher Bundestag, 11.07.2019
PIANC (2009) Innovations in Navigation Lock Design, InCom WG 106
PIANC (2014) Ship Behaviour in Locks and Lock Approaches, InCom WG 155
PIANC (2019) Design Guidelines for Inland Waterway Dimensions, InCom WG 141

Stichwortverzeichnis

H. Patt et al., *Wasserbau,* https://doi.org/10.1007/978-3-658-30551-2

MIX
Papier aus verantwortungsvollen Quellen
Paper from responsible sources
FSC® C105338

If you have any concerns about our products,
you can contact us on
ProductSafety@springernature.com

In case Publisher is established outside the EU,
the EU authorized representative is:
Springer Nature Customer Service Center GmbH
Europaplatz 3, 69115 Heidelberg, Germany

Printed by Libri Plureos GmbH
in Hamburg, Germany